Power System Security and Stability

电力系统安全稳定

分析与控制

主　　编 / 刘天琪　李华强

副 主 编 / 贺之渊

编写人员 / 李保宏　印　月　陈　实
　　　　　曾　琦　艾　青

四川大学出版社

项目策划：毕　潜
责任编辑：毕　潜
责任校对：蒋　玙
封面设计：墨创文化
责任印制：王　炜

图书在版编目（CIP）数据

电力系统安全稳定分析与控制 / 刘天琪，李华强主编. — 成都 : 四川大学出版社, 2018.10
ISBN 978-7-5690-2518-7

Ⅰ. ①电… Ⅱ. ①刘…②李… Ⅲ. ①电力系统稳定－系统安全分析②电力系统稳定－稳定控制 Ⅳ. ①TM712

中国版本图书馆 CIP 数据核字（2018）第 250234 号

书名　电力系统安全稳定分析与控制

主　　编	刘天琪　李华强
出　　版	四川大学出版社
地　　址	成都市一环路南一段 24 号（610065）
发　　行	四川大学出版社
书　　号	ISBN 978-7-5690-2518-7
印前制作	四川胜翔数码印务设计有限公司
印　　刷	郫县犀浦印刷厂
成品尺寸	185mm×260mm
印　　张	20.75
字　　数	531 千字
版　　次	2020 年 3 月第 1 版
印　　次	2020 年 3 月第 1 次印刷
定　　价	75.00 元

◆ 读者邮购本书，请与本社发行科联系。
电话：(028)85408408/(028)85401670/
(028)86408023　邮政编码：610065
◆ 本社图书如有印装质量问题，请寄回出版社调换。
◆ 网址：http://press.scu.edu.cn

四川大学出版社
微信公众号

摘　要

电力系统中各同步发电机间保持同步是电力系统正常运行的必要条件，其中电力系统稳定性是最难理解、最富挑战性的核心问题与研究热点之一。基于传统运行控制机制发展而来的现代电力系统，会更多地融入能源转型、智能化等新元素的运行特征。本书系统介绍电力系统安全稳定理论方法及其科学实践手段，为电气工程学科探求理论与工程问题内在机理奠定基石，是本学科研究生学习阶段的重要专业课。

全书共 10 章，首先介绍现代电力系统的基本特征和电力系统安全稳定导论，然后依次阐述影响电力系统安全稳定性的主要元件特性及模型、小干扰稳定、低频振荡、次同步振荡、机电暂态稳定、电压稳定、频率稳定和安全分析，涵盖与现代电力系统安全稳定及控制紧密相关的理论问题、抑制方法、控制措施以及依从的安全分析方法等内容。

本书为推动学科发展，培养掌握新一代电力系统安全稳定与控制专门理论与实践的人才而作。本书可作为研究生教材，也可作为本科高年级学生毕业设计以及实际单位工程设计与运行技术专业人员的参考用书。

前 言

电力系统中各同步发电机间保持同步是电力系统正常运行的必要条件。伴随着能源互联与智能化的深度发展，现代电力系统高低压网络将更加庞大复杂。而制造工艺、材料的进步与高科技化提速，大容量、高参数发、输、变电设备的应用将更加广泛；超特高电压、超远距离输电并组成跨区域、跨国超大规模互联电网的趋势愈见显著；超特高压直流输电和柔性交流输电技术日臻成熟。基于传统运行控制机制发展而来的现代电力系统，会更多地融入能源转型、智能化等新元素的运行特征。不断发展的结果将使电力系统的动态行为更复杂，局部故障波及的范围增大，系统的安全稳定问题更加突出，更易导致由于相继的连锁故障而造成大面积停电灾难。事实上，未来电力系统将运行在更苛刻、更难预测的条件之下。而在电力系统重大研究与应用问题中，电力系统稳定是最难理解、最富挑战性的核心问题与研究热点之一。本书内容将有助于理解和解决上述问题。

《电力系统安全稳定分析与控制》为电气工程学科深研理论与深究工程实际问题内在机理奠定基石。它综合运用数学、物理、电路、电机、电子、自控和计算机等一系列学科的知识，对电力系统安全稳定的一系列关键问题，诸如小干扰稳定、低频振荡、次同步振荡、机电暂态稳定、电压稳定、频率稳定等进行专门论述，是系统介绍电力系统安全稳定科学认知方法的专门学科，以及为工程实践提供科学手段的重要专业课。

由于它的研究对象是实际电力系统的动态特性与稳定问题，因此，一方面需要掌握大量的工程及其运行动态特性的概念和知识，学会高度凝练并科学拟合实际于理论问题，深度探索电力系统动态变化机理本源；另一方面更需要积累深厚的专业理论知识以及锤炼科学的思维方法，以便驾驭工程问题。这些即是本课程的主要内容、关键难点和重要特征。本课程对于立志从事高层次电力系统理论研究的科技工作者或是将要掌控系统运行的高级工程技术人员而言都是一门基本功，必要而有益。同时，通过学习，对培养学生独立思考，勇于探索，提升研究思维能力具有积极的催化作用。

如上所述，电力系统安全与稳定控制是电力系统的本源问题之一。因此，在整个历史进程中，国内外有关论著和实践已十分丰富，经典论著各有特色，得到广泛应用。但是，随着时代的发展，新一代电力系统特征逐渐凸显，既有教材已难以满足需求，尤其难以既能满足结合新时代本学科研究生培养的需要，又能满足实施其教学纲要所需专门教材目标的需要。

此书为推动学科发展，培养掌握新一代电力系统安全稳定与控制专门理论与实践的人才而作。首先介绍现代电力系统的基本特征、电力系统安全稳定导论以及影响电力系统安全稳定性的主要元件特性及模型。然后分章节成体系地阐述与现代电力系统安全稳定及控制紧密相关的理论问题，介绍其抑制方法、控制措施以及依从的安全分析方法等。

与及时发表的科学技术研究论文不同，教材通常滞后于学科发展。但作为一本有特色的、专业特性较强的教材，需要具有一定的前瞻性特质并能推陈出新，走在学科发展与技术进步前列。即使是成熟的知识，也需融入新的理解，阐释内涵新意。其既能拓宽视野，更能提高课程教学水平，推动学科发展与进步。因此，本教材在阐释基本内容后，适量增加一些笔墨，延伸介绍关键领域存在的新问题及其发展动向，引导读者探索思考。

本书的编写团队结构精悍，各章节负责人专于自己的研究方向，体现专业专人思想，也体现专著、教材一体化初衷。一本好的研究生教材，要对科学问题在表达方面有高度的逻辑性和理论深度，叙述清晰，循序渐进，便于学生理解，并从思维方法上让其得到更好的训练；同时适当设置一定难度的思考问题，激发读者求知兴趣和欲望，留给读者更多思考和明悟的余地。这在教育方法上十分重要，也是编者希望达到的目标之一。

本书由刘天琪教授和李华强教授任主编，贺之渊教授级高级工程师任副主编，由刘天琪教授负责体系设计、指导全书编撰并统稿。各章具体分工如下：第 1 章现代电力系统的基本特征、第 2 章电力系统安全稳定导论由刘天琪教授编写；第 3 章电力系统主要元件特性及模型、第 4 章电力系统小干扰稳定由李保宏博士编写；第 5 章电力系统低频振荡由陈实副教授编写；第 6 章电力系统次同步振荡由印月博士编写；第 7 章电力系统功角暂态稳定由曾琦博士编写，贺之渊教授级高级工程师参与了第 7 章的编写及第 5 章和第 7 章的审订；第 8 章电力系统电压稳定、第 10 章电力系统安全分析由李华强教授编写；第 9 章电力系统频率稳定由艾青博士编写。

本书的出版得到四川大学研究生院、四川大学研究生教材建设项目的支持，得到四川大学出版社和电气工程学院的大力支持；李兴源教授审阅书稿并提出建设性意见；印月博士以及四川大学出版社毕潜编审为本书的出版做了大量具体工作。在此，表示衷心感谢。

本书可作为研究生教材，也可作为本科高年级学生毕业设计以及实际单位工程设计与运行技术专业人员的参考用书。

由于本学科涉及面很广，理论和实践性强，发展很快，加之编写和出版时间仓促，书中或挂一漏万，或疏漏错误之处在所难免，敬请读者批评指正，以便修订时给予及时更正与完善。

刘天琪

2018 年 12 月 2 日于四川大学望江校园

目　录

第1章 现代电力系统的基本特征

本章简要介绍电力系统的发展、构成和运行特性，了解传统电力系统演进到现代电力系统的发展过程，对总结现代电力系统的基本特征，进而主动迎接未来电力系统变革具有重要意义。本书所述范畴涉及未来电力系统以及现阶段已显现的新一代电力系统相关特征的表述，统称现代电力系统。

本章与第2章为读者提供电力系统及其安全稳定与控制的重要背景信息，亦是后续章节研究的前提和意义所在。

1.1 电力系统的发展

(1) 人类进入电气时代。电的商业化应用和直流输电始于19世纪70年代后期。1882年由大发明家托马斯·爱迪生（Thomas Edison）在纽约城投入世界第一个真正意义上的电力系统——直流电力系统：一台蒸汽机，拖动6台直流发电机，直流电压110 V，地下电缆传输，供电半径约1.5 km，9个由白炽灯组成的用户。从此开启了人类电气时代。

同年，在德国慕尼黑国际博览会上，第一次实现了人类高压（1500～2000 V）、远距离（57 km）直流输电的壮举。

在中国，电与世界同步。1879年，上海公共租界点亮了第一盏灯。1882年，上海电气公司创办。直至今日，电已经成为国家发展的支柱产业。

(2) 交直流输电竞相发展。由于直流输电系统的局限性，人们转而研究交流输电技术。1891年，世界上第一条三相交流高压输电线路在德国投运：发电机电压90 V、频率40 Hz，95 V/15200 V升压，13800 V/112 V降压，输送距离170 km；1893年，北美第一条三相输电工程投运：2300 V，12 km；1895年落成的尼亚加拉大瀑布电厂（安装3台367 kW水电机组）也选择了交流输电模式，因为当时直流不能而交流可以将电力输送至35 km之外的布法罗。由此，19世纪末，确定了交流系统进一步发展和应用的主导地位。

交流系统较直流系统的优势主要有三点：交流系统的电压水平可以较容易地转换，“方便”提供不同电压，使发、输和配用电更具灵活性；交流发电机比直流发电机更简单；交流电动机比直流电动机更简单、更便宜。

随着20世纪现代工业和社会的发展，直流输电日益显示出一些优于交流输电的特性，比如：交流系统必须考虑同步稳定性问题，直流系统没有这个问题；大容量超远距离输电将大大增加建设投资费用，而直流系统可能要节约许多投资；现代控制技术的发展，直流输电可以通过快速（毫秒级）控制换流器实现对传输功率快速灵活的控制；直流输电线路可以联接两个不同步或频率不同的交流系统；等等。因此，20 世纪 30 年代直流得到重启，并以 1954 年瑞典海底直流电缆（94 km）输电系统商业化运营为标志，人类进入高压直流输电的新时代。如今交直流混合输电已形成电力生产运营双雄争霸的局面，共同成为世界能源革命和文明发展的基石。

（3）电力工业标准化与超特高压。交流输电的初期，频率并没有被标准化。随着电力系统的普遍建立和供电需求的增加，发、输、变、配、用之间的矛盾日渐加深，输送容量、电能质量、系统可靠性等要求越来越严苛，因此，频率和电压标准化很快达成共识。

频率：早期运行的系统频率较多，如 25 Hz、50 Hz、60 Hz、125 Hz、133 Hz，这不利于构建地域更广、规模更大的互联电力系统。最终北美洲采用 60 Hz 作为交流输电系统的标准频率，而欧洲、非洲、大洋洲则采用 50 Hz，南美洲部分及亚洲大部分也采用 50 Hz。

电压：远距离电力传输的主要难题是增大输送容量的同时，如何尽量减少输电功率损失。为此，人们不断提高电压等级，高电压技术的发展事实上成为电力系统发展尤其是远距离输电的代名词。高压、超高压甚至特高压工程案例不断涌现，成为现代电力乃至未来电力系统的重要象征。但电压等级各国不同，分类太多，不利于电网互联和安全运行。早期电力系统有 12.44 kV 和 60 kV，后来发展为 165 kV、220 kV、287 kV、330 kV、500 kV、735 kV 以及 765 kV 等。为避免电压等级数量的无限制扩大，电压水平标准化也成为国际重要规范内容之一。

国际上对交流输电电压的共识：高压（HV）通常指 35 kV 及以上、220 kV 及以下电压等级；超高压（EHV）通常指 330 kV 及以上至 1000 kV 以下电压等级；特高压（UHV）指 1000 kV 及以上电压等级。对于直流输电：超高压通常指±500(±400)kV、±660 kV电压等级；特高压通常指±800 kV 及以上电压等级。

中国已经形成了两个交流电压等级序列1000/500/220/110(66)/35/10/0.4 kV 和 750/330(220)/110/35/10/0.4 kV，以及直流输电电压等级±500(±400)kV、±660 kV、±800 kV。更高电压等级的提升也在探索发展，比如 1100 kV 交流以及±1100 kV 直流输电。

目前中国超高压已经全面应用于全国电力系统，特高压交流电压成为国家标准及国际标称电压，特高压直流也在国际工程中得到应用，成为事实上的标准。总体上我国在特高压标准制定、工程化、商业运营、安全控制等方面国际领先，制造水平也比肩世界一流，影响巨大。

（4）互联电网向超大规模发展。电力公司之间在紧急情况下互相支援可以改善各自独立运行的可靠性；电网互联，可以减少各自必需的备用容量，提高各自在电力供应方面的经济性；相邻电力公司电网的互联通常会导致系统可靠性和经济性的改善。因为这诸多益处，今天世界电网每个国家不同电力公司之间，甚至相邻国家电力系统之间都不同程度地互联运行，以提高系统运行稳定性、可靠性，降低安全风险，提高电力运用质量和效益。电力系统互联是合作和竞争的一种模式，已经成为国际电力工业的重要特征。

不同规模或区域电网互联而构成所谓的互联电力系统、联合电力系统或统一电力系统。其中互联电力系统一般是将大区电网之间、国家电网之间以少量联结点互联；两个或多个小型电力系统通过电网连接起来并联运行组成地区性电力系统。若干个地区性电力系统用电网连接起来，一般称为联合电力系统。联合电力系统一般具有协调规划，按合同或协议调度控制的特点。能对电能生产与消费进行集中管理、统一调度和分配的电力系统称为统一电力系统，一般针对国家或具有跨国跨洲际地区而言。

如北美洲、欧洲洲内电网联网均始于20世纪20年代，50年代开始快速发展，80～90年代，覆盖面广、交换规模大的跨国、跨区大型互联电网基本形成。此外，俄罗斯、巴西和印度等国家也形成了全国性的互联电网。最近三十年，我国电力工业发展迅猛，如今已经建成世界上最强大的国家级超级电力系统。

纵观世界一百余年的人类历史，电力系统是一部不断提高发电机组容量，提高输电电压等级，构建越来越紧密的互联大电网的艰难工业化发展史，是实现人类一次次突破创新的发展史。以下是几个典型互联电网的情况：

①北美互联电网。

由美国电网、加拿大和墨西哥的部分电网组成，包含东部电网（Eastern Interconnection)、西部电网（Western Interconnection)、得克萨斯州电网（ERCOT Interconnection）和魁北克电网（Quebec Interconnection）四个互联电网。

东部电网是全北美四个互联电网中最大的电网，装机规模约600 GW，最大负荷约500 GW，覆盖面积约5.2×10^6 km^2，供电范围从加拿大的新斯科舍至美国的佛罗里达。

西部电网居于次席，与东部电网通过直流线路互联。

得克萨斯州电网供电覆盖得克萨斯州的大部分地区，通过直流线路与东部电网互联。

魁北克电网位于加拿大境内，通过直流线路与东部电网互联。

据1998年统计，美国与加拿大的7个省电网之间建有79条输电线路，交流互联线路的电压等级有500 kV、230 kV、115 kV等，此外还有1条多端超高压直流输电线路以及多个直流背靠背工程联系；美国与墨西哥之间有27条输电线路，大部分为交流输电线路。

②欧洲电网。

欧洲电网主要由欧洲大陆电网、北欧电网、波罗的海电网、英国电网、爱尔兰电网五个跨国互联同步电网，以及冰岛、塞浦路斯两个独立电网构成。前五个电网互联形成了跨众多国家的世界规模最大的互联电网。

欧洲大陆电网，供电人口7.3亿，覆盖欧洲24个国家，装机规模达670 GW，覆盖面积约4.5×10^6 km^2。欧洲互联电网将来有进一步与俄罗斯、乌克兰、白俄罗斯和莫尔多瓦等国电网联网的趋势。2004年10月10日，西欧与东南欧之间在克罗地亚境内通过高压输电线路实现重新联网。

③俄罗斯统一电网。

俄罗斯统一电网由69个地区电网组成，形成7个跨区电网，包括东方电网、西伯利亚电网、乌拉尔电网、中伏尔加河电网、南方电网、中部电网和西北电网，覆盖俄罗斯79个州，共有10700条110～1150 kV电压等级输电线路（其中，1150 kV电压等级线路降压至500 kV运行）。除了东方电网独立运行外，其他6个跨区电网已经实现同步联网。

与俄罗斯统一电网同步运行的还有阿塞拜疆、白俄罗斯、格鲁吉亚、哈萨克斯坦、摩尔多瓦、蒙古国、乌克兰、拉脱维亚、立陶宛、爱沙尼亚电网。中亚的吉尔吉斯斯坦电网和乌兹别克斯坦电网通过哈萨克斯坦电网与俄罗斯统一电网同步运行。上述由13个电网互联形成的同步电网称为独联体—波罗的海电网。芬兰电网通过维堡直流换流站与俄罗斯统一电网异步互联。

④巴西电网。

巴西电网由南部电网（含中西部）、东南部电网、北部电网和东北部电网组成，区域电网之间通过500 kV和345 kV联络线形成全国互联电网，服务人口1.7亿，装机规模超过100 GW，覆盖面积约5×10^6 km^2。巴西水能资源丰富，通过全国联网实现了水电资源的优化配置。其中，南部—东南部电网通过750 kV伊泰普交流线路实现同步互联，北部—东北部电网由单回500 kV交流线路互联，北部—南部电网通过单回500 kV交流线路互联，实现跨流域补偿。

⑤印度电网。

印度电网分为北部电网、西部电网、南部电网、东部电网和东北部电网五个区域电网，除南部电网外的其他电网同步运行，南部电网与东部、西部电网异步联网运行。北部电网区域最大，大约覆盖印度国土面积的31%。印度建成了一条±500 kV、1500 MW的高压直流输电线路，与400 kV交流输电网并列运行，远距离从东部地区向北部电网的中西部地区220 kV电网供电。

⑥中国电网。

20世纪90年代末至21世纪初，以三峡工程建设为契机，全国联网进程不断加快，在超高压和特高压领域进展神速，为崛起的中国经济注入了强大的能源支撑力量。目前中国已形成了六大电网，包括华中西南电网、华东电网、东北电网、西北电网、华北电网和南方电网，完成了四川、重庆、山东、福建、海南、西藏等独立省网并入区域电网的浩大工程，实现了除台湾外的全国联网，全国电网相互支援的能力显著提高，联网电压等级不断提高。

在超高压交流输电系统中，现已建有西北地区330 kV、750 kV骨干网架，华中、华东、华北、东北以及南方电网500 kV骨干网架。特别地，青藏交直流电力联网工程被称为“电力天路”。东起青海西宁，西至西藏拉萨，全长2530 km（其中西宁—格尔木750 kV输变电工程双回1492 km，格尔木—拉萨±400 kV直流输电工程1038 km），工程平均海拔4500 m，成为迄今世界上海拔最高、高寒地区建设的规模最大、穿越冻土区最长、施工难度最大的输变电工程。

在特高压交流输电工程中，从2009年晋东南—南阳—荆门，晋东南1000 kV单回试验示范工程投运开始，到2017年1000 kV双回榆横—潍坊，榆潍线投运为止，共计投运了7条特高压交流输电工程。其中，晋东南—南阳—荆门1000 kV特高压交流工程是世界上第一个商业化运营的特高压工程。该工程起于山西晋东南（长治）变电站，经河南南阳开关站，止于湖北荆门变电站。全线单回路架设，全长640 km，跨越黄河和汉江；榆横—潍坊1000 kV特高压交流输变电工程，标志着列入国家大气污染防治行动计划重点输电通道的“四交”特高压工程建设任务圆满完成。工程西连陕西、山西煤电基地，东连扎鲁特—青州特高压直流工程和锡盟—山东特高压交流工程，是华北特高压网架的重要组成部分。线路全长2×1050 km，两次跨越黄河。

在特高压直流输电工程中，从2010年6月云南—广州±800 kV特高压直流输电示范工程开始投运起，直到2016年1月准东—皖南±1100 kV特高压直流工程投运为止，共计投运了13项特高压直流输电工程。其中，云南—广州±800 kV特高压直流输电示范工程还是世界上第一条±800 kV特高压直流工程。工程西起云南楚雄彝族自治州禄丰县，东至广州增城区，途径云南、广西、广东三省（自治区），输电容量5000 MW，输电距离1373 km；准东—皖南±1100 kV特高压直流工程是目前世界上电压等级最高、输送容量最大、输电距离最远、技术水平最先进的特高压输电工程。该工程起于新疆昌吉换流站，止于安徽古泉换流站，途经新疆、甘肃、宁夏、陕西、河南、安徽六个省（自治区），线路总长约3324 km。

这些工程的建设和运行进一步提升了中国全国联网的强度，以及在能源电力领域的国际地位和话语权。

（5）现代电力系统。如上所述，随着社会对电能需求的日益增长，从传统第一代电力系统小机组、低电压、小电网到传统第二代电力系统的大机组、超高压、大电网大发展，走过了百年历史，其内在驱动力是社会进步、供需驱动。而现代电力系统（本书包含未来的电力系统概念，一些专家称为“第三代电力系统”）将成为世界各国共同面临的难题，包括共同面临的问题和约束条件，比如：化石能源资源有限，日益恶化的自然环境，信息通信技术高速发展，以及客观上社会对电力系统运行和用户服务自动化、智能化水平提出的更高要求，等等。同时，由于全球电力需求增速远高于其他能源品种，其占终端能源需求的比重将由2015年的19.0%提高到2050年的39.8%，预计在2045年前后电力将超越石油成为终端第一大能源主体。现代电力系统紧迫的能源转型问题，必须加快应对。转型的内在驱动力主要有三个来源：电源结构的变化，社会需求预期，人们对电能无处不在的深度体验。

1.2　电力系统的构成

无论从规模还是结构上看，电力系统都是实现能量转换、传输、分配的复杂、大型、强非线性、高维数、分层分布的动态大系统。虽然现代电力系统也由发电、输电、配电、用电等电气设备以及各种控制设备组成，但与传统电力系统相比，相关环节已经发生很大改变。现代电力系统的基本构成如图1-1所示。

电力系统中，通常直接用于生产、变换、输送、疏导、分配和使用电能的电气设备称为一次设备；对一次设备和系统的运行工况进行测量、监视、控制和保护的设备称为二次设备。

一次设备主要包括发电机、线路（含电缆）、变压器、高压断路器、隔离开关、互感器、母线、避雷器、电容器、电抗器等；二次设备主要包括继电保护装置、自动装置、测控装置、计量装置、自动化系统以及为二次设备提供电源的直流设备等。

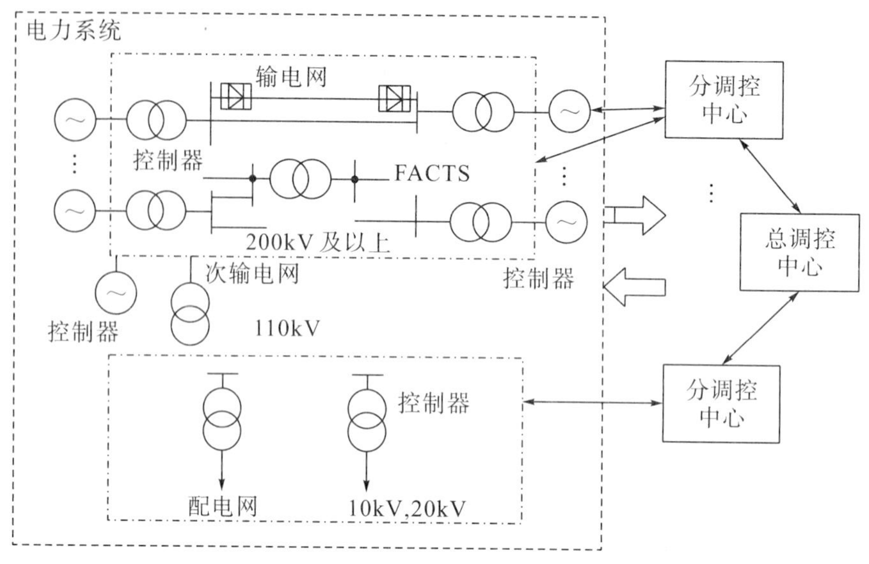

图 1—1　现代电力系统的基本构成

发电系统：交流系统中，发电机组由原动机、同步发电机和励磁系统组成。原动机将一次能源（化石燃料、核能和水能等）转换为机械能，再由同步发电机转换为电能。现在和未来很长时间，发电系统仍然以三相交流为主，发电机为三相交流同步发电机。不过未来在高比例可再生能源系统以及多能互补的综合能源系统特征下，发电系统本身注入了高比例的多源发电形式和技术，直流发电技术以及 DC/AC 和 AC/DC 转换日臻成熟。煤电、气电、水电、核电、风电、光伏发电将会多能互补并行发展。新的能源形势带动了能源技术革命，也催生了输电方式的变革。

目前，电力系统三大发电类型的主要技术包括：现代化石燃料发电技术，包括超临界和超超临界燃煤发电、高效脱硫装置、循环流化床（CFBC）和整体煤气化联合循环（IGCC）等清洁煤燃烧技术；大型水电技术装备和低水头贯流机组、抽水蓄能机组技术；以 AP1000 和 EPR 为代表的第三代压水堆型核电技术。而未来风电技术和以晶硅电池、薄膜电池、高倍聚光光伏组件等为代表的光伏发电技术将会后来居上，可再生能源装机容量在整个发电容量中占比将会逐步提升，有研究表明，我国 2050 年或将达到 50%。发电侧的能源转型包括分布式发电，可再生能源以及电力电子设备等将极大影响电力系统的方方面面，包括日常操作以及运行稳定控制等。

输电系统：输电系统（又称电网）由输电线路和变电设备及其相关附属设施组成。它将发电厂的电能传输到负荷中心或将不同区域或国家的电力系统互联起来。

根据线路性质，输电线路又有架空线路和电缆线路两种类型。架空线路一般由导线、杆塔及其附属设施组成，电缆线路一般由电缆和地下管廊及其相关附属设施组成。

根据电压等级，输电系统又分为输电网络和次输电网络两类。

输电网络通常是将主力发电厂或发电基地（包括若干电厂）发出的电力输送到消费电能的地区/负荷中心，或者实现电网互联，将一个电网的电力输送到另一个电网。输电网络形成整个系统的骨干网络并运行于系统的最高电压等级。发电机的电压通常在 10～35 kV的范围内，经过升压达到输电电压水平后，由特高压、超高压或高压交流或直流输电线路将电能进行传输，在适当地点，经过变电站降压达到次输电水平（一般为 110 kV）。发电和输电网络经常被称作主电力系统（bulk power system）。现代电网中，输电网络的特征主要是特高压、超高压、交直流输变电、大区域互联电网、大容量输变电设备、超特高压继电保护、自动装置、大电网安全稳定控制、现代电网调度自动化、光纤化、信息化等。

次输电网络将电力从输电变电站输往配电变电站。通常大的工业用户直接由次输电系统供电。在某些系统中，次输电和输电回路之间没有清晰的界限。比如一些超大的工业用户也有直接通过 220 kV 系统供电，然后再由内部进行电力分配。当系统扩展，或更高一级电压水平的输电变得必要时，原有输电线路承担的任务等级常被降低，起次输电的功能。现代电网中，次输电网络的特征主要是高压、局部区域内电网互联、大电网安全稳定控制辅助执行控制、无油化、城市电缆化、变电站自动化、地区电网调度自动化、光纤化、信息化等。

输电系统中的变电站站内变电设备很多，主要有变压器、电抗器、电容器、断路器、开关、避雷器、互感器、母线等一次设备以及保证输变电安全可靠运行的继电保护、自动装置、控制等二次设备。

配电系统：配电系统是将电力送往用户的最后一级电网，也是最复杂的一级电网。一次配电（通常称为高压或中压配电）电压通常在 4.0～35 kV 之间，中国通常将 10kV/20kV列为中压配电范畴。较小的工业用户通过这一电压等级的主馈线供电。二次配电（通常称为低压配电）馈线以 220/380V 电压向民用和商业用户供电。

1.3　电力系统运行特性及控制

1.3.1　电力系统运行特性与未来特征

电力系统的功能是将能量从一种自然存在的形式（一次能源）转换为电能（二次能源）的形式，并将它输送到各个用户。电能的优点是输送和控制相对容易，效率和可靠性高。电能生产、输送、分配和消费的一般特点如下：

同时性，指生产与消费在一个时间轴上，负荷与发电之间具有平衡关系，因为电能不易大量储存。

整体性，指生产各个环节到用电设备间同处一个系统运行机制或者电力生产链上，不可分割。

快速性，指电能以电磁波的形式传播，因此，电力生产的暂态过程十分短暂，内在机理极为复杂，电力系统运行控制难度很大。

连续性，指由于用户对电能需求的深度体验以及社会生产经营活动的不间断性，电力生产必须可靠、不中断，还需要满足电能质量的要求。

实时性，指电力生产本身，以及用电需求或负荷变化实时调控，故障或紧急状态下实时处理，保持系统运行稳定。

随机性，指用电负荷变化规律的不确定性，电网设备和系统故障的不确定性，以及分布可再生能源、新型电源生产的不确定性。

未来，能源互联与智能化将深度发展，现代电力系统高低压网络极为复杂。大容量、高参数发、输、变电设备随着制造工艺和材料的现代化和高科技化应用更加广泛，超特高电压、超远距离输电并组成跨区域、跨国超大规模互联电网趋势显著，超特高压直流输电和柔性交流输电技术日臻成熟，发电类型以及发电主体多元化。从智能电力系统整体视角看，未来的电力系统是一个“三高”“三多”的系统。“三高”：①高比例可再生能源并网，包括风力发电、太阳能发电、海洋能发电等；②高比例电力电子装置，包括源、网、荷等方面；③高比例新型负荷接入，包括大量电动汽车、分布式发电、分布式储能、变频空调、大量新增的公用事业、工业和民用敏感型负荷。“三多”：①多能源共生互补，包括电、热、气等；②多种网络相结合，除了互联电网之外还将结合信息网、气象网、交通网等，涉及多敏感应用群体的需求侧管理等；③多种运营主体相结合，包括供电多元、电力市场等。其中，以中国电力系统为例，未来运行特征及其控制重点包括：

（1）高比例可再生能源并网。

截至2016年底，我国大陆并网风电装机容量达到1.4846亿kW，太阳能发电装机容量达到7742万kW。新能源装机容量占我国大陆总装机容量的13.7%，其中西部、北部省份风电装机容量占大陆开发总量的80%，太阳能光伏占50%，主要采取集中开发模式；而分布式太阳能光伏正在我国东部兴起。在西部和北部地区已经形成了高比例可再生能源系统。甘肃全省光伏和风电装机与全省总装机之比已经达到41%。

同时，可再生能源崛起的速度显然高于人们的预期，现有电网消纳和输送呈现瓶颈，这就可能导致弃风，降低效益。我国2016年弃风总量达到497亿kW·h，弃风率为20%，其中甘肃弃风率高达43%，新疆弃风率也达到38%；2017年我国弃风电量比2016年减少78亿kW·h，但总量依然高达419亿kW·h。这是高比例可再生能源系统的特征，也是对传统电力系统的压力，比如：电网频率调节能力下降，出现频率稳定问题；受端电网电压调节能力弱化，出现电压稳定问题；等等。

（2）高比例电力电子装备。

不言而喻，现代电力系统中装备了大量的电力电子设备，未来比例更高。其中，最重要的电力电子装备设施源于高速发展的直流输电系统。我国运行有几十项直流输电工程，从直流分类上看，有特高压直流、背靠背直流、柔性直流（VSC－HVDC），甚至近期正在建设的张北至北京4端柔性直流电网试验示范工程等。从地域上看，华东和华南作为我国两大负荷集中区，也是直流输电工程建设的重点，截至2017年末，各有10条直流输电落点在这两个区域。此外，随着未来西部可再生能源开发力度的加大和西电东送需求的增加，在我国西部通过水电、风电、光伏、具备灵活调节能力的清洁煤电等各种能源跨地区、跨流域的优化补偿调节，进一步整合以可再生能源为主的清洁电力等举措，都会有大量的电力电子装备投入运行而影响电力系统的传统特性。电力电子装置具备快速响应特性，在传统同步电网以工频为基础的功角稳定、低频振荡等问题之外，还可能产生中频带（5～300 Hz）振荡的电网稳定新问题等。

另一方面，伴随可再生能源的发展，大量风电光伏电力电子变换器接入电网，如直驱式风电机组变流器、光伏电站和分布式光伏逆变器、非水储能电站和分布式储能逆变器等。除了集中式接入的大型风电光伏外，还有越来越多的小容量、分布式风电光伏系统投运，大大增加了接入电力系统的电力电子设备数量。这些新能源大规模投产后，与系统耦合引发次同步振荡，可能导致远方火电机组故障跳闸等。

（3）多能互补综合能源。

未来，电力系统伴生于能源转型，将不再仅仅是传统孤立的电力生产和消费系统，转而扩展为智能电网概念新形势下的综合能源系统。可分为以下两种类型：

①源端基地综合能源电力系统。各类可再生能源是未来发电装机的潜在增长点，但可能受限于输电走廊和技术因素，电能难以送出，比如我国西电东送的能力很难超过6 亿 kW。于是富裕能源一是将以其他形式消纳和转换后以别的形式再应用，比如建立水电、风电、太阳能发电、清洁煤电等能源基地和储能基地，实现多能互补，同时部分富裕的电能通过直流输电网外送；二是电力通过供热制冷、产业耗电等多种途径转换后就地消纳；三是电解制氢、制甲烷等转换后就地利用。

②终端消费综合能源电力系统。通常能源电力是通过热发电生产的，但热转换效率不高，比如我国只有 30%～40%。而建设终端消费综合能源电力系统可以提高能源利用效率，比如提高到 60%甚至更高，降低能源消耗总量。其中包括构建主动配电网架构下直接面向各类用户的分布式能源、各类储能和清洁能源微电网，满足用户多元需求。

（4）智能电力系统和能源互联网。

当今时代以无处不在的传感器和 IT 技术为支撑，以物联网、大数据、云计算、深度学习、区块链等技术为核心，人工智能正在快速发展。特别地，借助 AI 在预测、识别以及决策支持方面的优势，在传统电力系统依赖数据分析、依赖经验的领域，在电力系统的设备管理、电力系统运行控制、电力系统的灾害防御、电力市场交易的领域，都存在着广阔的应用前景。电力系统具有天然的网络化、开放和共享的互联网特征，而传统电力系统缺乏灵活调节和储能资源，不适应高比例集中和分布式可再生能源电力的接入，不具备多种能源相互转化的功能，不支持多种一次和二次能源相互转化和互补等，其综合能源利用效率和可再生能源利用能力都受到相当的限制。未来嫁接了人工智能的电力系统具有电力系统设备管理和系统控制、能源管理和交易等领域的潜力，可能会颠覆传统方式，随之开启一种全新、自动、自主新模式。新模式下，电力系统将成为以电力系统为核心和纽带，多种能源互联互通的能源网络；能源系统与互联网技术深度融合的信息物理系统；以用户为中心的能源电力运营商业模式和服务业态。未来，电力系统在安全、经济和可靠性方面将得到全面深化变革。

总之，基于传统运行控制机制下发展起来的现代电力系统，更多地融入了能源转型、智能化等新元素的运行特征，不断发展的结果将使系统动态行为更复杂，局部故障波及的范围更广，系统安全稳定问题更加突出，更易导致由于相继的连锁故障而造成大面积停电灾难。事实上，电力系统将运行在更苛刻、更难预测的条件之下。而本书关于电力系统安全稳定的理论和方法将是帮助我们理解和解决上述问题的重要基础。

1.3.2　现代电力系统控制

电能的优点是容易输送和相对可控，转换为热能、机械能、光能等应用效率高，用电安全性高。但是现代电力系统由于互联、远距离、大容量、多能发电、电力电子化等快速发展，其运行机理极为复杂，电力市场的发展更使设备的运行越来越接近其热容量，既增加了运行条件的不可预知性，也增加了不确定性、高维非线性系统运行的分析难度和控制难度。

电力系统在规划、设计、建设和运行各个环节需要层层优化并相互衔接。特别地，当既有系统与其他系统互联，或者系统中有设备新投异动，特别是主要设备有新投或退役，比如变电站、发电单元等，投运前都需要经过严密计算、仿真，根据需要配套相关满足电力系统安全运行的其他控制/调节设备或系统，合理配置运行参数和运行方式，确保电力系统投运后处于安全稳定的新的平衡状态。影响电力系统安全运行的因素很多，包括成本约束、设备和运行控制技术条件、制造和安装工艺水平、既有发输变配用条件、运行指标约束条件、运行环境，甚至电力生产者本身的技能管理水平等方面。

1.3.2.1 电力系统运行的基本要求

从电力系统正常运行而言，主要有以下三大基本要求：

(1) 必须满足不断变化的有功和无功功率需求并保持其平衡，必须保持适当的有功和无功旋转备用并始终给予适当的控制。

(2) 能以最优成本生产、传输和供电的同时具有最小的生态影响，低碳运行。

(3) 必须满足相应标准规定的供电质量原则和指标，包括频率稳定、电压稳定、供电可靠性。

现代电力系统控制示意如图 1－2 所示。其中，一些控制器直接作用于各单独系统元件。在发电机组中，发电机控制由原动机控制和励磁控制组成。发电机有功功率的调节主要取决于原动机的调速系统，原动机控制与转速调节有关，即控制能量供应系统的变量，如锅炉压力、温度和流量。励磁系统的功能是调节发电机电压和无功功率输出。每个发电机组的有功功率输出由系统发电控制确定。

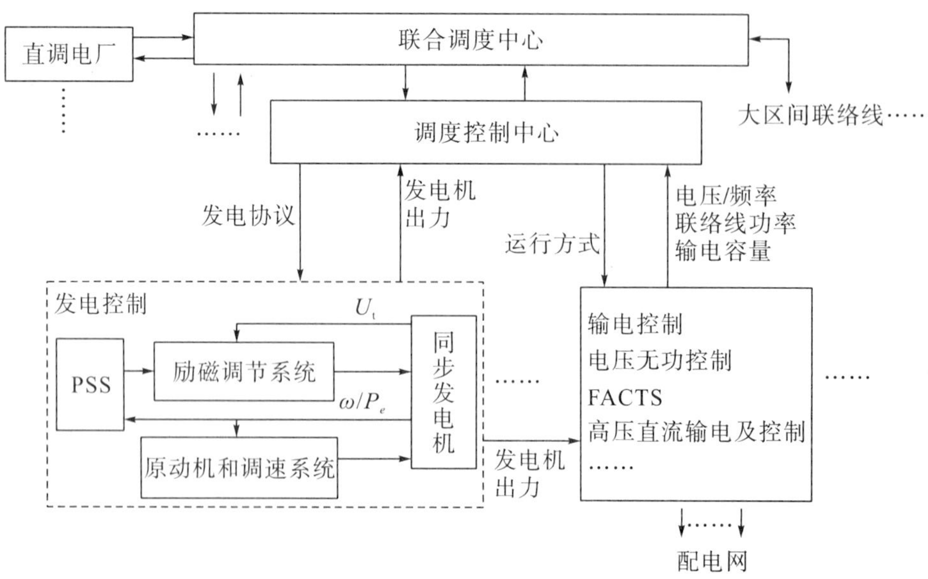

图 1－2 现代电力系统控制示意

系统发电控制的主要目的是维持发电与系统负荷和损耗的平衡，从而使所希望的频率以及与相邻系统的功率交换（联络线潮流）控制在规定范围内。图 1－2 中虚线框内代表了通常的热能、核能以及水能等为原动机的控制模式。而风电和光伏发电因原动机驱动原理不同，其特殊装备增加了电力电子变流器，串联/并联入网。风力发电控制和光伏发电控制系统分别如图 1－3 和图 1－4 所示。

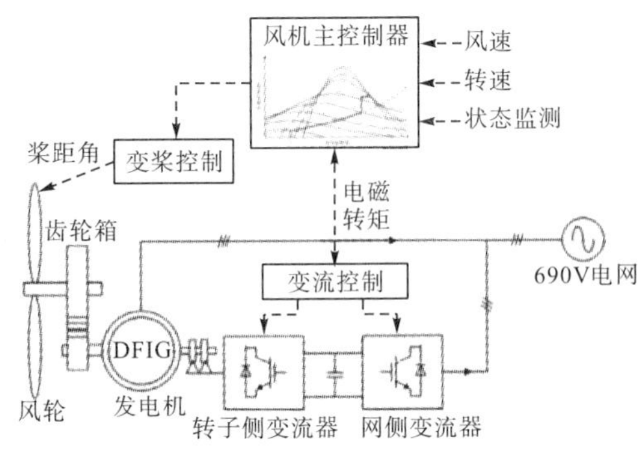

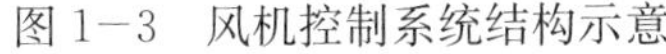
图 1－3　风机控制系统结构示意

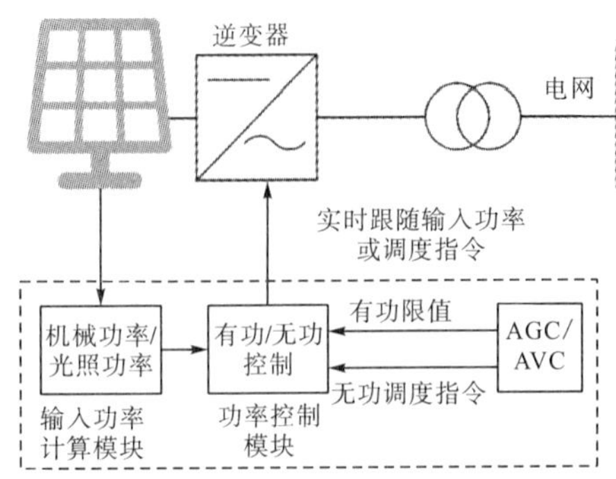

图 1－4　光伏控制系统结构示意

输电控制包括功率和电压控制设备，例如静止无功补偿器、同步调相机、可投切电容器和电抗器、可调分接头变压器（有载调压）、移相变压器和高压直流输电换流器、换流变压器及控制保护设备等。这些控制和被控设备对电力系统的动态特性和抗干扰能力具有重要影响。以上所述控制设备能将系统电压和频率及其他系统变量保持在允许的范围内，使电力系统得以安全运行。

控制目标取决于电力系统的运行状态。在正常方式下，控制目标是使电压和频率接近额定值以使运行尽可能高效。当非正常运行状态发生时，其控制目标首先就是使系统恢复到正常运行状态。

对一个安全裕度较大的系统，任何一种单一的故障都不会造成全系统的安全失稳。但如果多种情况叠加使电力系统超出其承受的能力时，电力系统就可能出现运行异常或事故，像严重的自然灾害造成设备失效，而人为过失以及设计不当等原因都可能使电力系统变得脆弱并可能最终导致系统破坏，甚至连锁故障或灾难性停电。因此，电力系统控制的目标任务就是确保所有元件运行在许可范围内，以避免大范围停电。

1.3.2.2　电力系统的运行状态和控制策略

电力系统在运行中受到干扰出现事故的概率虽然很小，诸如发电厂全场停电、大型枢纽变电站失压、线路倒塌全线跳闸、保护系统失效等，但是一旦发生，将影响整个社会的正常运行。

电力系统安全稳定控制的目的：实现在正常运行情况和偶然事故情况下都能保证电网各运行参数均在允许范围内，安全、可靠地向用户供给质量合格的电能。也就是说，电力系统正常运行时必须满足两个约束条件：等式约束条件和不等式约束条件。

所谓等式约束条件，是指系统发出的总的有功和无功功率在任何时刻都分别与系统总的有功和无功功率消耗（包括网损）相等，即满足功率平衡方程

$$\sum_i P_{Gi} - \sum_j P_{LDj} - P_L = 0 \tag{1-1}$$

$$\sum_i Q_{Gi} - \sum_j Q_{LDj} - Q_L = 0 \tag{1-2}$$

式中，P_{Gi}，Q_{Gi} 分别为发电机 i 的有功和无功功率；P_{LDj}，Q_{LDj} 分别为负荷 j 的有功和无

功功率；P_L，Q_L 分别为有功和无功功率的总网损。

不等式约束条件是为了保证系统安全运行，有关电气设备的运行参数都应处于运行允许值的范围内，如节点电压、支路潮流等。

上述两种约束条件可简写为

$$\left.\begin{aligned} g(x) &= 0 \\ h(x) &\leqslant 0 \end{aligned}\right\} \tag{1-3}$$

为便于分析电力系统安全性和恰当地设计控制系统，一般从系统稳定性以及控制水平出发，根据等式约束条件和不等式约束条件的满足情况，将系统运行状态划分为五种或四种状态，即安全正常状态、告警状态（不安全正常状态）、紧急状态、危急状态（极端状态）和恢复状态，前两种也可归为同一类，同属正常运行状态。电力系统运行状态的划分如图 1—5 所示，图中给出了各运行状态以及系统从一种状态可能转移到另一种状态的逻辑关系。

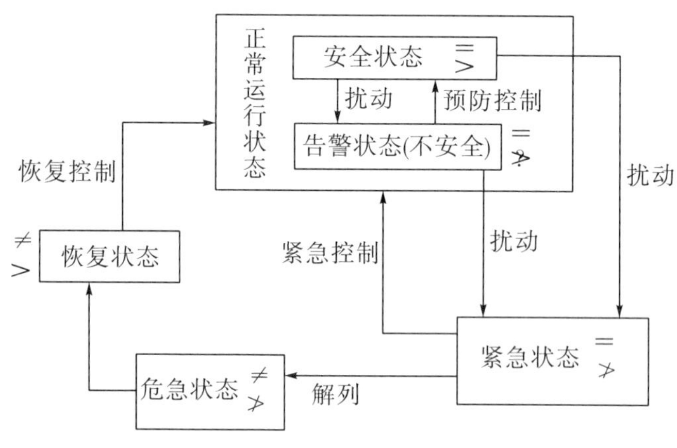

图 1—5　电力系统运行状态的划分

正常运行状态下，等式约束条件和不等式约束条件都得到满足。如果在此状态下发电设备和输变电设备仍有足够的备用容量，系统保持适当的安全裕度，则系统运行于一种安全方式下，能够承受偶然事故而不超出任何约束条件，因此，也称之为安全状态。如果系统的安全水平下降到某一适当的界限，或者出于不利的天气条件如特大暴风雨而使故障干扰的可能性增加，则系统进入告警状态（不安全状态）。在这种状态下，所有系统变量仍在允许范围内，所有约束条件都能得到满足，但是安全裕度已很低。在不安全状态下，及时采取恰当的控制措施可使系统回到安全状态。使系统从不安全状态转变到安全状态的控制手段，称为预防控制。由于告警状态下系统已到了很脆弱的程度，因此一个偶然事故便会造成设备的过负荷，从而使系统进入紧急状态。在紧急状态下，虽然还没有出现大面积停电，但运行参数已越限，许多母线的电压降低、设备负荷超出其短时紧急额定值，已不能满足不等式约束条件。在此状态下，若不采取控制措施，运行情况将会进一步恶化，甚至造成系统崩溃解列，进入危急状态。紧急状态又可以分为两类：①对于还没有失去稳定的紧急状态而言，由于输电设备通常允许有一定的过负荷持续时间，所以这种状态称为持久性的紧急状态。对于这种状态，一般可以通过控制使之回到安全状态，称为校正控制或持久性紧急状态控制。②可能失去稳定的紧急状态称为稳定性的紧急状态，该状态能容忍的时间只有几秒钟，相应的控制也不得超过1 s。这种控制称为紧急控制或稳定性紧急控制。如果未能采取以上措施或者控制不能奏效，则系统将处于极端状态（进入危急状态），其结果是连锁反应，引起较大范围停电。此时，可采取一些控制措施，如切除负荷及有控制的系统解列，其目的是将系统中尽可能多的部分从大范围的停电中挽救过来。危急状态下，等式约束条件和不等式约束条件均不满足，系统必须经过恢复状态，通过恢复控制来恢复对用户的供电，已解列的系统得重新并网，才能使电力系统重新进入正常状态。恢复状态下，先满足不等式约束条件，然后通过再同步、并网联结恢复所有用户供电，使等式约束条件得以满足。

图1-5中几种状态为电力系统安全稳定运行提供了整体控制的逻辑框架。实际上，确保系统安全稳定运行中的控制和被控设备及其控制策略本身也是电力系统的重要组成部分。

若系统遭受故障扰动并进入某种降级的运行状态，则电力系统自动或在调控中心控制体系的干预下将系统控制在正常运行状态，包括自动控制发电出力或自动投切元件或人工改变运行方式等措施。

为适应各种系统控制要求，控制中心一般设置成分层分级结构，甚至国家或跨国联合调控中心，以便分别制定和处理局部、区域和互联大系统之间不同的电力生产运行调配方案、运行操作、系统控制以及不同运行状态下系统的运行问题。

从控制理论的观点看，电力系统具有非常高阶的多变量过程，运行于不断变化的环境之中，这是非常重要的概念。由于系统的高维数和复杂性，对系统作简化假定并采用恰当详细的系统描述来分析特定的问题，这是分析电力系统机理的重要思想方法。很好地掌握整个系统及其各个元件的特性非常必要。

电力系统是一个高度非线性的系统，它的动态行为受大量设备的影响，而这些设备有着不同的响应速率和特性。实际上电力系统的每一主要元件的特性以及可能叠加的外部运行因素，包含负荷波动都对系统稳定、控制策略的实施产生影响。

参考文献

[1] 刘天琪. 现代电力系统分析理论与方法 [M]. 2版. 北京：中国电力出版社，2016.

[2] Kundur Prabha. Power System Stability and Control [M]. New York：McGraw-Hill，1994.

[3] 刘振亚. 特高压交直流电网 [M]. 北京：中国电力出版社，2014.

[4] 周孝信，陈树勇，鲁宗相，等. 能源转型中我国新一代电力系统的技术特征 [J]. 中国电机工程学报，2018，38 (7)：1893-1904.

[5] 刘天琪. 超高压大系统最优恢复计划的多目标模糊决策法 [J]. 电力系统自动化，2000，24 (15)：27-31.

[6] 鞠萍，周孝信，陈维江，等. “智能电网+”研究综述 [J]. 电力自动化设备，2018，38 (5)：2-11.

[7] 舒印彪，张文亮. 特高压输电若干关键技术研究 [J]. 中国电机工程学报，2007，27 (31)：1-6.

[8] 李明节. 大规模特高压交直流混联电网特性分析与运行控制 [J]. 电网技术，2016，40 (4)：985-991.

[9] 马钊. 未来电力系统十大关键技术及挑战——CIGRE 2016技术动向 [J]. 供用电，2017，34 (194)：24-26.

[10] 薛禹胜. 现代电网稳定理论和分析技术的研究方向 [J]. 电力系统自动化，2000，24 (7)：1-6.

[11] 常乃超，张智刚，卢强，等. 智能电网调度控制系统新型应用架构设计 [J]. 电力系统自动化，2015，39 (1)：53-59.

[12] 马艺玮，杨苹，王月武. 微电网典型特征及关键技术 [J]. 电力系统自动化，2015，39 (8)：168-175.

[13] 严剑峰，冯长有，鲁广明，等. 考虑运行方式安排的大电网在线趋势分析技术 [J]. 电力系统自动化，2015，39 (1)：111-116.

[14] 赵俊华，文福拴，薛禹胜，等. 电力信息物理融合系统的建模分析与控制研究框架 [J]. 电力系统自动化，2011，35 (16)：1-8.

[15] 汤广福，庞辉，贺之渊. 先进交直流输电技术在中国的发展与应用 [J]. 中国电机工程学报，2016，36 (7)：1760-1771.

[16] 陈国平，李明节，许涛，等. 我国电网支撑可再生能源发展的实践与挑战 [J]. 电网技术，2017，41 (10)：3095-3103.

[17] 周孝信，鲁宗相，刘应梅. 中国未来电网的发展模式和关键技术 [J]. 中国电机工程学报，2014，34 (29)：4999-5008.

[18] 孙玉娇，周勤勇，申洪. 未来中国输电网发展模式的分析与展望 [J]. 电网技术，2013，37 (7)：1929-1935.

[19] 马钊，周孝信，尚宇炜，等. 能源互联网概念、关键技术及发展模式探索 [J]. 电网技术，2015，39 (11)：3014-3022.

[20] 李勇，姚文峰，杨柳，等. 南方电网主网架热稳定和短路电流超标问题分析 [J]. 南方电网技术，2013，7 (2)：21-25.

[21] 李明节，于钊，许涛，等. 新能源并网系统引发的复杂振荡问题及其对策研究 [J]. 电网技术，2017，41 (4)：1036-1042.

[22] 陈国平，李明节，许涛，等. 关于新能源发展的技术瓶颈研究 [J]. 中国电机工程学报，2017，37 (1)：20-26.

[23] 闫丽霞，刘东，陈冠宏，等. 2017 年国际大电网会议都柏林研讨会报道体验未来的电力系统 [J]. 电力系统自动化，2018，42 (11)：1-7.

[24] 舒印彪，汤涌，孙华东. 电力系统安全稳定标准研究 [J]. 中国电机工程学报，2013，33 (25)：1-8.

[25] 刘天琪，陶艳，李保宏. 风电场经 MMC-MTDC 系统并网的几个关键问题 [J]. 电网技术，2017，41 (10)：3251-3260.

[26] 胡晓通，刘天琪，何川. 考虑随机特性的独立微网储能裕度计算方法 [J]. 电力自动化设备，2017，37 (12)：80-85.

[27] 江琴，刘天琪，曾雪洋，等. 大规模风电与直流综合作用对送端系统暂态稳定影响机理 [J]. 电网技术，2018，42 (7)：2039-2046.

[28] 吴霞，刘天琪，李兴源. 分时段直流多落点系统紧急及阻尼协调控制 [J]. 电网技术，2013，37 (3)：808-813.

[29] 崔金兰，刘天琪. 分布式发电技术及其并网问题研究综述 [J]. 现代电力，2007，24 (3)：53-57.

[30] 张梅，刘天琪. 交直流混合系统电压稳定问题综述 [J]. 现代电力，2005，22 (3)：15-19.

[31] 彭慧敏，李峰，丁茂生，等. 交直流电力系统安全稳定及协调控制的评述 [J]. 电力系统及其自动化学报，2016，28 (9)：74-81.

[32] 舒印彪，胡毅. 交流特高压输电线路关键技术的研究及应用 [J]. 中国电机工程学报，2007，27 (36)：1-7.

第 2 章　电力系统安全稳定导论

电力系统稳定性问题是电力工业最基本的核心问题，也是电力运行部门最关心的重要问题之一。电力系统各种分析方法、控制设备、继电保护装置的应用，其最终目的都是保证系统安全稳定运行。长期以来，电力系统安全稳定理论的发展落后于电力系统自身规模的发展和复杂程度的增加，正因为如此，世界上许多国家都发生过因电力系统稳定性破坏而导致的大面积停电事故。随着电力系统规模的不断扩大、电网结构和运行方式的日益复杂，电力系统稳定性问题变得越来越突出。一旦电力系统失去稳定，造成的损失将难以评估，影响巨大。

本章简要介绍电力系统稳定问题及其发展历程，帮助了解相关技术演变以及未来的发展趋势，整理电力系统稳定的定义及相关分类方法，尤其是国内外相关定义的本质差别以及设计和运用准则，以便更有效地掌握这门课程的核心思想。

2.1　电力系统稳定问题及发展过程

动态系统的稳定性是指系统受到物理扰动后，能否重新获得运行平衡点，且大部分系统变量在规定范围内，从而保持系统完整性的能力。

电力系统是典型的大规模、非线性、时变动态系统。电力系统稳定意味着在给定平衡状态下，受到物理扰动后，凭借系统自身固有能力和在控制设备的控制作用下，系统仍能满足供需平衡（满足等式约束条件）、保持完整地重新获得可以容许的运行平衡状态（回复到原始稳态运行方式，或者达到新的稳态运行方式）。即系统内所有运行发电机保持同步运行，且系统中枢点电压保持在允许范围内。

电力系统稳定问题是 1920 年 C. P. Steinmetz 在题为“Power Control and Stability of Electric Generating Stations”中第一次提出，并认为是电力系统的重要问题之一[1]。1924 年 R. D. Evans 和 R. C. Bergvall 给出了第一个模型系统的实验结果报告[2]，1926 年进行了第一次实际电力系统稳定的现场试验[3-4]。1937 年 AIEE 工作组给出了第一份有关电力系统稳定的工作报告[5]。

早期的稳定问题是远方水电站经长距离输电线向大城市负荷中心供电产生的。为了提高设备利用率，从经济的角度考虑，这样的远距离输电系统往往运行于接近其静态稳定极限。系统在稳态运行时很少发生不稳定；但在短路和其他扰动下，则较为频繁地发生不稳定[20]。当时的稳定问题主要是由于同步转矩不足所造成的，因而受输电系统强度的影响较大。故障切除时间较长，大约为0.5～2 s或更长。

分析方法和采用的模型受限于计算方法和技术，以及动态系统稳定理论的研究。由于可使用的工具只有计算尺和机械计算器，因此，模型和分析方法必须简单，比如等面积定则这种图形分析方法，适合分析简单的系统，尤其对两级系统有效。一般将静态稳定和暂态稳定分开处理，其中前者与功角曲线的斜率和峰值有关，而且认为阻尼为正。

实际运行中，由于受端系统在缺乏电源支持的情况下自身非常薄弱，因而逐渐发展为多个电源互联运行，形成了早期的互联电网。改善稳定计算的重要标志是1930年网络分析仪（或交流计算台）的问世。网络分析仪本质上是一个缩小的交流系统模型，其中包括用于模拟输电网和负荷的可调节电阻器、电抗器和电容器，用于模拟发电机幅值和功角的可调电压源，以及测量网络电压、电流和功率的电测表。该模型可用于多级系统的潮流分析，只不过仍需采用分步数字积分法，用手工计算运动方程（或称摇摆方程）。

20世纪二三十年代，人们取得了早期理论工作的重要成果并积累了电力系统稳定的知识，奠定了工业界对电力系统稳定分析的基础，但这些工作均基于对长距离输电的研究，而非基于同步电机理论。早期研究侧重于网络，只把发电机看作是某一固定电抗后的简单电压源，负荷考虑为恒定阻抗，因为当时计算工具只适合求解代数方程，而不适合求解微分方程。

快速故障切除和连续无死区电压调节器对系统稳定性有一定的改善作用。尽管20世纪20年代初期人们已认识到快速励磁系统对提高静态稳定的好处，但并不推荐“动态稳定”作为一种正常运行态，而是在确定运行极限时作为一种备选。随着对快速励磁系统在限制第一摆不失稳及提高静态稳定极限认识的加深，该应用变得普遍了，但快速励磁机在某些情况下会造成阻尼下降。研究振荡失稳需要对同步电机和励磁系统进行更详细的描述，进行更长时间的过程模拟仿真，这需要更好的分析工具。

20世纪50年代初，开始用电子模拟式计算机来分析那些特别需要详细模拟同步电机励磁系统和调速器的问题。不过该模拟分析只适合详细研究设备特性，不适合研究系统行为。随着数字计算机的发展，1956年开发了第一代电力系统稳定分析数字计算机程序。数字计算机程序在模拟网络规模和设备动态特性建模两方面都强于网络分析仪，是一种理想的分析互联电力系统稳定问题的工具。

互联电力系统在经济性和安全性方面具有明显优势。在经济性方面，多个地区联网形成大型互联电网后，有利于地区间电力平衡和经济调度，有利于安排机组检修和事故备用容量，有利于协调利用系统中不同类型的一次能源资源。在安全性方面，有利于提高系统的抗冲击能力，实现事故情况下的紧急功率支援，提高系统的供电质量，并可以通过对负荷点的多路供电来提高供电可靠性等。由于互联电力系统带来的显著效益，电网互联规模总体呈现出越来越大的趋势。随着电力系统规模不断发展，稳定问题的复杂性也随之增加。20世纪60年代，大多数美国和加拿大的电力系统都连接到东、西两大互联系统。1967年低容量的高压直流输电联络线将东、西两系统连接起来。美国和加拿大的电力系统实际上组成了一个大系统，这使得系统的稳定问题变得更复杂，如果失稳，后果可能更严重。1965年11月9日，美国东北部电网大停电事故，足以说明该问题的严重性。因此，系统的稳定和可靠运行开始成为人们高度关注的重要问题[25]。

自20世纪60年代开始，电力系统稳定的重点大多集中在暂态稳定，一般电力系统按暂态稳定准则进行设计和运行。主要工具是暂态稳定程序，它既能用于很大的系统，又具有详细的设备模型。得益于数值方法和数字计算机技术的发展，在设备特别是同步电机、励磁系统以及负荷的建模和试验方面也有了重要进展。此外，通过高速故障切除、快速励磁机、串联电容器和专门的稳定措施，电力系统暂态稳定性得到很大改善，但是系统振荡不稳定的趋势也在增加。快速励磁机改善了暂态稳定，也带来了与本地电厂振荡模式相关的负阻尼效应，这将影响系统对小信号的稳定性。后来，电力系统稳定器的出现，使这些问题到了较好的解决。振荡不稳定的另一个原因是电力系统的互联，即多组紧密耦合的机组群通过弱联络线互联。随着大功率传输，系统又呈现出区域间的低频振荡的问题。

我国从 20 世纪 70 年代初开始，电力系统逐步由彼此独立的 110 kV 和 220 kV 地区电网互联形成 220 kV 以上的省级电网。由于供电距离和供电面积增大，加之当时缺电严重，在比较长的时间内系统稳定问题十分突出。据统计，我国电力系统从 1970 年到 1980 年的 11 年间，年平均发生稳定事故近 20 起，其中有功角稳定事故，也有电压稳定和频率稳定事故，还包括造成大面积停电的电网崩溃瓦解事故。在此背景下，1981 年由电力工业部制定并颁布实施了《电力系统安全稳定导则》（以下简称《导则》)。《导则》对电力系统规划、设计、建设、运行和科学试验中涉及安全稳定的工作提出了明确要求，保障了电网的合理建设，促进了安全稳定措施的应用，提高了系统的安全稳定水平；明显降低了恶性安全稳定事故的发生次数。到 90 年代后期，我国电力系统实际发生的稳定破坏事故已经十分罕见。但因为当时输电系统的建设仍落后于电源建设，高低压电磁环网结构较多，且某些电网间联系较少，暂态稳定性破坏事故发生的风险仍然较大。并且，在某些关键输电断面，暂态稳定性约束是导致输电线路传输容量和发电厂出力受限的主要原因，所以保证系统具有充分的安全稳定性依然是规划和运行中重点考虑的因素。

国民经济发展、电网自身发展和电力工业体制深化改革等因素提出了对《导则》的修改要求。随着科技进步和社会发展，电力电子技术发展迅速，直流输电、电力系统稳定器、可变电抗器、SVG 等新技术和新设备层出不穷，对计算分析的深度提出了更高的要求；安全稳定控制技术发展迅速，效果明显并日趋成熟；计算机技术的发展使电网计算分析手段日趋完善，计算分析水平不断提高，在很多地方也已实现电力系统在线计算。科学技术的进步和电力系统的发展，也要求对《导则》进行修订，适度提高电网规划、设计、建设和生产运行的技术标准，提高我国电网安全稳定运行水平，这很有必要。因此，在总结《导则》实施 20 年经验的基础上，吸取国内外多次重大电网事故的教训，参照国内外电力系统安全稳定和可靠性及其他有关电网运行的技术标准，根据我国电力系统实际情况和电网发展以及电力工业管理体制改革的需要，对《导则》进行了修订，2001 年颁布实施新版强制性电力行业标准《电力系统安全稳定导则》(DL 755—2001)。这是我国电力系统设计、建设、运行和管理的一件大事，它促使我国电力系统安全稳定水平跃上新的台阶。

2.2　电力系统稳定的定义及分类

对动态系统而言，如果在特定扰动下不能在给定时间内保持系统完整地重新获得可接受的运行平衡点，则说明系统失去稳定性。一个失去稳定的电力系统，其功角、电压、频率都会超出正常运行所允许的范围。也就是说，一个引发系统崩溃的扰动最终在理论上将会导致系统的功角、电压和频率同时失稳。但是，实际运行的电力系统作为一个物理系统，在不同扰动下导致系统失稳的主导因素和趋于失稳状态的路径是不同的，而且需要对应不同的描述模型、分析计算手段和安全稳定控制措施。因此，对电力系统中各种不同的稳定现象进行分类并给予较为准确的定义是十分必要的。为了便于理解各种动态特性的物理本质和采用合理的简化方法来分析不同性质的问题，常常根据系统动态过程中表征稳定性的主要物理变量、系统承受扰动的大小以及动态过程的持续时间对电力系统的稳定性进行分类。

稳定问题的内涵和外延随着电力系统的发展而不断扩充，对稳定现象的定义和分类也在不断完善。下面介绍目前国内外使用较广泛的稳定分类体系。

2.2.1 国内外定义和分类

2.2.1.1 2004 年 IEEE/CIGRE 发布的稳定的定义和分类

在国际上，电力系统两大国际组织——国际大电网会议（conseil international des grands réseaux electriques，CIGRE）和国际电气与电子工程师学会电力工程分会（institute of electrical and electronic engineers，power engineering society，IEEE PES）曾分别给出过电力系统稳定的定义，见文献 [8] ～ [11]。随着电网的发展，电力系统失稳的形态更加复杂：暂态稳定曾是早期电力系统稳定的主要问题，随着电网互联的不断发展、新技术和新控制手段的不断应用以及运行负荷水平越来越高，电压失稳、频率失稳和振荡失稳成为电力系统失稳的现象更常见。CIGRE 和 IEEE PES 以前给出的定义已不完全适用，其分类也不能够包含所有实际的稳定情况。因此，2004 年 IEEE/CIGRE 特别工作小组（Task Force）又给出了新的电力系统稳定定义和分类报告，见文献 [12]。

工作报告根据动态过程主要关心的运行变量，将电力系统稳定分为功角稳定、电压稳定和频率稳定；进而根据扰动的性质又将功角稳定分为小干扰功角稳定和暂态功角稳定，同样将电压稳定分为小干扰电压稳定和大干扰电压稳定；另外，从扰动后动态过程的持续时间来看，功角稳定问题所涉及的电力系统元件通常都具有相对较快的动态响应速度，动态过程持续时间一般不超过 10 s，属于短期稳定性问题；而频率稳定和电压稳定根据所涉及的设备不同，其动态特性可以分为短期稳定性和长期稳定性。IEEE/CIGRE 特别工作小组给出的电力系统稳定分类如图 2-1 所示。

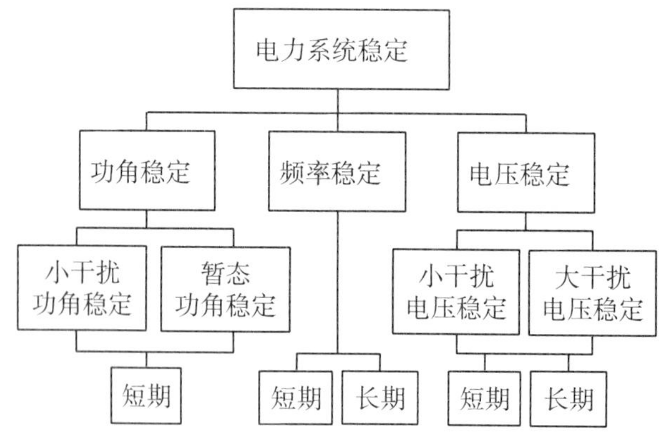

图 2-1　IEEE/CIGRE 电力系统稳定的分类

2.2.1.2 我国相关规定的定义及分类

我国相关规定给出的电力系统稳定定义和分类与IEEE/CIGRE的定义和分类不尽相同。1981年电力工业部颁发了强制性电力行业标准《电力系统安全稳定导则》，见文献[13]，这是我国第一份对电力系统稳定进行定义和分类的正式文件，其中只涉及功角稳定方面的内容。随着我国电力系统规模的不断发展，电力系统失去稳定的原因越来越复杂，除了反映发电机同步运行能力的功角稳定外，还出现了由于系统无功不足引起的电压稳定和由于系统有功不足引起的频率稳定问题。2001年由国家经贸委批准发布了新版强制性电力行业标准《电力系统安全稳定导则》，见文献[14]。新导则根据新的电力系统运行特点对电力系统稳定定义和分类进行了修订，将电力系统稳定性定义为“电力系统受到事故扰动后保持稳定运行的能力。通常根据动态过程的特征和参与动作的元件及控制系统，将稳定性的研究划分为静态稳定、暂态稳定、动态稳定、电压稳定”。其中，静态稳定和暂态稳定概念基本沿用了1981年颁布《导则》的定义；同时结合电力系统发展的实际需求，补充了对电压稳定的定义，并对动态稳定的概念作了更详细的说明。2006年国家电网公司发布的企业标准《国家电网公司电力系统安全稳定计算规定》（以下简称《安全稳定计算规定》）中对该定义和分类进行了补充和细化，并增加了频率稳定的定义和概念[15]。2001年新版《电力系统安全稳定导则》与《安全稳定计算规定》结合的电力系统稳定分类，如图2-2所示。

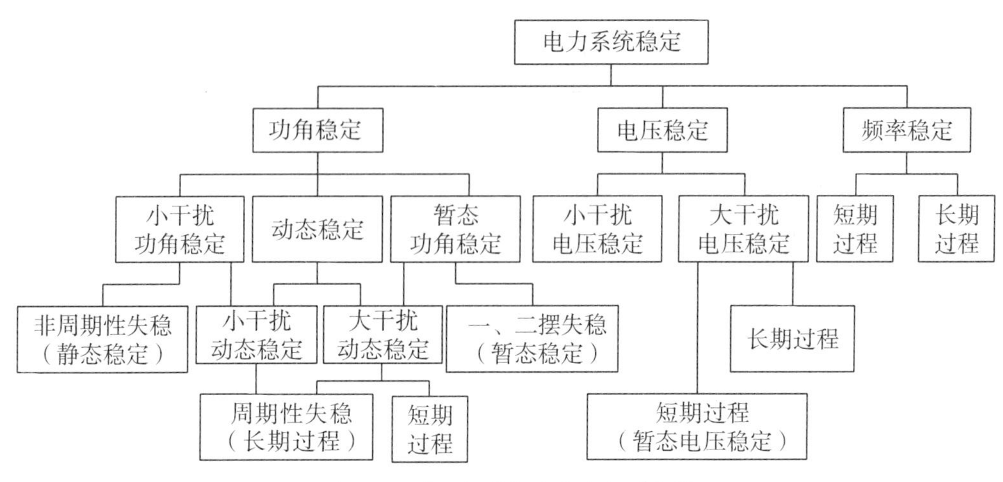

图2-2 我国相关规定的定义及分类

2.2.2 几类稳定问题的定义及概念

2.2.2.1 功角稳定

功角稳定性（rotor angle stability）是指互联电力系统中同步发电机在正常运行状态下和受到扰动时维持同步运行的能力，也常称之为同步稳定性。功角稳定性取决于系统中各发电机在电磁转矩和机械转矩之间维持或恢复平衡的能力，失稳的形式则表现为某些发电机相对于其他发电机的功角摆动不断增大直至失去同步。功角稳定进一步分为小干扰（或小信号）稳定（small disturbance rotor angle stability）和暂态稳定（stransient rotor angle stability），前者是指系统在小干扰情况下维持同步运行的能力，后者是指系统遭受大扰动时维持同步运行的能力，也称为大干扰功角稳定（large disturbance rotor angle stability）。

影响功角稳定的基本因素是同步发电机转子角变化时其电磁转矩的变化方式（电磁功率特性：功率—功角关系），系统的稳定性取决于转子角的变化量能否产生足够的恢复转矩。转子角摇摆时同步发电机电磁转矩的变化包含两个分量：一是与转子角变化同相位的同步转矩分量；二是与转速变化同相位的阻尼转矩分量。任意一个分量不足都可能导致系统失去同步稳定，但失稳的形式会有所不同。一般同步转矩不足将导致非周期性失稳（或非振荡失稳），而阻尼转矩不足则将导致周期性失稳（振荡失稳）。

小干扰功角稳定主要是考虑微小扰动时系统的稳定问题，研究目标是系统在平衡运行点处维持同步运行的能力。小干扰功角稳定分析的结果主要与系统在扰动前的运行方式有关，而与扰动的类型、幅值及具体发生地点无关；可以在运行点将描述系统模型的非线性方程线性化，并采用各种线性系统分析理论进行分析。

暂态功角稳定的研究目标是系统受到严重扰动（如短路故障）下维持同步运行的能力。此时，发电机转子角将发生大幅变化，必须采用非线性系统模型进行分析，并且分析结论不仅与系统受扰之前的运行方式有关，而且与扰动的类型、幅值、发生地点以及后续的保护和控制措施等有关。

从时间尺度上看，小干扰功角稳定和暂态功角稳定均在扰动后 10～20 s 的时间范围，属于短期稳定的范畴。

如图 2-2 所示，我国相关规定对功角稳定的分类定义稍有不同。小干扰功角稳定包括非周期性失稳（静态稳定）和周期性失稳（长期过程功角稳定）。静态稳定性定义为：电力系统受到小干扰后，不发生非周期性失步，自动恢复到初始运行状态的能力。周期性失稳的长过程功角稳定则归为小干扰的动态稳定问题。大干扰功角稳定包括一、二摆失稳的暂态稳定和周期性失稳的长期过程功角稳定。暂态稳定性定义为：电力系统受到大扰动后，各同步电机保持同步运行并过渡到新的或恢复到原来稳态运行方式的能力。通常指保持第一或第二个振荡周期不失步的功角稳定。大干扰下周期性失稳的长过程功角稳定也归为大干扰的动态稳定问题。

2.2.2.2 电压稳定

电压稳定（voltage stability）是指给定初始运行条件下，电力系统遭受扰动后系统中所有母线电压维持在允许范围内的能力，它依赖于电力系统维持或恢复负荷需求与供给之间平衡关系的能力。电压失稳通常表现为部分节点电压持续不断下降（偶尔也会有持续不断上升的情况）。根据扰动大小，IEEE/CIGRE 将电压稳定分为小干扰电压稳定和大干扰电压稳定。小干扰电压稳定指微小干扰（如负荷增加）下系统维持电压的能力，在适当的假设条件下，可以采用线性化模型计算系统各变量间的灵敏度，从而判断影响稳定性的因素。大干扰电压稳定指系统故障、切机、断线等大干扰下系统维持电压的能力，其影响因素包括系统和负荷特性、各种控制的效果以及保护系统的动作情况。大干扰电压稳定的研究必须考虑非线性响应特性。

电压稳定可以是一种短期或长期的现象。短期电压稳定与快速响应的感应电动机负荷、电力电子控制负荷，以及高压直流输电（HVDC）换流器等设备的动态特性有关，研究的时段大约在几秒钟。短期电压稳定研究必须考虑动态负荷模型，临近负荷的短路故障分析对短期电压稳定研究很重要。长期电压稳定与慢动态设备有关，如有载调压变压器、恒温负荷和发电机励磁电流限制等。长期电压稳定研究的时段是几分钟或更长时间。长期电压稳定问题通常是由连锁的设备停运造成的，而与最初的扰动严重程度无关。

电压不稳定现象并不总是孤立地发生。功角不稳定与电压不稳定的发生常常交织在一起，一般情况下其中一种占据主导地位。功角稳定和电压稳定的区分，对于充分了解系统的稳定特性和不稳定的原因，进而安排系统运行方式、制定稳定控制策略、规划电网结构都是非常重要的。IEEE/CIGRE 的电力系统稳定定义和分类报告中对区分电压稳定和功角稳定给出了相应解释：功角稳定和电压稳定的区别并不是基于有功功率/功角和无功功率/电压幅值之间的弱耦合关系。实际上，对于重负荷状态下的电力系统，有功功率/功角与无功功率/电压幅值之间具有很强的耦合关系，功角稳定和电压稳定都会受到扰动前有功和无功潮流的影响。两种稳定应该由经受持续不平衡的一组特定相反作用力以及随后发生不稳定时的主导系统变量加以区分。

DL 755—2001 定义电压稳定为：电力系统受到小的或大的扰动后，系统电压能够保持或恢复到允许范围内，不发生电压崩溃的能力。无功功率的分层分区供需平衡是电压稳定的基础。电压失稳可表现在静态小扰动失稳、暂态大扰动失稳及大扰动动态失稳或长过程失稳。电压失稳可能发生在正常工况，电压基本正常的情况下，也可能发生在正常工况，母线电压已明显降低的情况下，还可能发生在受扰动以后。根据受到扰动的大小，电压稳定分为静态电压稳定和大干扰电压稳定。静态电压稳定是指系统受到小扰动后，系统电压能够保持或恢复到允许范围内，不发生电压崩溃的能力。主要用以定义系统正常运行和事故后运行方式下的电压静稳定裕度。大干扰电压稳定是指电力系统受到大扰动后，系统不发生电压崩溃的能力，包括暂态电压稳定、动态电压稳定的短期和中长期电压稳定。暂态电压稳定主要用于分析快速的电压崩溃问题，中长期电压稳定主要用于分析系统在响应较慢的动态元件和控制装置作用下的电压稳定性，如有载调压变压器、发电机定子和转子过流和低励限制、可操作并联电容器、电压和频率的二次控制、恒温负荷等。

2.2.2.3　频率稳定

频率稳定（frequency stability）是指电力系统受到严重扰动后，发电与负荷需求出现大的不平衡，系统仍能维持稳定频率的能力。这取决于在损失最小负荷的前提下，系统维持或恢复发电功率与负荷之间平衡的能力。主要用于研究系统的旋转备用容量和低频减载配置的有效性与合理性，以及机网协调问题。频率失稳的现象是频率持续波动并导致切机和/或切负荷。严重扰动下系统的频率、电压、潮流等都会大幅变化，因此分析时可能需要考虑一些常规暂态稳定和电压稳定不会考虑的过程、控制和保护手段，如锅炉、低频减载等。频率变化过程中起作用的设备和调节过程的时间尺度可以是几分之一秒，如低频减载、发电机控制系统和保护系统；也可以是数分钟，如原动机调节系统和负荷电压调节系统。因此，频率稳定既可能是短期过程，也可能是长期过程。

2.2.2.4　中长期稳定

中长期稳定是指需要研究电力系统遭受严重扰动后动态响应的稳定问题，有时也划归为动态稳定。系统受到严重扰动后，往往会造成电压、频率和潮流偏离额定值很大，因而引起慢过程、控制和保护的动作，这在通常的暂态稳定及短期过程研究中是不考虑的。其过程和装置在大的电压和频率偏移下作用的时间尺度一般在数秒（如发电机控制和保护等装置的响应）到若干分钟（如原动机能量供给系统和负荷—电压调节器等的响应）之间[10,14]。

长期稳定分析一般假定发电机之间的同步功率振荡已衰减，且已具有统一的系统频率[3,11,15]。长期稳定重点关注的是伴随大规模系统扰动而产生的较慢的长周期现象，以及所造成的较大的持续性发电与用电消耗有功功率和无功功率的不平衡问题，如汽轮机组的锅炉动态、水轮机组的进水管和导管动态、自动发电控制、电厂和输电线保护/控制、变压器饱和、负荷和网络的非正常频率效应等。

中期响应是介于短期和长期响应之间的过渡。中期稳定的研究集中于发电机之间的同步振荡，包括一些较慢现象的作用以及较大的电压或频率的可能偏离等问题。

典型的时间尺度范围如下：

短期或暂态：0～10 s。

中期：10 s至几分钟。

长期：几分钟至几十分钟。

然而必须注意，中期稳定和长期稳定的区分主要是根据分析的现象和采用的系统描述，特别是关于快速暂态和电机间振荡的描述，而不是根据所涉及的时段范围。

一般而言，长期和中期稳定问题与不恰当的设备响应、控制和保护设备的不当配合或者不足的有功功率和无功功率备用有关。

长期稳定通常与系统遭受大扰动包括那些超出系统正常设计标准故障方式下的系统响应有关。这些故障往往会引起逐级连锁反应，并将系统解列为几个孤立的子系统，每个子系统中的发电机可保持同步。这种情况下稳定问题是每个子系统是否能在损失负荷最小的条件下达到一个可接受的运行平衡状态。这可能取决于子系统的总体响应。在极端情况下，系统和机组保护作用配合不当，造成相反的不利情况，使子系统全部或部分崩溃。

长期和中期稳定分析的其他应用包括需要模拟变压器分头调节、发电机励磁保护和无功功率限制以及恒温负荷等影响的电压稳定性动态分析。在这种情况下，发电机间的振荡不是重点关注的对象。然而，需要注意的是不要忽略某些快速的动态过程。

随着更多经验的积累和可模拟快、慢动态过程分析方法的发展，不再特别关注中期和长期稳定的区别。

由图2-2可以看出，我国相关导则、标准将功角稳定的中长期稳定问题归为动态稳定。《导则》定义动态稳定为：动态稳定是指电力系统受到小的或大的干扰后，在自动调节和控制装置的作用下，保持长过程的运行稳定性的能力。动态稳定的过程可能持续数十秒至几分钟。后者包括锅炉、带负荷调节变压器分接头、负荷自动恢复等更长响应时间的动力系统的调整，又称为长过程动态稳定性。电压失稳问题有时与长过程动态有关。与快速励磁系统有关的负阻尼或弱阻尼低频增幅振荡可能出现在正常工况下，系统受到小干扰后的动态过程称为小扰动动态稳定；或系统受到大扰动后的动态过程，一般可持续发展10～20 s后，进一步导致保护动作，使其他元件跳闸，问题进一步恶化。

虽然暂态稳定失稳常常表现为首摆失稳，即由于同步力矩不足而导致功角非周期性地首摆摆开，但是在大型互联电力系统中，大干扰后的失稳不一定总是表现为单一模式的首摆失稳，而可能会是慢速的区域间振荡模式与区域内振荡模式叠加的结果，引起首摆后转子角度的大偏移；也可能会是系统非线性影响下单一模式的结果，引起首摆之后的失稳。

我国相关导则、标准把一、二摆之后的失稳问题归为动态稳定，把一、二摆之后到10 s期间的失稳看作是大扰动下动态稳定的短期过程。

2.3　电力系统性能及设计运行准则

除了电力系统稳定性外，安全性和可靠性也是描述和衡量电力系统性能的重要指标。下面简要介绍国内外关于电力系统性能的定义，即稳定性、安全性和可靠性及其相互关系，以及电力系统安全稳定性的设计和运行准则。

2.3.1　IEEE/CIGRE的电力系统性能定义

2.3.1.1　可靠性、安全性和稳定性及其相互关系

可靠性是指较长时间周期内满足运行要求的概率。它表示连续地、长期不间断地为用户提供充足电力服务的能力。安全性是指电力系统能够承受可能发生的各种扰动，而不会导致中断对用户供电的风险程度。它涉及系统对于可能发生扰动的鲁棒性，因而不但取决于系统工况，也取决于扰动发生的概率。稳定性是指扰动后系统保持完整持续运行的能力，取决于运行工况和扰动性质。它们相互之间的关系如下：

(1) 可靠性是电力系统设计和运行的总体目标。要满足可靠性要求，电力系统必须在大部分时间内是安全的。要想安全，系统必须是稳定的，而且对于未被归为稳定问题的其他事故也必须是安全的，这些事故包括诸如电缆爆炸、覆冰或蓄意破坏造成的输电杆塔倾倒等设备损坏。此外，扰动后系统可能是稳定的，但由于故障后系统工况导致设备过负荷或电压越限，却是不安全的。

(2) 安全性和稳定性可进一步从失稳所导致后果的意义上进行区分。例如两个系统可能都稳定，稳定裕度也相同，但是其中一个系统由于失稳的后果较轻可能相对来说更安全。

(3) 安全性和稳定性是系统的时变属性，可通过分析一组特定条件下的系统性能来评估。另一方面，可靠性是电力系统在一个时间周期内的平均性能，只能通过考虑相当长时间内的系统行为来评估。

2.3.1.2　电力系统安全分析

安全分析是为了确定电力系统对于可能发生扰动的鲁棒性。对于发生变化时（无论大或小）的电力系统，重要的是在变化结束后，系统应该稳定到新的运行工况，且没有任何物理约束受到破坏。这意味着除了下一个运行工况要可接受外，系统还必须能够承受达到该工况的过渡过程。

以上关于系统安全性特点的描述，清楚地表明了安全分析的两个方面：

(1) 静态安全分析：涉及扰动后系统工况的稳态分析，以确认设备定额和电压约束未受到破坏。

(2) 动态安全分析：涉及考察各种类型的系统稳定。

因此，稳定分析是系统安全性和可靠性评估不可或缺的一部分。

电力工业界进行安全性评估时一般用确定性方法。电力系统的设计和运行就是要求系

统能够承受“常规故障”而不失稳。故障的选择基于“发生概率较大”的原则。实际上常常定义为故障（单相、两相、三相）或非故障下失去系统中的单一元件，这一般被称为 $N-1$ 原则，考察的是 N 个元件的系统在失去其任一主要元件之后的行为。此外，发生多重故障（如双回线跳闸）时也可能不允许损失负荷或发生连锁跳闸事故。可考虑极端严重故障，即严重性超过“常规故障”所造成的危害。切机、切负荷和受控解列等紧急控制可用于应对这类事件，以防止大面积停电的发生。

确定性方法在过去很好地满足了系统的要求，使得满足较高安全性水平，同时研究工作量又最小化。其主要局限性是认为所有限制安全性的场景具有同样的风险，也未充分考虑各种故障发生的可能性。这在传统垄断型电力工业环境下是可以接受的。

在竞争环境下，各种不同参与主体具有不同的商业利益，确定性方法可能不能很好地满足要求。需要考虑系统工况和扰动事件的概率性质，并量化和管理风险。未来的趋势是采用基于风险的安全分析，来考察系统失稳的概率及其后果，估计系统不安全的风险程度。虽然该方法的计算量大，但采用如今的计算和分析工具是可行的。

2.3.2 DL 755—2001 中有关安全性的定义

2.3.2.1 安全性及安全分析

安全性是指电力系统在运行中承受故障扰动［例如突然大容量元件、设备的退出（开断），或短路故障等］的能力。由以下两个特性表征：

（1）电力系统能承受故障扰动引起的暂态过程并过渡到一个可接受的运行工况。

（2）在新的运行工况下，各种约束条件得到满足。

安全分析分为静态安全分析和动态安全分析。静态安全分析假设电力系统从事故前的静态直接转移到事故后的另一个静态，不考虑中间的暂态过程，用于检验事故后各种约束条件是否得到满足。动态安全分析研究电力系统在从事故前的静态过渡到事故后的另一个静态的暂态过程中保持稳定的能力。

2.3.2.2 $N-1$ 原则

正常运行方式下，电力系统中任一元件（如线路、发电机、变压器等）无故障或因故障断开，电力系统能保持稳定运行和正常供电，其他元件不过负荷，电压和频率均在允许范围内。通常称之为 $N-1$ 原则。

$N-1$ 原则用于电力系统静态安全分析（单一元件无故障断开），或动态安全分析（单一元件故障断开后的电力系统稳定性分析）。

当发电厂仅有一回送出线路时，送出线路故障可能导致失去一台以上发电机组，此种情况也按 $N-1$ 原则考虑。

2.3.3 DL/T 723—2000 中有关电力系统性能的定义

《电力系统安全稳定控制技术导则》（DL/T 723—2000）给出的若干有关电力系统性能的定义如下：

（1）可靠性指电力系统供给所有用电点符合质量标准和所需数量电力的能力。电力系统可靠性通常包括充裕性和安全性两个方面。

（2）充裕性指电力系统在静态条件下，系统元件的负载不超出其额定值，母线电压和系统频率维持在允许范围内，考虑系统元件计划和非计划停运的情况下，供给用户需求的总电力和电量的能力。

（3）安全性指电力系统在运行中，如出现特定可承受事件，不致引起损失负荷、系统元件的负载超出其定额、母线电压和系统频率超越允许范围、系统稳定破坏、电压崩溃或连锁反应的能力。可承受事件是电力系统设计和运行时规定可承受的偶发事件。

（4）稳定性指电力系统在扰动（例如功率或阻抗变化）后返回静态稳定运行的能力。稳定性包括功角稳定、电压稳定和频率稳定。

（5）整体性指发输电系统保持互联运行的能力。

2.3.4　系统稳定性的设计和运行准则

为了可靠供电，一个大规模电力系统必须保持完整并能承受各种干扰。因此，系统的设计和运行应使系统能承受更多可能的故障而不损失负荷（连接到故障元件的负荷除外），能在最不利的可能故障情况下不致产生不可控的、大面积连锁反应式停电。

2.3.4.1　北美电力可靠性委员会的相关规定

1965 年 11 月，美国东北部和安大略的大停电对电力工业产生了深远的影响，特别是在北美。它对有关的设计概念和规划准则提出了很多具有挑战性的问题。由此，导致美国在 1968 年成立了国家电力可靠性委员会（National Electric Reliability Council），后来改名为北美电力可靠性委员会（North American Electric Reliability Council，NERC）。其作用是增强北美电力系统主电网供电的可靠性和充裕性。NERC 由 9 个地区性的可靠性委员会组成，实际上包括了美国和加拿大所有的电力系统。每一个地区委员会都制定了自己的系统设计和运行准则。

制定的系统设计和运行准则保证系统在遇到经常发生的故障时，在最坏的情况下，能从正常状态转变为告警状态，而不是转变为更为严重的紧急状态或极端状态。当系统由于偶发事故进入告警状态时，调度员可采取相应措施将系统转变回正常状态。

北美东北电力协调委员会（Northeast Power Coordinating Council，NPCC）的相关准则[6]如下：

（1）正常设计时的常规故障。

根据准则要求，大规模电力系统在考虑有重合设备运行的情况下，在下述最严重的故障期间及故障后应能保持其稳定性。之所以选择这些故障是由于在大量元件组成电力系统的条件下，这些故障发生的可能性很大。

（a）任一发电机、输电线路、变压器或母线发生三相永久性故障，要考虑按常规切除故障和投重合闸设备。

（b）在多回杆塔上两个相邻输电线路的每一回路的不同相别同时发生单相永久性接地故障，要在规定时间内切除故障。

（c）任一输电线路、变压器或母线段发生单相永久性接地故障，若因断路器、继电器或信号通道不能正常工作，则延迟切除故障。

（d）无故障下，任一元件退出运行。

（e）断路器发生单相永久性接地故障，要在规定时间内切除故障。

（f）直流输电同时永久性双极闭锁。

根据准则要求，发生上述故障后，系统应保持稳定，电压及线路和设备所带负荷应在允许范围内。

这些要求适用于下列两个基本条件：

①所有设备都在运行中。

②在本区域发电和潮流能利用 10 min 备用容量进行调整的条件下，一台关键发电机、一条输电线路或一台变压器退出运行。

（2）极端故障的评价。

极端故障评价就是确认互联大系统能否经受严重程度超过正常设计的故障事件。尽管极端故障发生的可能性很低，但极端故障评价的目标还是要确定这些极端故障对系统行为的影响，以便得到关于系统强度的指标，以及确定系统扰动所波及的范围。在极端故障的分析和评估之后，应采取适当措施，以减少发生这类故障的次数，或者减轻故障造成的危害。

极端故障主要包括：

（a）失去一座发电厂的全部容量。

（b）失去一座发电厂、开关站或变电站的全部出线。

（c）失去一条公用输电走廊的全部输电线路。

（d）任一发电机、输电线路、变压器或母线段发生三相永久性故障，要考虑延迟切除故障及投重合闸设备。

（e）失去一个大负荷或者主要的负荷中心。

（f）由于 NPCC 互联系统外部故障产生的严重功率摇摆。

（g）专门的保护系统如切除发电机，切除负荷或者输电线连锁切除系统（transmission crosstripping scheme）失效或误动作。

（3）稳定性的系统设计。

对于大的互联电力系统，以最低成本保证其稳定运行的设计是非常复杂的问题。从控制理论的观点看，电力系统是非常高阶的多变量过程，运行于不断变化的环境。由于系统的高维数和复杂性，对系统作简化假定并采用恰当详细的系统描述来分析特定问题是很重要的。这就需要很好地掌握整个系统及其各个元件的特性。

电力系统是一个高度非线性的系统，它的动态行为受大量设备的影响，而这些设备有不同的响应速率和特性。系统稳定不应看作是单一的问题，而应从各个不同的方面来观察。实际上电力系统每一个主要元件的特性都会对系统稳定产生影响。有关这些特性的知识对于理解和研究电力系统稳定至关重要。因此，设备的特性和建模将在本书第 3 章讨论。

2.3.4.2 DL 755—2001 的相关规定

（1）电力系统的安全稳定标准。

1）静态稳定储备系数的规定。

在正常运行方式下，按功角稳定判据计算的静态稳定储备系数 K_p 应为 15%～20%；按无功电压判据计算的静态稳定储备系数 K_v 应为 10%～15%。

在事故后运行方式和特殊运行方式下，K_p 不得低于 10%，K_v 不得低于 8%。

水电厂送出线路或次要输电线路在下列情况下允许只按静态稳定储备送电，但应有防止事故扩大的相应措施：

（a）如发生稳定破坏但不影响主系统的稳定运行时，允许只按正常静态稳定储备送电。

（b）在事故后运行方式下，允许只按事故后静态稳定储备送电。

2）电力系统承受大扰动能力的安全稳定标准。

电力系统承受大扰动能力的安全稳定标准分为以下三级：

第一级标准：保持稳定运行和电网的正常供电。

第二级标准：保持稳定运行，但允许损失部分负荷。

第三级标准：当系统不能保持稳定运行时，必须防止系统崩溃并尽量减少负荷损失。

①第一级安全稳定标准。

正常运行方式下的电力系统受到下述单一元件故障扰动后，保护、开关及重合闸正确动作，不采取稳定控制措施，必须保持电力系统稳定运行和电网的正常供电，其他元件不超过规定的事故过负荷能力，不发生连锁跳闸。

（a）任何线路单相瞬时接地故障重合成功。

（b）同级电压的双回线或多回线和环网，任一回线单相永久故障重合不成功及无故障三相断开不重合。

（c）同级电压的双回线或多回线和环网，任一回线三相故障断开不重合。

（d）任一发电机跳闸或失磁。

（e）受端系统任一台变压器故障退出运行。

（f）任一大负荷突然变化。

（g）任一回交流联络线故障或无故障断开不重合。

（h）直流输电线路单极故障。

对于发电厂的交流送出线路三相故障，发电厂的直流送出线路单极故障，两级电压的电磁环网中单回高一级电压线路故障或无故障断开，必要时可采用切机或快速降低发电机组出力的措施。

②第二级安全稳定标准。

正常运行方式下的电力系统受到下述较严重故障扰动后，保护、开关及重合闸正确动作，应能保持稳定运行，必要时允许采取切机和切负荷等稳定控制措施。

（a）单回线单相永久性故障重合不成功及无故障三相断开不重合。

（b）任一段母线故障。

（c）同杆并架双回线的异名两相同时发生单相接地故障重合不成功，双回线三相同时跳开。

（d）直流输电线路双极故障。

③第三级安全稳定标准。

电力系统因下列情况导致稳定破坏时，必须采取措施，防止系统崩溃，避免造成长时间大面积停电和对最重要用户（包括厂用电）的灾害性停电，使负荷损失尽可能减到最小，电力系统应尽快恢复正常运行。

（a）故障时开关拒动。

（b）故障时继电保护、自动装置误动或拒动。

（c）自动调节装置失灵。

（d）多重故障。

（e）失去大容量发电厂。

（f）其他偶然因素。

（2）安全稳定分析计算的要求。

电力系统安全稳定分析计算的任务是确定电力系统的静态稳定、暂态稳定和动态稳定水平，分析和研究提高安全稳定的措施，以及研究非同步运行后的再同步及事故后的恢复策略。进行安全稳定分析计算时，应针对具体校验对象（线路、母线等），选择下列三种运行方式中对安全稳定最不利的情况进行安全稳定校验。

（a）正常运行方式：包括计划检修方式和按照负荷曲线以及季节变化出现的水电大发、火电大发、最大或最小负荷、最小开机和抽水蓄能运行工况等可能出现的运行方式。

（b）事故后运行方式：电力系统事故消除后，在恢复到正常运行方式前所出现的短期稳态运行方式。

（c）特殊运行方式：主干线路、重要联络变压器等设备检修及其他对系统安全稳定运行影响较为严重的方式。

应研究、实测和建立电网计算中的各种元件、装置及负荷的参数和详细模型。计算分析中应使用合理的模型和参数，以保证满足所要求的精度。规划计算中可采用典型参数和模型，在系统设计和生产运行计算中，应保证模型和参数的一致性，并考虑更详细的模型和参数。

在互联电力系统稳定分析中，对所研究的系统原则上应予保留并详细模拟，对外部系统可进行必要的等值简化，应保证等值简化前后的系统潮流一致，动态特性基本一致。

①电力系统静态稳定的计算分析。

电力系统静态稳定计算分析的目的是应用相应判据，确定电力系统的稳定性和输电线路的输送功率极限，检验在给定方式下的稳定储备。对大电源送出线，跨大区或省网间联络线，网络中的薄弱断面进行静态稳定分析。

②电力系统暂态稳定的计算分析。

暂态稳定计算分析的目的是在规定运行方式和故障形态下，对系统稳定性进行校验，并对继电保护和自动装置以及各种措施提出相应的要求。

暂态稳定计算的条件如下：

（a）应考虑在最不利地点发生金属性短路故障。

（b）发电机模型在可能的条件下，应考虑采用暂态电势变化，甚至次暂态电势变化的详细模型（在规划阶段允许采用暂态电势恒定的模型）。

（c）继电保护、重合闸和有关自动装置的动作状态和时间，应结合实际情况考虑。

（d）考虑负荷特性。

暂态稳定的判据是电网每遭受一次大扰动后，引起电力系统各机组之间功角相对增大，在经过第一或第二个振荡周期不失步，作同步的衰减振荡，系统中枢点电压逐渐恢复。

③电力系统动态稳定的计算分析。

电力系统有下列情况时，应进行长过程的动态稳定分析：

（a）系统中有大容量水轮发电机和汽轮发电机经较弱联系并列运行。

（b）采用快速励磁调节系统及快关气门等自动调节措施。

（c）有大功率周期性冲击负荷。

（d）电网经弱联系线路并列运行。

（e）分析系统事故有必要时。

动态稳定计算的发电机模型，应采用考虑次暂态电势变化的详细模型，考虑同步电机的励磁调节系统和调速系统，考虑电力系统中各种自动调节和自动控制系统的动态特性及负荷的电压和频率动态特性。

动态稳定的判据是在受到小的或大的扰动后，在动态摇摆过程中发电机相对功角和输电线路功率呈衰减振荡状态，电压和频率能恢复到允许的范围内。

④电力系统电压稳定的计算分析。

电力系统中经较弱联系向受端系统供电或受端系统无功电源不足时，应进行电压稳定性校验。

进行静态电压稳定计算分析是用逐渐增加负荷（根据情况可按照保持恒定功率因数、恒定功率或恒定电流的方法按比例增加负荷）的方法求解电压失稳的临界点，并由此估计当前运行点的电压稳定裕度。

一般可用暂态稳定和动态稳定计算程序计算暂态和动态电压稳定性。电压失稳的判据可为母线电压下降，平均值持续低于限定值，但应区别由于功角振荡或失稳造成的电压严重降低和振荡。

详细研究电压动态失稳时，模型中应包括负荷特性、无功补偿装置动态特性、带负荷自动调压变压器的分接头动作特性、发电机定子和转子过流和低励限制、发电机强励动作特性等。

在过去的十余年里，为了对大型交直流系统稳定问题做更深入的了解，学者们做了大量的研究和开发工作，不断设计、开发更新系统分析方法和工具，以及稳定控制理论和方法。控制系统理论和数值方法的发展对这一工作有重要影响。以下各章先重点介绍电力系统主要元件特性及模型、状态空间理论为基础的小干扰稳定分析及控制方法；在此基础上，分别介绍低频振荡和次同步振荡两种周期性振荡稳定问题、功角暂态稳定、电压和频率稳定；最后介绍电力系统安全分析。

参考文献

[1] Steinmetz C P. Power Control and Stability of Electric Generating Stations [J]. AIEE Trans.，1920，39 (2)：12-15.

[2] Evans R D, Bergvall R C. Experimental Analysis of Stability and Power Limitations [J]. AIEE Trans.，1924，43 (1)：39-58.

[3] Wilkins R. Practical Aspects of System Stability [J]. AIEE Trans.，1926，45 (1)：41-50.

[4] Evans R D, Wagner C F. Further Studies of Transmission System Stability [J]. AIEE Trans.，1926，45 (1)：51-80.

[5] ATEE Subcommittee on Interconnections and Stability Factors. First Report of Power System Stability [J]. AIEE Trans.，1937，56 (2)：261-282.

[6] Concordia C. Power System Stability [R]. Proceedings of the International Symposium on Power System Stability, Ames, lowa, May 13—15, 1985: 3—5.

[7] Vassell G S. Northeast Blackout of 1965 [J]. IEEE Power Engineering Review, 1991 (1): 4—8.

[8] Crary S B, Herlitz I, Favez B. CIGRE SC32 report: system stability and voltage, power and frequency control [R]. Paris: CIGRE, 1948.

[9] CIGRE Report. Definitions of general terms relating to the stability of interconnected synchronous machine [R]. Paris: CIGRE, 1966.

[10] Barbier C, Carpentier L, Saccomanno F. CIGRE SC32 report: tentative classification and terminologies relating to stability problems of power systems [J]. Electra, 1978 (56): 57—67.

[11] IEEE TF Report. Proposed terms and definitions for power system stability [J]. IEEE Trans on Power Apparatus and Systems, 1982, PAS—101 (7): 1894—1897.

[12] IEEE/CIGRE Joint Task Force on Stability Terms and Definitions. Definition and Classification of Power System Stability [J]. IEEE Transactions on Power Systems, 2004, 19 (3): 1387—1401.

[13] 电力工业部. 电力系统安全稳定导则 [S]. 北京：水利电力出版社，1981.

[14] 国家经济贸易委员会. 电力系统安全稳定导则：DL 755—2001 [S]. 北京：中国电力出版社，2001.

[15] 国家电网公司. 国家电网公司电力系统安全稳定计算规定 [S]. 北京：国家电网公司，2006.

[16] Kundur Prabha. Power System Stability and Control [M]. New York: McGraw-Hill, 1994.

[17] 国家质量监督检验检疫总局. 电力系统安全稳定控制技术导则：DL/T 26399—2011 [S]. 北京：中国电力出版社，2011.

[18] 孙华东，汤涌，马世英. 电力系统稳定的定义与分类述评 [J]. 电网技术，2006，30 (17)：31—35.

[19] 舒印彪，汤涌，孙华东. 电力系统安全稳定标准研究 [J]. 中国电机工程学报，2013，33 (25)：1—8.

[20] 赵遵廉，舒印彪，郭国川. 《电力系统安全稳定导则》学习与辅导 [M]. 北京：中国电力出版社，2001.

第3章 电力系统主要元件特性及模型

电力系统由不同类型发电机组、电力负荷和不同电压等级的电力网络（主要包括变压器、交流或直流输电线路）及各类电力电子设备组成，是十分庞大而复杂的动力学系统。通过对实际系统进行等值，生成电力系统元件模型及电网数学模型。在研究实际系统并建立数学模型的过程中，用精确的数学语言构建准确、可靠的系统模型十分重要。在此基础上，针对实际研究目标的不同，对相关模型进行必要的简化，从而构建满足工程需求的实用模型，这是电力系统相关分析计算研究的一般方法。

电力系统暂态过程与系统各元件的动态特性密切相关。不同类型的暂态过程分析，对所考虑的元件种类及其数学模型的要求有所不同；针对同一种系统暂态过程，在分析精度和速度要求，以及对元件数学模型的精确程度等方面也不相同。

电力系统稳定性问题在很大程度上是研究如何保持相互连接的同步电机同步运行的问题。理解同步电机的特性和建立精确的动力学模型对研究电力系统稳定性极其重要。

本章介绍用于稳定性分析的发电机组（包括同步电机、励磁调节系统及稳定器、调速系统）、负荷和直流输电系统的动态特性和数学模型，以强化后续章节关于安全稳定分析及控制的学习基础。

3.1 同步电机的数学模型

在电力系统中产生电能的重要部件是同步发电机，它的动态特性及动态数学模型是研究电力系统动态行为至关重要的基础。除同步发电机以外，电力系统中还有同步调相机和同步电动机。以下所介绍的同步电机数学模型对于同步发电机、同步调相机和同步电动机都适用。

在研究、建立同步电机数学模型的近百年历史中，有两个重要的里程碑：一是20世纪20年代的双轴反应理论；二是美国电气工程师派克（Park）在20世纪30年代提出的派克变换。派克在合适的理想化假设条件下，利用电机的双反应原理推导出采用 $dq0$ 坐标系的同步电机基本方程，也称为派克方程。之后的研究和发展基本上都是以派克方程为基础，其主要区别在于模拟转子等值阻尼绕组的数目、用电机暂态和次暂态参数表示同步电机方程式时所采用的假设以及计及磁路饱和效应的处理方法等方面有所不同。

在水轮发电机等凸极同步电机中，转子的等值阻尼绕组用来模拟分布在转子上的阻尼条所产生的阻尼作用。而在汽轮发电机等隐极同步电机中，则用于模拟整块转子铁芯内由涡流所产生的阻尼作用。从理论上来说，增加等值阻尼绕组的数目可以提高数学模型的精度，而且模型的建立也相当容易，但是实际上要准确地获得它们的参数却比较困难。因此，在目前应用比较广泛的数学模型中，对于凸极电机，一般在转子的直轴（d 轴）和交轴（q 轴）上各考虑一个等值阻尼绕组（分别称为 D 绕组和 Q 绕组）；而对于隐极电机，除了 D、Q 绕组外，在 q 轴上再增加一个等值阻尼绕组（称为 g 绕组）。g 绕组和 Q 绕组分别用来反映阻尼作用较强和较弱的涡流效应。

电力系统稳定性与系统中各组件的动态特性有密切关系，其中发电机及其控制系统的影响尤为突出。描述同步发电机动态特性最常用的是以 $dq0$ 坐标表示的基本方程式，被称为派克（Park）方程。有关这方面的文献很多，而且有许多不同的表示方法，这常常造成学习上的困难。本章采用电力系统工作者最常用的表示方法，从 abc 坐标导出以 $dq0$ 坐标表示的方程，着重基于物理概念进行分析，明确各个量之间的关系及含义[1]。

3.1.1 同步电机的原始方程

3.1.1.1 理想电机

根据同步电机理论，所谓的理想电机，将符合下述假定：

（1）铁心导磁系数为常数，不计饱和、涡流等。

（2）三相完全对称，空间分布相差 120°，产生正弦分布的磁动势。

（3）定子、转子表面光滑，不计齿、槽的影响。

3.1.1.2 同步电机的原始方程式

同步电机的结构示意图和各绕组的电路图如图 3−1（a）和（b）所示。为使所建模型具有一般性，考虑转子为凸极并具有 D、g、Q 三个阻尼绕组，对于转子仅有 D、Q 阻尼绕组的情况，只需将对应 g 绕组的所有方程去掉。图中给出了定子三相绕组、转子励磁绕组 f 和阻尼绕组 D、g、Q 的电流、电压和磁轴的规定正方向，它们与文献［2］中所采用的规定正方向一致；但是，定子三相绕组磁轴的正方向分别与各绕组正向电流所产生磁通的方向相反；而转子各绕组磁轴的正方向则分别与各绕组正向电流所产生磁通的方向相同；转子的 q 轴沿转子旋转方向超前于 d 轴 90°；而各绕组磁链的正方向与相应的磁轴正方向一致。

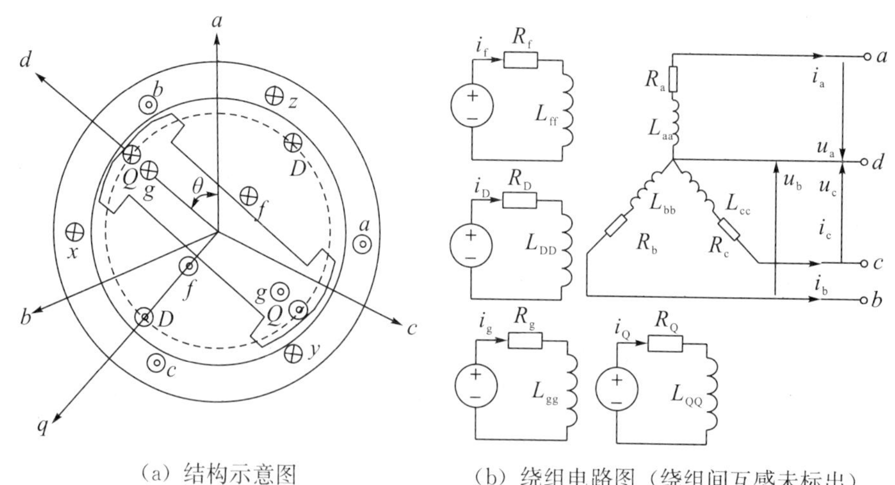

（a）结构示意图　　（b）绕组电路图（绕组间互感未标出）

图 3−1　同步电机结构和电路图

由图3-1(b)可以列出各绕组的电压平衡方程，即

$$
\begin{bmatrix} u_a \\ u_b \\ u_c \\ u_j \\ 0 \\ \\ 0 \\ 0 \end{bmatrix} = \begin{bmatrix} R_a & 0 & 0 & & & & \\ 0 & R_b & 0 & & \mathbf{0} & & \\ 0 & 0 & R_i & & & & \\ & & & R_f & 0 & 0 & 0 \\ & & & 0 & R_D & 0 & 0 \\ & \mathbf{0} & & & & & \\ & & & 0 & 0 & R_g & 0 \\ & & & 0 & 0 & 0 & R_Q \end{bmatrix} \begin{bmatrix} -i_a \\ -i_b \\ -i_c \\ i_f \\ i_D \\ \\ i_g \\ i_Q \end{bmatrix} + \begin{bmatrix} p\psi_a \\ p\psi_b \\ p\psi_c \\ p\psi_f \\ p\psi_D \\ \\ p\psi_g \\ p\psi_Q \end{bmatrix} \tag{3-1}
$$

在假定磁路不饱和的情况下，各绕组的磁链 ψ 可以通过各绕组自感 L 和绕组间互感 M，列出下列磁链方程，即

$$
\begin{bmatrix} \psi_a \\ \psi_b \\ \psi_c \\ \psi_f \\ \psi_D \\ \psi_g \\ \psi_Q \end{bmatrix} = \begin{bmatrix} L_{aa} & M_{ab} & M_{ac} & M_{af} & M_{aD} & M_{ag} & M_{aQ} \\ M_{ba} & L_{bb} & M_{bc} & M_{bf} & M_{bD} & M_{bg} & M_{bQ} \\ M_{ca} & M_{cb} & L_{cc} & M_{cf} & M_{cD} & M_{cg} & M_{cQ} \\ M_{fa} & M_{fb} & M_{fc} & L_{ff} & M_{fD} & M_{fg} & M_{fQ} \\ M_{Da} & M_{Db} & M_{Dc} & M_{Df} & L_{DD} & M_{Dg} & M_{DQ} \\ M_{ga} & M_{gb} & M_{gc} & M_{gf} & M_{gD} & L_{gg} & M_{gQ} \\ M_{Qa} & M_{Qb} & M_{Qc} & M_{Qf} & M_{QD} & M_{Qg} & L_{QQ} \end{bmatrix} \begin{bmatrix} -i_a \\ -i_b \\ -i_c \\ i_f \\ i_D \\ i_g \\ i_Q \end{bmatrix} \tag{3-2}
$$

式(3-2)中的系数矩阵为对称矩阵。由于转子的转动，一些绕组的自感和绕组间的互感将随着转子位置的改变而呈周期性变化。在假定定子电流所产生的磁势以及定子绕组与转子绕组间的互磁通在空间均按正弦规律分布的条件下，各绕组的自感和绕组间的互感可以表示如下，其中 θ 为转子 d 轴与定子 a 相绕组磁轴之间的电角度。

(1) 定子各相绕组的自感和绕组间的互感为

$$
\left.\begin{aligned} L_{aa} &= l_0 + l_2\cos 2\theta \\ L_{bb} &= l_0 + l_2\cos 2(\theta - 2\pi/3) \\ L_{cc} &= l_0 + l_2\cos 2(\theta + 2\pi/3) \end{aligned}\right\} \tag{3-3}
$$

$$
\left.\begin{aligned} M_{ab} &= -[m_0 + m_2\cos 2(\theta + \pi/6)] \\ M_{bc} &= -[m_0 + m_2\cos 2(\theta - \pi/2)] \\ M_{ca} &= -[m_0 + m_2\cos 2(\theta + 5\pi/6)] \end{aligned}\right\} \tag{3-4}
$$

注意，在理想化假设条件下，可以证明：$l_2=m_2$。另外，对于隐极电机，上列自感和互感都是常数。

(2) 定子绕组与转子绕组间的互感，即

$$
\left.\begin{aligned} M_{af} &= m_{af}\cos\theta \\ M_{bf} &= m_{af}\cos(\theta - 2\pi/3) \\ M_{cf} &= m_{af}\cos(\theta + 2\pi/3) \end{aligned}\right\},\quad \left.\begin{aligned} M_{aD} &= m_{aD}\cos\theta \\ M_{bD} &= m_{aD}\cos(\theta - 2\pi/3) \\ M_{cD} &= m_{aD}\cos(\theta + 2\pi/3) \end{aligned}\right\} \tag{3-5}
$$

$$
\left.\begin{aligned} M_{ag} &= -m_{ag}\sin\theta \\ M_{bg} &= m_{ag}\sin(\theta - 2\pi/3) \\ M_{cg} &= m_{ag}\sin(\theta + 2\pi/3) \end{aligned}\right\},\quad \left.\begin{aligned} M_{aQ} &= -m_{aQ}\sin\theta \\ M_{bQ} &= -m_{aQ}\sin(\theta - 2\pi/3) \\ M_{cQ} &= -m_{aQ}\sin(\theta + 2\pi/3) \end{aligned}\right\} \tag{3-6}
$$

（3）转子各绕组的自感和绕组间的互感。

由于转子各绕组与转子一起旋转，无论凸极或隐极电机，这些绕组的磁路情况都不会因转子位置的改变而变化，因此这些绕组的自感及其相互间的互感 L_{ff}，L_{DD}，L_{gg}，L_{QQ}，M_{fD}，M_{gQ}都是常数。另外，由于 d 轴的 f、D 绕组与 q 轴的 g、Q 绕组彼此正交，因此它们之间的互感为零，即

$$M_{fg}=M_{fQ}=M_{Dg}=M_{DQ}=0 \tag{3-7}$$

3.1.2 同步电机的基本方程

3.1.2.1 $dq0$ 坐标系统下的基本方程

由于一些自感和互感系数与转子的位置有关，因而式（3−1）和式（3−2）将形成一组变系数的微分方程，使分析和计算十分困难。为此常采用著名的派克变换，使之变为一组常系数方程。派克变换将定子电流、电压和磁链的三相分量通过坐标变换矩阵分别变换成 $dq0$ 三个分量，其变换关系式可统一写成

$$\begin{bmatrix}A_d\\A_q\\A_0\end{bmatrix}=\frac{2}{3}\begin{bmatrix}\cos\theta & \cos(\theta-2\pi/3) & \cos(\theta+2\pi/3)\\-\sin\theta & -\sin(\theta-2\pi/3) & -\sin(\theta+2\pi/3)\\\frac{1}{2} & \frac{1}{2} & \frac{1}{2}\end{bmatrix}\begin{bmatrix}A_a\\A_b\\A_c\end{bmatrix} \tag{3-8}$$

或

$$A_{dq0}=PA_{abc} \tag{3-9}$$

由式（3−8）和式（3−9）可以得出其逆变换关系为

$$\begin{bmatrix}A_a\\A_b\\A_c\end{bmatrix}=\frac{2}{3}\begin{bmatrix}\cos\theta & -\sin\theta & 1\\\cos(\theta-2\pi/3) & -\sin(\theta-2\pi/3) & 1\\\cos(\theta+2\pi/3) & -\sin(\theta+2\pi/3) & 1\end{bmatrix}\begin{bmatrix}A_d\\A_q\\A_0\end{bmatrix} \tag{3-10}$$

或

$$A_{abc}=P^{-1}A_{dq0} \tag{3-11}$$

式（3−8）～（3−11）中的符号 A 可代表电流、电压或磁链，即有

$$\boldsymbol{i}_{dq0}=\boldsymbol{P}\boldsymbol{i}_{abc},\quad \boldsymbol{u}_{dq0}=\boldsymbol{P}\boldsymbol{u}_{abc},\quad \boldsymbol{\psi}_{dq0}=\boldsymbol{P}\boldsymbol{\psi}_{abc} \tag{3-12}$$

$$\boldsymbol{i}_{abc}=\boldsymbol{P}^{-1}\boldsymbol{i}_{dq0},\quad \boldsymbol{u}_{abc}=\boldsymbol{P}^{-1}\boldsymbol{u}_{dq0},\quad \boldsymbol{\psi}_{abc}=\boldsymbol{P}^{-1}\boldsymbol{\psi}_{dq0} \tag{3-13}$$

应用坐标变换关系式（3−12）和式（3−13），以及各绕组自感和绕组间互感表达式（3−3）～（3−7），可以将式（3−1）和式（3−2）变换成 $dq0$ 坐标系统下的方程，即

$$\begin{bmatrix}u_d\\u_q\\u_0\\u_f\\0\\0\\0\end{bmatrix}=\begin{bmatrix}R_a & 0 & 0 & & & & \\0 & R_b & 0 & & \mathbf{0} & & \\0 & 0 & R_d & & & & \\ & & & R_f & 0 & 0 & 0\\ & \mathbf{0} & & 0 & R_D & 0 & 0\\ & & & 0 & 0 & R_g & 0\\ & & & 0 & 0 & 0 & R_Q\end{bmatrix}\begin{bmatrix}-i_d\\-i_q\\-i_0\\i_f\\i_D\\i_g\\i_Q\end{bmatrix}+\begin{bmatrix}p\psi_d\\p\psi_q\\p\psi_0\\p\psi_f\\p\psi_D\\p\psi_g\\p\psi_Q\end{bmatrix}-\begin{bmatrix}\omega\psi_q\\-\omega\psi_d\\0\\0\\0\\0\\0\end{bmatrix} \tag{3-14}$$

$$\begin{bmatrix}\psi_d\\ \psi_q\\ \psi_0\\ \psi_f\\ \psi_D\\ \psi_g\\ \psi_Q\end{bmatrix}=\begin{bmatrix}L_d & 0 & 0 & m_{af} & m_{aD} & 0 & 0\\ 0 & L_q & 0 & 0 & 0 & m_{ag} & m_{aQ}\\ 0 & 0 & L_0 & 0 & 0 & 0 & 0\\ \frac{3}{2}m_{af} & 0 & 0 & L_f & m_{fD} & 0 & 0\\ \frac{3}{2}m_{aD} & 0 & 0 & M_{fD} & L_D & 0 & 0\\ 0 & \frac{3}{2}m_{qg} & 0 & 0 & 0 & L_g & m_{gQ}\\ 0 & \frac{3}{2}m_{qQ} & 0 & 0 & 0 & m_{gQ} & L_Q\end{bmatrix}\begin{bmatrix}-i_d\\ -i_q\\ -i_0\\ i_f\\ i_D\\ i_g\\ i_Q\end{bmatrix} \tag{3-15}$$

式中，

$$\left.\begin{aligned}L_d&=l_0+m_0+3l_2/2\\ L_q&=l_0+m_0-3l_2/2\\ L_0&=l_0-2m_0\end{aligned}\right\} \tag{3-16}$$

$$L_f=L_{ff},\quad L_D=L_{DD},\quad L_g=L_{gg},\quad L_Q=L_{QQ}$$

$$m_{fD}=M_{fD},\quad m_{gQ}=M_{gQ}$$

$$\omega=\mathrm{d}\theta/\mathrm{d}t$$

采用式（3−8）进行坐标变换，实际上相当于将定子的三相绕组用结构相同的 d 绕组、q 绕组和 0 绕组来代替。d 绕组和 q 绕组的磁轴正方向分别与转子的 d 轴和 q 轴相同，用来反映定子三相绕组在 d 轴和 q 轴方向的行为，而 0 绕组用于反映定子三相中的零序分量。式（3−16）中的 L_d，L_q，L_0 分别为等值 d 绕组、q 绕组和 0 绕组的自感，它们分别对应于定子 d 轴同步电抗、q 轴同步电抗和零序电抗。

当电流和电压的规定正方向与图 3−1(b) 相同时，定子绕组输出的总功率为

$$P_0=u_ai_a+u_bi_b+u_ci_c \tag{3-17}$$

应用坐标变换式（3−13）可得 $dq0$ 坐标系统下的功率表达式

$$P_0=u_{dq0}^2(P^{-1})^{\mathrm{T}}P^{-1}i_{dq0}=\frac{3}{2}u_di_d+\frac{3}{2}u_qi_q+3u_0i_0 \tag{3-18}$$

3.1.2.2　用标幺值表示的同步电机方程

在实际应用中，同步电机的方程式常用标幺值表示。关于基准值的选取有多种方法。下面先介绍一类应用比较广泛的基准值选取方法，并以下标 B 表示相应量的基准值。

首先，在标幺制中，时间也用标幺值表示，取

$$t_B=1/\omega_N \tag{3-19}$$

式中，ω_N 为同步角频率，可将它取为角频率和转子电角速度的基准值，即

$$\omega_B=\omega_N=1/t_B \tag{3-20}$$

在定子侧，一般可选发电机额定相电压和额定相电流幅值作为基准电压 U_B 和基准电流 I_B，以消除式（3−15）中定子与转子互感系数的不可逆。由此可以得出三相功率、阻抗和磁链的基准值为

$$S_B=3\times\frac{U_B}{\sqrt{2}}\times\frac{I_B}{\sqrt{2}}=\frac{3}{2}U_BI_B \tag{3-21}$$

$$Z_B = U_B/I_B, \quad \psi_B = U_B t_B = Z_B I_B t_B \tag{3-22}$$

对于转子而言，认为各绕组基准容量与定子基准容量相等，即

$$S_B = \frac{3}{2}U_B I_B = U_{fB} I_{fB} = U_{DB} I_{DB} = U_{gB} I_{gB} = U_{QB} I_{QB} \tag{3-23}$$

从原理上来说，对于每一个转子绕组，其基准电流和基准电压在满足式（3－53）的条件下可以任意选定，但是具有实际应用意义的选择方法并不多。文献［2］介绍了 X_{ad} 基值系统和“单位励磁电压/单位定子电压”这两种常用的选择方法，在此不再详细介绍。各绕组阻抗和磁链的基准值分别为

$$\left.\begin{aligned} Z_{fB} &= U_{fB} I_{fB}, \psi_{fB} = U_{fB} t_B \\ Z_{DB} &= U_{DB} I_{DB}, \psi_{DB} = U_{DB} t_B \\ Z_{gB} &= U_{gB} I_{gB}, \psi_{gB} = U_{gB} t_B \\ Z_{QB} &= U_{QB} I_{QB}, \psi_{QB} = U_{QB} t_B \end{aligned}\right\} \tag{3-24}$$

这样，对于式（3－14）中关于定子 $dq0$ 绕组的电压平衡方程，两端同时除以 U_B，并应用基准值之间的关系式（3－22）和式（3－20）（即 $U_B = Z_B I_B = \psi_B/t_B = \omega_B \psi_B$）；对于各转子绕组的电压平衡方程，则两端同时除以相应的基准电压，并利用关系式（3－24）（例如 $U_{fB} = Z_{fB}/I_{fB} = \psi_{fB}/t_B$），于是便可以将式（3－14）转化为用标幺值表示的电压平衡方程

$$\left.\begin{aligned} u_{d*} &= -R_{d*} i_{d*} + p_* \psi_{d*} - \omega_* \psi_{q*} \\ u_{q*} &= -R_{q*} i_{q*} + p_* \psi_{q*} + \omega_* \psi_{d*} \\ u_{0*} &= R_{0*} i_{0*} + p_* \psi_{0*} \\ u_{f*} &= R_{f*} i_{f*} + p_* \psi_{f*} \\ 0 &= R_{D*} i_{D*} + p_* \psi_{D*} \\ 0 &= R_{g*} i_{g*} + p_* \psi_{g*} \\ 0 &= R_{Q*} i_{Q*} + p_* \psi_{Q*} \end{aligned}\right\} \tag{3-25}$$

式中，$p_* = \frac{1}{\omega_B} \times \frac{d}{dt}$是对于时间标幺值的微分算子。

对于式（3－15），将对应于定子绕组的方程两端同时除以 ψ_B，并将对应于各转子绕组的方程两端分别同时除以相应的磁链基准值，再利用式（3－22）、（3－24）和基准容量关系式（3－23），便可得出用标幺值表示的磁链方程

$$\left.\begin{aligned} \psi_{d*} &= -X_{d*} i_{d*} + X_{af*} i_{f*} + X_{aD*} i_{D*} \\ \psi_{q*} &= -X_{q*} i_{q*} + X_{ag*} i_{g*} + X_{aQ*} i_{Q*} \\ \psi_{0*} &= -X_{0*} i_{0*} \\ \psi_{f*} &= -X_{af*} i_{d*} + X_{f*} i_{f*} + X_{fD*} i_{D*} \\ \psi_{D*} &= -X_{aD*} i_{d*} + X_{fD*} i_{f*} + X_{D*} i_{D*} \\ \psi_{g*} &= -X_{ag*} i_{q*} + X_{g*} i_{g*} + X_{gQ*} i_{Q*} \\ \psi_{Q*} &= -X_{aQ*} i_{q*} + X_{gQ*} i_{g*} + X_{Q*} i_{Q*} \end{aligned}\right\} \tag{3-26}$$

式中，

$$
\left.\begin{aligned}
&X_{d*}=\omega_B L_d/Z_B, X_{f*}=\frac{\omega_B L_f}{Z_{fB}}=\frac{2}{3}\frac{\omega_B L_f}{Z_B}\left(\frac{I_{fB}}{I_B}\right)^2\\
&X_{q*}=\omega_B L_q/Z_B, X_{D*}=\frac{\omega_B L_D}{Z_{DB}}=\frac{2}{3}\frac{\omega_B L_D}{Z_B}\left(\frac{I_{DB}}{I_B}\right)^2\\
&X_{0*}=\omega_B L_0/Z_B, X_{g*}=\frac{\omega_B L_g}{Z_{QB}}=\frac{2}{3}\frac{\omega_B L_g}{Z_B}\left(\frac{I_{gB}}{I_B}\right)^2\\
&X_{Q*}=\frac{\omega_B L_Q}{Z_{QB}}=\frac{2}{3}\frac{\omega_B L_Q}{Z_B}\left(\frac{I_{QB}}{I_B}\right)^2\\
&X_{af*}=\frac{\omega_B m_{af}}{Z_B}\left(\frac{I_{fB}}{I_B}\right), X_{ag*}=\frac{\omega_B m_{ag}}{Z_B}\left(\frac{I_{gB}}{I_B}\right)\\
&X_{aD*}=\frac{\omega_B m_{aD}}{Z_B}\left(\frac{I_{DB}}{I_B}\right), X_{aQ*}=\frac{\omega_B m_{aQ}}{Z_B}\left(\frac{I_{QB}}{I_B}\right)\\
&X_{fD*}=\frac{2}{3}\frac{\omega_B m_{aD}}{Z_B}\left(\frac{I_{fB}I_{DB}}{I_B^2}\right), X_{gQ*}=\frac{2}{3}\frac{\omega_B m_{gQ}}{Z_B}\left(\frac{I_{gB}I_{QB}}{I_B^2}\right)
\end{aligned}\right\}\tag{3-27}
$$

由式（3－27）可见，与各个自感和互感相对应的电抗标幺值，其计算方法实际上相当于将这些自感和互感通过相应的基准电流比值折算到定子侧后，再统一按定子侧的基准阻抗化成相应的标幺值。显然，应用式（3－23），也可以将式（3－27）中基准电流的比值用相应的基准电压比值来代替。另外，对于式（3－25）中各转子绕组电阻的标幺值，也可以导出类似的用基准电流或电压比值表示的算式，例如，$R_{f*}=R_f/Z_{fB}=\frac{2}{3}\frac{R_f}{Z_B}\left(\frac{I_{fB}}{I_B}\right)^2$。另外，应用式（3－21）可以将功率表达式（3－18）转化为标幺值形式

$$P_{0*}=u_{d*}i_{d*}+u_{q*}i_{q*}+2u_{0*}i_{0*}\tag{3-28}$$

3.1.2.3　用电机参数表示的同步电机方程

在式（3－25）和式（3－26）中，除与零序绕组有关的方程以外，其余方程将涉及R_a，R_f，R_D，R_g，R_Q，X_d，X_q，X_f，X_D，X_g，X_Q，X_{af}，X_{aD}，X_{fD}，X_{ag}，X_{aQ}，X_{gQ}等17个参数（以下称为原始参数），这些参数大部分都很难直接得到。然而，可以通过试验获得同步电机的12个稳态、暂态和次暂态参数R_a，X_d，X_q，X_a，X'_d，X''_d，X'_q，X''_q，T'_{d0}，T''_{d0}，T'_{q0}，T''_{q0}。因此，可以将式（3－25）和式（3－26）转换成用电机参数表示的方程。由于这两组参数的数目不等，用上述12个电机参数不可能唯一确定17个原始参数，因此，转换时需要采用一些假设，并导出相应的方程。下面介绍其中一种实用假设条件下电机参数表示的同步电机模型。电机参数的典型数值可参阅文献[15]、[16]。

由于定子绕组中的零轴分量电流i_0在空间产生的磁场为零，故对转子的电气量不产生任何影响，因而在式（3－25）和式（3－26）中可不必关心零轴分量的方程和参数X_0。这样，可将式（3－25）改写成（以下略去表示标幺值的＊号）

$$\begin{bmatrix}u_d\\u_f\\0\end{bmatrix}=\begin{bmatrix}R_d&0&0\\0&R_f&0\\0&0&R_D\end{bmatrix}\begin{bmatrix}-i_d\\i_f\\i_D\end{bmatrix}+\begin{bmatrix}p\psi_d\\p\psi_f\\p\psi_D\end{bmatrix}-\begin{bmatrix}\omega\psi_q\\0\\0\end{bmatrix}\tag{3-29}$$

$$\begin{bmatrix}u_q\\0\\0\end{bmatrix}=\begin{bmatrix}R_q&0&0\\0&R_g&0\\0&0&R_Q\end{bmatrix}\begin{bmatrix}-i_q\\i_g\\i_Q\end{bmatrix}+\begin{bmatrix}p\psi_q\\p\psi_g\\p\psi_Q\end{bmatrix}+\begin{bmatrix}\omega\psi_d\\0\\0\end{bmatrix}\tag{3-30}$$

而式（3—26）改写成

$$\begin{bmatrix}\psi_d\\ \psi_f\\ \psi_D\end{bmatrix}=\begin{bmatrix}X_d & X_{ad} & X_{ad}\\ X_{ad} & X_f & X_{ad}\\ X_{ad} & X_{ad} & X_D\end{bmatrix}\begin{bmatrix}-i_d\\ i_f\\ i_D\end{bmatrix} \tag{3-31}$$

$$\begin{bmatrix}\psi_q\\ \psi_g\\ \psi_Q\end{bmatrix}=\begin{bmatrix}X_q & X_{aq} & X_{aq}\\ X_{aq} & X_g & X_{aq}\\ X_{aq} & X_{aq} & X_Q\end{bmatrix}\begin{bmatrix}-i_q\\ i_g\\ i_Q\end{bmatrix} \tag{3-32}$$

下面根据电机参数的定义（可参阅文献［2］），导出电机参数与原始参数的关系，进而得到用电机参数表达的同步电机基本方程。这里假设原始参数满足式（3—33）的条件。

$$X_{af}X_D=X_{aD}X_{fD},\quad X_{ag}X_Q=X_{aQ}X_{gQ} \tag{3-33}$$

这一假设实际上相当于在一定程度上考虑了各绕组之间存在局部互磁通的可能性。

进一步定义各空载电势、暂态和次暂态电势为

$$\left.\begin{aligned}&e_{q1}\triangleq X_{af}i_f,e_{d1}\triangleq -X_{ag}i_g\\&e_{q2}\triangleq X_{aD}i_D,e_{d2}\triangleq -X_{aQ}i_Q\end{aligned}\right\} \tag{3-34}$$

$$\left.\begin{aligned}&e'_q\triangleq\frac{X_{af}}{X_f}\psi_f,e'_d\triangleq -\frac{X_{ag}}{X_g}\psi_g\\&e''_q\triangleq\frac{X_{aD}}{X_D}\psi_D,e''_d\triangleq -\frac{X_{aQ}}{X_Q}\psi_Q\end{aligned}\right\} \tag{3-35}$$

将电压平衡方程式（3—25）和磁链方程式（3—26）中各转子绕组电流和磁链用式（3—34）和式（3—35）的对应电势替换，且考虑等值电抗和时间常数与电机参数的关系，可得出用电机参数表示的方程

$$\left.\begin{aligned}\psi_d&=-X_di_d+e_{q1}+e_{q2}\\ \psi_q&=-X_qi_q-e_{d1}-e_{d2}\end{aligned}\right\} \tag{3-36}$$

$$\left.\begin{aligned}e'_q&=-(X_d-X'_d)i_d+e_{q1}+\frac{X_d-X'_d}{X_d-X''_d}e_{q2}\\ e''_q&=-(X_d-X''_d)i_d+e_{q1}+e_{q2}\\ e'_d&=(X_q-X'_q)i_q+e_{d1}+\frac{X_q-X'_q}{X_q-X''_q}e_{d2}\\ e''_d&=(X_q-X''_q)i_q+e_{d1}+e_{d2}\end{aligned}\right\} \tag{3-37}$$

$$\left.\begin{aligned}u_d&=p\psi_d-\omega\psi_q-R_ai_d\\ u_q&=p\psi_q+\omega\psi_d-R_ai_q\end{aligned}\right\} \tag{3-38}$$

$$\left.\begin{aligned}T'_{d0}pe'_q&=E_{fq}-e_{q1}\\ T''_{d0}pe''_q&=-\frac{X'_d-X''_d}{X_d-X''_d}e_{q2}\\ T'_{q0}pe'_d&=-e_{d1}\\ T''_{q0}pe''_d&=-\frac{X'_q-X''_q}{X_q-X''_q}e_{d2}\end{aligned}\right\} \tag{3-39}$$

式中，$E_{fq}=\dfrac{X_{af}}{R_f}u_f$。

当采用"单位励磁电压/单位定子电压"基值系统时，由于存在 $R_{f*}=X_{af*}$ 的关系，于是有

$$E_{fq}=u_f \tag{3-40}$$

另外，将式（3－36）和式（3－37）中对应方程进行合并移项整理，可分别得到用暂态电势或次暂态电势表示的磁链方程

$$\left.\begin{aligned}\psi_d&=e_q'-X_d'i_d\\ \psi_q&=-e_d'-X_q'i_q\end{aligned}\right\} \tag{3-41}$$

$$\left.\begin{aligned}\psi_d&=e_q''-X_d''i_d\\ \psi_q&=-e_d''-X_q''i_q\end{aligned}\right\} \tag{3-42}$$

3.1.2.4 同步电机的稳态方程式和相量图

电力系统暂态分析是研究系统在给定稳态运行方式下遭受扰动后的暂态过程。因此，需要知道扰动前系统稳态运行方式下的各个运行参数或它们之间的关系，以便计算遭受扰动时各状态变量的初值。下面将导出同步电机的稳态方程及对应的相量图。

同步电机在稳态、对称且同步转速运行时，各阻尼绕组的电流等于零（即 $i_D=i_g=i_Q=0$）。由于各阻尼绕组电流为零，因而相应的空载电势也为零（即 $e_{q2}=e_{d1}=e_{d2}=0$）。而其他绕组的电流 i_d，i_q，i_f 和对应于 i_f 的空载电势 e_{q1} 以及所有绕组的磁链则保持不变。下面将应用这些条件导出各种稳态电流电压方程。为便于区别，在此均用大写字母表示相应电气量的稳态值。

将上述条件应用于式（3－38）可得

$$u_d=-\psi_q-R_ai_d,\quad u_q=\psi_d-R_qi_q \tag{3-43}$$

分别将空载电势、暂态电势或次暂态电势表示的磁链方程式（3－36）、式（3－41）或式（3－42）代入式（3－43），可分别得到用同步电抗、暂态参数或次暂态参数表示的稳态方程

$$\left.\begin{aligned}u_d+R_ai_d-X_qi_q&=0\\ u_q+R_ai_q+X_di_d&=E_{q1}\end{aligned}\right\} \tag{3-44}$$

$$\left.\begin{aligned}u_d+R_ai_d-X_q'i_q&=E_d'\\ u_q+R_ai_q+X_d'i_d&=E_q'\end{aligned}\right\} \tag{3-45}$$

$$\left.\begin{aligned}u_d+R_ai_d-X_q''i_q&=E_d''\\ u_q+R_ai_q+X_d''i_d&=E_q''\end{aligned}\right\} \tag{3-46}$$

由上述同步电机稳态方程可以作出相应的相量图，如图3－2所示。图中 x、y 轴为系统统一的同步旋转参考轴，$\dot{U}_t$ 和 $\dot{I}_t$ 分别为同步电机的机端电压和电流相量。

上述方程虽然描述了同步电机暂态（或次暂态）电势与机端电压和电流之间的关系，但它并不能直接用来与网络方程联立求解。这是由于上述方程中的电流电压分量均为同步电机自身的 d 轴和 q 轴分量，而系统中各同步电机转子之间存在相对角位移，其 dq 坐标轴的位置各不相同。为了能够进行统一的网络运算，需要在全系统中设置统一的坐标参考轴 x、y，以便建立各同步电机运行参数之间的关系，且便于与网络方程联立求解。

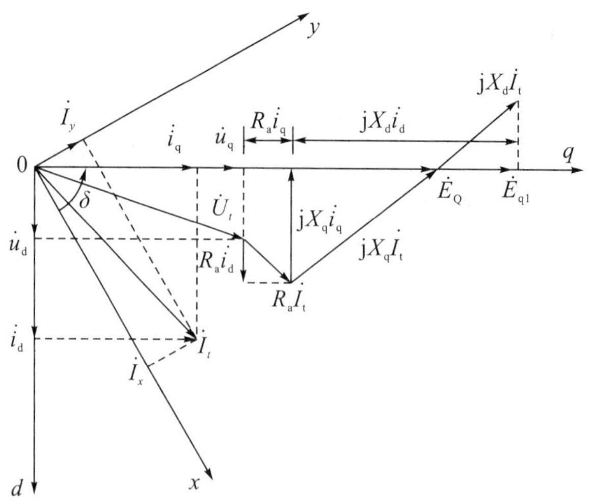

(a) 用同步电抗表示

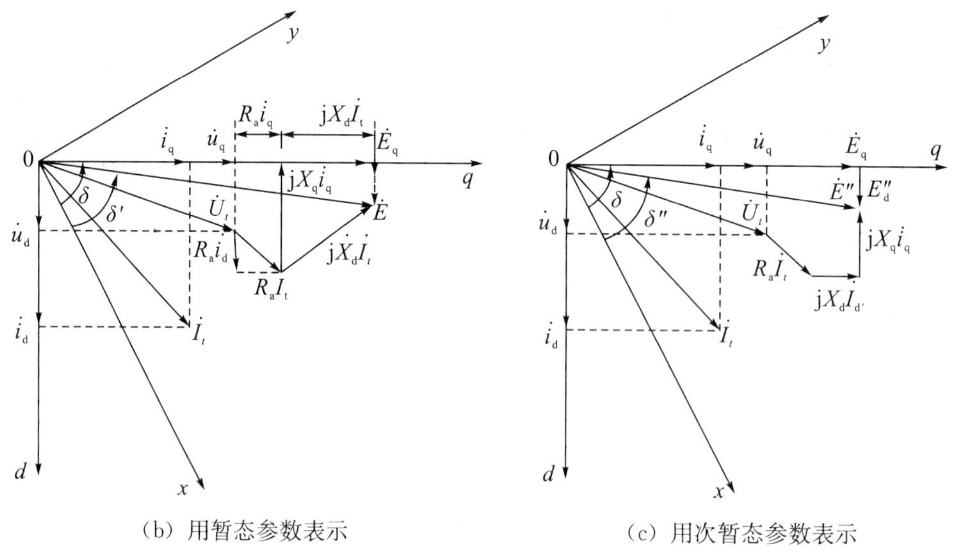

(b) 用暂态参数表示　　　　(c) 用次暂态参数表示

图 3－2　同步电机稳态相量图

根据图 3－2（a）中 $\dot{I}_t$ 的 d、q 分量与 x、y 分量之间的关系，可得出下列统一的坐标变换关系式

$$\begin{bmatrix} A_x \\ A_y \end{bmatrix} = \begin{bmatrix} \sin\delta & \cos\delta \\ -\cos\delta & \sin\delta \end{bmatrix} \begin{bmatrix} A_d \\ A_q \end{bmatrix} \tag{3-47}$$

$$\begin{bmatrix} A_d \\ A_q \end{bmatrix} = \begin{bmatrix} \sin\delta & -\cos\delta \\ \cos\delta & \sin\delta \end{bmatrix} \begin{bmatrix} A_x \\ A_y \end{bmatrix} \tag{3-48}$$

式中，A 可以表示电流、电压、磁链和各种电势；δ 为转子 q 轴与系统同步旋转参考轴 x 之间的电气位移角，也称为同步电机转子的相对角或功角。该坐标变换关系式同样适用于各变量瞬时值之间的坐标变换。

为了得到能与网络方程联立求解的方程，也可采用以下几种简化方法得到可直接接入网络的同步电机等值模型。

（1）引入等值隐极机虚构电势 $\dot{E}_Q$（即同步电抗 X_q 后的电势），它与 $\dot{U}_t$ 和 $\dot{I}_t$ 之间的关系为

$$\dot{E}_Q = \dot{U}_t + (R_a + jX_q)\dot{I}_t \tag{3-49}$$

式（3—49）对应的相量关系如图 3—2 所示。$\dot{E}_Q$ 与 $\dot{E}_q$，$\dot{E}'_q$同相位，且有如下关系

$$\dot{E}_Q = \dot{E}'_q + i_d(X_q - X'_d) = \dot{E}_q + i_d(X_q - X_d) \tag{3-50}$$

引入电势 $\dot{E}_Q$ 后，同步电机的等值电路如图 3—3 所示，该等值模型即可与网络直接相连。

（2）为简化起见，在某些近似计算中，可把同步电机简化为暂态电抗后幅值维持不变的电势源 $\dot{E}'$，$\dot{E}'$称为暂态电抗后电势，它与机端电压及电流之间的关系为

$$\dot{E}' = \dot{U}_t + (R_a + jX'_d)\dot{I}_t \tag{3-51}$$

用 $\dot{E}'$电势表示同步电机，相当于假定 dq 轴的暂态电抗相等，即忽略同步电机的暂态凸极效应。

（3）在近似计算中，同样也可以忽略同步电机的次暂态凸极效应，即假设 $X''_d = X''_q = X''$，把同步电机简化为次暂态电抗后的电势源 $\dot{E}''$。$\dot{E}''$与机端电压电流之间的关系为

$$\dot{E}'' = \dot{U}_t + (R_a + jX'')\dot{I}_t \tag{3-52}$$

对应式（3—51）或式（3—52）的等值电路如图 3—4 所示。

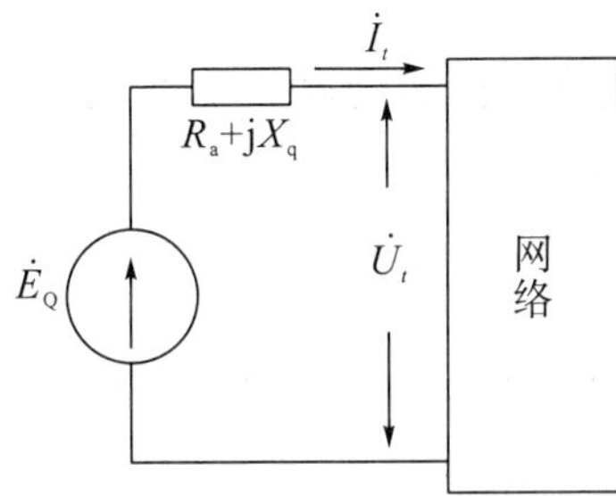

图 3—3 用 $\dot{E}_Q$ 电势表示同步电机的等值电路

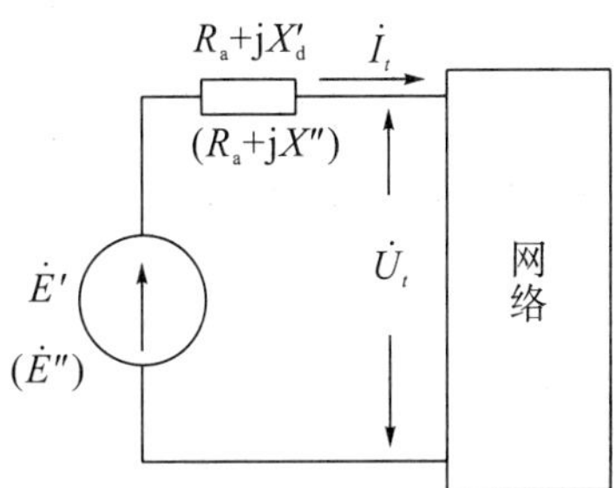

图 3—4 用 $\dot{E}'$（或 $\dot{E}''$）电势表示同步电机的等值电路

需要注意的是，$\dot{E}'$和 $\dot{E}''$未与 q 轴重叠（如图 3—2 所示），用 $\dot{E}'$电势的相角 δ'（或 $\dot{E}''$电势的相角 δ''）代替转子的相对角 δ 时会带来一定的误差。

3.1.2.5 转子运动方程

物体在直线运动中，存在着 $F = ma$（作用力等于物体质量乘加速度），与此类似，物体旋转运动有下述规律

$$\Delta M = Ja = J\frac{\mathrm{d}}{\mathrm{d}t}\Omega = J\frac{\mathrm{d}^2}{\mathrm{d}t^2}\gamma \tag{3-53}$$

式中，J 为物体的转动惯量，kg · m²；a 为转子的机械角加速度，rad/s²；Ω 为角速度，rad/s；γ 为机械角，rad；ΔM 为作用在转子上的不平衡转矩，即机械转矩与电磁转矩之差，N · m²，即

$$\Delta M = M_m - M_e \tag{3-54}$$

下面将机械角化为转子对同步旋转的参考轴的角位移 δ。

Ω 及 γ 与电角速度 ω 及电角度 θ 间有如下关系

$$\left.\begin{aligned}\Omega &= 2\omega/p_f\\ \gamma &= 2\theta/p_f\end{aligned}\right\} \tag{3-55}$$

式中，p_f 为极个数。

由图 3−5 可知，δ 与绝对电角度 θ 有如下关系

$$\delta=\theta-\omega_0 t \tag{3-56}$$

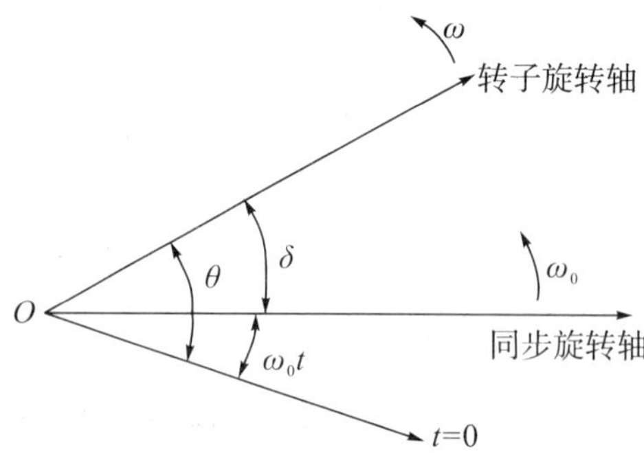

图 3−5　电角速度 ω 及电角度 θ 的关系

对式（3−56）微分，即可得到转子电角速度与同步旋转的坐标轴之间的角速度之差，即相对电角速度

$$\frac{\mathrm{d}}{\mathrm{d}t}\delta=\frac{\mathrm{d}}{\mathrm{d}t}\theta-\omega_0=\omega-\omega_0=\Delta\omega \tag{3-57}$$

式（3−57）表明相对电角速度 $\frac{\mathrm{d}}{\mathrm{d}t}\delta$ 等于转子电角速度减同步转速 ω_0。对式（3−57）再微分一次，即得相对角加速度与绝对角加速度相等的关系，即

$$\frac{\mathrm{d}^2}{\mathrm{d}t^2}\delta=\frac{\mathrm{d}^2}{\mathrm{d}t^2}\theta=\frac{\mathrm{d}}{\mathrm{d}t}\Delta\omega \tag{3-58}$$

将式（3−58）及式（3−55）代入式（3−53），即得到用相对电角度表示的转子运动方程

$$\frac{2J}{p_f}\frac{\mathrm{d}^2}{\mathrm{d}t^2}\delta=\frac{2J}{p_f}\frac{\mathrm{d}}{\mathrm{d}t}\Delta\omega=\Delta M \tag{3-59}$$

并可化为两个一阶方程式

$$\frac{2J}{p_f}\frac{\mathrm{d}}{\mathrm{d}t}\Delta\omega=\Delta M \tag{3-60}$$

$$\frac{\mathrm{d}}{\mathrm{d}t}\delta=\omega-\omega_0=\Delta\omega \tag{3-61}$$

为了把式（3−60）、式（3−61）用标幺值来表示，等式两边除以 $M_{base}=S_{base}/\omega_{mbase}$（其中 M_{base} 为转矩基值，S_{base} 为发电机容量基值，ω_{mbase} 为机械角速度基值）后得

$$\frac{\Delta M}{S_{base}/\omega_{mbase}}=\Delta M^* \tag{3-62}$$

$$\frac{\frac{2J}{p_f}\frac{\mathrm{d}\Delta\omega}{\mathrm{d}t}}{S_{base}/\omega_{mbase}}=\frac{J\omega_{mbase}^2}{S_{hase}}\frac{\mathrm{d}\Delta\omega^*}{\mathrm{d}t}=T_J\frac{\mathrm{d}\Delta\omega^*}{\mathrm{d}t}=2H\frac{\mathrm{d}\Delta\omega^*}{\mathrm{d}t} \tag{3-63}$$

因此可得

$$\Delta M^*=T_J\frac{\mathrm{d}\Delta\omega^*}{\mathrm{d}t} \tag{3-64}$$

式中，

$$T_J = 2H = \frac{J\omega_{\text{mbase}}^2}{S_{\text{base}}} \tag{3-65}$$

$$\Delta\omega^* = \Delta\omega / \omega_{\text{base}} \tag{3-66}$$

ω_{base}为电角速度基值，$\omega_{\text{base}} = p_f\omega_{\text{mbase}}/2$；$H$ 为惯性常数的标幺值，它等于以瓦·秒表示的动能除以额定容量（$J\omega_{\text{mbase}}^2/2S_{\text{base}}$），其量纲为 s；$T_J$ 为惯性时间常数，量纲为 s。现假定用额定转矩将转子从静止加速到额定转速，求所需时间 T_n，则利用式（3−64）可得

$$\Delta\omega^* = \frac{1}{T_J}\int_0^{T_n} 1.0\mathrm{d}t = \frac{T_n}{T_J} \tag{3-67}$$

即 $T_n = T_J$，它表示以额定转矩将转子由静止加速到额定转速所需要的时间。

将式（3−61）化成标幺值为

$$\frac{1}{\omega_{\text{base}}}\frac{\mathrm{d}}{\mathrm{d}t}\delta = \Delta\omega^* \tag{3-68}$$

或合成为一个方程

$$\frac{1}{\omega_{\text{base}}}T_J\frac{\mathrm{d}^2}{\mathrm{d}t^2}\delta = \Delta M^* \tag{3-69}$$

式中，ΔM^* 为不平衡转矩标幺值；t 为时间，s；δ 为相对电角度，rad。

相对电角速度 ω 取为标幺值，即 $\omega^* = \frac{\omega}{\omega_{\text{base}}}$，其中 ω_{base} 通常都表示为 ω_0，$\omega_0 = 2\pi f_0$（当 $f_0 = 50$ Hz 时，$\omega_0 = 100\pi$ /s）。

惯性时间常数 T_J，单位为 s，当功率基值改变时，此数要进行折合。如原来以机组额定容量 S_N 为基值，现在要折算到系统基值 S_b，则原来的数要乘以$\frac{S_N}{S_b}$，即基值越大，T_J 值越小，因为用更大功率或转矩将转子加速到额定转速所需时间要减小。

在以后的方程中，如不加注明，都表示标幺值，故将表示标幺值的 * 号去掉。

有一点需要加以说明，在转子运动方程式中，有时还加上一项与速度成正比的转矩项，成为

$$\left.\begin{aligned} &T_J\frac{\mathrm{d}}{\mathrm{d}t}\Delta\omega + D\Delta\omega = \Delta M = M_m - M_e \\ &\frac{\mathrm{d}}{\mathrm{d}t}\delta = \omega_0\Delta\omega \end{aligned}\right\} \tag{3-70}$$

式中，D 为所有与转速变化成正比的转矩的比例系数，可以用来近似地代替原动机、阻尼绕组及负荷的阻尼特性。影响该系数的因素很多，它有时称为 M_D，即

$$M_D = D\Delta\omega \tag{3-71}$$

式中，M_D，ω 是以标幺值表示的，所以 D 也以标幺值表示。

3.1.3　同步电机的实用数学模型

上述同步电机模型是一台单机模型，其动态方程为式（3−39）和式（3−70）组成的六阶微分方程组。然而对于一个含有上百台发电机的多机电力系统，若再加上励磁系统、调速器和原动机的动态方程，则将会出现“维数灾”，给分析计算带来极大的困难。因此在实际工程应用中，常针对不同使用场合及对精度的不同要求，对同步电机的数学模型作不同程度的简化。下面介绍几种同步电机的实用模型。

3.1.3.1　二阶模型

这是一种只计及转子动态特性的最简单模型，有以下两种形式：

（1）$\dot{E}'$恒定模型，又称二阶经典模型，在电力系统分析中得到广泛应用。

$$\left.\begin{aligned} &p\delta' = \omega - 1 \\ &T_J p\omega = T_m - T_e - D\omega = P_m - P_e - D\omega \\ &\dot{U}_t = \dot{E}' - (R_a + jX'_d)\dot{I}_t \end{aligned}\right\} \tag{3-72}$$

这种模型将同步发电机用暂态电抗 X'_d和其后的暂态电势 $\dot{E}'$组成的等值电路来表示，如图 3-4 所示。定子电压电流满足式中所示的相量关系。注意，此处状态变量 δ'与转子功角 δ 的差异。

（2）$\dot{E}'_q$恒定模型。这种二阶模型与 E'恒定模型相比，由于计及了凸极效应，使计算精度有所改善，但同步电机与网络的接口计算较复杂。

$$\left.\begin{aligned} &p\delta = \omega - 1 \\ &T_J p\omega = T_m - T_e - D\omega = P_m - P_e - D\omega \\ &u_d = X_q i_q - R_a i_d, u_q = E'_q - X'_d i_d - R_a i_q \end{aligned}\right\} \tag{3-73}$$

以上两种形式的二阶模型的状态变量均为（δ，ω）。

3.1.3.2　三阶模型

实用三阶模型广泛应用于精度要求不十分高，但需计及励磁系统动态（即考虑 $\dot{E}'_q$ 的动态方程）的电力系统动态分析。这种实用模型基于如下假设：①忽略定子 d 绕组和 q 绕组的暂态，即在定子电压方程中令 $p\psi_d = p\psi_q = 0$；②近似认为 $\omega \approx 1.0$（p. u.），在转速变化不大的过渡过程中，这种近似引起的误差很小；③忽略阻尼绕组 D、g、Q，其作用可在转子运动方程中增加阻尼项近似考虑。同步电机模型简化为三阶模型

$$\left.\begin{aligned} &p\delta = \omega - 1 \\ &T_J p\omega = T_m - T_e - D\omega = P_m - P_e - D\omega \\ &T'_{d0} pE'_q = E_{fq} - E'_q - (X_d - X'_d) i_d \\ &u_d = X_q i_q - R_a i_d, u_q = E'_q - X'_d i_d - R_a i_q \end{aligned}\right\} \tag{3-74}$$

三阶模型的状态变量为（E'_q，δ，ω）。

如果在三阶模型基础上考虑 q 轴上阻尼绕组 g 绕组的存在，计及 g 绕组的暂态过程，则为四阶模型。即在式（3-74）基础上增加 $\dot{E}'_d$ 的动态方程

$$T'_{q0} pE'_d = -E'_d + (X_q - X'_q) i_q \tag{3-75}$$

并且将 d 轴电压平衡方程改为

$$u_d = E'_d + X'_q i_q - R_a i_d \tag{3-76}$$

四阶模型的状态变量为（E'_q，E'_d，δ，ω）。

3.1.3.3　五阶模型

当对电力系统稳定分析的精度要求较高时，可采用忽略定子电磁暂态过程，但计及转子侧 f、D、Q 绕组的电磁暂态以及转子运动的机电暂态过程，由此得到实用五阶模型，如式（3-77）所示。此时，同步电机模型的状态变量为（E'_q，E''_q，E''_d，δ，ω）。

与三阶模型类似，当计及 q 轴 g 绕组暂态时，五阶模型升为六阶模型，即由式（3-39）、式（3-54）和式（3-46）组成的模型，其状态变量为（E'_q，E'_d，E''_q，E''_d，δ，ω）。

$$\left.\begin{aligned}&p\delta=\omega-1\\&T_J p\omega=T_m-T_e-D\omega=P_m-P_e-D\omega\\&T'_{d0}pE'_q=E_{fq}-E'_q-(X_d-X'_d)i_d\\&T''_{d0}pE''_q=T''_{d0}pE'_q-E''_q+E'_q-(X'_d-X''_d)i_d\\&T''_{q0}pE''_d=-E''_d+(X_q-X''_q)i_q\\&u_d=E''_d+X''_q i_q-R_a i_d,u_q=E''_q-X''_d i_d-R_a i_q\end{aligned}\right\}\tag{3-77}$$

一般五阶模型适用于水轮机，而六阶模型更有利于描写实心转子的汽轮机，对汽轮机转子 q 轴的整个暂态过程用时间常数不同的两个等值绕组（即反映暂态过程的 g 绕组和反映次暂态过程的 Q 绕组）来描述，比五阶模型更为精确。

3.1.4　考虑磁路饱和效应的同步电机方程

前面介绍的各种同步电机方程是在假定电机磁路不饱和的条件下导出的。但实际上，随着磁通密度的增大，在定子和转子铁芯中的饱和现象将愈趋明显。如果要求较高精度的同步电机数学模型，则需要考虑磁路饱和效应。然而要准确考虑磁路饱和效应则十分复杂和困难。目前有很多考虑饱和影响的方法，采用的假设和处理方法有所不同。下面简要介绍在稳定分析中应用较多的一种方法。假设条件如下：

（1）磁路饱和影响简单地按 d、q 轴分别考虑。d 轴和 q 轴磁路磁阻的差别仅在于两轴气隙长度的不同。

（2）在同一轴下，饱和程度由保梯（Potier）电抗 X_p 后相应的保梯电压分量来决定。保梯电压越高，饱和程度越严重。d、q 轴保梯电压分量分别为

$$\left.\begin{aligned}u_{dp}&=u_d+R_a i_d-X_p i_q\\u_{qp}&=u_q+R_a i_q-X_p i_d\end{aligned}\right\}\tag{3-78}$$

另外，假定同一轴下定子绕组和转子绕组的电压和磁链具有相同的饱和程度。

（3）气隙磁通分布波形的畸变不影响各绕组自感和互感以及相应电抗的不饱和值。

（4）负载状态下的饱和特性与空载特性一致。

在空载情况下，同步电机空载电势与励磁电流之间的关系，即空载特性，如图 3-6 所示。不计饱和影响时，空载电势 E_{q0} 等于不计饱和的电枢反应电抗 X_{ad} 与 I_f 的乘积，即

$$E_{q0}=X_{ad}I_f\tag{3-79}$$

而计及饱和影响时，空载电势的实际数值 E_q 则由饱和特性所决定。根据图 3-6 中 $\triangle OAC$ 与 $\triangle OBD$ 相似的条件，可得

$$\frac{\overline{AC}}{\overline{BD}}=\frac{\overline{OA}}{\overline{OB}}$$

即

$$\frac{E_q}{E_{q0}}=\frac{I_{f0}}{I_f}\tag{3-80}$$

式中，I_{f0} 为不计饱和时产生空载电势 E_q 所需的励磁电流。将式（3-79）代入式（3-80）可得

$$E_q=I_fX_{ad}/k_F\tag{3-81}$$

式中，$k_F=\dfrac{I_f}{I_{f0}}$，为同步电机的饱和修正系数。因此，在空载运行情况下计及饱和影响时，

空载电势的数值可以看成是对不计饱和时空载电势的修正。

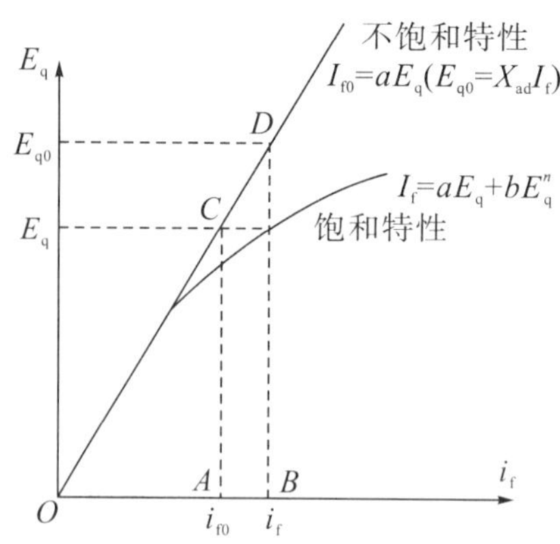

图 3－6　同步电机的空载特性

饱和修正系数 k_F 可以由空载饱和特性曲线求得。一种比较简单和常用的方法是将图 3－6 中的空载饱和特性曲线用一个近似的函数拟合，如常用幂函数关系表示为

$$I_f = aE_q + bE_q^n \tag{3-82}$$

不饱和特性用直线表示为

$$I_{f0} = aE_q \tag{3-83}$$

式（3－82）与式（3－83）相除，便可以得到计算饱和修正系数的公式

$$k_F = \frac{I_f}{I_{f0}} = 1 + \frac{b}{a}E_q^{n-1} \tag{3-84}$$

式中，a，b，n 值可根据电机的空载饱和曲线，用拟合的方法（如最小二乘法）求出，也可在相关电气设备手册中查得。

当定子绕组流过电流时，饱和情况将决定于铁芯内总磁通的大小，或近似地决定于合成空气隙磁通的数值。因此，在定子绕组流过电流时，为了计及饱和影响，可以对合成空气隙电势按空载饱和特性曲线作同样方法的修正。但是，对合成空气隙电势的修正，计算比较复杂。一种简化的计算方法是忽略转子 q 轴方向磁通对饱和的影响，而在沿转子 d 轴方向，近似地将暂态电势按空载饱和特性进行修正，即计及饱和影响时，暂态电势为

$$E'_q = \frac{E'_{q0}}{k_F} \tag{3-85}$$

式中，E'_{q0} 为不计饱和影响时的暂态电势。

有一些文献定义的饱和修正系数略有不同，如文献［2］定义 d 轴饱和修正系数为

$$S_d = \frac{I_f}{I_{f0}} - 1 = k_F - 1 = \frac{b}{a}E_q^{n-1} \tag{3-86}$$

对于 q 轴，由于饱和特性难以通过实验获得，因此饱和系数也按电机空载饱和特性决定，且应用上述假设条件（1）将它取为

$$S_q = \frac{X_q}{X_d}S_d \tag{3-87}$$

下面应用饱和修正系数 S_d 和 S_q 对式（3－37）～（3－39）进行修正，直接给出计及饱和影响的对应方程。

$$\left.\begin{aligned}(1+S_d)e'_{qs} &= -(X_d-X'_d)i_d+(1+S_d)e_{q1s}+\frac{X_d-X'_d}{X_d-X''_d}(1+S_d)e_{q2s}\\(1+S_d)e''_{qs} &= -(X_d-X''_d)i_d+(1+S_d)e_{q1s}+(1+S_d)e_{q2s}\\(1+S_q)e'_{ds} &= (X_q-X'_q)i_q+(1+S_q)e_{d1s}+\frac{X_q-X'_q}{X_q-X''_q}(1+S_q)e_{d2s}\\(1+S_q)e''_{ds} &= (X_q-X''_q)i_q+(1+S_q)e_{d1s}+(1+S_q)e_{d2s}\end{aligned}\right\}\tag{3-88}$$

$$\left.\begin{aligned}T'_{d0}pe'_{qs} &= E_{fa}-(1+S_d)e_{q1s}\\T''_{d0}pe''_{qs} &= -\frac{X'_d-X''_d}{X_d-X''_d}(1+S_d)e_{q2s}\\T'_{q0}pe'_{ds} &= -(1+S_q)e_{d1s}\\T''_{q0}pe''_{ds} &= -\frac{X'_q-X''_q}{X_q-X''_q}(1+S_q)e_{d2s}\end{aligned}\right\}\tag{3-89}$$

$$\left.\begin{aligned}v_d &= e''_{ds}-R_ai_d+\left(\frac{X''_q-X_p}{1+S_q}+X_p\right)i_q\\v_q &= e''_{qs}-R_ai_q-\left(\frac{X''_d-X_p}{1+S_d}+X_p\right)i_d\end{aligned}\right\}\tag{3-90}$$

在实际应用中，常假设定子漏磁链不饱和，用漏抗 X_σ 代替保梯电抗 X_p。

由于同步电机是旋转的铁磁性元件，并由多个绕组组成，其动态过程十分复杂，而它在电力系统中又占有极其重要的地位，且与系统的稳定性密切相关。因此，对同步电机数学模型的研究在整个电力系统动态分析中占有十分重要的地位，必须彻底搞清模型与实际物理元件特性的关联。同时要善于根据实际问题的特点选择合理的同步电机模型。

3.2　发电机励磁调节系统

励磁系统的基本功能是给同步电机磁场绕组提供直流电流。此外，励磁系统通过控制磁场电压并随之控制磁场电流，完成控制保护功能，提高电力系统相关性能。

鉴于励磁控制对于电力系统的稳定性起着重要的、有时是关键性的作用，在研究分析电力系统稳定性时，需要很好地掌握励磁控制系统的特性、参数，并建立相应的模型。IEEE 早在 1968 年就提出了励磁控制系统的数学模型[7]，以后又分别在 1981 年、1992 年、2005 年三次更新了提出的数学模型[8-10]，中国在 1991 年、1994 年也提出了稳定计算用的励磁系统模型[11-12]。20 世纪 90 年代以后改进励磁控制数学模型的工作一直在进行。由于计算技术的发展，模型可以包括非线性在内的详尽的细节，现在的励磁控制系统模型不仅对控制回路环节进行了详尽模拟，而且对保护、限制等附加功能进行了详尽模拟。本节将着重介绍控制系统的模拟，对于保护限制功能的模拟可参考文献 [1]。

本节先介绍对励磁系统的要求及励磁系统的分类，然后分别介绍三种主要励磁系统的数学模型。考虑到目前许多应用软件均采用或参考 IEEE 的数学模型，而且它是目前最完善、最详尽的模型，所以相关介绍主要参考 IEEE 模型。

3.2.1 对励磁系统的要求及分类

3.2.1.1 *对励磁系统的要求*

对励磁系统最基本的要求是发电机励磁绕组能够提供足够的、可靠的、连续可调的直流电流。一般来说，励磁绕组的额定容量大约为发电机的0.25%～0.5%。早期励磁系统都是由同轴直流励磁机供电的。当发电机容量超过200 MW时，特别是汽轮发电机，由于转速较高，直流励磁机换向困难，所以运行可靠性不高，于是发展了各种不同类型的交流励磁机系统。在交流励磁机系统中，同轴的交流发电机经二极管整流器向发电机励磁绕组供电，解决了直流机换向的困难。但这种系统反应速度较慢，所以又出现了高起始响应的交流励磁机系统，用晶闸管（又称可控整流器）代替二极管整流器的他励晶闸管系统等不同的系统；为了省去滑环，又出现了无刷励磁系统；为了省去励磁机，又出现了静态励磁系统，其电源由厂用电或直接从机端取来，经过可控整流器向发电机励磁绕组供电。静态励磁系统由于省掉了同轴励磁机，没有旋转部件，可靠性大为提高，且它的反应速度快，因而得到了广泛的应用，很好地解决了对励磁系统的容量、可靠性及连续可调的要求。

对励磁控制系统第二方面的要求是在自动控制方面。其中最核心的要求是要自动维持发电机电压（在系统二次电压控制方式下，又附加了要求发电机励磁控制与其他发电机或无功功率调节设备配合，共同维持系统中某个枢纽点的电压或维持发电机高压侧母线电压）。维持电压的功能，靠反馈控制系统来实现，它是一种能对输出量（即电压）与参考输入量进行比较，并力图减小两者之间偏差的控制系统。它利用输出量与参考输入量的偏差来进行控制。不论是在孤立还是在并网正常运行的发电机的励磁控制系统中，只有也只能有以电压偏差反馈这个反馈控制，其他的输出量如功率、转速（频率）等的偏差反馈控制都是不可行的，因为运行中的发电机的一个特点就是功率是随着发电机负荷的改变从一个稳定运行点到另一个稳定运行点而变化的，采用功率的偏差去控制励磁，就会造成发电机电压的稳态值随着功率稳态值变化而改变，降低了励磁控制系统维持发电机电压的能力。采用频率的偏差作为励磁的反馈控制具有同样的问题。按照反馈控制的原理，为使被控量—电压的偏差减小，为了维持电压水平，需要采用较大的电压放大倍数。研究表明，这种高放大倍数的励磁控制再配上快速反应的励磁系统对提高电力系统的稳定性具有明显的效果，但同时也证明了它会使电力系统的阻尼减弱，甚至提供负阻尼造成电力系统的低频振荡。苏联学者提出的强力调节器及在北美发展起来的电力系统稳定器，都可以使励磁控制在高放大倍数下，不但可以克服负阻尼，还可以提供正阻尼。虽然它们也采用了功率及频率的反馈，但这些反馈信号都不是经过与某个参考值比较后得到的偏差进行反馈控制，而是经过微分或类似带惯性的微分环节进行反馈，所以实际上相当于一个并联于电压反馈上的动态校正。不论功率及频率稳态运行值怎样变化，都不会影响电压的稳态运行值，它只在暂态过程中起作用。在北美称电力系统稳定器为励磁的附加控制，它很好地解决了提高发电机维持电压的能力与产生低频振荡或说恶化动态品质之间的矛盾。

对励磁控制系统另一个重要的要求是对励磁电流或励磁电压的限制及保护。在电力系统出现大的扰动时，励磁控制可以使发电机提供瞬时的或短时的无功功率去支援电力系统，这对抬高系统在暂态过程中的电压和保持系统稳定性具有重要的作用。但是发电机短期的过负荷能力受到以下一些因素的限制：励磁电压过高引起绝缘损坏，励磁电流过高引起转子过热，在欠励状态下运行造成定子端部过热，以及磁链过高引起的发热等。发热的限制都具有反时限特性，短时发热允许时间可达 15～60 s，在发热条件允许的前提下，充分利用发电机的过载能力是励磁系统应具有的重要功能。根据上述要求设计的励磁控制系统功能示意图如图 3−7 所示。

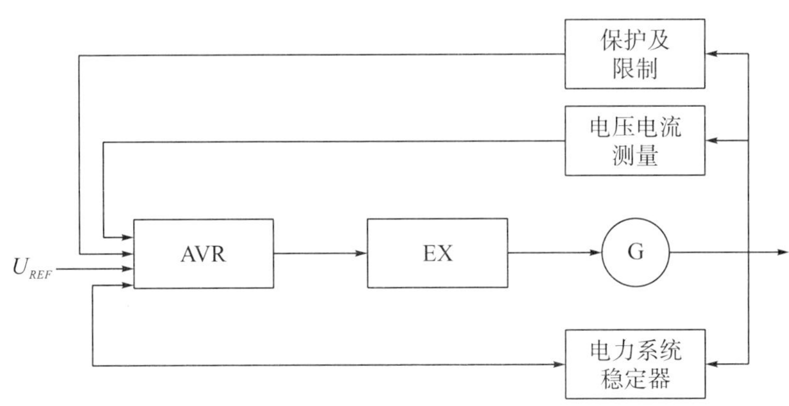

AVR—自动电压调节器；EX—励磁机；G—发电机

图 3−7　励磁控制系统功能示意图

3.2.1.2　*励磁系统的分类*

一般按照励磁电源的不同，将励磁系统分为直流励磁机系统、交流励磁机系统、静态励磁系统三大类。

上述三种励磁系统中，由于结构的不同，又可分为如下一些不同类型的子系统：

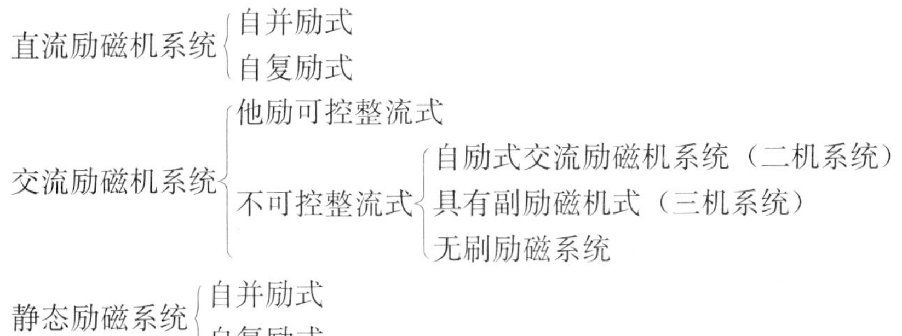

3.2.2　直流励磁机励磁系统的数学模型（自复励直流励磁机系统）

直流励磁机励磁系统包括自并励式（励磁机励磁由励磁机电枢供电）及复励式（励磁机励磁由电枢及副励磁机共同担负）。当需要调整励磁机电压时，无论是改变并励部分的励磁电流还是改变他励部分的励磁电流，励磁机的时间常数及放大倍数都随着改变，有时改变的范围很大。美国 IEEE 在 1992 年提出的励磁系统模型标准也包括了直流励磁机的系统（见图 3−8），其中励磁调节器是供电给一个电机放大机励磁绕组，而电机放大机电枢是串联在励磁绕组回路内的，由于电机放大机时间常数很小，可以略去，相当于调节器输出电压是与并励绕组串联的。

IEEE DC1A（自复励直流励磁机系统）如图 3－9 所示，这种模型可以模拟自复励、自并励或者他励式直流励磁系统。图 3－9 中调节器是包括了串联校正（领先—滞后）及励磁电压软反馈。实际上，有一种校正一般已能满足要求，图 3－9 上的低励限制（UEL）可以有两个可选的输入点。

注意，IEEE 模型中电压用大写 V，励磁电流 I_{FD} 也是用大写，它们都是以励磁非可逆标幺系统为基值，本书采用小写 u 及 i_{fd}，也是以励磁非可逆标幺系统为基值。另外，IEEE 发电机励磁电压标幺值不用 u_{fd} 而用 E_{FD}，在所有 IEEE 框图中 U_C 为调节器测量环节（包括调差环节）的输出，u_s 为 PSS 输出。

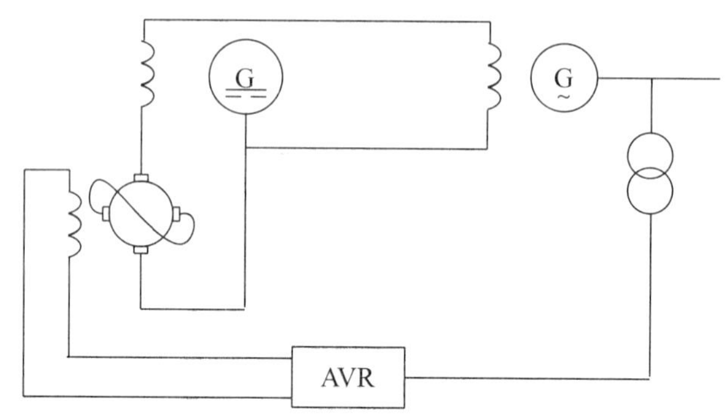

图 3－8　IEEE 的直流励磁机系统

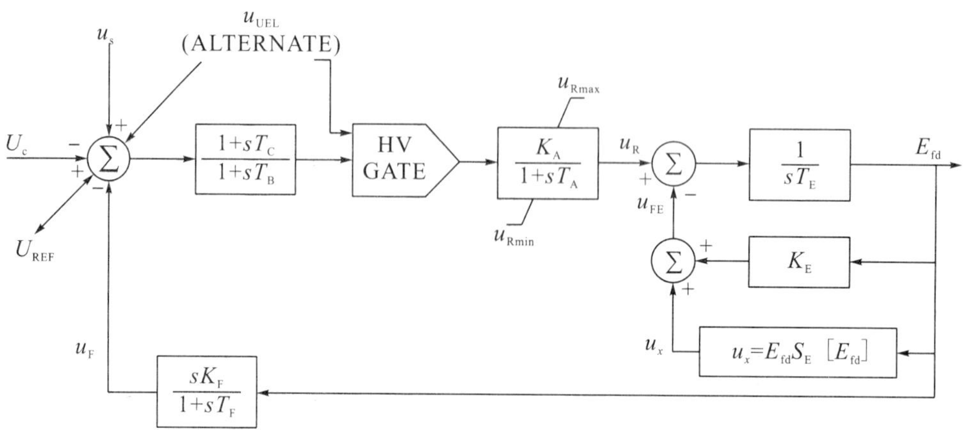

图 3－9　IEEE DC1A（自复励直流励磁机系统）

IEEE 提供的 DC1A 的典型参数见表 3－1。

表 3－1　DC1A 的典型参数

$K_A=46$	$K_F=0.10$	$E_{fd2}=2.30$
$T_A=0.06$	$T_F=1.00$	K_E 待定
$T_B=0$	$S_E[E_{fd1}]=0.33$	$u_{Rmax}=1.00$
$T_C=0$	$S_E[E_{fd2}]=0.10$	$u_{Rmin}=-0.90$
$T_E=0.46$	$E_{fd1}=3.10$	

3.2.3　交流励磁机系统的数学模型

这种系统采用与主发电机同轴的交流发电机（一般是中频的）作为励磁机，再通过静止的或旋转的不可控或可控的整流器，向发电机转子磁场绕组供电。这类系统的数学模型的核心是交流励磁机本身的数学模型，它牵涉到同步电机的过渡过程及整流器的换向过程，以及两个过程的相互影响。早期 IEEE 提出的交流励磁机数学模型没有考虑交流励磁机电枢反应的去磁效应及整流器换向过程，相当于把交流励磁机当作直流励磁机，用一个一阶惯性环节来模拟。虽然直到现在仍有人采用这种简化的模型，但随着技术进步，认识深化，发现这种简化的模型在暂态过程的模拟中有较大的失真，所以在后来 IEEE 更新的数学模型中，例如文献［9］对整流器换向作用进行了详尽模拟，即考虑整流器可能工作在三个不同的工作段，对交流励磁机电枢反应的去磁效应也用一个系统 K_D 加以计入。下面介绍两种 IEEE 交流励磁机系统。

3.2.3.1　IEEE AC3A（自励式交流励磁机系统）[9]

IEEE AC3A（见图 3－10）是由交流励磁机通过不可控整流器供主发电机励磁，交流励磁机是采用自并励（经可控整流器）或自复励（经自励恒压装置）方式，电压调节器的电源也取自励磁机机端，因此框图中有一个 E_{fd} 经 K_R 的正反馈，它与调节器输出 u_A 相乘后形成 u_R。另外，它的励磁电压软反馈的放大倍数按 E_{fd} 大小分成两段，这种系统主要是针对 GE 公司的 ALTFRREX 励磁系统来模拟的。

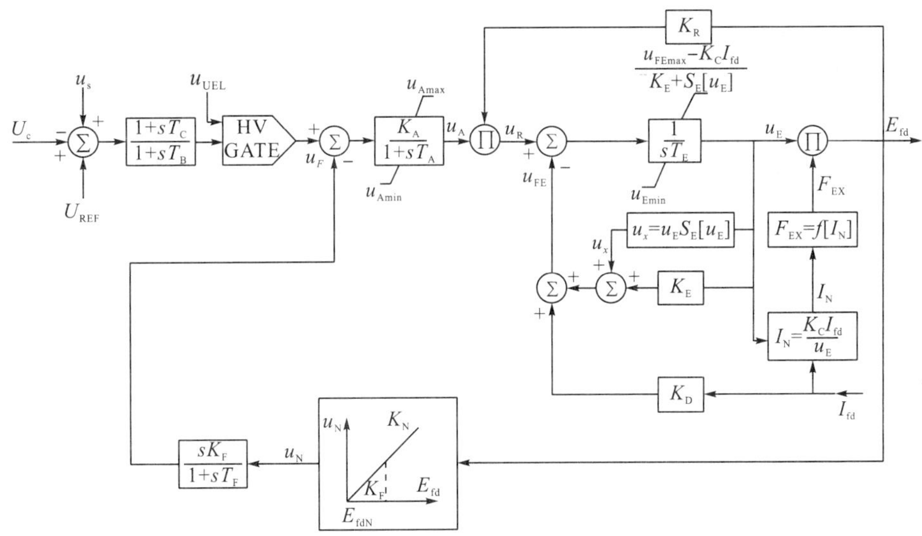

图 3－10　AC3A（自励式交流励磁机系统）

IEEE 提供的 AC3A 的典型参数见表 3－2。

表 3-2　AC3A 的典型参数

$T_C=0$		$K_R=3.77$
$T_B=0$	$u_{Emax}=u_{E1}=6.24$	$K_C=0.104$
$T_A=0.013$	$S_E[u_{E1}]=1.143$	$K_D=0.499$
$T_E=1.17$	$u_{E2}=0.75 \cdot u_{Emax}$	$K_E=1.0$
$T_F=1.0$	$E_{fdN}=2.36$	$K_F=0.143$
$u_{Amax}=1.0$	$K_A=45.62$	$K_N=0.05$
$u_{Amin}=-0.95$	$S_E[u_{E2}]=0.100$	$u_{FEmax}=16$

3.2.3.2　IEEE AC4A（他励晶闸管交流励磁机系统）

在 IEEE AC4A（他励晶闸管交流励磁机系统）中，交流励磁机通过可控整流供给发电机励磁，如图 3-11 所示。交流励磁机的励磁是由一个自励的交流副励磁机供给，其输出电压是固定的，维持在可供强励的高电压水平，发电机励磁电压的调整完全靠励磁机输出的可控整流器来进行。励磁机电枢电流的去磁效应已被略去，但整流器换向压降在励磁机输出电压的上限中加以近似地考虑，即用$-K_C I_{fd}$计入，其中

$$K_C = \frac{1}{2}(x'_{de}+x'_{qe})\frac{Z_{ebase}}{r_{fdbase}}$$

式中，x'_{de}，x'_{qe}为交流励磁机的 d 轴及 q 轴暂态电抗标幺值；Z_{ebase}为交流励磁机定子阻抗基值（有名值）；r_{fdbase}为发电机励磁电阻基值（有名值），它等于励磁机空载特性气隙线上对应于额定定子电压的励磁电压与励磁电流之比。

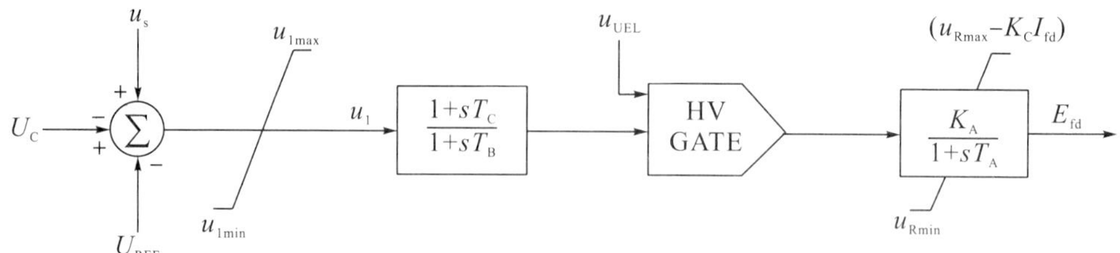

图 3-11　AC4A（他励晶闸管交流励磁机系统）

这种系统主要是针对 GE 公司生产的 ALTHYREX 励磁系统来模拟的，该调节器中采用了超前—滞后校正而没有用励磁电压软反馈，IEEE 给出的 AC4A 的典型参数见表 3-3。

表 3-3　AC4A 的典型参数

$T_R=0$	$u_{Imax}=10$	$K_A=200$
$T_C=1.00$	$u_{Imin}=-10$	$K_C=0$
$T_B=10$	$u_{Rmax}=5.64$	
$T_A=0.015$	$u_{Rmax}=-4.53$	

3.2.4　静态励磁系统（自并励励磁系统）

这种系统利用发电机的机端电压源通过可控整流器整流后，直接供给发电机励磁，有

时也利用电流源在交流侧与电压源串联再整流后供给发电机励磁（也有电流源经整流后与电压源整流后在直流并联或串联，不过这多半属于小容量的发电机）。因为这种系统没有旋转元件，故称作静态励磁。只用电压源的称作自并励静态励磁系统，既采用电压源又采用电流源的称作自复励静态励磁系统。

IEEE ST1A（自并励励磁系统）如图 3－12 所示。图 3－12 中既有串联的超前—滞后校正，也有并联的励磁电压软反馈，对这种快速励磁系统只用一种校正已足够，常见的是用串联校正，选用一级已满足要求，使分母的时间常数大于分子的（大约 5～10 倍），其作用是暂态过程中放大倍数减小。模型中的低励限制（u_{UEL}）可以由三个不同输入点选择一个，电力系统稳定器（u_s）输入也可以在两个点中选择一个。HV GATE 是高电位门（高通），LV GATE 是低电位门（低通），发电机励磁电流限制值是由 I_{LR} 确定的。

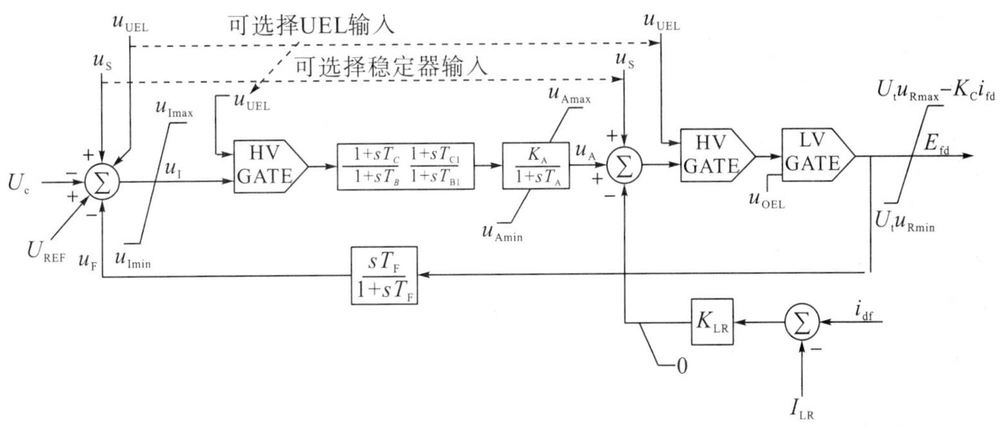

图 3－12　IEEE ST1A（自并励励磁系统）

IEEE 提供的 ST1A 的典型参数见表 3－4（无暂态放大倍数减小）。

表 3－4　ST1A 的典型参数

$K_A=210$	$T_{B1}=0.02$	$K_F=0$
$T_A=0$	$u_{Rmax}=6.43$	$T_F=0$
$T_C=1.0$	$u_{Rmin}=-6.0$	$K_{LR}=4.54$
$T_B=1.0$	$K_C=0.038$	$I_{IR}=4.0$
$T_{B1}=1.0$	$u_{Imax}=999$	$u_{Imin}=-999$
$T_{C1}=0$		

ST1A 另一组具有暂态增益减小的数据见表 3－5。

表 3－5　ST1A 的典型参数（暂态增益减小）

$K_A=190$	$T_{B1}=0$	$u_{Imin}=-999$
$T_A=0$	$u_{Rmax}=7.8$	$K_F=0$
$T_C=1.0$	$u_{Rmin}=-6.7$	$T_F=1$
$T_B=10.0$	$K_C=0.08$	$K_{LR}=0$
$T_{C1}=0$	$u_{Imax}=999$	$I_{IR}=0$

3.3 电力系统稳定器

电力系统稳定器（PSS）的基本功能是通过附加稳定信号控制励磁以对发电机转子振荡（低频振荡）提供阻尼。电力系统稳定器是在 20 世纪 60 年代后期出现的，目前已在世界范围内得到广泛应用。在这个过程中，与其相关的研究工作也在不断地发展和深入，例如对稳定器改善电力系统稳定性的作用有了进一步的认识；大规模电力系统的稳定性分析及控制方法取得了很大的进展；在硬件方面，尤其在信号的选择及处理，在加入自适应的功能及装置的微机化方面，发展也十分迅速。由于辨识技术的应用及试验方法的逐渐完善，稳定器可以发挥更大效益，而且更容易为运行人员所掌握。

在中国，1977 年清华大学与哈尔滨电机研究所开始研究这项技术，进行了理论分析及动模试验研究。接着水电部电力科学研究院进行了大量的动模试验，并会同产业部门进行了多次现场试验，取得了重要的成果。另外，河南电管局中心试验所、湖北电管局中心试验所等许多单位也都进行了现场试验，均取得了可喜的成果和宝贵的经验。这些成果的取得，不但对我国发展及应用这一技术成果具有重要意义，而且对于稳定器的试验研究进一步加深了对稳定器作用的认识，引起国外同行的关注。本节主要对电力系统稳定器数学模型进行介绍，其对相关低频振荡的抑制原理将在第 5 章叙述。

3.3.1 典型 PSS 模型：IEEE PSS1A

IEEE PSS1A 数学模型如图 3－13 所示，时间常数 T_6 用来模拟信号测量中的惯性，第二个环节是隔直环节，环节 $\frac{1}{1+A_1s+A_2s^2}$ 可以用来过滤掉轴扭转振荡的成分，也可以用来改变稳定器的频率特性，$\frac{1+sT_1}{1+sT_2}\frac{1+sT_3}{1+sT_4}$ 两级领先—滞后用来调整稳定器的领先滞后角度。

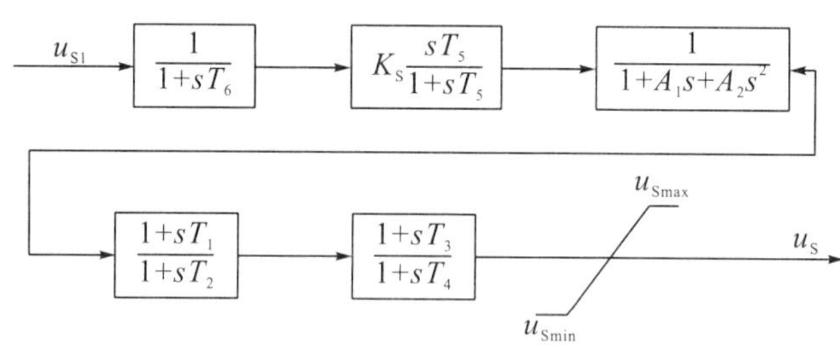

图 3－13　IEEE PSS1A 数学模型

IEEE 提供的 ST3A 型励磁系统配以 PSS1A 稳定器时的典型参数见表 3－6。

表 3－6　PSS1A 的典型参数（暂态增益减小）

$A_1=0.061$	$T_3=0.3$	$u_{Smax}=0.05$
$A_2=0.0017$	$T_4=0.03$	$u_{Smin}=-0.05$
$T_1=0.3$	$T_5=10$	$T_6=0$
$T_2=0.03$	$K_S=5$	

严格地说，稳定器的参数与励磁系统、发电机及系统参数有关，上述参数可以作为快速励磁系统稳定器参数参考值，在计算中使用的参数还需根据具体条件来确定。

3.3.2　多频段电力系统稳定器：PSS4B

这是 2000 年由加拿大魁北克电力局（Hydro-Quebec）提出来的新的稳定器，它是在 PSS2B 的基础上加以改进而形成的。它的最大特点在于将转速信号分成低频、中频及高频三个频段，它们都可以单独调节增益、相位、输出限幅及滤波器参数，为不同频段的低频振荡提供合适的阻尼。低频段是指系统中全部机组共同波动，即相当于频率飘动的模式（0.04～0.06 Hz），中频段指区域模式（0.1～1.0 Hz），高频段指本地模式（0.8～4.0 Hz）。因为一般稳定器的隔离环节在低频段，总是提供较大相位领先，限制了稳定器可提供的正阻尼，有时甚至提供负阻尼，而 PSS4B 的相位在频率为零时可达到零。在高频段，一般稳定器的增益较大，有可能会令轴扭转振荡加剧，但 PSS4B 在高频段可使增益减小，有利于防止振荡。由于性能优于一般的稳定器，ABB 公司已将其商品化，魁北克电力局将在其所属系统内推广。稳定器的传递函数如图 3－14 所示，低频及高频的信号变换器如图 3－15 所示。

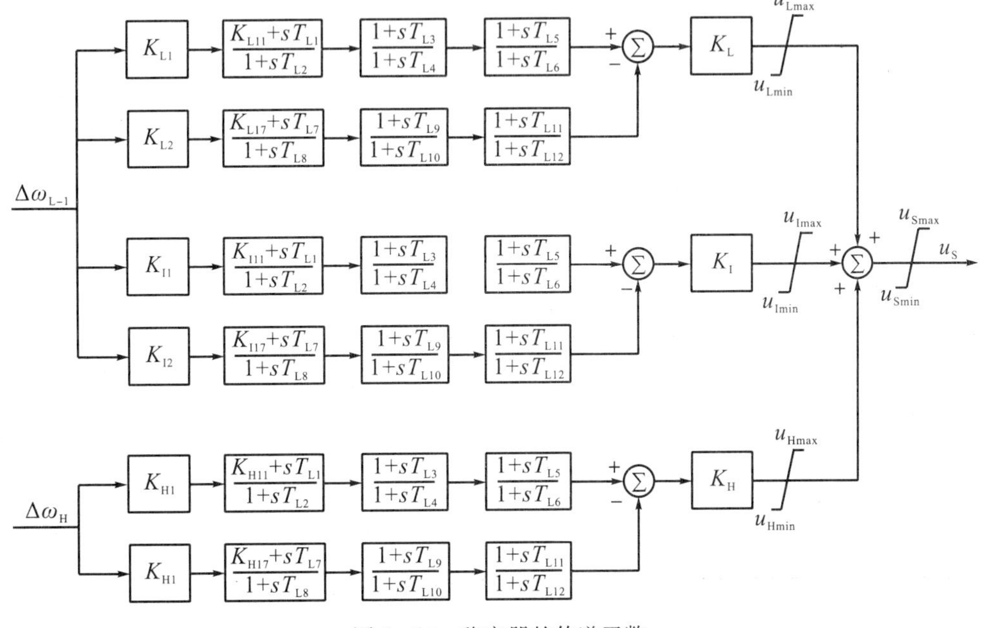

图 3－14　稳定器的传递函数

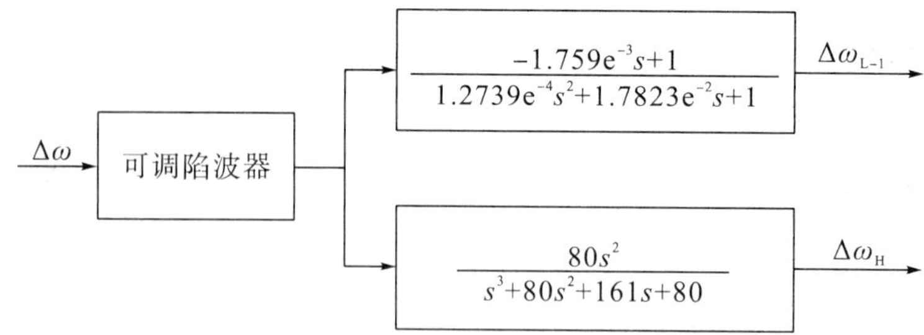

图 3−15　低频及高频的信号变换器

下面给出这种稳定器的一个参数实例。

低频、中频及高频滤波器的中心频率：

$$F_{\mathrm{L}}=0.07\ \mathrm{Hz},\qquad F_{\mathrm{I}}=0.7\ \mathrm{Hz},\qquad F_{\mathrm{H}}=8.0\ \mathrm{Hz}$$

其他参数可按下式计算出来，例如：

$$T_{\mathrm{L1}}=T_{\mathrm{L7}}=1/2\pi F_{\mathrm{L}}\sqrt{R}$$

$$T_{\mathrm{L1}}=T_{\mathrm{L2}}/R$$

$$T_{\mathrm{L8}}=T_{\mathrm{L7}}\times R$$

$$K_{\mathrm{L1}}=\mathrm{K}_{\mathrm{L2}}=(R^2+R)/(R^2-2R+1)$$

$$R=1.2$$

其他未列出的参数都设置为零。

PSS4B 的典型参数见表 3−7。

表 3−7　PSS4B 的典型参数

$K_{\mathrm{L}}=7.5$	$K_{\mathrm{I}}=30.0$	$K_{\mathrm{H}}=120.0$
$K_{\mathrm{L1}}=66.0$	$K_{\mathrm{I1}}=66.0$	$K_{\mathrm{H1}}=66.0$
$K_{\mathrm{L2}}=66.0$	$K_{\mathrm{I2}}=66.0$	$K_{\mathrm{H2}}=66.0$
$K_{\mathrm{L11}}=1.0$	$K_{\mathrm{I11}}=1.0$	$K_{\mathrm{H11}}=1.0$
$K_{\mathrm{L17}}=1.0$	$K_{\mathrm{I17}}=1.0$	$K_{\mathrm{H17}}=1.0$
$T_{\mathrm{L1}}=1.730$	$T_{\mathrm{I1}}=0.1730$	$T_{\mathrm{H1}}=0.01513$
$T_{\mathrm{L2}}=2.075$	$T_{\mathrm{I2}}=0.2075$	$T_{\mathrm{H2}}=0.01816$
$T_{\mathrm{L7}}=2.075$	$T_{\mathrm{I7}}=0.2075$	$T_{\mathrm{H7}}=0.01816$
$T_{\mathrm{L8}}=2.491$	$T_{\mathrm{I8}}=0.2491$	$T_{\mathrm{H8}}=0.02179$
$u_{\mathrm{Lmax}}=+0.075$	$u_{\mathrm{Imax}}=+0.15$	$u_{\mathrm{Hmax}}=+0.15$
$u_{\mathrm{Lmin}}=-0.075$	$u_{\mathrm{Imin}}=-0.15$	$u_{\mathrm{Hmin}}=-0.15$
$u_{\mathrm{Smax}}=+0.15$		
$u_{\mathrm{Smin}}=-0.15$		

3.4　发电机调速系统

3.4.1　水轮机模型

在水轮机动态特性的模拟中，主要考虑引水管中水的流速、水轮机的机械功率、水柱的加速度所引起的暂态过程。在稳态情况下，压力管道中的水的流速是一定的，沿管道各点水的压力也是一定的，但当迅速开大导向叶片的开度 μ 时，进入水轮机的流量增大，引水管道下段的水流速度加快，但因水流的惯性，引水管道上段的水流速度还来不及变化，因而进入水轮机的水压下降，水压下降的作用超过水流量增加的作用，导致输入水轮机的瞬时功率不是增加而是减少。当迅速关小导向叶片的开度时，导管中的压力将急剧上升，其结果与迅速开大导向叶片的开度正好相反，这种现象称为水锤现象。它使水轮机功率不能追随开度的变化而有一个滞延。计及水锤效应之后，水轮机的传递函数为

$$\frac{\Delta M_M}{\Delta \mu}=\frac{1-T_W s}{1+0.5T_W s} \tag{3-91}$$

式中，T_W 为水锤时间常数；ΔM_M 为输出转矩变化；$\Delta\mu$ 为导叶位置开度变化。

式（3−91）的阶跃响应可由初值定理、终值定理及电路三要素法得到。由初值定理得

$$\Delta M_M(0)=\lim_{s\to\infty}s\frac{1}{s}\frac{1-T_W s}{1+0.5T_W s}=-2.0 \tag{3-92}$$

由终值定理得

$$\Delta M_M(\infty)=\lim_{s\to 0}s\frac{1}{s}\frac{1-T_W s}{1+0.5T_W s}=1.0 \tag{3-93}$$

完整的时间响应为

$$\Delta M_M(t)=[1-3\mathrm{e}^{-(2/T_W)t}]\Delta\mu \tag{3-94}$$

由此可见，紧随导叶位置开度的单位跃增，水轮机输出转矩立刻减少 2.0 单位量，然后以 $T_W/2$ 的时间常数增加，达到的稳态值为初始值以上的 1.0 单位量。初始转矩与导叶位置变化的方向相反，导管内水流以 T_W 确定的响应加速，直到新的稳态值。

3.4.2　汽轮机模型

汽轮机将高温和高压蒸汽储存的能量转换成旋转能量，再通过发电机将其转化为电能。随着汽轮机容量的不断扩大，现在的大型汽轮机大都采用再热串联复合设计。

汽轮机汽缸的传递函数为

$$\frac{Q_{\text{out}}}{Q_{\text{in}}}=\frac{1}{1+sT_V} \tag{3-95}$$

式中，Q 为蒸汽质量的流量速率；T_V 为时间常数，由汽缸压力和温度决定。在汽缸中，作用于每个转子叶片上的力和因此产生的转矩正比于蒸汽流量速率，从而

$$T_M=kQ \tag{3-96}$$

式中，k 为比例常数。

为了说明汽轮机的建模，在此以单再热串联复合汽轮机为例，这是一种普遍采用的形式。在再热型汽轮机中，离开高压缸（HP）的蒸汽返回锅炉，经过再热器（RH），再送到中压缸（IP）和低压缸（LP），通过再热提高了效率。从汽轮机排出的蒸汽膨胀到负压，然后在冷凝器中凝结，再返回锅炉重复循环。

单再热串联复合汽轮机结构如图 3－16 所示。

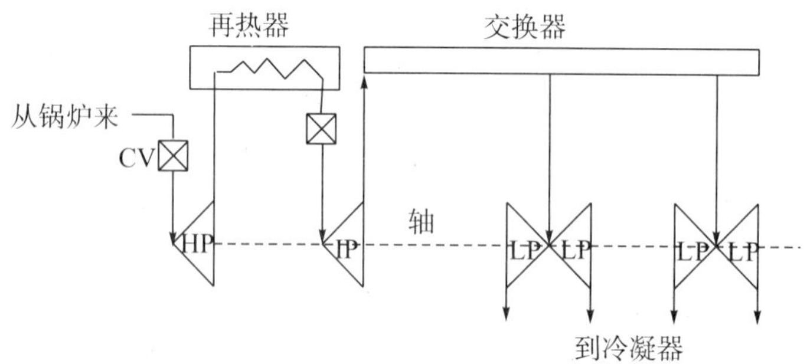

图 3－16　单再热串联复合汽轮机结构

在汽轮机的相关参数中，T_{CH}是主进汽容积和汽室的时间常数；T_{RH}为再热时间常数；T_{CO}是交换管和 LP 进汽容积的时间常数；T_M 是以最大汽轮机功率为基值的汽轮机标幺总转矩；F_{HP}，F_{IP}，F_{LP}分别是高压缸、中压缸、低压缸功率比例。

由于 T_{CO}的典型值约为 0.2 s，而 T_{RH}一般为 10 s，为了得到降阶模型，又不影响研究的精度，可假设 T_{CO}忽略不计，控制阀特性是线性的。根据图 3－16，联系汽轮机转矩和控制阀位置扰动值的汽轮机简化传递函数可以写为

$$\frac{\Delta T_M}{\Delta T_{CV}}=\frac{1+sF_{HP}T_{RH}}{(1+sT_{CH})(1+sT_{RH})} \tag{3-97}$$

3.4.3 调速器模型

进入原动机的动力元素由调速器控制，在孤立运行期间能够保证发电机稳定运行，在正常同步运行时，可满足同步机可接受的带负荷和不带负荷的响应速度；最基本的频率、负荷控制功能是通过反馈转速误差信号来控制导叶位置。当频率变化时，调速器首先动作，进行频率的一次调频，而且为了保证多台机组稳定并联运行，调速器具有下降特性。一次调频的动作较快，是电力系统频率、功率调节的基本组成部分，是电力系统调频特性的基础。调速器示意图如图 3－17 所示。

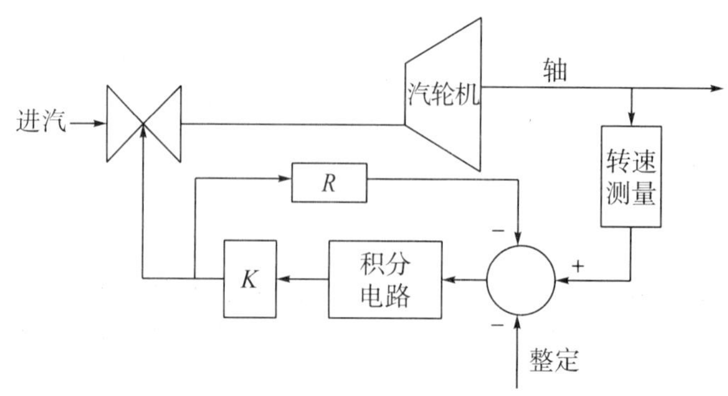

图 3－17　调速器示意图

在图 3－17 中，通过测量汽轮机轴的转速，将测得的转速与给定转速相比较，获得误差信号，将误差信号积分放大成控制信号，通过控制信号控制汽轮机或水轮机的控制阀和调节阀，实现动力元素的调整控制。其中，R 为发电机调差系数的标幺值，K 为比例系数。将图 3－17 转化为传递函数的框图如图 3－18 所示。

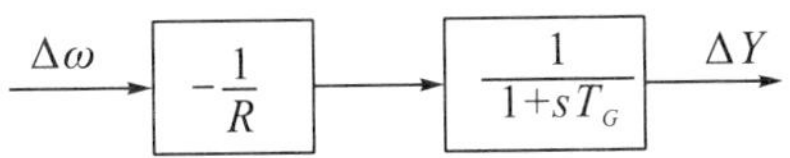

图 3－18　稳态调速器的简化框图

然而，对于水轮机仅有一个简单的稳态下降特性的调速不能令人满意。式（3－94）表明，由于水的惯性，导叶位置的变化引起初始的水轮机功率变化与所寻求的相反，这要求一个大的暂时下降具有一个较长的复位时间，速率反馈限制导叶的移动，以留给流量与功率输出反应时间。如图 3－19 所示。

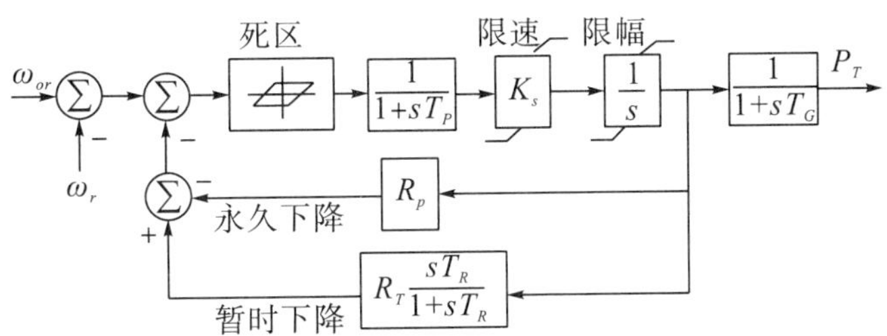

图 3－19　具有暂时下降率补偿的调速器

图 3－19 中，T_P 为辅助阀和伺服电机时间常数；K_s 为伺服增益；T_G 为主伺服时间常数；R_P 为永久下降率（调差系数）；R_T 为暂时下降率；T_R 为复位时间；ω_{or} 为速度参考值。

一般来说，调节系统死区设置典型值是±0.033 Hz，这既能够保证调速器具有良好的调节响应，又能防止其频繁动作。导叶运动速率被限制在接近关闭的缓冲区来提供减震作用，且为了克服"水锤效应"，通常对其限幅、限速，限幅值为发电机所带负荷的±10%。实际中可优化暂时下降率和复位时间得到稳定的控制性能。对孤网调速器参数处理如下：

$$\begin{cases} \dfrac{T_R}{T_W} = 5.0 - 0.5(T_W - 1.0) \\ \dfrac{R_T T_J}{T_W} = 2.3 - 0.15(T_W - 1.0) \end{cases} \tag{3-98}$$

式中，T_W 为水起动时间；T_J 为惯性时间常数。

3.5　负荷特性及模型

电力系统用电设备总称负荷，按用户性质，可分为工业负荷、农业负荷、商业负荷、城镇居民负荷等；按用电设备类型，可分为感应电动机、同步电机、整流设备、照明、电热及空调设备等。在电力系统分析中采用的负荷模型可以根据实际系统测试确定，也可以根据用户装设的用电设备容量及其使用率，以及同类用电设备的典型特性进行综合而成，故又称为综合负荷模型。负荷随昼夜、工作日、季节、年度等变化很大，且组成多变，故综合负荷模型及其参数的确定是系统分析中的一个难题。

电力系统综合负荷在系统频率和电压快速变化时，其相应的负荷特性可用微分方程描写，称此为负荷动态模型；而负荷的有功与无功功率在系统频率和电压缓慢变化时相应的变化特性可用代数方程（或曲线）描写，称此为负荷静态模型。下面分别予以介绍。

3.5.1 负荷静态模型

负荷静态模型反映了负荷有功、无功功率随频率和电压缓慢变化而变化的规律，可用代数方程或曲线表示。其中负荷随电压变化的特性称为负荷电压特性，负荷随频率变化的特性称为负荷频率特性。

在一定的电压变化范围和频率变化范围下，负荷有功功率和无功功率随电压和频率变化的特性，可近似表示为

$$\begin{cases} P = P_0\left(\dfrac{U}{U_0}\right)^{p_U}\left(\dfrac{\omega}{\omega_0}\right)^{p_\omega} \\ Q = Q_0\left(\dfrac{U}{U_0}\right)^{q_U}\left(\dfrac{\omega}{\omega_0}\right)^{q_\omega} \end{cases} \tag{3-99}$$

式中，P_0，Q_0，U_0，ω_0 分别为在基准点稳态运行时负荷有功功率、无功功率、负荷母线电压幅值和角频率；P，Q，U，ω 为其实际值；p_U 和 q_U 为负荷有功功率和无功功率的电压特性指数；p_ω 和 q_ω 为负荷有功功率和无功功率的频率特性指数。由式（3－99）可导出

$$\begin{cases} \left.\dfrac{\mathrm{d}P/P}{\mathrm{d}U/U}\right|_{\omega=\omega_0} = p_U,\left.\dfrac{\mathrm{d}P/P}{\mathrm{d}\omega/\omega}\right|_{U=U_0} = p_\omega \\ \left.\dfrac{\mathrm{d}Q/Q}{\mathrm{d}U/U}\right|_{\omega=\omega_0} = q_U,\left.\dfrac{\mathrm{d}Q/Q}{\mathrm{d}\omega/\omega}\right|_{U=U_0} = q_\omega \end{cases} \tag{3-100}$$

式（3－100）既反映了 p_U，p_ω，q_U，q_ω 的物理意义，又提供了其量测的理论依据。有关文献给出的典型负荷静态特性参数见表 3－8。实际系统母线上的综合负荷静态特性参数可以根据典型负荷静态特性参数以及实际负荷设备的容量、使用率和组成比例来确定，也可根据式（3－99）实际测定。

表 3－8　五阶模型基本方程的两种形式

用电设备 \ 参数	p_U	p_ω	q_U	q_ω
白炽灯	1.6	0	0	0
荧光灯	1.2	−1.0	3.0	−2.8
电热	2.0	0	0	0
感应电机（满载）	0.1	2.8	0.6	1.8
冶炼炉	1.9	−0.5	2.1	0
铝厂	1.8	−0.3	2.2	0.6

电力系统分析中也常把负荷静态模型用多项式表示为

$$\begin{cases} P = P_0\left[a_p\left(\dfrac{U}{U_0}\right)^2 + b_p\dfrac{U}{U_0} + c_p\right]\left(1 + \left.\dfrac{dP_*}{df_*}\right|_{f_0}\Delta f_*\right) \\ Q = Q_0\left[a_q\left(\dfrac{U}{U_0}\right)^2 + b_q\dfrac{U}{U_0} + c_q\right]\left(1 + \left.\dfrac{dQ_*}{df_*}\right|_{f_0}\Delta f_*\right) \end{cases} \tag{3-101}$$

式（3－101）中间各项反映了负荷电压特性，其中电压二次项相当于恒定阻抗负荷，电压一次项相当于恒定电流负荷，电压零次项相当于恒定功率负荷，且有 $a_p+b_p+c_p=1$，a_p，b_p，c_p分别为恒定阻抗、恒定电流、恒定功率负荷的有功功率占总有功功率的百分比。a_q，b_q，c_q 类同，且有 $a_q+b_q+c_q=1$。式（3－101）右边的分项反映了负荷频率特性，用线性函数表示。其中，P_* 和 Q_* 为以稳态时负荷有功功率和无功功率 P_0 和 Q_0 为基值时的标幺值，f_* 为工频基值下的标幺值。

若式（3－99）中的参数 p_U，p_ω，q_U，q_ω 已知，式（3－101）可看作是式（3－99）泰勒展开式的前几项，从而可导出二者间关系

$$a_p = \frac{1}{2}p_U(p_U - 1),\quad b_p = p_U(2 - p_U),\quad c_p = 1 - a_p - b_p \tag{3-102}$$

a_q，b_q，c_q 计算式类同。此外，$\left.\dfrac{dP_*}{df_*}\right|_{f_0}=p_\omega$，$\left.\dfrac{dQ_*}{df_*}\right|_{f_0}=q_\omega$。

在只计及负荷电压特性而忽略频率特性时，式（3－101）可以简化为

$$\begin{cases} P = P_0\left[a_p\left(\dfrac{U}{U_0}\right)^2 + b_p\dfrac{U}{U_0} + c_p\right] \\ Q = Q_0\left[a_q\left(\dfrac{U}{U_0}\right)^2 + b_q\dfrac{U}{U_0} + c_q\right] \end{cases} \tag{3-103}$$

对于系统电压和频率变化较慢的动态过程，可按式（3－101）或式（3－103）计及负荷静态特性。对于电压和频率变化较快的动态过程，在精度要求不太高时，也可近似采用上述负荷静态模型。

在电力系统分析中有时还可以近似认为负荷全部为恒定阻抗，又称之为线性负荷模型，可极大地加快分析计算速度，但会引起一定的系统分析误差。

3.5.2　负荷动态模型

在系统电压和频率快速变化时，应考虑负荷的动态特性，并用微分方程描写，称之为负荷动态模型。由于电力系统的动态负荷主要成分是感应电动机，因此通常就用感应电动机模型作为负荷动态模型。负荷的等值感应电动机参数可采用经验参数，或进行实测和估计。

常用的负荷动态模型为考虑感应电动机机械暂态过程的负荷动态模型和考虑感应电动机机电暂态过程的负荷动态模型，一般仅在电力系统电磁暂态分析中考虑感应电动机电磁暂态的负荷动态模型。本节仅对考虑感应电动机机械暂态过程的负荷动态模型进行介绍，其余两种动态负荷模型可参看文献［5］。

由感应电机理论可知，在只考虑感应电机机械暂态时，其定子、转子绕组可用准稳态等值电路表示（见图3－20）。

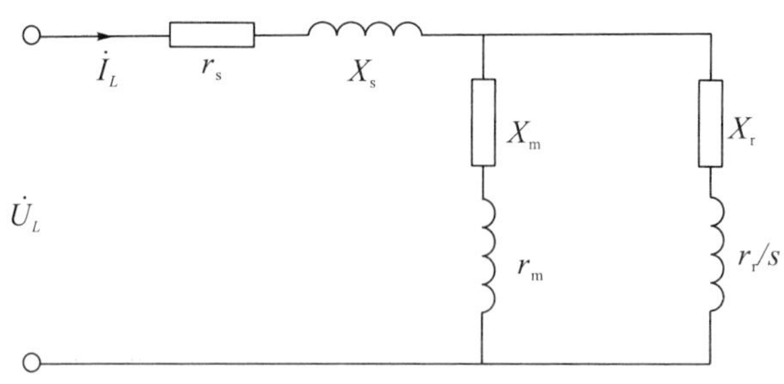

图 3－20　考虑机械暂态时感应电机的等值电路

图 3－20 中，r_s和 X_s分别为定子绕组的电阻和漏抗，r_r 和 X_r分别为转子绕组的等值电阻和漏抗，r_m和 X_m分别为铁损等值电阻和定转子互感抗，均为自身容量基值下的标幺值。

设三相对称母线电压为 $\dot{U}_L$，相应感应电机电流为 $\dot{I}_L$，滑差为 s，则以自身容量为基值的标幺值电压方程为

$$\dot{U}_L = Z_L \dot{I}_L \tag{3－104}$$

式中，等值阻抗 $Z_L = (r_s + \mathrm{j}X_s) + (r_m + \mathrm{j}X_m) /\!/ (r_r/s + \mathrm{j}X_r)$。

滑差 $s = \dfrac{\omega_0 - \omega}{\omega_0} = (1-\omega)$p. u.，$\omega$ 为转子角速度。感应电机转子运动方程为

$$T_J \frac{\mathrm{d}s}{\mathrm{d}t} = T_m - T_e \tag{3－105}$$

式中，$T_m = k[a + (1-a)(1-s)\rho]$，$T_m$为电动机机械力矩；$a$ 为恒力矩部分；$(1-a)$ 为与滑差 s 有关的力矩部分；ρ 为与电动机的负荷机械特性有关的指数；k 为负荷系数，由稳态时的 T_{m0}和 s_0 待定而得；$T_e \approx \left(\dfrac{2T_{e,\max}\dfrac{U_L}{U_R}}{\dfrac{s}{s_{cr}} + \dfrac{s_{cr}}{s}}\right)^2$ 为电动机电磁力矩；$T_{e,\max}$为当电动机母线电压 U_L 等于额定电压 U_R 时的最大电磁力矩，相应的滑差为临界滑差 s_{cr}（见图 3－21），$s_{cr} \approx r_r/(X_r + X_s /\!/ X_m)$。系统分析中通常取 $U_R = U_0$ 进行计算；U_0 为稳态时负荷母线电压；T_J为马达惯性时间常数。

式（3－104）与式（3－105）构成了以 $\dot{U}_L$ 和 $\dot{I}_L$ 为代数变量，s 为状态变量的一阶动态负荷模型。当和网络接口时有一个网络约束方程（复代数方程）与之联解，则方程数与变量数平衡，可以求解。

上述模型常用的典型参数如下（均为自身容量基值下的标幺值）：$r_s + \mathrm{j}X_s = 0.0465 + \mathrm{j}0.295$；$r_r/s + \mathrm{j}X_r = 0.02/s + \mathrm{j}0.12$；$r_m + \mathrm{j}X_m = 0.35 + \mathrm{j}3.5$；$s_{cr} = 0.0625$；$T_{e,\max} = 1.282$；$a = 0.15$；$\rho = 2$；$T_J = 1 \sim 2$ s。若取 $s_0 = 0.014$，则 $k = 0.56$。

在将此模型联网作分析时应注意，自身容量基值下的参数要根据系统容量基值作折合。

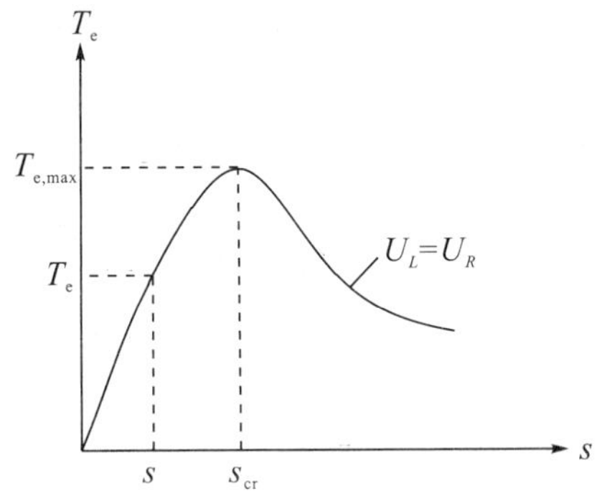

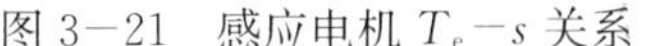
图 3－21　感应电机 T_e-s 关系

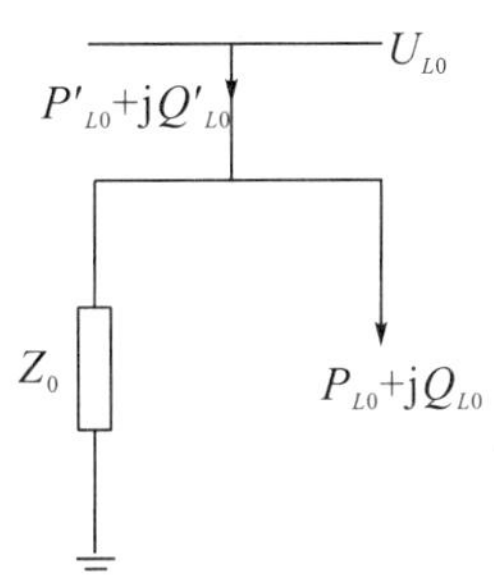

图 3－22　动态负荷初值计算示意图

设系统经潮流计算后，负荷节点电压 $\dot{U}_L$ 已知，负荷吸收总功率 $P'_{L0}+jQ'_{L0}$(p. u.)已知，并设该负荷有功功率中有一定比例为动态负荷，比例系数设为 K，其余为恒定阻抗负荷(见图 3－22)。根据上述条件可算得动态负荷有功功率 $P_{L0}=KP'_{L0}$(p. u.)($0\leqslant K\leqslant 1$)，注意这里不规定动态负荷的无功功率 Q_{L0}，此值要根据负荷模型及参数计算出来。下面对负荷参数值进行基值转换，并计算负荷模型的初值。据动态负荷自身容量基值下的标幺值参数(下标 * 表示）及式（3－104)，设 s_0 已知，动态负荷的稳态等值阻抗为 $Z_{L0^*}=r_{s^*}+jX_{s^*}+(r_{m^*}+jX_{m^*})/\!/(r_{r^*}/s_0+jX_{r^*})$。

由于电压基值不变，$U_{L0}=U_{L0^*}$，可计算自身容量基值下稳态工况动态负荷功率标幺值为

$$P_{L0^*}-jQ_{L0^*}=\frac{U_{L0}^2}{Z_{L0^*}} \tag{3-106}$$

若取容量折算比 K_H（实数）为系统容量基值 $S_{B,\text{sys}}$ 和自身容量基值 S_{BR} 之比，即

$$K_H=\frac{S_{B,\text{sys}}}{S_{BR}}=\frac{P_{L0^*}}{P_{L0}}=\frac{Q_{L0^*}}{Q_{L0}} \tag{3-107}$$

则可由已算得的自身容量基值下的 P_{L0^*} 及系统基值下的 P_{L0} 求取 K_H，并根据 K_H 由式（3－106)算得的 Q_{L0^*} 求取 Q_{L0}。

至此，系统基值下稳态工况时动态负荷成分 $P_{L0}+jQ_{L0}$ 已知，可由 $\frac{U_{L0}^2}{Z_0}=(P'_{L0}-P_{L0})-j(Q'_{L0}-Q_{L0})$ 计算恒定阻抗负荷的阻抗值 Z_0。

为便于在系统标幺值下计算，相应计算公式的参数也应作基值转换，即式（3－104）中感应电机等值阻抗为 $Z_L=K_HZ_{L^*}$，而转子运动方程式（3－105）可不变，T_{J^*}，k_*，$T_{e,\max^*}$ 均可采用自身容量基值下的值（因折算系数相同)。

3.6　高压直流输电模型及特性

高压直流输电（High Voltage Direct Current，HVDC）系统以直流方式实现电能的传输，并与高压交流输电系统配合形成了现代电力传输系统。相对于高压交流输电系统，高压直流输电系统具有许多特性和优点，更适合对电能进行大规模、大容量、远距离的传

输。直流输电近年来在世界各地迅速发展，尤其是大功率电力电子器件的可靠性增加，价格降低，为直流输电的发展提供了可靠的基础。

高压直流输电系统的换流器是由电力电子器件构成的。根据不同的电力电子器件，目前国内外直流系统主要存在以下两种类型的换相换流器：一种是基于晶闸管的自然换相换流器（Line Commutated Converter，LCC），另一种是基于绝缘栅双极晶体管（IGBT）的电压源型换流器（Voltage Source Converter，VSC）。其中基于电压源型换流器的高压直流输电也称为柔性直流输电。

3.6.1 LCC－HVDC 模型

LCC－HVDC 换流器的主要元件是阀桥和换流变压器。阀桥是一组高压开关或阀，它们依次将三相交流电压连接到直流端，以便得到期望的变换和对功率的控制。换流变压器提供交流系统和直流系统之间的适当接口。图 3－23 给出了一个双极 HVDC 输电系统的结构。

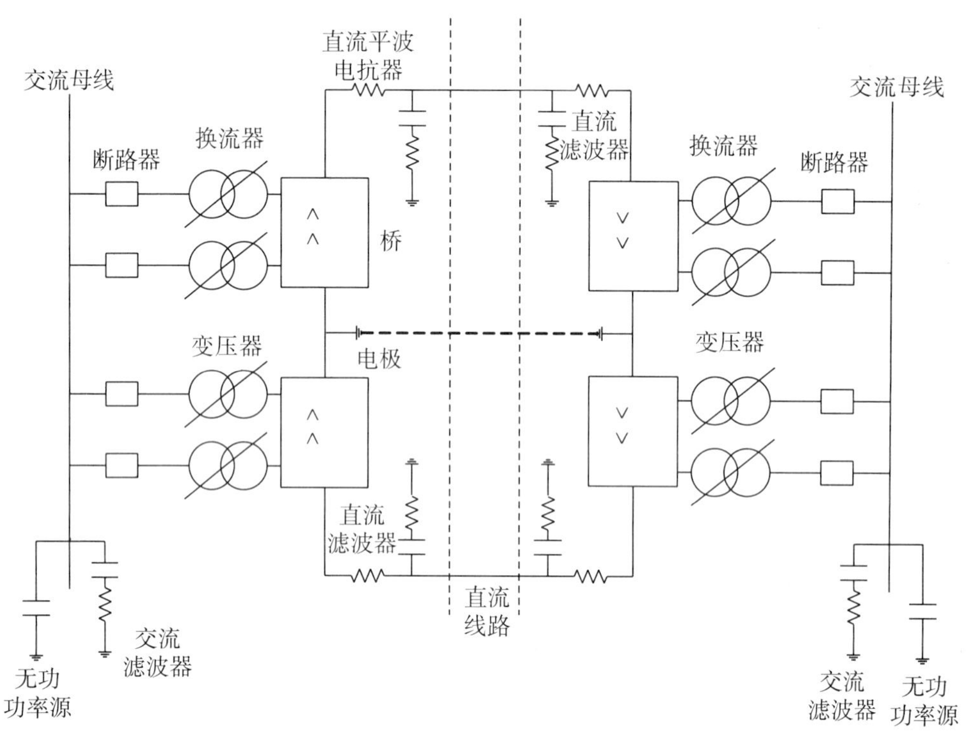

图 3－23　双极 HVDC 输电系统的结构

3.6.1.1　整流器的数学模型

整流器工作时，阀桥触发角 $0°<\alpha<90°$，直流电压 $U_d>0$，由交流侧向直流侧输送有功功率。整流器的等效电路如图 3－24 所示，其数学模型为

$$U_d = \frac{3\sqrt{2}}{\pi}U\cos\alpha - \frac{3}{\pi}X_c I_d \tag{3-108}$$

$$\frac{\sqrt{2}U}{2X_c}[\cos\alpha - \cos(\alpha+\mu)] = I_d \tag{3-109}$$

$$|\cos\varphi| = \frac{U_d}{\frac{3\sqrt{2}}{\pi}U} = \frac{U_d}{U_{d0}} \tag{3-110}$$

$$\begin{cases} P_d = U_d I_d \\ Q_d = P_d \,|\tan\varphi| \end{cases} \tag{3-111}$$

$$R_c = \frac{3}{\pi}X_c \tag{3-112}$$

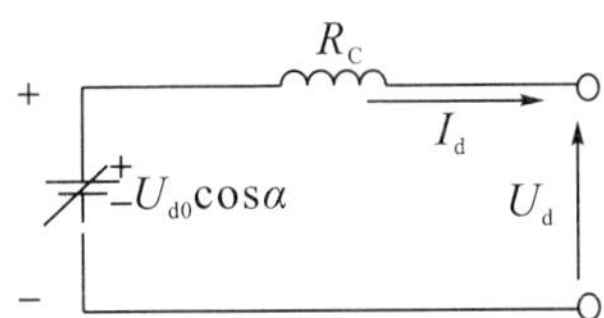

图 3−24　桥式整流器的等效电路

式（3−108）—式（3−112）即为整流器准稳态数学模型，又称平均值模型，它含有 5 个方程，其中 U_d，I_d，P_d，Q_d 分别为直流电压、电流、有功、无功，U 为换流母线电压有效值，U_{d0} 为理想空载直流电压，$\cos\varphi$ 为换流器的功率因数，α，μ 分别为触发角、换相角，X_c 为换流变压器的漏抗，R_c 为等效换相电阻。

3.6.1.2　逆变器的数学模型

逆变器的结构与整流器相同，区别是阀桥触发角 $\alpha>90°$，直流电压 $U_d<0$，由直流侧向交流侧输送有功功率。并定义 $\beta=\pi-\alpha$ 为触发超前角，$\delta=\alpha+\mu$ 为熄弧角，为了防止换相失败故障，δ 角必须足够大[14]。逆变器的等效电路如图 3−25 所示，其数学模型为

$$U_d = \frac{U_{d0}}{2}(\cos\gamma + \cos\beta) \tag{3-113}$$

$$\frac{\sqrt{2}U}{2X_c}[\cos\alpha - \cos(\delta+\gamma)] = I_d \tag{3-114}$$

$$|\cos\varphi| = \frac{U_d}{\frac{3\sqrt{2}}{\pi}U} = \frac{U_d}{U_{d0}} \tag{3-115}$$

$$\begin{cases} P_d = U_d I_d \\ Q_d = P_d \,|\tan\varphi| \end{cases} \tag{3-116}$$

$$R_c = \frac{3}{\pi}X_c \tag{3-117}$$

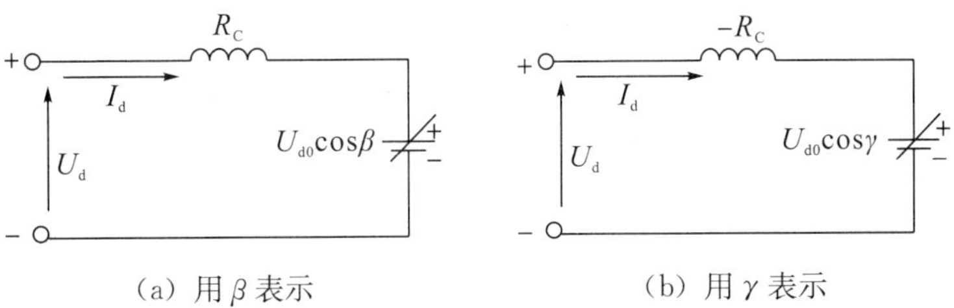

（a）用 β 表示　　（b）用 γ 表示

图 3−25　桥式逆变器的等效电路

3.6.1.3 换相过程分析

本节以六脉波桥式换流器为对象进行换相过程的理论分析。六脉波桥式换流器的等效电路如图 3-26 所示。

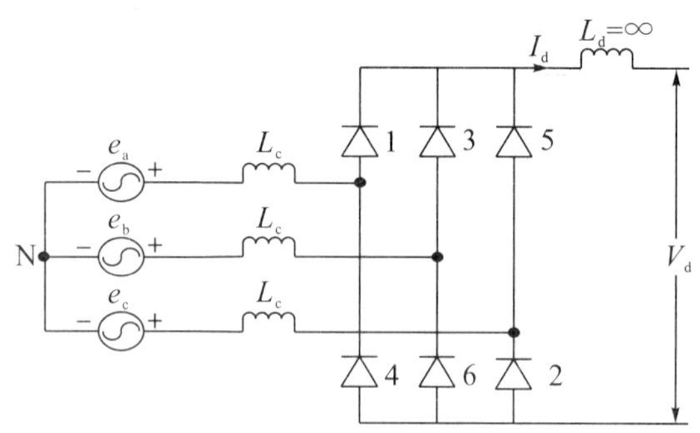

图 3-26 六脉波桥式换流器的等效电路

为便于分析，先做以下假设：

（1）含有换流变压器的交流系统可表示为一个电压和频率恒定的理想电压源与一个无损电感串联。

（2）直流电流保持恒定且无纹波。

（3）阀具有理想的开关特性，导通时呈零电阻，截止时呈无穷大电阻。

令电源瞬时电压为

$$\begin{cases} e_a = E_m\cos(\omega t + 60°) \\ e_b = E_m\cos(\omega t - 60°) \\ e_c = E_m\cos(\omega t - 180°) \end{cases} \tag{3-118}$$

则线电压为

$$\begin{cases} e_{ac} = e_a - e_c = \sqrt{3}E_m\cos(\omega t + 30°) \\ e_{ba} = e_b - e_a = \sqrt{3}E_m\cos(\omega t - 90°) \\ e_{cb} = e_c - e_b = \sqrt{3}E_m\cos(\omega t + 150°) \end{cases} \tag{3-119}$$

为便于理解桥式换流器的工作原理，首先从整流器出发，考虑无触发延迟且不考虑电源电感的情况，然后加入电源电感的影响，最后讨论逆变器的工作原理。

在图 3-26 中，上面一排阀 1，3，5 的阴极连接在一起。因此，当 a 相的相电压高于其余两相的相电压时，阀 1 导通。于是，这三个阀的阴极的共同电位都等于阀 1 的阳极电位。阀 3 和阀 5 的阴极电位高于其阳极电位，故不能导通。下排阀 2，4，6 的阳极连接在一起。因此，当 c 相的相电压低于其余两相的相电压时，阀 2 导通。

由图 3-27 所示的波形可看出，当 $-120°<\omega t<0°$ 时，e_a 大于 e_b 和 e_c，阀 1 导通。当 $-60°<\omega t<60°$ 时，e_c 小于 e_a 和 e_b，阀 2 导通。

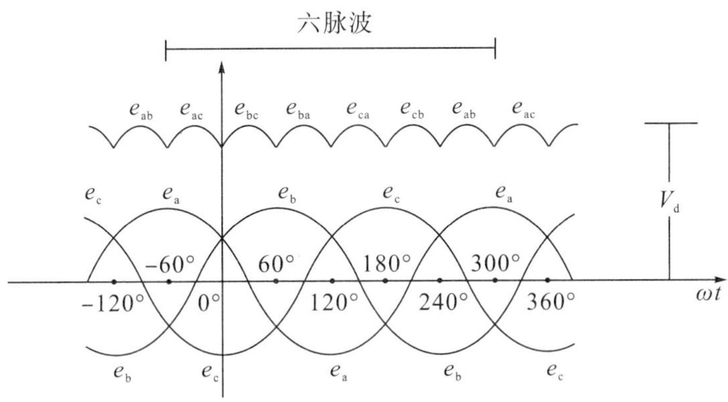

图 3-27　电源相电压及线电压

在 $\omega t=0°$的前一时刻，阀 1 和阀 2 处于导通状态。在 $\omega t=0°$时刻之后，e_b 超过 e_a，因此，阀 3 触发导通，而此时阀 1 的阴极电位已高于阳极电位，故阀 1 截止，在 $0°<\omega t<60°$时，阀 2 和阀 3 导通。当 $\omega t=60°$时，e_a 将小于 e_c，引起阀 4 导通，阀 2 截止。

当 $\omega t=120°$时，e_c 超过 e_b，因此，阀 5 触发导通，阀 3 截止。与此类似，当 $\omega t=180°$时，阀 6 触发导通而阀 4 截止。当 $\omega t=240°$时，阀 1 触发导通而阀 5 截止。至此，完成了一个周期的六次换相，此后的换相将重复上述过程。

阀的导通顺序如图 3-28 所示。在一个周波内，每个阀的导通角均为 120°。

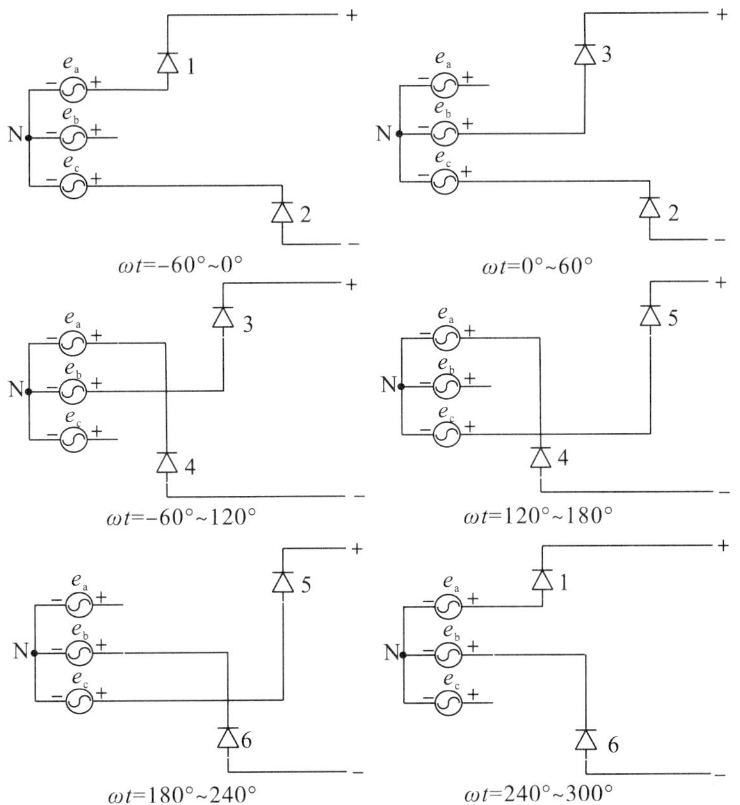

图 3-28　无触发延迟、不考虑电源电感时阀的导通顺序

桥两端的瞬时直流电压由线电压的 60°时段组成，因此，平均直流电压可由任一 60°时段的瞬时线电压积分得到。将 ωt 表示为 θ，考虑时段 $-60^\circ \leqslant \omega t \leqslant 0^\circ$，则无触发延迟时的平均直流电压为

$$V_{d0} = \frac{3}{\pi}\int_{-60^\circ}^{0} e_{ac}\mathrm{d}\theta \tag{3-120}$$

将式（3－119）中的 e_{ac} 代入上式，得

$$V_{d0} = \frac{3}{\pi}\int_{-60^\circ}^{0} \sqrt{3}E_m\cos(\theta + 30^\circ)\mathrm{d}\theta = \frac{3\sqrt{3}}{\pi}E_m = 1.65E_m \tag{3-121}$$

有触发延迟时（触发延迟角为 α），平均直流电压为

$$V_{d0} = \frac{3}{\pi}\int_{-(60^\circ-\alpha)}^{\alpha} \sqrt{3}E_m\cos(\theta + 30^\circ)\mathrm{d}\theta = \frac{3\sqrt{3}}{\pi}E_m\cos\alpha = V_{d0}\cos\alpha \tag{3-122}$$

当考虑电源电感的影响时，由于该电感的影响，相电流不可能瞬时改变，因此，电流从一相转移到另一相需要一定的时间，称为换相时间或叠弧时间。相应的换相角或叠弧角表示为 μ。

通过分析从阀 1 到阀 3 的换相过程来说明整个换相过程。正常运行情况下 $\mu<60^\circ$，换相过程中有三个阀同时导通，如图 3－29 所示。图中 e_b-e_a 称为“换相电压”，该电压等于$\sqrt{3}E_m\sin\omega t$。由于 $i_1=I_d-i_3$，有

$$e_b - e_a = \sqrt{3}E_m\sin\omega t = 2L_c\frac{\mathrm{d}i_3}{\mathrm{d}t} \tag{3-123}$$

由图 3－29 有

$$e_a = v_b = e_b - L_c\frac{\mathrm{d}i_3}{\mathrm{d}t} \tag{3-124}$$

$$v_a = v_b = e_b - \frac{e_b - e_a}{2} = \frac{e_b + e_a}{2} \tag{3-125}$$

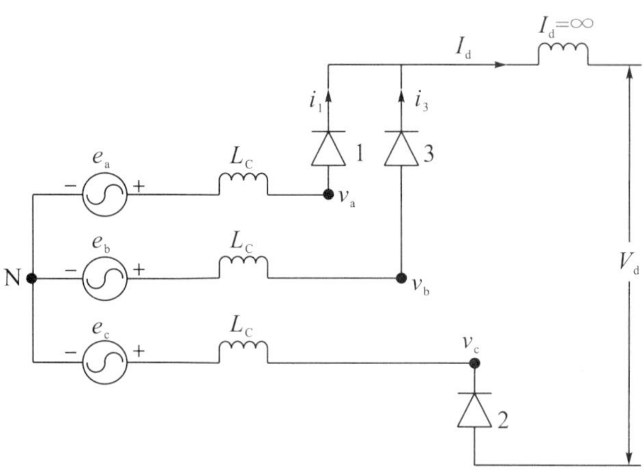

图 3－29　阀 1 向阀 3 换相过程的等效电路

因此，当考虑电源电感的作用时，在换相期间，阀侧电压 v_b 将恢复至$(e_b+e_a)/2$，而不是直接恢复到 e_b。换相引起的电压积分下降 A_μ 可表示为

$$A_{\mu} = \int_{\alpha}^{\alpha+\mu} \left(e_{b} - \frac{e_{a} + e_{b}}{2}\right) d\theta = \frac{\sqrt{3}E_{m}}{2}[\cos\alpha - \cos(\alpha + \mu)] \qquad (3-126)$$

相应地，换相引起的平均电压降为

$$\Delta V_{d} = \frac{A_{\mu}}{\pi/3} = \frac{V_{d0}}{2}[\cos\alpha - \cos(\alpha + \mu)] \qquad (3-127)$$

有换相叠弧及触发延迟的情况下，平均直流电压为

$$V_{d} = V_{d0}\cos\alpha - \Delta V_{d} = \frac{V_{d0}}{2}[\cos\alpha + \cos(\alpha + \mu)] \qquad (3-128)$$

换流器作为逆变器运行时，功率由直流侧馈入受端交流电网。由于晶闸管的单向导电性，电路内电流方向不能改变，要改变电能传送方向，只有改变电压极性。要使直流电压改变极性，在不考虑换相的情况下，由于 $V_{d}=V_{d0}\cos\alpha$，因此，当 $\alpha>90°$时，V_{d} 反号；考虑换相时，由式（3－128）可知，当 $\alpha>90°-\mu/2$ 时，V_{d} 反号。

在逆变器运行方式下，在实际的阳极电压变为负时发出触发脉冲，由于此时的换相电压仍然为正，并且退出阀在其截止后仍然承受反向电压，因此换相仍然是可以实现的。

3.6.2　LCC－HVDC 控制结构

3.6.2.1　*分层控制*

为了使直流输电高效稳定地运行和灵活地功率控制，同时保证设备的安全，直流输电控制系统采用分层控制方式，通常分为如下三个层次（如图 3－30 所示）：

（1）主控制级，通常接收来自调度中心的直流输送功率指令 P_{set}，经过计算后发送一个直流电流指令 I_{des} 给极控制级[46]。除此之外，还具有实现功率调制的功能。

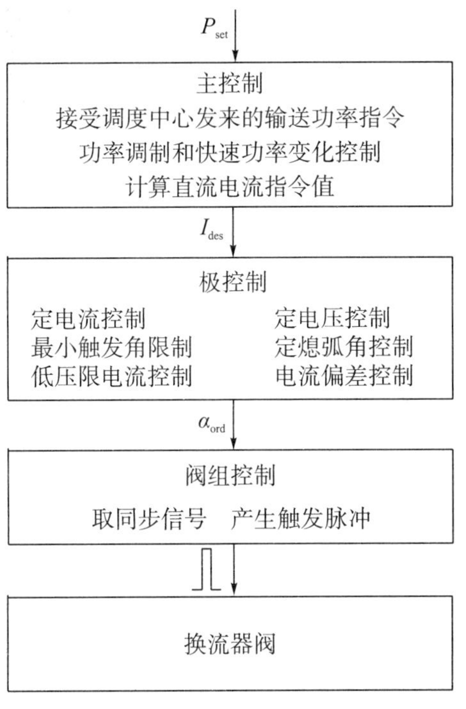

图 3－30　直流系统控制分层结构

（2）极控制级，在该控制层次中，整流侧通常包含定电流控制器和 α_{min} 控制器，逆变侧通常包含定电压控制器、定熄弧角控制器和定电流控制器，除此之外，还有电流偏差环节和低电压限电流指令环节。该控制层次形成的触发角指令 α_{ord} 传递到下一层，即阀组控制级。

（3）阀组控制级，主要用于形成各个阀的同步信号及触发脉冲的形成，响应速度最快。

3.6.2.2　主控制级功能

直流输电主控制级的控制功能框图如图 3－31 所示。

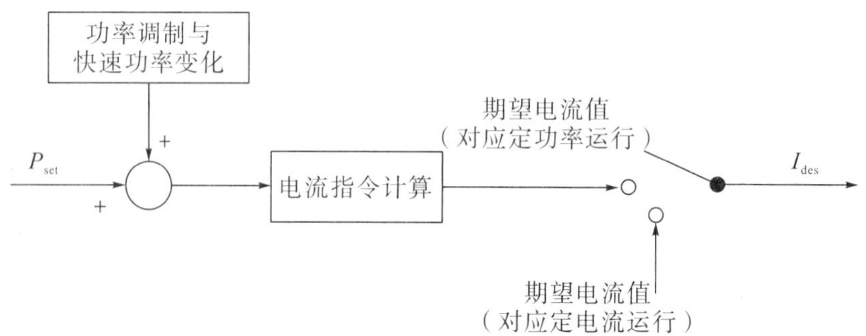

图 3－31　主控制级的控制功能框图

（1）功率调制和快速功率变化控制模块。

功率调制功能可以实现对直流两侧交流系统的调频，还可以抑制交流系统的振荡，提高系统阻尼。快速功率变化功能可用于紧急功率提升和回降，利用直流系统调节的快速性减小扰动对交直流互联系统的影响。

（2）直流电流指令计算模块。

当直流输电系统采用定功率模式运行时，传递给极控制级的直流电流指令采用给定功率除以直流电压得到。直流电流指令计算模块结构如图 3－32 所示，基于直流电压 U_{dc} 的典型选择逻辑如下：当 U_{dc} 下降到低于 0.7U_{dcN} 时选择 U_{dcN}，只有当 U_{dc} 上升到高于 0.8U_{dcN} 时才重新选择 U_{dc}，即选择逻辑带有时滞特性。

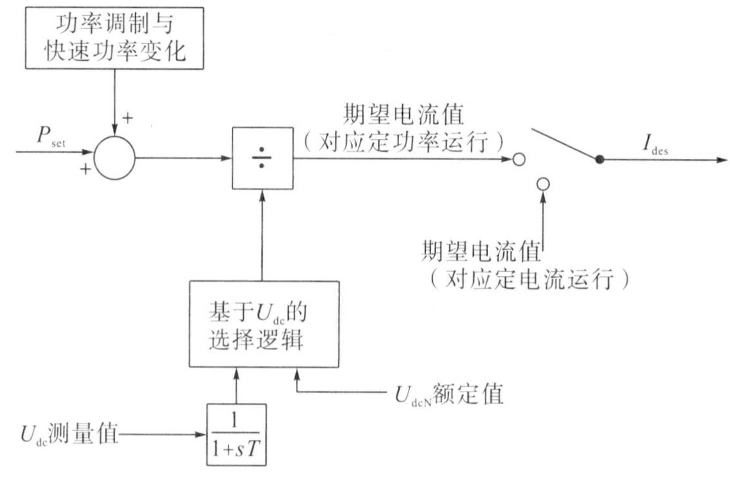

图 3－32　直流电流指令计算模块结构

3.6.2.3 极控制级功能

极控制级的控制功能框图如图3－33所示。

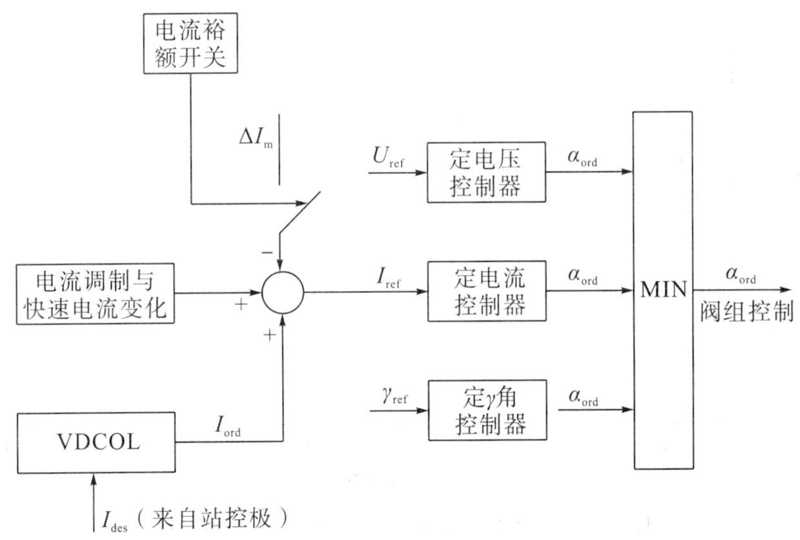

图3－33 极控制级的控制功能框图

（1）直流电流调制。

定电流控制器可以附加电流调制信号用于阻尼交流系统振荡。

（2）低压限流环节（Voltage Dependent Current Order Limiter，VDCOL）。

低压限流环节主要用于抑制换相失败，有利于交直流系统故障后直流系统的快速恢复，该功能的实现通过直流电压或交流电压值降低的同时对直流电流指令进行限制。这种VDCOL在直流故障和交流电压跌落时都有较好的效果，结构框图及伏安特性曲线分别如图3－34、图3－35所示。

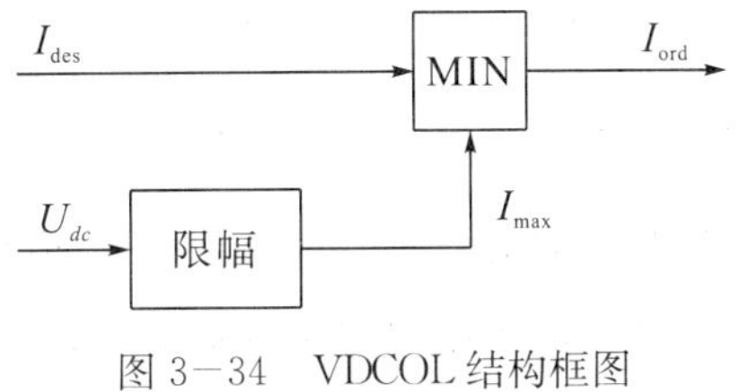

图3－34 VDCOL结构框图

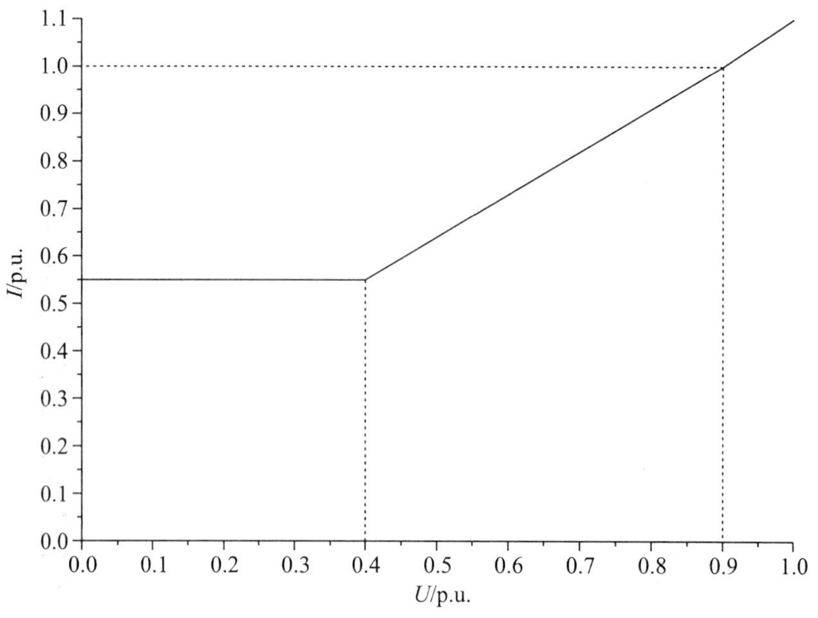

图 3－35　CIGRE 模型中 VDCOL 伏安特性曲线

（3）电流偏差控制环节。

该环节主要用于实现逆变侧定电流控制和定熄弧角控制之间的平稳切换，原理为通过电流测量值与整流侧电流整定值的偏差修正逆变侧熄弧角的整定值。如图 3－36(a) 所示，无电流偏差控制时有可能造成无稳定直流电流运行点。而采用该控制环节的系统伏安特性如图 3－36(b) 所示。电流偏差控制器的结构框图如图 3－37 所示。

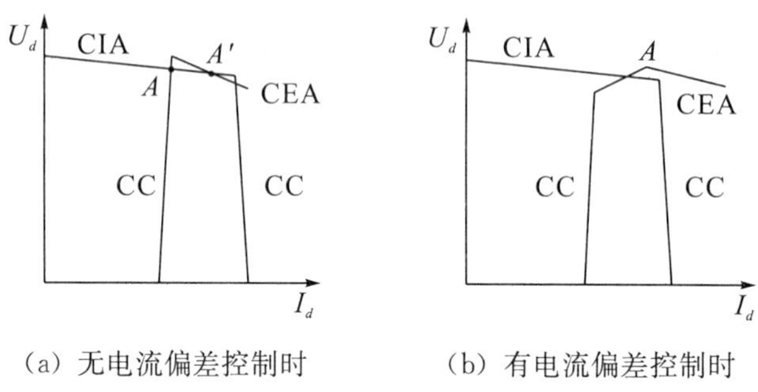

(a) 无电流偏差控制时　　(b) 有电流偏差控制时

图 3－36　电流偏差控制对伏安特性的影响

在图 3－36 中，CC 表示定电流控制，CIA 表示定触发角控制，CEA 表示定熄弧角控制。

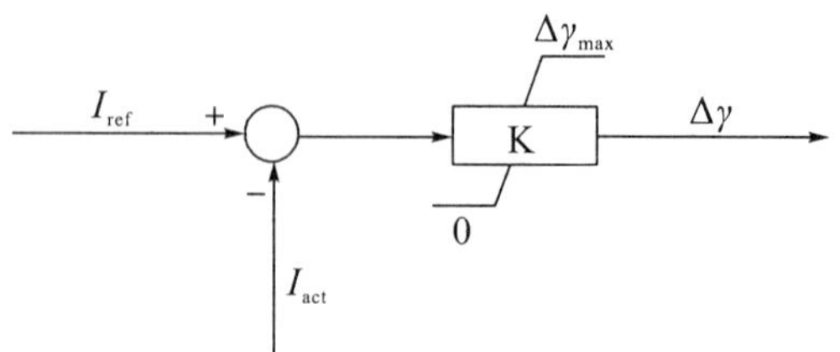

图 3－37　电流偏差控制器的结构框图

(4) 定电流控制。

在极控制功能中，定电流控制应用最为广泛。通过电流整定值与测量值之间的差值 I_{error} 经过 PI 环节及限幅环节输出对应的控制触发角 ALPHC。逆变侧的电流整定值比整流侧小一个裕度，通常取 0.1。由于逆变侧的电流测量值通常大于逆变侧的电流整定值，控制器总是趋向于减小直流电流，控制触发角 ALPHC 也趋向于幅值上限，因此该控制环节通常不会被选中。只有当直流电流测量值小于逆变侧的电流整定值时，才会起作用。定电流控制框图如图 3-38 所示。

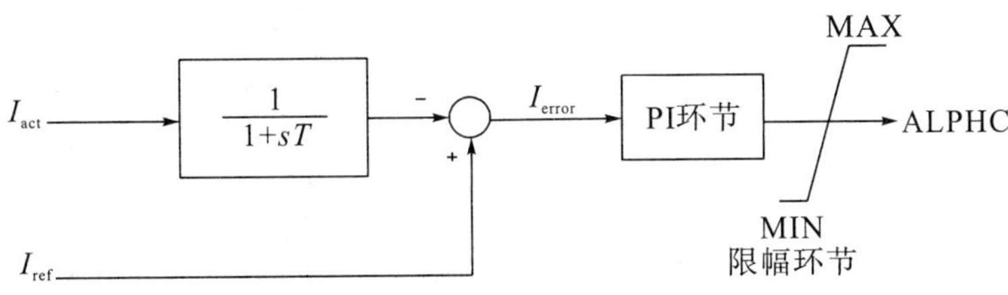

图 3-38　定电流控制框图

(5) 定熄弧角控制。

定熄弧角控制通常分为闭环型控制及开环型控制两种类型。工程中通常采用闭环型熄弧角控制，控制结构框图如图 3-39 所示。

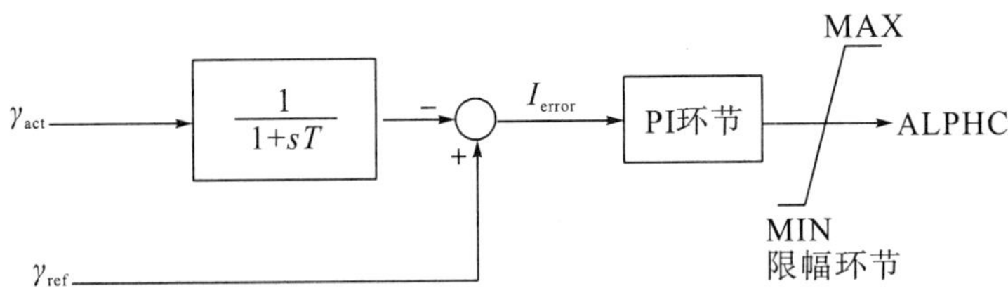

图 3-39　逆变侧定熄弧角控制结构框图

定熄弧角控制通过熄弧角整定值与测量值之间的偏差 γ_{error} 经过 PI 环节及限幅环节输出对应的控制触发角 ALPHC。

(6) 定电压控制。

定电压控制器的结构与定电流控制器的结构相似，输入的是电压整定值与实际值的偏差，由这个偏差信号 U_{error} 驱动 PI 控制器，并经过限幅环节得到的输出就作为定电压环节输出的控制触发角 ALPHV，其控制框图如图 3-40 所示。

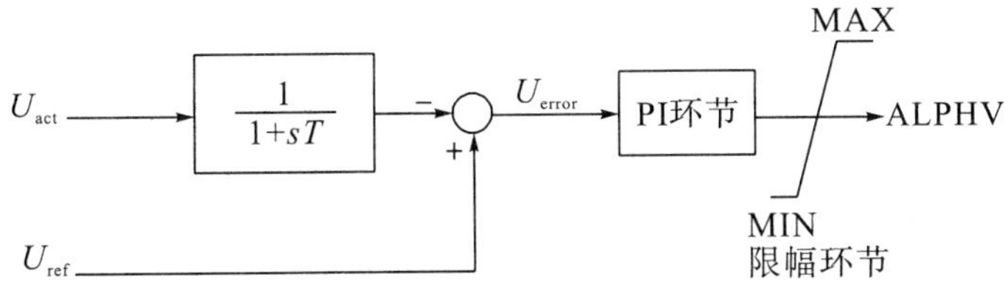

图 3-40　逆变侧定电压控制框图

考虑各种控制特性的直流输电系统伏安特性如图 3-41 所示。

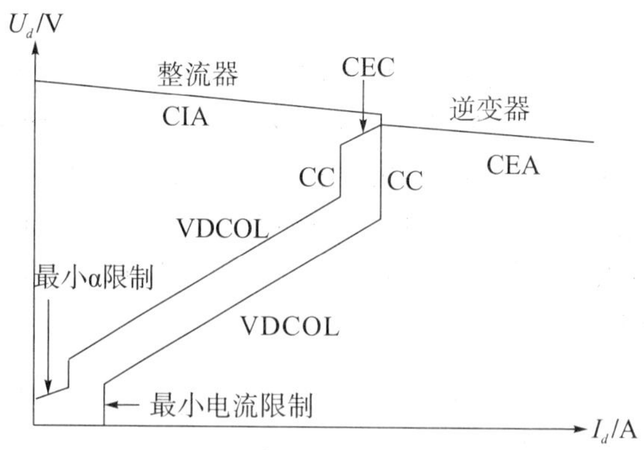

图 3-41　直流输电系统伏安特性

3.6.2.4　阀控制级功能

换流阀的 α 角是直流输电控制中最基本的控制变量，所有的控制方式最终都是通过调节 α 角来实现的。当交流系统参数不变时，α 角的改变将导致直流系统的电压、电流、功率等一系列值发生改变[5]。因此，如何确定触发角以及触发脉冲如何发生的问题就显得尤为重要。

换流阀的触发方式有分相触发脉冲控制（Individual Phase Control，IPC）方式和等间隔触发脉冲控制（Equidistant Pulse Control，EPC）方式两种[5]，由触发系统中的相位控制电路产生换流器各阀的触发信号，并接受调节器发来的调节信号控制，进行触发信号的移相。

IPC 方式直接从换相电压的过零点发触发脉冲。当交流系统三相对称时，IPC 方式使所有阀都满足按同一 α 角触发。当交流电压瞬时产生畸变时，三相电压不对称，将造成各换流器的触发脉冲之间不等距，易引发逆变器换相失败，此外还会在系统中产生非特征谐波，有可能引发谐波不稳定现象[47]。

现代直流工程均采用 EPC 方式，与 IPC 方式的不同在于它不以保证各阀触发角相等为目标，而是保证相继各触发脉冲间的等相位间隔[5]，稳态运行时只产生特征谐波。

阀控制主要实现以下功能：

(1) 触发脉冲的同步信号的获取。

(2) 根据同步信号产生满足要求的触发脉冲，依次触发各晶闸管。

3.6.3　VSC-HVDC 模型

大功率半导体 IGBT、可关断晶闸管（Gate Turn-Off Thyristor，GTO）、集成门极换相晶闸管（Integrated Gate Commutated Thyristor，IGCT）的相继问世以及大功率碳化硅器件的开发与研制，为 VSC-HVDC 的发展开辟了道路，给直流输电换流技术的发展带来了新的机遇与快速发展。

VSC-HVDC 主要设备有六脉动换流桥、直流电容器、换流电抗器、交流侧高通滤波器以及换流器的控制保护设备等。其基本原理如图 3-42 所示，两侧换流器均采用两电平六脉动，换流桥每个桥臂均由多个 IGBT、GTO 或 IGCT 等全控型器件串联而成。每个全控型器件旁有一个反并联的二极管，除了作为主回路以外，还起到保护和续流的作用。为了使串联元件在开通和关断时得到均匀的动态电压分布，配备有专门的触发装置以及每个元件上并联有均压回路。换流电抗器是 VSC 与交流侧能量交换的纽带，同时起到滤除交流侧电流谐波的作用。直流侧并联的电容器起到为关断电流提供一个低电感路径缓冲桥臂关断时的冲击电流、给逆变器提供电压支撑、减小直流侧谐波的作用。由于 IGBT 开关频率较高，交流电压只含有少量的高次谐波，经过一个小容量的高通滤波器（High Pass Filter，HPF）后就可以得到很好的正弦交流电压，减少了滤波器的投资。交流滤波器的作用是滤去交流侧谐波。换流器通常采用 PWM 控制技术。

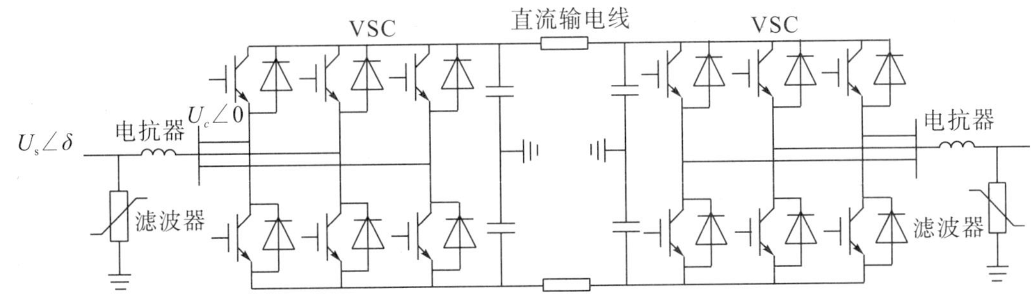

图 3-42 VSC-HVDC 系统的基本原理

换流电抗器 L 上的基波电压决定了换流器转换的功率。假设换流器交流母线电压的基波分量为 $\dot{U}_s$，换流器输出电压的基波分量为 $\dot{U}_c$，$\dot{U}_c$ 滞后 $\dot{U}_s$ 的角度为 δ，换流电抗为 $X=\omega L$。忽略谐波分量时，换流器与交流系统交换的有功功率和无功功率分别可用式（3-129）和式（3-130）来表示：

$$P=\frac{U_s U_c}{X}\sin\delta \tag{3-129}$$

$$Q=\frac{U_s(U_s-U_c\cos\delta)}{X} \tag{3-130}$$

由式（3-129）可见，有功功率的传输主要取决于 δ：当 $\delta>0$ 时，VSC 吸收有功功率，相当于在传统 HVDC 中做整流器运行；当 $\delta<0$ 时，VSC 发出有功功率，相当于在传统 HVDC 中做逆变器运行。因此，通过对 δ 角的控制，就可以控制直流电流的方向及输送功率的大小。

由式（3-130）可见，无功功率的传输主要取决于 $U_s-U_c\cos\delta$：当 $U_s-U_c\cos\delta>0$ 时，VSC 吸收无功功率；当 $U_s-U_c\cos\delta<0$ 时，VSC 发出无功功率。因此，通过控制 U_c 的大小就可以控制 VSC 发出或吸收的无功功率的大小。可见，VSC 不仅能提高功率因数，而且能起到静止补偿器（STATCOM）的作用：动态补偿交流母线的无功功率，稳定交流母线电压。

在 VSC-HVDC 中，VSC 通常采用正弦脉宽调制（SPWM）技术，SPWM 的基本原理：把给定的正弦波（期望的输出电压波形）与三角载波比较来决定每个桥臂的开通与关断时刻。当直流侧电压恒定时，SPWM 的调制度（正弦给定信号幅值与三角载波幅值之比在 0~1 的范围内）决定 VSC 输出电压的幅值，而正弦给定信号的频率与相位决定 VSC 输出电压的频率与相位。

因为 VSC 吸收的有功功率和无功功率取决于 VSC 输出电压的相位和幅值，所以通过控制 SPWM 给定正弦信号的相位和调制度就可以控制有功功率和无功功率的大小及传输方向，从而可以实现对有功功率、无功功率同时且相互独立的调节。

3.6.3.1 VSC 动态模型

VSC 连接有源交流网络时的动态物理模型如图 3－43 所示。L 为换流变压器的等效电感，假设换流器为理想换流器；R 用于等效换流器损耗和变压器电阻损耗；u_s 是交流母线相电压瞬时值；u_c 是换流器交流输出相电压瞬时值；i_{dc}是注入换流器端的直流电流；i_{dl}是直流线路上的电流。

假设换流器采用普通 PWM 方式，则交流侧三相动态微分方程为

$$\begin{bmatrix} u_{ca} \\ u_{cb} \\ u_{cc} \end{bmatrix} = L \frac{\mathrm{d}}{\mathrm{d}t} \begin{bmatrix} i_a \\ i_b \\ i_c \end{bmatrix} + R \begin{bmatrix} i_a \\ i_b \\ i_c \end{bmatrix} + \begin{bmatrix} u_{sa} \\ u_{sb} \\ u_{sc} \end{bmatrix} \tag{3－131}$$

若写成向量的形式，则为

$$\boldsymbol{u}_{cabc} = L \frac{\mathrm{d}\boldsymbol{i}_{abc}}{\mathrm{d}t} + R\boldsymbol{i}_{abc} + \boldsymbol{u}_{sabc} \tag{3－132}$$

式中，$\boldsymbol{u}_{cabc} = \frac{MU_d}{2} \begin{bmatrix} \sin(\omega t + \delta) \\ \sin(\omega t + \delta - 120°) \\ \sin(\omega t + \delta + 120°) \end{bmatrix}$，$M$ 为调制度，δ 是 PWM 初始相角。

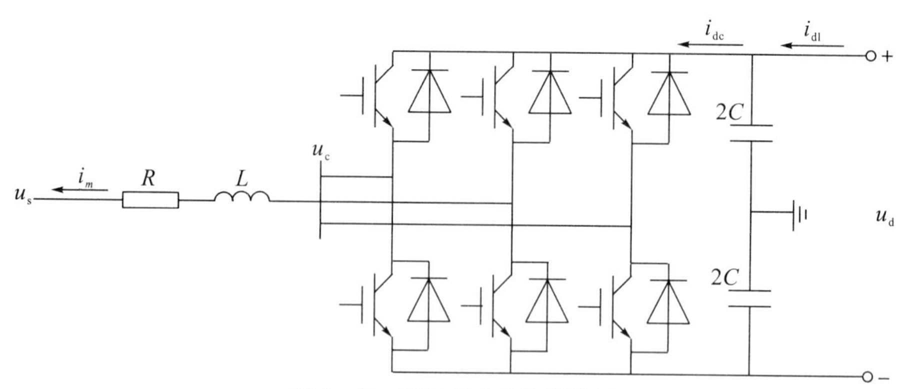

图 3－43 VSC 的动态物理模型

经过整理可以化为

$$\frac{\mathrm{d}}{\mathrm{d}t} \begin{bmatrix} i_a \\ i_b \\ i_c \end{bmatrix} = \frac{1}{L} \begin{bmatrix} u_{ca} \\ u_{cb} \\ u_{cc} \end{bmatrix} - \frac{R}{L} \begin{bmatrix} i_a \\ i_b \\ i_c \end{bmatrix} - \frac{1}{L} \begin{bmatrix} u_{sa} \\ u_{sb} \\ u_{sc} \end{bmatrix} \tag{3－133}$$

若写成向量的形式，则为

$$\frac{\mathrm{d}\boldsymbol{i}_{abc}}{\mathrm{d}t} = \frac{1}{L}\boldsymbol{u}_{cabc} - \frac{R}{L}\boldsymbol{i}_{abc} - \frac{1}{L}\boldsymbol{u}_{sabc} \tag{3－134}$$

设 Park 变换矩阵 $\boldsymbol{P}$ 及其逆矩阵 $\boldsymbol{P}^{-1}$ 分别为

$$\boldsymbol{P} = \frac{2}{3} \begin{bmatrix} \sin\omega t & \sin(\omega t - 120°) & \sin(\omega t + 120°) \\ \cos\omega t & \cos(\omega t - 120°) & \cos(\omega t + 120°) \\ \frac{1}{2} & \frac{1}{2} & \frac{1}{2} \end{bmatrix} \tag{3－135}$$

$$\boldsymbol{P}^{-1}=\begin{bmatrix}\sin\omega t & \cos\omega t & 1\\ \sin(\omega t-120^\circ) & \cos(\omega t-120^\circ) & 1\\ \sin(\omega t+120^\circ) & \cos(\omega t+120^\circ) & 1\end{bmatrix} \tag{3-136}$$

并且满足 $\boldsymbol{PP}^{-1}=\boldsymbol{E}$，其中 $\boldsymbol{E}$ 为单位矩阵。式（3−132）经 Park 变换可得

$$\frac{\mathrm{d}\boldsymbol{i}_{\mathrm{dq0}}}{\mathrm{d}t}=\frac{1}{L}\boldsymbol{u}_{\mathrm{cdq0}}-\frac{R}{L}\boldsymbol{i}_{\mathrm{dq0}}-\frac{1}{L}\boldsymbol{u}_{\mathrm{sdq0}}-\boldsymbol{P}\frac{\mathrm{d}(\boldsymbol{P}^{-1})}{\mathrm{d}t}\boldsymbol{i}_{\mathrm{dq0}} \tag{3-137}$$

或表示为

$$\frac{\mathrm{d}}{\mathrm{d}t}\begin{bmatrix}i_{\mathrm{d}}\\ i_{\mathrm{q}}\\ i_0\end{bmatrix}=\frac{MU_{\mathrm{d}}}{2L}\begin{bmatrix}\cos\delta\\ \sin\delta\\ 0\end{bmatrix}-\frac{R}{L}\begin{bmatrix}i_{\mathrm{d}}\\ i_{\mathrm{q}}\\ i_0\end{bmatrix}-\frac{1}{L}\begin{bmatrix}u_{\mathrm{sd}}\\ u_{\mathrm{sq}}\\ u_{\mathrm{s0}}\end{bmatrix}-\begin{bmatrix}0 & -\omega & 0\\ \omega & 0 & 0\\ 0 & 0 & 0\end{bmatrix}\begin{bmatrix}i_{\mathrm{d}}\\ i_{\mathrm{q}}\\ i_0\end{bmatrix} \tag{3-138}$$

对于直流侧，其动态方程为

$$C\frac{\mathrm{d}u_{\mathrm{d}}}{\mathrm{d}t}=i_{\mathrm{dl}}-i_{\mathrm{dc}} \tag{3-139}$$

3.6.3.2　基于 $dq0$ 坐标变换的 VSC 传输功率控制

在稳态情况下，假设系统三相对称运行，因此没有零序分量，状态变量的一阶导数为 0，则由式（3−138）可得

$$\begin{cases}0=u_{\mathrm{cd}}-Ri_{\mathrm{d}}-u_{\mathrm{sd}}+\omega Li_{\mathrm{q}}\\ 0=u_{\mathrm{cq}}-Ri_{\mathrm{q}}-u_{\mathrm{sq}}-\omega Li_{\mathrm{d}}\end{cases} \tag{3-140}$$

令交流侧 a 相相电压初始相位角为 0°，即 $u_{\mathrm{sd}}=|u_{\mathrm{s}}|$，$u_{\mathrm{sq}}=0$，并令 ωL 为基波电抗 X，则式（3−140）可化简为

$$\begin{cases}u_{\mathrm{cd}}=Ri_{\mathrm{d}}+u_{\mathrm{sd}}-Xi_{\mathrm{q}}\\ u_{\mathrm{cq}}=Ri_{\mathrm{q}}+Xi_{\mathrm{d}}\end{cases} \tag{3-141}$$

需要研究的变量是送入交流系统的无功功率 Q_{s} 和直流侧注入有功功率 P_{c}，损耗由电阻模拟。又由于

$$P_{\mathrm{c}}=[i_{\mathrm{a}}\quad i_{\mathrm{b}}\quad i_{\mathrm{c}}]\begin{bmatrix}u_{\mathrm{ca}}\\ u_{\mathrm{cb}}\\ u_{\mathrm{cc}}\end{bmatrix}=[i_{\mathrm{d}}\quad i_{\mathrm{q}}\quad i_0](\boldsymbol{P}^{-1})^{\mathrm{T}}\boldsymbol{P}^{-1}\begin{bmatrix}u_{\mathrm{cd}}\\ u_{\mathrm{cq}}\\ u_{\mathrm{c0}}\end{bmatrix} \tag{3-142}$$

所以可以得到

$$P_{\mathrm{c}}=\frac{3}{2}(u_{\mathrm{cd}}i_{\mathrm{d}}+u_{\mathrm{cq}}i_{\mathrm{q}})=\frac{3}{2}[u_{\mathrm{sd}}i_{\mathrm{d}}+R(i_{\mathrm{d}}^2+i_{\mathrm{q}}^2)] \tag{3-143}$$

另可得到稳态无功值：

$$Q_{\mathrm{s}}=\frac{3}{2}(u_{\mathrm{sq}}i_{\mathrm{d}}-u_{\mathrm{sd}}i_{\mathrm{q}})=-\frac{3}{2}u_{\mathrm{sd}}i_{\mathrm{q}} \tag{3-144}$$

式（3−143）、式（3−144）具有比较明确的物理意义。假设交流系统足够强大，u_{sd} 为恒定值，显然交流侧无功功率只与 q 轴电流成正比。而换流器侧的有功功率由两部分组成，前一部分代表理想换流功率，后一部分代表换流器和变压器（电抗器）的损耗。因此，交流电流可分解为两个独立的分量 i_{d} 和 i_{q}。虽然式（3−143）中 i_{q} 也是 P_{c} 的变量，但是在实际控制过程中可以先根据无功定值计算出 i_{q} 的数值，因此换流器侧的有功功率 P_{c} 可认为只与 i_{d} 相关。所以该模型有功与无功是解耦的。另外，考虑到正常运行时损耗远小于有功功率传输值，因此 P_{c} 与 i_{q} 的关系也是近似线性的，非常有利于控制器设计。

参考文献

[1] 刘天琪. 现代电力系统分析理论与方法 [M]. 北京：中国电力出版社，2007.

[2] 夏道止. 电力系统分析（下册）[M]. 北京：中国电力出版社，1995.

[3] 高景德. 交流电机过渡历程及运行方式的分析 [M]. 北京：科学出版社，1963.

[4] A. И. ВаЖОВнов. ОсновыI Тедных процессов инхронни машины ТЭИ，1960.

[5] 倪以信，陈寿孙，张宝霖. 动态电力系统的理论及分析 [M]. 北京：清华大学出版社，2000.

[6] Kundur P. Power System Stability and Control [M]. New York：McGraw-Hill，Inc.，1993.

[7] IEEE Committee Report. Computer representation of excitation systems [J]. IEEE Trans. Power Apparatus and Systems，1968，87：1460－1464.

[8] Crenshaw M L，Bollinger K E，Byerly R T，et al. Excitation system models for power system stability studies [J]. IEEE TRANS. POWER APPAR. AND SYS.，1981，100（2）：494－509.

[9] IEEE recommended practice for excitation system models for power system stability studies. IEEE standard 421.5 1992.

[10] IEEE recommended practice for excitation system models for power system stability studies. IEEE standard 421.5/D15 2005.

[11] 励磁系统数学模型专家组. 计算电力系统稳定用的励磁系统数学模型 [J]. 中国电机工程学报，1991，19（5）：65－71.

[12] 刘增煌，吴中习，周泽昕. 电力系统稳定计算研究用励磁系统数学模型库 [J]. 电网技术，1994，18（3）：6－11.

[13] Trebincevic I，Malik O P. Computer models for representation of digital-based excitation systems [J]. IEEE transactions on energy conversion，1996，11（3）：607－615.

[14] 李兴源. 高压直流输电系统 [M]. 北京：科学出版社，2010.

[15] 西安交通大学. 电力系统计算 [M]. 北京：水利水电出版社，1978.

[16] Anderson P M，Fouad A A. 电力系统的控制与稳定 [M]. 王奔，译. 2 版. 北京：电子工业出版社，2012.

第 4 章　电力系统小干扰稳定

小干扰稳定性是指系统遭受小扰动后仍保持系统同步的能力。电力系统受到小扰动时，若计及调节器及元件的动态，并分析其在暂态过程后能否趋于或接近原来的稳定工况运行的问题称作动态稳定分析。该问题可用经典的或现代的线性系统理论来分析，即由线性化的微分方程组和代数方程组来描述系统响应的方程，包含时域或频域。

在大型电力系统中，小干扰稳定性问题可能是局部的，也可能是全局的。局部问题可能与几台临近的发电机转子的震荡有关，即机间或站间模式振荡，分析的模型和等值电路要局部详细，其余部分简单或简化。全局问题是由大量发电机组之间的相互影响造成的，影响广泛。它表现为一个区域的一组发电机相对另一区域的一组发电机发生摆动的振荡，即区域模式振荡。分析时需要全部互联电力系统的详细模型和等值电路，励磁系统、负荷模型以及其他部分都要准确。

本章首先介绍动态稳定性的基本概念、状态空间表示法、动态系统的稳定性、状态方程线性化以及用李雅普诺夫法求解的两种基本方法。然后介绍一般的状态矩阵特征行为，包括特征值、特征向量等，并以一个二阶线性系统实例来理解高阶系统的性能。最后介绍小干扰稳定分析的状态空间法、小干扰稳定分析的复转矩系数法和小干扰稳定分析的模态参数辨识法。

4.1　动态系统稳定性的基本概念

4.1.1　状态空间表示法

电力系统是一种典型的动态系统，其动态行为可以描述为如下的一组 n 个一阶非线性常微分方程：

$$\dot{x}_i = f_i(x_1, x_2, \cdots, x_n; u_1, u_2, \cdots, u_r; t) \qquad i = 1, 2, \cdots, n \tag{4-1}$$

式中，n 为系统的阶数，r 为输入量的个数。用矢量矩阵符号可写为如下形式：

$$\dot{\boldsymbol{x}} = \boldsymbol{f}(\boldsymbol{x}, \boldsymbol{u}, t) \tag{4-2}$$

式中，

$$\boldsymbol{x}=\begin{bmatrix}x_1\\x_2\\\vdots\\x_n\end{bmatrix},\quad \boldsymbol{u}=\begin{bmatrix}u_1\\u_2\\\vdots\\u_r\end{bmatrix},\quad \boldsymbol{f}=\begin{bmatrix}f_1\\f_2\\\vdots\\f_n\end{bmatrix} \tag{4-3}$$

列向量 $\boldsymbol{x}$ 指状态向量，它的单个值 x_i 为状态变量。列向量 $\boldsymbol{u}$ 是系统的输入向量。它们是影响系统行为的外部信号。时间用 t 表示，状态变量对时间的导数用 $\dot{\boldsymbol{x}}$ 来表示。如果状态变量的导数不是时间的显函数，系统称为自治系统。这种情况下，式（4－2）简化为

$$\dot{\boldsymbol{x}}=\boldsymbol{f}(\boldsymbol{x},\boldsymbol{u}) \tag{4-4}$$

通常人们对输出变量感兴趣，因为它们在系统中可观察到。它们可用状态变量和输入变量来表示并有如下形式：

$$\boldsymbol{y}=\boldsymbol{g}(\boldsymbol{x},\boldsymbol{u}) \tag{4-5}$$

式中，

$$\boldsymbol{y}=\begin{bmatrix}y_1\\y_2\\\vdots\\y_m\end{bmatrix},\boldsymbol{g}=\begin{bmatrix}g_1\\g_2\\\vdots\\g_m\end{bmatrix} \tag{4-6}$$

列向量 $\boldsymbol{y}$ 是输出向量，$\boldsymbol{g}$ 是把状态和输入变量与输出变量联系在一起的非线性函数向量。

4.1.1.1 状态的概念

状态的概念是状态空间方法的基础。一个系统的状态代表了有关系统在任意时间刻画的最少信息，这可以确定系统在未来任意时刻的行为。

任意组 n 个线性独立系统变量都可用来描述系统的状态，它们被称为状态变量。它们形成动态变量的最小集合，并与系统的输入量一起完整描述系统行为，任何其他的系统变量可从这组状态中得到。

状态变量可能是系统中的各种物理量，如角度、速度、电压或者是与描述系统动态的微分方程相关的抽象数学变量。状态变量的选择不是唯一的，这意味着表示系统状态信息的方式是不唯一的，即可选择的任意组状态变量都能提供同样的系统信息。如果定义太多的状态变量来描述系统，它们则不是完全独立的。

系统状态可在一个 n 维欧几里德空间，称为状态空间上来表示。当选择不同组状态变量来描述系统时，实际上是在选择不同坐标系统。

无论什么时候，当系统不在平衡点或输入不为零时，系统状态将随时间而变。当系统变化时，在状态空间上跟踪系统状态所得的点的集合称为状态轨迹。

4.1.1.2 平衡点（或奇异点）

平衡点是当所有的微分 $\dot{x}_1,\dot{x}_2,\cdots,\dot{x}_n$ 同时为零的点，它们定义了轨迹上速度为零的点。相应系统处在静止状态，因为所有变量都是恒定的并且不随时间变化。

$$\boldsymbol{f}(\boldsymbol{x}_0)=0 \tag{4-7}$$

式中，$\boldsymbol{x}_0$ 为状态向量 $\boldsymbol{x}$ 在平衡点的值。

如果函数 $f_i(i=1,2,\cdots,n)$ 在式（4－1）中是线性的，则系统是线性的。一个线性系统仅有一个平衡点（如果系统矩阵是非奇异的）。非线性系统可能有多个平衡点。奇异

点是动态系统行为的真实特性，因此，可从它们的特性中得出有关稳定性的结论。

4.1.2　动态系统的稳定性

线性系统的稳定性是完全独立于输入的，也独立于有限的初始状态，零输入的稳定系统的状态总是返回到状态空间的初始位置；相反，非线性系统的稳定性取决于输入的类型、幅值和初始状态，这些因素在定义非线性系统的稳定性时必须加以考虑。在控制系统理论中，通常按照状态向量在状态空间的区域大小来划分非线性系统的稳定性。

4.1.2.1　*局部稳定*

如果系统遭受小扰动后仍回到围绕平衡点的小区域内，则说明这个系统在这个平衡点上是局部稳定的。

如果随着 t 增加，系统返回到原始状态，则说明小范围内是渐近稳定的。

应注意的是，局部稳定性的定义并不需要状态返回到原始状态，并且包括小的限定周期。实际上通常感兴趣的是渐近稳定。

局部稳定（也即是小扰动下的稳定）情况可通过把非线性系统方程在所关注的平衡点上线性化来进行研究。这将在下一节中举例说明。

4.1.2.2　*有限稳定*

如果系统的状态保留在一个有限区域 R 内，则称在 R 内是稳定的。更进一步，假如系统状态从 R 内的任何点出发仍回到原始平衡点，则它在有限区域 R 内是渐近稳定的。

4.1.2.3　*全域稳定*

如果 R 包括整个有限空间，则系统是全域稳定的。

4.1.3　状态方程线性化

接下来说明对等式（4−4）进行线性化的步骤。让 $\boldsymbol{x}_0$ 代表初始状态向量，输入向量 $\boldsymbol{u}_0$ 对应于要研究的小信号性能的平衡点。因此 $\boldsymbol{x}_0$ 和 $\boldsymbol{u}_0$ 满足式（4−4），有

$$\dot{\boldsymbol{x}} = \boldsymbol{f}(\boldsymbol{x}_0, \boldsymbol{u}_0 = 0) \tag{4-8}$$

如果对系统的上述状态施加扰动，则有

$$\boldsymbol{x} = \boldsymbol{x}_0 + \Delta\boldsymbol{x}, \quad \boldsymbol{u} = \boldsymbol{u}_0 + \Delta\boldsymbol{u} \tag{4-9}$$

式中，前缀 Δ 表示小偏差。新的状态必须满足式（4−4）。因而有

$$\dot{\boldsymbol{x}} = \dot{\boldsymbol{x}}_0 + \Delta\dot{\boldsymbol{x}} = \boldsymbol{f}[(\boldsymbol{x}_0 + \Delta\boldsymbol{x}), (\boldsymbol{u}_0 + \Delta\boldsymbol{u})] \tag{4-10}$$

由于假定扰动较小，非线性函数 $\boldsymbol{f}(\boldsymbol{x}, \boldsymbol{u})$ 可用泰勒级数来表示。当忽略 $\Delta\boldsymbol{x}$ 和 $\Delta\boldsymbol{u}$ 的二阶和高阶项，可将其写为

$$\begin{aligned}\dot{x}_i = \dot{x}_{i0} + \Delta\dot{x}_i &= f_i[(x_0 + \Delta x), (u_0 + \Delta u)] \\ &= f_i(x_0, u_0) + \frac{\partial f_i}{x_1}\Delta x_i + \cdots + \frac{\partial f_i}{\partial x_n}\Delta x_n + \frac{\partial f_i}{\partial u_1}\Delta u_1 + \cdots + \frac{\partial f_i}{\partial u_r}\partial u_r\end{aligned}$$

由于 $\dot{x}_{i0} = f_i(x_0, u_0)$，可得

$$\Delta\dot{x}_i = \frac{\partial f_i}{\partial x_1}\Delta x_1 + \cdots + \frac{\partial f_i}{\partial x_n}\Delta x_n + \frac{\partial f_i}{\partial u_1}\Delta u_1 + \cdots + \frac{\partial f_i}{\partial u_r}\Delta u_r \tag{4-11}$$

式中，$i = 1, 2, \cdots, n$。同样，从式（4−5）有

$$\Delta y_i = \frac{\partial g_i}{\partial x_1}\Delta x_1 + \cdots + \frac{\partial g_i}{\partial x_n}\Delta x_n + \frac{\partial g_i}{\partial u_1}\Delta u_1 + \cdots + \frac{\partial g_i}{\partial u_r}\Delta u_r \tag{4-12}$$

式中，$j=1,2,\cdots,m$。因此，式（4－4）和式（4－5）的线性化形式为

$$\Delta\dot{\boldsymbol{x}}=\boldsymbol{A}\Delta\boldsymbol{x}+\boldsymbol{B}\Delta\boldsymbol{u} \tag{4-13}$$

$$\Delta\boldsymbol{y}=\boldsymbol{C}\Delta\boldsymbol{x}+\boldsymbol{D}\Delta\boldsymbol{u} \tag{4-14}$$

式中，

$$\begin{cases}\boldsymbol{A}=\begin{bmatrix}\dfrac{\partial f_1}{\partial x_1} & \cdots & \dfrac{\partial f_1}{\partial x_n}\\ \vdots & & \vdots\\ \dfrac{\partial f_n}{\partial x_1} & \cdots & \dfrac{\partial f_n}{\partial x_n}\end{bmatrix}, \quad \boldsymbol{B}=\begin{bmatrix}\dfrac{\partial f_1}{\partial u_1} & \cdots & \dfrac{\partial f_1}{\partial u_r}\\ \vdots & & \vdots\\ \dfrac{\partial f_n}{\partial u_1} & \cdots & \dfrac{\partial f_n}{\partial u_r}\end{bmatrix}\\ \boldsymbol{C}=\begin{bmatrix}\dfrac{\partial g_1}{\partial x_1} & \cdots & \dfrac{\partial g_1}{\partial x_n}\\ \vdots & & \vdots\\ \dfrac{\partial g_m}{\partial x_1} & \cdots & \dfrac{\partial g_m}{\partial x_n}\end{bmatrix}, \quad \boldsymbol{D}=\begin{bmatrix}\dfrac{\partial g_1}{\partial u_1} & \cdots & \dfrac{\partial g_1}{\partial u_r}\\ \vdots & & \vdots\\ \dfrac{\partial g_m}{\partial u_1} & \cdots & \dfrac{\partial g_m}{\partial u_r}\end{bmatrix}\end{cases} \tag{4-15}$$

上述偏微分方程是在所分析的小扰动的平衡点基础上推导出来的。在式（4－13）和式（4－14）中，$\Delta\boldsymbol{x}$ 为 n 维状态向量；$\Delta\boldsymbol{y}$ 为 m 维输出向量；$\Delta\boldsymbol{u}$ 为 r 维输入向量；$\boldsymbol{A}$ 为 $n\times n$ 阶状态矩阵；$\boldsymbol{B}$ 为 $n\times r$ 阶控制或输入矩阵；$\boldsymbol{C}$ 为 $m\times n$ 阶输出矩阵；$\boldsymbol{D}$ 为前馈矩阵，其中定义了直接出现在输出中的部分输入，$m\times r$ 阶。

对上述等式进行拉普拉斯变换，在频域上有状态等式为

$$s\Delta\boldsymbol{x}(s)-\Delta\boldsymbol{x}(0)=\boldsymbol{A}\Delta\boldsymbol{x}(s)+\boldsymbol{B}\Delta\boldsymbol{u}(s) \tag{4-16}$$

$$\Delta\boldsymbol{y}(s)=\boldsymbol{C}\Delta\boldsymbol{x}(s)+\boldsymbol{D}\Delta\boldsymbol{u}(s) \tag{4-17}$$

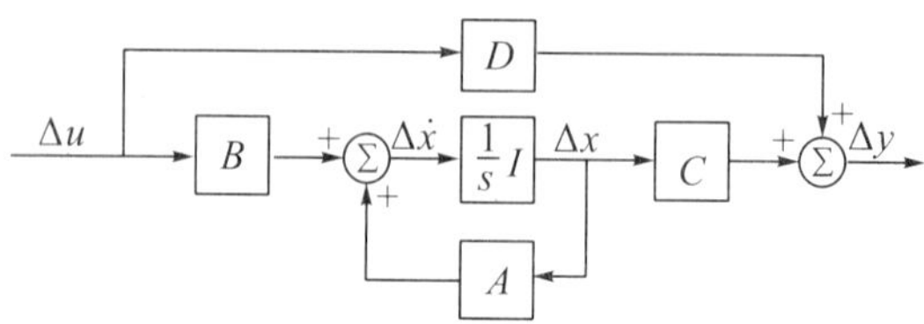

图 4－1　状态空间表示的框图

图 4－1 是状态空间表示的框图。当用传递函数表示系统时，其初始状态 $\Delta\boldsymbol{x}(0)$ 假定为零。通过解 $\Delta\boldsymbol{x}(s)$ 和 $\Delta\boldsymbol{y}(s)$ 可得到状态方程的解，其过程如下：

整理式（4－16），有 $(s\boldsymbol{I}-\boldsymbol{A})\Delta\boldsymbol{x}(s)=\Delta\boldsymbol{x}(0)+\boldsymbol{B}\Delta\boldsymbol{u}(s)$。因而

$$\Delta\boldsymbol{x}(s)=(s\boldsymbol{I}-\boldsymbol{A})^{-1}\left|\Delta\boldsymbol{x}(0)+\boldsymbol{B}\Delta\boldsymbol{u}(s)\right|=\frac{\operatorname{adj}(s\boldsymbol{I}-\boldsymbol{A})}{\det(s\boldsymbol{I}-\boldsymbol{A})}[\Delta\boldsymbol{x}(0)+\boldsymbol{B}\Delta\boldsymbol{u}(s)] \tag{4-18}$$

相应有

$$\Delta\boldsymbol{y}(s)=\boldsymbol{C}\frac{\operatorname{adj}(s\boldsymbol{I}-\boldsymbol{A})}{\det(s\boldsymbol{I}-\boldsymbol{A})}[\Delta\boldsymbol{x}(0)+\boldsymbol{B}\Delta\boldsymbol{u}(s)]+\boldsymbol{D}\Delta\boldsymbol{u}(s) \tag{4-19}$$

$\Delta\boldsymbol{x}$ 和 $\Delta\boldsymbol{y}$ 的拉普拉斯变换有两个分量，一个取决于初始状态，另一个取决于输入。这些是状态和输出向量的自由和零状态分量的拉普拉斯变换。

$\Delta\boldsymbol{x}(s)$ 和 $\Delta\boldsymbol{y}(s)$ 的极点是式（4－20）的根，即

$$\det(s\boldsymbol{I} - \boldsymbol{A}) = 0 \tag{4-20}$$

满足上式的 s 的值称为矩阵 $\boldsymbol{A}$ 的特征值，等式（4—20）称为矩阵 $\boldsymbol{A}$ 的特征方程。

4.1.4　李雅普诺夫稳定性分析

4.1.4.1　李雅普诺夫第一法

非线性系统的小范围稳定性是由系统线性化后特征方程的根，即 $\boldsymbol{A}$ 的特征值所确定的：

（1）当特征值有负的实部时，原始系统是渐近稳定的。

（2）当至少存在一个正实部的特征值时，原始系统是不稳定的。

（3）当特征值具有为零的实部时，基于线性化方程不能说明任何一般性问题。

大范围稳定性可通过数字或模拟计算机求取非线性微分方程的显式解来进行分析。李雅普诺夫直接法是一种不需要求得系统微分方程显式解进行分析的方法。

4.1.4.2　李雅普诺夫第二法或直接法

第二法试图用定义在状态空间上的函数直接确定其稳定性。与系统状态方程相关的李雅普诺夫函数的符号和它对时间微分的符号需加以考虑，对于式（4—4），如果存在一个正定函数 $V(x_1, x_2, \cdots, x_n)$，它的全微分是负定的，则式（4—4）的平衡点是渐近稳定的。当 $\dot{V}$ 在负半定的区域内时，系统是稳定的；当 $\dot{V}$ 在负定的区域内时，系统是渐近稳定的。

系统大范围稳定性问题是后面章节的主题，本章关心的是电力系统小范围稳定性，而这是由 $\boldsymbol{A}$ 的特征值所决定的。正如下节所叙述的，系统响应的自然模式是与特征值相联系的。对 $\boldsymbol{A}$ 的特征性的分析为系统稳定性提供了有价值的信息。$\boldsymbol{A}$ 是雅可比矩阵，它的元素 a_{ij} 是分析小扰动时在平衡点处展开得到的偏微分 $\partial f_i / \partial x_i$。这个矩阵通常指状态矩阵。

4.2　状态矩阵的特征行为

4.2.1　特征值及特征向量

4.2.1.1　特征值

矩阵特征值是由式（4—21）存在非无效解（即非 $\boldsymbol{\varphi}=\boldsymbol{0}$）时的标量参数 λ 确定的，即

$$\boldsymbol{A\varphi} = \lambda\boldsymbol{\varphi} \tag{4-21}$$

式中，$\boldsymbol{A}$ 为 $n \times n$ 阶矩阵（对于像电力系统这样的物理系统而言，$\boldsymbol{A}$ 为实数矩阵）；$\boldsymbol{\varphi}$ 为 $n \times 1$ 阶向量。为了找出特征值，式（4—21）可写为：

$$(\boldsymbol{A} - \lambda\boldsymbol{I})\boldsymbol{\varphi} = 0 \tag{4-22}$$

其非无效解为

$$\det(\boldsymbol{A} - \lambda\boldsymbol{I}) = 0 \tag{4-23}$$

展开可得特征方程。$\lambda = \lambda_1, \lambda_2, \cdots, \lambda_n$ 的 n 个解是 $\boldsymbol{A}$ 的特征值。

特征值可为实数或复数。如果 $\boldsymbol{A}$ 为实数矩阵，则其复数特征值总以共轭对形式出现。相似矩阵有同样的特征值。也可以很容易证明一个矩阵和它的转置有同样的特征值。

4.2.1.2　特征向量

对于任一特征值 λ_i，如第 n 列向量 $\boldsymbol{\varphi}_i$ 满足式（4—21），称之为与特征值 λ_i 相关联的

右特征向量。因此有

$$\boldsymbol{A\varphi}_i=\lambda_i\boldsymbol{\varphi}_i,\quad i=1,2,\cdots,n \tag{4-24}$$

特征向量 $\boldsymbol{\varphi}_i$ 的形式为

$$\boldsymbol{\varphi}_i=\begin{bmatrix}\boldsymbol{\varphi}_{1i}\\ \boldsymbol{\varphi}_{2i}\\ \vdots\\ \boldsymbol{\varphi}_{ni}\end{bmatrix}$$

由于式（4－22）是齐次的，$k\boldsymbol{\varphi}_i$（k 是一个标量）也是一个解。因此，特征向量仅对应一个标量乘子才可确定。

同样，当第 n 行向量 $\boldsymbol{\psi}_i$ 满足

$$\boldsymbol{\psi}_i\boldsymbol{A}=\lambda_i\boldsymbol{\psi}_i,\quad i=1,2,\cdots,n \tag{4-25}$$

时，称之为与特征值 λ_i 相关联的左特征向量。对应不同的特征值的左、右特征向量是正交的。换句话说，如果 λ_i 不等于 λ_j，则

$$\boldsymbol{\psi}_j\boldsymbol{\varphi}_i=0 \tag{4-26}$$

然而对应于同一特征值的特征向量有

$$\boldsymbol{\psi}_i\boldsymbol{\varphi}_i=C_i \tag{4-27}$$

式中，C_i 为非零常数。

如上所述，由于特征向量仅对应于一个标量乘子，通常正规化这些向量，以使得

$$\boldsymbol{\psi}_i\boldsymbol{\varphi}_i=1 \tag{4-28}$$

4.2.2 模态矩阵和动态系统的自由运动

4.2.2.1 模态矩阵

为了简洁地表达 $\boldsymbol{A}$ 的特征性，引入以下矩阵：

$$\boldsymbol{\Phi}=[\boldsymbol{\varphi}_1\boldsymbol{\varphi}_2\cdots\boldsymbol{\varphi}_n] \tag{4-29}$$

$$\boldsymbol{\psi}=[\boldsymbol{\psi}_1^{\mathrm{T}}\boldsymbol{\psi}_2^{\mathrm{T}}\cdots\boldsymbol{\psi}_n^{\mathrm{T}}]^{\mathrm{T}} \tag{4-30}$$

$\boldsymbol{\Lambda}$ 为对角元素特征值，即

$$\boldsymbol{\Lambda}=\mathrm{diag}(\lambda_1,\lambda_2,\cdots,\lambda_n) \tag{4-31}$$

以上三个矩阵均为 $n\times n$ 阶。就这些矩阵而言，式（4－24）和式（4－28）可扩展为下式：

$$\boldsymbol{A\Phi}=\boldsymbol{\Phi\Lambda} \tag{4-32}$$

$$\boldsymbol{\psi\Phi}=\boldsymbol{I},\quad \boldsymbol{\psi}=\boldsymbol{\Phi}^{-1} \tag{4-33}$$

从式（4－32）可得出

$$\boldsymbol{\Phi}^{-1}\boldsymbol{A\Phi}=\boldsymbol{\Lambda} \tag{4-34}$$

4.2.2.2 动态系统的自由运动

对于状态方程式（4－13），自由运动（对应零输入）可由下式给出：

$$\Delta\dot{\boldsymbol{x}}=\boldsymbol{A}\Delta\boldsymbol{x} \tag{4-35}$$

每个状态变量的变化率是所有状态变量的线性组合，而由于状态之间的交叉耦合，要分离出那些显著影响运动的参量是困难的。为了消除状态变量之间的相互耦合，考虑将初始状态向量 $\Delta\boldsymbol{x}$ 变换成新的状态向量 $\boldsymbol{z}$，即定义

$$\Delta \boldsymbol{x} = \boldsymbol{\Phi z} \tag{4-36}$$

式中，$\boldsymbol{\Phi}$ 是由式（4−29）所定义的 $\boldsymbol{A}$ 的模态矩阵。用式（4−36）替代状态等式（4−35）中的 $\Delta \boldsymbol{x}$，有

$$\boldsymbol{\Phi \dot{z}} = \boldsymbol{A\Phi z} \tag{4-37}$$

新的状态方程可写为

$$\boldsymbol{\dot{z}} = \boldsymbol{\Phi}^{-1}\boldsymbol{A\Phi z} \tag{4-38}$$

由式（4−34），可得

$$\boldsymbol{\dot{z}} = \boldsymbol{\Lambda z} \tag{4-39}$$

式（4−39）和式（4−35）之间的重要差别是 $\boldsymbol{\Lambda}$ 为对角矩阵，而 $\boldsymbol{A}$ 一般不是对角矩阵。式（4−39）代表 n 个解耦的一阶（标量）方程

$$\dot{\boldsymbol{z}}_i = \lambda_i \boldsymbol{z}_i, \quad i = 1,2,\cdots,n \tag{4-40}$$

因此，变换式（4−36）的作用是解耦状态方程。式（4−40）是简单的一阶微分方程，其对应于时间 t 的解为

$$z_i(t) = z_i(0)\mathrm{e}^{\lambda_i t} \tag{4-41}$$

式中，$z_i(0)$ 为 z_i 的初始值。回到式（4−36），对应原始状态向量的响应为

$$\Delta \boldsymbol{x}(t) = \boldsymbol{\Phi z}(t) = [\boldsymbol{\varphi}_1 \boldsymbol{\varphi}_2 \cdots \boldsymbol{\varphi}_n] \begin{bmatrix} z_1(t) \\ z_2(t) \\ \vdots \\ z_n(t) \end{bmatrix} \tag{4-42}$$

从式（4−41）观察可得

$$\Delta \boldsymbol{x}(t) = \sum_{i=1}^{n} \boldsymbol{\varphi}_i \boldsymbol{z}_i(0)\mathrm{e}^{\lambda_i t} \tag{4-43}$$

由式（4−42）可得

$$\boldsymbol{z}(t) = \boldsymbol{\Phi}^{-1}\Delta \boldsymbol{x}(t) = \boldsymbol{\psi}\Delta \boldsymbol{x}(t) \tag{4-44}$$

这意味着

$$\boldsymbol{z}_i(t) = \boldsymbol{\psi}_i \Delta \boldsymbol{x}(t) \tag{4-45}$$

当 $t=0$ 时，有

$$\boldsymbol{z}_i(0) = \boldsymbol{\psi}_i \Delta \boldsymbol{x}(0) \tag{4-46}$$

用 c_i 表示 $\boldsymbol{\psi}_i \Delta \boldsymbol{x}(0)$ 的标量乘积，式（4−43）可写为

$$\Delta \boldsymbol{x}(t) = \sum_{i=1}^{n} \boldsymbol{\varphi}_i c_i \mathrm{e}^{\lambda_i t} \tag{4-47}$$

换句话讲，第 i 个状态变量的时间响应可为

$$\Delta x_i(t) = \varphi_{i1} c_1 \mathrm{e}^{\lambda_1 t} + \varphi_{i2} c_2 \mathrm{e}^{\lambda_2 t} + \cdots + \varphi_{in} c_n \mathrm{e}^{\lambda_n t} \tag{4-48}$$

上式给出了系统以特征值、左和右特征向量表示的自由运动时间响应的表示式。因此，自由（或初始情况）响应是由对应于状态矩阵的 n 个特征值的 n 个动态模式线性组合而成的。标量乘积 $c_i = \boldsymbol{\psi}_i \Delta \boldsymbol{x}(0)$ 代表了由初始情况引起的第 i 个模式激励的幅值。如果初始状态仅依赖于第 j 个特征向量，标量乘积 $\boldsymbol{\psi}_i \Delta \boldsymbol{x}(0)$ 对于所有 $i \neq j$ 都同样为零。因此，只有第 j 个模式受到激励。如果代表初始情况的向量并不是一个特征向量，它可用 n 个特征向量的线性组合来表示。系统的响应是 n 个响应之和。如果对应初始状态的特征

向量的一个分量为零，其对应的模式不会激发。

对应一个特征值 λ_i 的模式的时间特性由 $e^{\lambda_i t}$ 给出。因此，系统的稳定性是由如下的特征值所确定的：

①实数特征值对应于一个非振荡模式。负实数特征值表示衰减模式，幅值越大，衰减越快，正实数特征值表示非周期性不稳定。

c_i 的值和与实数特征值相关的特征向量也是实数。

②复数特征值以共轭对形式出现，每一对对应一个振荡模式。

对应的 c_i 和特征向量将有复数值，以使得 $x(t)$的值在任一时刻也为实数，例如：

$$(a+\mathrm{j}b)\mathrm{e}^{(\sigma-\mathrm{j}\omega)t}+(a-\mathrm{j}b)\mathrm{e}^{(\sigma+\mathrm{j}\omega)t} \tag{4-49}$$

具有形式

$$\mathrm{e}^{\sigma t}\sin(\omega t+\theta) \tag{4-50}$$

它表示了$-\sigma$ 下的阻尼正弦形式。

特征值的实部给出了阻尼，虚部给出了振荡的频率。负实部表示有阻尼振荡，而正实部表示增幅振荡。因此，将一对复数特征根

$$\lambda=\sigma\pm\mathrm{j}\omega \tag{4-51}$$

用 Hz 表示的振荡频率为

$$f=\frac{\omega}{2\pi} \tag{4-52}$$

这代表的是实际或阻尼频率。其阻尼比为

$$\zeta=-\frac{-\sigma}{\sqrt{\sigma^2+\omega^2}} \tag{4-53}$$

阻尼比 ζ 确定了振荡幅值衰减的速度。幅值衰减的时间常数为 $1/|\sigma|$。换句话讲，幅值衰减 1/e 或初始幅值的 37%要用 $1/|\sigma|$ 秒或振荡的 $1/(2\pi\zeta)$ 周期。

表 4-1 给出了六种不同特征值组合和围绕着奇异点的相应轨迹行为的二维图。

表 4-1　对应六种可能的特征值组合的奇异点

特征值（$\lambda=\sigma\pm\mathrm{j}\omega$）	轨迹	奇异点类型
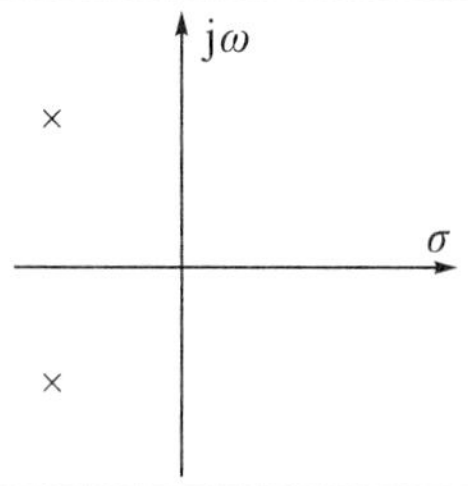 jω　σ	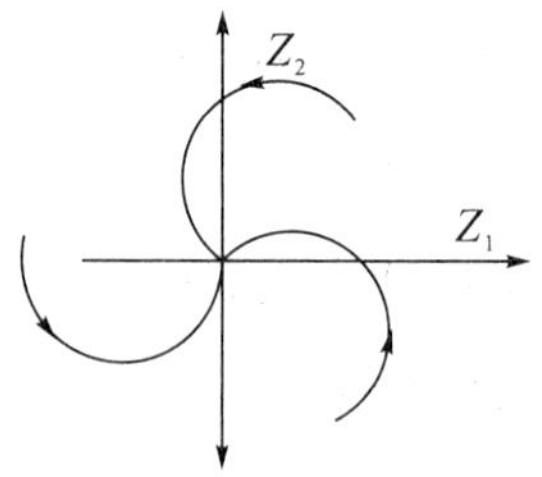 Z_2　Z_1	(1) 稳定焦点
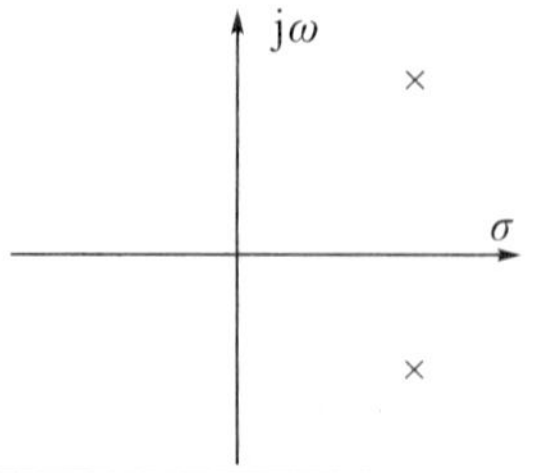 jω　σ	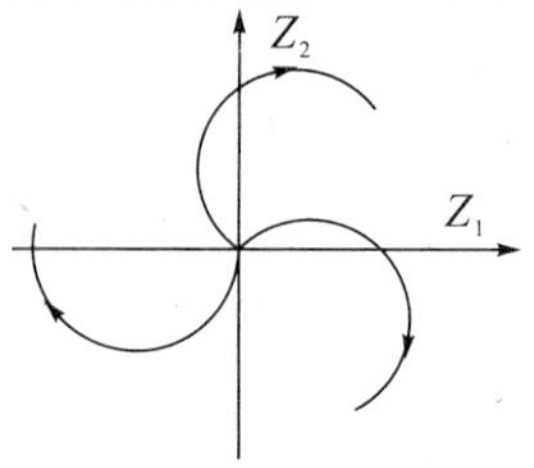 Z_2　Z_1	(2) 不稳定焦点

续表4－1

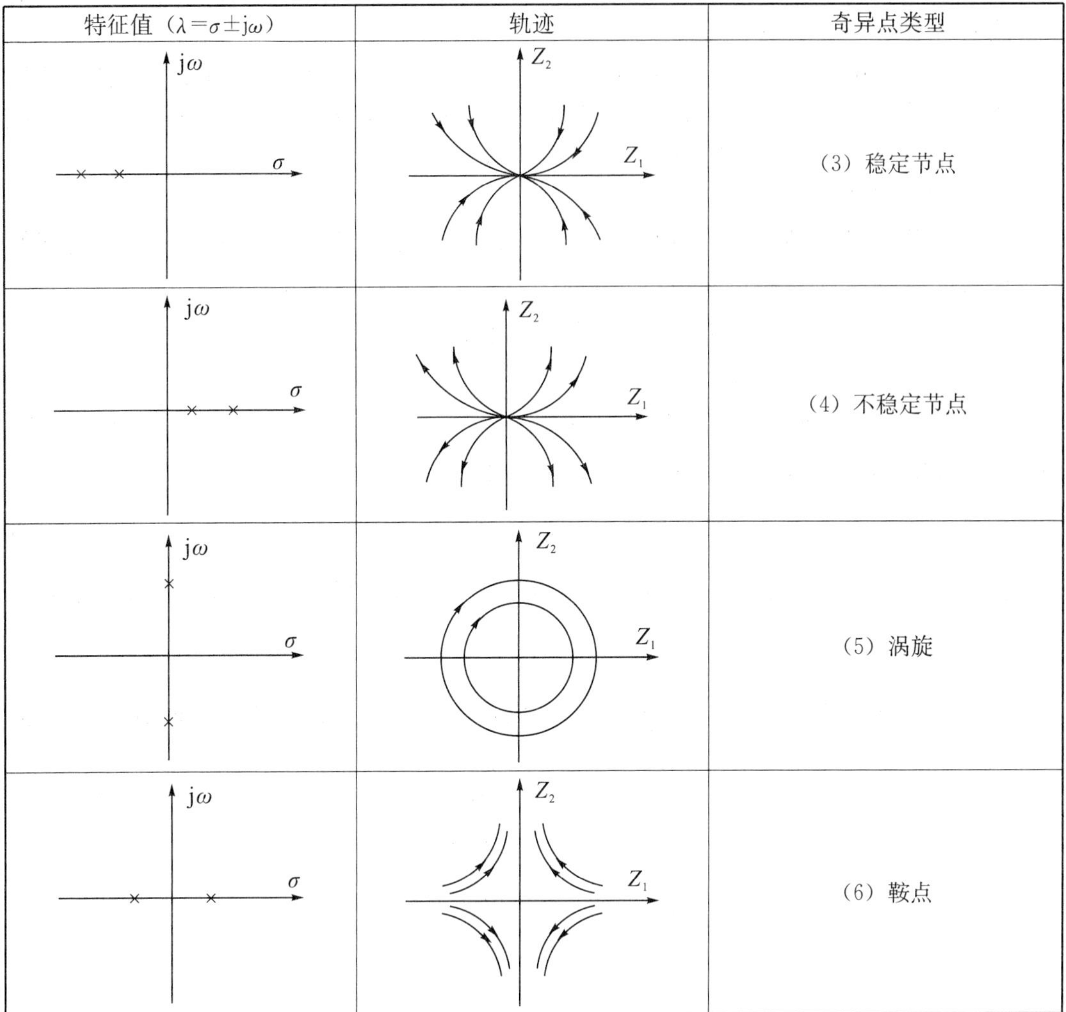

特征值（λ＝σ±jω）	轨迹	奇异点类型
		(3) 稳定节点
		(4) 不稳定节点
		(5) 涡旋
		(6) 鞍点

(1)(3)(5) 的情况是局部稳定性，其中 (1) 和 (3) 是渐近稳定的。

4.2.3　模态、灵敏度和参与因子

4.2.3.1　模态和特征向量

上面讨论了借助于状态向量 $\Delta\boldsymbol{x}$ 和 $\boldsymbol{z}$ 表达的系统响应，它们之间的相互联系如下：

$$\Delta\boldsymbol{x}(t)=\boldsymbol{\Phi z}(t)=[\boldsymbol{\varphi}_1\boldsymbol{\varphi}_2\cdots\boldsymbol{\varphi}_n]\boldsymbol{z}(t) \tag{4-54a}$$

$$\boldsymbol{z}(t)=\boldsymbol{\psi}\Delta\boldsymbol{x}(t)=[\boldsymbol{\psi}_1^{\mathrm{T}}\boldsymbol{\psi}_2^{\mathrm{T}}\cdots\boldsymbol{\psi}_n^{\mathrm{T}}]^{\mathrm{T}}\Delta\boldsymbol{x}(t) \tag{4-54b}$$

变量 $\Delta x_1,\Delta x_2,\cdots,\Delta x_n$ 是原始状态变量，用来表示系统的动态性能。变量 z_1，$z_2,\cdots,z_n$ 是变换后的状态变量，以使得每个变量只与一个模式相关联。换句话讲，变换后变量 z 直接与模式相关。

由式 (4－54a) 可见，右特征向量给出了模态，也即是一个特殊模式被激励时状态变量的相对活动。例如，第 i 个模式的状态变量 x_k 的活动程度是由右特征向量 $\boldsymbol{\varphi}_i$ 的元素 φ_{ki} 所确定的。

$\boldsymbol{\varphi}_i$ 的元素的值给出了第 i 个模式的 n 个状态变量的活动程度，元素的角度给出了对应模式的状态变量的相位偏移。

从式（4−54b）可见，左特征向量 $\boldsymbol{\psi}_i$ 确定了哪一种原始状态变量的组合仅显示第 i 个模式。因而右特征向量 $\boldsymbol{\varphi}_i$ 的第 k 个元素测量了第 i 个模式中变量 x_k 的活动，而左特征向量 $\boldsymbol{\psi}_i$ 的第 k 个元素表示了这个活动对第 i 个模式的权重。

4.2.3.2　特征值灵敏度

下面考察一下特征值对状态矩阵元素的灵敏度。考虑到式（4−24）中确定了特征值和特征向量 $\boldsymbol{A}\boldsymbol{\varphi}_i=\lambda_i\boldsymbol{\varphi}_i$，对 a_{kj}（$\boldsymbol{A}$ 中第 k 行第 j 列的元素）偏微分，有

$$\frac{\partial \boldsymbol{A}}{\partial a_{kj}}\boldsymbol{\varphi}_i+\boldsymbol{A}\frac{\partial \boldsymbol{\varphi}_i}{\partial a_{kj}}=\frac{\partial \boldsymbol{\lambda}_i}{\partial a_{kj}}\boldsymbol{\varphi}_i+\lambda_i\frac{\partial \boldsymbol{\varphi}_i}{\partial a_{kj}}$$

左乘 $\boldsymbol{\psi}_i$，注意到 $\boldsymbol{\psi}_i\boldsymbol{\varphi}_i=1$ 和 $\boldsymbol{\psi}_i(\boldsymbol{A}-\lambda_i\boldsymbol{I})=0$，上式可简化成 $\boldsymbol{\psi}_i\dfrac{\partial \boldsymbol{A}}{\partial a_{kj}}\boldsymbol{\varphi}_i=\dfrac{\partial \lambda_i}{\partial a_{kj}}$，$\partial\boldsymbol{A}/\partial a_{kj}$ 的所有元素除了第 k 行和第 j 列的元素等于 1 之外，其余都等于 0。因此有

$$\frac{\partial \lambda_i}{\partial a_{kj}}=\varphi_{ik}\varphi_{ji} \tag{4-55}$$

特征值 λ_i 对状态矩阵的 a_{kj} 元素的灵敏度等于左特征向量元素 φ_{ik} 和右特征向量元素 φ_{ji} 的乘积。

4.2.3.3　参与因子

参与矩阵 $\boldsymbol{P}$ 结合了左、右特征向量，可以作为状态变量和模式之间联系的一种度量[6]。

$$\boldsymbol{P}=[\boldsymbol{P}_1\quad \boldsymbol{P}_2\quad \cdots\quad \boldsymbol{P}_n] \tag{4-56a}$$

$$\boldsymbol{P}_i=\begin{bmatrix} p_{1i}\\ p_{2i}\\ \vdots\\ p_{ni}\end{bmatrix}=\begin{bmatrix} \varphi_{1i}\varphi_{i1}\\ \varphi_{2i}\varphi_{i2}\\ \vdots\\ \varphi_{ni}\varphi_{in}\end{bmatrix} \tag{4-56b}$$

式中：

φ_{ki}=模态矩阵 $\boldsymbol{\Phi}$ 的第 k 行，第 i 列元素=右特征向量 $\boldsymbol{\varphi}_i$ 的第 k 项；

φ_{ik}=模态矩阵 $\boldsymbol{\psi}$ 的第 i 行，第 k 列元素=左特征向量 $\boldsymbol{\psi}_i$ 的第 k 项。

元素 $p_{ki}=\varphi_{ki}\varphi_{ik}$ 命名为参与因子[6]。它表示第 i 个模式中第 k 个状态变量的相对参与程度，反之亦然。

由于 φ_{ki} 测量了第 i 个模式中 x_k 的活动，φ_{ik} 表示了这种活动对模式的权重，乘积 p_{ki} 测量了总参与程度。左、右特征向量元素相乘的作用也是使 p_{ki} 成为一个无量纲的量（即与单位的选择无关）。

鉴于特征向量的规格化，与任何模式 $\left(\sum\limits_{i=1}^{n}p_{ki}\right)$ 任何状态变量 $\left(\sum\limits_{i=1}^{n}p_{ki}\right)$ 相关联的参与因子之和等于 1。

从式（4−56b）可见，参与因子 p_{ki} 实际上等于特征值 λ_i 对状态矩阵 $\boldsymbol{A}$ 的对角元素 a_{kk} 的灵敏度，即

$$p_{ki}=\frac{\partial \lambda_i}{\partial a_{kk}} \tag{4-57}$$

正如本章中将看到的许多例子里，参与因子通常是对应模式的相应状态的相对参与的指示度。

4.2.4　可控性和可观察性

前述章节中在存在输入时的系统响应已在式（4－13）和式（4－14）中给出，为参考之便重复如下：

$$\Delta\dot{\boldsymbol{x}} = \boldsymbol{A}\Delta\boldsymbol{x} + \boldsymbol{B}\Delta\boldsymbol{u}$$

$$\Delta\boldsymbol{y} = \boldsymbol{C}\Delta\boldsymbol{x} + \boldsymbol{D}\Delta\boldsymbol{u}$$

借助于式（4－36）所定义的变换变量 z 来表达上式，有

$$\boldsymbol{\Phi}\dot{\boldsymbol{z}} = \boldsymbol{A}\boldsymbol{\Phi}\boldsymbol{z} + \boldsymbol{B}\Delta\boldsymbol{u}$$

状态方程用“正规形式”（解耦）也可写为

$$\dot{\boldsymbol{z}} = \boldsymbol{\Lambda}\boldsymbol{z} + \boldsymbol{B}'\Delta\boldsymbol{u} \tag{4-58}$$

$$\Delta\boldsymbol{y} = \boldsymbol{C}'\boldsymbol{z} + \boldsymbol{D}\Delta\boldsymbol{u} \tag{4-59}$$

式中，

$$\boldsymbol{B}' = \boldsymbol{\Phi}^{-1}\boldsymbol{B} \tag{4-60}$$

$$\boldsymbol{C}' = \boldsymbol{C}\boldsymbol{\Phi} \tag{4-61}$$

参见式（4－58），如果矩阵 $\boldsymbol{B}'$ 的第 i 行为零，输入对第 i 个模式不起作用。在这种情况下，认为第 i 个模式是不可控的。

从式（4－59）可见，矩阵 $\boldsymbol{C}'$ 中的第 i 列确定了变量 z_i 是否是与形成输出有关。如果这列为零，相应的模式就是不可观察的。这解释了为什么通过观察某几个被监视量的暂态响应而有时检测不到一些阻尼不足的模式。

$n\times r$ 阶矩阵 $\boldsymbol{B}'=\boldsymbol{\varphi}^{-1}\boldsymbol{B}$ 是指模式可控矩阵，$m\times n$ 阶矩阵 $\boldsymbol{C}'=\boldsymbol{C}\boldsymbol{\varphi}$ 是指模式可观察矩阵。

由 $\boldsymbol{B}'$ 和 $\boldsymbol{C}'$ 可以把模式分类为可控的和可观察的，可控的和不可观察的，不可控的和可观察的，以及不可控的和不可观察的①。

4.2.5　复频率的概念

考虑有阻尼的正弦

$$v = V_{\mathrm{m}}\mathrm{e}^{\sigma t}\cos(\omega t + \theta) \tag{4-62}$$

ω 的单位是 rad/s，θ 的单位是 rad，无量纲的奈培（Np）单位常用于 σt 以纪念发明对数的数学家约翰·奈培（1550—1617），因此 σ 的单位是奈培每秒（Np/s）。

对于电路中有阻尼正弦的激励和受迫函数，如式（4－62）所示，可用相量表示有阻尼正弦。这与通常用在交流电路分析中的（无阻尼）正弦相量一样，因为正弦的性质使相量能表示成有阻尼正弦成为可能。这也就是两个或多个有阻尼正弦之和或差也是一个有阻尼正弦，一个有阻尼正弦的微分或不定积分也是一个有阻尼正弦。在所有这些情况下，V_{m} 和 θ 可以变化，但 ω 和 σ 固定不变。

类似于正弦相量符号形式，在有阻尼正弦时可得

① 这是指卡尔曼的典范结构理论（canonical structure theorem），因为它是 1960 年由 R. E. KaLraan 第一次提出的。

$$v = V_{\mathrm{m}} e^{\sigma t} \cos(\omega t + \theta) = \mathrm{Re}[V_{\mathrm{m}} e^{\sigma t} e^{\mathrm{j}(\omega t + \theta)}] = \mathrm{Re}[V_{\mathrm{m}} e^{\mathrm{j}\theta} e^{(\theta + \mathrm{j}\omega)t}]$$

当 $s=\sigma+\mathrm{j}\omega$ 时，有

$$v = \mathrm{Re}(\widetilde{V} e^{st}) \tag{4-63}$$

式中，$\widetilde{V}$ 是相量（$V_{\mathrm{m}}<\theta$），对于有、无阻尼正弦显然是一样的。因此，同样可以用无阻尼正弦的方法处理有阻尼正弦，即用 s 代替 $\mathrm{j}\omega$。

由于 s 是复数，也称之为复频率，$V(s)$ 称为广义相量，所有的概念，如阻抗、导纳、戴维南和诺顿定理、迭加等均可移植至有阻尼正弦情况下。与两端口网络相关的相量电流 $I(s)$ 和电压 $V(s)$ 在 s 域内的关系式为

$$V(s) = Z(s) I(s) \tag{4-64}$$

式中，$Z(s)$ 为广义阻抗。同样，动态装置的输入和输出关系可用下式来表达：

$$\frac{V_0(s)}{V_i(s)} = G(s) \frac{b_m s^m + b_{m-1} s^{m-1} + \cdots + b_1 s + b_0}{a_n s^n + a_{n-1} s^{n-1} + \cdots + a_1 s + a_0} \tag{4-65}$$

分解形式为

$$G(s) = \frac{b_m (s - z_1)(s - z_2) \cdots (s - z_m)}{a_n (s - p_1)(s - p_2) \cdots (s - p_n)} \tag{4-66}$$

数 $z_1, z_2, \cdots, z_n$ 被称为零点，因为它们是使 $G(s)$ 为 0 时的值。数 $p_1, p_2, \cdots, p_n$ 被称为 $G(s)$ 的极点。极点和零点的值以及 a_n 和 b_m，唯一确定了系统的传递函数 $G(s)$。极点和零点在考虑动态系统的频域特性时是有用的。

4.2.6 特征特性和传递函数之间的关系

状态空间表示法关注的不仅是系统的输入输出性能，而且也是它的全部内部行为；反之，传递函数表达式仅规定输入/输出特性。因而当一个对象仅由传递函数描述时，可对状态变量任意选择。另一方面，如果已知一个系统的状态空间表达式，也唯一确定了传递函数。在这个意义上，状态空间表达式是系统的更完整描述，它对多变量、多输入和多输出系统的分析是非常合适的。

对于电力系统的小信号稳定分析，一般主要依赖于系统状态矩阵的特征值分析。然而，对于控制设计，人们感兴趣的是特定变量之间的开环传递函数。为理解这是如何与状态矩阵和特征行为相联系的，一起来考察一下变量 y 和 u 之间的传递函数。由式（4−13）和式（4−14）可以写出

$$\Delta \dot{\boldsymbol{x}} = \boldsymbol{A} \Delta \boldsymbol{x} + \boldsymbol{b} \Delta \boldsymbol{u} \tag{4-67}$$

$$\Delta \boldsymbol{y} = \boldsymbol{c} \Delta \boldsymbol{x} \tag{4-68}$$

式中，$\boldsymbol{A}$ 为状态矩阵；$\Delta \boldsymbol{x}$ 为状态向量；$\Delta \boldsymbol{u}$ 为单输入；$\Delta \boldsymbol{y}$ 为单输出；$\boldsymbol{c}$ 为行向量；$\boldsymbol{b}$ 为列向量。假设 $\boldsymbol{y}$ 不是 $\boldsymbol{u}$ 的直接函数（即 $\boldsymbol{D}=\boldsymbol{0}$）。

所需的传递函数为

$$C(s) = \frac{\Delta y(s)}{\Delta u(s)} = \boldsymbol{c} (s\boldsymbol{I} - \boldsymbol{A})^{-1} \boldsymbol{b} \tag{4-69}$$

这有一般形式

$$G(s) = K \frac{N(s)}{D(s)} \tag{4-70}$$

如果 $D(s)$ 和 $N(s)$ 可以分解，则可写出

$$G(s) = K\frac{(s-z_1)(s-z_2)\cdots(s-z_l)}{(s-p_1)(s-p_2)\cdots(s-p_n)} \tag{4-71}$$

正如前述所讨论的 s 的 n 个值，也即是 $p_1,p_2,\cdots,p_n$ 是 $G(s)$ 的极点，它们使 $D(s)$ 的分母多项式为 0。s 的 l 个值即 $z_1,z_2,\cdots,z_l$ 是 $G(s)$ 的零点。

现在，$G(s)$ 可展开为部分分数形式

$$G(s) = \frac{R_1}{s-p_1} + \frac{R_2}{s-p_2} + \cdots + \frac{R_n}{s-p_n} \tag{4-72}$$

R_i 是 $G(s)$ 在极点 p_i 处的留数（residue）。

为了让传递函数用特征值和特征向量来表示，可用式（4－36）所定义的变换变量 z 来表示状态变量 $\Delta\boldsymbol{x}$，式（4－67）和式（4－68）可用变换变量写成

$$\dot{\boldsymbol{z}} = \boldsymbol{\Phi}^{-1}\boldsymbol{A}\boldsymbol{\Phi}\boldsymbol{z} + \boldsymbol{\Phi}^{-1}\boldsymbol{b}\Delta\boldsymbol{u} = \boldsymbol{\Lambda}\boldsymbol{z} + \boldsymbol{\Phi}^{-1}\boldsymbol{b}\Delta\boldsymbol{u} \tag{4-73}$$

及

$$\Delta\boldsymbol{y} = \boldsymbol{c}\boldsymbol{\Phi}\boldsymbol{z} \tag{4-74}$$

因此

$$G(s) = \frac{\Delta y(s)}{\Delta u(s)} = \boldsymbol{c}\boldsymbol{\Phi}[s\boldsymbol{I} - \boldsymbol{\Lambda}]^{-1}\boldsymbol{\psi}\boldsymbol{b} \tag{4-75}$$

由于 $\boldsymbol{\Lambda}$ 是对角矩阵，可写出

$$G(s) = \sum_{i=1}^{n}\frac{\boldsymbol{R}_i}{s-\lambda_i} \tag{4-76}$$

式中，

$$\boldsymbol{R}_i = \boldsymbol{c}\boldsymbol{\varphi}_i\boldsymbol{\psi}_i\boldsymbol{b} \tag{4-77}$$

由此可见，$G(s)$ 的极点是由 $\boldsymbol{A}$ 的特征值所给定的。式（4－77）给出了用特征向量表示的留数。$G(s)$ 的零点由下式的解确定：

$$\sum_{i=1}^{n}\frac{R_i}{s-\lambda_i} = 0 \tag{4-78}$$

例 4.1　这个例子将讨论一个二阶线性系统。这样一个系统比较容易分析，并且有助于理解高阶系统的性能。经常借助于二阶极点或特征值中的主要集合来观察高阶系统的性能。因此，在研究复杂系统之前有必要透彻地理解二阶系统的特点。

图 E4－1 画出了熟悉的 RLC 电路，它代表一个二阶系统。下面要研究该系统的状态矩阵的特征性质和检验它的模态特性。

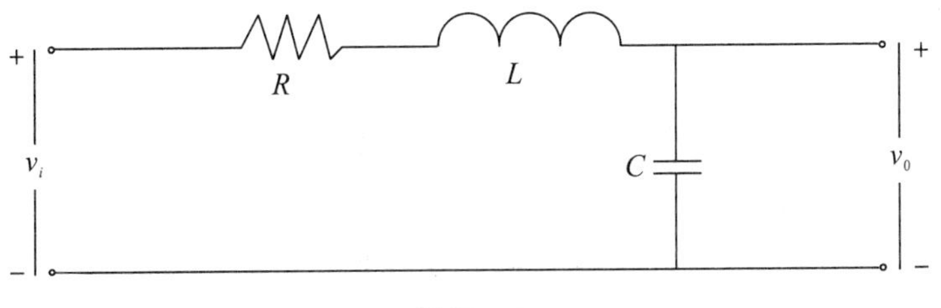

图 E4－1

解　与 v_0 相关的 v_i 的微分方程为

$$LC\frac{\mathrm{d}^2 v_0}{\mathrm{d}t^2} + RC\frac{\mathrm{d}v_0}{\mathrm{d}t} + v_0 = v_i \tag{E4-1}$$

用标准形式表示为

$$\frac{\mathrm{d}^2 v_0}{\mathrm{d}t^2} + (2\zeta\omega_n)\frac{\mathrm{d}v_0}{\mathrm{d}t} + \omega_n^2 v_0 = \omega_n^2 v_i \tag{E4-2}$$

式中，$\omega_n = 1/\sqrt{LC}$ 为无阻尼自然频率；$\zeta = (R/2)/\sqrt{L/C}$ 为二阻尼比。

为了推导状态空间表示法，定义以下的状态、输入和输出变量：

$$\begin{cases} x_1 = v_0 \\ x_2 = \dfrac{\mathrm{d}v_0}{\mathrm{d}t} \\ u = v_i \\ y = v_0 = x_1 \end{cases} \tag{E4-3}$$

用以上等式，式（E4－2）可用两个一阶等式表示为

$$\frac{\mathrm{d}x_1}{\mathrm{d}t} = x_2 \tag{E4-4}$$

$$\frac{\mathrm{d}x_2}{\mathrm{d}t} = -\omega_n^2 x_1 - (2\zeta\omega_n)x_2 + \omega_n^2 u \tag{E4-5}$$

用矩阵形式表示为

$$\begin{bmatrix} \dot{x}_1 \\ \dot{x}_2 \end{bmatrix} = \begin{bmatrix} 0 & 1 \\ -\omega_n^2 & -2\zeta\omega_n \end{bmatrix} \begin{bmatrix} x_1 \\ x_2 \end{bmatrix} + \begin{bmatrix} 0 \\ \omega_n^2 \end{bmatrix} u \tag{E4-6}$$

输出变量为

$$y = [1 \quad 0] \begin{bmatrix} x_1 \\ x_2 \end{bmatrix} + 0u \tag{E4-7}$$

它们具有标准的状态空间形式

$$\begin{cases} \dot{x} = Ax + bu \\ y = cx + du \end{cases}$$

A 的特征值由下式确定

$$\begin{vmatrix} -\lambda & 1 \\ -\omega_n^2 & -2\zeta\omega_n - \lambda \end{vmatrix} = 0$$

因而

$$\lambda^2 + 2\zeta\omega_n\lambda + \omega_n^2 = 0 \tag{E4-8}$$

求解特征值，有

$$\begin{cases} \lambda_1 = -\zeta\omega_n + \omega_n\sqrt{\zeta^2 - 1} \\ \lambda_2 = -\zeta\omega_n - \omega_n\sqrt{\zeta^2 - 1} \end{cases} \tag{E4-9}$$

右特征向量由下式确定

$$(\boldsymbol{A} - \lambda\boldsymbol{I})\boldsymbol{\varphi} = \boldsymbol{0}$$

因而

$$\begin{bmatrix} -\lambda_i & 1 \\ -\omega_n^2 & -2\zeta\omega_n - \lambda_i \end{bmatrix} \begin{bmatrix} \varphi_{1i} \\ \varphi_{2i} \end{bmatrix} = \begin{bmatrix} 0 \\ 0 \end{bmatrix}$$

这可重写为

$$\begin{cases}-\lambda_i\varphi_{1i}+\varphi_{2i}=0\\-\omega_n^2\varphi_{1i}-(2\zeta\omega_n+\lambda_i)\varphi_{2i}=0\end{cases} \tag{E4－10}$$

对于 n 阶系统，等式 $(\boldsymbol{A}-\lambda\boldsymbol{I})\boldsymbol{\varphi}=\boldsymbol{0}$ 仅给出了 $n-1$ 个独立方程，但特征向量有 n 个分量。可以任意固定特征向量的一个分量，然后可从 $n-1$ 个独立方程中求解其他分量。然而要注意如果特征值不同，特征向量本身是线性无关的。对于二阶系统，可以固定 $\varphi_{1i}=1$，即在式（E4－10）中的两个关系式中的一个对每个特征值确定 φ_{2i}。

对应 λ_1 的特征向量为

$$\boldsymbol{\varphi}_1=\begin{bmatrix}\varphi_{11}\\\varphi_{21}\end{bmatrix}=\begin{bmatrix}1\\\lambda_1\end{bmatrix}=\begin{bmatrix}1\\-\zeta\omega_n+\omega_n\sqrt{\zeta^2-1}\end{bmatrix} \tag{E4－11}$$

对应 λ_2 的特征向量为

$$\boldsymbol{\varphi}_2=\begin{bmatrix}\varphi_{12}\\\varphi_{22}\end{bmatrix}=\begin{bmatrix}1\\\lambda_2\end{bmatrix}=\begin{bmatrix}1\\-\zeta\omega_n-\omega_n\sqrt{\zeta^2-1}\end{bmatrix} \tag{E4－12}$$

系统响应的性质几乎完全取决于阻尼比率 ζ，ω_n 的值具有影响时间的效果。

如果 $\zeta>1$，两个特征值为实数并为负；如果 $\zeta=1$，两个特征根都等于 $-\omega_n$；如果 $\zeta<1$，特征值为共轭复数，即为

$$\lambda=-\zeta\omega_n\pm \mathrm{j}\omega_n\sqrt{1-\zeta^2}=\sigma\pm \mathrm{j}\omega \tag{E4－13}$$

在复平面上特征值对于 ζ 和 ω_n 的位置如图 E4－2 所示。下面首先检验二阶系统的奇异性，并讨论接近奇异点时状态轨迹的形状。然后详细讨论特征根为实数而且为负，λ_2 幅值大于 λ_1 以及 λ_1 和 λ_2 并不是差别很大的情况。

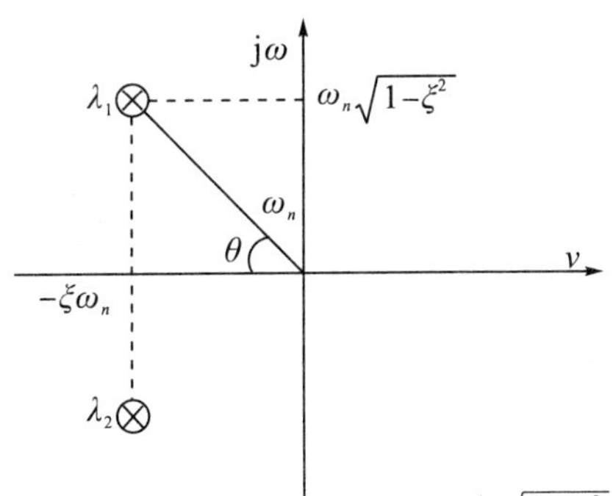

图 E4－2　阻尼解 $\theta=\arccos\zeta=\arctan\left(\sqrt{\dfrac{1-\zeta^2}{\zeta}}\right)$

正规形式的状态方程为

$$\dot{z}_1=\lambda_1 z_1 \tag{E4－14}$$

$$\dot{z}_2=\lambda_2 z_2 \tag{E4－15}$$

因此

$$\frac{\dot{z}_2}{\dot{z}_1}=\frac{\mathrm{d}z_2}{\mathrm{d}z_1}=\frac{\lambda_2 z_2}{\lambda_1 z_1} \tag{E4－16}$$

通过积分

$$z_2=cz_1^{\lambda_2/\lambda_1} \tag{E4－17}$$

式中，c 为取决于初始条件的任意常数。在 z_1-z_2 平面上的上述式子的曲线一般是抛物线形的，其精确的形状是由 λ_2/λ_1 和常数 c 决定的。曲线的斜率为

$$\frac{\mathrm{d}z_2}{\mathrm{d}z_1} = c\,\frac{\lambda_2}{\lambda_1} z_1^{\lambda_2/\lambda_1-1} \tag{E4-18}$$

在接近原点，$z_1 \to 0$ 时，$\mathrm{d}z_2/\mathrm{d}z_1 \to 0$，这是因为 $\lambda_2/\lambda_1>1$。

相平面上用“正规”坐标表示的典型轨迹如图 E4−3 所示，曲线是 z_1 和 z_2 对应值所确定的点的轨迹。当独立变量 t 增加时，与 z_1 和 z_2 瞬时值相关的点按箭头方向沿着曲线移动。初始条件确定了 c 的值以及存在一个特殊解的象限。由于根为负值，因此当 t 增加时，z_1 和 z_2 同时减小，并且最终达到零值。这种奇异性被称为稳定点。

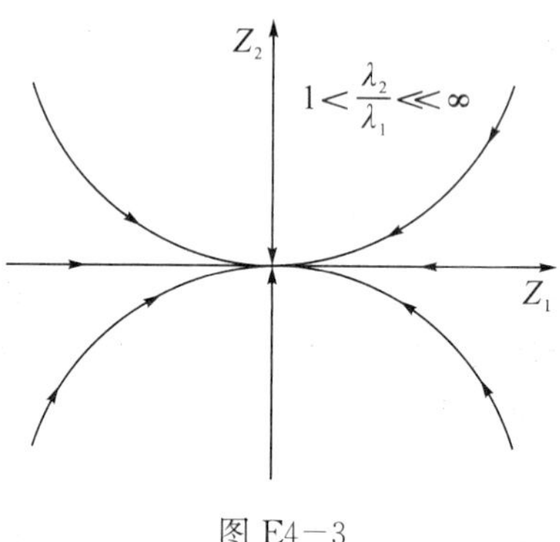

图 E4−3

如果初始条件是 z_1 和 z_2 中的一个为零，这个变量保持零值，而解的曲线是在 z_2 或 z_1 轴上。这个轴代表了对应于特殊初始条件下的解的曲线的特殊情况。

x_1-x_2 平面上的相应图形如图 E4−4 所示。对应 z_1 和 z_2 的线在这个平面上是扭曲的，以与变换 $x=\varphi z$ 一致。

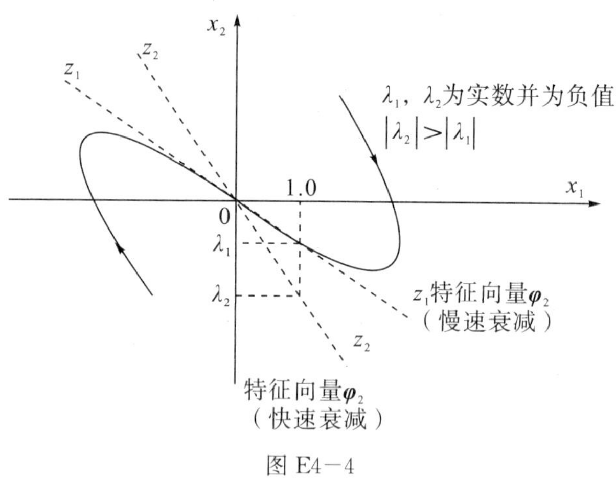

图 E4−4

如果输入 V_i 为零，并且初始条件是（x_1，x_2）处于一个特征向量上，则状态向量将保持同样的方向，但幅值将乘以因子 $\mathrm{e}^{\lambda_1 t}$ 或 $\mathrm{e}^{\lambda_2 t}$。

如果代表初始条件的向量不是一个特征向量，它则可能由两个特征向量的线性组合来表示电路的响应是两个响应之和。当时间增大时，特征向量 $\boldsymbol{\varphi}_2$ 方向上的分量将显著减小，因为 $\mathrm{e}^{\lambda_2 t}$ 比 $\mathrm{e}^{\lambda_1 t}$ 衰减得快。因此轨迹总是沿 $\boldsymbol{\varphi}_1$ 方向趋近原点，除非这个特征向量的分量初始就为零。如果特征向量不是实数，特征向量的简单物理解释就是不可能的。

4.3　小干扰稳定分析的状态空间法

4.3.1　经典模型表示的单机系统（Heffron－Philips 模型）

在图 4－2 所示的单机无穷大系统中，如果略去同步电机的定子电阻、定子电流的直流分量（即认为$\frac{d}{dt}\psi_d=\frac{d}{dt}\psi_q=0$），以及阻尼绕组的作用，并且认为在小扰动过程中，发电机的转速变化很小，可以略去，则派克方程将具有下述形式

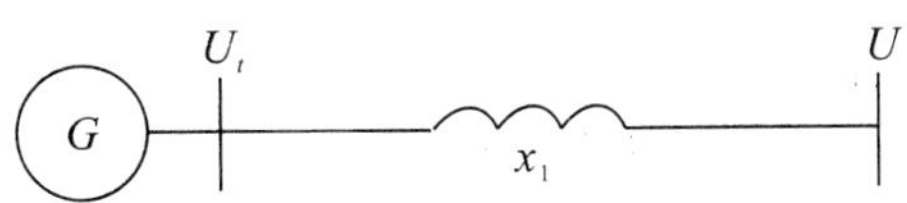

图 4－2　单机无穷大系统

$$u_{td}=-\psi_q=X_q i_q \tag{4-79}$$

$$u_{tq}=E_q-X_d i_d \tag{4-80}$$

$$E'_q=E_q-(X_d-X'_d)i_d \tag{4-81}$$

$$\frac{dE'_q}{dt}=\frac{1}{T'_{d0}}(E_{fd}-E_q) \tag{4-82}$$

另外，电抗 x_q 后的假想电动势 E_Q 为

$$E_Q=u_{tq}+X_q i_d=E'_q+(X_q-X'_d)i_d \tag{4-83}$$

发电机的电磁转矩为

$$M_e=u_{td}i_d+u_{tq}i_q=i_q(E_Q-X_q i_d)+i_d(X_q i_q)=i_q E_Q \tag{4-84}$$

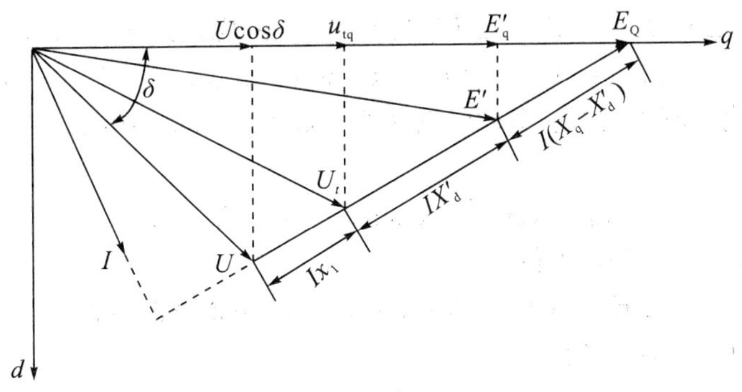

图 4－3　发电机相量图

由图 4－3 可见，如将外电抗 x_1 看作是发电机漏抗的一部分，则可得

$$U\cos\delta=E'_q-i_d(X'_d+x_1) \tag{4-85}$$

$$U\sin\delta=i_q(X_q+x_1) \tag{4-86}$$

由式（4－85）、式（4－86）可解得

$$i_d=(E'_q-U\cos\delta)/(X'_d+x_1) \tag{4-87}$$

$$i_q=U\sin\delta/(X_q+x_1) \tag{4-88}$$

这样，发电机的基本方程式集中在一起为

$$u_{td}=X_q i_q \tag{4-89}$$

$$u_{tq}=E_Q-X_q i_d=E'_q-X'_d i_d$$

$$E'_q=E_Q-(X_q-X'_d)i_d$$

$$\frac{dE'_q}{dt}=\frac{1}{T'_{d0}}(E_{fd}-E_q)$$

$$M_e=i_q E_Q$$

$$\frac{d\Delta\omega}{dt}=\frac{1}{T_J}(M_m-M_e)$$

$$\frac{d\delta}{dt}=\omega_0\Delta\omega$$

另外还有下述辅助方程：

$$U_t^2=u_{td}^2+u_{tq}^2 \tag{4-90}$$

$$i_d=(E'_q-U\cos\delta)/(X'_d+x_1) \tag{4-91}$$

$$i_q=U\sin\delta/(X_q+x_1) \tag{4-92}$$

$$E_Q=u_{tq}+X_q i_d=E'_q+(X_q-X'_d)i_d \tag{4-93}$$

在上面的方程式中，M_m，M_e，ω 以标幺值表示，t 以秒表示，T_J 以秒表示，δ 以弧度表示。如果发电机正常运转时遭到干扰，各状态量均产生偏差，现在来求 ΔM_e，$\Delta E'_q$，ΔU_t 三个量的偏差方程式。

(1) 首先求 ΔM_e。

将 $M_e=M_{e0}+\Delta M_e$，$i_q=i_{q0}+\Delta i_q$ 及 $E_Q=E_{Q0}+\Delta E_Q$ 代入式（4−84），并略去高次项，可得

$$\Delta M_e=i_{q0}\Delta E_Q+E_{Q0}+\Delta i_q \tag{4-94}$$

由式（4−93）可得

$$\Delta E_Q=\Delta E'_q+(X_q-X'_d)\Delta i_d \tag{4-95}$$

将 $i_d=i_{d0}+\Delta i_d, E'_q=E'_{q0}+\Delta E'_q$ 及 $\delta=\delta_0+\Delta\delta$ 代入式（4−87），可得

$$i_{d0}+\Delta i_d=[E'_{q0}+\Delta E'_q-U\cos(\delta_0+\Delta\delta)]/(X'_d+x_1) \tag{4-96}$$

因为是小干扰，所以 $\Delta\delta$ 很小，可以认为 $\cos\Delta\delta=1.0$，$\sin\Delta\delta=\Delta\delta$，代入式（4−96），可得

$$\Delta i_d=(\Delta E'_q+U\sin\delta_0\Delta\delta)/(X'_d+x_1) \tag{4-97}$$

以 Δi_d 代入式（4−95），可得

$$\Delta E_Q=\Delta E'_q+(X_q-X'_d)(\Delta E'_q+U\sin\delta_0\Delta\delta)/(X'_d+x_1) \tag{4-98}$$

同样，由式（4−88）可得

$$\Delta i_q=\frac{U\cos\delta_0}{X_q+x_1}\Delta\delta \tag{4-99}$$

将式（4−88）、式（4−93）代入式（4−94），可得

$$\Delta M_e=\frac{X_q+x_1}{X_d+x_1}i_{q0}\Delta E'_q+\left(\frac{X_q-X'_d}{X_d+x_1}i_{q0}U\sin\delta_0+\frac{U\cos\delta_0}{X_q+x_1}E_{Q0}\right)\Delta\delta \tag{4-100}$$

式（4−100）亦可写成

$$\Delta M_e=K_1\Delta\delta+K_2\Delta E'_q \tag{4-101}$$

式中，

$$K_1 = \frac{X_q - X'_d}{X_d + x_1} i_{q0} U \sin \delta_0 + \frac{U\cos \delta_0}{X_q + x_1} E_{Q0} \tag{4-102}$$

$$K_2 = \frac{X_q + x_1}{X_d + x_1} i_{q0} \tag{4-103}$$

（2）下面求 $\Delta E'_q$。

由式（4−81）可得

$$\Delta E'_q = \Delta E_q - (X_d - X'_d) \Delta i_d \tag{4-104}$$

将式（4−97）表示的 Δi_d 代入可得

$$\Delta E'_q = \Delta E_q - \frac{X_d - X'_d}{X_d + x_1}(\Delta E'_q + U\sin \delta_0 \Delta \delta) \tag{4-105}$$

由式（4−82）可得

$$\Delta E_q = \Delta E_{fd} - T'_{d0} s \Delta E'_q \tag{4-106}$$

式中，$s = \frac{d}{dt}$。

代入式（4−105），消去 ΔE_q，可得

$$\Delta E'_q = \Delta E_{fd} - T'_{d0} s \Delta E'_q - \frac{X_d - X'_d}{X_d + x_1}(\Delta E'_q + U\sin \delta_0 \Delta \delta) \tag{4-107}$$

设

$$K_3 = \frac{X'_d + x_1}{X_d + x_1} \tag{4-108}$$

$$K_4 = \frac{X_d - X'_d}{X_d + x_1} U\sin\delta_0 \tag{4-109}$$

则

$$\Delta E'_q = \frac{K_3}{1 + T'_{d0} K_3 s} \Delta E_{fd} - \frac{K_3 K_4}{1 + T'_{d0} K_3 s} \Delta \delta \tag{4-110}$$

（3）最后求 ΔU_t。

由式（4−90）可得

$$(U_{t0} + \Delta U_t)^2 = (u_{td0} + \Delta u_{td})^2 + (u_{tq0} + \Delta u_{tq})^2 \tag{4-111}$$

略去偏差的高次项，得

$$\Delta U_t = \frac{u_{td0}}{U_{t0}} \Delta u_{td} + \frac{u_{tq0}}{U_{t0}} \Delta u_{tq} \tag{4-112}$$

由式（4−79）可得

$$\Delta u_{td} = X_q \Delta i_q \tag{4-113}$$

由式（4−80）可得

$$\Delta u_{tq} = \Delta E'_q - X_d \Delta i_d \tag{4-114}$$

将 Δi_d，Δi_q 分别代入式（4−113）、式（4−114），可得

$$\Delta u_{td} = X_q U\cos\delta_0 \Delta \delta / (X_q + x_1) \tag{4-115}$$

$$\Delta u_{tq} = \frac{x_1}{X'_d + x_1} \Delta E'_q - \frac{X'_{dd}}{X'_{dd} + x_1} U\sin \delta_1 \Delta \delta \tag{4-116}$$

将 Δu_{td}，Δu_{tq} 代入式（4−112），则

$$\Delta U_t = \left(\frac{u_{td0}}{U_{t0}}\frac{X_q}{X_q + x_1}U\cos\delta_0 - \frac{u_{tq0}}{U_{t0}}\frac{X'_d}{X'_d + x_1}U\sin\delta_0\right)\Delta\delta + \frac{u_{tq0}}{U_{t0}}\frac{x_1}{X'_d + x_1}\Delta E'_q$$
$$= K_5\Delta\delta + K_6\Delta E'_q \tag{4-117}$$

$$K_5 = \frac{u_{td0}}{U_{t0}}\frac{X_q}{X_q + x_1}U\cos\delta_0 - \frac{u_{tq0}}{U_{t0}}\frac{X'_d}{X'_d + x_1}U\sin\delta_0 \tag{4-118}$$

$$K_6 = \frac{u_{tq0}}{U_{t0}}\frac{x_1}{X'_d + x_1} \tag{4-119}$$

将式（4—89）也写成 δ 的偏差方程，即

$$\Delta\delta = \frac{\omega_0}{T_J s^2}(\Delta M_m - \Delta M_e) \tag{4-120}$$

式中，ΔM_m 为原动机驱动转矩的偏差量。

将 ΔM_e，$\Delta E'_q$，ΔU_t，$\Delta\delta$ 等偏差方程集中在一起，则有

$$\begin{cases} \Delta M_e = K_1\Delta\delta + K_2\Delta E'_q \\ \Delta E'_q = \dfrac{K_3}{1 + T'_{d0}K_3 s}\Delta E_{td} - \dfrac{K_3 K_4}{1 + T'_{d0}K_3 s}\Delta\delta \\ \Delta U_t = K_5\Delta\delta + K_6\Delta E'_q \\ \Delta\delta = \dfrac{\omega_0}{T_J s^2}(\Delta M_m - \Delta M_e) \end{cases} \tag{4-121}$$

上述四式组成了如图 4－4 所示的同步电机数学模型，这是由 W. G. Heffron 及 R. A. Philips 于 1952 年研究得出的。

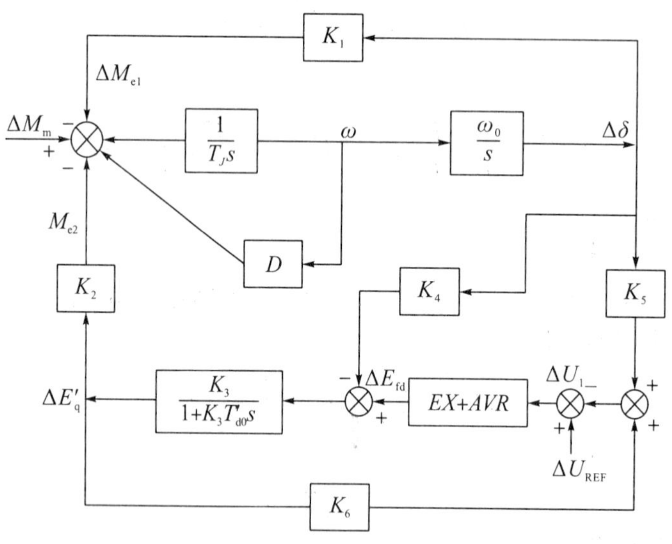

图 4—4　同步电机数学模型

由以上可见，ΔM_e，ΔU_t，$\Delta E'_q$ 中的每一个量都由两个分量组成，其中 ΔM_e 的一个分量与 $\Delta\delta$ 成正比，其比例系数为 K_1。按定义有

$$K_1 = \left.\frac{\Delta M_e}{\Delta\delta}\right|_{E'_q = C} \tag{4-122}$$

K_1 相当于同步转矩，反映同步电机的自同步能力。ΔM_e 的另一个分量与 $\Delta E'_q$，即与

转子绕组磁链成正比，其比例系数为 K_2，定义为

$$K_2 = \left.\frac{\Delta M_e}{\Delta E'_q}\right|_{\delta=C} \tag{4-123}$$

$\Delta E'_q$的一个分量与励磁电压偏差 $\Delta E'_q$成正比，但是当励磁电压变化时，它引起转子的磁链变化要经过一个惯性环节，其时间常数为

$$T'_d = K_3 T'_{d0} = \frac{X'_d + x_1}{X_d + x_1} T'_{d0} \tag{4-124}$$

T'_d是发电机在该运行状态下的励磁绕组时间常数，所以 $\Delta E'_q$的这一分量实际上反映了与励磁电流成正比的部分。$\Delta E'_q$的另一个分量与 $\Delta\delta$ 成正比，其比例系数为 K_4，它实际上反映了定子电流的去磁效应。因 $\Delta E'_q$与 φ_{fd}成正比，而 $\varphi_{fd}=I_{fd}X_{fd}-X_{ad}i_d$，当励磁电流不变时，如果定子负荷电流 i_d 增大，达到稳态时，φ_{fd}及 E'_q要减小；但在暂态过程初始，φ_{fd}保持不变，要经过一个时间常数为 T'_d的惯性，Δi_d 的去磁效应才显示出来，这就是第二个分量也包含一个惯性的原因。这一分量前面有个负号，表示它的作用是减小 E'_q，即去磁作用，不过当调节器放大倍数较大时，这种去磁作用就被削弱了。

ΔU_t 也是由两个分量组成的，一个分量与 $\Delta E'_q$成正比，其比例系数为 K_6，与 $\Delta\delta$ 无关；另一个分量与 $\Delta\delta$ 成正比，这在下面还要详细讨论。

另外，对于原动机转矩与电磁转矩差额（$\Delta M_m-\Delta M_e$）的一次积分就是转速 $\Delta\omega$，而对 $\Delta\omega$ 的一次积分就是功角 $\Delta\delta$，这也表示在图 4－4 上。

4.3.2　多机系统的小干扰稳定性

本节仅简要介绍多机系统的小干扰稳定性的分析步骤，详细公式推导可参考第 5 章的内容。

4.3.2.1　多机系统的线性化模型

多机系统的线性化模型的推导与单机无穷大系统类似，但发电机定子电压方程和网络节点导纳阵方程联立求解机端电压、电流时，应先将各发电机方程由各自的 d_iq_i 坐标（i 为发电机号）转化为公共的 xy 同步坐标，在同步坐标下求取用各发电机状态量 E'_q和 δ 表示机端电压和电流的表达式，再返回各机的 d_iq_i 坐标。

在多机系统小干扰分析中，发电机一般采用三阶实用模型（即三阶模型）；励磁系统采用三阶模型（如图 4－5（a）所示），即电压调节器一阶、励磁机一阶、励磁电压负反馈一阶，其中 ΔU_{PSS}为励磁附加控制信号。原动机、调速系统传递函数如图 4－5（b）所示。对于汽轮机，图中 $K_\beta=0$，$K_i=1$，$T_W=0$，$T_0=T_{CH}$；而对于水轮机，则 $T_0=0.5T_W$，$T_{RH}=0$。框图中 $K_{mH}=S_R/S_B$ 为标幺基值转换系数，其中 S_R 为机组额定容量，S_B 为系统容量基值。系统中设网络为线性，负荷为计及电压特性的静态负荷。另外，系统模型中还考虑了电力系统稳定器，即 PSS（power system stabilizer）的作用，相应传递函数框图如图 4－5（c）所示，图中 PSS 以发电机转速 $\Delta\omega$ 或电磁功率 ΔP_e为输入信号，PSS 输出 ΔU_{PSS}作为励磁系统的附加控制信号。

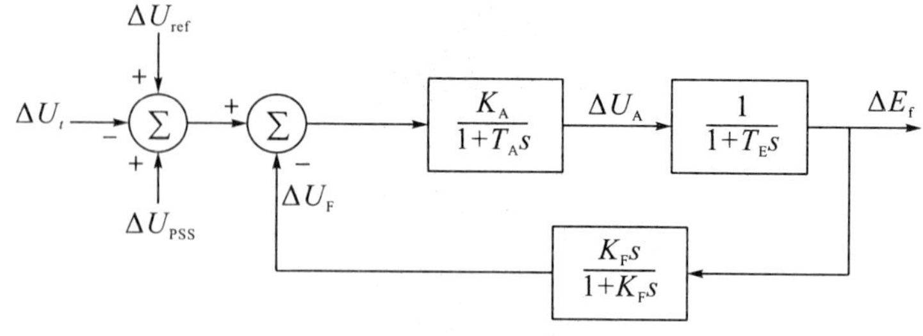

（a）励磁系统框图

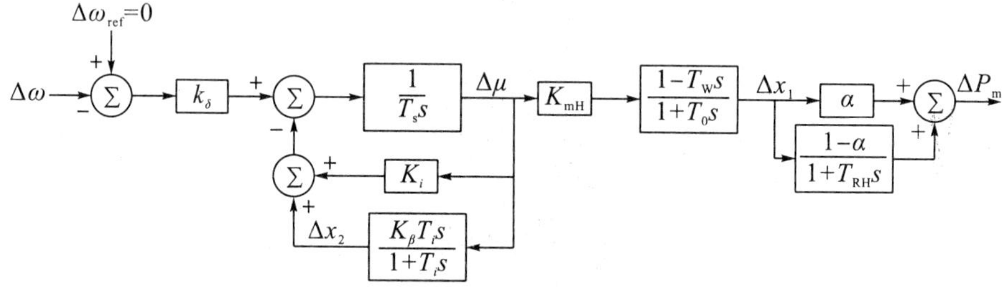

（b）原动机和调速器框图

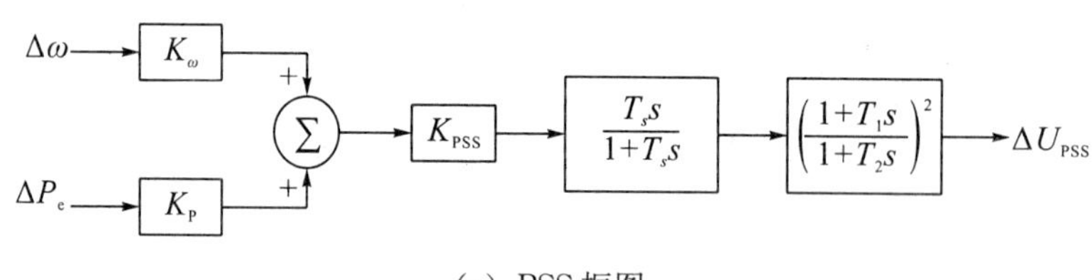

（c）PSS 框图

图 4－5　励磁系统、原动机和调速器及 PSS 传递函数框图

全系统模型导出步骤如下：

（1）列出各元件的方程，发电机采用 dq 坐标，网络采用 xy 同步坐标，形成网络节点导纳阵。

（2）将发电机定子电压方程经 $dq-xy$ 坐标变换，转化为 xy 同步坐标，并线性化。

（3）负荷模型线性化，其作用并入线性化的节点导纳阵方程，从而负荷节点化为联络节点，然后消去网络中全部联络节点，得到只含发电机端节点的网络增量方程，相应节点导纳阵为 $\boldsymbol{Y}'$。

（4）将（2）（3）所得同步坐标下的方程联立，求解 xy 坐标下的各发电机端电压和电流增量表达式，其为各机 $\Delta E'_q$ 和 $\Delta\delta$ 的函数，然后再将端电压和电流增量表达式从 xy 同步坐标返回各机的 dq 坐标。

（5）将励磁系统、原动机调速器、PSS 的模型及转子运动方程、发电机励磁绕组方程线性化，其中代数变量 ΔP_e，ΔE_q，ΔU_t 利用（4）的结果，表示为各机状态量 $\Delta E'_q$ 和 $\Delta\delta$ 的函数。

（6）根据（5）的结果可画出全系统传递函数框图，并可整理得标准的线性化系统状态方程 $\dot{\boldsymbol{X}}=\boldsymbol{AX}$，$\boldsymbol{X}$ 为全系统的状态变量矢量。

4.3.2.2　多机系统动态稳定分析的步骤

根据前面所述特征分析法的基本概念，可用特征分析法对系统作动态稳定分析，相应步骤如下：

（1）进行运行点的潮流计算及各状态量的初值计算。

（2）建立系统的标准的状态方程 $\dot{\boldsymbol{X}}=\boldsymbol{A}\boldsymbol{X}$。

（3）对于系数矩阵 $\boldsymbol{A}$，计算其全部特征根及相应的左、右特征向量。由于电力系统中 $\boldsymbol{A}$ 为不对称实矩阵，故求特征根和特征向量比较好的方法是 QR 法。

（4）根据实际问题的需要，可选择计算某些特征根的相关因子、相关比和特征根的灵敏度。

（5）根据上述计算结果可判断及分析系统的动态稳定性及小扰动过渡过程的特点。

当需要计算系统在考虑调节器动态时的静稳极限和静稳储备时，可以与忽略调节器动态的静稳极限和静稳裕度计算相似，先拟定出从正常工况出发，按一定规律逐步恶化运行条件而过渡到稳定极限的过渡方案，对于各过渡工况，在潮流计算的基础上，计算系统状态方程中的系数矩阵 $\boldsymbol{A}$，然后作特征根分析及稳定判别，直到系统由稳定变为不稳定（至少有一个特征根实部由负变为正），相应的临界工况即为与上述过渡方案对应的稳定极限。然后，可据之计算稳定裕度。

4.4　小干扰稳定分析的复转矩系数法

4.4.1　阻尼转矩及同步转矩中的系数

下面在最简单的情况下，列出偏差量的基本方程、框图及 $K_1 \sim K_6$ 的表达式。一般情况下发电机带有地方负荷（见图 4－6），发电机等效外阻抗 z_1 相当于 X_E 与 R_E 的并联。

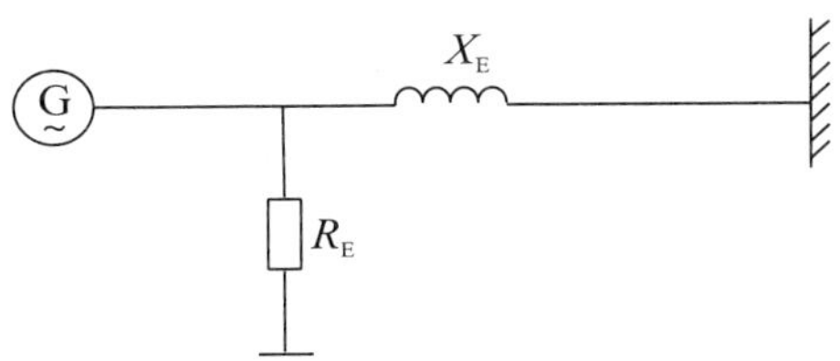

图 4－6　发电机带有地方负荷的系统

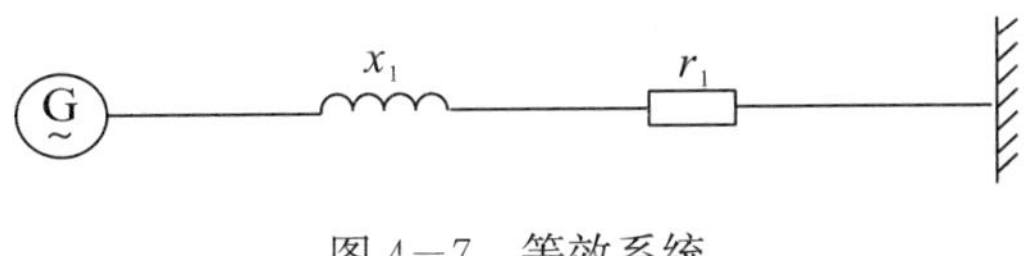

图 4－7　等效系统

$$Z_1=\frac{\mathrm{j}R_E X_E}{R_E+\mathrm{j}X_E}=\frac{R_E X_E^2+\mathrm{j}R_E^2 X_E}{R_E^2+X_E^2}=r_1+\mathrm{j}x_1 \tag{4-125}$$

$$r_1=\frac{R_E X_E^2}{R_E^2+X_E^2} \tag{4-126}$$

$$x_1 = \frac{R_E^2 X_E}{R_E^2 + X_E^2} \tag{4-127}$$

这样，图 4－6 可以变成图 4－7 所示的等效系统，r_1 及 x_1 可以当作发电机的定子电阻及漏抗来处理。与前面不同的是，现在需计入定子电阻。这时可得同样的偏差方程式，只是系数 $K_2 \sim K_3$ 与前述不同，推导结果如下：

$$K_1 = \frac{E_{Q0}U}{A}[r_1 \sin\delta_0 + (x_1 + X_d')\cos\delta_0] + \frac{i_{q0}U}{A}[(X_q - X_d')(x_1 + X_q)\sin\delta_0 - r_1(X_q - X_d')\cos\delta_0]$$

$$K_2 = \frac{r_1 E_{Q0}}{A} + i_{q0}\left[1 + \frac{(x_1 + X_q)(X_q - X_d')}{A}\right]$$

$$K_3 = \left[1 + \frac{(x_1 + X_q)(X_d - X_d')}{A}\right]^{-1}$$

$$K_4 = \frac{U(X_d - X_d')}{A}[(x_1 + X_q)\sin\delta_0 - r_1\cos\delta_0]$$

$$K_5 = \frac{u_{td0}}{U_{t0}} X_q \frac{r_1 U\sin\delta_0 + (x_1 + X_d')U\cos\delta_0}{A} + \frac{u_{tq0}}{U_{t0}} X_d' \frac{r_1 U\cos\delta_0 - (x_1 + X_q)U\sin\delta_0}{A}$$

$$K_6 = \frac{u_{tq0}}{U_{t0}}\left[1 - \frac{X_d'(x_1 + X_q)}{A}\right] + \frac{u_{td0}}{U_{t0}} X_q \frac{r_1}{A}$$

$$A = r_1^2 + (x_1 + X_d')(X_q + x_1)$$

$K_1 \sim K_6$ 为一定条件下两个偏差量之比，即

$$K_1 = \left.\frac{\Delta M_e}{\Delta\delta}\right|_{E_q'=C}$$

$$K_2 = \left.\frac{\Delta M_e}{\Delta E_q'}\right|_{\delta=C}$$

$$K_3 = \left.\frac{X_d' + x_1}{X_d + x_1}\right|_{r_1=0}$$

$$K_4 = \left.\frac{1}{K_3}\frac{\Delta E_q'}{\Delta\delta}\right|_{E_{fd}=C}$$

$$K_5 = \left.\frac{\Delta U_t}{\Delta\delta}\right|_{E_q'=C}$$

$$K_6 = \left.\frac{\Delta U_t}{\Delta E_q'}\right|_{\delta=C}$$

除了 K_3 外，其他各系数均随运行点的改变而改变，按远距离送电及带地方负荷两种情况，分别给出 K_1，K_2，$K_4 \sim K_6$ 随有功功率及无功功率的变化曲线，如图 4－8、图 4－9所示。

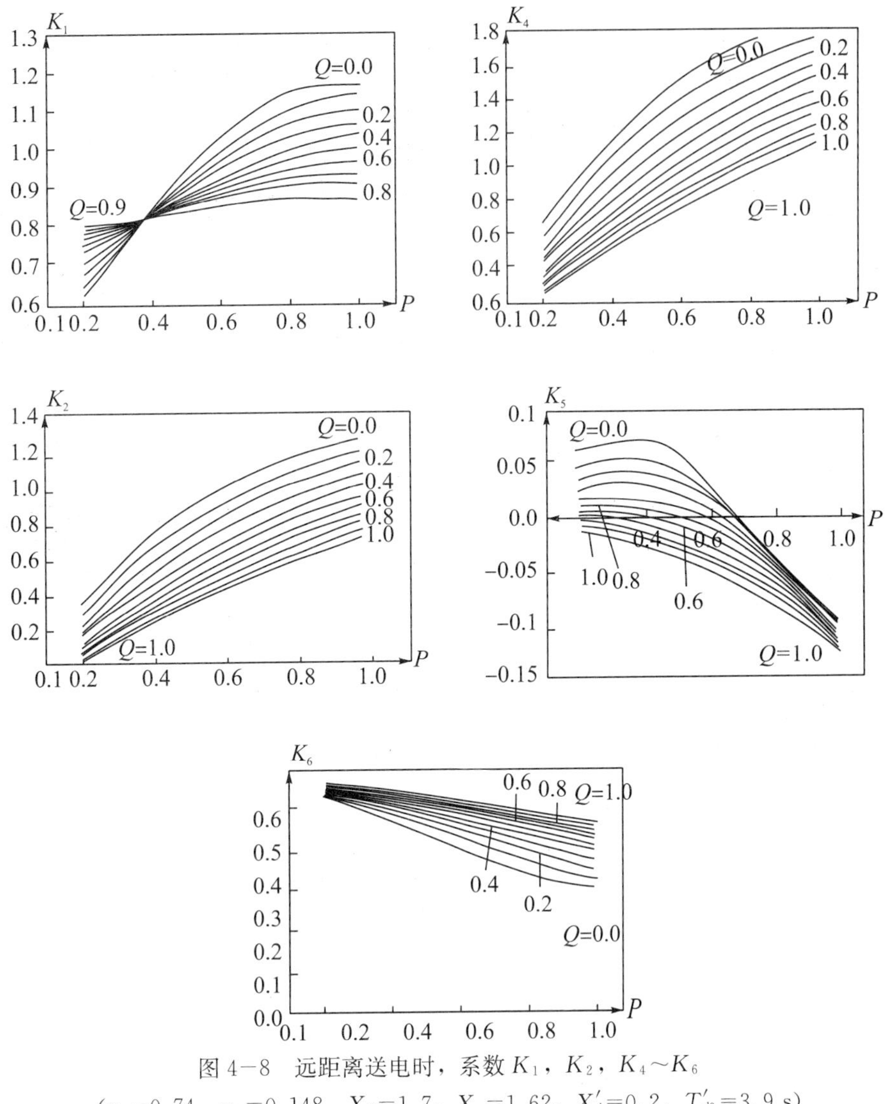

图 4-8　远距离送电时，系数 K_1，K_2，$K_4 \sim K_6$

($r_1=0.74$，$x_1=0.148$，$X_d=1.7$，$X_q=1.62$，$X'_d=0.2$，$T'_{d0}=3.9$ s)

由图 4-9 可见，当有地方负荷时，K_5 总是大于零，但 K_1 及 K_4 可能为负值；在远距离送电情况下，当负荷加重，即 δ 增大时，K_5 可由正变为负值，K_5 变成负值的原因可作如下解释。

若以功角为横坐标，在远距离送电情况下，K_1，K_2，K_4，K_5 随 δ 的变化曲线如图 4-10所示。图 4-10 中还表示了 K_1 及 K_5 中两个分量与功角的关系。$K_{1(1)}$ 及 $K_{5(1)}$ 相当于 K_1 与 K_5 表达式中与 $\cos\delta_0$ 成正比的那一项，$K_{1(2)}$ 及 $K_{5(2)}$ 相当于与 $\sin\delta_0$ 成正比的那一项。

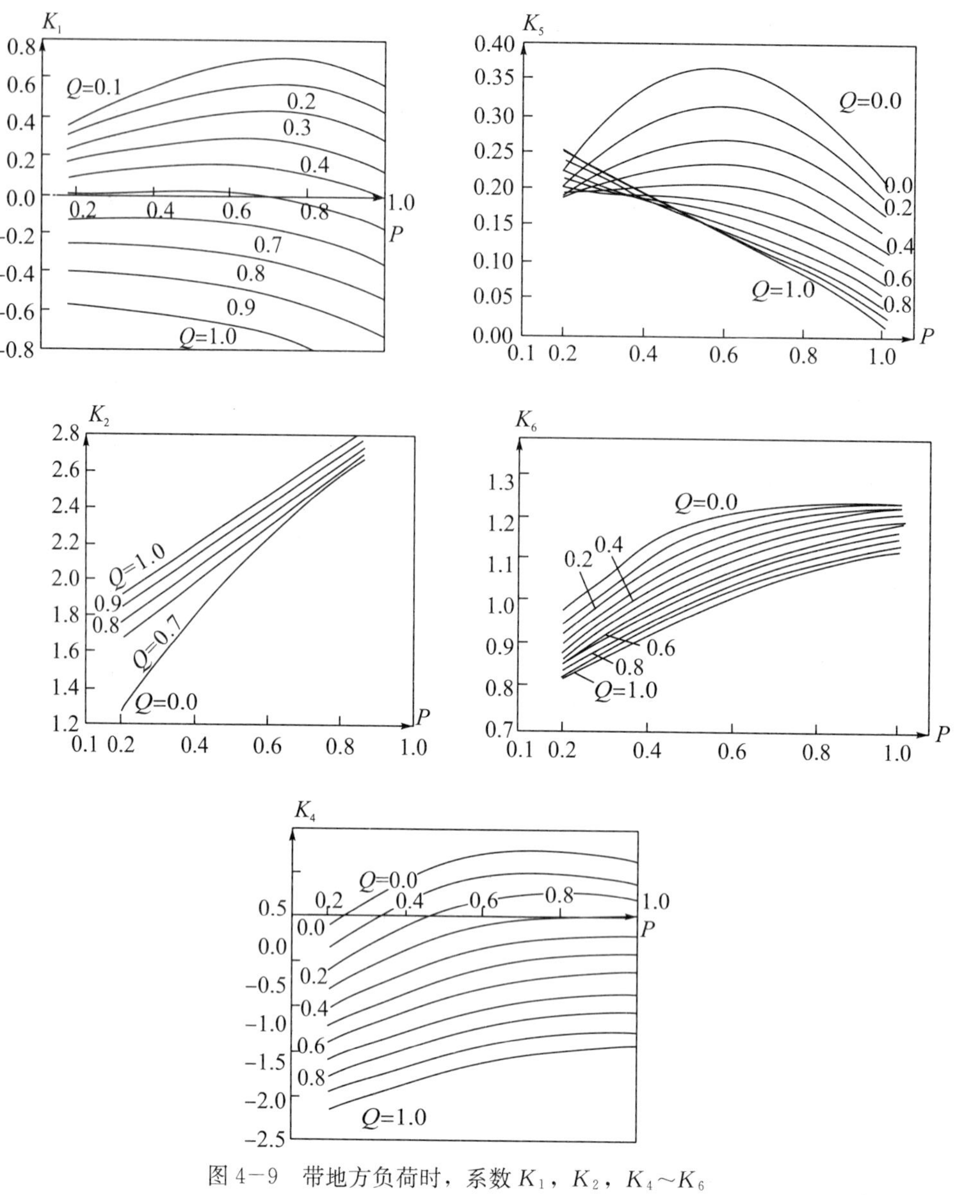

图 4−9　带地方负荷时，系数 K_1，K_2，$K_4 \sim K_6$

（$r_1=0$，$x_1=0.4$，$X_d=1.6$，$X_q=1.55$，$X'_d=0.32$，$T'_{d0}=6$ s）

由式（4−112）可知，当考虑微小偏差时，电压偏差可以表示为

$$\Delta U_t = \frac{u_{td0}}{U_{t0}} \Delta u_{td} + \frac{u_{tq0}}{U_{t0}} \Delta u_{tq} \tag{4-128}$$

也就是与 d 轴上电压分量及 q 轴上电压分量之和成比例，如图 4−11 所示。如果仅考虑 $\Delta\delta_0$ 增大对 ΔU_t 的影响，则当 δ 增大时，U_t 在 q 轴上的分量是减小的，即 Δu_{tq}为负；其在 d 轴上的分量是增大的，即 Δu_{td}为正。可以证明，Δu_{td}与 $-\sin \delta_0 \Delta\delta$ 成正比，相当于 K_5 表达式中第二项 $K_{5(2)}$，而 Δu_{td}与 $\cos \delta_0 \Delta\delta$ 成正比，相当于 K_5 表达式中第一项 $K_{5(1)}$。所以当 δ_0 较大时，Δu_{tq}的减小量比 Δu_{td}的增大量要大（由图 4−11 可看出，这在 δ_0 较大时会出现），则 K_5 就会变为负值。

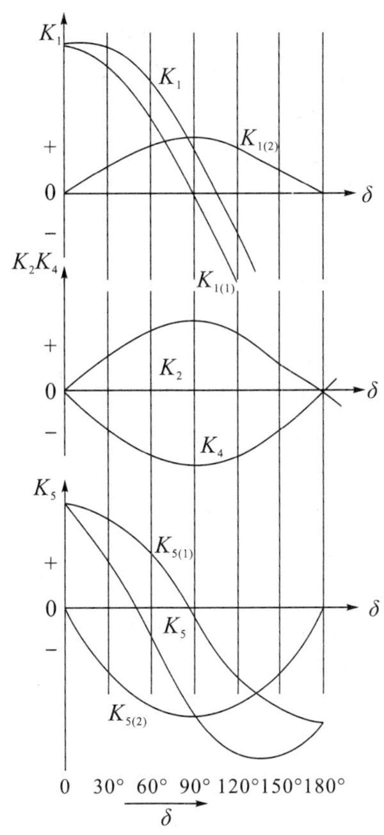

图 4−10　K_1，K_2，K_4，K_5 随 δ 的变化曲线

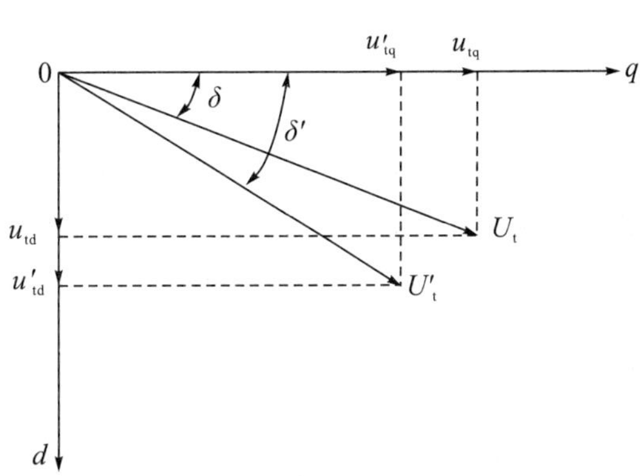

图 4−11　发电机电压相量图

4.4.2　阻尼转矩与同步转矩（快速励磁系统）

用阻尼转矩及同步转矩分析同步电机受到小干扰后的动态过程，又称稳态小值振荡分析，是一种很有效、概念非常清楚的方法，在许多文献中都加以采用。下面将揭示这种方法的理论依据。在分析阻尼转矩及同步转矩之前，需要得到转矩的表达式，它是一个含有 s 的高次方程式，严格地说，s 是特征方程的根，而特征根的个数与 s 的阶数相等。在分析阻尼转矩及同步转矩时，都是将 $s=j\omega_d$ 代入转矩公式，其中 ω_d 为某一个振荡频率，于是可获得转矩的代数表达式。为什么可以只代入虚部等于 $j\omega_d$ 这一个根呢？这意味着什么？下面将对此加以说明。

对于发电机振荡过程的研究表明，在多数情况下，决定发电机转子振荡的量 $\Delta\delta$ 和 $\Delta\omega$ 是与机械惯性时间常数有关的，它的振荡频率最低且衰减较慢；而与励磁系统有关的变量，如 ΔE_{fd}，$\Delta E'_q$等，是由相对小的时间常数决定的，振荡频率较高且衰减较快。因此，当在研究与转子振荡有关的过程时，可以认为快速过程已经结束；与励磁系统有关的量将跟随 $\Delta\omega$，$\Delta\delta$ 以某个频率 ω_d 作正弦振荡，这样按照电工学中的复数符号法可以把 $s=j\omega_d$ 代入转矩公式。上述的衰减速度的不同，也称作“多时标特性”，如果从特征根在 s 平面上的分布来看，这相当于由转子机械环节决定的特征根位于零点附近的区域，而由励磁系统决定的特征根都远离零点。现在研究的振荡过程相对较长，转子机械环节所决定的特征根起支配作用，可以只考虑这种特征根。这实际上是降阶方法的一种应用，也就是阻尼转矩及同步转矩分析方法的理论根据及重要假定，当然这是一种近似的假定。

现在来研究励磁调节器对稳定的影响。从 Heffron－Philips 模型所示的框图上可以看出，励磁调节器是通过改变 $\Delta E'_q$ 来改变转矩 ΔM_{e2} 的，在框图上即是求因 $\Delta\delta$ 变化产生的 ΔM_{e2}，转矩 ΔM_{e2} 与电动势 $\Delta E'_q$ 间传递函数及框图如图 4－12 所示。

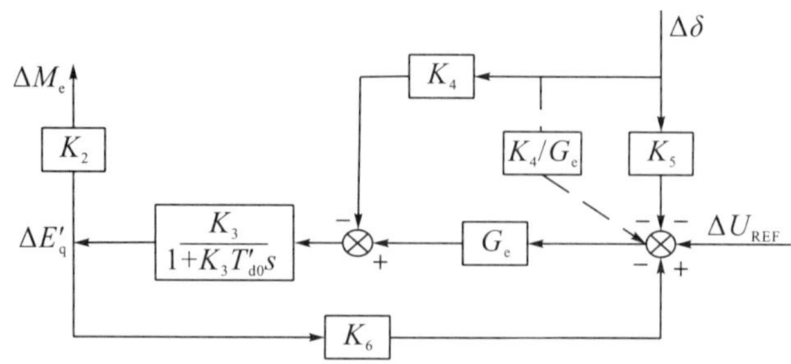

图 4－12 转矩 ΔM_{e2} 与电动势 $\Delta E'_q$ 间传递函数及框图

在图 4－12 中，将 K_4 输出的相加点移至 G_e 的前面，如图中虚线所示，根据相加点前移的规则，K_4 将变为 K_4/G_e，这样即可求出整个开环系统的传递函数为

$$\frac{\Delta M_{e2}}{\Delta\delta}=-\frac{K_2G_3(K_4+K_5G_e)}{1+G_eG_3K_6} \tag{4－129}$$

$$G_3=\frac{K_3}{1+K_3T'_{d0}s} \tag{4－130}$$

式中，G_e 为励磁系统的传递函数。下面分别讨论快速励磁系统及常规励磁系统两种情况。

快速励磁系统是指晶闸管直接用于发电机励磁绕组的系统。这时励磁系统的传递函数可以表示为

$$G_e=\frac{\Delta E_{fd}}{\Delta U_t}=\frac{K_A}{1+T_Es} \tag{4－131}$$

将 G_e 及 G_3 代入式（4－129），可得

$$\begin{aligned}\frac{\Delta M_{e2}}{\Delta\delta}&=\frac{K_2K_3\left(K_4+K_5\dfrac{K_A}{1+T_Es}\right)}{(1+K_3T'_{d0}s)\left(1+\dfrac{K_A}{1+T_Es}\dfrac{K_3}{1+K_3T'_{d0}s}K_6\right)}\\&=-\frac{K_2K_3K_4(1+T_Es)+K_2K_3K_5K_A}{(1+K_3T'_{d0}s)(1+T_Es)+K_3K_6K_A}\end{aligned} \tag{4－132}$$

将 $s=\mathrm{j}\omega_d$ 代入式（4－132）后，经过一些化简得

$$\frac{\Delta M_{e2}}{\Delta\delta}=\frac{K_2K_3K_4+K_2K_3K_5K_A+\mathrm{j}\omega_dK_2K_3K_4T_E}{1+K_3K_AK_6-\omega_d^2K_3T'_{d0}T_E+\mathrm{j}\omega_d(K_3T'_{d0}+T_E)} \tag{4－133}$$

因快速系统的 T_E 很小，可以认为 $T_E\approx0$，而 $K_3K_AK_6\gg1$，因而略去分母中第一项“1”，则

$$\frac{\Delta M_{e2}}{\Delta\delta}=-\frac{K_2K_3K_4+K_2K_3K_5K_A}{K_3K_AK_6+\mathrm{j}\omega_dK_3T'_{d0}}=-\frac{\dfrac{K_2}{K_6}\left(\dfrac{K_4}{K_A}+K_5\right)}{1+\mathrm{j}\omega_dT'_{d0}/(K_AK_6)} \tag{4－134}$$

设 $T_{EQ}=T'_{d0}/K_AK_6$，则

$$\frac{\Delta M_{e2}}{\Delta\delta}=-\frac{\dfrac{K_2}{K_6}\left(\dfrac{K_4}{K_A}+K_5\right)(1-j\omega_d T_{EQ})}{(1+j\omega_d T_{EQ})(1-j\omega_d T_{EQ})}$$
$$=-\frac{\dfrac{K_2}{K_6}\left(\dfrac{K_4}{K_A}+K_5\right)}{1+\omega_d^2T_{EQ}^2}+j\omega_d\frac{\dfrac{K_2}{K_6}T_{EQ}\left(\dfrac{K_4}{K_A}+K_5\right)}{1+\omega_d^2T_{EQ}^2} \tag{4-135}$$

因 $s=j\omega_d$，式（4－135）可以表示为

$$\Delta M_{e2}=\Delta M_S\Delta\delta+\Delta M_D s\Delta\delta \tag{4-136}$$

式（4－136）表明，因磁链变化（包括电压调节器的作用）产生的转矩可以分成两个分量，即与 $\Delta\delta$ 成比例的同步转矩 $\Delta M_S\Delta\delta$ 及与转速 $s\Delta\delta$ 成比例的阻尼转矩 $\Delta M_D s\Delta\delta$，其中

$$\Delta M_S=-\frac{\dfrac{K_2}{K_6}\left(\dfrac{K_4}{K_A}+K_5\right)}{1+\omega_d^2T_{EQ}^2}\approx\frac{-K_2K_5/K_6}{1+\omega_d^2T_{EQ}^2} \tag{4-137}$$

$$\Delta M_D=\frac{T_{EQ}\dfrac{K_2}{K_6}\left(\dfrac{K_4}{K_A}+K_5\right)}{1+\omega_d^2T_{EQ}^2}\approx\frac{K_2K_5T_{EQ}/K_6}{1+\omega_d^2/T_{EQ}^2} \tag{4-138}$$

当无电压调节器时，$K_A=0$，仍以 $T_E=0$ 代入式（4－132），可得

$$\frac{\Delta M_{e2}}{\Delta\delta}=-\frac{K_2K_3K_4}{1+j\omega_dK_3T'_{d0}}=-\frac{K_2K_3K_4(1-j\omega_dK_3T'_{d0})}{1+\omega_d^2K_3^2T'^2_{d0}} \tag{4-139}$$

$$\Delta M_S=-\frac{K_2K_3K_4}{1+\omega_d^2K_3^2T'^2_{d0}} \tag{4-140}$$

$$\Delta M_D=\frac{T'_{d0}K_2K_3^2K_4}{1+\omega_d^2K_3^2T'^2_{d0}} \tag{4-141}$$

ΔM_S 及 ΔM_D 分别称为同步转矩系数及阻尼转矩系数。式（4－137）、式（4－138）表示有电压调节器时的同步及阻尼转矩系数，它们与 K_5 有关。式（4－139）、式(4－140）代表机组本身同步及阻尼转矩系数，这时同步转矩是由定子电流去磁效应产生的，所以是负值，而阻尼转矩是由励磁绕组本身产生的。

如果略去机组本身固有的同步转矩 $K_1\Delta\delta$ 及阻尼转矩（阻尼绕组等产生的与速度成比例的转矩）$Ds\Delta\delta$，则角度增大时，若磁链变化产生的附加同步转矩 $\Delta M_S\Delta\delta>0$，则增大了制动转矩，使剩余转矩 M_m-M_e 减小，在负值的剩余转矩（$M_m-M_e<0$）作用下角度将逐渐减小并回到初始值；在角度减小时，则在正值的剩余转矩作用下，使角度回到初始值。当 $\Delta M_S<0$ 时则与上述相反，即当角度增大时，制动转矩反而减小，剩余转矩为正值，从而使角度不断增大，以至于发生滑行失步，即非周期性失稳。综上所述，不发生滑行失步的条件为

$$\Delta M_S>0 \tag{4-142}$$

前面已经指出，发电机除因转子磁链改变产生的同步转矩、阻尼转矩外，电机本身还具有同步转矩 $K_1\Delta\delta$ 及阻尼转矩 $Ds\Delta\delta$。因此，不发生滑行失步及振荡失步的条件应为

$$K_1+\Delta M_S>0 \tag{4-143}$$

$$D+\Delta M_D>0 \tag{4-144}$$

4.5 小干扰稳定分析的模态参数辨识法

为了进行大规模电力系统的分析，必须首先建立状态方程，而大规模电力系统状态方程式可能达到30000阶。严格来说，其包含了30000个特征根，所以需要用降阶办法来求解系统中最关键、对稳定性起主要作用的模式。小干扰稳定分析的模态参数辨识法就是从全阶模型中，根据输出/输入在扰动作用下的关系，抽取出线性化的低阶模型，这个方法也可根据实测的输出/输入的响应，得到相关的传递函数，以便设计控制器。模态参数辨识法是一种在傅里叶分析法基础上发展出来的，用以直接从时域响应中估算出模式的频率、阻尼、大小及相对相位。常见的有PRONY分析法、TLS－ESPRIT分析法等。本节以TLS－ESPRIT分析法为例，详细介绍模态参数辨识法的原理及应用。

4.5.1 TLS－ESPRIT算法基本原理

TLS－ESPRIT（Total Least Square-Estimation of Signal Parameters via Rotational Invariance Techniques）算法[9－10]是谐波恢复、振荡衰减正弦信号参数估计的有效工具，与传统PRONY算法相比，具有抗噪抗干扰能力强等特点，目前已被广泛应用于雷达阵列信号、语音信号、生物信号处理等场合，ESPRIT算法的核心思想是通过采样数据形成的自相关矩阵和互相关矩阵计算出信号的旋转因子，通过旋转因子求出信号的频率和衰减因子，然后结合TLS即可求出信号的幅值和相位。

将采样信号表示为一系列幅值按指数规律衰减的正弦信号和噪声的组合，在采样时刻表达式为

$$x(n)=\sum_{k=1}^{p}c_k\mathrm{e}^{(-\sigma_k+\mathrm{j}\omega_k)nT_s}+w(n) \tag{4－145}$$

式中，T_s为采样周期；P为信号实际含有的实正弦分量个数的2倍；$c_k=a_k\mathrm{e}^{\mathrm{j}\theta_k}$，$\omega_k$，$a_k$，$\theta_k$，$\sigma_k$为第$k$个振荡模态的角频率、幅值、相位和衰减因子；$w(n)$为白噪声。

首先由采样数据形成Hankle矩阵为

$$\boldsymbol{X}_{L\times M}=[x(0),x(1),\cdots,x(L)]^{\mathrm{T}}=\begin{bmatrix}x(0)&x(1)&\cdots&x(M-1)\\x(1)&x(2)&\cdots&x(M)\\\vdots&\vdots&&\vdots\\x(L-1)&x(L)&\cdots&x(N-1)\end{bmatrix} \tag{4－146}$$

式中，$L>P$；$M>P$；$L+M-1=N$。对矩阵进行奇异值分解

$$\boldsymbol{X}=\boldsymbol{UMV}^{\mathrm{H}} \tag{4－147}$$

$\boldsymbol{V}^{\mathrm{H}}$表示矩阵$\boldsymbol{V}$的共轭转置，$\boldsymbol{M}$为对角阵，对角元素为按照大小排列的$\boldsymbol{X}$的奇异值，$\boldsymbol{V}$按奇异值大小划分为信号子空间$\boldsymbol{V}_{\mathrm{S}}$和噪声子空间$\boldsymbol{V}_{\mathrm{N}}$。$\boldsymbol{V}_{\mathrm{S}}$的列向量是对应于矩阵$\boldsymbol{X}$的幅值最大的$P$个奇异值的特征向量。

$\boldsymbol{V}_{\mathrm{S}}$删除第一行和第二行剩下的矩阵分别为$\boldsymbol{V}_1$，$\boldsymbol{V}_2$，不考虑噪声和干扰时，存在可逆矩阵$\boldsymbol{\psi}$，使

$$\boldsymbol{V}_1=\boldsymbol{V}_2\boldsymbol{\psi} \tag{4－148}$$

考虑噪声干扰，则

$$V_1 + e_1 = (V_2 + e_2)\psi \tag{4-149}$$

根据 ψ 可求出信号参数，通过 TLS 方法对 ψ 寻优并使误差矩阵 $D=[e_1, e_2]$ 的范数最小。对 $[V_1V_2]$ 进行奇异值分解

$$[V_1V_2] = R\Lambda M^{\mathrm{T}} \tag{4-150}$$

式中，$M \in C^{2P\times 2P}$，将 M 分为四个 $P\times P$ 的矩阵为

$$M = \begin{bmatrix} M_{11} & M_{12} \\ M_{21} & M_{22} \end{bmatrix} \tag{4-151}$$

计算 $M_{11}M_{21}^{-1}$ 的特征值 $\lambda_k (k=1,2,\cdots,P)$，可估计信号中各分量的频率、衰减系数和阻尼比分别为 $\omega_k = \dfrac{\arg\lambda_k}{T_s}$，$\sigma_k = -\dfrac{\ln|\lambda_k|}{T_s}$，$\zeta_k = \dfrac{\sigma_k}{\sqrt{\sigma_k^2 + \omega_k^2}}$。

进一步通过最小二乘法求得幅值和初相信息，对于 N 点采样信号 $Y=\lambda c$，其中，$Y=[X(0),X(1),\cdots,X(N-1)]^{\mathrm{T}}$，$c=[c_1,c_2,\cdots,c_P]^{\mathrm{T}}$，$\lambda=\begin{bmatrix} 1 & 1 & \cdots & 1 \\ \lambda_1 & \lambda_2 & \cdots & \lambda_P \\ \vdots & \vdots & & \vdots \\ \lambda_1 & \lambda_2 & \cdots & \lambda_P^{N-1} \end{bmatrix}$。

用最小二乘法得到方程的解 $c=(\lambda^{\mathrm{T}}\lambda)^{-1}\lambda^{\mathrm{T}}Y$，可得信号中各个分量的幅值和相位分别为 $a_p=2|c_p|$，$\varphi_p=\arg c_p$。

4.5.2　基于 TLS−ESPRIT 算法的系统辨识

由于 TLS−ESPRIT 算法可根据数据直接求出振荡频率、幅值及相位，因此可通过该方法直接对系统特性进行分析。另外，也可通过人为输入特定信号（如正弦、阶跃等），进一步求出输入端到响应端的传递函数，对系统进行小扰动分析并设计相应控制器。

需要重点说明的是，在利用辨识算法进行拟合时，需要合理确定辨识对象的阶数，这决定了辨识结果中特征值的数量，即振荡模式的数量。一般来说，可通过如信息熵[11]等指标确定阶数，或者通过观察拟合后的系统响应与原对象的重合情况（此时需要通过输入信号建立完整的传递函数）。

如图 4−13 中的信号曲线，通过分析设定系统为 11 阶，利用 4.5.1 节 TLS−ESPRIT 算法，可得出该信号特征值，见表 4−2。

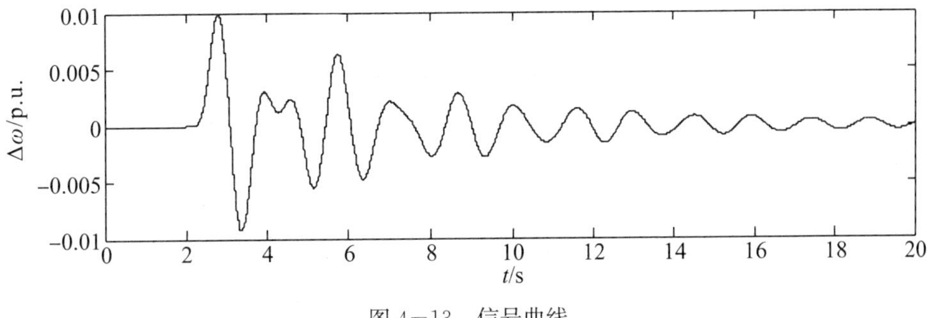

图 4−13　信号曲线

表 4-2 辨识特征值

序号	特征值
1	−1.2638+6.9451i
2	−1.2638−6.9451i
3	−0.3787+6.2488i
4	−0.3787−6.2488i
5	−0.1652+4.3006i
6	−0.1652−4.3006i
7	−1.8107+2.4394i
8	−1.8107−2.4394i
9	−0.1774+0.8982i
10	−0.1774−0.8982i
11	−0.0345+0i

从而进一步计算出该信号的各特征值对应的振荡频率、幅值、相位以及阻尼比，见表 4−3。

表 4−3 特征值对应频率、幅值、相位与阻尼比

序号	振荡频率/Hz	幅值/p.u.	相位/°	阻尼比/%
1	1.1054	0.0112	−96.14	17.90
2	−1.1054	0.0112	96.14	17.90
3	0.9945	0.0095	93.78	6.05
4	−0.9945	0.0095	−93.78	6.05
5	0.6845	0.0073	160.88	3.84
6	−0.6845	0.0073	−160.88	3.84
7	0.3883	0.0097	−23.85	59.60
8	−0.3883	0.0097	23.85	59.60
9	0.1430	0.0003	−158.76	19.38
10	−0.1430	0.0003	158.76	19.38
11	0.0000	0.0002	180.00	100.00

至此，便求出了设定为 11 阶的信号曲线相关信息。通过上述信息，可以对系统特性进行分析，并针对关键振荡模式设计控制器。

由于一些现代控制理论需要建立完整的系统状态空间与传递函数，若仅知道系统特征值，则无法应用这些理论。这时，可以通过在系统某些控制端口引入相关信号作为输入，并采集其他可观测信号作为输出，建立起从控制端到观测端的传递函数。一般来说，这些控制端口可设在发电机励磁调速的控制系统、直流输电的控制系统、柔性交流输电的控制

系统以及电力系统中其他的可控设备中。另外，引入的信号不可对系统产生较大的影响，如阶跃信号一般设置为 0.02p.u.。

如图 4−13 所示的信号曲线实际上是在直流输电整流侧触发角控制系统中引入了 0.02p.u. 的阶跃信号。该信号于第 2 s 引入系统中，所得曲线为发电机的转速变化量。由于 0.02p.u. 的阶跃信号传递函数为$\frac{1}{50s}$，因此利用输出除以输入，最终得到从直流输电整流侧触发角控制端口到发电机的开环传递函数为

$$G(s)=\frac{0.01111s^{11}-0.1287s^{10}-0.2369s^{9}+23.75s^{8}-188.6s^{7}}{s^{11}+7.626s^{10}+136.5s^{9}+719.3s^{8}+5898s^{7}+2.134e04s^{6}}$$
$$\frac{-657s^{6}-6793s^{5}-3.686e04s^{4}-1.443e04s^{3}-3.003e04s^{2}+415.2s}{9.365e04s^{5}+2.082e05s^{4}+4.664e05s^{3}+2.688e05s^{2}+2.887e05s+9665} \tag{4-152}$$

该传递函数的阶跃响应与原系统响应基本一致，如图 4−14 所示，具有较高精确度。

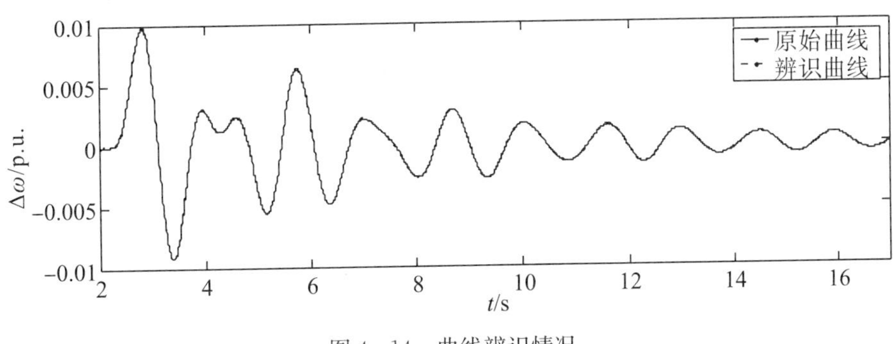

图 4−14　曲线辨识情况

参考文献

[1] 刘取. 电力系统稳定性及发电机励磁控制 [M]. 北京：中国电力出版社，2007.

[2] CIGRE Study Committee 32. USA Response to Questionnaire on Control of the Dynamic Performance of Future Power System [R]. CIGRE Report，1976.

[3] IEEE Power System Engineering Committee. Proposed terms and definitions for power system stability [J]. IEEE Trans.，1982，101：1894−1898.

[4] Kundur P，Paserba J，Ajjarapu V，et al. Definition and classification of power system stability [J]. IEEE transactions on Power Systems，2004，19 (2)：1387−1401.

[5] CIGRE Task Force. Analysis and Modeling Needs of Power Systems Under Major Frequency Disturbances [R]. CIGRE Report 38.02.14，1999.

[6] Pérez-Arriaga I J，Verghese G C，Schweppe F C. Selective modal analysis with applications to electric power systems，Part I：Heuristic introduction [J]. IEEE transactions on power apparatus and systems，1982 (9)：3117−3125.

[7] Heffron W G，Phillips R A. Effect of a modern amplidyne voltage regulator on underexcited operation of large turbine generators [J]. Transactions of the American Institute of Electrical Engineers. Part III：Power Apparatus and Systems，1952，71 (1)：692−697.

[8] Demello F P，Concordia C. Concepts of synchronous machine stability as affected by excitation control

[J]. IEEE Transactions on power apparatus and systems, 1969, 88 (4): 316−329.

[9] Tripathy P, Srivastava S C, Singh S N. A modified TLS-ESPRIT based method for low-frequency mode identification in power systems utilizing synchrophasor measurements [J]. IEEE Transactions on Power Systems, 2011, 26 (2): 719−727.

[10] 王曦，李兴源，王渝红，等. 基于TLS−ESPRIT辨识的多直流控制敏感点研究 [J]. 电力系统保护与控制，2012 (19): 121−125.

[11] 李宽，李兴源，赵睿. 基于改进矩阵束的高压直流次同步振荡检测 [J]. 电网技术，2012 (4): 128−132.

第5章 电力系统低频振荡

电力系统低频振荡现象由来已久。随着系统规模日益扩大，电网互联，其系统的阻尼可能降低，更大的互联电网在运行中甚至出现负阻尼的振荡放大现象。低频振荡一旦发生，将（可能）持续较长一段时间消失，也可能持续增幅振荡，威胁电网的安全稳定运行，甚至可能造成大规模停电。出现低频振荡的主要原因是系统阻尼不够，无法足量消耗扰动中积蓄的能量。人们把系统受到扰动后，并列运行的同步发电机转子间相对摇摆导致系统中出现功率、电压等电量不同程度振荡的现象称为电力系统低频振荡（也称机电振荡、功率振荡）。低频振荡可分为区域内振荡模式和区域间振荡模式，本质上属于功角稳定范畴。

在分析相关背景的基础上，本章重点介绍与低频振荡相关的机理、模型、设计方法、抑制技术以及敏感点控制等内容。包括单级系统低频振荡机理与多机系统低频振荡模型等特性分析，电力系统稳定器相关原理和基本设计方法，抑制低频振荡的高压直流输电附加控制技术，以及低频振荡的控制敏感点及控制回路配对相关内容。

5.1 问题与现状分析

早期（19世纪末）同步发电机结构并不完善，在运行时会发生发电机功角摆动现象，严重时导致发电机完全不能运行。通过大量研究实验，工程师们提出在发电机转子上布置短路绕组，解决功角摆动问题。由于早期电力系统规模较小，电网之间没有互联，电网内部结构相对较强，发电机之间的电气联系较为紧密，由钢质转子和短路绕组提供的阻尼作用能很好地抑制功角摆动问题[1]。

随着电力系统规模日益扩大，电网互联成为必然，系统阻尼降低，低频振荡现象开始严重威胁电力系统的稳定运行。尤其是电网规模发展快的国家首先观察到了这种现象的发生。20世纪50年代，苏联输电系统上就发现在长线路重负荷条件下发生了增幅振荡。1964年，美国西北电网和西南电网两个区域之间通过联络线实现了联合运行，运行过程中发生了持续性低频功率振荡。此后又陆续有低频振荡发生，最为典型的是1996年8月10日美国西部电网（Western System Coordinating Council）大停电事故中系统出现了持续的区间负阻尼低频振荡现象，从而导致整个系统解列，造成大面积停电事故。此外，西欧、日本也相继有低频振荡现象发生的报道。

针对低频振荡，当时的研究主要聚焦在两个方面：一个方面是怎么抑制这种振荡的发生。理论和工业界的解决思路是引入反馈控制，具体研究了反馈信号的选择、控制器的位置和结构等问题，得出的主要结论是以频率偏差或者转速偏差作为反馈信号，在励磁控制器上设计附加控制在振荡过渡过程中起到阻尼作用以抑制低频振荡。另一个方面是对低频振荡发生的原因做了深入分析实验，得到了高增益励磁控制在长线重负荷情况下会给系统叠加负阻尼从而引起振荡的经典结论。

本书4.3节详细描述的单机无穷大系统线性化模型——Philips－Heffron模型（Philips和Heffron，1952）和阻尼转矩分析方法（Demello和Concordia，1969）是研究低频振荡的利器。Demello和Concordia在单机无穷大系统Philips－Heffron模型框架下，采用阻尼转矩分析法，进行了详尽的分析，得到了一般性结论，从理论上完全解决了单机无穷大电力系统的低频振荡机理问题。至此，电力系统低频振荡的研究框架已经确定，其中一个支柱是低频振荡机理的分析，另一个支柱是阻尼控制器的设计。后续的研究主要集中在面对更复杂的系统结构和更多样的元件设备背景下上述研究的进一步完善。抑制低频振荡最重要、最基本的控制器PSS（Power System Stabilizer）的概念也在这个时期被提出并沿用至今。

众所周知，目前IEEE将电力系统稳定性分为功角稳定、电压稳定、频率稳定三大类，电力系统低频振荡属于功角稳定的范畴。其中，功角稳定可以分为小干扰功角稳定和大干扰功角稳定。小干扰功角稳定可以表现为两种形式：一种是发电机之间的功角以单调非振荡的方式持续增大，从而失去稳定；另一种是发电机转子之间的角度出现增幅振荡。大干扰功角稳定也表现为两种形式：一种是系统受大扰动后发电机功角第一摆单调摆开导致失稳；另一种是第一摆未失去同步，而在后续摆动中出现增幅振荡，引起失稳。从低频振荡的定义看，大干扰和小干扰都可能引起低频振荡的振荡现象。小干扰引起的低频振荡的物理本质是系统本身存在的阻尼转矩不足引起的，如系统网架结构薄弱电气联系不紧密、系统负荷过重接近稳定极限、控制装置参数不当引起的负阻尼等，导致小的扰动就可以使系统运行点跨过原来的稳定边界导致失稳。大干扰引起的低频振荡的物理本质是大干扰中积蓄的能量大且干扰造成系统网架或运行方式的改变，从而削弱了系统的阻尼，在振荡过程中运行点越过稳定边界导致失稳。总之，低频振荡的主要原因是系统阻尼不够，无法足量消耗扰动中积蓄的能量[2]。

低频振荡的模式可分为区域内振荡模式和区域间振荡模式。区域内振荡模式通常指区域电网内部的某台（些）发电机组相对于区域内部其他发电机组间的振荡现象，其振荡频率一般超过1 Hz，相对于区域间的振荡，其作用的范围小并易于消除。区域间振荡模式是指跨大区互联电网中，某（几）个区域的发电机群相对于其他一个或多个区域的发电机群之间发生的振荡现象，在各振荡区域内部，发电机组之间一般是同步的。因发电机群的等值发电机的惯性时间常数较大，且输送功率高、电气距离较大，区域间低频振荡的振荡频率较低，一般在1 Hz以内。区域间振荡的危害性相对比较大，在发生以后会通过区域间的交流联络线向全电网传递[3]。

20世纪80年代开始直到近年，国内电网也陆续发生低频振荡现象。随着“西电东送”战略的实施，华东、华北、华中构成了超大规模同步交流系统——“三华”电网，可在巨型电网内部进行水火电互济、错峰、紧急功率支援等调节，系统的发输电经济性和可靠性能够得到保障。但是，跨大区互联电网由于区间联络线较少形成了弱互联系统，整个互联电网的动态稳定性受到影响，增加了区域间低频振荡发生的风险。长线路、远距离的特高压输电外送通道在重负荷的情况下，甚至会出现负阻尼的振荡放大现象。因此，对互联大电网进行低频振荡的分析和阻尼控制研究，对深入拓展电力系统低频振荡的机理和应用，以及预防大停电事故和提高跨大区的输送能力具有非常重要的理论和实用价值，亦可带来社会和经济效益。

5.2　低频振荡特性分析

5.2.1　单机系统低频振荡机理

5.2.1.1　负阻尼/弱阻尼型振荡

目前低频振荡最广的机理解释是基于 Demello 和 Concordia 于 1969 年提出的阻尼转矩概念。概念指出，在外部系统电抗和发电机功率输出均比较高时，励磁系统放大倍数对阻尼影响很大：若放大倍数增加，反映振荡衰减系数的特征根实部数值将由负值逐渐上升；若放大倍数增到一定数值，特征值实部将由负变正，从而产生负阻尼增幅振荡。高放大倍数的励磁系统产生了负阻尼转矩，抵消了系统固有的正阻尼转矩，使得系统的总阻尼转矩很弱或为负，若系统出现扰动，就导致发电机转子发生不易衰减的振荡或增幅振荡。弱阻尼/负阻尼振荡机理的物理概念很明确，对远距离大容量输电系统易发生低频振荡的解释清晰，是对电力系统的低频振荡进行研究的理论基础。

对于单机系统，根据以 $\Delta\delta$，$\Delta\omega$，$\Delta E'_q$，ΔE_f 为状态变量的机组线性化状态方程，可以得到与之对应的 Philips－Heffron 模型，详见 4.3 节。进一步可得到简化后的考虑励磁系统反馈作用的机组在振荡模态角频率 ω_d 处的阻尼转矩系数：

$$\Delta M_D = \frac{K_2(K_4 + K_5 K_e)T'_{d0}}{(K_6 K_4)^2 + (\omega_d T'_{d0})^2} \tag{5-1}$$

在分析影响阻尼的因素时，由于参数较多，不易于分析主次影响因素，可以对表达式进行适当的简化和变形处理，同时将参数 $K_1 \sim K_6$ 的表达式代入后可得等效阻尼系数的表达式为

$$\Delta M'_D = \frac{K_2\sqrt{H_1^2 + H_2^2}\sin(\delta - \theta + \theta_h)}{\dfrac{(K_6 K_e)^2}{T'_{d0}} + \omega_d^2 T'_{d0}} \tag{5-2}$$

式中，

$$H_1 = \frac{[K_e X'_d - U_t X'_d(X - X'_d)]U}{U_t(X + X'_d)} \tag{5-3}$$

$$H_2 = \frac{K_e X_q U}{V(X - X_q)} \tag{5-4}$$

$$\theta_h = \begin{cases} \arctan\left(\dfrac{H_2}{H_1}\right), & H_1 > 0 \\ \pi + \arctan\left(\dfrac{H_2}{H_1}\right), & H_1 < 0 \end{cases} \tag{5-5}$$

由此可知，线路的电抗 X 以及送受端的相对转子角对系统阻尼都有影响。系统线路阻抗与系统的电气距离成正比关系，随着电气距离的增大，系统的等效阻尼系数会相应地减小甚至变为负值，削弱系统阻尼甚至造成机组负阻尼；同时相对相位角的大小也与系统联络线传输的功率紧密相关，而大互联电网之间联络线传输功率大，故系统的相对相位角也较大，对机组阻尼有较大的影响。除此以外，励磁放大倍数在分母，对机组阻尼起的是反作用，而发电机的参数 X_d 与 T'_{d0} 也与机组阻尼有直接关系，只是发电机参数出厂时都已确定，一般不轻易更改。

国内外电力系统曾多次发生负阻尼/弱阻尼低频振荡的现象，尤其是近年来，互联电网发生的低频振荡持续时间长，影响程度高。中国南方电网在 2003 年 2 月至 3 月期间，云南电网和广西电网之间的联络线罗平—马窝 500 kV 交流线路发生了 5 次功率振荡现象，对电网的安全稳定造成了极大危害。2008 年 8 月 25 日，云南出口线路又发生了云贵电网间的区间低频振荡现象。2005 年 10 月 29 日 22 时，华中电网发生持续时间为 5 分 12 秒的负阻尼功率振荡，振荡是由扰动激发了鄂西北电网相对湖北主网的弱阻尼振荡模式，从而引起三峡电厂机组以及全网的功率振荡。2005 年 9 月 1 日 18:53—21:12，内蒙古西部电网机组发生了三次对华北电网主网的功率振荡，各自持续时间分别为 6 分 40 秒、2 分 25 秒、13 分 55 秒，事故的原因是蒙西电网机组对华北主网的弱阻尼模式被扰动激发出来，从而引起蒙西电网相对华北主网的弱阻尼振荡，尤其是第三次振荡为振幅逐渐增大的负阻尼振荡。

5.2.1.2 共振/谐振型振荡

共振型振荡机理是由我国学者提出的一种关于大电网低频振荡问题的新的解释。当发电机受到的周期性激励的频率与系统固有振荡频率接近时，在该频率下便会发生振荡，称为共振型低频振荡，具有起振快和起振后保持等幅同步振荡等特点。从发电机二阶转子运动方程看，方程的解由通解和特解两部分组成，通解主要和系统的阻尼有关，而特解与系统的非自治性有关系。若此时存在一种周期性扰动注入系统，且扰动的频率与系统自身的低频振荡频率接近或相等，则发电机转子运动方程的解中将存在一个不衰减的等幅振荡特解。由于系统阻尼的存在，通解会逐渐衰减，而剩下的特解会表现为不稳定的等幅振荡。此种振荡通常称为共振型振荡。

共振型振荡的机理与负阻尼/弱阻尼低频振荡的机理有本质区别。共振型振荡起振快，从扰动开始到振荡至最大幅值通常仅需要几个振荡周期；在振荡过程中，振荡的幅值基本保持不变；外施扰动的频率与系统固有频率越相近，则振荡的振幅越大。若强迫振荡的扰动源消失，则强迫振荡的幅值将迅速减小，根据系统主导模态的阻尼强弱逐渐衰减。引起共振要有扰动源，研究表明励磁调节系统、调速系统、发电机组轴系、汽轮机蒸汽压力脉动、调节汽门、水轮机尾水管压力脉动、风电场接入系统产生的扰动均能引起系统共振型振荡。

不仅接近系统固有频率的周期性外加扰动会产生共振，系统运行参数的改变也会引起共振。当运行参数改变时，会导致系统特征根改变，也即振荡模态改变。当两个特征根接近相等时，两个振荡模态的频率接近相同，也会产生电气谐振现象。从特征根入手进行分析，谐振发生后，两个振荡模式对应的特征值迅速改变移动方向，呈直角分离，其中一对特征值穿越虚轴引发振荡失稳。

2010 年 7 月 14 日，三峡电厂机组以及电厂外送交流线路出现功率振荡的现象，振荡的模式为三峡机组与湖北主网的振荡模式，除了三峡电厂区域外，其余的交流外送断面并未有明显的振荡现象。调整发电机以及采用直流功率调制均对此现象没有明显效果，而电厂机组降低出力则可明显减小功率振荡的现象，加大机组出力则功率振荡现象重现。此为近年实际电网发生的较为明显的共振型振荡现象。

理论研究和实际现象的观测均证明了强迫振荡机理，并且实际系统强迫振荡的扰动源往往存在于发电机侧。然而，由于这些引发强迫振动的扰动源其自身的功率振荡幅度往往很小，而且通常由发电机组控制设备的隐性故障所引起，在实际大电网中很难精确定位，是大电网安全的隐患。为此，我国已开发了数套含有低频振荡在线监测与预警功能的系统，如国家电网公司的 D5000 系统以及国网电力科学研究院的电力系统低频振荡在线分析及辅助决策系统。

5.2.1.3　非线性因素诱发

为了工程实用方便，研究者将电力系统线性化，在此基础上用线性化手段处理电力系统问题，但是本质上电力系统是高维非线性大系统，表现在数学形式上即是高维的非线性微分代数方程组，其性质远比线性性质复杂，分叉和混沌就是两种典型的非线性性质。简单地说，分叉是指系统的参数发生摄动（微小的变化）会导致系统行为即系统的解发生质的变化，此时称系统发生分叉。混沌是指对确定性系统中出现的一种对初值极端敏感的长期性不可预测性运动，也称为蝴蝶效应。大量理论研究表明，分叉和混沌是电力系统发生非线性振荡的重要原因。

5.2.2　多机系统低频振荡模型及分析

用于多机系统低频振荡分析的小干扰模型推导方法在 4.3 节已经叙述，下面进行具体的推导及分析。

（1）发电机方程处理。

根据 3.1.3 节的发电机三阶实用模型，将定子电压方程化为导纳形式为

$$\begin{bmatrix} I_{\mathrm{d}} \\ I_{\mathrm{q}} \end{bmatrix} = \frac{1}{X'_{\mathrm{d}} X_{\mathrm{q}}} \begin{bmatrix} 0 & X_{\mathrm{q}} \\ -X'_{\mathrm{d}} & 0 \end{bmatrix} \begin{bmatrix} -U_{\mathrm{d}} \\ E'_{\mathrm{q}} - U_{\mathrm{q}} \end{bmatrix} \tag{5-6}$$

单个发电机可以用 dq 坐标系描述，对于多个发电机接入一个电网的情况，则需要将 dq 坐标下描述的发电机方程统一转换到电网的 xy 坐标下，才能进行进一步分析。dq 坐标系与 xy 坐标系的关系如图 5－1 所示。

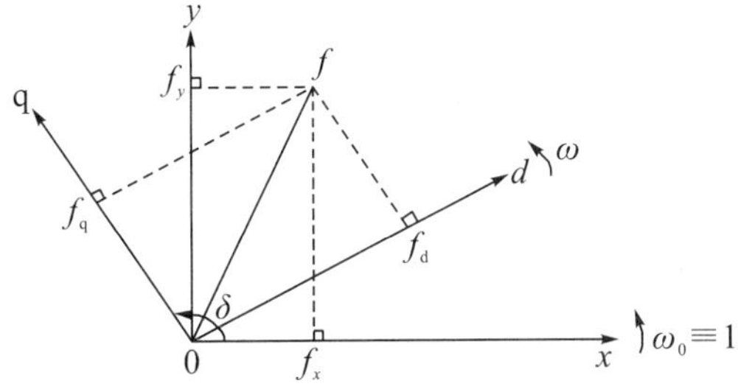

图 5－1　$xy-dq$ 坐标系关系

对应的坐标变换关系为

$$\begin{bmatrix} f_{\mathrm{d}} \\ f_{\mathrm{q}} \end{bmatrix} = \begin{bmatrix} \sin\delta & -\cos\delta \\ \cos\delta & \sin\delta \end{bmatrix} \begin{bmatrix} f_x \\ f_y \end{bmatrix} \tag{5-7}$$

将式（5－6）作 $dq-xy$ 坐标变换，即两边左乘矩阵$\begin{bmatrix} \sin\delta & \cos\delta \\ -\cos\delta & \sin\delta \end{bmatrix}$，转化为 xy 同步坐标有

$$\begin{bmatrix} I_x \\ I_y \end{bmatrix} = \begin{bmatrix} G_{F1} & -B_{F1} \\ B_{F2} & G_{F2} \end{bmatrix} \begin{bmatrix} \cos\delta E'_q - U_x \\ \sin\delta E'_q - U_y \end{bmatrix} \tag{5-8}$$

式中，

$$\begin{bmatrix} G_{F1} & -B_{F1} \\ B_{F2} & G_{F2} \end{bmatrix} = \frac{1}{X'_d X_q} \begin{bmatrix} \sin\delta & \cos\delta \\ -\cos\delta & \sin\delta \end{bmatrix} \begin{bmatrix} 0 & X_q \\ -X'_d & 0 \end{bmatrix} \begin{bmatrix} \sin\delta & \cos\delta \\ -\cos\delta & \sin\delta \end{bmatrix}^{-1} \tag{5-9}$$

从而

$$G_{F1} = -\frac{X'_d - X_q}{2X'_d X_q}\sin 2\delta, \quad B_{F1} = -\frac{1}{X'_d X_q}(X'_d\cos^2\delta + X_q\sin^2\delta)$$

$$B_{F2} = -\frac{1}{X'_d X_q}(X'_d\sin^2\delta + X_q\cos^2\delta), \quad G_{F2} = \frac{X'_d - X_q}{2X'_d X_q}\sin 2\delta \tag{5-10}$$

设式（5－8）的增量形式为

$$\begin{bmatrix} \Delta I_x \\ \Delta I_y \end{bmatrix} = -\begin{bmatrix} G_{F1} & -B_{F1} \\ B_{F2} & G_{F2} \end{bmatrix} \begin{bmatrix} \Delta U_x \\ \Delta U_y \end{bmatrix} + \begin{bmatrix} a_q \\ b_q \end{bmatrix} \Delta E'_q + \begin{bmatrix} a_\delta \\ b_\delta \end{bmatrix} \Delta\delta \tag{5-11}$$

式中，

$$a_q = G_{F1}\cos\delta - B_{F1}\sin\delta$$
$$b_q = B_{F2}\cos\delta + G_{F2}\sin\delta$$
$$a_\delta = E'_q[(G'_{F1} - B_{F1})\cos\delta - (B'_{F1} + G_{F1})\sin\delta] - (G'_{F1}U_x - B_{F1}U_y)$$
$$b_\delta = E'_q[(B'_{F2} + G_{F2})\cos\delta + (G'_{F2} - B_{F2})\sin\delta] - (B'_{F2}U_x + G_{F2}U_y)$$
$$G'_{F1} = \frac{dG_{F1}}{d\delta} = -\frac{X'_d - X_q}{X'_d X_q}\cos 2\delta \tag{5-12}$$

式中，B'_{F1}，B'_{F2}，G'_{F2}分别为 B_{F1}，B_{F2}，G_{F2}对 δ 的导数，表达式从略。

（2）负荷方程处理。

设非线性负荷模型为（稳态运行时 $U=U_0$，$P=P_{L0}$）

$$\begin{cases} P_L = P_{L0}\left[a_1\left(\dfrac{U}{U_0}\right)^2 + b_1\left(\dfrac{U}{U_0}\right) + c_1\right] \\ Q_L = Q_{L0}\left[a_2\left(\dfrac{U}{U_0}\right)^2 + b_2\left(\dfrac{U}{U_0}\right) + c_2\right] \end{cases} \tag{5-13}$$

式中，$a_1+b_1+c_1=1$，$a_2+b_2+c_2=1$，则负荷注入网络的电流为

$$\dot{I}_L = -\frac{P_L - jQ_L}{\dot{U}_L} \tag{5-14}$$

相应的 xy 同步坐标实数化方程为

$$\dot{I}_L = I_{Lx} + jI_{Ly}, \quad \dot{U}_L = U_{Lx} + jU_{Ly} \tag{5-15}$$

$$\begin{bmatrix} I_{Lx} \\ I_{Ly} \end{bmatrix} = \frac{-1}{U_{Lx}^2 + U_{Ly}^2} \begin{bmatrix} P_L & Q_L \\ -Q_L & P_L \end{bmatrix} \begin{bmatrix} U_{Lx} \\ U_{Ly} \end{bmatrix} \tag{5-16}$$

将上式线性化，得（U_{Lx}和 U_{Ly}的下标“L”从略）

$$\begin{bmatrix} \Delta I_{Lx} \\ \Delta I_{Ly} \end{bmatrix} = \frac{2}{U^4} \begin{bmatrix} P_L & Q_L \\ -Q_L & P_L \end{bmatrix} \begin{bmatrix} U_x^2 & U_x U_y \\ U_x U_y & U_y^2 \end{bmatrix} \begin{bmatrix} \Delta U_x \\ \Delta U_y \end{bmatrix} -$$

$$\frac{1}{U^2}\begin{bmatrix} P_L & Q_L \\ -Q_L & P_L \end{bmatrix}\begin{bmatrix} \Delta U_x \\ \Delta U_y \end{bmatrix}-\frac{1}{U^2}\begin{bmatrix} U_x & U_y \\ U_y & -U_x \end{bmatrix}\begin{bmatrix} \Delta P_L \\ \Delta Q_L \end{bmatrix} \tag{5-17}$$

再把式（5-13）线性化，得（因为$U=\sqrt{U_x^2+U_y^2}$）

$$\begin{cases} \Delta P_L = \dfrac{dP_L}{dU}\dfrac{1}{U}(U_x\Delta U_x + U_y\Delta U_y) \\ \Delta Q_L = \dfrac{dQ_L}{dU}\dfrac{1}{U}(U_x\Delta U_x + U_y\Delta U_y) \end{cases} \tag{5-18}$$

式中，$\frac{dP_L}{dU}$和$\frac{dQ_L}{dU}$均取$U=U_0$时的值，即$\frac{dP_L}{dU}=\frac{P_{L0}}{U_0}(2a_1+b_1)$，$\frac{dQ_L}{dU}=\frac{Q_{L0}}{U_0}(2a_2+b_2)$。

将式（5-18）代入式（5-17），消去ΔP_L，ΔQ_L，得负荷注入网络的电流和负荷节点电压间的增量关系式，整理后为

$$\begin{bmatrix} \Delta I_{Lx} \\ \Delta I_{Ly} \end{bmatrix}=-\begin{bmatrix} G_{L1} & -B_{L1} \\ B_{L2} & G_{L2} \end{bmatrix}\begin{bmatrix} \Delta U_{Lx} \\ \Delta U_{Ly} \end{bmatrix} \tag{5-19}$$

式中（各电量取稳态时的值，下标“0”从略），

$$G_{L1} = \frac{1}{U^4}\{P_L[(2a_1+b_1-1)U_x^2+U_y^2]+Q_L(2a_2+b_2-2)U_xU_y\} \tag{5-20}$$

$$B_{L1} = \frac{1}{U^4}\{P_L(2-2a_1-b_1)U_xU_y+Q_L[(1-2a_2-b_2)U_y^2-U_x^2]\} \tag{5-21}$$

$$B_{L2} = \frac{1}{U^4}\{P_L(2a_1+b_1-2)U_xU_y+Q_L[(1-2a_2-b_2)U_x^2-U_y^2]\} \tag{5-22}$$

$$G_{L2} = \frac{1}{U^4}\{P_L[U_x^2+(2a_1+b_1-1)U_y^2]+Q_L(2-2a_2-b_2)U_xU_y\} \tag{5-23}$$

当$a_1=a_2=1$，$b_1=b_2=0$时，$G_{L1}=G_{L2}=\frac{P_L}{U^2}$，$B_{L1}=B_{L2}=-\frac{Q_L}{U^2}$，为定阻抗负荷。

（3）发电机、负荷方程联立，求解发电机端电压、端电流。

若设N个节点的网络导纳阵方程为$\dot{\boldsymbol{I}}=\boldsymbol{Y}\dot{\boldsymbol{V}}$，先增阶化为实数方程，再线性化后有

$$\begin{bmatrix} \begin{bmatrix} \Delta I_{x1} \\ \Delta I_{y1} \end{bmatrix} \\ \vdots \\ \begin{bmatrix} \Delta I_{xN} \\ \Delta I_{yN} \end{bmatrix} \end{bmatrix} = \begin{bmatrix} \begin{bmatrix} G_{11} & -B_{11} \\ B_{11} & G_{11} \end{bmatrix} & \cdots & \begin{bmatrix} G_{1N} & -B_{1N} \\ B_{1N} & G_{1N} \end{bmatrix} \\ \vdots & & \vdots \\ \begin{bmatrix} G_{N1} & -B_{N1} \\ B_{N1} & G_{N1} \end{bmatrix} & \cdots & \begin{bmatrix} G_{NN} & -B_{NN} \\ B_{NN} & G_{NN} \end{bmatrix} \end{bmatrix} \begin{bmatrix} \begin{bmatrix} \Delta U_{x1} \\ \Delta U_{y1} \end{bmatrix} \\ \vdots \\ \begin{bmatrix} \Delta U_{xN} \\ \Delta U_{yN} \end{bmatrix} \end{bmatrix} \tag{5-24}$$

式中，$G_{ij}+jB_{ij}=Y_{ij}$为$\boldsymbol{Y}$阵元素。

对于所有负荷节点，将式（5-19）代入上式，消去负荷节点，注入电流变量，并把该项移到等式右边，和相应的对角元子块$\begin{bmatrix} G_{ii} & -B_{ii} \\ B_{ii} & G_{ii} \end{bmatrix}$合并，则新子块为

$$\begin{bmatrix} G'_{ii} & -B'_{ii} \\ B''_{ii} & G''_{ii} \end{bmatrix} = \begin{bmatrix} G_{ii}+G_{L1} & -(B_{ii}+B_{L1}) \\ B_{ii}+B_{L2} & G_{ii}+G_{L2} \end{bmatrix} \tag{5-25}$$

负荷作用并入导纳阵，负荷节点化为联络节点。将网络方程消去所有联络节点（节点注入电流增量为零），则最后可得只含发电机端节点的网络收缩后导纳阵方程，设为（若系统有n台发电机，相应发电机端节点号为$1\sim n$）

$$\begin{bmatrix}\begin{bmatrix}\Delta I_{x1}\\ \Delta I_{y1}\end{bmatrix}\\ \vdots \\ \begin{bmatrix}\Delta I_{xn}\\ \Delta I_{yn}\end{bmatrix}\end{bmatrix}=\begin{bmatrix}\begin{bmatrix}G_{11}^{*} & -B_{11}^{*}\\ B_{11}^{**} & G_{11}^{**}\end{bmatrix} & \cdots & \begin{bmatrix}G_{1n}^{*} & -B_{1n}^{*}\\ B_{1n}^{**} & G_{1n}^{**}\end{bmatrix}\\ \vdots & & \vdots \\ \begin{bmatrix}G_{n1}^{*} & -B_{n1}^{*}\\ B_{n1}^{**} & G_{n1}^{**}\end{bmatrix} & \cdots & \begin{bmatrix}G_{nn}^{*} & -B_{nn}^{*}\\ B_{nn}^{**} & G_{nn}^{**}\end{bmatrix}\end{bmatrix}\begin{bmatrix}\begin{bmatrix}\Delta U_{x1}\\ \Delta U_{y1}\end{bmatrix}\\ \vdots \\ \begin{bmatrix}\Delta U_{xn}\\ \Delta U_{yn}\end{bmatrix}\end{bmatrix} \tag{5-26}$$

将 n 台发电机的定子电压增量方程（5－11）代入上式的左边，消去$[\Delta I_{xi},\Delta I_{yi}]^{\mathrm{T}}$ $(i=1,2,\cdots,n)$，并把含$(\Delta U_{xi},\Delta U_{yi})^{\mathrm{T}}$的项移到等式右边，和导纳阵合并，即修正导纳阵相应对角块元素为

$$\begin{bmatrix}G_{ii}^{\Delta} & -B_{ii}^{\Delta}\\ B_{ii}^{\Delta\Delta} & G_{ii}^{\Delta\Delta}\end{bmatrix}=\begin{bmatrix}(G_{ii}^{*}+G_{F1}) & -(B_{ii}^{*}+B_{F1})\\ (B_{ii}^{**}+B_{F2}) & (G_{ii}^{**}+G_{F2})\end{bmatrix} \tag{5-27}$$

而方程（5－26）将化为

$$\begin{bmatrix}\begin{bmatrix}a_{q1}\\ b_{q1}\end{bmatrix}\Delta E_{q1}'+\begin{bmatrix}a_{\delta 1}\\ b_{\delta 1}\end{bmatrix}\Delta\delta_1\\ \vdots \\ \begin{bmatrix}a_{qn}\\ b_{qn}\end{bmatrix}\Delta E_{qn}'+\begin{bmatrix}a_{\delta n}\\ b_{\delta n}\end{bmatrix}\Delta\delta_n\end{bmatrix}=\boldsymbol{Y}^{\Delta}\begin{bmatrix}\begin{bmatrix}\Delta U_{x1}\\ \Delta U_{y1}\end{bmatrix}\\ \vdots \\ \begin{bmatrix}\Delta U_{xn}\\ \Delta U_{yn}\end{bmatrix}\end{bmatrix} \tag{5-28}$$

式中，$\boldsymbol{Y}^{\Delta}$ 与式（5－26）之导纳阵非对角（2×2）子块相同，对角子块已经过式（5－27）所示的修正。对上式求解，设 $[\boldsymbol{Y}^{\Delta}]^{-1}$的 i 行 j 列（2×2）子块为

$$\begin{bmatrix}R_{1,ij} & -X_{1,ij}\\ X_{2,ij} & R_{2,ij}\end{bmatrix}$$

则其解为

$$\begin{aligned}\begin{bmatrix}\Delta U_{xi}\\ \Delta U_{yi}\end{bmatrix}&=\sum_{j=1}^{n}\begin{bmatrix}R_{1,ij} & -X_{1,ij}\\ X_{2,ij} & R_{2,ij}\end{bmatrix}\left\{\begin{bmatrix}a_{qj}\\ b_{qj}\end{bmatrix}\Delta E_{qj}'+\begin{bmatrix}a_{\delta j}\\ b_{\delta j}\end{bmatrix}\Delta\delta_j\right\}\\ &\stackrel{\text{def}}{=}\sum_{j=1}^{n}\left\{\begin{bmatrix}c_{q,ij}\\ d_{q,ij}\end{bmatrix}\Delta E_{qj}'+\begin{bmatrix}c_{\delta,ij}\\ d_{\delta,ij}\end{bmatrix}\Delta\delta_j\right\}\quad(i=1,2,\cdots,n)\end{aligned} \tag{5-29}$$

写成矩阵形式为

$$\begin{bmatrix}\Delta\boldsymbol{U}_x\\ \Delta\boldsymbol{U}_y\end{bmatrix}=\begin{bmatrix}\boldsymbol{c}_q\\ \boldsymbol{d}_q\end{bmatrix}\Delta\boldsymbol{E}_q'+\begin{bmatrix}\boldsymbol{c}_\delta\\ \boldsymbol{d}_\delta\end{bmatrix}\Delta\boldsymbol{\delta} \tag{5-30}$$

此即发电机端电压同步坐标下的增量表达式，为系统状态量 $\Delta\boldsymbol{E}_q'$ 和 $\Delta\boldsymbol{\delta}$ 的函数。

将式（5－29）代入式（5－11），可得发电机电流在同步坐标下的增量表达式，记作

$$\begin{bmatrix}\Delta I_{xi}\\ \Delta I_{yi}\end{bmatrix}=\sum_{j=1}^{n}\left\{\begin{bmatrix}e_{q,ij}\\ f_{q,ij}\end{bmatrix}\Delta E_{qj}'+\begin{bmatrix}e_{\delta,ij}\\ f_{\delta,ij}\end{bmatrix}\Delta\delta_j\right\} \tag{5-31}$$

或改写为矩阵形式

$$\begin{bmatrix}\Delta\boldsymbol{I}_x\\ \Delta\boldsymbol{I}_y\end{bmatrix}=\begin{bmatrix}\boldsymbol{e}_q\\ \boldsymbol{f}_q\end{bmatrix}\Delta\boldsymbol{E}_q'+\begin{bmatrix}\boldsymbol{e}_\delta\\ \boldsymbol{f}_\delta\end{bmatrix}\Delta\boldsymbol{\delta} \tag{5-32}$$

式中，

$$\begin{bmatrix} e_{q,ij} \\ f_{q,ij} \end{bmatrix} = \begin{cases} -\begin{bmatrix} G_{F1,i} & -B_{F1,i} \\ B_{F2,i} & G_{F2,i} \end{bmatrix}\begin{bmatrix} c_{q,ij} \\ d_{q,ij} \end{bmatrix} & (i \neq j) \\ -\begin{bmatrix} G_{F1,i} & -B_{F1,i} \\ B_{F2,i} & G_{F2,i} \end{bmatrix}\begin{bmatrix} c_{q,ii} \\ d_{q,ii} \end{bmatrix} + \begin{bmatrix} a_{qi} \\ b_{qi} \end{bmatrix} & (i = j) \end{cases}$$

$$\begin{bmatrix} e_{\delta,ij} \\ f_{\delta,ij} \end{bmatrix} = \begin{cases} -\begin{bmatrix} G_{F1,i} & -B_{F1,i} \\ B_{F2,i} & G_{F2,i} \end{bmatrix}\begin{bmatrix} c_{\delta,ij} \\ d_{\delta,ij} \end{bmatrix} & (i \neq j) \\ -\begin{bmatrix} G_{F1,i} & -B_{F1,i} \\ B_{F2,i} & G_{F2,i} \end{bmatrix}\begin{bmatrix} c_{\delta,ii} \\ d_{\delta,ii} \end{bmatrix} + \begin{bmatrix} a_{\delta i} \\ b_{\delta i} \end{bmatrix} & (i = j) \end{cases} \tag{5-33}$$

至此，各发电机端电压、端电流在 xy 坐标下增量表达式全部导出，由式（5−29）及式（5−31）表示，矩阵形式为式（5−30）和式（5−32），是 $\Delta \boldsymbol{E}_q'$ 和 $\Delta \boldsymbol{\delta}$ 的函数。下面分别列出励磁系统、原动机和调速器、PSS 和发电机转子的微分方程，再将之线性化，然后根据式（5−29）及式（5−31）消去其中代数量，从而最终得到只保留状态量的系统线性化模型。

（4）励磁系统、原动机和调速器、PSS 方程处理。

根据图 4−5（a），励磁系统可以用电压调节器输出电压 ΔU_A、励磁系统输出电压 ΔE_f 及励磁反馈电压 ΔU_F 为状态量，表示为一阶线性微分方程组形式：

$$\begin{cases} T_A p \Delta U_A = -\Delta U_A - K_A \Delta U_F + K_A(-\Delta U_t + \Delta U_{PSS}) \\ T_E p \Delta E_f = -\Delta E_f + \Delta U_A \\ T_F p \Delta U_F = -\Delta U_F + K_F p \Delta E_f = -\Delta U_F + \dfrac{K_F}{T_E}(-\Delta E_f + \Delta U_A) \end{cases} \tag{5-34}$$

化为状态方程形式为

$$\begin{bmatrix} \Delta \dot{U}_A \\ \Delta \dot{E}_f \\ \Delta \dot{U}_F \end{bmatrix} = \begin{bmatrix} -\dfrac{1}{T_A} & 0 & -\dfrac{K_A}{T_A} \\ \dfrac{1}{T_E} & -\dfrac{1}{T_E} & 0 \\ \dfrac{K_F}{T_F T_E} & -\dfrac{K_F}{T_F T_E} & -\dfrac{1}{T_F} \end{bmatrix} \begin{bmatrix} \Delta U_A \\ \Delta E_f \\ \Delta U_F \end{bmatrix} + \begin{bmatrix} -\dfrac{K_A}{T_A} & \dfrac{K_A}{T_A} \\ 0 & 0 \\ 0 & 0 \end{bmatrix} \begin{bmatrix} \Delta U_t \\ \Delta U_{PSS} \end{bmatrix} \tag{5-35}$$

式中，$\Delta U_t = \dfrac{1}{U_t}(U_x \Delta U_x + U_y \Delta U_y)$，为发电机端电压增量，待消去；$\Delta U_{PSS}$为 PSS 输出。

励磁系统若用传递函数表示，则

$$\frac{\Delta E_f}{-\Delta U_t + \Delta U_{PSS}} \overset{\text{def}}{=} G_E(p) = \frac{K_A(1 + T_F p)}{(1 + T_A p)(1 + T_E p)(1 + T_F p) + K_A K_F p} \tag{5-36}$$

同理，由图 4−5(b) 可导出原动机、调速器的一阶微分方程组表达形式。在忽略了死区及限幅作用后，对于水轮机以 ΔP_m，$\Delta \mu$ 和 Δx_2 为状态量（无 Δx_1），有

$$\begin{cases} T_0 p \Delta P_m = -\Delta P_m + K_{mH}(\Delta \mu - T_W p \Delta \mu) \\ \qquad = -\Delta P_m + K_{mH} \Delta \mu - \dfrac{K_{mH} T_W}{T_S}(-K_\delta \Delta \omega - K_i \Delta \mu - \Delta x_2) \\ T_s p \Delta \mu = -K_\delta \Delta \omega - K_i \Delta \mu - \Delta x_2 \\ T_i p \Delta x_2 = -\Delta x_2 + K_\beta T_i p \Delta \mu = -\Delta x_2 + \dfrac{K_\beta T_i}{T_S}(-K_\delta \Delta \omega - K_i \Delta \mu - \Delta x_2) \end{cases} \tag{5-37}$$

相应的状态方程为

$$\begin{bmatrix}\Delta\dot{P}_m\\ \Delta\dot{\mu}\\ \Delta\dot{x}_2\end{bmatrix}=\begin{bmatrix}-\dfrac{1}{T_0} & \dfrac{K_{mH}}{T_0}\left(1+\dfrac{T_W K_i}{T_S}\right) & \dfrac{K_{mH}T_W}{T_0 T_S}\\ 0 & -\dfrac{K_i}{T_S} & -\dfrac{1}{T_S}\\ 0 & -\dfrac{K_\beta K_i}{T_S} & -\left(\dfrac{K_\beta}{T_S}+\dfrac{1}{T_i}\right)\end{bmatrix}\begin{bmatrix}\Delta P_m\\ \Delta\mu\\ \Delta x_2\end{bmatrix}+\begin{bmatrix}\dfrac{K_{mH}T_W K_\delta}{T_S T_0}\\ -\dfrac{K_\delta}{T_S}\\ -\dfrac{K_\delta K_\beta}{T_S}\end{bmatrix}\Delta\omega \tag{5-38}$$

对于汽轮机，由于无软反馈，以 ΔP_m，$\Delta\mu$ 和 Δx_1 为状态量［见图 4−5(b)］，同样可导出状态方程形式的表达式：

$$\begin{bmatrix}\Delta\dot{P}_m\\ \Delta\dot{\mu}\\ \Delta\dot{x}_1\end{bmatrix}=\begin{bmatrix}-\dfrac{1}{T_{RH}} & \dfrac{\alpha K_{mH}}{T_0}(1+\dfrac{T_W}{T_S}K_i) & \dfrac{1}{T_{RH}}-\dfrac{\alpha}{T_0}\\ 0 & -\dfrac{1}{T_S} & 0\\ 0 & \dfrac{K_{mH}}{T_0}\left(1+\dfrac{T_W K_i}{T_S}\right) & -\dfrac{1}{T_0}\end{bmatrix}\begin{bmatrix}\Delta P_m\\ \Delta\mu\\ \Delta x_1\end{bmatrix}+\begin{bmatrix}\dfrac{\alpha K_{mH}T_W K_\delta}{T_S T_0}\\ -\dfrac{K_\delta}{T_S}\\ \dfrac{K_{mH}T_W K_\delta}{T_S T_0}\end{bmatrix}\Delta\omega \tag{5-39}$$

对于原动机调速器也可表示为传递函数形式，即定义

$$\frac{\Delta P_m}{-\Delta\omega}=G_{GOV}(p) \tag{5-40}$$

由图 4−5(b)，对于水轮机或汽轮机，可以方便地导出相应的原动机和调速器的传递函数，也可由式（5−38）和式（5−39）消去 ΔP_m 和 $\Delta\omega$ 以外的变量获得。

根据图 4−5（c）的传递函数框图，电力系统稳定器 PSS 可表示为等值的传递函数框图，其状态量 y_1，y_2，y_3 的定义如图 5−2 所示。当以 $\Delta\omega$ 为输入量时，$K_\omega=1$，$K_P=0$；当以 ΔP_e 为输入量时，$K_\omega=0$，$K_P=1$。

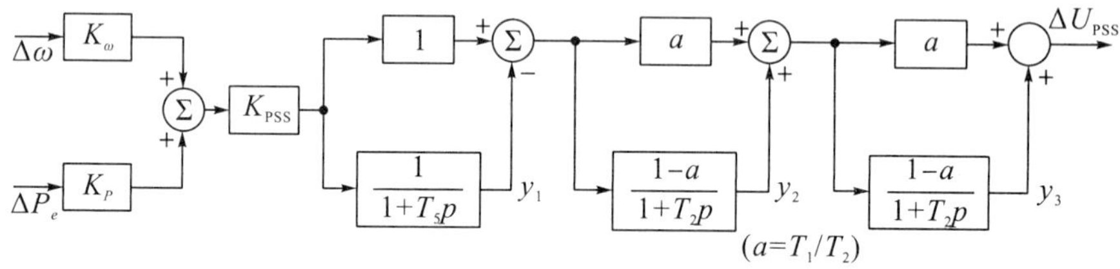

图 5−2　PSS 的等值传递函数框图

PSS 的线性化一阶微分方程组为

$$\begin{cases}T_5 p y_1=-y_1+K_{PSS}(K_\omega\Delta\omega+K_P\Delta P_e)\\ T_2 p y_2=-y_2+(1-a)[K_{PSS}(K_\omega\Delta\omega+K_P\Delta P_e)-y_1]\\ T_2 p y_3=-y_3+(1-a)\{y_2+a[-y_1+K_{PSS}(K_\omega\Delta\omega+K_P\Delta P_e)]\}\end{cases} \tag{5-41}$$

式中，$a=T_1/T_2$。此外

$$\Delta U_{PSS}=y_3+ay_2-a^2y_1+a^2K_{PSS}(K_\omega\Delta\omega+K_P\Delta P_e) \tag{5-42}$$

将式（5−41）化为标准状态方程形式为

$$\begin{bmatrix}\dot{y}_1\\ \dot{y}_2\\ \dot{y}_3\end{bmatrix}=\begin{bmatrix}-\dfrac{1}{T_5} & 0 & 0\\ -\dfrac{1-a}{T_2} & -\dfrac{1}{T_2} & 0\\ -\dfrac{(1-a)a}{T_2} & \dfrac{1-a}{T_2} & -\dfrac{1}{T_2}\end{bmatrix}\begin{bmatrix}y_1\\ y_2\\ y_3\end{bmatrix}+\begin{bmatrix}\dfrac{K_{\text{PSS}}}{T_5}\\ \dfrac{K_{\text{PSS}}(1-a)}{T_2}\\ \dfrac{K_{\text{PSS}}a(1-a)}{T_2}\end{bmatrix}[K_\omega\Delta\omega+K_P\Delta P_e] \tag{5-43}$$

式中，ΔP_e为代数量，待消去。

PSS 也可表示为传递函数形式，由图 4−5(c) 可导出$G_{\text{PSS}}(p)$的表达式为

$$G_{\text{PSS}}(p)=\frac{\Delta U_{\text{PSS}}}{K_P\Delta P_e+K_\omega\Delta\omega} \tag{5-44}$$

(5) 全系统状态方程及传递函数框图。

将三阶发电机微分方程线性化，得矩阵形式发电机方程为

$$\begin{cases}p\Delta\boldsymbol{\delta}=\Delta\boldsymbol{\omega}\\ \boldsymbol{M}p\Delta\boldsymbol{\omega}=\Delta\boldsymbol{P}_m-\Delta\boldsymbol{P}_e-\boldsymbol{D}\Delta\boldsymbol{\omega}\\ \boldsymbol{T}'_{d0}p\Delta\boldsymbol{E}'_q=\Delta\boldsymbol{E}_f-\Delta\boldsymbol{E}_q\end{cases} \tag{5-45}$$

再和传递函数形式的各发电机励磁系统、原动机调速系统、PSS 的微分方程式(5−36)、式(5−40) 和式(5−44) 联立，得

$$\begin{cases}\Delta\boldsymbol{E}_f=\boldsymbol{G}_{\text{E}}(p)(-\Delta\boldsymbol{U}_t+\Delta\boldsymbol{U}_{\text{PSS}})\\ \Delta\boldsymbol{P}_m=-\boldsymbol{G}_{\text{GOV}}(p)\Delta\boldsymbol{\omega}\\ \Delta\boldsymbol{U}_{\text{PSS}}=\boldsymbol{G}_{\text{PSS}}(p)(\boldsymbol{K}_P\Delta\boldsymbol{P}_e+\boldsymbol{K}_\omega\Delta\boldsymbol{\omega})\end{cases} \tag{5-46}$$

式(5−45) 和式(5−46) 中，$\boldsymbol{M}$，$\boldsymbol{D}$，$\boldsymbol{T}'_{d0}$，$\boldsymbol{G}_{\text{E}}(p)$，$\boldsymbol{G}_{\text{PSS}}(p)$，$\boldsymbol{G}_{\text{GOV}}(p)$，$\boldsymbol{K}_P$，$\boldsymbol{K}_\omega$是$n$机相应元构成的对角阵，其他矢量则为$n$机对应的状态量或代数量构成的矢量。式中$\Delta\boldsymbol{P}_e$，$\Delta\boldsymbol{E}_q$，$\Delta\boldsymbol{U}_t$为代数量，有待于消去，下面导出消去$\Delta\boldsymbol{P}_e$，$\Delta\boldsymbol{E}_q$，$\Delta\boldsymbol{U}_t$用的表达式。

在忽略发电机定子绕组内阻时，i号机电磁功率增量为

$$\Delta P_{ei}=U_{xi}\Delta I_{xi}+I_{xi}\Delta U_{xi}+U_{yi}\Delta I_{yi}+I_{yi}\Delta U_{yi}\quad(i=1,2,\cdots,n) \tag{5-47}$$

若记$\text{diag}(U_{xi})=\text{diag}(U_{x1},U_{x2},\cdots,U_{xn})$，同理定义$\text{diag}(U_{yi})$，$\text{diag}(I_{xi})$和$\text{diag}(I_{yi})$，则将式(5−30) 和式(5−32) 的$\Delta\boldsymbol{U}_x$，$\Delta\boldsymbol{U}_y$，$\Delta\boldsymbol{I}_x$，$\Delta\boldsymbol{I}_y$代入式(5−47) 相应的矩阵表达式，有

$$\begin{aligned}\Delta\boldsymbol{P}_e&=\text{diag}(U_{xi})(\boldsymbol{e}_q\Delta\boldsymbol{E}'_q+\boldsymbol{e}_\delta\Delta\boldsymbol{\delta})+\text{diag}(U_{yi})(\boldsymbol{f}_q\Delta\boldsymbol{E}'_q+\boldsymbol{f}_\delta\Delta\boldsymbol{\delta})+\\&\quad\text{diag}(I_{xi})(\boldsymbol{c}_q\Delta\boldsymbol{E}'_q+\boldsymbol{c}_\delta\Delta\boldsymbol{\delta})+\text{diag}(I_{yi})(\boldsymbol{d}_q\Delta\boldsymbol{E}'_q+\boldsymbol{d}_\delta\Delta\boldsymbol{\delta})\\&\overset{\text{def}}{=}\boldsymbol{K}_1\Delta\boldsymbol{\delta}+\boldsymbol{K}_2\Delta\boldsymbol{E}'_q\end{aligned} \tag{5-48}$$

式中，

$$\begin{cases}\boldsymbol{K}_1=\text{diag}(U_{xi})\boldsymbol{e}_\delta+\text{diag}(U_{yi})\boldsymbol{f}_\delta+\text{diag}(I_{xi})\boldsymbol{c}_\delta+\text{diag}(I_{yi})\boldsymbol{d}_\delta\\ \boldsymbol{K}_2=\text{diag}(U_{xi})\boldsymbol{e}_q+\text{diag}(U_{yi})\boldsymbol{f}_q+\text{diag}(I_{xi})\boldsymbol{c}_q+\text{diag}(I_{yi})\boldsymbol{d}_q\end{cases} \tag{5-49}$$

下面推导消去$\Delta\boldsymbol{E}_q$用的表达式。由于

$$E_{qi}=E'_{qi}+(X_{di}-X'_{di})I_{di}=E'_{qi}+(X_{di}-X'_{di})(\sin\delta_iI_{xi}-\cos\delta_iI_{yi}) \tag{5-50}$$

故

$$\Delta E_{qi}=\Delta E'_{qi}+(X_{di}+X'_{di})[(\cos\delta_iI_{xi}+\sin\delta_iI_{yi})\Delta\delta_i+\sin\delta_i\Delta I_{xi}-\cos\delta_i\Delta I_{yi}]$$

$$(i = 1,2,\cdots,n) \tag{5-51}$$

将式（5－32）的 $\Delta \boldsymbol{I}_x$ 和 $\Delta \boldsymbol{I}_y$ 代入式（5－51）的矩阵形式，可得

$$\begin{aligned}\Delta \boldsymbol{E}_q &= \Delta \boldsymbol{E}_q' + \mathrm{diag}(X_{di} - X_{di}')[\mathrm{diag}(\cos\delta_i I_{xi} + \sin\delta_i I_{yi})\Delta\delta + \\ &\quad \mathrm{diag}(\sin\delta_i)(\boldsymbol{e}_q \Delta \boldsymbol{E}_q' + \boldsymbol{e}_\delta \Delta\boldsymbol{\delta}) - \mathrm{diag}(\cos\delta_i)(\boldsymbol{f}_q \Delta \boldsymbol{E}_q' + \boldsymbol{f}_\delta \Delta\boldsymbol{\delta})] \\ &\overset{\mathrm{def}}{=} \Delta \boldsymbol{K}_4 \Delta\boldsymbol{\delta} + \boldsymbol{K}_3 \Delta \boldsymbol{E}_q'\end{aligned} \tag{5-52}$$

式中，$\mathrm{diag}(f(\boldsymbol{x}_i)) = \mathrm{diag}(f(\boldsymbol{x}_1), f(\boldsymbol{x}_2), \cdots, f(\boldsymbol{x}_n))$，$\boldsymbol{K}_4 = \mathrm{diag}(X_{di} - X_{di}')[\mathrm{diag}(\cos\delta_i I_{xi} + \sin\delta_i I_{yi}) + \mathrm{diag}(\sin\delta_i)\boldsymbol{e}_\delta - \mathrm{diag}(\cos\delta_i)\boldsymbol{f}_\delta]$，$\boldsymbol{K}_3 = \boldsymbol{I} + \mathrm{diag}(X_{di} - X_{di}')[\mathrm{diag}(\sin\delta_i)\,\boldsymbol{e}_q - \mathrm{diag}(\cos\delta_i)\boldsymbol{f}_q]$，$\boldsymbol{I}$ 为单位阵。 （5－53）

另外，发电机端电压为

$$\Delta U_{ti} = \frac{1}{U_{ti}}(U_{xi}\Delta U_{xi} + U_{yi}\Delta U_{yi}) \quad (i = 1,2,\cdots,n) \tag{5-54}$$

将式（5－30）代入式（5－54）的矩阵形式，有

$$\begin{aligned}\Delta U_t &= \mathrm{diag}\left(\frac{U_{xi}}{U_{ti}}\right)(\boldsymbol{c}_q \Delta \boldsymbol{E}_q' + \boldsymbol{c}_\delta \Delta\boldsymbol{\delta}) + \mathrm{diag}\left(\frac{U_{yi}}{U_{ti}}\right)(\boldsymbol{d}_q \Delta \boldsymbol{E}_q' + \boldsymbol{d}_\delta \Delta\boldsymbol{\delta}) \\ &\overset{\mathrm{def}}{=} \boldsymbol{K}_5 \Delta\boldsymbol{\delta} + \boldsymbol{K}_6 \Delta \boldsymbol{E}_q'\end{aligned} \tag{5-55}$$

式中，

$$\begin{aligned}&\mathrm{diag}(f(\boldsymbol{x}_i)) = \mathrm{diag}(f(\boldsymbol{x}_1), f(\boldsymbol{x}_2), \cdots, f(\boldsymbol{x}_n)) \\ &\boldsymbol{K}_5 = \mathrm{diag}\left(\frac{U_{xi}}{U_{ti}}\right)\boldsymbol{c}_\delta + \mathrm{diag}\left(\frac{U_{yi}}{U_{ti}}\right)\boldsymbol{d}_\delta \\ &\boldsymbol{K}_6 = \mathrm{diag}\left(\frac{U_{xi}}{U_{ti}}\right)\boldsymbol{c}_q + \mathrm{diag}\left(\frac{U_{yi}}{U_{ti}}\right)\boldsymbol{d}_q\end{aligned} \tag{5-56}$$

将式(5－48)、式(5－52)、式(5－55）代入式(5－45）及式(5－46)，消去代数量 $\Delta \boldsymbol{P}_e$，$\Delta \boldsymbol{E}_q$ 及 $\Delta \boldsymbol{U}_t$，则全系统含传递函数 $\boldsymbol{G}_E(p)$，$\boldsymbol{G}_{\mathrm{GOV}}(p)$，$\boldsymbol{G}_{\mathrm{PSS}}(p)$ 的算子形式的线性化数学模型为

$$\begin{cases} p\Delta\boldsymbol{\delta} = \Delta\boldsymbol{\omega} \\ \boldsymbol{M}p\Delta\boldsymbol{\omega} = \Delta\boldsymbol{P}_m - (\boldsymbol{K}_1\Delta\boldsymbol{\delta} + \boldsymbol{K}_2\Delta\boldsymbol{E}_q') - \boldsymbol{D}\Delta\boldsymbol{\omega} \\ \boldsymbol{T}_{d0}' p\Delta\boldsymbol{E}_q' = \Delta\boldsymbol{E}_f - (\boldsymbol{K}_4\Delta\boldsymbol{\delta} + \boldsymbol{K}_3\Delta\boldsymbol{E}_q') \\ \Delta\boldsymbol{E}_f = \boldsymbol{G}_E(p)[-(\boldsymbol{K}_5\Delta\boldsymbol{\delta} + \boldsymbol{K}_6\Delta\boldsymbol{E}_q') + \Delta\boldsymbol{U}_{\mathrm{PSS}}] \\ \Delta\boldsymbol{P}_m = -\boldsymbol{G}_{\mathrm{GOV}}(p)\Delta\boldsymbol{\omega} \\ \Delta\boldsymbol{U}_{\mathrm{PSS}} = \boldsymbol{G}_{\mathrm{PSS}}(p)[\boldsymbol{K}_P(\boldsymbol{K}_1\Delta\delta + \boldsymbol{K}_2\Delta\boldsymbol{E}_q') + \boldsymbol{K}_\omega\Delta\boldsymbol{\omega}] \end{cases} \tag{5-57}$$

式中，$\boldsymbol{K}_1 \sim \boldsymbol{K}_6$ 为反映网络结构、元件参数、运行工况和负荷特性的系数矩阵。$\boldsymbol{K}_1 \sim \boldsymbol{K}_6$ 均为满阵，反映了机组间的耦合，其中 $\boldsymbol{K}_1$ 矩阵每一行元素相加所得值为零，$\boldsymbol{K}_4$ 和 $\boldsymbol{K}_5$ 也有此性质，这是因为当 $\Delta\boldsymbol{\delta} = (a, a, \cdots, a)^{\mathrm{T}}$ 时引起的 $\Delta\boldsymbol{P}_e$，$\Delta\boldsymbol{E}_q$，$\Delta\boldsymbol{U}_t$ 为零这一物理特性造成的。$\boldsymbol{K}_3$ 与 $\boldsymbol{K}_4$ 的定义由于历史的原因，和 $\boldsymbol{K}_1$ 与 $\boldsymbol{K}_2$ 及 $\boldsymbol{K}_5$ 与 $\boldsymbol{K}_6$ 的下标顺序不一致，且本书中的 $\boldsymbol{K}_3$ 与有些文献中定义的 $\boldsymbol{K}_3$ 互为逆矩阵，应予以注意。式（5－57）相应的矩阵形式和传递函数框图如图 5－3 所示，和单机无穷大系统的相应传递函数框图（图 4－4）比较，可知完全相似。式（5－57）用于频域的动态稳定分析，以及作为降阶分析的基础，其特点是适用于各种不同的 $\boldsymbol{G}_{\mathrm{PSS}}(p)$，$\boldsymbol{G}_{\mathrm{GOV}}(p)$ 及 $\boldsymbol{G}_E(p)$ 传递函数，具有一般性。

下面根据上述发电机、励磁系统、原动机、调速器和 PSS 的线性化微分方程组表达

式，建立全系统标准的状态方程模型。若将全系统变量排列为

$$\Delta \boldsymbol{X} = (\Delta \boldsymbol{\delta}^{\mathrm{T}}, \Delta \boldsymbol{\omega}^{\mathrm{T}}, \Delta \boldsymbol{E}'^{\mathrm{T}}_q, \Delta \boldsymbol{X}_E^{\mathrm{T}}, \Delta \boldsymbol{X}_{\mathrm{GOV}}^{\mathrm{T}}, \Delta \boldsymbol{X}_{\mathrm{PSS}}^{\mathrm{T}})^{\mathrm{T}} \tag{5-58}$$

式中，$\Delta \boldsymbol{X}_E = (\Delta \boldsymbol{U}_A^{\mathrm{T}}, \Delta \boldsymbol{E}_f^{\mathrm{T}}, \Delta \boldsymbol{U}_F^{\mathrm{T}})^{\mathrm{T}}$；$\Delta \boldsymbol{X}_{\mathrm{GOV}} = (\Delta \boldsymbol{P}_m^{\mathrm{T}}, \Delta \boldsymbol{\mu}^{\mathrm{T}}, \Delta \boldsymbol{x}_m^{\mathrm{T}})^{\mathrm{T}}$；$\Delta \boldsymbol{x}_m$ 中，$m=1$：汽轮机，$m=2$：水轮机；$\Delta \boldsymbol{X}_{\mathrm{PSS}} = (\boldsymbol{y}_1^{\mathrm{T}}, \boldsymbol{y}_2^{\mathrm{T}}, \boldsymbol{y}_3^{\mathrm{T}})^{\mathrm{T}}$。

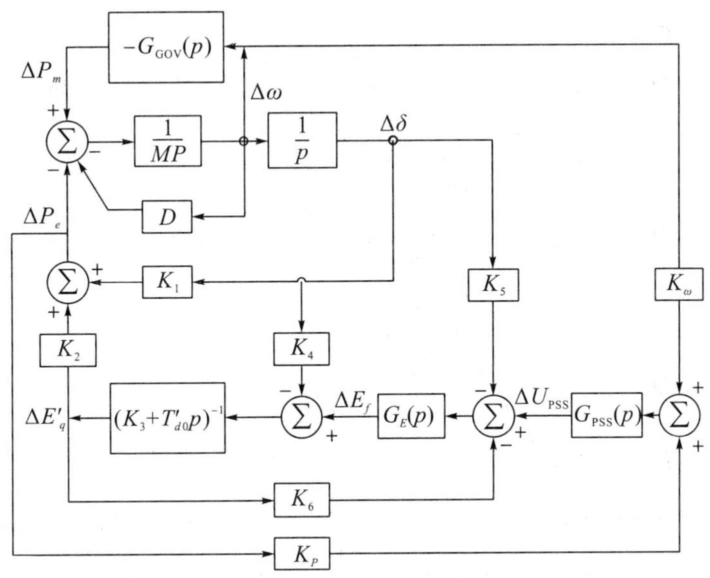

图 5－3　多机系统线性化模型传递函数框图

发电机的状态方程，即式（5－57）的前三式为

$$\begin{cases} \Delta \dot{\boldsymbol{\delta}} = \Delta \boldsymbol{\omega} \\ \Delta \dot{\boldsymbol{\omega}} = -\boldsymbol{M}^{-1}\boldsymbol{K}_1 \Delta \boldsymbol{\delta} - \boldsymbol{M}^{-1}\boldsymbol{D}\Delta \boldsymbol{\omega} - \boldsymbol{M}^{-1}\boldsymbol{K}_2 \Delta \boldsymbol{E}'_q + \boldsymbol{M}^{-1}\Delta \boldsymbol{P}_m \\ \Delta \dot{\boldsymbol{E}}'_q = -(\boldsymbol{T}'_{d0})^{-1}\boldsymbol{K}_4 \Delta \boldsymbol{\delta} - (\boldsymbol{T}'_{d0})^{-1}\boldsymbol{K}_3 \Delta \boldsymbol{E}'_q + (\boldsymbol{T}'_{d0})^{-1}\Delta \boldsymbol{E}_f \end{cases} \tag{5-59}$$

对励磁系统的状态空间表达式（5－35），需将其中代数量 ΔU_t 及 ΔU_{PSS} 消去，而由式（5－42）可得各发电机 $\Delta U_{\mathrm{PSS},i}$ 的矩阵形式的表达式

$$\begin{aligned} \Delta U_{\mathrm{PSS}} = & -\mathrm{diag}(a_i^2)\boldsymbol{y}_1 + \mathrm{diag}(a_i)\boldsymbol{y}_2 + \boldsymbol{y}_3 + \mathrm{diag}(a_i^2 K_{\mathrm{PSS},i} K_{\omega i})\Delta \boldsymbol{\omega} + \\ & \mathrm{diag}(a_i^2 K_{\mathrm{PSS},i} K_{Pi})(\boldsymbol{K}_1 \Delta \boldsymbol{\delta} + \boldsymbol{K}_2 \Delta \boldsymbol{E}'_q) \end{aligned} \tag{5-60}$$

将式（5－60）及式（5－55）代入式（5－35）相对应的矩阵形式表达式，消去 $\Delta \boldsymbol{U}_t$ 及 $\Delta \boldsymbol{U}_{\mathrm{PSS}}$，可得励磁系统的状态方程为

$$\begin{bmatrix} \Delta \dot{\boldsymbol{U}}_A \\ \Delta \dot{\boldsymbol{E}}_f \\ \Delta \dot{\boldsymbol{U}}_F \end{bmatrix} = \begin{bmatrix} \boldsymbol{A}_{11} & 0 & \boldsymbol{A}_{13} \\ \boldsymbol{A}_{21} & \boldsymbol{A}_{22} & 0 \\ \boldsymbol{A}_{31} & \boldsymbol{A}_{32} & \boldsymbol{A}_{33} \end{bmatrix} \cdot \begin{bmatrix} \Delta \boldsymbol{U}_A \\ \Delta \boldsymbol{E}_f \\ \Delta \boldsymbol{U}_F \end{bmatrix} + \begin{bmatrix} \boldsymbol{D}_{11} & \boldsymbol{D}_{12} & \boldsymbol{D}_{13} & \boldsymbol{D}_{14} & \boldsymbol{D}_{15} & \boldsymbol{D}_{16} \\ & & \boldsymbol{0}_{(n\times 6n)} & & & \\ & & \boldsymbol{0}_{(n\times 6n)} & & & \end{bmatrix} \begin{bmatrix} \Delta \boldsymbol{\delta} \\ \Delta \boldsymbol{\omega} \\ \Delta \boldsymbol{E}'_q \\ \boldsymbol{y}_1 \\ \boldsymbol{y}_2 \\ \boldsymbol{y}_3 \end{bmatrix} \tag{5-61}$$

式中，

$$
\begin{cases}
\boldsymbol{A}_{11}=\operatorname{diag}(-1/T_{Ai})=\operatorname{diag}\left(\dfrac{-1}{T_{A1}},\dfrac{-1}{T_{A2}},\cdots,\dfrac{-1}{T_{An}}\right)\\
\boldsymbol{A}_{13}=\operatorname{diag}(-K_{Ai}/T_{Ai})\\
\boldsymbol{A}_{21}=\operatorname{diag}(1/T_{Ei})=-\boldsymbol{A}_{22}\\
\boldsymbol{A}_{31}=\operatorname{diag}(-K_{Fi}/(T_{Fi}T_{Ei}))=-\boldsymbol{A}_{32}\\
\boldsymbol{A}_{33}=\operatorname{diag}(-1/T_{Fi})\\
\boldsymbol{D}_{11}=\operatorname{diag}(-K_{Ai}/T_{Ai})\boldsymbol{K}_5+\operatorname{diag}\left(\dfrac{K_{Ai}}{T_{Ai}}a_i^2K_{\mathrm{PSS},i}K_{Pi}\right)\boldsymbol{K}_1\\
\boldsymbol{D}_{12}=\operatorname{diag}\left(\dfrac{K_{Ai}}{T_{Ai}}a_i^2K_{\mathrm{PSS},i}K_{\omega i}\right)\\
\boldsymbol{D}_{13}=\operatorname{diag}(-K_{Ai}/T_{Ai})\boldsymbol{K}_6+\operatorname{diag}\left(\dfrac{K_{Ai}}{T_{Ai}}a_i^2K_{\mathrm{PSS},i}K_{Pi}\right)\boldsymbol{K}_2\\
\boldsymbol{D}_{14}=\operatorname{diag}\left(-\dfrac{K_{Ai}a_i^2}{T_{Ai}}\right)\\
\boldsymbol{D}_{15}=\operatorname{diag}\left(\dfrac{K_{Ai}a_i}{T_{Ai}}\right)\\
\boldsymbol{D}_{16}=\operatorname{diag}\left(\dfrac{K_{Ai}}{T_{Ai}}\right)
\end{cases}
\tag{5-62}
$$

原动机、调速器方程可根据式（5−38）或式（5−39）改写成矩阵形式的状态方程，即

$$
\begin{bmatrix}\Delta\dot{\boldsymbol{P}}_m\\ \Delta\dot{\boldsymbol{\mu}}\\ \Delta\dot{\boldsymbol{x}}_m\end{bmatrix}=\begin{bmatrix}\boldsymbol{B}_{11}&\boldsymbol{B}_{12}&\boldsymbol{B}_{13}\\ \boldsymbol{0}&\boldsymbol{B}_{22}&\boldsymbol{B}_{23}\\ \boldsymbol{0}&\boldsymbol{B}_{32}&\boldsymbol{B}_{33}\end{bmatrix}\begin{bmatrix}\Delta\boldsymbol{P}_m\\ \Delta\boldsymbol{\mu}\\ \Delta\boldsymbol{X}_m\end{bmatrix}+\begin{bmatrix}\boldsymbol{E}_{11}\\ \boldsymbol{E}_{21}\\ \boldsymbol{E}_{31}\end{bmatrix}\Delta\boldsymbol{\omega}
\tag{5-63}
$$

式中，$\Delta\boldsymbol{X}_m$第j号元素若对于水轮机为Δx_{2j}，对于汽轮机为Δx_{1j}；另外，$\boldsymbol{B}_{ij}$（$i=1\sim3$，$j=1\sim3$）与$\boldsymbol{E}_{ij}$（$i=1\sim3$，$j=1$）为对角子矩阵，各子矩阵第j个对角元在j号机为水轮机时取下列各式中分号前的值，j号机为汽轮机时取分号后的值。

$$
\begin{array}{lll}
 & j\text{为水轮机} & j\text{为汽轮机}\\
(\boldsymbol{B}_{11})_j= & -\dfrac{1}{T_{0j}} & ;\quad -\dfrac{1}{T_{RHj}}\\
(\boldsymbol{B}_{12})_j= & \dfrac{K_{mHj}}{T_{0j}}\left(1+\dfrac{T_{Wj}K_{ij}}{T_{Sj}}\right) & ;\quad \dfrac{\alpha_jK_{mHj}}{T_{0j}}\left(1+\dfrac{T_{Wi}K_{ij}}{T_{Sj}}\right)\\
(\boldsymbol{B}_{13})_j= & \dfrac{K_{mHj}T_{Wj}}{T_{0j}T_{Sj}} & ;\quad \left(\dfrac{1}{T_{RHj}}-\dfrac{\alpha_j}{T_{0j}}\right)\\
(\boldsymbol{B}_{22})_j= & -\dfrac{K_{ij}}{T_{Sj}} & ;\quad -\dfrac{1}{T_{Sj}}\\
(\boldsymbol{B}_{23})_j= & -\dfrac{1}{T_{Sj}} & ;\quad 0\\
(\boldsymbol{B}_{32})_j= & -\dfrac{K_{\beta j}K_{ij}}{T_{Sj}} & ;\quad \dfrac{K_{mHj}}{T_{0j}}\left(1+\dfrac{T_{Wj}K_{ij}}{T_{Sj}}\right)\\
(\boldsymbol{B}_{33})_j= & -\left(\dfrac{K_{\beta j}}{T_{Sj}}+\dfrac{1}{T_{ij}}\right) & ;\quad -\dfrac{1}{T_{0j}}
\end{array}
$$

$$
\begin{aligned}
(\boldsymbol{E}_{11})_j &= \frac{K_{mHj}T_{Wj}K_{\delta j}}{T_{Sj}T_{0j}} &;&\quad \frac{\alpha_j K_{mHj}T_{Wj}K_{\delta j}}{T_{Sj}T_{0j}} \\
(\boldsymbol{E}_{21})_j &= -\frac{K_{\delta j}}{T_{Sj}} &;&\quad -\frac{K_{\delta j}}{T_{Sj}} \\
(\boldsymbol{E}_{31})_j &= -\frac{K_{\delta j}K_{\beta j}}{T_{Sj}} &;&\quad \frac{K_{mHj}T_{Wj}K_{\delta j}}{T_{Sj}T_{0j}}
\end{aligned} \tag{5-64}
$$

同理，PSS 方程可根据式（5—43）表示为矩阵形式的状态方程，即

$$
\begin{bmatrix} \dot{\boldsymbol{y}}_1 \\ \dot{\boldsymbol{y}}_2 \\ \dot{\boldsymbol{y}}_3 \end{bmatrix} = \begin{bmatrix} \boldsymbol{C}_{11} & \boldsymbol{0} & \boldsymbol{0} \\ \boldsymbol{C}_{21} & \boldsymbol{C}_{22} & \boldsymbol{0} \\ \boldsymbol{C}_{31} & \boldsymbol{C}_{32} & \boldsymbol{C}_{33} \end{bmatrix} \begin{bmatrix} \boldsymbol{y}_1 \\ \boldsymbol{y}_2 \\ \boldsymbol{y}_3 \end{bmatrix} + \begin{bmatrix} \boldsymbol{F}_{11} & \boldsymbol{F}_{12} & \boldsymbol{F}_{13} \\ \boldsymbol{F}_{21} & \boldsymbol{F}_{22} & \boldsymbol{F}_{23} \\ \boldsymbol{F}_{31} & \boldsymbol{F}_{32} & \boldsymbol{F}_{33} \end{bmatrix} \begin{bmatrix} \Delta\boldsymbol{\delta} \\ \Delta\boldsymbol{\omega} \\ \Delta\boldsymbol{E}'_q \end{bmatrix} \tag{5-65}
$$

式中，

$$
\begin{aligned}
&\boldsymbol{C}_{11} = \mathrm{diag}\left(\frac{-1}{T_{5i}}\right), && \boldsymbol{C}_{21} = \mathrm{diag}\left(\frac{-(1-a_i)}{T_{2i}}\right), \\
&\boldsymbol{C}_{22} = \mathrm{diag}\left(\frac{-1}{T_{2i}}\right), && \boldsymbol{C}_{31} = \mathrm{diag}\left(\frac{-a_i(1-a_i)}{T_{2i}}\right), \\
&\boldsymbol{C}_{32} = \mathrm{diag}\left(\frac{1-a_i}{T_{2i}}\right), && \boldsymbol{C}_{33} = \mathrm{diag}(-1/T_{2i}) = \boldsymbol{C}_{22}, \\
&\boldsymbol{F}_{11} = \mathrm{diag}\left(\frac{K_{\mathrm{PSS},i}K_{Pi}}{T_{5i}}\right)\boldsymbol{K}_1, && \boldsymbol{F}_{12} = \mathrm{diag}\left(\frac{K_{\mathrm{PSS},i}K_{\omega i}}{T_{5i}}\right), \\
&\boldsymbol{F}_{13} = \mathrm{diag}\left(\frac{K_{\mathrm{PSS},i}K_{Pi}}{T_{5i}}\right)\boldsymbol{K}_2, && \boldsymbol{F}_{21} = \mathrm{diag}\left(\frac{K_{\mathrm{PSS},i}(1-a_i)K_{Pi}}{T_{2i}}\right)\boldsymbol{K}_1, \\
&\boldsymbol{F}_{22} = \mathrm{diag}\left(\frac{K_{\mathrm{PSS},i}(1-a_i)K_{\omega i}}{T_{2i}}\right), && \boldsymbol{F}_{23} = \mathrm{diag}\left(\frac{K_{\mathrm{PSS},i}(1-a_i)K_{Pi}}{T_{2i}}\right)\boldsymbol{K}_2, \\
&\boldsymbol{F}_{31} = \mathrm{diag}\left(\frac{K_{\mathrm{PSS},i}a_i(1-a_i)K_{Pi}}{T_{2i}}\right)\boldsymbol{K}_1, && \boldsymbol{F}_{32} = \mathrm{diag}\left(\frac{K_{\mathrm{PSS},i}(1-a_i)a_iK_{\omega i}}{T_{2i}}\right), \\
&\boldsymbol{F}_{33} = \mathrm{diag}\left(\frac{K_{\mathrm{PSS},i}a_i(1-a_i)K_{Pi}}{T_{2i}}\right)\boldsymbol{K}_2
\end{aligned} \tag{5-66}
$$

由式（5—59）、式（5—61）～式（5—65），可汇总得全系统线性化状态方程为

$$
\begin{bmatrix} \Delta\dot{\delta} \\ \Delta\dot{\omega} \\ \Delta\dot{E}'_q \\ \Delta\dot{U}_A \\ \Delta\dot{E}_f \\ \Delta U_F \\ \Delta\dot{P}_m \\ \Delta\dot{\mu} \\ \Delta\dot{x}_m \\ \dot{y}_1 \\ \dot{y}_2 \\ \dot{y}_3 \end{bmatrix} =
\left[\begin{array}{ccc:ccc:ccc:ccc}
0 & I & 0 & 0 & 0 & 0 & 0 & 0 & 0 & & & \\
-M^{-1}K_1 & -M^{-1}D & -M^{-1}K_2 & 0 & 0 & 0 & M^{-1} & 0 & 0 & & 0_{(3n\times 3n)} & \\
-T'^{-1}_{d0}K_4 & 0 & -T'^{-1}_{d0}K_3 & 0 & -T'^{-1}_{d0} & 0 & 0 & 0 & 0 & & & \\ \hdashline
D_{11} & D_{12} & D_{13} & A_{11} & 0 & A_{13} & & & & D_{14} & D_{15} & D_{16} \\
0 & 0 & 0 & A_{21} & A_{22} & 0 & & 0_{(3n\times 3n)} & & 0 & 0 & 0 \\
0 & 0 & 0 & A_{31} & A_{32} & A_{33} & & & & 0 & 0 & 0 \\ \hdashline
0 & E_{11} & 0 & & & & B_{11} & B_{12} & B_{13} & & & \\
0 & E_{21} & 0 & & 0_{(3n\times 3n)} & & 0 & B_{22} & B_{23} & & 0_{(3n\times 3n)} & \\
0 & E_{31} & 0 & & & & 0 & B_{32} & B_{33} & & & \\ \hdashline
F_{11} & F_{12} & F_{13} & & & & & & & C_{11} & 0 & 0 \\
F_{21} & F_{22} & F_{23} & & 0_{(3n\times 3n)} & & & 0_{(3n\times 3n)} & & C_{21} & C_{22} & 0 \\
F_{31} & F_{32} & F_{33} & & & & & & & C_{31} & C_{32} & C_{33}
\end{array}\right]
\begin{bmatrix} \Delta\boldsymbol{\delta} \\ \Delta\boldsymbol{\omega} \\ \Delta\boldsymbol{E}'_q \\ \Delta\boldsymbol{U}_A \\ \Delta\boldsymbol{E}_f \\ \Delta\boldsymbol{U}_F \\ \Delta\boldsymbol{P}_m \\ \Delta\boldsymbol{\mu} \\ \Delta\boldsymbol{x}_m \\ \boldsymbol{y}_1 \\ \boldsymbol{y}_2 \\ \boldsymbol{y}_3 \end{bmatrix} \tag{5-67}
$$

式中，各子矩阵元素的计算式见式（5－59）、式（5－61）～式（5－65），均用稳态运行点的参数计算。其中除了 $\Delta\boldsymbol{\delta}$ 和 $\Delta\boldsymbol{E}_q'$ 相对应的两列子矩阵外，所有非零矩阵均为对角阵，故式（5－67）的系统系数矩阵十分稀疏。

下面对上述多机系统动态稳定分析的线性化模型作一讨论。

（1）式（5－67）中若系统无 PSS，则划去 $\boldsymbol{y}_1$，$\boldsymbol{y}_2$，$\boldsymbol{y}_3$ 相应行列；若不计原动机和调速器动态，则划去 $\Delta\boldsymbol{P}_m$，$\Delta\boldsymbol{\mu}$，$\Delta\boldsymbol{x}_m$ 相应的行列；若再进一步忽略励磁系统动态，则再划去 $\boldsymbol{U}_A$，$\Delta\boldsymbol{E}_f$，$\Delta\boldsymbol{U}_F$ 相应行列，则系统线性化状态方程退化，而只含有状态量 $\Delta\boldsymbol{\delta}$，$\Delta\boldsymbol{\omega}$，$\Delta\boldsymbol{E}_q'$，若再设 $\Delta\dot{\boldsymbol{E}}_q'=0$，划去 $\Delta\boldsymbol{E}_q'$ 相应的行列，式（5－67）成为只计及转子动态的模型，即

$$\begin{bmatrix}\Delta\dot{\boldsymbol{\delta}}\\ \Delta\dot{\boldsymbol{\omega}}\end{bmatrix}=\begin{bmatrix}\boldsymbol{0} & \boldsymbol{I}\\ -\boldsymbol{M}^{-1}\boldsymbol{K} & -\boldsymbol{M}^{-1}\boldsymbol{D}\end{bmatrix}\begin{bmatrix}\Delta\boldsymbol{\delta}\\ \Delta\boldsymbol{\omega}\end{bmatrix}\tag{5－68}$$

式中，$\boldsymbol{K}=\dfrac{\partial \boldsymbol{P}_e}{\partial \boldsymbol{\delta}}=\boldsymbol{K}_1$，为同步力矩系数矩阵；$\boldsymbol{I}$ 为单位阵。

式（5－68）可改写为只含有发电机转子角 $\Delta\boldsymbol{\delta}$ 变量的伪“二阶”系统：

$$\boldsymbol{M}\Delta\ddot{\boldsymbol{\delta}}+\boldsymbol{D}\Delta\dot{\boldsymbol{\delta}}+\boldsymbol{K}\Delta\boldsymbol{\delta}=0$$

（2）由式（5－67）可知，若计及励磁、调速系统及 PSS 动态，一台机可高达 12 阶，对于多机系统，上述状态方程的系数矩阵总阶数甚高，将使特征根计算遇到精度和机时的问题，一般认为 QR 法计算特征值时矩阵上界为 200 阶左右，故出现“维数灾”问题，且形成系数矩阵也很费机时。因此，有待于研究降阶分析方法，以节省机时及克服“维数灾”问题。

（3）在上述线性化模型导出中，负荷忽略了动态，仅计及了电压特性。对于电压动态稳定问题，还应计及动态负荷作用，以使结果更准确。另外，上述线性化模型导出过程中考虑轴系为刚体，网络采用准稳态模型，发电机采用忽略定子暂态的实用模型，故不宜用来分析非 50 Hz 工频成分的次同步振荡问题及轴系扭振问题。也就是说，上述动态稳定分析模型尚有局限性，但对于分析系统受小扰动时控制系统的动态稳定性及功角动态稳定性（如低频振荡等），则是完全适用的。

公式（5－67）描述的多机系统线性化模型可用于多机系统的低频振荡分析，其中发电机采用了三阶实用模型，励磁系统为三阶模型［如图 4－5(a) 所示］，调速器及原动机采用三阶模型［如图 4－5(b) 所示］，PSS 装置为三阶［如图 4－5(c) 所示］。设网络线性，负荷计及电压静特性。

具体可以采用特征分析法进行分析，其步骤如下：

（1）列出多机系统的元件数学模型，根据潮流计算结果计算各代数量和状态量的初值；将各元件模型在工作点处线性化，将线性化元件模型经适当坐标变换，并和网络方程接口，再消去代数量，形成全系统的线性化状态方程，即式（5－67），记作 $\dot{\boldsymbol{X}}=\boldsymbol{AX}$，设为 N 维。

（2）计算系统的全部特征根 $\lambda_i(i=1,2,\cdots,N)$ 及其相应的左、右特征向量 $\boldsymbol{v}_i$，$\boldsymbol{u}_i$（可取 $\boldsymbol{V}^{\mathrm{T}}=\boldsymbol{U}^{-1}$，$\boldsymbol{V}=[\boldsymbol{v}_1,\boldsymbol{v}_2,\cdots,\boldsymbol{v}_n]$，$\boldsymbol{U}$ 类同）。

（3）将特征根中振荡频率在 0.2～2.5 Hz 的根 λ_i 取出，计算其与各状态量 $X_k(k=1,2,\cdots,N)$ 的相关因子 $p_{ki}\left(\text{即 } p_{ki}=\dfrac{v_{ki}u_{ki}}{\boldsymbol{v}_i^{\mathrm{T}}\boldsymbol{u}_i}\right)$，并进而计算 λ_i 的机电回路相关比为

$$\rho_i = \left| \frac{\sum\limits_{X_k \in (\Delta\omega, \Delta\delta)} p_{ki}}{\sum\limits_{X_k \notin (\Delta\omega, \Delta\delta)} p_{ki}} \right| \tag{5-69}$$

若$\rho_i>1$，则认为λ_i为低频振荡模式，据此可从全部特征根中鉴别出机电模式来。

(4) 根据机电模式$\lambda_i=\alpha_i+\mathrm{j}\,\Omega_i$，可计算自然振荡频率$\omega_n=\sqrt{\alpha^2+\Omega^2}$及阻尼比$\xi\left[\xi=\frac{-\alpha}{\sqrt{\alpha^2+\Omega^2}}\right]$，从而$\lambda_i=(-\xi+\mathrm{j}\sqrt{1-\xi^2})\omega_n$，一般要求$\xi>0.1\sim0.3$。将$\lambda_i$的右特征向量$\boldsymbol{u}_i$（复数向量）中状态量$\Delta\boldsymbol{\omega}$相应的各元素化为极坐标形式，可作向量图分析该振荡模式λ_i在各发电机$\Delta\omega_i$观察时的相对幅值大小和相位关系，可有助于判别振荡发生在哪两台机（或机群）之间。

(5) 根据机电模式λ_i和状态量$\Delta\omega_j(j=1,2,\cdots,n)$的相关因子$p_{ki}$(设$X_K$为$\Delta\omega_j$）的幅值大小，可判断$\lambda_i$跟哪一台（或若干台）发电机强相关，从而需要的话可考虑在强相关的有快速励磁的大容量发电机上安装PSS或最优励磁装置以阻尼该振荡模式。

(6) 通过$\frac{\partial \lambda_i}{\partial \alpha}$特征根灵敏度分析提供$\lambda_i$同参数$\alpha$的相依关系（$\alpha$可为控制系统如PSS的放大倍数等），从而可提供PSS整定的信息。

5.3 电力系统稳定器

5.3.1 基本原理

发电机电压调节器会恶化系统的阻尼，甚至引起振荡的原因可以归结如下：

(1) 采用电压作为电压调节器的控制量。

(2) 调节器及励磁系统具有惯性。

由于上述原因，在长线送电、负荷较重时，若转子角出现振荡，电压调节器提供的附加磁链的相位是落后于角度的振荡，它的一个分量与转速反相位（产生了负阻尼转矩），这就使角度振荡加大。我们不能取消定子电压作控制量，因为维持定子电压是运行中最基本的要求。

目前世界各国普遍采用一种更有效的技术，称为电力系统稳定器，来改善稳定性。它可以产生正阻尼的转矩，不仅抵消了调节器产生的负阻尼转矩，还提供正阻尼转矩。

由上面的分析，我们也可以引申出以下概念：如果电压调节器产生的附加磁链在相位上与转子角振荡摇摆的相位同相或反相（相当于正的同步转矩系数与负的同步转矩系数），则只能使转子角振荡的幅值减小或增大，不能平息转子的振荡，只有提供的附加磁链在相位上领先转子角的摇摆才可能产生正阻尼转矩，摇摆振荡才能平息。由图5－4我们可以看到，电压调节器产生的附加转矩落后$\Delta\delta$的相位为φ_x，如果我们能产生一个足够大的纯粹的正阻尼转矩ΔM_p（见图5－4），则ΔM_p与ΔM_{e2}的合成转矩就位于第一象限，而它的两个分量——同步转矩及阻尼转矩都是正的。上述正阻尼转矩ΔM_p是在电压调节器参考点输入一个附加信号Δu_s来产生的，因为它的输入点与ΔU_{t1}的输入点事实上是同一点，所以要使Δu_s产生纯粹正阻尼转矩（相位上与转速同方向），Δu_s的相位必须领先$\Delta\omega$轴中φ_x角，这样输入电压调节器后，经过电压调节器及励磁系统的滞后，刚好可以产生纯粹正阻尼的转矩，这就是稳定器相位补偿的概念。具有适当相位的信号，可以用转速经过领先网络来实现，也可以用频率或过剩功率（相当于$\frac{d\omega}{dt}$）作为输入信号。

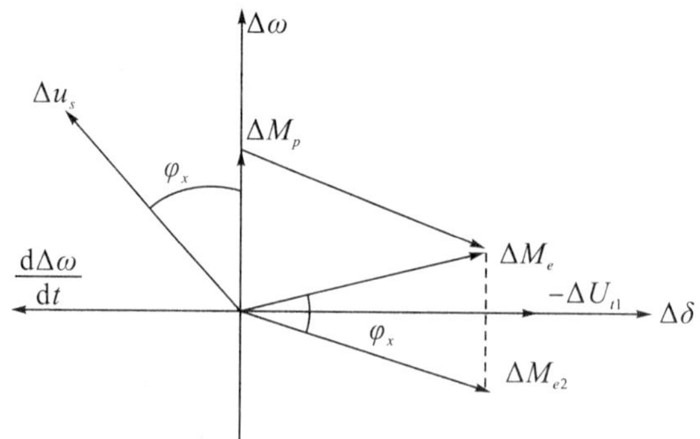

图 5－4　阻尼转矩相量图

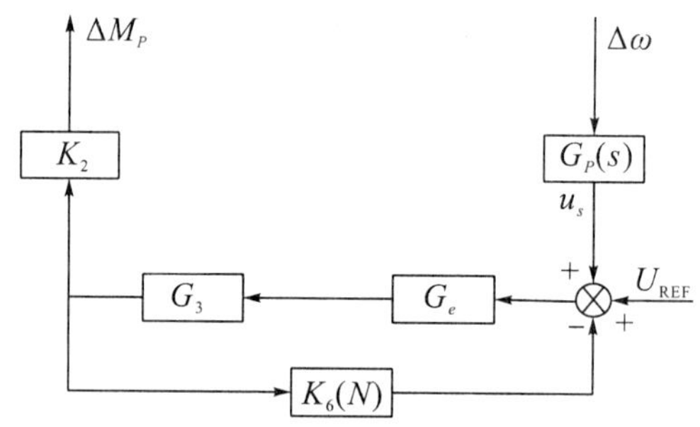

图 5－5　稳定器信号的引入

下面讨论应采用怎样的传递函数才能使输入信号u_s产生所需的阻尼转矩。

假设此传递函数为$G_P(s)$，电压调节励磁系统的传递函数为

$$G_e = \frac{K_A}{1+T_E s} \tag{5-70}$$

根据图 5－5，可得出稳定器提供的附加转矩为

$$\Delta M_P = \frac{K_2 G_P(s) G_3 G_e}{1+K_6 G_3 G_e}\Delta\omega \tag{5-71}$$

分别把G_3，G_e代入式（5－71），可得

$$\Delta M_P = \frac{G_P(s)(K_2 K_A)}{1/K_3 + K_A K_6 + (T'_{d0}+T_E/K_3)s + T'_{d0} T_E s^2}\Delta\omega \tag{5-72}$$

因$K_A K_6 \gg 1/K_3$，将$1/K_3$略去，则

$$\begin{aligned}\Delta M_P &= \frac{G_P(s) K_2 K_A / T'_{d0} T_E}{s^2 + [(T_E + K_3 T_{d0})/K_3 T_E T'_{d0}]s + K_6 K_A / T'_{d0} T_E}\Delta\omega \\ &= \frac{G_P(s) K_2 K_A / T'_{d0} T_E}{s^2 + 2\xi_X \omega_X s + \omega_X^2}\Delta\omega = G_X(s) G_P(s)\Delta\omega\end{aligned} \tag{5-73}$$

式中，

$$G_X(s) = \frac{K_2 K_A}{T'_{d0} T_E (s^2 + 2\xi_X \omega_X s + \omega_X^2)} \tag{5-74}$$

ω_X 称为励磁系统无阻尼自然振荡频率，即

$$\omega_X = \sqrt{K_6 K_A / T'_{d0} T_E} \tag{5-75}$$

ξ_X 称为励磁系统阻尼比，即

$$\xi_X = (T_E + K_3 T'_{d0}) / 2\omega_X K_3 T'_{d0} T_E \tag{5-76}$$

将 $s = \mathrm{j}\omega_d$ 代入 $G_X(s)$，可得

$$G_X(\mathrm{j}\omega_d) = G_X \angle \varphi_X = R_X + \mathrm{j} I_X \tag{5-77}$$

式中，G_X，φ_X 分别为 $G_X(s)$ 在 $s = \mathrm{j}\omega_d$ 时的幅值及相角，R_X 及 I_X 为其实部及虚部。

$$G_X = \sqrt{R_X^2 + I_X^2} \tag{5-78}$$

$$\varphi_X = \arccos R_X / G_X \tag{5-79}$$

由上可见，如果稳定器的传递函数 $G_P(s)$ 准确地与 $G_X(s)$ 相消，则可使稳定器提供的附加转矩严格地与 $\Delta\omega$ 成正比，也就是提供正的阻尼转矩。实际上，这样做很困难，也没有必要，我们只需使 $G_P(s)$ 与 $G_X(s)$ 具有相反的相角。因 $G_X(s)$ 实际上代表调节器及励磁系统惯性，相当于一个滞后的相位角，所以 $G_P(s)$ 应具有超前相角，这样，如果能确定支配机组的振荡频率 ω_d，则滞后相角可根据式（5−79）算出。

利用前面所述的分析同步转矩及阻尼转矩的假定，可认为支配机组振荡的频率是由电机的机械惯性环节决定的，机械环节框图如图 5−6 所示。

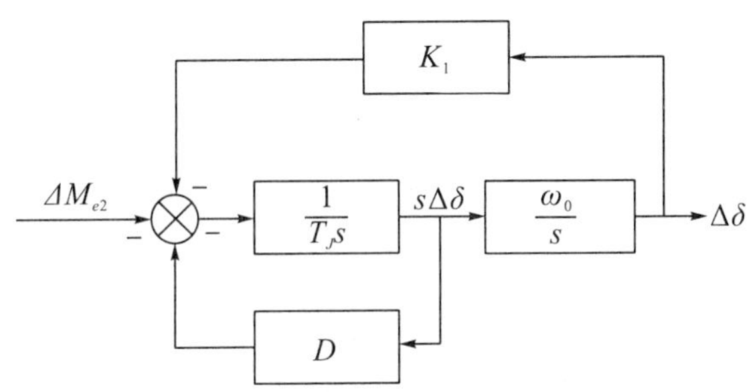

图 5−6　机械环节框图

化简上述框图，得以下传递函数：

$$-\frac{\Delta\delta}{\Delta M_{e2}} = \frac{-\omega_0 / T_J}{s^2 + \dfrac{D}{T_J} + \dfrac{\omega_0 K_1}{T_J}} = \frac{-\omega_0 / T_J}{s^2 + 2\xi_n \omega_n s + \omega_n^2} \tag{5-80}$$

ω_n 称为机械环节或转子摇摆的无阻尼自然振荡频率，即

$$\omega_n = \sqrt{K_1 \omega_0 / T_J} \tag{5-81}$$

ξ_n 称为阻尼比，即

$$\xi_n = \frac{1}{2} \frac{D}{\sqrt{T_J K_1 \omega_0}} \tag{5-82}$$

在欠阻尼（$0 < \xi_n < 1$）的情况下，当阶跃输入后，机械环节的振荡频率是由阻尼自然振荡频率 ω_d（支配机组振荡的频率）决定的，即

$$\omega_d = \omega_n \sqrt{1 - \xi_n^2} \tag{5-83}$$

当参数给定后即可计算出 ξ_n，ω_x 及 ω_d。将 $\omega = \omega_d$ 代入式（5−79），即可求出 $G_P(s)$ 应具备的超前相位角。$G_P(s)$ 应由超前环节来构成，它的传递函数具有以下形式：

$$\left(\frac{1+aTs}{1+Ts}\right)^n \tag{5-84}$$

式中，一般 $a>1$，$n=1\sim3$。

另外，从运行上看，不希望稳定器信号（转速或其他信号）的持续变化造成发电机的运行电压改变，即不因稳定器的信号的稳态值的改变而影响发电机稳态电压。所以稳定器中还需串联一个隔离信号稳态值的环节，可称隔离环节（国外文献称为 Washout 或 Reset 环节），其传递函数如下：

$$\frac{K_P s}{1+T_W s}$$

式中，T_W 为隔离环节时间常数。

隔离环节阶跃响应如图 5-7 所示。由图可见，当达到稳态时它的输出为零，在暂态过程中它可以使振荡信号通过。至此，我们得到了全部稳定器的传递函数：

$$G_P(s)=\frac{K_P s}{1+T_W s}\left(\frac{1+aT_s}{1+Ts}\right)^n \tag{5-85}$$

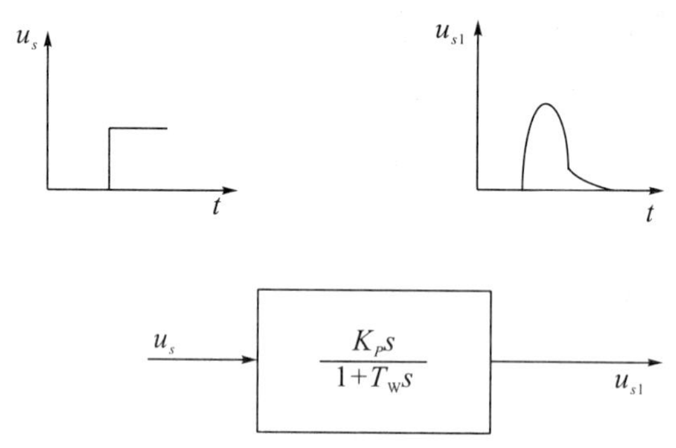

图 5-7　隔离环节阶跃响应

当 $n=2$ 时，式（5-85）也可表示为

$$G_P(s)=\frac{K_P s}{1+T_W s}\left(\frac{1+T_1 s}{1+T_2 s}\right)^n\left(\frac{1+T_3 s}{1+T_4 s}\right) \tag{5-86}$$

式（5-86）中，一般 $T_1=T_3=aT$，$T_2=T_4=T$（实际应用中，可以让两个环节分别补偿低频、高频段的相位，这时 T_1，T_3 及 T_2，T_4 就不相等了）。

稳定器的幅值可按下述顺序确定：首先规定加入稳定器后希望达到的阻尼比 ξ_P，假若此时稳定器提供的阻尼转矩为 ΔM_P，则与式（5-82）相似，两者之间的关系为

$$\xi_P=\frac{1}{2}\frac{\Delta M_P}{\sqrt{K_1 T_J\omega_0}\Delta\omega}=\frac{1}{2}\frac{\Delta M_P}{T_J\omega_n\Delta\omega} \tag{5-87}$$

将式（5-73）中 ΔM_P 代入式（5-87），则

$$\xi_P=\frac{1}{2}\frac{G_X(s)G_P(s)}{T_J\omega_n} \tag{5-88}$$

因 ξ_P 是已知数，则可得

$$G_P(s)=\frac{2\xi_P T_J\omega_n}{G_X(s)} \tag{5-89}$$

把 $s=\mathrm{j}\omega_d$ 代入式（5−89），即可求出幅值为

$$G_P=\left.\frac{2\xi_P T_J\omega_n}{G_X(s)}\right|_{s=\mathrm{j}\omega_d}=\frac{2\xi_P T_J\omega_n}{\sqrt{R_X^2+I_X^2}} \tag{5-90}$$

5.3.2　设计方法之一——相位补偿法

在上节导出稳定器的传递函数的过程中，已经应用了相位补偿的概念。这一节将看到相位补偿与控制理论中根轨迹法是一致的。

假定发电机的反馈控制系统如图 5−8 所示。图中 $H(s)$ 为发电机（包括励磁系统及传输线）的传递函数。$G_P(s)$ 为稳定器的传递函数，其输入信号为角速度偏差量，输出送到电压调节器输入电压的相加点。

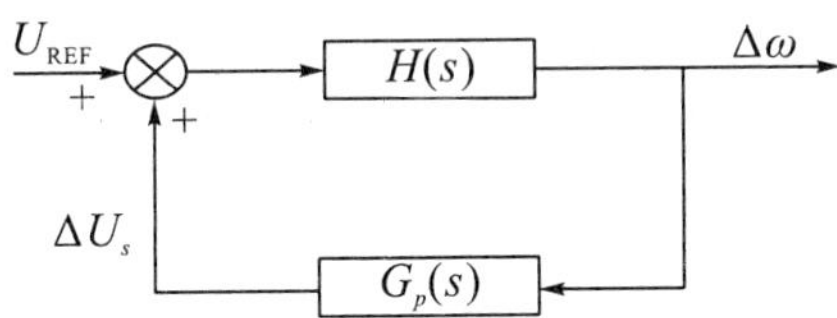

图 5−8　发电机反馈控制传递函数框图

系统的特征方程式为

$$1-G_P(s)H(s)=0 \tag{5-91}$$

如果 $s=s_1$ 是上述特征方程的根，则应满足下述两个条件：

幅值条件

$$G_P(s)H(s)\big|_{s=s_1}=1 \tag{5-92}$$

相角条件

$$H(s)G_P(s)\big|_{s=s_1}=2K\pi,\quad K=0,1,2,\cdots \tag{5-93}$$

现在求 $H(s)$。由式（5−74）已知

$$G_X(s)=\frac{\Delta M_{e2}}{\Delta U_{\mathrm{REF}}}=\frac{K_2K_A/T'_{d0}T_E}{s^2+2\xi_X\omega_X s+\omega_X^2} \tag{5-94}$$

由式（5−80）可得

$$-\frac{\Delta\delta}{\Delta M_{e2}}=\frac{-\omega_0/T_J}{s^2+2\xi_n\omega_n s+\omega_n^2} \tag{5-95}$$

另外，由基本方程式可得

$$\Delta\omega=s\Delta\delta/\omega_0 \tag{5-96}$$

令

$$G_n(s)=\frac{\Delta\omega}{\Delta M_{e2}}=\frac{-s/T_J}{s^2+2\xi_n\omega_n s+\omega_n^2} \tag{5-97}$$

这样就可以将发电机的传递函数用图 5−9 表示出来。图 5−9 中，

$$\omega_X=\sqrt{K_6K_A/T'_{d0}T_E} \tag{5-98}$$

$$\xi_X=(T_E+K_3T_{d0}^2)/2\omega_X K_3T'_{d0}T_E \tag{5-99}$$

$$\omega_n=\sqrt{K_1\omega_0/T_J} \tag{5-100}$$

$$\xi_n=\frac{1}{2}\frac{D}{\sqrt{K_1\omega_0T_J}} \tag{5-101}$$

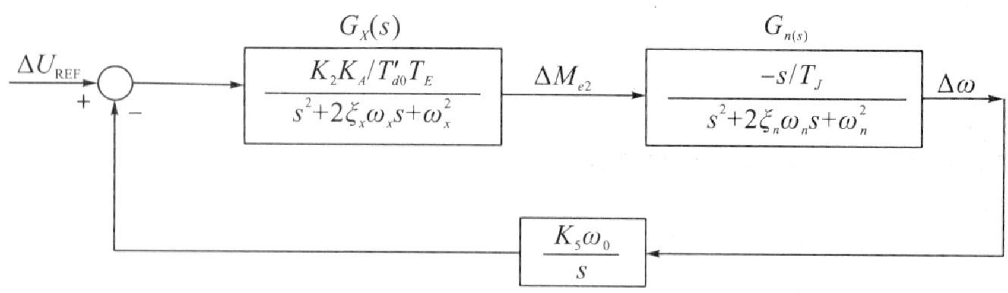

图 5-9　发电机的传递函数

因 K_5 数值较小，在设计稳定器参数时可将其略去，则发电机的传递函数可近似地表示为

$$H(s) = G_X(s)G_n(s) \tag{5-102}$$

因为阻尼比可作为动态品质的指示，所以设计的第一步就是确定稳定器加入后希望达到的阻尼比 ξ_p，即希望的特征根为

$$s_{1,2} = -\xi_p\omega_n \pm \mathrm{j}\sqrt{1-\xi_p^2}\,\omega_n \tag{5-103}$$

机组本身固有的阻尼系数 D 一般较小，其对应的阻尼比 ξ_n 也很小，在设计时可以略去，将上面所希望的特征根 $s=s_1$ 代入 $G_n(s)$，可求得其幅值 G_n 及相位 φ_n 为

$$G_n(s_1) = G_n\angle\varphi_n = -\frac{1}{T_J}\frac{(-\xi_p+\mathrm{j}\sqrt{1-\xi_p^2})\omega_n}{-2\xi_p\omega_n^2(-\xi_p+\mathrm{j}\sqrt{1-\xi_p^2})} \tag{5-104}$$

$$G_n = \frac{1}{2\xi_p T_J\omega_n} \tag{5-105}$$

$$\varphi_n = 0 \tag{5-106}$$

同样，将 $s=s_1$ 代入 $G_X(s)$，可得

$$G_X(s_1) = G_X\angle\varphi_X = \left.\frac{K_2K_A}{T'_{d0}T_E(s^2+2\xi_X\omega_X s+\omega_X^2)}\right|_{s=s_1} \tag{5-107}$$

$$G_X = \sqrt{R_X^2+I_X^2} \tag{5-108}$$

$$\varphi_X = -\arctan\frac{I_X}{R_X}(R_X>0) \tag{5-109}$$

$$\varphi_X = -\left(\pi+\arctan\frac{I_X}{R_X}\right)(R_X<0) \tag{5-110}$$

式中，

$$R_X = \frac{K_2K_A}{T'_{d0}T_E}(\omega_X^2-\omega_n^2+2\xi_p^2\omega_n^2-2\xi_X\omega_X\xi_p\omega_n) \tag{5-111}$$

$$I_X = \frac{K_2K_A}{T'_{d0}T_E}\sqrt{1-\xi_p^2}(-\xi_p\omega_n+\xi_X\omega_X)\omega_n \tag{5-112}$$

下面首先来看相角条件。

当 $s=s_1$ 时，$H(s_1)\ G_P(s_1)$ 的相角条件为零，即

$$\varphi_X+\varphi_n+\varphi_P = 0 \tag{5-113}$$

式中，φ_P 为稳定器的相角。

将 $\varphi_n=0$ 代入式（5-113），可得

$$\varphi_P = -\varphi_X \tag{5-114}$$

式中，φ_X 为励磁系统的相角。即相角条件为：稳定器具有的超前相角应与励磁系统滞后相角相等。假定已知 φ_X，如果用两级超前环节进行补偿，每级补偿 $\varphi_X/2$，则利用超前环节基本公式可得其参数为

$$\alpha = \frac{1+\sin\dfrac{\varphi_X}{2}}{1-\sin\dfrac{\varphi_X}{2}} \tag{5-115}$$

$$T = \frac{1}{\sqrt{\alpha}\omega_d} \tag{5-116}$$

下面再来考察幅值条件。已知稳定器的传递函数为

$$G_P(s) = \frac{K_P s}{1+T_W s}\left(\frac{1+\alpha T_s}{1+T_s}\right)^2 \tag{5-117}$$

式中，α 及 T 已由相位条件决定，可在 3～5 s 内任选。如将 $s=s_1$ 代入式（5－117），则 $G_P(s_1)$ 的幅值包含 K_P，即

$$G_P(s_1) = \frac{K_P s}{1+T_W s}\left(\frac{1+\alpha Ts}{1+Ts}\right)^2\Bigg|_{s=s_1} \tag{5-118}$$

将 G_n，G_X 及 G_P 代入幅值条件，得

$$H(s)G_P(s)\big|_{s=s_1} = G_n G_X G_P = 1$$

即

$$K_P = \frac{2\xi_p T_J\omega_n(1+T_W s)(1+Ts)^2}{-\sqrt{R_X^2+I_X^2}\,s(1+\alpha Ts)^2}\Bigg|_{s=s_1} \tag{5-119}$$

这样，我们就可以计算出稳定器的全部参数了。在设计计算中，还可作进一步简化，略去 s_1 的实部。将 $s_1=\mathrm{j}\omega_d=\mathrm{j}\sqrt{1-\xi_p^2}\omega_n$ 代入 $G_X(s)$，求出相角 φ_X，则可求得稳定器应该超前的相角、参数 α 及 T；同样，由幅值条件可求得 K_P。

将上面得到的稳定器参数计算公式与前一节相比，可以发现其结果是一致的。这说明建立在同步转矩与阻尼转矩概念上的相位补偿法与建立在根轨迹概念上的相位补偿法，其实质是相同的，因为两者都应用了主导极点降阶的假定。

设计举例如下：

单机对无穷大系统。已知 $K_A=200$，$T_E=0.05$，$T'_{d0}=6$ s，$K_1=1.2$，$K_2=0.5$，$K_3=0.318$，$K_6=0.343$，$T_J=3.5$ s，采用 $s_1=\mathrm{j}\omega_d$ 简化计算法设计稳定器参数。

转子无阻尼自然振荡频率为

$$\omega_n = \sqrt{K_1\omega_0/T_J} = \sqrt{1.2\times314/3.5} = 10.4(\mathrm{rad/s}) \tag{5-120}$$

希望加入稳定器后，转子振荡的阻尼比 $\xi_p=0.48$，则转子阻尼振荡频率为

$$\omega_d = \sqrt{1-\xi_p^2}\omega_n = \sqrt{1-0.48^2}\times10.4 = 9.1(\mathrm{rad/s}) \tag{5-121}$$

励磁系统的振荡频率 ω_X、阻尼比 ξ_X 及 $G_X(s_1)$ 分别为

$$\omega_X = \sqrt{K_6K_A/T'_{d0}T_E} = \sqrt{0.343\times200/(6\times0.05)} = 15.1(\mathrm{rad/s}) \tag{5-122}$$

$$\begin{aligned}\xi_X &= (T_E+K_3T'_{d0})/2\omega_X T'_{d0}T_E\\ &= (0.05+0.318\times6)/(2\times15.1\times0.318\times6\times0.05) = 0.68\end{aligned} \tag{5-123}$$

$$G_X(s_1)=\left.\frac{K_2K_A}{T'_{d0}T_E(s^2+2\xi_X\omega_X s+\omega_X^2)}\right|_{s=j9.1}$$
$$=\frac{200\times0.5}{6\times0.05[(j9.1)^2+j2\times0.68\times15.1\times9.1+15.1^2]}=14.1\angle-52^{\circ}\tag{5-124}$$

现采用二级超前环节补偿 φ_X，每级补偿25°，则可求得稳定器参数如下：

$$\alpha=\frac{1+\sin\frac{\varphi_X}{2}}{1-\sin\frac{\varphi_X}{2}}=\frac{1+\sin25^{\circ}}{1-\sin25^{\circ}}=2.46\tag{5-125}$$

$$T=\frac{1}{\sqrt{\alpha}\omega_d}=\frac{1}{\sqrt{2.46}\times9.1}=0.07(\mathrm{s})\tag{5-126}$$

现假定 $T_W=3$ s，则

$$K_P=\left.\frac{2\xi_pT_J\omega_n(1+T_Ws)(1+Ts)^2}{\sqrt{R_X^2+I_X^2}s(1+\alpha Ts)^2}\right|_{s=j9.1}$$
$$=\frac{2\times0.48\times3.5\times10.4\times(1+3\times j9.1)(1+0.07\times j9.1)^2}{1.42\times j9.1(1+2.46\times0.07\times j9.1)^2}=29.92\tag{5-127}$$

故稳定器的传递函数为

$$\frac{29.92s}{1+3s}\left(\frac{1+0.18s}{1+0.07s}\right)^2\tag{5-128}$$

5.3.3 设计方法之二——特征根配置法

特征根配置法也是由根轨迹原理发展而来的。与前节相同，若已知系统的特征方程式

$$1+G(s)H(s)=0\tag{5-129}$$

我们假定系统的共轭主特征根是由转子摇摆方程式决定的，如果我们确定了希望达到的阻尼比 ξ_p，则可以确定该特征根在 s 平面上的位置，也就是希望的特征根为

$$s_{1,2}=-\xi_p\omega_n\pm j\sqrt{1-\xi_p^2}\omega_n\tag{5-130}$$

由于希望的阻尼比 ξ_p 一般均在0.5以下，所以阻尼振荡频率 $\omega_d=\sqrt{1-\xi_p^2}\omega_n$ 与 ω_n 相差不大，仅是特征根向负方向平移了。将 s_1 代入特征方程，并将实部与虚部分开，它们将分别等于零。这样就可得到两个等式，由它们可以确定稳定器中的两个参数。一般来说，需要先假定 T_W 和 T，依靠上述两个方程求出 αT 中的 α 和 K_P。计算公式可由下面推导过程得到。发电机控制系统的结构如图5-10所示，将 $G_P(s)$ 以外的环节合并为前向传递函数 $H(s)$，即

$$H(s)=\frac{-K_2K_As/T_JT'_{d0}T_E}{(s^2+2\xi_X\omega_Xs+\omega_X^2)+(s^2+2\xi_n\omega_ns+\omega_n^2)+K_2K_5K_A\omega_0/T_JT'_{d0}T_E}\tag{5-131}$$

因 G_P 为正反馈，故特征方程为

$$1-G_P(s)H(s)=0\tag{5-132}$$

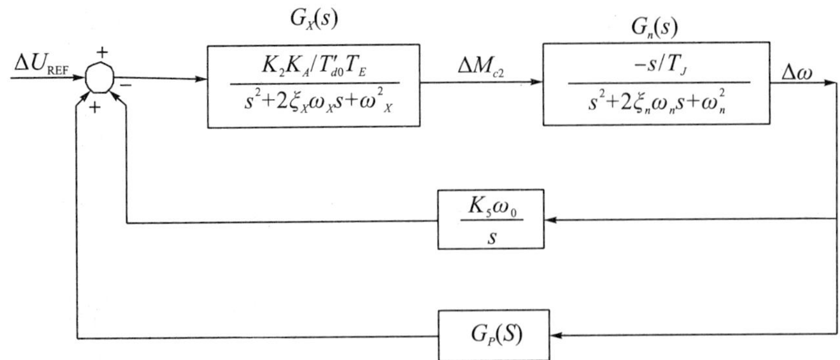

图 5－10　发电机控制系统的结构

将 $s=s_1$ 代入上式并分为实部及虚部两个方程，则可求得稳定器的参数 αT 和 K_P，即

$$\alpha T_{(1),(2)}=\frac{-B\pm\sqrt{B^2-4AC}}{2A} \tag{5-133}$$

$$\begin{aligned}K_P=&1/\{T_W[C_q\sigma_d(\xi_p^2\omega_n^2-3\omega_d^2)-C_{10}\omega_d(3\sigma_d^2-\omega_d^2)]\alpha^2T^2+\\&2T_W[(\sigma_d^2-\omega_d^2)-2C_{10}\sigma_d\omega_d]\alpha T+T_W(C_9\sigma_d-C_{10}\omega_d)\}\end{aligned} \tag{5-134}$$

式（5－133）、式（5－134）中取 $\alpha T>0$ 和 $K_P>0$，其中

$$\begin{cases}A=C_{10}\sigma_d(\sigma_d^2-3\omega_d^2)+C_9\omega_d^2(3\sigma_d^2-\omega_d^2)\\B=2[C_{10}(\sigma_d^2-\omega_d^2)+2C_9\sigma_d\omega_d]\\C=C_{10}\sigma_d+C_9\omega_d\end{cases} \tag{5-135}$$

而

$$\begin{cases}C_1=1+T_W\sigma_d, & C_2=T_W\omega_d\\C_3=(1+T\sigma_d)^2T^2\omega_d^2, & C_4=2(1+T\sigma_d)\omega_dT\\C_7=C_1C_3-C_2C_4, & C_8=C_1C_4+C_2C_3\\C_9=\dfrac{B_9C_7+B_{10}C_3}{C_7^2+C_8^2}, & C_{10}=\dfrac{B_{10}C_7+B_9C_3}{C_7^2+C_8^2}\end{cases} \tag{5-136}$$

在 C_9，C_{10}的表达式中，

$$\begin{cases}B_0=-\dfrac{K_2K_5K_A}{T_JT'_{d0}T_E}\omega_0, & B_1=-\dfrac{K_2K_A}{T_JT'_{d0}T_E}\sigma_d\\B_2=-\dfrac{K_2K_A}{T_JT'_{d0}T_E}\omega_d, & B_3=\sigma_d^2-\omega_d^2+\omega_X^2+2\xi_X\omega_X\sigma_X\\B_4=2\omega_d(\sigma_d+\xi_X\omega_X), & B_5=\sigma_d^2-\omega_d^2+\omega_n^2+2\xi_n\omega_n\sigma_d\\B_6=2\omega_d(\sigma_d+\xi_n\omega_n), & B_7=B_3B_5-B_4B_6+B_0\\B_8=B_4B_5+B_3B_6, & B_9=\dfrac{B_1B_7+B_2B_8}{B_7^2+B_8^2}\\B_{10}=\dfrac{B_2B_7-B_1B_8}{B_7^2+B_8^2}, & \sigma_d=\xi_p\omega_n\\\omega_d=\sqrt{1-\xi_p^2}\omega_n\end{cases} \tag{5-137}$$

由上面的分析可见，特征根配置法与相位补偿法的不同之处仅在于它是将特征方程 $1+GH=0$分成实数部分及虚数部分两个方程，不是像相位补偿法分成相角条件及幅值条

件；另外，它还计入了系数 K_5 及 D 的作用。但是它也存在着不足，即设计时需要先设定时间常数 T，也不像相位补偿法那样能与励磁系统参数有直观的联系，所以在使用上也不如相位补偿法那样普遍。

5.4 抑制低频振荡的高压直流输电附加控制技术

电力系统稳定器（Power System Stabilizer，PSS）是抑制低频振荡的有效手段，其发挥了巨大的作用。但是由于 PSS 采集的是很难反映区间振荡特征的本地信号，因此对区域间振荡模式抑制效果不明显。近年来得到广泛应用的广域测量系统（Wide Area Measurement System，WAMS）可以获得全局振荡信息，为抑制区域间振荡提供了强有力的支撑。利用广域信号作为 PSS 的输入以抑制区域间振荡也有一定的应用，但是考虑到发电机本身容量与发生区域间振荡的区域电网容量相比很小，因此依靠发电机有限的功率相位调节能力抑制区间振荡效果并不明显[4-5]。

随着特高压直流系统建设的大力推进，我国电网成为世界上少有的交直流混合和直流多落点电网。直流系统容量大、调制能力强、控制灵活的特点，使得基于 WAMS 支撑的直流广域阻尼控制成为抑制区域间振荡的有效手段之一。本节重点就直流系统抑制低频振荡的附加控制技术做详细论述。

HVDC 输电联络线中基本控制量为直流电流。正常情况下，直流电流受整流器控制，直流线电压由逆变器控制维持在接近额定值。交流系统的机电振荡阻尼可通过对整流器的电流指令值进行调制而得以增加。整流器的电流指令值和逆变器的电压指令值均可有选择地进行调制。

HVDC 联络线既可位于一个交流系统内，也可在两个交流系统间形成非同步联络。对于这两类 HVDC 联络线的任何一种，附加控制均能有效地阻尼交流系统的振荡[6-7]。以下的例子说明了如何应用 HVDC 联络线的附加控制以增强系统的稳定性。

5.4.1 HVDC 联络线附加控制

用于说明 HVDC 附加控制应用的系统如图 5-11 所示。该系统为一个简单两区域系统。母线 7 和母线 9 间有一条直流双极联络线，与两回交流联络线并列运行。

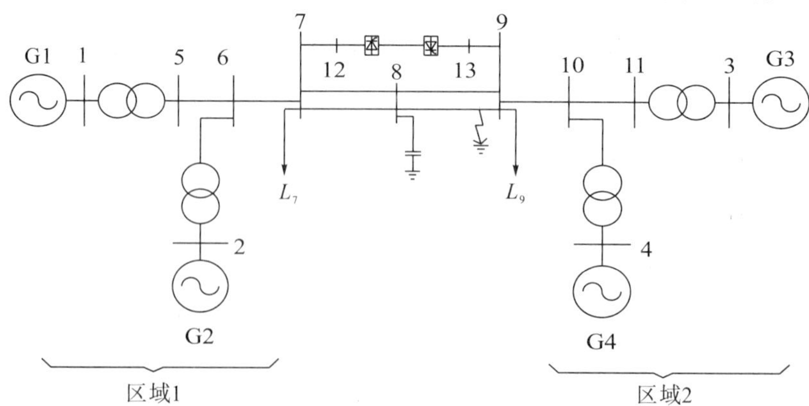

图 5-11 具有并行直流和交流联络线的两区域系统

5.4.2　换流器控制的模型

图 5－12～图 5－17 示出了用于表达直流联络线控制的一些模型。图 5－12 所示的主控制确定了整流器和逆变器的电流指令值。当整流器侧直流电压低于额定值的 90％时，控制切换到恒电流模式。MC1 环节代表的滞后特性防止了恒定功率和恒定电流控制模式间的来回切换。电流指令值由图 5－13 所示的与电压相关的电流指令限（VDCOL）来限制。

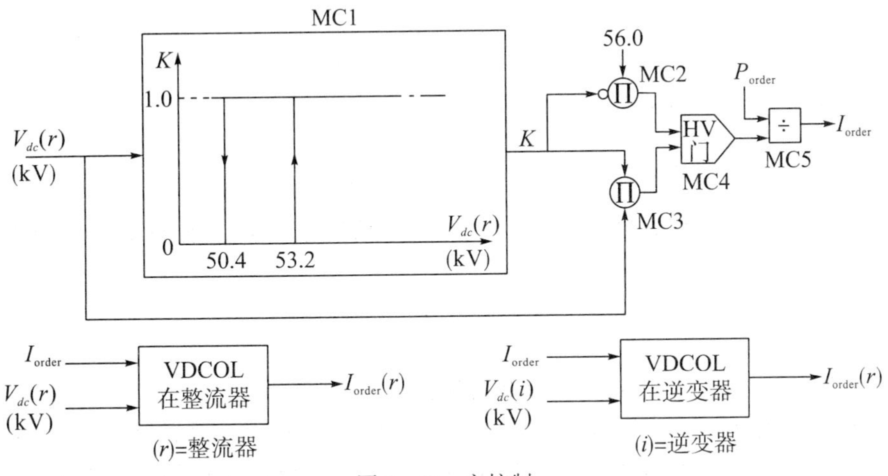

图 5－12　主控制

图 5－14 示出了整流器极控制的表达式。正常的整流器运行模式为电流控制。一个比例加积分控制器（PCRI 框）用于控制直流线路电流。点火延迟角 α 位于 α_{min} 与 180°间，下限 α_{min} 为确保有足够大的正向电压跨越晶闸管而使其成功地导通。如图 5－15 所示，该限值是随整流器侧的交流线电压而变化的（PCR4 至 PCR7 框），因而始终有一最小量的正向电压跨越晶管。

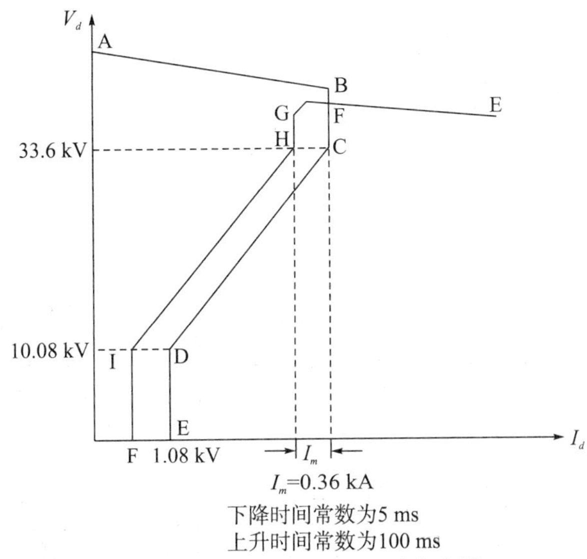

图 5－13　与电压相关的电流指令限

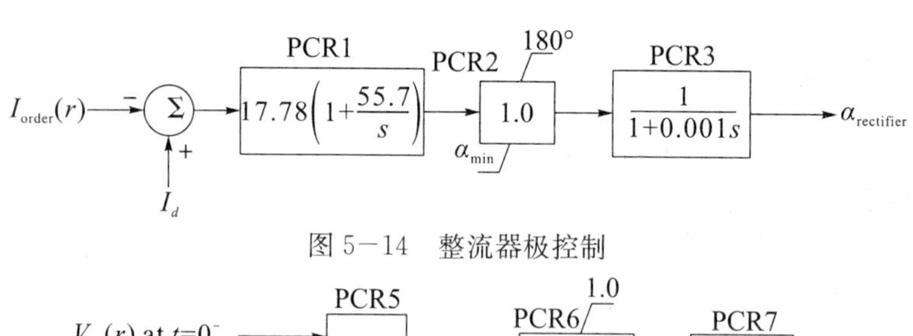

图 5－14　整流器极控制

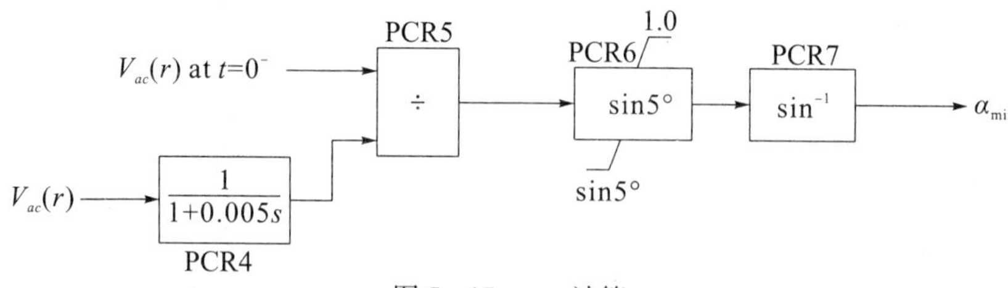

图 5－15　α_{min} 计算

图 5－16 给出了逆变器极控制表达式。正常情况下，逆变器处于恒定熄弧角控制（CEA）并由下式表达：

$$\cos\alpha = \frac{6X_c I_d}{\pi V_{d0}} - \cos\gamma \tag{5-138}$$

控制确保了 $\cos\alpha$ 与 γ 恒定的情况相对应。

逆变器也装有电流控制器，只有当由电流控制导出的点燃角小于由恒定熄弧角（CEA）控制器导出的点燃角时，该控制器才起作用。当整流器达到 α_{min} 限值且不能再维持所期望的直流电流时，逆变器切换到电流控制模式。

熄弧角的下限（γ_{min}）是随逆变器交流母线电压而变化的，从而可维持最小换相余裕区。图 5－17 示出了计算 γ_{min} 的逻辑。

如果逆变器交流母线电压降至低于 0.5p.u.，则假定发生换相失败。若逆变器经受两次以上换相失败，整流器和逆变器就闭锁。逆变器在经受一次换相失败后，如果以后交流母线电压上升到 0.7p.u. 以上，则逆变器就恢复。

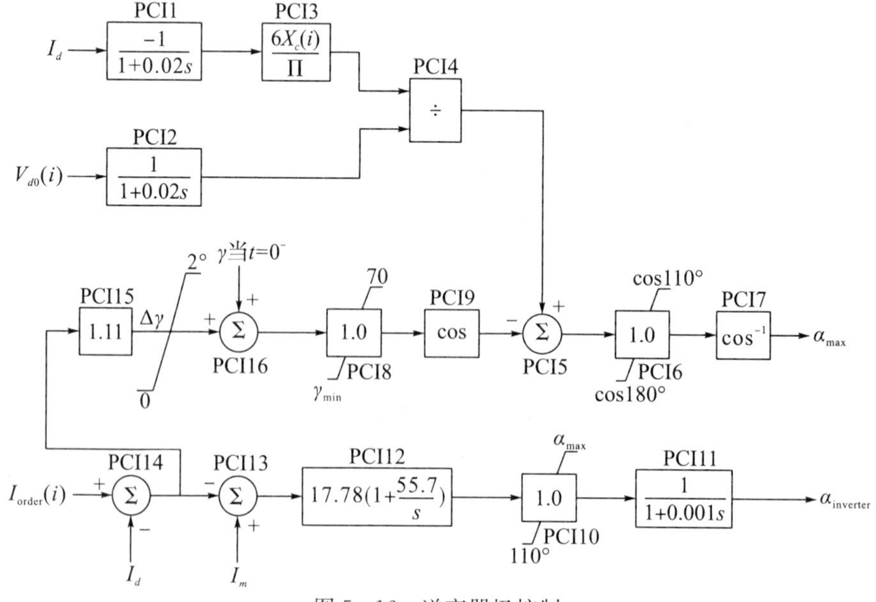

图 5－16　逆变器极控制

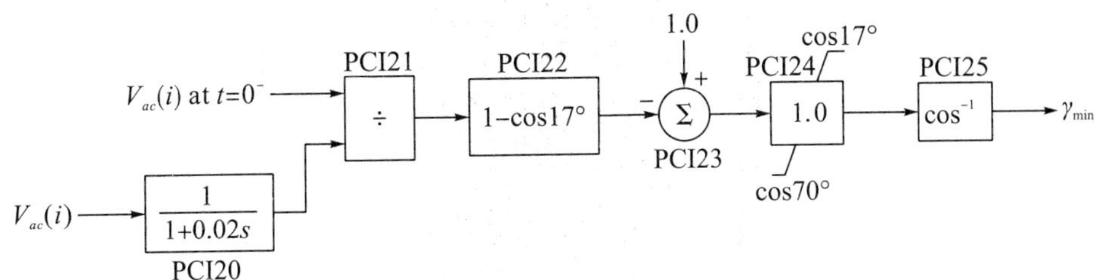

图 5-17　γ_{min} 计算

5.4.3　无附加控制时的系统性能

图 5-18、图 5-19 是图 5-11 所示系统在母线 8 和母线 9 间一回交流线路近母线 9 处发生三相故障时系统的响应。在 83 ms 时切除故障，由计算结果可知系统是暂态稳定的。然而，区域 1 和区域 2 发电机间的振荡阻尼为零或为很小的负阻尼。

表 5-1 概括了小信号稳定性分析的结果，其中列出了不同系统工况下的区域间模式的频率和阻尼比。在所有考虑的情况下，区域间模式阻尼较差或为负阻尼。

表 5-1　无附加控制时区域间模式的频率和阻尼比

算例号	从区域 1 至区域 2 的潮流（MW）		停运回路	区域间模式	
	DC 联络线	AC 联络线		频率（Hz）	ξ
1（a）	200	200	无	0.575	0.0076
1（b）	200	200	母线 8-9（1 回）	0.495	-0.0054
1（c）	200	200	母线 7-8（1 回） 母线 8-9（1 回）	0.440	-0.0167
2（a）	50	352	无	0.560	0.0052
2（b）	50	352	母线 8-9（1 回）	0.466	-0.0110
2（c）	50	352	母线 7-8（1 回） 母线 8-9（1 回）	0.397	-0.0254

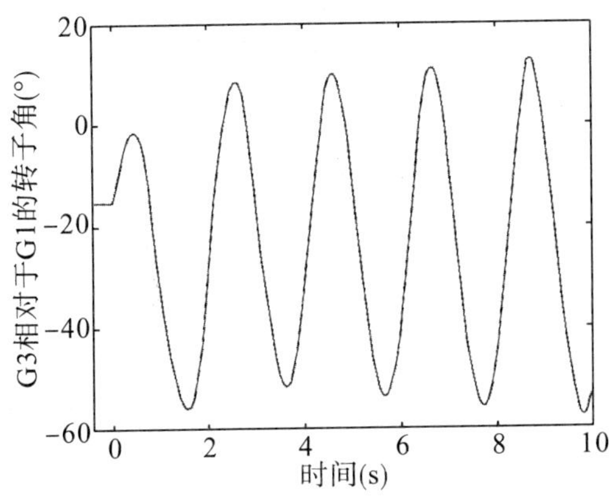

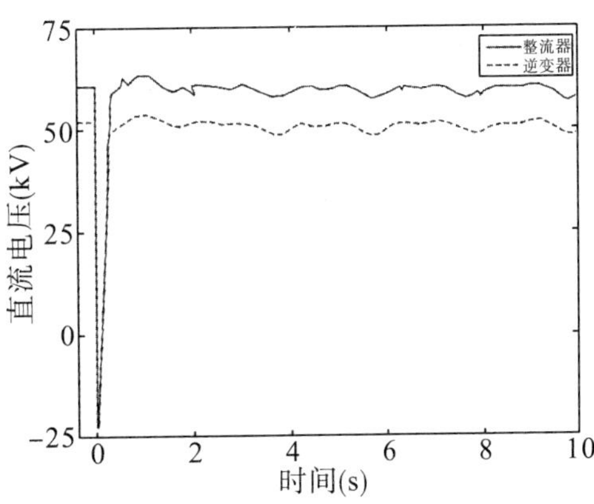

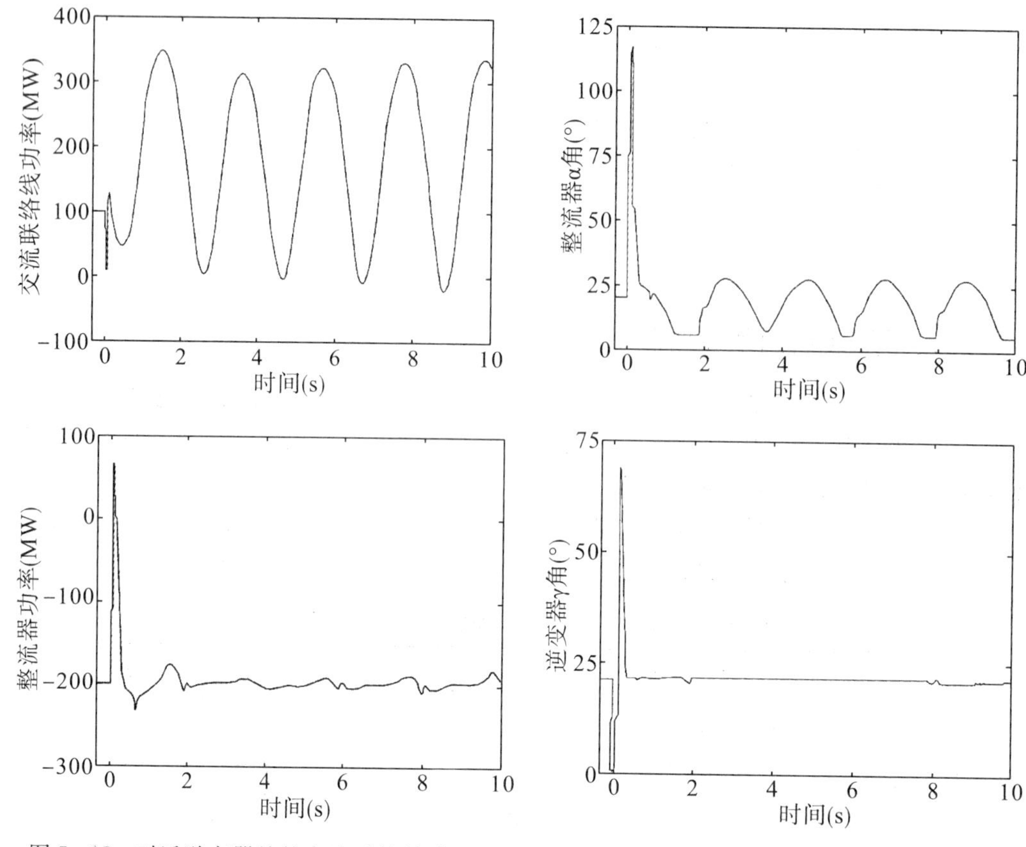

图 5－18　对近逆变器处的交流系统故障的系统响应（无附加控制）

图 5－19　对近逆变器处的交流系统故障的 HVDC 联络线响应（无附加控制）

5.4.4　附加控制以改善阻尼

附加控制器的设计采用特征根配置方法[8]。

基于可观察性考虑，流经母线 7 与母线 8 间线路上的有功功率被选择为反馈信号。与区域间模式有关的特征值布置的初始目标选为$-0.64\pm j3.1$，这对应于频率为 0.5 Hz 及阻尼比为 0.2。在不同的运行条件以及复数频率 $s=-0.64\pm j3.1$ 时，HVDC 主控制的功率指令信号和母线 7 与母线 8 间线路上的有功潮流之间的开环传递函数的幅值和相位列于表 5－2。结果表明，需补偿的相位在 85°～150°之间。作为折中方案，相位补偿选为 100°。图 5－20 示出了附加控制的方框图。

表 5－2　开环传递函数在 $s=-0.64\pm j3.1$ 时的幅值和相位

算例号	开环传递函数	算例号	开环传递函数
1 (a)	$0.815\angle-146.92°$	2 (a)	$0.716\angle-142.20°$
1 (c)	$0.773\angle-86.84°$	2 (c)	$0.237\angle-112.90°$

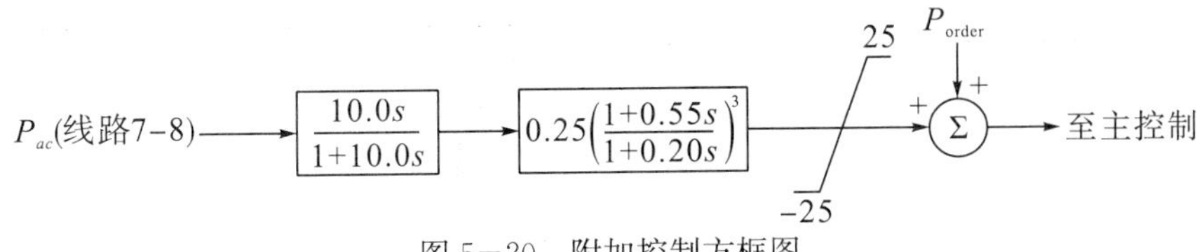

图 5-20　附加控制方框图

隔直时间常数为 10 s。按复数频率（-0.64±j3.1）来选择相位超前环节的参数，以提供 100°的相位补偿。增益限为 0.25，以确保对所有系统模式均有适当的阻尼。采用相对较大的输出限值（±25 MW），使附加控制器在系统发生大的摇摆时也会起较大作用。

对于表 5-1 中所考虑的不同运行条件，当具有附加控制时，区域间模式的频率和阻尼比汇总于表 5-3。当具有附加控制时，所有情况下的区域间模式都能得到良好的阻尼。

表 5-3　具有附加控制的区域间模式的频率和阻尼比

算例号	区域间模式		算例号	区域间模式	
	频率（Hz）	ξ		频率（Hz）	ξ
1（a）	0.607	0.1730	2（a）	0.588	0.1474
1（b）	0.506	0.1572	2（b）	0.475	0.1007
1（c）	0.467	0.2512	2（c）	0.422	0.1031

图 5-21 和图 5-22 示出了母线 8 和母线 9 间一回线上靠近母线 9 处发生一个三相故障，当具有附加控制时的系统暂态响应。现在振荡均得以良好阻尼。

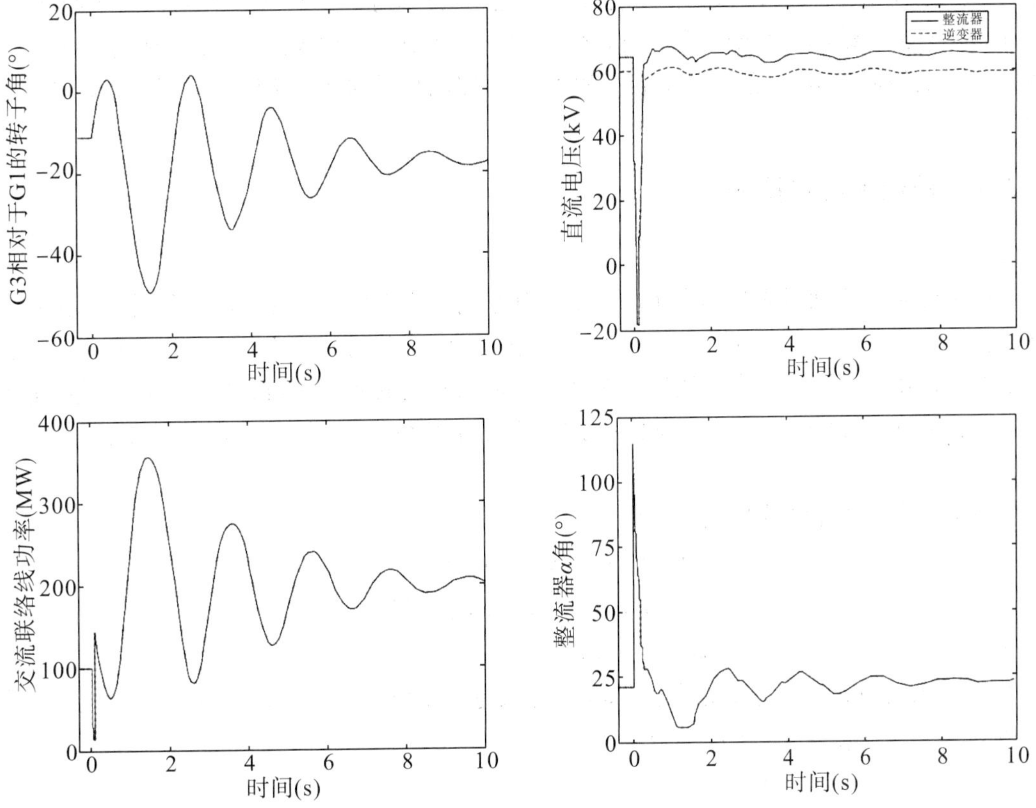

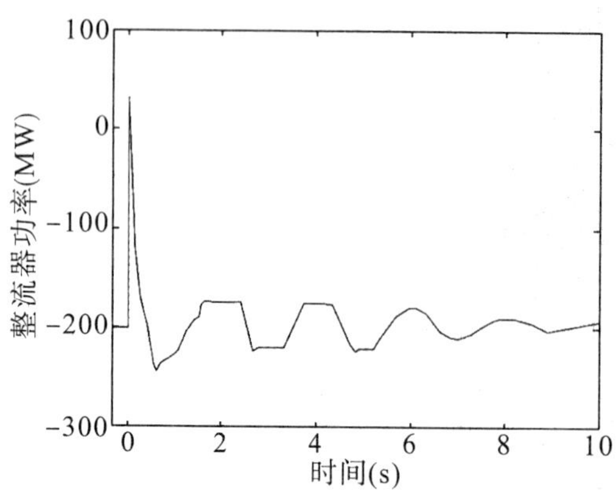

图 5－21　对近逆变器处的交流系统故障的系统响应（具有附加控制）

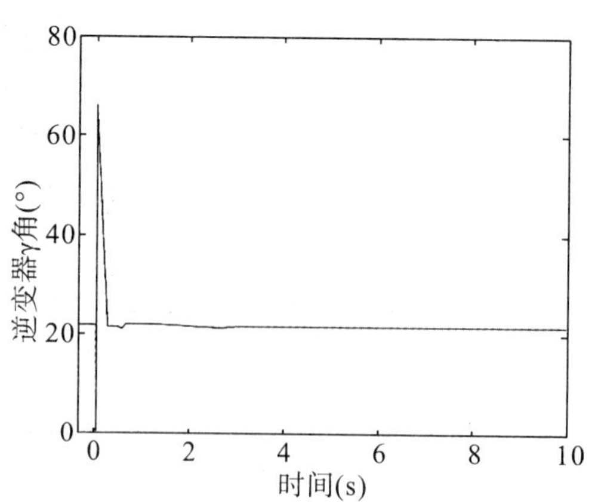

图 5－22　对近逆变器处的交流系统故障的 HVDC 联络线响应（具有附加控制）

5.5　低频振荡的控制敏感点及控制回路配对

随着特高压直流系统建设的大力推进，至 2020 年我国投运的高压直流线路将超过 20 条，成为世界上最大规模的交直流混合和直流多落点电网。如前所述，直流阻尼控制是抑制区域间振荡的有效手段。但是面对地区多直流落点的情况，在多条直流上均装设广域直流阻尼控制器并不经济，且控制器装设地点不合理可能会导致过大的直流调制功率，从而恶化直流系统本身的恢复和运行特性。因此，本节将利用控制敏感因子指示最佳的直流附加阻尼控制器安装地点，以最小的经济和控制代价抑制系统中的关键弱阻尼区间振荡。

5.5.1　控制敏感点挖掘

5.5.1.1　机理

系统受到小扰动后或受到大扰动系统回到平衡点附近后，其在平衡点附近局部区域的运动特性可线性近似。因此，基于线性系统分析方法，利用改进的 TLS－ESPRIT 辨识大系统的传递函数，可以考察非线性系统在某一振荡模式的能控性和能观性，进而选择分离的控制点，使附加直流阻尼控制器对多直流落点系统后续摆动的单位阻尼效果最大化[9－10]。

在平衡点处将系统线性化，可得

$$\begin{cases}\Delta\dot{\boldsymbol{x}}_1 = \boldsymbol{A}_{11}\Delta\boldsymbol{x}_1 + \boldsymbol{A}_{12}\Delta\boldsymbol{x}_2 \\ 0 = \boldsymbol{A}_{21}\Delta\boldsymbol{x}_1 + \boldsymbol{A}_{22}\Delta\boldsymbol{x}_2 + \boldsymbol{b}_{20}^{h}\Delta u_d^h \\ \Delta y_g^n = \boldsymbol{c}_1^n\Delta\boldsymbol{x}_1\end{cases} \tag{5－139}$$

式中，$\boldsymbol{x}_1$ 为功角、转速等状态变量；$\boldsymbol{x}_2$ 为母线电压幅值和相角；u_d^h 为第 h 条直流线路有功功率；Δy_g^n 为第 n 台发电机功角。

由式（5－139）可得

$$\begin{cases}\Delta\dot{\boldsymbol{x}}_1 = \boldsymbol{A}\Delta\boldsymbol{x}_1 + \boldsymbol{b}_2^h\Delta u_d^h \\ \Delta y_g^n = \boldsymbol{c}_1^n\Delta\boldsymbol{x}_1\end{cases} \tag{5-140}$$

式中，$\boldsymbol{A}=\boldsymbol{A}_{11}-\boldsymbol{A}_{12}\boldsymbol{A}_{22}^{-1}\boldsymbol{A}_{21}$，$\boldsymbol{b}_2^h=-\boldsymbol{A}_{12}\boldsymbol{A}_{22}^{-1}\boldsymbol{b}_{20}^h$。

为消除状态变量之间的相互耦合，引入模态矩阵 $\boldsymbol{P}$，对初始状态变量 $\Delta\boldsymbol{x}_1$ 作如下变换：

$$\Delta\boldsymbol{x}_1 = \boldsymbol{P}\boldsymbol{z} \tag{5-141}$$

得到式（5−140）的对角规范形

$$\begin{cases}\dot{\boldsymbol{z}} = \boldsymbol{\Lambda}\boldsymbol{z} + \boldsymbol{b}_2^{h'}\Delta u_d^h \\ \Delta y_g^n = \boldsymbol{c}_1^{n'}\boldsymbol{z}\end{cases} \tag{5-142}$$

式中，$\boldsymbol{P}$ 的列向量为与特征值相关联的右特征向量，$\boldsymbol{Q}$ 为左特征向量矩阵。满足 $\boldsymbol{A}\boldsymbol{p}_i=\lambda_i\boldsymbol{p}_i$，$\lambda_i$ 为 $\boldsymbol{A}$ 矩阵的特征值，$\boldsymbol{p}_i$ 为 $\boldsymbol{P}$ 的第 i 列。且满足 $\boldsymbol{Q}\boldsymbol{P}=\boldsymbol{I}$，$\boldsymbol{Q}\boldsymbol{A}\boldsymbol{P}=\boldsymbol{\Lambda}$，$\boldsymbol{b}_2^{h'}=\boldsymbol{Q}\boldsymbol{b}_2^h$，$\boldsymbol{c}_1^{n'}=\boldsymbol{c}_1^n\boldsymbol{P}$，$\boldsymbol{\Lambda}$ 为矩阵 $\boldsymbol{A}$ 的对角化矩阵。由式（5−142）可知，$\boldsymbol{b}_{2i}^{h'}$ 反映直流 h 对模式 λ_i 的能控性，而 $\boldsymbol{c}_{1i}^{n'}$ 反映机组 n 对模式 λ_i 的能观性。

对式（5−142）进行拉氏变换可得系统的传递函数为

$$\boldsymbol{G}(s) = \boldsymbol{c}_1^{n'}(s\boldsymbol{I}-\boldsymbol{\Lambda})^{-1}\boldsymbol{b}_2^{h'} = \sum_{i=1}^{F}\frac{\boldsymbol{R}_i^h}{s-\lambda_i} \tag{5-143}$$

$$\boldsymbol{R}_i^h = \boldsymbol{c}_{1i}^{n'}\boldsymbol{b}_{2i}^{h'} \tag{5-144}$$

若式（5−139）所示系统在小扰动后 f 个状态变量的初始值分别为 $z_1(0),\cdots,z_f(0)$，那么，状态向量对应的时域响应为

$$\Delta\boldsymbol{x}_1(t) = \sum_{k=1}^{f}\boldsymbol{P}_k z_k(0)\mathrm{e}^{(\lambda_k+\Delta\lambda)t} \tag{5-145}$$

系统输出的时域响应为

$$\Delta y_g^n(t) = \sum_{k=1}^{f}\boldsymbol{c}_1^n\boldsymbol{P}_k z_k(0)\mathrm{e}^{(\lambda_k+\Delta\lambda)t} \tag{5-146}$$

对于给定结构的反馈控制器 $H(s)$，其在极点 λ_i 处表示为

$$H(\lambda_i) = K\mathrm{e}^{\mathrm{j}\theta_{Hi}} \tag{5-147}$$

式中，K 和 θ_{Hi} 分别为阻尼控制器 $H(s)$ 对应振荡模式 λ_i 的幅频和相频响应。

若 λ_i 实部的绝对值较小，则 $\Delta\lambda=-\boldsymbol{R}_i^h H(\lambda_i)$。

由式（5−144）和式（5−147），可得

$$K = \frac{|\Delta\lambda|}{|\boldsymbol{c}_{1i}^{n'}\boldsymbol{b}_{2i}^{h'}|} \tag{5-148}$$

假设 $\Delta y_g^n(t)$ 中仅含振荡模式 λ_i，则控制器输出量的时域响应的最大振幅可表示为

$$\max|\Delta u_d^h| = \frac{|\Delta\lambda|}{|\boldsymbol{c}_{1i}^{n'}\boldsymbol{b}_{2i}^{h'}|}\sum_{k=1}^{f}|\boldsymbol{c}_1^n\boldsymbol{P}_k||z_k(0)| \tag{5-149}$$

式中，$\boldsymbol{c}_1^n\boldsymbol{P}_k$ 为反馈信号对第 k 个模式的能观性。

在确定的观测量中，为使 $\max|\Delta u_d^h|$ 取最小值，则需取

$$\max\frac{|\boldsymbol{b}_{2i}^{h'}|}{\sum_{k=1}^{f}|\boldsymbol{c}_1^n\boldsymbol{P}_k||z_k(0)|} \tag{5-150}$$

式（5−150）的分母即 f 个模式的幅值和，所以可用 $|\boldsymbol{b}_{2i}^{h'}|$ 来衡量 HVDC 阻尼控制器单位输出量的阻尼效果。由于输入的反馈信号已确定，因此只需考虑主振模态幅值，其值越大越好。

但是需避免激发新的振荡模式，考虑到有其他模式的影响，定义直流控制敏感因子为

$$\eta_i^h = \frac{|\boldsymbol{R}_i^h|}{\sum_{i=1}^{F}|\boldsymbol{R}_i^h|} \tag{5-151}$$

式中，$\sum_{i=1}^{F}|\boldsymbol{R}_i^h|$ 为所需考虑的 F 个模式的留数模值之和。

该指标不仅衡量 HVDC 阻尼控制器单位输出量的阻尼效果，而且反映控制器对主导振荡模式 i 的相对控制能力，数值越大表明控制器对非主导模式的影响越小。

5.5.1.2　控制敏感点的挖掘步骤

H 是反映发电机转子机械惯性的重要参数，由它的定义可知，它是转子在额定转速下的动能的两倍除以额定功率，其物理意义是指在发电机转子上施加额定转矩后，转子从静止状态启动加速到额定转速所需的时间。它与发电机转子角度变化速度有很大的联系，因此将在步骤 3 中考虑它的影响。具体挖掘步骤如下：

步骤 1：通过小扰动程序计算得到系统的振荡模式，筛选出关键的弱阻尼振荡模式 λ_i。

步骤 2：计算系统中各主要发电机对某振荡模式 M_i 的参与因子，取参与因子相对较大机组的功角曲线 $\Delta\delta_g^n$，且其对应的参与因子为 x_n。

步骤 3：对各个主要发电机的功角曲线进行如下处理后得到综合功角 δ_{zonghe}：

$$\delta_{\text{zonghe}} = \frac{\sum_{n=1}^{p} H_n x_n \delta_g^n}{\sum_{n=1}^{p} H_n x_n} \tag{5-152}$$

式中，x_n 为第 n 台发电机的参与因子，此处忽略较小的机组；H_n 为第 n 台发电机的惯性时间常数；p 为一共考虑 p 台强相关发电机。

步骤 4：通过 TLS−ESPRIT 技术确定多直流系统中某直流线路对综合功角 δ_{zonghe} 中主振模式 λ_i 的灵敏度。其基本思想是：在某直流功率整定值处施加阶跃扰动 Δu_d^h，检测扰动后综合功角的变化量 $\Delta\delta_{\text{zonghe}}$，并通过改进的 TLS − ESPRIT 技术辨识 $\boldsymbol{G}(s) = \Delta\delta_{\text{zonghe}}/\Delta u_d^h$ 中所有振荡模式所对应的留数，获取振荡模式 λ_i 对应频率的留数模值 $|\boldsymbol{R}_i^h|$，并根据式（5−151）计算该直流对振荡模式 M_i 的控制敏感因子 η_i^h。可以认为，控制敏感因子越高的直流线路，越宜作为附加直流控制器抑制振荡模式 λ_i 的输出作用点，即该直流线路是对于振荡模式 λ_i 的控制敏感点。

步骤 5：若系统中存在多个弱阻尼振荡模式，可重复步骤 2、3，求得各振荡模式的控制敏感点，并生成最优控制策略表。

小扰动下控制敏感点挖掘流程[9−10]如图 5−23 所示。

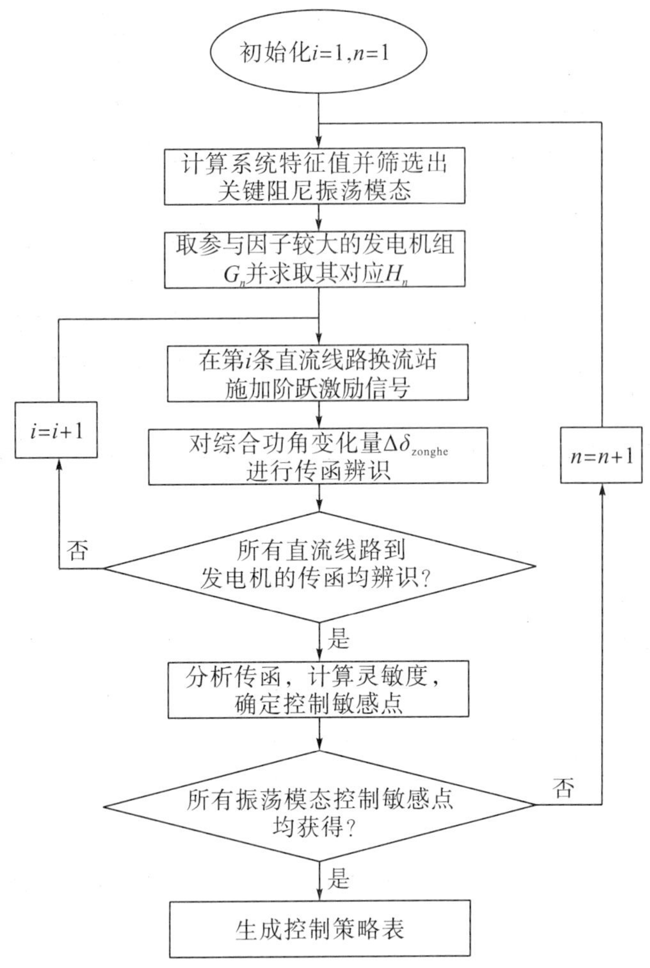

图 5－23　小扰动下控制敏感点挖掘流程

综上，针对抑制多直流系统中的低频振荡问题，在进行直流最佳可控选点时，考虑到经济原则，以减小达到相同阻尼效果时所需直流调制输出量为目标，并考虑发电机惯性时间常数和不同模态对主振模态的影响，推导得到衡量直流可控点优劣的控制敏感因子指标，进而得到最优控制策略表。这种方法很好地计及了控制所花费的代价和所达到的阻尼效果，为实际工程中在多直流的控制选点时给出了有效参考。

5.5.2　控制回路配对

单馈入直流系统的远距离送电需关注与交流侧控制设备的配合，隔离控制器之间的不良相互作用（如“模式谐振”等激发新振荡模式的情况），实现恰当的集中与分散控制，提高系统运行效率。而对于多直流间的附加控制，则需要考虑多个控制器间的相互影响。由于电流系统中耦合作用的固有存在，如何将控制器的相互影响降到最低成为一个重要的研究问题。对于多直流的附加控制器，控制地点一般较为固定。而对于减小固定地点控制器的耦合措施，主要可以通过选择不同的反馈信号来实现。直流附加控制器反馈信号种类繁多，如发电机转速、母线电压、交流功率以及转速差等，均可作为附加控制的输入。但不同的控制器信号输入与多直流附加控制器构成不同的控制回路，相互之间的耦合大小、作用程度均不一样。因此，在控制回路选择方面应考虑控制信号的选择。另外，仅从控制回路方面考虑降低相互影响仍然不够，还需从控制代价及控制效果方面进行考虑。类似地，对于不同控制信号作为附加控制器的输入具有不同的控制效果。因此，对于控制器信号的选择，需要从这两方面进行衡量。

根据上述要求，首先对系统进行辨识，按照辨识出的系统模型及振荡模态，通过主模比指标选择高效反馈信号，然后通过 RGA（Relative Gain Array）指标来确定控制器安装地点和反馈信号的合理配对方案，降低控制器间的相互作用，实现分散控制。

对于多变量分散控制系统，RGA 方法可以提供系统的不同控制过程之间交互影响的信息，并能够通过考察各输入对输出变量的影响程度，选取控制变量与被控量之间的最佳搭配。相对增益矩阵是通过不同控制回路的稳态增益，确定回路之间相互影响的回路配对方法[11]。

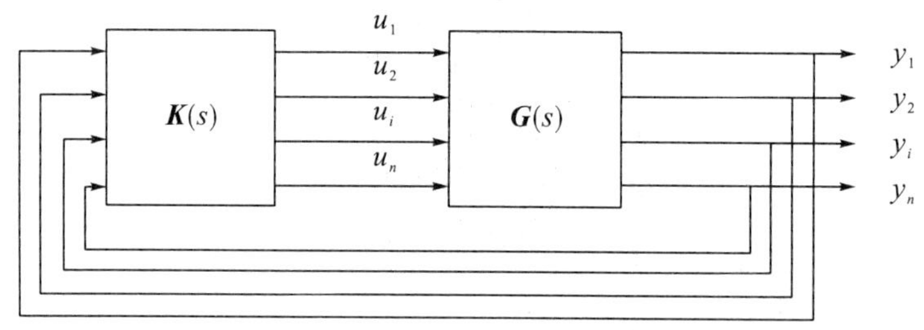

图 5-24　多输入多输出控制系统

对于图 5-24 所示的多输入多输出系统，输入 u_j 和输出 y_i 间的相对增益可定义为

$$\lambda_{ij} = \frac{\partial y_i / \partial u_j \mid_{\Delta u_k = 0, k \neq j}}{\partial y_i / \partial u_j \mid_{\Delta y_k = 0, k \neq i}} \tag{5-153}$$

式中，分子增益表示在控制回路均开环的情况下，$u_j \rightarrow y_i$ 信道的静态通道增益；分母增益表示当其他控制回路均闭环的情况下，$u_j \rightarrow y_i$ 信道的静态通道增益。

所有的相对增益 λ_{ij} 可构成相对增益矩阵 $\boldsymbol{\Lambda}_{\mathrm{RGA}}$，其矩阵运算公式为

$$\boldsymbol{\Lambda}_{\mathrm{RGA}} = \boldsymbol{G}(s) \otimes (\boldsymbol{G}(s)^{-1})^{\mathrm{T}} \mid_{s=0} \tag{5-154}$$

式中，$\otimes$表示在稳态情况下两个矩阵相应的元素相乘，即矩阵所谓的 Hadamard 乘积；$\boldsymbol{G}(s)$为传递函数矩阵。

RGA 矩阵有如下特性[11]：

（1）任何一行的各元素之和以及任何一列的各元素之和等于 1。

（2）在构成控制系统时，若系统输出参数与控制输入参数所对应的元素为负数，则构成的控制系统由于其耦合作用成为不稳定系统。

（3）若选择的系统输出参数和输入参数所对应的元素值等于 1，构成的系统中不存在控制输入间的耦合影响；其值越接近于 1，构成系统中控制输入间的耦合作用影响越小。

相对增益 λ_{ij} 越接近 1，表示不同控制回路之间的耦合越小。通过此原理，可选择相应的控制回路以构成调节系统。

对于两输入两输出系统，有

$$G(s)=\begin{bmatrix} g_{11} & g_{12} \\ g_{21} & g_{22} \end{bmatrix} \tag{5-155}$$

RGA 矩阵$\begin{bmatrix} \lambda_{11} & \lambda_{12} \\ \lambda_{21} & \lambda_{22} \end{bmatrix}$可以根据下式计算得到：

$$\begin{cases} y_1=g_{11}u_1+g_{12}u_2 \\ y_2=g_{21}u_1+g_{22}u_2 \end{cases} \tag{5-156}$$

$$\lambda_{11}=\frac{g_{11}g_{22}}{g_{11}g_{22}-g_{12}g_{21}}=\lambda_{22} \tag{5-157}$$

$$\lambda_{12}=\lambda_{21}=1-\lambda_{11} \tag{5-158}$$

按照上述设计方法，在直流系统中加入解耦控制器以后，低频振荡得到了抑制。同时，本方法设计的控制器采用相对增益阵列解耦多个控制回路，使得各回路分别设计的控制器的相互影响降至最低，减小了控制器之间的不良作用。

参考文献

[1] 刘取. 电力系统稳定性及发电机励磁控制 [M]. 北京：中国电力出版社，2007.

[2] 倪以信，陈寿孙，张宝霖. 动态电力系统的理论及分析 [M]. 北京：清华大学出版社，2000.

[3] Kundur P. Power System Stability and Control [M]. New York：McGraw-Hill，Inc.，1993.

[4] 李兴源. 高压直流输电系统 [M]. 北京：科学出版社，2010.

[5] 郑希云，李兴源，王渝红，等. 交直流系统中直流调制的协调控制 [J]. 高电压技术，2010，36 (4)：1055－1060.

[6] IEEE Committee Report. Dynamic Performance Characteristics of North American HVDC System for Transient and Dynamic Stability Evaluations [R]. IEEE Transactions on Power Apparatus and Systems，1981，100 (7)：3356－3364.

[7] IEEE Committee Report. HVDC Controls for System Dynamic Performance [R]. IEEE Transactions on Power Systems，1991，6 (2)：743－752.

[8] 赵磊，刘天琪. 基于根轨迹法的高压直流输电附加控制器设计 [J]. 电力系统保护与控制，2016，34 (9)：196－199.

[9] 郭利娜，刘天琪. 直流多落点系统控制敏感点挖掘技术研究 [J]. 电力系统保护与控制，2013，41 (10)：7－12.

[10] 陈实. 基于控制敏感因子的 PSS 和直流附加控制的协调阻尼控制 [J]. 高电压技术，2014，40 (11)：3577－3583.

[11] 张鹏翔，曹一家，王海风，等. 相对增益矩阵方法在柔性交流输电系统多变量控制器交互影响分析中的应用 [J]. 中国电机工程学报，2004，4 (7)：13－17.

第6章 电力系统次同步振荡

交流输电系统中采用串联电容补偿是提高线路输送能力、控制并行线路之间功率分配以及增强电力系统暂态稳定性的一种十分经济的方法。但是，串联电容补偿可能会引起电力系统次同步谐振（SSR），进而造成汽轮发电机组的轴系损坏，系统内存在电气谐振回路是该现象发生的条件。由高压直流输电（HVDC）及其控制系统引起的汽轮发电机组的轴系扭振因不存在谐振回路，人们称该现象为次同步振荡（SSO），SSO 比 SSR 含义更广。

次同步振荡问题要分析的是既非 50 Hz 又非低频（10 Hz 以下）的成分，故不能采用工频准稳态电路或认为工频电量上有低频调制来进行分析。由于次同步振荡问题轴系模型复杂，发电机要计及定子暂态而常采用派克方程描述，网络要用电磁暂态模型，因而模型阶数很高，而且十分复杂，分析方法也很特殊，其机理、监护及对策研究都相当复杂。

在次同步振荡的分析方法上，较为常用的有特征结构分析方法、复转矩系数法、时域仿真法、频率扫描法，以及专门用于分析直流输电系统对其影响的机组作用系数法等。

对次同步振荡的研究主要包括产生的机理、表现形式、影响因素、数学模型和分析方法，以及监护与预防控制措施等。本章将逐一进行介绍。

6.1 次同步振荡的基本概念

关于电力系统次同步振荡问题，IEEE 工作组（Sub-synchronous Resonance Working Group，SSRWG）于 1980 年和 1985 年先后三次对次同步振荡的定义、术语和符号进行了解释，对次同步振荡发生的原因进行了补充，对次同步振荡问题进行了分类，并向电力工程界、学术界颁布和推荐了两个研究次同步振荡的标准模型——单机无穷大系统和双机无穷大系统。IEEE 工作组将电力系统次同步振荡问题归纳为以下几类：

（1）次同步谐振（Sub-Synchronous Oscillation，SSO）。

电力系统次同步谐振是指系统受到扰动偏移其平衡点后出现的一种运行状态，在这种运行状态下，电网与汽轮发电机组之间在一个或多个低于系统同步频率的频率下进行显著能量交换，但不包括汽轮发电机组的刚体模式。

（2）次同步谐振（Sub-Synchronous Resonance，SSR）。

电力系统次同步谐振是指当汽轮发电机组与串联电容补偿的输电系统相互耦合时产生的弱阻尼（lightly damped）、零阻尼（undamped）或者负阻尼（negatively damped）增幅的机电振荡现象。

（3）自励磁（self-excitation）。

流过电枢绕组的次同步电流在转子上产生次同步力矩的同时，也会在转子上感应出次同步电流，次同步电流又会在定子电枢绕组上感应出次同步电压分量。如果这些次同步电压分量和电枢绕组上的次同步电流持续相互作用，并相互助增，最终就会导致“自励磁”现象。

在分析和理解电力系统的“自励磁”现象时，可以分为两类：一类涉及电气和机械两个子系统的动态过程，另一类只涉及电气子系统的动态过程。

（4）感应发电机效应（Inductive Generator Effect）。

感应发电机效应源于同步发电机的转子对低于系统同步频率的次同步频率电流所表现出的视在负阻特性。由于转子的旋转速度高于定子次同步电流分量产生的次同步旋转磁场的转速，所以从定子端来看，转子对次同步电流的等效电阻呈负值。当这一视在负值电阻大于定子和输电系统在该电气谐振频率下的等效电阻之和时，就会产生电气自激振荡，这就是感应发电机效应。

感应发电机效应属于只考虑电气系统动态行为的自激现象，与汽轮发电机轴系无关。因此，单纯的感应发电机效应不会导致轴系扭振现象的发生。

（5）轴系扭转振荡（Torsional Oscillation）。

当发电机转子产生频率为轴系固有扭振频率的振荡时，它将在定子中感应出次同步频率（与轴系固有扭振频率互补）的电压分量，当该电压分量的频率与电气谐振频率接近时，它将维持转子上产生的次同步转矩。而当次同步转矩与转子转速增量同相位，且等于或大于转子固有机械阻尼转矩时，它就会加剧轴系的扭振，这就是电气系统和发电机轴系的扭转相互作用。在这种条件下，转子振荡会在电枢中感应出很低的电压，此电压产生的电流会加强系统中因扰动产生的次同步电流，合成的次同步电流也会产生足够的扭矩来维持初始的转子扭转振荡，使这种振荡呈增加的发展趋势，形成持续的不稳定振荡过程，即次同步谐振过程。

扭转相互作用属于考虑机电耦合作用的自激现象，它强调电力系统的电气谐振频率与汽轮发电机轴系的固有扭振频率互补。

（6）暂态扭矩放大（Transient Torque Amplification）。

暂态扭矩放大是指汽轮发电机轴系在电力系统大扰动（如各种短路、线路开关的频繁操作、发电机的非同期并网）的作用下，由于机电振荡的相互助增，使得发电机轴系各组成部分之间，在由扰动类型决定的一个或几个自然频率上的相互振荡。严重的暂态扭矩放大可能使轴系在第一个扭振周期内就造成严重的破坏。

6.1.1 双质块弹性轴系

在低频振荡研究中，是将发电机大轴作为一个刚体进行分析的。其本质是各发电机大轴作为刚体，在同步旋转的同时，若存在扰动，则转子间会发生相互间的摇摆，这种摇摆的频率很低，将引起功率摇摆。

在次同步振荡中，发电机大轴被看作是若干弹性连接的集中质量块，次同步扭振的物理本质是受扰轴系中各质块在同步旋转的同时，还会发生相对的扭转振荡。若系统扭振是负阻尼的，则发电机轴系可能造成持续的，甚至增强的扭振，以致引起轴系的疲劳损坏。

以双质块轴系为例，分析扭振的基本原理。双质块轴系示意图如图 6−1 所示。

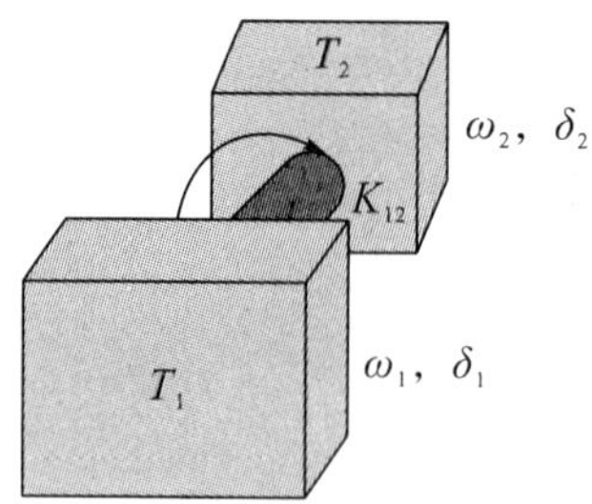

图 6−1　双质块轴系示意图

在无外力作用时，两质块各自自由运动标幺值方程为

$$\begin{cases} T_1\ddot{\delta}_1 + K_{12}(\delta_1 - \delta_2) = 0 \\ T_2\ddot{\delta}_2 + K_{12}(\delta_2 - \delta_1) = 0 \end{cases} \tag{6-1}$$

式中，T_1，T_2 为两质块惯性时间常数；δ_1，δ_2 为两质块转子角。

将式（6−1）线性化，并化为矩阵形式的增量方程，则有

$$\begin{bmatrix} M_1 p^2 & 0 \\ 0 & M_2 p^2 \end{bmatrix}\begin{bmatrix} \Delta\delta_1 \\ \Delta\delta_2 \end{bmatrix} + \begin{bmatrix} K_{12} & -K_{12} \\ -K_{12} & K_{12} \end{bmatrix}\begin{bmatrix} \Delta\delta_1 \\ \Delta\delta_2 \end{bmatrix} = 0 \tag{6-2}$$

微分方程（6−2）的特征方程为

$$\begin{vmatrix} M_1 p^2 + K_{12} & -K_{12} \\ -K_{12} & M_2 p^2 + K_{12} \end{vmatrix} = 0 \tag{6-3}$$

由特征方程（6−3）解得

$$\begin{cases} p_{1,2} = 0 \\ p_{3,4} = \pm \mathrm{j}\sqrt{\dfrac{K}{M}} = \pm \mathrm{j}\omega_n \end{cases} \tag{6-4}$$

式中，$K = K_{12}$，$M = \dfrac{M_1 M_2}{M_1 + M_2}$。

特征根（6−4）表明在扰动下，两个质块作角频率为 ω_n 的相对扭振，在有阻尼时，两个质块的相对扭振为衰减扭振。

6.1.2　多质块弹性轴系

汽轮发电机多质块轴系如图 6−2 所示，含高压缸（HIP）、中压缸（MP）和低压缸（LPA 和 LPB）以及发电机（GEN）、励磁机（EXC）等多个质块，则第 i 个质块的线性化运动方程为

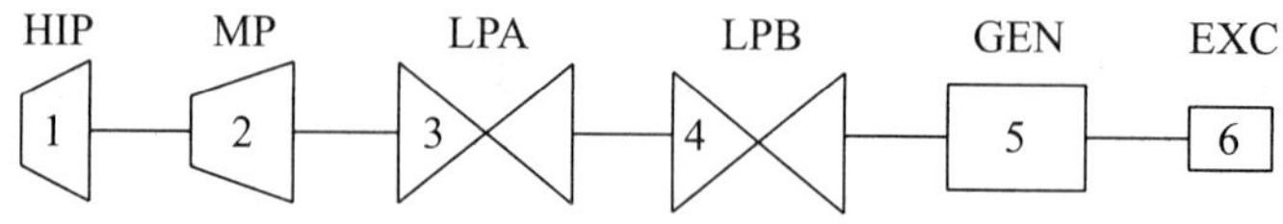

图 6−2　汽轮发电机多质块轴系示意图

$$
\begin{cases}
M_i \dfrac{\mathrm{d}\Delta\omega_i}{\mathrm{d}t} = \Delta T_{mi} - \Delta T_{ei} - D_{ii}\Delta\omega_i - D_{i,i+1}(\Delta\omega_i - \Delta\omega_{i+1}) - \\
\qquad D_{i,i-1}(\Delta\omega_i - \Delta\omega_{i-1}) - K_{i,i+1}(\Delta\delta_i - \Delta\delta_{i+1}) - \\
\qquad K_{i,i-1}(\Delta\delta_i - \Delta\delta_{i-1}) \\
\dfrac{\mathrm{d}\Delta\delta_i}{\mathrm{d}t} = \Delta\omega_i
\end{cases}
\tag{6-5}
$$

式中，$D_{i,i+1}$是第 i 个和第 $i+1$ 个质块间的互阻尼系数，分析中常设互阻尼系数为零；D_{ii}为自阻尼系数；$K_{i,i+1}$与 $K_{i,i-1}$是相邻质块间的弹性常数，$K_{ij}=K_{ji}$；ΔM_{mi}为第i 个质块的机械力矩增量；ΔM_{ei}为第 i 个质块的电气力矩增量。汽轮机各质块 $\Delta M_e=0$，发电机及励磁质块 $\Delta M_m=0$，通常忽略励磁机质块的电磁力矩。

设有 N 个质块，$D_{ij}=D_{ji}=0(i\neq j)$，多质块轴系写成矩阵形式方程为

$$
\left\{\begin{bmatrix} T_1 & & \\ & \ddots & \\ & & T_N \end{bmatrix} p^2 + \begin{bmatrix} D_{11} & & \\ & \ddots & \\ & & D_{NN} \end{bmatrix} p + \begin{bmatrix} K_{12} & -K_{12} & 0 & \cdots & 0 \\ -K_{12} & K_{12}+K_{23} & -K_{23} & 0 & \vdots \\ 0 & -K_{23} & K_{23}+K_{34} & \ddots & 0 \\ \vdots & 0 & \ddots & \ddots & -K_{N-1,N} \\ 0 & \cdots & 0 & -K_{N-1,N} & K_{N-1,N} \end{bmatrix}\right\}
$$

$$
\begin{bmatrix} \Delta\delta_1 \\ \vdots \\ \Delta\delta_N \end{bmatrix} = \begin{bmatrix} \Delta M_{m1} & -\Delta M_{e1} \\ \vdots & \vdots \\ \Delta M_{mN} & -\Delta M_{eN} \end{bmatrix}
\tag{6-6}
$$

将式（6－6）的一般式记为

$$
(\boldsymbol{T}p^2 + \boldsymbol{D}p + \boldsymbol{K})\Delta\boldsymbol{\delta} = \Delta\boldsymbol{M}_m - \Delta\boldsymbol{M}_e = \Delta\boldsymbol{M}
\tag{6-7}
$$

式中，$\boldsymbol{T}$，$\boldsymbol{D}$ 为对角阵，$\boldsymbol{K}^{\mathrm{T}}=\boldsymbol{K}$。

式（6－7）中，设 $\boldsymbol{D}=\boldsymbol{0}$，即无机械阻尼，可将多质块轴系解耦：令 $\boldsymbol{A}=\boldsymbol{T}^{-\frac{1}{2}}$，定义 $\boldsymbol{P}=\boldsymbol{AKA}$，设其特征根对角阵 $\boldsymbol{\Lambda}=\boldsymbol{\omega}_n^2=\mathrm{diag}(\omega_{n1}^2,\omega_{n2}^2,\cdots,\omega_{nN}^2)$，并设 $\boldsymbol{P}$ 的特征向量阵为 $\boldsymbol{U}$，从而 $\boldsymbol{PU}=\boldsymbol{P\Lambda}$，又因 $\boldsymbol{P}^{\mathrm{T}}=\boldsymbol{P}$ 对称，故 $\boldsymbol{U}$ 可为正交阵，即 $\boldsymbol{U}^{-1}=\boldsymbol{U}^{\mathrm{T}}$。

若定义线性变换阵 $\boldsymbol{Q}=\boldsymbol{AUS}$，有线性变换

$$
\Delta\delta = Q\Delta\delta^{(m)}
\tag{6-8}
$$

式中，右上角标“m”表示解耦模式，$\boldsymbol{S}$ 为对角阵，其对角元素的取值使发电机质块对应的 $\boldsymbol{Q}$ 矩阵行元素均等于 1。

式（6－7）两边同时左乘 $\boldsymbol{Q}^{\mathrm{T}}$，并将式（6－8）代入式（6－7），则有

$$
\boldsymbol{Q}^{\mathrm{T}}\boldsymbol{TQ}\Delta\boldsymbol{\delta}^{(m)} + \boldsymbol{Q}^{\mathrm{T}}\boldsymbol{KQ}\Delta\boldsymbol{\delta}^{(m)} = \boldsymbol{Q}^{\mathrm{T}}\Delta\boldsymbol{M}
\tag{6-9}
$$

式中，$\boldsymbol{Q}^{\mathrm{T}}\boldsymbol{TQ}=\boldsymbol{SU}^{\mathrm{T}}\boldsymbol{ATAUS}=\boldsymbol{S}^2=\boldsymbol{T}^{(m)}$ 为对角阵（因为 $\boldsymbol{ATA}=\boldsymbol{I}$，$\boldsymbol{U}^{\mathrm{T}}=\boldsymbol{U}^{-1}$）；$\boldsymbol{Q}^{\mathrm{T}}\boldsymbol{KQ}=\boldsymbol{SU}^{\mathrm{T}}\boldsymbol{AKAUS}=\boldsymbol{S}^2\boldsymbol{\Lambda}=\boldsymbol{T}^{(m)}\boldsymbol{\omega}_n^2=\boldsymbol{K}^{(m)}$也为对角阵（因为 $\boldsymbol{AKA}=\boldsymbol{P}$，$\boldsymbol{U}^{\mathrm{T}}\boldsymbol{PU}=\boldsymbol{U}^{-1}\boldsymbol{PU}=\boldsymbol{\Lambda}$）。

由于 $\boldsymbol{Q}$ 矩阵中，发电机质块对应第 k 行元素均为 1，即 $\boldsymbol{Q}^{\mathrm{T}}$ 的第 k 列元素为 1，故当 $\Delta\boldsymbol{M}_m\approx 0$ 时，有 $\boldsymbol{Q}^{\mathrm{T}}\Delta\boldsymbol{M}=\begin{bmatrix} -\Delta\boldsymbol{M}_e \\ \vdots \\ -\Delta\boldsymbol{M}_e \end{bmatrix}=-\Delta\boldsymbol{M}_e^{(m)}$，$\Delta\boldsymbol{M}_e$ 为发电机质块的电磁力矩，即 $\Delta\boldsymbol{M}_e$ 加在每一个解耦的等效转子质块上。

式（6－7）可写为解耦模式形式：

$$
\boldsymbol{T}^{(m)}\Delta\ddot{\boldsymbol{\delta}}^{(m)} + \boldsymbol{K}^{(m)}\Delta\boldsymbol{\delta}^{(m)} = -\Delta\boldsymbol{M}_e^{(m)}
\tag{6-10}
$$

或记为

$$\Delta\ddot{\boldsymbol{\delta}}^{(m)}+\boldsymbol{\omega}_n^2\Delta\boldsymbol{\delta}^{(m)}=-[\boldsymbol{T}^{(m)}]^{-1}\Delta\boldsymbol{M}_e^{(m)} \tag{6-11}$$

显然，$\boldsymbol{\omega}_n^2$ 不为零的对角元素的平方根便是轴系的自然扭振频率。

6.2 次同步振荡产生机理

6.2.1 感应发电机效应

同步电机经常有串补电容的线路接到无穷大系统中，如图 6−3 所示。在一定条件下，会发生次同步谐振（SSR）。谐振频率即系统 LC 谐振频率，在发电机相电流、相电压中均有此成分。对于谐振频率而言，发电机相当于一台异步电机，且处于发电状态，使谐振得以持续。这一效应通常称为“感应发电机效应”。

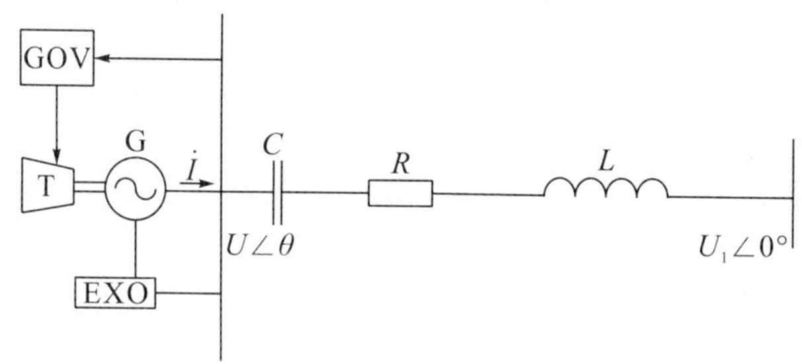

图 6−3　单机无穷大系统

设串补电容补偿度为 κ，即

$$\frac{1}{\omega_0 C}=\kappa\omega_0 L \qquad (\kappa\in(0,1)) \tag{6-12}$$

式中，ω_0 为工频。

若发电机等值次暂态电抗 $X''\approx X''_d\ll\omega_0 L$，则由式（6−12）得此 LC 电路发生电谐振的角频率近似为

$$\omega_{er}=\frac{1}{\sqrt{LC}}=\sqrt{\kappa}\omega_0<\omega_0 \tag{6-13}$$

即谐振频率为次同步频率。

设电网中有此频率的扰动，由于同步电机转子以 ω_0 同步旋转，对于定子中频率为 ω_{er}的电流成分而言，相当于一台异步电机转子，可近似根据叠加原理来分析。即设同步电机在正常工况下的电量外，在定子侧叠加了 ω_{er}成分电量，而转子侧由于阻尼绕组存在，相当于一台异步电机转子，而叠加了频率为 ω_{er}的定子电流感应出的转子电流。若忽略凸极效应，则同步电机的等值异步电机电路如图 6−4 虚线左侧部分。图 6−4 中，X_s，X_r，r_s，r_r 分别为定子、转子绕组的漏抗及电阻，X_m 为互感抗，s 为滑差。

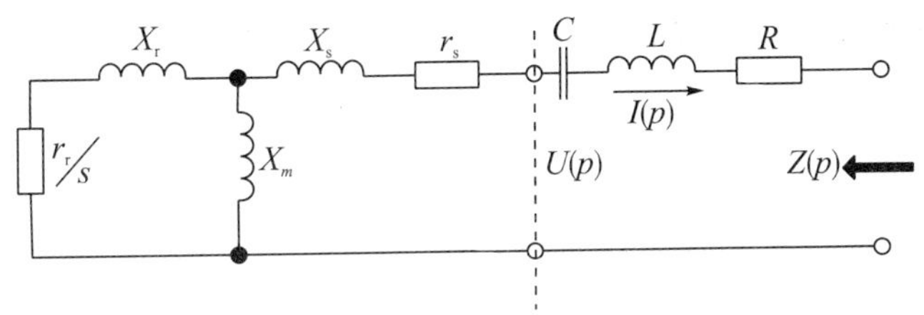

图 6－4　同步电机的等值异步电机电路

对一台异步电机，s 的计算定义为

$$s = (\omega_{电网} - \omega_{转子})/\omega_{电网} \tag{6-14}$$

式中，$\omega_{电网} = \omega_{er}$（谐振频率），$\omega_{转子} = \omega_0$，因为 $\omega_{er} < \omega_0$，则 $s<0$，即图 6－4 中，$\frac{r_r}{s}<0$。这说明对于 SSR 频率 ω_{er}，同步电机相当于一台异步发电机，从而可向电网提供维持 ω_{er} 分量的能量，若此能量足够大，且大于电阻 R 的损耗，就能使 SSR 持续下去。事实上，发电机等值电路的参数对谐振频率 ω_{er} 会有少量影响，由 ω_{er} 表示，则图 6－4 中电路的视在阻抗 $Z(p)$ 为

$$Z(p) = R + Lp + \frac{1}{pC} + r_s + pX_s + (pX_m) \mathbin{/\!/} \left(\frac{r_r}{s} + pX_r\right) \tag{6-15}$$

令 $Z(p)\mid_{p=j\omega_{er}} = R_{eq} + jX_{eq}$，若电气阻尼为负值，即 $R_{eq}<0$，视在电抗为零，即 $X_{eq}\approx 0$，则系统将发生谐振。

在上述运行条件下，发电机不仅存在正常工况下的恒定的同步力矩，而且存在上述“异步发电机”运行的相应异步力矩，故通常称这类次同步电谐振问题为“感应发电机效应”引起的 SSR。

值得注意的是，a，b，c 三相绕组中的对称正序次同步频率 ω_{er} 电流（空间产生逆时针方向以 ω_{er} 角速度旋转的磁场）与转子的直流励磁电流（空间产生逆时针方向以 ω_0 角速度旋转的磁场）会产生相互间作用力矩，其为以 $\omega_0 - \omega_{er}$ 为周期的交变电磁力矩。显然，由于 $\omega_0 > \omega_{er}$，则 $\omega_0 - \omega_{er}$ 也是属于次同步频率的。通常情况下，$\omega_0 - \omega_{er}$ 与 ω_{er} 互补，一旦此交变电磁力矩的频率接近轴系自然扭振频率 ω_N，将引起轴系扭振。

此外，定子中的基波正序电流（空间产生逆时针方向以 ω_0 同步旋转的磁场）与转子中“感应发电机效应”感应的电流（空间产生逆时针方向以 ω_{er} 角速度旋转的磁场）相互间也会产生频率为 $\omega_0 - \omega_{er}$ 的交变电磁力矩，但强度相对很弱。

进一步理论分析表明，当 SSR 发生，且系统 $R_{eq} = \mathrm{Re}[Z(j\omega_{er})] < 0$ 时，系统主要是感应发电机效应起作用，即网络谐振。而机电扭振不稳定一般发生在 $R_{eq} = \mathrm{Re}[Z(j\omega_{er})]$ 为微小正值时。

6.2.2　机电扭振互作用

含有串补电容的输电系统中发电机的“感应发电机效应”会引起电气系统持续的次同步谐振。当电谐振频率和发电机轴系的自然扭振频率成一定关系时，还可能发生由于发电机轴系和网络间的相互作用而引起轴系扭振不稳定，造成轴的破坏，通常称之为“机电扭振互作用”。

对于图 6-3 的单机无穷大系统，可用复数力矩系数法近似地分析机电扭振互作用。设发电机轴系第 k 个质块有频率为 μ 的正弦扭转摄动，如图 6-5 所示。即

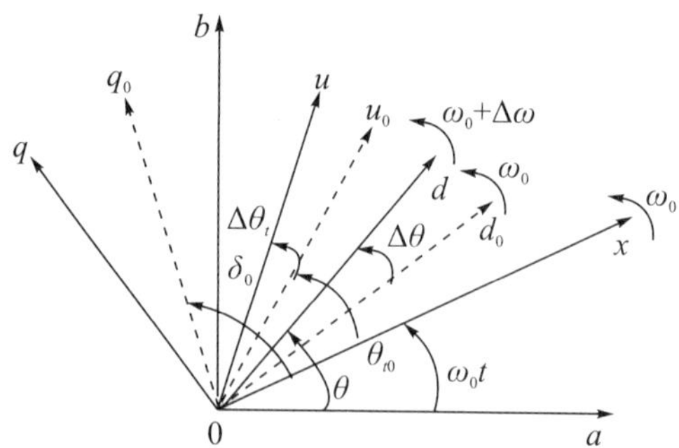

图 6-5　静止正交坐标 ab 与 dq 坐标关系

$$\begin{cases}\Delta\delta_k = A\sin\mu t \overset{\text{def}}{\Rightarrow} \Delta\theta \\ \Delta\dot{\delta}_k = \Delta\dot{\theta} = A\mu\cos\mu t \overset{\text{def}}{\Rightarrow} \Delta\omega\end{cases} \tag{6-16}$$

设 $\Delta T_e = K_e\Delta\theta + D_e\Delta\omega$，则相应复数力矩系数为 $K_e + j\mu D_e$。由轴系解耦理论和复数力矩系数的物理意义可知，当 μ 接近某个轴系自然扭振频率，记为第 j 个解耦模式，且 $\begin{cases}D_e<0\\ |D_e|>D_j^{(m)}\end{cases}$ 时，系统会发生扭振不稳定。$D_j^{(m)}$ 为第 j 个解耦模式相应的机械阻尼系数。

由发电机派克方程可知，定子电压方程为

$$\begin{cases}u_d = p\psi_d - \omega\psi_q - r_a i_d \\ u_q = p\psi_q + \omega\psi_d - r_a i_q\end{cases} \tag{6-17}$$

若定子电流很小，电枢反应可忽略，则由发电机磁链方程可知

$$\begin{cases}\dfrac{\psi_d}{\psi_f} \approx \dfrac{X_{ad}}{X_f} \\ \psi_q \approx 0\end{cases} \tag{6-18}$$

若近似认为 $\psi_f = const.$，则

$$\sqrt{\psi_d^2 + \psi_q^2} = \psi_0 = const. \tag{6-19}$$

因此，可将定子电压方程中的 $p\psi_d$ 和 $p\psi_q$ 忽略。若设 $r_a \approx 0$，则机端电压主要由速度电势项决定。在式（6-16）设定的转子 dq 轴摄动下，相应的发电机端电压在同步坐标下的相位和幅值摄动约为

$$\begin{cases}\Delta U \approx \Delta\omega\psi_0 \\ \Delta\theta_U \approx \Delta\theta\end{cases} \tag{6-20}$$

式中，$\Delta\theta$ 和 $\Delta\omega$ 为施加摄动；ψ_0 为定子绕组的磁链幅值。

把定子绕组等值成静止正交的 a，b 两个绕组，如图 6-5 所示。由图中坐标关系可知，定子 a，b 相绕组电压瞬时值为

$$\begin{aligned}u_a &= (U_0 + \Delta U)\cos(\omega_0 t + \theta_{U0} + \Delta\theta_U) \\ &= (U_0 + \Delta U)\cos(\beta + \Delta\beta_U)\end{aligned}$$

$$\begin{aligned}&\approx U_0\sin\beta+(U_0\cos\beta)\Delta\theta_{\mathrm{U}}+\sin\beta\Delta U\\&=u_{\mathrm{b0}}+\Delta u_{\mathrm{b}}\end{aligned}\tag{6-21}$$

式中，$\beta=\omega_0 t+\theta_{\mathrm{U0}}$，$u_{\mathrm{a0}}=U_0\cos\beta$，$u_{\mathrm{b0}}=U_0\sin\beta$。

由式（6−21）可得

$$\begin{bmatrix}\Delta u_{\mathrm{a}}\\\Delta u_{\mathrm{b}}\end{bmatrix}=\begin{bmatrix}\cos\beta & -U_0\sin\beta\\\sin\beta & U_0\cos\beta\end{bmatrix}\begin{bmatrix}\Delta U\\\Delta\theta_{\mathrm{U}}\end{bmatrix}\tag{6-22}$$

式中，$U_0=\omega_0\psi_0=\psi_0(\mathrm{p.u.})$。把$\begin{cases}\Delta U=\Delta\omega\psi_0\\\Delta\theta_{\mathrm{U}}=\Delta\theta\end{cases}$和$\begin{cases}\Delta\theta=A\sin\mu t\\\Delta\omega=A\mu\cos\mu t\end{cases}$代入式（6−22），整理得

$$\begin{cases}\Delta u_{\mathrm{a}}=\dfrac{-A\psi_0}{2}(1-\mu)\cos\left[(1-\mu)t+\theta_{\mathrm{U0}}\right]+\dfrac{A\psi_0}{2}(1+\mu)\cos\left[(1+\mu)t+\theta_{\mathrm{U0}}\right]\\\Delta u_{\mathrm{b}}=\dfrac{-A\psi_0}{2}(1-\mu)\sin\left[(1-\mu)t+\theta_{\mathrm{U0}}\right]+\dfrac{A\psi_0}{2}(1+\mu)\sin\left[(1+\mu)t+\theta_{\mathrm{U0}}\right]\end{cases}\tag{6-23}$$

由式（6−23）可知，在发电机定子 a 相端电压中除基波成分 u_{a0} 外，还叠加了一个 Δu_{a}（b，c 相采用相同处理方式）。它由两个分量组成：一个分量是频率 $1-\mu$，即次同步频率的分量；另一个分量是频率 $1+\mu$，即超同步频率的分量。这两个电气量频率跟机械扰动频率 μ 均差一个同步转速，即 $\omega_0=1\mathrm{p.u.}$。这两个分量的幅值分别为

$$\begin{cases}\Delta E'=\dfrac{A\psi_0}{2}(1-\mu)\\\Delta E''=\dfrac{A\psi_0}{2}(1+\mu)\end{cases}\tag{6-24}$$

式中，$\Delta E'$为次同步频率分量；$\Delta E''$为超同步频率分量。

在次同步频率（$1-\mu$）下，因系统等值电抗 $X_{\mathrm{eq}}\approx0$，系统等值电阻 $R_{\mathrm{eq}}=R\neq0$，若线路 LC 串联谐振，即 $\omega_{\mathrm{er}}=\dfrac{1}{\sqrt{LC}}\approx1-\mu(\mathrm{p.u.})$，则 $\Delta E'$ 对相应的同相位的谐振电流幅值 $\Delta I'$为

$$\Delta I'=\frac{\Delta E'}{R}=\frac{A\psi_0}{2R}(1-\mu)\tag{6-25}$$

根据式（6−24）、式（6−25），相对应的 $\Delta i'_{\mathrm{ab}}$为

$$\begin{bmatrix}\Delta i'_{\mathrm{a}}\\\Delta i'_{\mathrm{b}}\end{bmatrix}=\frac{-A\psi_0}{R}(1-\mu)\begin{bmatrix}\cos(1-\mu)t+\theta_{\mathrm{U0}}\\\sin(1+\mu)t+\theta_{\mathrm{U0}}\end{bmatrix}\tag{6-26}$$

对于超同步频率 $1+\mu$，系统不发生谐振，呈现大阻抗。设$\begin{bmatrix}\Delta i''_{\mathrm{a}}\\\Delta i''_{\mathrm{b}}\end{bmatrix}\approx0$，发电机电磁功率 $\Delta M_{\mathrm{e}}=\psi_{\mathrm{d}}i_{\mathrm{q}}-\psi_{\mathrm{q}}i_{\mathrm{d}}$，若 $\Delta\psi_{\mathrm{d}}\approx0$，$\Delta\psi_{\mathrm{q}}\approx0$，则近似为

$$\Delta M_{\mathrm{e}}=(-\psi_{\mathrm{q0}}\psi_{\mathrm{d0}})\begin{bmatrix}\Delta i_{\mathrm{d}}\\\Delta i_{\mathrm{q}}\end{bmatrix}\tag{6-27}$$

由图 6−5 可知，d 轴领先 a 轴角度为 $\theta^*=\delta_0-\dfrac{\pi}{2}+\omega_0 t+\Delta\theta$，这里假定 $t=0$ 时 x 轴和 a 轴重合，故

$$\begin{bmatrix} i_d \\ i_q \end{bmatrix} = \begin{bmatrix} \cos\theta^* & \sin\theta^* \\ -\sin\theta^* & \cos\theta^* \end{bmatrix} \begin{bmatrix} i_a \\ i_b \end{bmatrix} \tag{6-28}$$

式中，$\theta^*=\delta_0-\dfrac{\pi}{2}+\omega_0 t$，则 ΔM_e 为

$$\Delta M_e=(-\psi_{q0}\psi_{d0})\left\{\begin{bmatrix} \cos\theta^* & \sin\theta^* \\ -\sin\theta^* & \cos\theta^* \end{bmatrix}\begin{bmatrix} \Delta i'_a \\ \Delta i'_b \end{bmatrix}+\begin{bmatrix} -\sin\theta^* & \cos\theta^* \\ -\cos\theta^* & -\sin\theta^* \end{bmatrix}\begin{bmatrix} i_{a0} \\ i_{b0} \end{bmatrix}\Delta\theta\right\} \tag{6-29}$$

将式（6—26）代入式（6—29），可得 $\Delta\omega$ 的系数 D_e 为

$$D_e=-\frac{\psi_0^2(1-\mu)}{2\mu R}=-\frac{\psi_0^2 f_e}{2 f_m R} \tag{6-30}$$

式中，$f_e=1-\mu$ 为电气次同步谐振频率；$f_m=\mu$ 为机械扭振频率，即扰动频率。

6.2.3 轴系力矩放大作用

电力系统在发生故障、进行重合闸及非同期合闸时，会出现严重的过渡，发电机的暂态电量中可能会含有频率和轴系自然扭振频率互补的分量。若系统在此频率下电气阻尼很小，则轴系可能在相应的电磁力矩作用下产生较大幅度的振荡。此时，即使跳开发电机出口开关，轴系仍将在弱阻尼下作缓慢衰减的扭振，而造成疲劳损伤，影响轴系的寿命。这一作用通常称为“暂态力矩放大”作用。在有串补电容的系统中，当电气谐振频率 f_e 和机械轴系扭振自然频率 f_m 互补时，很容易在大扰动下激发大幅值的电流成分，并造成频率为（$1-f_e$）的暂态电磁力矩，引起轴系扭振。其后果比相同扰动下无串补电容的电力系统的后果要严重得多。

在电力系统中，由于不对称故障出现的负序电流分量和转子励磁电流相应磁场相互作用，将在 f_0=50 Hz 下产生 100 Hz 交变力矩。因此，如果发电机有 100 Hz 左右的自然扭振频率，则极易发生超同步振荡，引起汽轮机叶片的断裂。通常设计要求在 100 Hz±5 Hz范围内无扭振自然频率存在。

在系统有大扰动时，由于暂态力矩的放大作用，在短时间内发电机轴系将产生较大幅度的扭振；而机电扭振互作用则主要指系统受小扰动时，经过相对较长的时间逐步形成的发电机轴系的增幅扭振。前者由于系统在大扰动下的强非线性，通常用电磁暂态程序 EMTP 仿真分析；后者则常用线性化模型和小扰动分析方法，如特征分析法、复数力矩系数法。

6.2.4 其他电气装置引发的次同步振荡

在 1977 年美国 Square Butte 投入 HVDC 输电线时，出现了发电机大轴的次同步扭振现象。研究表明，这种现象的产生是由于 HVDC 的快速控制引起的，其原理和机电扭振互作用相似，可通过复数力矩系数法或特征根分析法进行分析。这种扭振通常发生在与整流站紧耦合的发电机大轴上，即使切除系统中的串补电容，扭振仍存在。由于此时系统中不存在电谐振回路，因此称之为次同步振荡问题。

在系统中含有 HVDC，SVS 等有源快速控制装置时，若其控制参数不合理，均可能引起次同步振荡。PSS 装置参数不合理时也可能通过励磁系统、发电机励磁绕组起作用，

引起次同步振荡。文献将此统称为装置引起的次同步振荡。其原理可用复数力矩系数法加以说明。

下面以直流输电系统为例近似用解析法说明装置引起的次同步振荡的原理。设有如图 6－6所示的单机无穷大系统，发电机通过一条双端直流输电线和无穷大系统母线相连。若作如下简化假定，即发电机和直流输电线直接耦合，换流站采用平均值模型，直流线路只计及电阻 R_d，重点分析整流侧直流控制的作用。设逆变侧作定电压控制，并设 $U''_d \approx const.$。整流侧控制设为定电流控制，其传递函数为一阶惯性环节，即着重讨论其控制的放大倍数和时间常数对 SSO 的作用。

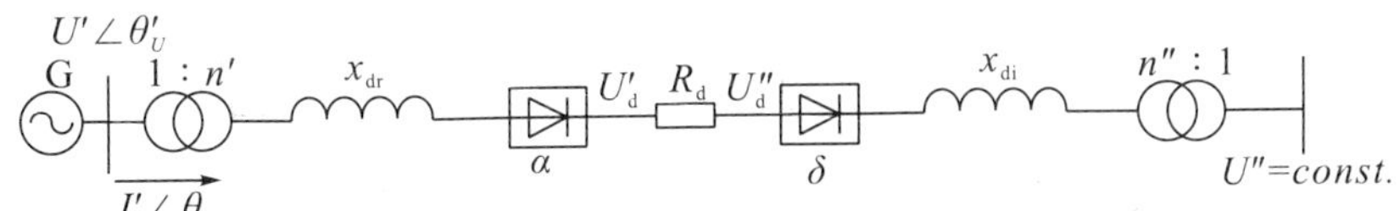

图 6－6　HVDC 引起的 SSO 分析图

根据上述假定，直流系统的模型表示为

$$
\begin{cases}
U'_d = n'U'\cos\alpha - \dfrac{3}{\pi}x_{dr}I_d \\
U'_d - U''_d = R_d I_d \\
I' = n'I_d \\
\cos\varphi' = \dfrac{U'_d}{n'U'} \\
\Delta\alpha_c = \dfrac{K}{1+Tp}\Delta I_d \\
\Delta\alpha = \Delta\alpha_c + \Delta\theta_U \\
\Delta\theta_I = \Delta\theta_U - \Delta\varphi'
\end{cases}
\tag{6－31}
$$

式中，K，T 为定电流控制的放大倍数和时间常数；$p=\dfrac{d}{dt}$；$\cos\varphi'$ 为整流侧功率因数；$U'\angle\theta_U$ 和 $I'\angle\theta_I$ 均为相应的空间向量在同步坐标中的瞬时幅值和幅角，式（6－31）中第 5、6 方程反映了由于换流站交流母线的电压相位摄动 $\Delta\theta_U$ 引起的实际点火角 α 与控制输出 α_c 间的差别。消去 $\Delta\alpha_c$ 后，式（6－31）中含有 6 个方程式，9 个变量，即 U'，U'_d，U''_d，I_d，I'，φ'，α，θ_U 和 θ_I。若已知 $U''_d=const.$ 和 $U'\angle\theta_U$，则方程数和变量数平衡，可以求解。将式（6－23）线性化，即得小扰动分析的数学模型。

当发电机和电流输电线紧耦合时，假设发电机转子除作同步旋转外有一微小的频率为 μ 的正弦摄动，发电机质块的角位移为

$$\Delta\delta = A\sin\mu t = \Delta\theta \tag{6－32}$$

根据同步电机速度电势性质，换流站交流母线电压的幅值和相位摄动近似为

$$
\begin{cases}
\Delta U' = \Delta\omega\psi_0 \\
\Delta\theta_U = \Delta\theta
\end{cases}
\tag{6－33}
$$

式中，$\psi_0=\sqrt{\psi_{d0}^2+\psi_{q0}^2}$ 为定子绕组稳态磁链的幅值。

由式（6－31）中第 1、2、5、6 方程，可解得用 $\Delta U'$ 和 $\Delta\theta_U$ 表示的 ΔI_d 和 $\Delta\alpha$ 函数为

$$\begin{bmatrix}\Delta\alpha\\ \Delta I_{\mathrm{d}}\end{bmatrix}=\frac{1}{A}\begin{bmatrix}R_{\mathrm{d}\Sigma} & \dfrac{Kn'\cos\alpha}{1+Tp}\\ -n'U'\sin\alpha & n'\cos\alpha\end{bmatrix}\begin{bmatrix}\Delta\theta_{\mathrm{U}}\\ \Delta U'\end{bmatrix} \tag{6-34}$$

式中，$A=R_{\mathrm{d}\Sigma}+\dfrac{n'U'K\sin\alpha}{1+Tp}$；$R_{\mathrm{d}\Sigma}=R_{\mathrm{d}}+\dfrac{3}{\pi}X'_{\mathrm{c}}$。

将式（6−34）代入式（6−31）的第 3 个方程可得

$$\Delta I'=n'\Delta I_{\mathrm{d}}=A(p)\Delta\theta_{\mathrm{U}}+B(p)\Delta U' \tag{6-35}$$

式中，$A(p)=\dfrac{1}{A}(-n'^{2}U'\sin\alpha)$；$B(p)=\dfrac{1}{A}(n'^{2}\cos\alpha)$。

再由式（6−31）的第 2、4、7 方程，可得

$$\Delta\theta_{\mathrm{I}}=\Delta\theta_{\mathrm{U}}-\Delta\varphi'=C(p)\Delta\theta_{\mathrm{U}}+D(p)\Delta U' \tag{6-36}$$

式中，$C(p)=1-\dfrac{1}{A}\left(R_{\mathrm{d}}\dfrac{\sin\alpha}{\sin\varphi'}\right)$；$D(p)=\dfrac{1}{A}\left(\dfrac{R_{\mathrm{d}}\cos\alpha}{U'\sin\varphi'}\right)-\dfrac{U'_{\mathrm{d}}}{n'U'^{2}\sin\varphi'}$。

由于发电机和直流输电线耦合紧密，故此电流增量即为发电机定子绕组的电流增量。设该定子电流的幅值和同步坐标下的相位表示为复数形式为

$$\bar{i}=I_0+\Delta I<\theta_{\mathrm{I0}}+\Delta\theta_{\mathrm{I}} \tag{6-37}$$

则 a 相电流为

$$i_{\mathrm{a}}\approx(I_0+\Delta I)\cos(\omega_0 t+\theta_{\mathrm{I0}}+\Delta\theta_{\mathrm{I}})=i_{\mathrm{a0}}+\Delta i_{\mathrm{a}} \tag{6-38}$$

式中，

$$\begin{cases}i_{\mathrm{a0}}=I_0\cos\gamma\\ \Delta i_{\mathrm{a}}=\cos\gamma\Delta I-I_0\sin\gamma\Delta\theta_{\mathrm{I}}\\ \gamma=\omega_0 t+\theta_{\mathrm{I0}}\end{cases}$$

把定子绕组等值成静止正交的 a、b 两个绕组，则由图 6−5 可知，b 绕组电流为

$$i_{\mathrm{b}}\approx(I_0+\Delta I)\sin(\omega_0 t+\theta_{\mathrm{I0}}+\Delta\theta_{\mathrm{I}})=i_{\mathrm{b0}}+\Delta i_{\mathrm{b}} \tag{6-39}$$

式中，

$$\begin{cases}i_{\mathrm{b0}}=I_0\sin\gamma\\ \Delta i_{\mathrm{b}}=\sin\gamma\Delta I+I_0\cos\gamma\Delta\theta_{\mathrm{I}}\end{cases}$$

此外，由图 6−5 的坐标关系可知，$ab-dq$ 坐标的变换关系为

$$f_{\mathrm{ab}}=\begin{bmatrix}f_{\mathrm{a}}\\ f_{\mathrm{b}}\end{bmatrix}=\begin{bmatrix}\cos\theta^{*} & -\sin\theta^{*}\\ \sin\theta^{*} & \cos\theta^{*}\end{bmatrix}\begin{bmatrix}f_{\mathrm{d}}\\ f_{\mathrm{q}}\end{bmatrix}=Tf_{\mathrm{dq}} \tag{6-40}$$

式中，$\theta^{*}=\delta_0-\dfrac{\pi}{2}+\omega_0 t+\Delta\theta=\theta_0^{*}+\Delta\theta$，$\theta_0^{*}$ 为 $\Delta\theta=0$ 时 d 轴领先 a 轴的角度。

设定子绕组磁链幅值 $\psi_0=\sqrt{\psi_{\mathrm{d0}}^2+\psi_{\mathrm{q0}}^2}=const.$，$\Delta\psi_{\mathrm{d}}\approx0$，$\Delta\psi_{\mathrm{q}}\approx0$，则由 $T_{\mathrm{e}}=\psi_{\mathrm{d}}i_{\mathrm{q}}-\psi_{\mathrm{q}}i_{\mathrm{d}}$ 及式（6−40）可得

$$\Delta T_{\mathrm{e}}=(-\psi_{\mathrm{q0}}\psi_{\mathrm{d0}})\left\{T_0^{-1}\begin{bmatrix}\Delta i_{\mathrm{a}}\\ \Delta i_{\mathrm{b}}\end{bmatrix}+\left(\frac{\mathrm{d}}{\mathrm{d}\theta^{*}}T^{-1}\right)\bigg|_{\theta_0^{*}}\begin{bmatrix}i_{\mathrm{a0}}\\ i_{\mathrm{b0}}\end{bmatrix}\Delta\theta\right\} \tag{6-41}$$

将式（6−38）和式（6−39）的 i_{a0}，i_{b0} 表达式代入式（6−41），其系数项 $\left(\dfrac{\mathrm{d}}{\mathrm{d}\theta^{*}}T^{-1}\right)\bigg|_{\theta_0^{*}}\begin{bmatrix}i_{\mathrm{a0}}\\ i_{\mathrm{b0}}\end{bmatrix}$为定常数，故此项与 $\Delta\theta$ 成正比，即只与电气同步力矩系数 K_{e} 有关。

将式（6－41）中大括号内第一项记作 $\Delta T'_e$，则 $\theta_0^*=\delta_0-\frac{\pi}{2}+\omega_0 t$ 为 d 轴在 $\Delta\theta=0$ 时领先 a 轴的角度：

$$\Delta T'_e=(-\psi_{q0}\psi_{d0})\begin{bmatrix}\cos\theta_0^* & \sin\theta_0^*\\ -\sin\theta_0^* & \cos\theta_0^*\end{bmatrix}\begin{bmatrix}i_{a0}\\ i_{b0}\end{bmatrix}\tag{6-42}$$

将式（6－38）、式（6－39）代入式（6－35）和式（6－36），可整理得

$$\Delta T'_e=(-\psi_{q0}\psi_{d0})\begin{bmatrix}\cos\eta & -I_0\sin\eta\\ \sin\eta & I_0\cos\eta\end{bmatrix}\begin{bmatrix}A(p)+\psi_0 pB(p)\\ C(p)+\psi_0 pD(p)\end{bmatrix}\Delta\theta\tag{6-43}$$

式中，$\eta=\theta_0^*-\gamma=\delta_0-\theta_{I0}-\frac{\pi}{2}$。

由图 6－5 可知

$$\begin{cases}\psi_{d0}=\psi_0\cos\left[\theta_{\psi0}-\left(\delta_0-\frac{\pi}{2}\right)\right]\\ \psi_{q0}=\psi_0\sin\left[\theta_{\psi0}-\left(\delta_0-\frac{\pi}{2}\right)\right]\end{cases}\tag{6-44}$$

式中，$\theta_{\psi0}$ 为定子磁链在稳态时同步坐标下的相位，则代入式（6－43）可得 $\Delta T'_e$ 相应的电气同步力矩系数：

$$\frac{\Delta T'_e}{\Delta\theta}=K(p)=\psi_0(\sin\xi\quad I_0\cos\xi)\begin{bmatrix}A(p)+\psi_0 pB(p)\\ C(p)+\psi_0 pD(p)\end{bmatrix}\tag{6-45}$$

式中，ξ 为稳态时定子电流向量领先定子磁链向量的角度，$\xi=\theta_{I0}-\theta_{\psi0}$。

根据扰动频率相应的旋转坐标中的复数相量概念，对于 $e^{j\mu t}$ 扰动，设 $\Delta T'_e=\Delta\overline{T}'_e e^{j\mu t}$，$\Delta\theta_e=\Delta\bar{\theta}_e e^{j\mu t}$，$\Delta\overline{T}_e$，$\Delta\bar{\theta}$ 为角频率为 μ 的旋转坐标中的复数相量，则由复数相量的性质，式（6－45）可等价为

$$\frac{\Delta\overline{T}'_e}{\Delta\bar{\theta}}=K(p)\big|_{p=j\mu}=K'_e+j\mu D_e\tag{6-46}$$

推导得

$$D_e=\psi_0(m\sin\xi+I_0 n\cos\xi)\tag{6-47}$$

式中，

$$\begin{cases}m=\mathrm{Im}[A(j\mu)+\psi_0 j\mu B(j\mu)]/\mu\\ n=\mathrm{Im}[C(j\mu)+\psi_0 j\mu D(j\mu)]/\mu\end{cases}$$

将 $A(p)$，$B(p)$，$C(p)$，$D(p)$ 表达式代入，并令 $p=j\mu$，设 $U'_0=1\text{p. u.}$，$\psi_0=1\text{p. u.}$，可得

$$D_e=\frac{n'^2\sin\varphi'\sin\xi+R_d I_0\cos\xi}{\sin\varphi'[(R_{d\Sigma}+n'\sin\alpha K)^2+(T\mu R_{d\Sigma})^2]}\times[(T^2\mu^2+1)R_{d\Sigma}\cos\alpha+ n'\sin\alpha K(\cos\alpha-T\sin\alpha)]-\frac{U'_d I_0\cos\xi}{\sin\varphi' n'}\tag{6-48}$$

为讨论直流换流器控制系统的放大倍数 K 及时间常数 T 在不同的扰动频率 μ 时对 D_e 的作用，设 $U'=1$，$n'=1.1$，$I_0=1.1$，$I_d=1$，$R_d=0.1$，$\frac{3}{\pi}x_{dr}=0.1$，$\alpha=15°$，则 $U'_d=0.9625$，$U''=0.8625$，$\cos\varphi'=0.875$，$\varphi'=28.95°$，$R_{d\Sigma}=R_d+\frac{3}{\pi}x_{dr}=0.2$。另外，由发

电机定子电压方程可知 $\xi_0=\theta_{I0}-\theta_{\varphi 0}\approx\theta_{I0}-(\theta_{U0}-90°)=90°-\varphi'=61.05°$。代入式（6-48）后，可得 $D_e=f(T,K,\mu)$的表达式。对于不同的 K，T 值，可得一族 $D_e=g(\mu)$ 曲线。

对于某些 K，T 值，$D_e=g(\mu)$ 曲线有明显的负阻尼区，因此当直流输电的控制器参数整定不当时，可能引起机电扭振互作用导致的扭振不稳定。一般大型汽轮发电机主要的轴系扭振频率在 15～70 Hz 之间，直流输电主要对较低的扭振频率易起负阻尼作用。发生扭振时如减少 K，加大 T，可缓解或消除扭振。

当直流线路采用定功率控制时，参考式（6-31）可知

$$\Delta\alpha_c=\frac{K}{1+Tp}\frac{\Delta P_d}{U_d'}=\frac{K}{1+Tp}\left(1+\frac{R_dI_d}{u_d}\right)\Delta I_d=\frac{K'}{1+Tp}\Delta I_d \tag{6-49}$$

式中，$K'=\left(1+\frac{R_dI_d}{U_d'}\right)K$。

将式（6-49）与式（6-31）比较可知，定功率控制相当于采用更大的放大倍数 K'。一般情况下，电气系统为负阻尼时，采用定功率控制比定电流控制更严重，且当直流线路压降大时更突出。

根据 HVDC 引起的扭振的分析知，若与整流站耦合紧密的发电机 G 上有微小转子机械扰动 $\Delta\delta=A\sin\mu t$，则将引起机端电压的幅值和相位摄动 ΔU 及 $\Delta\theta_U$。$\Delta\theta_U$ 会使整流站的实际触发角和预期的触发角间有相同偏差，从而造成直流母线电压 U_d' 的摄动；机端电压幅值摄动 ΔU 也会引起 U_d' 的摄动。U_d' 的摄动会引起摄动 ΔI_d 和 ΔP_d。而直流的定电流或定功率控制企图防止 I_d 和 P_d 的摄动，这最终不可能完全消除 ΔI_d，ΔP_d，从而造成发电机电磁力矩的摄动 ΔT_e。一旦相位合适，ΔT_e 会助增初始扰动 $\Delta\delta$，即出现电气负阻尼，当它强于相应频率下轴系呈现的机械阻尼时，轴系就出现 HVDC 控制系统引起的扭振不稳定。其本质上属于机电扭振互作用，与串补电容条件下的机电扭振互作用过程、机理有较大不同。

对于 SVS 装置或 PSS 等快速控制装置，在控制参数不合理时，也可能与 HVDC 相似而引起扭振不稳定，通常统称“装置引起的扭振不稳定”。它们均可用复数力矩系数法分析，也可用特征根分析法分析。

发电机和 HVDC 耦合的程度如图 6-7 所示。设发电机 G1 经 Z_1 与 HVDC 整流站连接，而系统 G2 经 Z_2 与 HVDC 整流站连接，则当 $Z_1\gg Z_2$，即发电机和 HVDC 弱连接时，发电机的电压摄动由 Z_1 和 Z_2 分压，换流站母线电压摄动极小，且该摄动引起的 ΔI_d 经 Z_1 和 Z_2 分流。在发电机支路上引起电流摄动也极小，故发电机支路只有微小的电磁力矩摄动，易引起扭振不稳定。反之亦然。

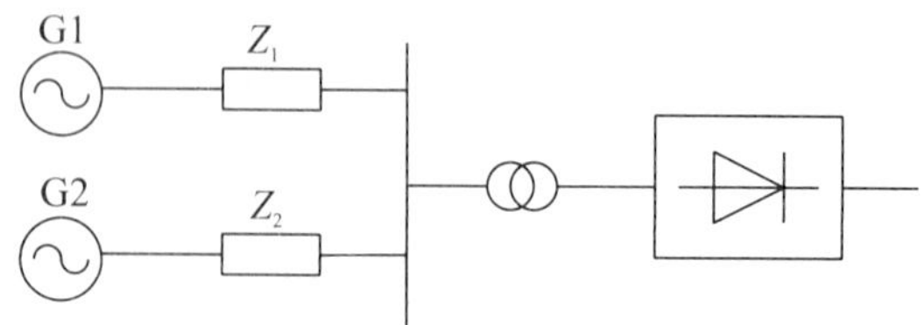

图 6-7　发电机和 HVDC 的连接

美国 EPRI 研究报告提出一个评估直流输电和发电机耦合紧密度实用指标 UIF_i（i 为发电机序号），即

$$UIF_i = \frac{S_{HVDC}}{S_i}\left(1 - \frac{\overline{SC}_i}{\overline{SC}_{sys}}\right)^2 \tag{6-50}$$

式中，S_{HVDC}为 HVDC 额定容量；S_i 为 i 号发电机的额定容量；$\overline{SC}_{sys}$是包括 i 号发电机的系统短路比；$\overline{SC}_i$ 为系统不包括 i 号发电机时的短路比。$\left(1-\frac{\overline{SC}_i}{\overline{SC}_{sys}}\right)^2$ 反映了上述$\frac{Z_1}{Z_2}$分压、分流作用，而$\frac{S_{HVDC}}{S_i}$反映了额定容量的影响。经验认为，$UIF_i > 0.1$ 时，HVDC 与发电机间可能扭振互作用。

如果 HVDC 所需的无功功率由换流站的无功补偿装置提供，则可减弱交直流间耦合，有利于缓解 HVDC 引起的 SSO。对 SSO 而言，HVDC 发端定功率控制，受端定熄弧角控制相对其他常规 HVDC 控制而言是一种更易诱发扭振的控制组合。目前研究认为，SSO 一般只发生在整流站一侧的发电机轴上，而逆变侧的发电机一般不发生 SSO。因此，直流输电的参数、运行工况、控制方式、控制参数，以及发电机同直流输电线的耦合紧密程度及无功补偿等会影响电气系统对轴系扭振的电气阻尼，而其中发电机同直流输电的耦合程度以及直流控制器参数影响最显著。

6.3　次同步振荡分析方法

在考虑暂态力矩放大作用时，由于系统的强非线性，一般用 EMTP 进行数字仿真。程序中对发电机电磁回路采用派克方程描写，计及轴系弹性，对网络元件采用电磁暂态模型，并在时域中对系统求微分方程的数值解，得到系统中各机械量及电磁量随时间的变化规律，进行次同步振荡研究。对于异步发电机效应、机电扭振互作用及装置引起的 SSO 问题也可用 EMTP 作仿真研究。但数字仿真有以下缺点：对 SSO 产生的原因、物理本质不能提供清楚有效的信息；不能像特征根分析法那样计算 SSO 准确的扭频、衰减因子、模态分布、相关因子、特征根灵敏度等，因而难以用 EMTP 进行抑制 SSO 的控制研究。且由于计算步长极小，机时耗费大，故一般只能对较小的系统进行仿真研究。数字仿真法的主要优点是：可适应非线性元件，可进行操作、故障引起的 SSO 暂态仿真，可用于校验用线性化模型设计的抑制 SSO 的装置在各种非线性运行条件下的性能，并能得到系统各物理量直观的随时间变化的曲线。

SSO 的另一类分析法即为基于线性化系统模型的方法，其中包括特征根分析法、等值阻抗分析法、复转矩系数分析法、基于李雅普诺夫稳定性理论分析法等。

6.3.1　时域仿真分析法

电力系统一般用微分代数方程组来建立模型。对于这些模型，可以用基于数值积分的方法逐步加以求解，这就是所谓的“时域仿真法”。时域仿真法就是用数值积分的方法一步一步地求解描述整个系统的微分方程组。该方法采用的数学模型可以是线性的，也可以是非线性的，网络元件可以采用集中参数模型，也可以采用分布参数模型，发电机轴系的质量块—弹簧模型中的轴系可以划分得更细，甚至可以采用分布参数模型。这种方法可以详细模拟发电机、系统控制器，以及系统故障、开关动作等各种网络操作。特别是还可以考虑各种非线性设备的暂态过程。因此，它是研究暂态扭矩放大作用的主要方法。

以图 6−8 所示的具有串联电容补偿的单机无穷大系统为例，讨论发生次同步谐振时，发电机轴系暂态扭矩的数值计算问题。这里讨论的方法可以推广到复杂的多机电力系统。

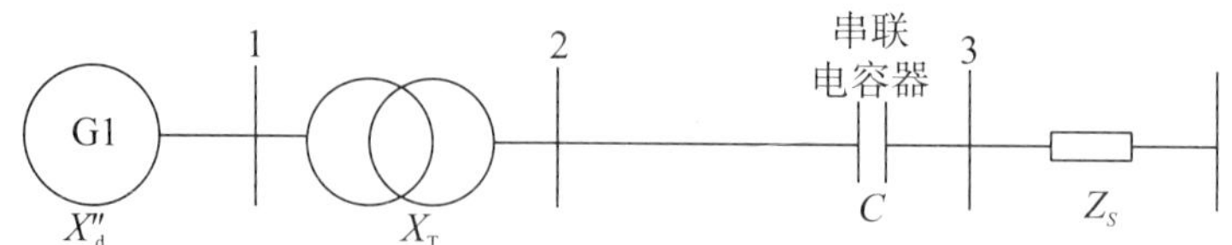

图 6−8　具有串联电容补偿的单机无穷大系统

6.3.1.1　电气系统差分方程组的建立

在电力系统次同步振荡的数值计算中，同步发电机的转子运动方程应该和发电机的轴系运动方程一起考虑：

$$\boldsymbol{u}=p\boldsymbol{\psi}+\boldsymbol{\omega\psi}+\boldsymbol{ri} \tag{6-51}$$

$$\boldsymbol{\psi}=\boldsymbol{xi} \tag{6-52}$$

式中，p 是微分算子。

在上述同步发电机的方程中，式（6−51）是一组微分方程，式（6−52）是一组代数方程，为了简化计算，可将式（6−52）代入式（6−51），消去 6 个磁链变量，得到如下同步发电机方程：

$$\boldsymbol{u}=\boldsymbol{x}p\boldsymbol{i}+(\boldsymbol{\omega x}+\boldsymbol{r})\boldsymbol{i}=\boldsymbol{x}p\boldsymbol{i}+\boldsymbol{yi} \tag{6-53}$$

式中，

$$\boldsymbol{y}=\boldsymbol{\omega x}+\boldsymbol{r}=\begin{bmatrix}-r & \omega x_q & 0 & 0 & -\omega x_{aq}\\ -\omega x_d & -r & \omega x_{ad} & \omega x_{ad} & 0\\ 0 & 0 & r_f & 0 & 0\\ 0 & 0 & 0 & r_D & 0\\ 0 & 0 & 0 & 0 & r_Q\end{bmatrix}$$

将式（6−53）所示的微分方程差分化。差分化后的同步电机方程（6−53）为

$$\boldsymbol{Ci}(t)=\boldsymbol{Du}_{dq}(t)+\boldsymbol{E} \tag{6-54}$$

式中，

$$\boldsymbol{C}=\boldsymbol{x}+\frac{1}{2}\Delta t\boldsymbol{y};\boldsymbol{D}=\begin{bmatrix}\frac{1}{2}\Delta t & 0 & 0 & 0 & 0\\ 0 & \frac{1}{2}\Delta t & 0 & 0 & 0\end{bmatrix}^{T};\boldsymbol{u}_{dq}=[u_d(t)\quad u_q(t)]^{T};$$

$$\boldsymbol{i}(t)=[i_d(t)\quad i_q(t)\quad i_f(t)\quad i_D(t)\quad i_Q(t)]^{T};\boldsymbol{E}=[e_1\quad e_2\quad e_3\quad e_4\quad e_5]^{T}$$

在进行电力系统次同步振荡的数值计算时，同步发电机与外部系统的联系是其端口电流和电压，因此，要想得到同步电机的端口差分方程，可以在式（6−54）中将内部变量 $i_f(t)$，$i_D(t)$，$i_Q(t)$ 消去，得到的端口的差分方程具有如下形式：

$$\begin{bmatrix}i_d(t)\\ i_q(t)\end{bmatrix}=\begin{bmatrix}A_{G11} & A_{G12}\\ A_{G21} & A_{G22}\end{bmatrix}\begin{bmatrix}u_d(t)\\ u_q(t)\end{bmatrix}+\begin{bmatrix}B_{G1}\\ B_{G2}\end{bmatrix} \tag{6-55}$$

式中，A_{G11}，A_{G12}，A_{G21}，A_{G22}，B_{G1}，B_{G2}具有非常复杂的表达式，详见文献［2］。

同步电机轴系的微分方程：

$$\boldsymbol{J}_J p\boldsymbol{\omega} = \boldsymbol{M} - \boldsymbol{D\omega} - \boldsymbol{K\delta} \tag{6-56}$$

$$p\boldsymbol{\delta} = \boldsymbol{\omega} - \boldsymbol{\omega}_0 \tag{6-57}$$

式中，

$$\boldsymbol{D} = \begin{bmatrix} D_1 + D_{12} & -D_{12} & 0 & 0 & 0 & 0 \\ -D_{12} & D_{12} + D_2 + D_{23} & -D_{23} & 0 & 0 & 0 \\ 0 & -D_{23} & D_{23} + D_3 + D_{34} & -D_{34} & 0 & 0 \\ 0 & 0 & -D_{34} & D_{34} + D_4 + D_{45} & -D_{45} & 0 \\ 0 & 0 & 0 & -D_{45} & D_{45} + D_5 + D_{56} & -D_{56} \\ 0 & 0 & 0 & 0 & -D_{56} & D_{56} + D_6 \end{bmatrix}$$

$$\boldsymbol{K} = \begin{bmatrix} k_{12} & -k_{12} & 0 & 0 & 0 & 0 \\ -k_{12} & k_{12} + k_{23} & -k_{23} & 0 & 0 & 0 \\ 0 & -k_{23} & k_{23} + k_{34} & -k_{34} & 0 & 0 \\ 0 & 0 & -k_{34} & k_{34} + k_{45} & -k_{45} & 0 \\ 0 & 0 & 0 & -k_{45} & k_{45} + k_{56} & -k_{56} \\ 0 & 0 & 0 & 0 & -k_{56} & k_{56} \end{bmatrix}$$

对式（6−56）和式（6−57）差分化，得

$$\left(\boldsymbol{J}_J + \frac{1}{2}\Delta t\boldsymbol{D}\right)\boldsymbol{\omega}(t) + \frac{1}{2}\Delta t\boldsymbol{K\delta}(t) = \boldsymbol{B}_1 \tag{6-58}$$

$$\boldsymbol{\delta}(t) = \frac{1}{2}\Delta t\boldsymbol{\omega}(t) + \frac{1}{2}\Delta t\boldsymbol{\omega}(t - \Delta t) - \Delta t\boldsymbol{\omega}_0 + \boldsymbol{\delta}(t - \Delta t) = \frac{1}{2}\Delta t\boldsymbol{\omega}(t) + \boldsymbol{B}_2 \tag{6-59}$$

式中，

$$\boldsymbol{B}_1 = \frac{1}{2}\Delta t\boldsymbol{M}(t) + \frac{1}{2}\Delta t\boldsymbol{M}(t - \Delta t) - \frac{1}{2}\Delta t\boldsymbol{D\omega}(t - \Delta t) - \frac{1}{2}\Delta t\boldsymbol{K\delta}(t - \Delta t) + \boldsymbol{J}_J\boldsymbol{\omega}(t - \Delta t);$$

$$\boldsymbol{B}_2 = \frac{1}{2}\Delta t\boldsymbol{\omega}(t - \Delta t) - \Delta t\boldsymbol{\omega}_0 + \boldsymbol{\delta}(t - \Delta t)$$

由式（6−58）和式（6−59）可以求出轴系各段的 $\delta_i(t)$ 和 $\omega_i(t)$。

输电线路中的电感元件用相间具有耦合作用的电阻和电感串联电路表示。设电感元件两端的电压分别为 u_1 和 u_2，线路中的电流为 i_{12}，该支路的动态行为在 abc 坐标系中可用式（6−60）表示：

$$\boldsymbol{R i}_{\mathrm{abc},12} + \boldsymbol{L p i}_{\mathrm{abc},12} = \boldsymbol{u}_{\mathrm{abc},1} - \boldsymbol{u}_{\mathrm{abc},2} \tag{6-60}$$

$$\boldsymbol{R} = \begin{bmatrix} R_s & R_m & R_m \\ R_m & R_s & R_m \\ R_m & R_m & R_s \end{bmatrix},\quad \boldsymbol{L} = \begin{bmatrix} L_s & L_m & L_m \\ L_m & L_s & L_m \\ L_m & L_m & L_s \end{bmatrix} \tag{6-61}$$

式中，R_s 和 R_m 分别为耦合元件的自电阻和互电阻，L_s 和 L_m 分别为耦合元件的自电感和互电感。

对上式进行坐标变换，将其中的 $\boldsymbol{u}_{\mathrm{abc},1}$，$\boldsymbol{u}_{\mathrm{abc},2}$，$\boldsymbol{i}_{\mathrm{abc},12}$变换为 $dq0$ 坐标系下的量，可得：

$$\begin{bmatrix} u_{d1} \\ u_{q1} \end{bmatrix} - \begin{bmatrix} u_{d2} \\ u_{q2} \end{bmatrix} = L_1 p \begin{bmatrix} i_d \\ i_q \end{bmatrix} + \begin{bmatrix} R & -\omega L_1 \\ \omega L_1 & R \end{bmatrix} \begin{bmatrix} i_d \\ i_q \end{bmatrix} \tag{6-62}$$

$$u_{01} - u_{02} = L_0 p i_0 + R i_0 \tag{6-63}$$

式中，$L_1 = L_s - L_m$ 为正序电感；$L_0 = L_s + 2L_m$ 为零序电感；$\omega = p\theta$ 为 dq 坐标轴的旋转速度。在上述方程中，如果系统三相对称，则零序分量为零。

由式（6−62）可以推导出 RL 串联支路的如下差分方程：

$$\frac{1}{2}\Delta t \left\{ \begin{bmatrix} u_{d1}(t) \\ u_{q1}(t) \end{bmatrix} - \begin{bmatrix} u_{d2}(t) \\ u_{q2}(t) \end{bmatrix} \right\} = \begin{bmatrix} \frac{1}{2}\Delta t R + L_1 & -\frac{1}{2}\Delta t \omega L_1 \\ \frac{1}{2}\Delta \omega L_1 & \frac{1}{2}\Delta t R + L_1 \end{bmatrix} \times \begin{bmatrix} i_d(t) \\ i_q(t) \end{bmatrix} + \begin{bmatrix} B'_{L1} \\ B'_{L2} \end{bmatrix} \tag{6-64}$$

式中，

$$\begin{cases} B'_{L1} = \left(\frac{1}{2}\Delta t R - L_1\right) i_d(t-\Delta t) - \frac{1}{2}\Delta t \omega L_1 i_q(t-\Delta t) - \frac{1}{2}\Delta t [u_{d1}(t-\Delta t) - u_{d2}(t-\Delta t)] \\ B'_{L2} = \frac{1}{2}\Delta t \omega L_1 i_d(t-\Delta t) + \left(\frac{1}{2}\Delta t R - L_1\right) i_d(t-\Delta t) - \frac{1}{2}\Delta t [u_{q1}(t-\Delta t) - u_{q2}(t-\Delta t)] \end{cases}$$

在 $dq0$ 坐标系中，串联补偿电容 C 两端的节点电压分别用 u_{d2}，u_{q2} 和 u_{d3}，u_{q3} 表示，其微分方程为

$$p\begin{bmatrix} u_{d2} \\ u_{q2} \end{bmatrix} - p\begin{bmatrix} u_{d3} \\ u_{q3} \end{bmatrix} = \begin{bmatrix} 0 & -\omega \\ \omega & 0 \end{bmatrix} \left\{ \begin{bmatrix} u_{d2} \\ u_{q2} \end{bmatrix} - \begin{bmatrix} u_{d3} \\ u_{q3} \end{bmatrix} \right\} = \frac{1}{C} \begin{bmatrix} i_d \\ i_q \end{bmatrix} \tag{6-65}$$

将该方程差分化后，得

$$\begin{bmatrix} i_d(t) \\ i_q(t) \end{bmatrix} = \begin{bmatrix} A_{C11} & A_{C12} \\ A_{C21} & A_{C22} \end{bmatrix} \begin{bmatrix} u_{d2}(t) \\ u_{q2}(t) \end{bmatrix} + \begin{bmatrix} B_{C1} \\ B_{C2} \end{bmatrix} \tag{6-66}$$

式中，$\begin{bmatrix} A_{C11} & A_{C12} \\ A_{C21} & A_{C22} \end{bmatrix} = \begin{bmatrix} \frac{2C}{\Delta t} & -\omega C \\ \omega C & \frac{2C}{\Delta t} \end{bmatrix}$；

$$B_{C1} = -i_d(t-\Delta t) + \frac{2C}{\Delta t}\Big[-u_{d2}(t-\Delta t) + u_{d3}(t-\Delta t) - \frac{1}{2}\Delta t \omega u_{q2}(t-\Delta t) + \frac{1}{2}\Delta t \omega u_{q3}(t-\Delta t) - u_{d3}(t) + \frac{1}{2}\Delta t \omega u_{q3}(t)\Big];$$

$$B_{C2} = -i_q(t-\Delta t) + \frac{2C}{\Delta t}\Big[-u_{q2}(t-\Delta t) + u_{q3}(t-\Delta t) + \frac{1}{2}\Delta t \omega u_{d2}(t-\Delta t) + \frac{1}{2}\Delta t \omega u_{d3}(t-\Delta t) - u_{q3}(t) - \frac{1}{2}\Delta t \omega u_{d3}(t)\Big]$$

将式（6−55）、式（6−64）和式（6−66）联立，消去中间变量 $i_d(t)$ 和 $i_q(t)$，可以得到电气系统的差分方程组

$$\begin{bmatrix} A_{L11} - A_{G11} & A_{L12} - A_{G12} & -A_{L11} & -A_{L12} \\ A_{L21} - A_{G21} & A_{L22} - A_{G22} & -A_{L21} & -A_{L22} \\ -A_{L11} & -A_{L21} & A_{L11} + A_{C11} & A_{L12} + A_{C12} \\ -A_{L21} & -A_{L22} & A_{L21} + A_{C21} & A_{L22} + A_{C22} \end{bmatrix} \begin{bmatrix} u_{d1}(t) \\ u_{q1}(t) \\ u_{d2}(t) \\ u_{q2}(t) \end{bmatrix} = \begin{bmatrix} -B_{L1} + B_{G1} \\ -B_{L2} + B_{G2} \\ B_{L1} - B_{C1} \\ B_{L2} - B_{C2} \end{bmatrix} \tag{6-67}$$

6.3.1.2　系统初值的计算

同步发电机的初值计算包括各绕组的初始电流 $\boldsymbol{i}_0$、各绕组的初始电压 $\boldsymbol{u}_0$、发电机的初始功角 δ_0、发电机的初始角速度 ω_0 和发电机的初始转矩 M_{e0}。在计算初值时，电机运行在稳态，显然 ω_0 为系统的同步转速，所有阻尼绕组中的电流为零。需要确定初值的变量只有 u_{d0}，u_{q0}，i_{d0}，i_{q0}，i_{f0}，u_{f0}，δ_0。在给定发电机端电压相量 $\dot{U}_{t0}$ 和输出功率 S_0 的情况下，利用给定的 $\dot{U}_{t0}$ 和 S_0 先求出电机的输出电流 $\dot{I}_{t0}$，再利用同步电机稳态运行相量图，确定电机的 dq 轴后，就可以求出 u_{d0}，u_{q0}，i_{d0}，i_{q0}，δ_0，并进而得到发电机的初始转矩 M_{e0}。再利用励磁系统方程，就可以得到 i_{f0} 和 u_{f0}。

机械系统的初值包括轴系各段的角度 δ_i、角速度 ω_i 和外施力矩 M_i 的初值。假定在 $t=0$ 时发电机处于稳态运行，这时轴系各段的角速度相等，即

$$\omega_1=\omega_2=\omega_3=\omega_4=\omega_5=\omega_6=\omega_0 \tag{6-68}$$

汽轮机原动转矩的总和为 M_m，它在 HP、MP、LPA、LPB、GEN、EXC 间按一定的比例分配。设蒸汽驱动转矩在这六个质量块上的分配比例依次为 f_1，f_2，f_3，f_4，f_5，f_6，则第 i 个质量块上的外力矩 $M_i=f_iM_m(i\leqslant 6)$，且满足 $f_1+f_2+f_3+f_4+f_5+f_6=1$。励磁机转子所受的电磁转矩一般忽略不计，即 $M_6\approx 0$。发电机转子上的电磁转矩 $M_5=-M_e$。

稳态运行时，发电机组转子处于平衡运行状态，M_m 按下式确定：

$$\begin{aligned}\sum M&=M_m-M_e-M_{D1}-M_{D2}-M_{D3}-M_{D4}-M_{D5}-M_{D6}\\&=M_m-M_e-\sum_{i=1}^{6}D_i\omega_0=0\end{aligned} \tag{6-69}$$

发电机转子轴段的初始角度由电气系统的初值给出。因此，可进一步计算每个质量块角度的初值。首先用下式计算每个相邻质量块之间的角度偏差：

$$\begin{cases}\Delta\delta_{12}=(M_1-M_{D1})/K_{12}=(M_1-D_1\omega_0)/K_{12}\\\Delta\delta_{23}=(M_1+M_2-D_1\omega_0-D_2\omega_0)/K_{23}\\\Delta\delta_{34}=(M_1+M_2+M_3-D_1\omega_0-D_2\omega_0-D_3\omega_0)/K_{34}\\\Delta\delta_{45}=(M_1+M_2+M_3+M_4-D_1\omega_0-D_2\omega_0-D_3\omega_0-D_4\omega_0)/K_{45}\\\Delta\delta_{56}=(M_1+M_2+M_3+M_4+M_6-D_1\omega_0-D_2\omega_0-D_3\omega_0-D_4\omega_0-D_5\omega_0)/K_{56}\end{cases} \tag{6-70}$$

并有以下关系：

$$\begin{cases}\delta_6=\delta_0-\Delta\delta_{56}\\\delta_5=\delta_{5(0)}=\delta_0\\\delta_4=\delta_5+\Delta\delta_{45}\\\delta_3=\delta_4+\Delta\delta_{34}\\\delta_2=\delta_3+\Delta\delta_{23}\\\delta_1=\delta_2+\Delta\delta_{12}\end{cases} \tag{6-71}$$

由式（6－71）可以计算出转子各轴段的初值。

由于电感 L、电容 C 中的电流与发电机定子电流相等，如图 6－8 所示，节点 1 的电压初值为发电机的端电压，是已知量，因此，只需计算节点 2、3 的电压初值。

计算节点 2 的电压初值时，可以在式（6−62）中令 $pi_{\mathrm{d}}=pi_{\mathrm{q}}=0$，有

$$\begin{cases} u_{\mathrm{d2}} = u_{\mathrm{d1}} + \omega_0 L_1 i_{\mathrm{q}} - Ri_{\mathrm{d}} \\ u_{\mathrm{q2}} = u_{\mathrm{q1}} + \omega_0 L_1 i_{\mathrm{d}} - Ri_{\mathrm{q}} \end{cases} \tag{6-72}$$

同样，在式（6−65）中，令 $pu_{\mathrm{d1}}=pu_{\mathrm{q1}}=pu_{\mathrm{d2}}=pu_{\mathrm{q2}}=0$，并加以整理后，得

$$\begin{cases} u_{\mathrm{d3}} = u_{\mathrm{d2}} - \dfrac{1}{\omega_0 C} i_{\mathrm{q}} \\ u_{\mathrm{q3}} = u_{\mathrm{q2}} - \dfrac{1}{\omega_0 C} i_{\mathrm{d}} \end{cases} \tag{6-73}$$

在图 6−8 中，节点 3 为无穷大电源，其电压幅值为

$$U_3 = \sqrt{u_{\mathrm{d3}}^2 + u_{\mathrm{q3}}^2} \tag{6-74}$$

取同步旋转参考坐标 xy 的坐标轴 x 与机端电压 $\dot{U}_1$ 重合，如图 6−9 所示。无穷大母线电压 $\dot{U}_3$ 与 $\dot{U}_1$ 之间夹角的初值为

$$\varphi_0 = \arctan\frac{u_{\mathrm{d3}}}{u_{\mathrm{q3}}} - \delta_0 \tag{6-75}$$

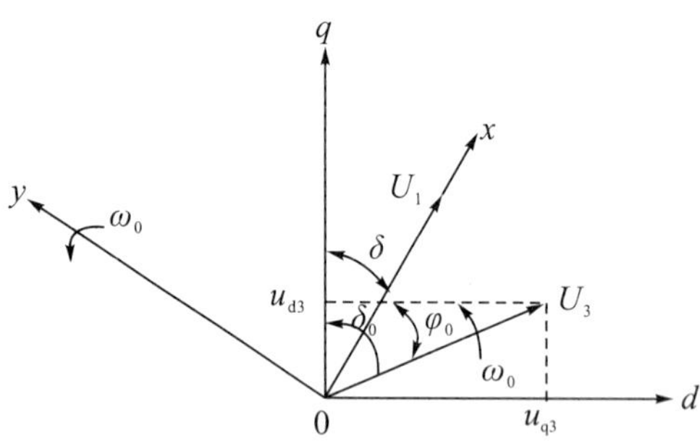

图 6−9　电气系统初值向量图

6.3.1.3　轴系机械系统与电气系统的联合求解

电气系统与轴系机械系统是相互作用的，电气系统通过电磁转矩作用于机械系统，机械系统则通过发电机转子角度 δ 和角速度 ω 影响电气系统。电磁转矩的计算公式为

$$M_{\mathrm{e}} = i_{\mathrm{q}}\psi_{\mathrm{d}} - i_{\mathrm{d}}\psi_{\mathrm{q}} \tag{6-76}$$

在机械系统的方程中，电磁转矩的作用反映在式（6−69）中，因为在式（6−69）的 $M(t)$ 和 $M(t-\Delta t)$ 中，其第 7 个元素分别就是 $-M_{\mathrm{e}}(t)$，$-M_{\mathrm{e}}(t-\Delta t)$，而

$$\begin{cases} M_{\mathrm{e}}(t) = i_{\mathrm{q}}(t)\psi_{\mathrm{d}}(t) - i_{\mathrm{d}}(t)\psi_{\mathrm{q}}(t) \\ M_{\mathrm{e}}(t-\Delta t) = i_{\mathrm{q}}(t-\Delta t)\psi_{\mathrm{d}}(t-\Delta t) - i_{\mathrm{d}}(t-\Delta t)\psi_{\mathrm{q}}(t-\Delta t) \end{cases} \tag{6-77}$$

磁链 $\psi_{\mathrm{d}}(t)$，$\psi_{\mathrm{q}}(t)$，$\psi_{\mathrm{d}}(t-\Delta t)$，$\psi_{\mathrm{q}}(t-\Delta t)$ 可由式（6−77）计算得出。

发电机转子角度 δ 对电气系统的影响反映在式（6−66）的 u_{d3}，u_{q3}，$u_{\mathrm{d3}}(t-\Delta t)$，$u_{\mathrm{q3}}(t-\Delta t)$ 中。这些量的计算方法是在稳态时发电机机端电压与无穷大母线电压夹角的基础上，考虑转子运动的角偏移，得到无穷大母线电压与发电机 dq 轴的夹角，将无穷大母线电压在发电机 dq 轴上投影即可。

发电机转速 ω 对电气系统的影响反映在定子电压方程、电容元件和电感元件的方程中，在某一时段，如 $(t-\Delta t)\sim t$ 的计算过程中，可近似认为 $\omega=\omega(t-\Delta t)$ 或 $\omega=[\omega(t)+\omega(t-\Delta t)]/2$。

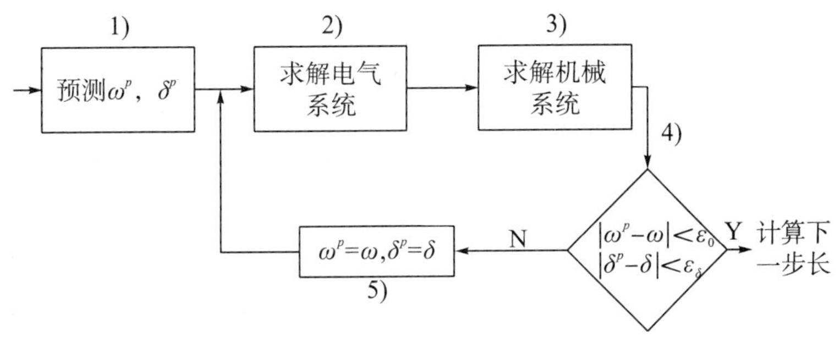

图 6－10　电气—机械系统迭代求解过程

综上所述，可知电力系统次同步振荡仿真计算近似求解过程如图 6－10 所示，其步骤归纳如下：

（1）读入原始数据，包括发电机等值电路参数、电阻 R、电感（正序）L_1、电容 C、步长 Δt、最大仿真时间 t_{max}、发电机出力 P_0 和 Q_0 以及机端电压 U_1 等。

（2）计算电气系统初值，并任选其中一变量，赋予微小增量，等效于对系统施加扰动。

（3）计算机械系统初值。

（4）设定 $t=\Delta t$。

（5）对 $\delta(t)$ 和 $\omega(t)$ 进行预测，得 $\delta(t)^p$ 和 $\omega(t)^p$。

（6）用 $\delta(t)^p$ 和 $\omega(t)^p$ 求解电气系统方程组。

（7）计算 $M_e(t)$，并求解机械系统方程组，得 $\delta_i(t)$ 和 $\omega_i(t)$。

（8）比较 $\delta(t)^p$ 和 $\omega(t)^p$ 与解得的 $\delta(t)$ 和 $\omega(t)$，判别其差别是否在允许的误差范围之内，如不在允许的误差范围之内，则以 $\delta(t)$ 和 $\omega(t)$ 代替 $\delta(t)^p$ 和 $\omega(t)^p$，重复步骤（6）～（7），直到满足精度要求为止。

（9）输出有关计算结果。

（10）$t-\Delta t\rightarrow t$，重复步骤（5）～（9），直至 $t\geqslant t_{max}$。

6.3.2　复转矩系数分析法

复转矩系数这个名词是 1982 年由 I. M. Canay 提出的，但更早之前，基于阻尼转矩和同步转矩的概念分析汽轮发电机组次同步振荡问题的方法已经被广泛采用。由于这些方法本质上的一致性，下面将它们统一称为复转矩系数法。

尽管复转矩系数法已经成为分析次同步振荡问题的一种基本方法，但关于复转矩系数法适用范围的严格分析还未见文献报道。I. M. Canay 提出此方法时针对的是单机对无穷大系统，或者更确切地说是单机对固定频率电源系统。

6.3.2.1　复转矩系数法的基本原理

按照动力学系统的观点，包括汽轮发电机和调速器的轴系和与外部电力系统连接的发电机两个部分及它们之间的相互作用构成了一个完整的动态系统。如果将所有的因素都考虑在内的话，应该说这两个系统之间的联系是相当复杂的。图 6－2 中，如果用电磁转矩 ΔM_e 表示发电机及其外电路对发电机轴段的制动作用，用机械转矩 ΔM_5 表示汽轮机和调速器对发电机轴段的驱动作用，在忽略励磁电机产生电枢反应转矩 ΔM_6 的情况下，整个动力系统就分成了两个子系统：一个是电气子系统，另一个是机械子系统。

发电机轴段的转子旋转角位移 $\Delta\delta$ 是在两个系统中都存在的变量，而机械子系统的驱动转矩和电气子系统的制动转矩却正好是相互平衡的量，即 $\Delta M_5 = -\Delta M_e$。因此，可以这样说，两个系统之间的联系只有 $\Delta\delta$ 和 ΔM_e。对任何一个子系统来说，$\Delta\delta$ 和 ΔM_e 都构成了一对输入输出，而且它们对两个子系统来说是互为输入输出的。这一对物理量将作用在发电机的轴系上，决定转子的运动特征。

基于这一特点，同时考虑到电力系统次同步振荡的频率和轴系的自然扭振频率十分接近，Canay 博士提出了电力系统次同步振荡的复转矩系数频率扫描判别法。其基本思想是使 $\Delta\delta$ 在轴系自然扭振频率附近作等幅振荡，分别求出机械子系统和电气子系统的转矩对这一振荡的响应，将这两种响应的特性用两个随频率而变的复系数表示。这两个系数分别表示出机械转矩增量和电气转矩增量与发电机转子角位移增量间的传递关系，包含了系统中两个转矩和发电机转子角位移间的全部动态特性，共同决定了系统次同步振荡和轴系扭振的行为，将它们分别称为“机械复转矩系数”和“电气复转矩系数”。通过对这两个复转矩系数的分析，Canay 博士还提出了一种判断系统是否会发生不稳定次同步振荡的方法。而建立在这两个系数基础上的次同步振荡和轴系扭振稳定性判据，也就是传统动力学系统中旋转体稳定性的判定准则，这也正是复转矩系数法的物理基础。

假设同步发电机转子的角位移在其平均值 δ_0 附近产生了 $\Delta\delta$ 的偏移，该 $\Delta\delta$ 将分别在机械系统和电气系统中产生机械转矩和电气转矩的变化。机械转矩和电气转矩的变化分别在表示机械系统和电气子系统动态特性的线性化模型中，经过运算消去除 $\Delta\delta$ 和 ΔM 以外的其他变量得到，从而可以在两个子系统中分别建立由发电机转子角位移增量 $\Delta\delta$ 到机械转矩增量 ΔM_M 和电气转矩增量 ΔM_E 间的关系式：

$$\Delta M_M(p) = K_M(p)\Delta\delta \tag{6-78}$$

$$\Delta M_E(p) = K_E(p)\Delta\delta \tag{6-79}$$

式中，$K_M(p)$ 为机械转矩系数，$K_E(p)$ 为电气转矩系数，它们都是算子 p 的有理分式。在频率 ζ 处将这两个系数展开（$p=j\zeta$），可以得到如下复转矩系数：

$$K_M(j\zeta) = K_m(\zeta) + j\zeta D_m(\zeta) \tag{6-80}$$

$$K_E(j\zeta) = K_e(\zeta) + j\zeta D_e(\zeta) \tag{6-81}$$

在发电机轴系的自然扭振频率附近，对复转矩系数 $K_M(j\zeta)$ 和 $K_E(j\zeta)$ 中的四个系数 $K_m(\zeta)$，$K_e(\zeta)$，$D_m(\zeta)$ 和 $D_e(\zeta)$ 进行次同步振荡频率范围内的扫描，在满足总弹性系数等于零的条件下，也就是满足下式：

$$K_m(\zeta) + K_e(\zeta) = 0 \tag{6-82}$$

在式（6-82）的轴系任何一个自然扭振频率附近，如果有

$$D_m(\zeta) + D_e(\zeta) < 0 \tag{6-83}$$

则在此频率下，系统会发生不稳定的次同步振荡或轴系扭振，否则轴系的次同步振荡和轴系扭振就是稳定的。

6.3.2.2 交流输电系统 SSO 的复转矩系数分析

图 6-8 给出了一台汽轮发电机通过变压器和交流输电线路与无穷大电网相连的电力系统，输电网络具有串联电容补偿。使用复转矩系数法分析电力系统次同步振荡时，首先必须对系统的非线性模型进行线性化处理，得到系统的线性化模型，这一过程与电力系统次同步振荡的特征值分析法相同。

机械子系统的动态特性由17个微分方程和相应的代数方程描述，系统中有18个状态变量。在忽略励磁机上产生电枢反应转矩 ΔM_6，同时忽略汽轮机和调速器作用的情况下，保留 $\Delta\delta_5=\Delta\delta$ 和 $\Delta M_5=-\Delta M_e$ 两个状态变量，消去其他变量，可得到如下关系式：

$$K_M(p)\Delta\delta=-\Delta M_e \tag{6-84}$$

式中，$K_M(p)$ 是以微分算子 $p=\dfrac{d}{dt}$ 表示的机械转矩系数，为 $\Delta\delta$ 与 ΔM_e 之间的传递函数。

以下是对式（6−84）的推导过程，在同步发电机机械系统轴系的运动方程中，消去 $\Delta\omega_i$，可得

$$\begin{bmatrix} M_1(p) & -K_1(p) & 0 & 0 & 0 & 0 \\ -K_1(p) & M_2(p) & -K_2(p) & 0 & 0 & 0 \\ 0 & -K_2(p) & M_3(p) & -K_3(p) & 0 & 0 \\ 0 & 0 & -K_3(p) & M_4(p) & -K_4(p) & 0 \\ 0 & 0 & 0 & -K_4(p) & M_5(p) & -K_5(p) \\ 0 & 0 & 0 & 0 & -K_5(p) & M_6(p) \end{bmatrix}\times\begin{bmatrix}\Delta\delta_1\\ \Delta\delta_2\\ \Delta\delta_3\\ \Delta\delta_4\\ \Delta\delta_5\\ \Delta\delta_6\end{bmatrix}=\begin{bmatrix}0\\0\\0\\0\\-\Delta T_e\\0\end{bmatrix} \tag{6-85}$$

式中，$M_i(p)=T_{Ji}p^2+(D_i+D_{(i-1),i}+D_{i,(i+1)})p+K_{(i-1),i}+K_{i,(i+1)}$，$i=1,2,\cdots,6$；$K_i(p)=D_{i,(i+1)}p+K_{i,(i+1)}$，$i=1,2,\cdots,5$；$K_{0,1}=K_{6,7}=0$，$D_{0,1}=D_{6,7}=0$。

然后在式（6−85）中消去 $\Delta\delta_1\sim\Delta\delta_4$ 和 $\Delta\delta_6$，得

$$[M_5(p)-K_4(p)A_5(p)-K_5^2(p)/M_6(p)]\Delta\delta=-\Delta T_e \tag{6-86}$$

式中，$A_5(p)$ 可以在令 $A_1(p)=0$ 为初值的情况下，用以下递推公式进行计算：

$$A_i(p)=\frac{K_{i-1}(p)}{M_{i-1}(p)-K_{i-2}(p)A_{i-1}(p)},\quad i=2,3,4,5 \tag{6-87}$$

将式（6−84）与式（6−82）比较，可得到 $K_M(p)$。

式（6−84）等号左侧表示在发电机转子轴段发生旋转角位移增量 $\Delta\delta$ 时，整个机械子系统在发电机转子上所形成的等效机械转矩增量 ΔM_M，由于这个等效机械转矩增量与电气转矩增量相平衡，因此它等于 $-\Delta M_e$。将式（6−84）表示为

$$\Delta M_M(p)=K_M(p)\Delta\delta \tag{6-88}$$

式中，$K_M(p)$ 就是以微分算子表示的机械转矩系数。

当 $\Delta\delta$ 以频率 ζ、幅值 $|\Delta\delta_m|$ 作等幅振荡时，$\Delta\delta$ 可用相量表示为

$$\Delta\dot{\delta}=|\Delta\delta_m|e^{j\zeta t} \tag{6-89}$$

为了求得由 $\Delta\dot{\delta}$ 引起的等效机械转矩增量 $\Delta\dot{M}_M$，可将式（6−89）代入式（6−88），得

$$\Delta\dot{M}_M=K_M(j\zeta)\Delta\dot{\delta} \tag{6-90}$$

式中，$K_M(j\zeta)$ 就是机械复转矩系数。在将它用于电力系统次同步振荡稳定性分析时，将其实部和虚部分开，得

$$K_M(j\zeta)=K_m(\zeta)+j\zeta D_m(\zeta) \tag{6-91}$$

式中，$K_m(\zeta)$ 表示等效机械转矩增量中与转子角度成比例的部分，$D_m(\zeta)$ 表示等效机械转矩增量中与转子角速度成比例的部分，因此将 $K_m(\zeta)$ 和 $D_m(\zeta)$ 分别称为机械子系统的弹性系数和阻尼系数，它们都是频率 ζ 的函数。

在电气子系统的线性化方程中，保留 ΔM_e 和 $\Delta\delta$ 两个状态变量，消去其他状态变量，可以得到如下关系式：

$$\Delta M_e = K_E(p)\Delta\delta \tag{6-92}$$

式中，$K_E(p)$ 是以微分算子表示的电气转矩系数。

同样，将 $p=j\zeta$ 代入式（6—92），可以得到电气转矩表达式：

$$\Delta\dot{M}_e = K_E(j\zeta)\Delta\dot{\delta} \tag{6-93}$$

式中，$K_E(j\zeta)$ 就是电气复转矩系数。类似于机械子系统复转矩系数的表示方法，将其实部和虚部分开，令

$$K_E(j\zeta) = K_e(\zeta) + j\zeta D_e(\zeta) \tag{6-94}$$

式中，$K_e(\zeta)$ 和 $D_e(\zeta)$ 分别称为电气弹性系数和电气阻尼系数，它们都是 ζ 的函数。

当定子回路与外电路相连接时，特别是在具有串联补偿电容的外电路情况下，$K_E(j\zeta)$的解析式难以直接导出，一般都是通过数值计算求出 $K_e(\zeta)$ 和 $D_e(\zeta)$ 的频率响应特性曲线。在不同串联电容补偿度下，可以得到一簇 $K_e(\zeta)$ 和 $D_e(\zeta)$ 的曲线。随着串联电容补偿度的增加，电气子系统产生的负阻尼与随之增大。

将机械子系统动态方程式（6—88）和电气子系统动态方程式（6—92）联立起来，可得

$$[K_M(p) + K_E(p)]\Delta\delta = 0 \tag{6-95}$$

式（6—95）是在全系统线性化方程中仅保留 $\Delta\delta$ 而消去其他所有变量后所得出的微分方程，系统的全部特征值应满足

$$K_M(p) + K_E(p) = 0 \tag{6-96}$$

考察式（6—96）对应于轴系某一自然扭振频率的特征根 $\sigma+j\zeta$，ζ 为与某一自然扭振频率所对应的次同步振荡频率，$\sigma<0$ 表明系统不会出现不稳定的次同步振荡，$\sigma>0$ 表明系统在该频率下会发生不稳定的次同步振荡，$\sigma=0$ 表明系统处于该次同步谐振频率的临界稳定状态。在临界情况下，由式（6—96）得

$$K_M(j\zeta) + K_E(j\zeta) = 0 \tag{6-97}$$

将式（6—91）和式（6—94）代入上式，再将实部和虚部分开，可以得到临界稳定情况下，系统应满足的条件为

$$K_m(\zeta) + K_e(\zeta) = 0 \tag{6-98}$$

$$D_m(\zeta) + D_e(\zeta) = 0 \tag{6-99}$$

式（6—98）和式（6—99）表明，对于某一次同步谐振频率，如果电力系统处于次同步振荡的临界稳定状态，则这时系统的机械弹性系数与电气弹性系数之和为零，且在此频率下，由电气部分产生的负阻尼正好与机械部分产生的正阻尼相平衡。

由此可以得到如下使用复转矩系数法判断电力系统不稳定次同步振荡是否有可能发生的判据：满足式（6—96）且在轴系的某一自然扭振频率附近，如果机械子系统所具有的正阻尼不足以抵消电气子系统所产生的负阻尼，导致系统对该谐振频率的总阻尼系数小于零，则系统将会产生不稳定的次同步谐振。该判据的数学表达式为

$$\sum D(\zeta) = [D_m(\zeta) + D_e(\zeta)]_{[K_m(\zeta)+K_e(\zeta)]=0} < 0 \tag{6-100}$$

这一概念可以推广到其他的次同步谐振频率，在轴系的每一个自然扭振频率 ζ_i 附近，对 $D_m(\zeta_i)$，$D_e(\zeta_i)$，$K_m(\zeta_i)$，$K_e(\zeta_i)$ 四个系数进行频率特性分析，得到它们的频率特

性曲线，使用式（6－100）比较电力系统在各个次同步谐振频率 ζ_i 附近的机械和电气复转矩系数，便可进行电力系统是否会发生不稳定次同步谐振的判断，这就是复转矩系数频率扫描判别法的基本原理和方法。

6.4.2.3　HVDC 输电系统 SSO 的复转矩系数分析

在图 6－6 所示的单机经 HVDC 输电线接于无穷大母线的电力系统中，直流输电系统采用准稳态模型（quasi-steady-state-model，简称 QSS 模型）。设整流侧为定电流控制（constant current control，简称 I），逆变侧为定电压控制（constant voltage control，简称 V），并且假设 U''_{d} 恒定。

为叙述简便，以后将直流系统的工作方式用三个字母来缩写表示，其中第一个字母表示脉冲触发方式，第二个字母表示整流侧控制方式，第三个字母表示逆变侧控制方式，如 CIV 表示间隔触发方式（constant distance firing，简称 C），整流侧采用定电流控制，逆变侧采用定电压控制。采用 CIV 控制的直流输电系统，其动态特性方程见式（6－31）。

当直流系统采用按相触发方式（individual phase firing，简记为 Ph）工作时，要想得到 PIV 工作方式下直流系统的方程，只需将 CIV 直流系统模型中的 $\Delta\alpha_{\mathrm{c}}$，$\Delta\alpha$ 用式（6－101)代替，即

$$\Delta\alpha = \frac{K_{\mathrm{r}}}{1+T_{\mathrm{r}}s}\cdot\Delta I_{\mathrm{d}} \tag{6-101}$$

若整流侧采用定功率调节方式（constant power control，简称 P），则必须先给定功率整定值 P_{d0} 和功率裕度 ΔP_{d0}，根据测得的可以计算电流整定值 I_{d0}，然后通过定电流调节环节进行控制，以实现定功率调节的目的。根据

$$I_{\mathrm{d0}} = \frac{P_{\mathrm{d0}}+\Delta P_{\mathrm{d0}}}{V'_{\mathrm{d}}} \tag{6-102}$$

有

$$\begin{aligned}\Delta I'_{\mathrm{d}} &= I_{\mathrm{d}} - I_{\mathrm{d0}}\\ &\approx (I_{\mathrm{d0}}+\Delta I_{\mathrm{d}}) - \left(\frac{P_{\mathrm{d0}}+\Delta P_{\mathrm{d0}}}{V'_{\mathrm{d0}}} - \frac{P_{\mathrm{d0}}+\Delta P_{\mathrm{d0}}}{V'^{2}_{\mathrm{d0}}}\cdot\Delta V'_{\mathrm{d}}\right)\\ &= \Delta I_{\mathrm{d}} + \frac{P_{\mathrm{d0}}+\Delta P_{\mathrm{d0}}}{V'^{2}_{\mathrm{d0}}}\cdot\Delta V'_{\mathrm{d}}\end{aligned} \tag{6-103}$$

此时，要得到在 PPV 工作方式下直流输电系统的动态特性方程，只需在 CIV 模型中将式（6－101）用式（6－104）代替，即

$$\begin{cases}\Delta I'_{\mathrm{d}} = \Delta I_{\mathrm{d}} + \dfrac{P_{\mathrm{d0}}+\Delta P_{\mathrm{d0}}}{V'^{2}_{\mathrm{d0}}}\cdot\Delta V'_{\mathrm{d}}\\ \Delta\alpha = \dfrac{K_{\mathrm{r}}}{1+T_{\mathrm{r}}s}\cdot\Delta I'_{\mathrm{d}}\end{cases} \tag{6-104}$$

对于如图 6－6 所示的直流输电系统，其典型参数为：$n'=0.815$，$R_{\mathrm{d}}=0.1$，$x_{\mathrm{dr}}=0.1047$，$\alpha_0=15°$，$\gamma_0=20°$，$K_{\mathrm{r}}=20$，$T_{\mathrm{r}}=0.1$。

发电机采用六绕组（定子 d 轴和 q 轴绕组，转子励磁绕组 f_{d}，d 轴阻尼绕组 g 和 Q）派克模型，轴系采用六质块模型，如图 6－2 所示。

设发电机机端电压为 $U\angle 0°$，发电机的视在功率输出为 $S=P+\mathrm{j}Q$，发电机机端电压和电流的相量图如图 6－11 所示。

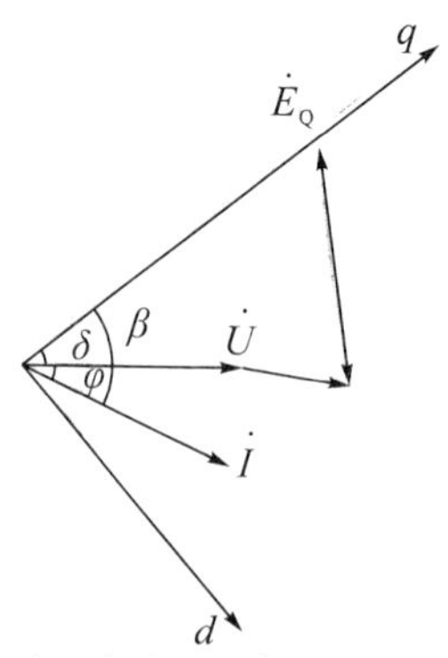

图 6－11　发电机机端电压和电流的相量图

根据下式，即可确定 q 轴的位置，并求出 δ 和 β 角：

$$\dot{E}_Q = \dot{U} + (r_a + jX_q)(I_r + jI_x) \tag{6-105}$$

式中，$I_r = I\cos\varphi$；$I_x = -I\sin\varphi$。

因此，

$$\delta = \arctan\left(\frac{r_a I_x + X_q I_r}{U + r_a I_r - X_q I_x}\right) \tag{6-106}$$

$$\beta = \delta + \varphi \tag{6-107}$$

考虑到

$$\begin{cases} U_d = I\sin\delta \\ U_q = I\cos\delta \end{cases} \tag{6-108}$$

$$\begin{cases} I_d = I\sin\beta \\ I_q = I\cos\beta \end{cases} \tag{6-109}$$

将式（6－108）和式（6－109）进行线性化处理后可得

$$\boldsymbol{U}_G = \boldsymbol{S}_U \cdot \boldsymbol{U}_\delta \tag{6-110}$$

$$\boldsymbol{I}_G = \boldsymbol{S}_I \cdot \boldsymbol{I}_\beta \tag{6-111}$$

式中，$\boldsymbol{U}_G = [\Delta U_d, \Delta U_q]^T$，$\boldsymbol{U}_\delta = [\Delta U, \Delta\delta]^T$，$\boldsymbol{I}_G = [\Delta I_d, \Delta I_q]^T$，$\boldsymbol{I}_\beta = [\Delta I, \Delta\beta]^T$。

$\boldsymbol{S}_U$ 和 $\boldsymbol{S}_I$ 的公式如下：

$$\boldsymbol{S}_U = \begin{bmatrix} \sin\delta_0 & U_0\cos\delta_0 \\ \cos\delta_0 & -U_0\sin\delta_0 \end{bmatrix} \tag{6-112}$$

$$\boldsymbol{S}_I = \begin{bmatrix} \sin\beta_0 & I_0\cos\beta_0 \\ \cos\beta_0 & -I_0\sin\beta_0 \end{bmatrix} \tag{6-113}$$

将被研究的发电机组的 dq0 坐标系选为系统公共坐标系，并设 $\dot{U} = U\angle\delta_U$，$\dot{I} = I\angle\delta_I$，则

$$\begin{cases} \delta_U = \dfrac{\pi}{2} - \delta \\ \delta_I = \dfrac{\pi}{2} - \beta \end{cases} \tag{6-114}$$

其增量式为

$$\begin{cases} \Delta\delta_U = -\Delta\delta \\ \Delta\delta_I = -\Delta\beta \end{cases} \tag{6-115}$$

将式（6－113）代入式（6－31）中 $\Delta\alpha_c$，$\Delta\alpha$ 的计算式，可得

$$\Delta\alpha = \Delta\alpha_C - \Delta\delta \tag{6-116}$$

$$\Delta\beta = \Delta\delta + \Delta\varphi \tag{6-117}$$

当直流系统采用 CIV 工作方式时，设 $\boldsymbol{X}_D=[\Delta U,\ \Delta\delta,\ \Delta U'_d,\ \Delta I_d,\ \Delta\alpha,\ \Delta\alpha_c,\ \Delta\varphi]^T$，由式（6－46）、式（6－116）和式（6－117），得

$$\boldsymbol{B}_D\boldsymbol{X}_D = \boldsymbol{C}_D\boldsymbol{I}_\beta \tag{6-118}$$

令 $p=j\lambda$，在式（6－118）的两边同乘以 $\boldsymbol{B}_D^{-1}$，得

$$\boldsymbol{X}_D = \boldsymbol{B}_D^{-1}\boldsymbol{C}_D\boldsymbol{I}_\beta = \boldsymbol{D}_D\boldsymbol{I}_\beta \tag{6-119}$$

取式（6－119）的前两项，得

$$\boldsymbol{U}_\delta = \boldsymbol{E}_D\boldsymbol{I}_\beta \tag{6-120}$$

再结合式（6－110）、式（6－111）和式（6－120），可得

$$\boldsymbol{U}_G = \boldsymbol{S}_U\boldsymbol{E}_D\boldsymbol{S}_I^{-1}\boldsymbol{I}_G = \boldsymbol{Z}_D\boldsymbol{I}_G \tag{6-121}$$

当直流系统采用 PIV 工作方式时，设 $\boldsymbol{X}_D=[\Delta V\quad \Delta\delta\quad \Delta V'_d\quad \Delta I_d\quad \Delta\alpha\quad \Delta\varphi]^T$，按照同样的方式，可得到与式（6－121）类似的结果。

同步发电机采用六绕组 Park 模型，对直轴绕组有

$$p\boldsymbol{E}_d\boldsymbol{I}_d = \boldsymbol{B}_d\boldsymbol{X}_G + \boldsymbol{C}_d\boldsymbol{U}_G + \boldsymbol{D}_d\Delta\omega \tag{6-122}$$

在式（6－122）的两边同时乘以 $\boldsymbol{E}_d^{-1}$，得

$$\begin{aligned} p\boldsymbol{I}_d &= \boldsymbol{E}_d^{-1}\boldsymbol{B}_d\boldsymbol{X}_G + \boldsymbol{E}_d^{-1}\boldsymbol{C}_d\boldsymbol{U}_G + \boldsymbol{E}_d^{-1}\boldsymbol{D}_d\Delta\omega \\ &= \boldsymbol{G}_d\boldsymbol{X}_G + \boldsymbol{H}_d\boldsymbol{U}_G + \boldsymbol{M}_d\Delta\omega \end{aligned} \tag{6-123}$$

同样，对交轴绕组有

$$p\boldsymbol{E}_q\boldsymbol{I}_q = \boldsymbol{B}_q\boldsymbol{X}_G + \boldsymbol{C}_q\boldsymbol{U}_G + \boldsymbol{D}_q\Delta\omega \tag{6-124}$$

式中，$\boldsymbol{I}_{q(3\times1)}=[\Delta i_q\quad \Delta i_g\quad \Delta i_Q]^T$；$E_{q(3\times3)}=\begin{bmatrix} -x_q & x_{aq} & x_{aq} \\ -x_{aq} & x_g & x_{aq} \\ -x_{aq} & x_{aq} & x_Q \end{bmatrix}$；

$$\boldsymbol{B}_{q(3\times8)}=\begin{bmatrix} x_d & -x_{ad} & -x_{ad} & R_a & 0 & 0 & 0 & 0 \\ 0 & 0 & 0 & 0 & -R_g & 0 & 0 & 0 \\ 0 & 0 & 0 & 0 & 0 & -R_Q & 0 & 0 \end{bmatrix};\ \boldsymbol{C}_{q(3\times2)}=\begin{bmatrix} 0 & 0 & 0 \\ 1 & 0 & 0 \end{bmatrix}^T。$$

在式（6－124）的两边同时乘以 $\boldsymbol{E}_q^{-1}$，可得

$$\begin{aligned} p\boldsymbol{I}_q &= \boldsymbol{E}_q^{-1}\boldsymbol{B}_q\boldsymbol{X}_G + \boldsymbol{E}_q^{-1}\boldsymbol{C}_q\boldsymbol{U}_G + \boldsymbol{E}_q^{-1}\boldsymbol{D}_q\Delta\omega \\ &= \boldsymbol{G}_q\boldsymbol{B}_q\boldsymbol{X}_G + \boldsymbol{H}_q\boldsymbol{U}_G + \boldsymbol{M}_q\Delta\omega \end{aligned} \tag{6-125}$$

对励磁系统有

$$p\boldsymbol{U}_E = \boldsymbol{G}_E\boldsymbol{X}_G + \boldsymbol{H}_E\boldsymbol{U}_G \tag{6-126}$$

将式（6－123）、式（6－125）和式（6－126）合并，可得

$$\begin{aligned} p\boldsymbol{X}_G &= \begin{bmatrix} \boldsymbol{G}_d \\ \boldsymbol{G}_q \\ \boldsymbol{G}_E \end{bmatrix}\cdot\boldsymbol{X}_G + \begin{bmatrix} \boldsymbol{H}_d \\ \boldsymbol{H}_q \\ \boldsymbol{H}_E \end{bmatrix}\cdot\boldsymbol{U}_G + \begin{bmatrix} \boldsymbol{M}_d \\ \boldsymbol{M}_q \\ 0 \end{bmatrix}\cdot\Delta\omega \\ &= \boldsymbol{G}_G\cdot\boldsymbol{X}_G + \boldsymbol{H}_G\cdot\boldsymbol{V}_G + \boldsymbol{M}_G\cdot\Delta\omega \end{aligned} \tag{6-127}$$

式中，$\boldsymbol{G}_G$，$\boldsymbol{H}_G$，$\boldsymbol{M}_G$ 的维数分别为 8×8，8×2，8×1。

设 $\boldsymbol{N}_{G(2\times 8)}=\begin{bmatrix}1&0&0&0&0&0&0&0\\0&0&0&1&0&0&0&0\end{bmatrix}$，则

$$\boldsymbol{I}_G=\boldsymbol{N}_G\cdot\boldsymbol{X}_G \tag{6-128}$$

将式（6−128）代入式（6−121），得

$$\boldsymbol{U}_G=\boldsymbol{Z}_D\boldsymbol{N}_G\boldsymbol{X}_G=\boldsymbol{Z}_G\cdot\boldsymbol{X}_G \tag{6-129}$$

式中，$\boldsymbol{Z}_G$ 的维数为 2×8。将式（6−129）代入式（6−127），可得

$$\boldsymbol{X}_G=(p\boldsymbol{I}-\boldsymbol{G}_G-\boldsymbol{H}_G\boldsymbol{Z}_G)^{-1}\cdot\boldsymbol{M}_G\cdot\Delta\omega \tag{6-130}$$

电磁力矩增量为

$$\begin{aligned}\Delta M_e&=(\psi_{d0}\Delta i_q-\psi_{q0}\Delta i_d)+(i_{q0}\Delta\psi_d-i_{d0}\Delta\psi_q)\\&=[-x_d i_{q0}-\psi_{q0}\quad x_{ad}i_{q0}\quad x_{ad}i_{q0}\quad x_q i_{d0}+\psi_{d0}\quad -x_{aq}i_{d0}\quad -x_{aq}i_{d0}\quad 0\quad 0]\cdot\boldsymbol{X}_G\\&=\boldsymbol{M}_{e(1\times 8)}\cdot\boldsymbol{X}_G\end{aligned} \tag{6-131}$$

将式（6−130）代入式（6−131），得

$$\Delta M_e=\boldsymbol{M}_e(p\boldsymbol{I}-\boldsymbol{G}_G-\boldsymbol{H}_G\boldsymbol{Z}_G)^{-1}\boldsymbol{M}_G\cdot p\Delta\delta \tag{6-132}$$

因此，可以得到电气转矩系数为

$$K_E(p)=\boldsymbol{M}_e(p\boldsymbol{I}-\boldsymbol{G}_G-\boldsymbol{H}_G\boldsymbol{Z}_G)^{-1}\boldsymbol{M}_G\cdot p \tag{6-133}$$

将 $p=\mathrm{j}\zeta$ 代入式（6−133），得到等效电气复转矩系数为

$$K_E(\mathrm{j}\zeta)=K_e(\zeta)+\mathrm{j}\zeta D_e(\zeta)=\mathrm{Re}\{K_E(\mathrm{j}\zeta)\}+\mathrm{jIm}\{K_E(\mathrm{j}\zeta)\} \tag{6-134}$$

式中，等效电气弹性系数为 $K_e(\zeta)=\mathrm{Re}\{K_E(\mathrm{j}\zeta)\}$；等效电气阻尼系数为 $D_e(\zeta)=\dfrac{\mathrm{Im}\{K_E(\mathrm{j}\zeta)\}}{\zeta}$。

在求得机械部分等效阻尼系数和电气部分等效阻尼系数之后，就可以利用复转矩系数法进行该系统的次同步振荡和轴系扭振稳定性分析。轴系扭振的稳定性判据是：对轴系的所有模态 i，在满足 $K_m(\lambda_i)+K_e(\lambda_i)=0(i=0,1,2,3,4,5)$ 的条件下，不发生次同步振荡的条件为

$$D_m(\lambda_i)+D_e(\lambda_i)>0,\qquad i=0,1,2,3,4,5 \tag{6-135}$$

式中，λ_i 为扭振模态 i 所对应的模态频率。

6.3.3 基于李雅普诺夫理论的次同步振荡分析法

前两节中介绍的 SSO 分析方法——时域仿真法和复转矩系数法，都是在系统的平衡点上对系统的稳定性进行分析，属于“逐点法”的范畴。其所得结论无法给出稳定的裕度，不具有普遍的指导意义。而李雅普诺夫直接法在电力系统稳定性分析中的应用已经有三十多年的历史，其最大的优点在于它是经过严格理论证明的判断动态系统稳定性的充分条件，可以提供系统稳定域的可视化描述。有文献应用大系统的李雅普诺夫分解法研究了电力系统的 SSO 问题，但该方法是在系统进行线性化处理的基础之上进行的，故只能进行小扰动分析，而且在轴系方程的维数增加时，处理起来相当困难。也有文献把汽轮发电机轴系简化为两段，研究了轴系在平衡位置的稳定性，为稳定平衡位置给出了稳定域的估计。但该方法同样无法解决系统维数的增加给系统分析带来的困难。此外，该方法给出的稳定域非常小，不能对运行状态提供有实际工程意义的指导。

6.3.3.1　鲁里叶非线性控制系统

考虑如下的非线性控制系统

$$\begin{cases}\dfrac{\mathrm{d}}{\mathrm{d}t}\boldsymbol{x}=\boldsymbol{A}\boldsymbol{x}-\boldsymbol{B}\boldsymbol{F}(\boldsymbol{\sigma})\\ \boldsymbol{\sigma}=\boldsymbol{C}^{\mathrm{T}}\boldsymbol{x}\end{cases}\tag{6-136}$$

式中，$\boldsymbol{x}$ 为状态列向量，$\boldsymbol{\sigma}$ 为反馈控制列向量，$\boldsymbol{A}$，$\boldsymbol{B}$，$\boldsymbol{C}^{\mathrm{T}}$ 均为常系数矩阵，$\boldsymbol{F}(\boldsymbol{\sigma})$ 是属于某类非线性函数集，但具体形式未知的列向量。为了研究上的方便，设 $\boldsymbol{F}(\boldsymbol{\sigma})$ 的每一个分量 $f_i(\boldsymbol{\sigma})$ 仅是 σ_i 的函数，即 $f_i(\boldsymbol{\sigma})\in\boldsymbol{F}(\boldsymbol{\sigma})$，$f_i(\boldsymbol{\sigma})=f_i(\sigma_i)$，$i=1,2,\cdots,k$。定义如下函数集 $f_i(\sigma_i)$：

$$G_{[0,k_i]}=\left\{f_i\left|0<\frac{f_i(\sigma_i)}{\sigma_i}\leqslant k_i,\sigma_i\neq 0;f_i(0)=0;f_i\text{ 连续}\right.\right\}$$

$$G_{[0,k_i]}=\left\{f_i\left|0<\frac{f_i(\sigma_i)}{\sigma_i}<k_i,\sigma_i\neq 0;f_i(0)=0;f_i\text{ 连续}\right.\right\}$$

$$G_{[0,\infty)}=\left\{f_i\left|0<\frac{f_i(\sigma_i)}{\sigma_i},\sigma_i\neq 0;f_i(0)=0;f_i\text{ 连续}\right.\right\}$$

式中，$\sigma_i\in\sigma$，$k_i\in\mathbf{R}^{+}$，$i=1,2,\cdots,k$。即对于所有的 $\sigma_i\in\sigma\subset\mathbf{R}^{k}$，$f_i(\sigma_i)$必须满足上述的象限条件，如图 6−12 所示。

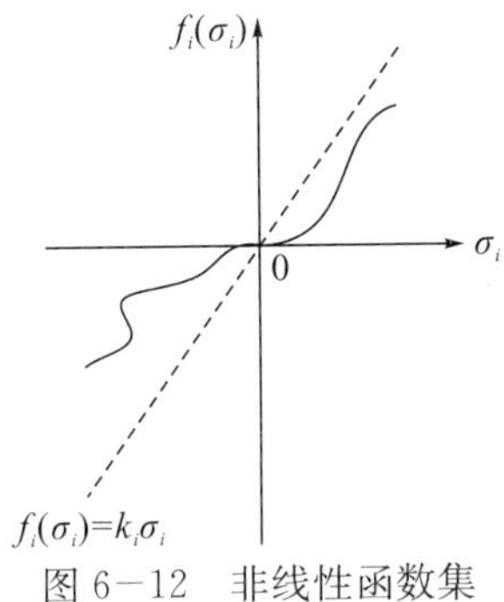

图 6−12　非线性函数集

式（6−136）所描述的反馈控制系统的结构框图如图 6−13 所示。

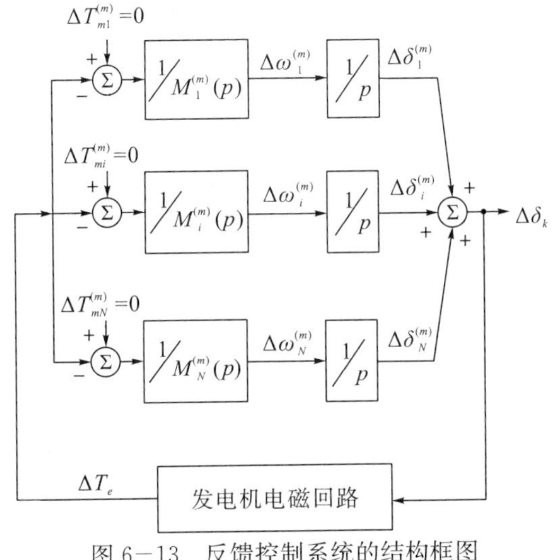

图 6−13　反馈控制系统的结构框图

由于该系统是由鲁里叶在研究飞机自动驾驶仪时归纳总结出来的，所以该系统也称为鲁里叶控制系统。实际问题中有很多非线性控制系统都可以化为式（6－136）所示的鲁里叶型反馈控制系统。由于仅仅知道非线性函数列向量满足的约束条件，而其他信息未知，所以系统是一个典型的不确定性系统，或称为微分包含、多值微分方程组。

6.3.3.2　鲁里叶型李雅普诺夫函数

对于控制系统（6－136），一般采用如下的二次型加积分项的李雅普诺夫函数来判断系统平凡解的稳定性：

$$V(\boldsymbol{x}) = \frac{1}{2}\boldsymbol{x}^{\mathrm{T}}\boldsymbol{P}\boldsymbol{x} + q\int_0^{\sigma}\boldsymbol{F}^{\mathrm{T}}(\boldsymbol{\sigma})\mathrm{d}\boldsymbol{\sigma} \tag{6-137}$$

式中，$\boldsymbol{P}$ 是李雅普诺夫矩阵方程 $\boldsymbol{A}^{\mathrm{T}}\boldsymbol{P}+\boldsymbol{PA}=-\boldsymbol{LL}^{\mathrm{T}}$ 的唯一对称正定解，q 是正数。

根据李雅普诺夫稳定性理论，要保证式（6－137）是稳定的，必须：

（1）$V(x)$ 是正定的。

（2）$\frac{\mathrm{d}}{\mathrm{d}t}V(x)$ 沿系统（6－136）的轨迹是负定的。

对于式（6－136）所示的二次型加积分项的李雅普诺夫函数，考虑到 $\boldsymbol{F}(\boldsymbol{\sigma})$ 满足约束条件 G，所以条件（1）显然是成立的。困难的是要找到在任何条件下可以保证 $\frac{\mathrm{d}}{\mathrm{d}t}V(\boldsymbol{x})$ 沿系统（6－137）的轨迹是负定的。

假定满足如下条件：

（1）$\boldsymbol{F}(\boldsymbol{\sigma})$ 是 $\mathbf{R}^k$ 到 $\mathbf{R}^k$ 的连续映射。

（2）对于所有的 $\sigma_i \in \boldsymbol{\sigma} \subset \mathbf{R}^k$，存在实对称矩阵 $\boldsymbol{N} \in \mathbf{R}^{k\times k}$ 满足 $\boldsymbol{F}^{\mathrm{T}}(\boldsymbol{\sigma})\boldsymbol{N\sigma} > 0$。

（3）存在标量函数 $V_0(\boldsymbol{\sigma})$ 和实矩阵 $\boldsymbol{Q} \in \mathbf{R}^{k\times k}$ 满足 $V_0(\boldsymbol{\sigma}) \geqslant 0$，$\boldsymbol{F}(\boldsymbol{\sigma}) \in \mathbf{R}^k$，当且仅当 $\boldsymbol{\sigma}=0$ 时 $V_0(\boldsymbol{\sigma})=0$，$\nabla V_0(\boldsymbol{\sigma})=\boldsymbol{Q}^{\mathrm{T}}\boldsymbol{F}(\boldsymbol{\sigma})$，对于所有的 $\boldsymbol{F}(\boldsymbol{\sigma}) \in \mathbf{R}^k$。则系统（6－136）的传递函数为

$$\boldsymbol{W}(s) = \boldsymbol{C}^{\mathrm{T}}(s\boldsymbol{I} - \boldsymbol{A})^{-1}\boldsymbol{B},\quad \boldsymbol{W}(+\infty) = \boldsymbol{0} \tag{6-138}$$

如果 $\boldsymbol{Z}(s)=(\boldsymbol{N}+\boldsymbol{Q}s)\boldsymbol{W}(s)$ 正实且无零极点相消，那么系统（6－136）是大范围渐进稳定的。

6.3.3.3　轴系方程的标准鲁里叶模型

根据 IEEE 第一标准模型，汽轮发电机轴系是由高压缸、中压缸、两个低压缸、发电机及励磁机等组成的一个六质块系统，如图 6－2 所示。$D_i(i=1,2,\cdots,6)$ 为第 i 段轴系的自阻尼系数，$J_{Ji}(i=1,2,\cdots,6)$ 为第 i 段轴系的转动惯量，$k_{i,i+1}(i=1,2,\cdots,6)$ 为相邻两段轴系，即第 i 段和第 $i+1$ 段轴系间的扭转弹性系数。在忽略轴系各质量块之间的互阻尼的情况下，六质块系统的动态特性可以用如下方程组表示：

$$\begin{cases} J_{J1}p\omega_1 = M_1 - D_1\omega_1 - k_{12}(\delta_1 - \delta_2) \\ J_{J2}p\omega_2 = M_2 - D_2\omega_2 + k_{12}(\delta_1 - \delta_2) - k_{23}(\delta_2 - \delta_3) \\ J_{J3}p\omega_3 = M_3 - D_3\omega_3 + k_{23}(\delta_2 - \delta_3) - k_{34}(\delta_3 - \delta_4) \\ J_{J4}p\omega_4 = M_4 - D_4\omega_4 + k_{34}(\delta_3 - \delta_4) - k_{45}(\delta_4 - \delta_5) \\ J_{J5}p\omega_5 = -M_e - D_5\omega_5 + k_{45}(\delta_4 - \delta_5) - k_{56}(\delta_5 - \delta_6) \\ J_{J6}p\omega_6 = -M_{ex} - D_6\omega_6 + k_{56}(\delta_5 - \delta_6) \\ p\delta_i = \omega_i - 1, i = 1,2,\cdots,6 \end{cases} \tag{6-139}$$

式中，时间的单位为秒，角度的单位为弧度，其他量均为标幺值。ω_i，$\delta_i(i=1,2,\cdots,6)$ 分别为第 i 段轴系的转速和同步旋转坐标参考轴之间的电气角度，$J_{Ji}(i=1,2,3,4,5,6)$ 为第 i 段轴系的输入转矩或功率，电磁转矩 $M_e=P_0\sin\delta_5$，P_0 为电磁矩峰值。一般情况下，励磁机转矩 M_{er} 被忽略。

为了求得轴系动态方程的平衡点，令微分方程组（6－139）的左边为零，即

$$\begin{cases} p\omega_i = 0 \\ p\delta_i = 0 \end{cases} \quad i = 1,2,\cdots,6 \tag{6-140}$$

可以知道，只有当满足 $P_0 > \sum_{i=1}^{4} M_i - \sum_{i=1}^{6} D_i$ 时，轴系才有稳定运行点，此时轴系存在两类孤立的且以 2π 为周期的平衡点，分别为

$$\begin{cases} \omega_{i0} = 1, i = 1,2,\cdots,6 \\ \delta_{10} = \delta_{20} + M_1^*/k_{12} \\ \delta_{20} = \delta_{30} + (M_1^* + M_2^*)/k_{23} \\ \delta_{30} = \delta_{40} + (M_1^* + M_2^* + M_3^*)/k_{34} \\ \delta_{40} = \delta_{50} + (M_1^* + M_2^* + M_3^* + M_4^*)/k_{45} \\ \delta_{50} = \delta_{50s} \text{ 或 } \delta_{50us} \\ \delta_{60} = \delta_{50} + M_6^*/k_{56} \end{cases} \tag{6-141}$$

式中，$\delta_{50us} = -\arcsin\left[\left(\sum_{i=1}^{4} M_i - \sum_{i=1}^{6} D_i\right)/P_0\right] + (2k+1)\pi$；$\delta_{50s} = \arcsin\left[\left(\sum_{i=1}^{4} M_i - \sum_{i=1}^{6} D_i\right)/P_0\right] + 2k\pi$，$k$ 为整数；$M_i^* = M_i - D_i, i=1,2,3,4$。

容易知道，在式（6－141）所对应的两组平衡点中，只有 δ_{50us} 所对应的一组平衡点是稳定的，而 δ_{50us} 所对应的一组平衡点是不稳定的，故仅考虑系统（6－141）在 δ_{50us} 所对应的一组平衡点领域内的渐近稳定性。

令 $\omega_i^* = \omega_i - \omega_{i0}$，$\delta_i^* = \delta_i - \delta_{i0}$，$i=1,2,\cdots,6$，并分别用 ω_i 和 δ_i 表示 ω_i^* 和 δ_i^*，可以把系统（6－141）改写成如下的形式：

$$\begin{cases} J_{Ji} p\omega_i = -D_i\omega_i + k_{i,i+1}(\delta_i - \delta_{i+1}) - f_i(\delta_i) \\ p\delta_i = \omega_i \end{cases} \tag{6-142}$$

式中，$f_i(\delta_i)=0(i=1,2,\cdots,6)$；$f_5(\delta_5)=[\sin(\delta_5+\delta_{50s}) - \sin\delta_{50s}]$；$k_{0,1}=k_{6,7}=0$。

为了简便起见，将式（6－142）改写成形式如式（6－136）所示的鲁里叶控制系统模型，即

$$\begin{cases} \dfrac{\mathrm{d}}{\mathrm{d}t}\boldsymbol{x} = \boldsymbol{A}\boldsymbol{x} - \boldsymbol{B}\boldsymbol{F}(\boldsymbol{\delta}) \\ \boldsymbol{\delta} = \boldsymbol{C}^{\mathrm{T}}\boldsymbol{x} \end{cases} \tag{6-143}$$

式中，$\boldsymbol{A}=\begin{bmatrix} \boldsymbol{A}_1 & \boldsymbol{A}_2 \\ \boldsymbol{I} & \boldsymbol{0} \end{bmatrix}$；$\boldsymbol{B}=[\boldsymbol{J}_J^{-1} \quad \boldsymbol{0}]^{\mathrm{T}}$；$\boldsymbol{C}^{\mathrm{T}}=[\boldsymbol{0} \quad \boldsymbol{I}]$。

仅当满足象限条件，即 $\boldsymbol{F}^{\mathrm{T}}(\boldsymbol{\delta})\boldsymbol{\delta}>0$ 时，式（6－143）所表示的系统才是鲁里叶控制系统，对于该系统则要求：

$$\delta_i \in (-\pi - 2\delta_{50s}, \pi - 2\delta_{50s}) \tag{6-144}$$

式中，$i=1,2,\cdots,6$。至此，由式（6－143）和式（6－144）可以知道，系统（6－141）可转化为一个标准的鲁里叶型控制系统。

6.4 次同步振荡监测技术与抑制措施

6.4.1 次同步振荡的监测技术

现有的次同步振荡监测方法可以按测量信号的不同分为基于机械量量测和基于电气量量测两种监测方法。

基于电气量量测的监护仪，可用于报警及保护，利用微机技术还可方便地实现记录及分析。基于电气量量测的 SSO 监护仪可以只测量三相瞬时值电流，也可同时测量三相瞬时值电流和电压，以计算瞬时电磁功率，然后滤出量测信号中次同步频段的信号，将它和整定值比较做出逻辑判断，并经延时予以报警或保护动作。基于电气量量测的 SSO 监护仪由于采用 CT（电流互感器）及 PT（电压互感器）二次绕组输出信号作输入信号，因而结构简单、价格便宜、可靠性高、便于维护。但它也有缺点。由于不直接量测机械量，不能进行轴应力分布及轴系疲劳寿命分析，故有局限性，且较难以准确判别扭振是否发生。另外，扭振电信号一般较弱，对信号的滤波、信号处理技术要求较高。此外，CT 的饱和及 CT 和 PT 的过渡过程对 SSO 监护仪的响应速度及量测速度会有一定影响，应予以注意。采用线性度较好的带小气隙的 CT 有助于 SSO 监护仪正确测量一次系统的电流。

基于机械量量测的 SSO 监护仪是在发电机轴系两端装设齿轮片，利用电磁感应效应或光电效应快速测量轴系的瞬时速度，通过信号滤波及分析可准确判别轴系是否发生扭振及其严重程度，并进行动作告警或保护跳闸。若装置能同时测电磁功率（通过测发电机三相电流及电压）及间接测量高、中、低压缸的机械功率，则在轴系多质块模型和参数已知的条件下，可进一步分析轴系的扭转应力分布及作轴系疲劳寿命分析。这是这一类 SSO 监护仪的最大优点。而主要缺点是：装置复杂、测点多，需要采用性能优良的测速装置，以便高速、高精度地测量瞬时速度，装置分析计算较复杂；此外，价格较贵，可靠性略差。

6.4.2 次同步振荡的抑制措施

SSO 常在有串联补偿电容的系统中发生，且当串联补偿度较高时，网络的电谐振频率较容易和大容量汽轮发电机轴系的自然扭振频率达到互补条件，在阻尼力矩系数为负时易激发机电扭振互作用。故一些电网通过限制串联补偿度以防止发生机电扭振作用，但这样做不利于系统的静态稳定性和动态稳定性。对于直流输电、SVS 等装置及其控制系统引起的 SSO 以及 PSS 通过励磁系统引起的 SSO，可通过适当选择其控制参数，以避免发生。但这样做有时候使控制器的放大倍数及时间常数受限制。

文献中介绍的抑制 SSO 的对策可分为两大类。一类是通过附加或改造一次设备去防止次同步振荡，除了在发电机转子上装设极面阻尼器外，还可在发电机出口线路上串联“阻塞滤波器”，使之在系统次同步谐振频率上发生并联谐振，而阻止机网间的扭振互作用发生。也可用并联在一次系统中的设备（亦即所谓“动态滤波器”）来吸收次同步分量，使并联设备造成 SSO 分量的低阻抗通道起“旁路”作用。并联设备可以是无源的，也可以是有源的。包括可在机端装设静止无功补偿器（SVS），利用其附加控制来抑制 SSO。

采用一次设备来抑制 SSO，其价格昂贵，设备可靠性要求高，且一般无源装置需要调谐，受系统运行方式变换和串补度变化影响较大。特别是当有多个扭振模式要抑制时，设备设计公尺参数的整定更为复杂，且设备的能耗一般也较大，从而并不经济。基于上述各种原理的 SSO 抑制装置在国外均有采用，主要用于抑制串补电容引起的 SSR。另一类抑制 SSO 的对策是通过二次设备（即控制装置）来抑制 SSO，其本质是通过提供对扭振模式的阻尼来抑制 SSO，它与用 PSS 抑制低频振荡有相似之处。SSO 阻尼控制器通过次同步频段的带通滤波器，取得次同步频段发电机转子速度偏差或反映 SSO 的电量信号，对之作适当处理（例如放大和相位补偿），产生一个控制信息，作为励磁系统（或直流输电控制系统、SVS 控制系统）的附加控制信号，最终使发电机的电磁力矩中产生一个阻尼次同步振荡的电气阻尼力矩增量，达到抑制 SSO 的目的。这种二次控制系统可以是专门设计的，如 SSDC（Sub-Synchronous Damping Control），也可以直接利用 PSS 装置。此外，还可利用最优控制理论来设计 SSO 阻尼控制器。由于 n 个质块组成的轴系具有 $n-1$ 个扭振模式，故 SSO 阻尼控制器设计比低频振荡中的 PSS 设计更复杂，必须防止对某个扭振频率设计的阻尼控制器对另一个扭振频率起负阻尼作用。同时，在多质块轴系上取得准确的各质块瞬时速度偏差信息也是相当困难的。通过二次系统抑制 SSO 的方法的优点是价格便宜、能耗小、控制效果良好，可靠性一般比一次设备要高，可望得到广泛应用。

按照作用机理，抑制措施主要分为避开谐振点、阻断次同步电气量、提高电气阻尼三种类型。

（1）避开谐振点。

对线路进行串联电容补偿引起的系统次同步振荡，其本质是由于电气部分和机械部分的谐振点频率互补，故而可以通过采用避开谐振点的方法对其进行抑制。主要包括改变系统运行方式、使用晶闸管控制串联电容器等措施。

改变系统运行方式。实际系统运行中可以通过避开不安全的运行方式，如切除串联电容器、降低机组出力、切除发电机组等方法来避免系统次同步振荡，投资成本较低，但不能完全解决系统中的次同步振荡问题，一般只将其作为临时应急措施或是辅助措施。

串联型 FACTS 装置。当线路串联补偿度较高时，可以通过在串联电容器两端并联由晶闸管控制的电抗器将一定比例的电容改成晶闸管控制串联电容器（TCSC），从而对等效补偿电容值进行调节，能够明显改变整体的次同步阻抗特性，避免次同步振荡。但这种方式与 TCSC 导通角的大小、同步方式密切相关，当控制运行点不合适时，仍然有可能引起次同步振荡。其他串联 FACTS 装置，如门极关断晶闸管控制串联电容器（GTO Thyristor Controlled Series Capacitor，GCSC）、SSSC 等也可以帮助系统避开谐振点，但这些装置造价更高，技术尚不成熟，目前还鲜见应用实例。

此类抑制措施还包括改变发电机轴系参数、增大机网间的串联电抗等。

（2）阻断次同步电气量。

次同步振荡是由电网与发电机及其转子之间的相互作用产生的，因此还可以采用阻断相应的次同步电气量的方式来对其进行抑制，主要包括阻塞滤波器、旁路滤波器等。

阻塞滤波器由若干个并联谐振滤波器串联而成。串接在发电机升压变压器中，在次同步频率下呈现出无穷大电抗，而在工频下呈现低阻抗，抑制效果较好。但参数要求严格，设计困难，对环境因素敏感，占地大，投资高。

旁路滤波器由 *LC* 并联谐振电路串联电阻构成。与线路串联电容器并联，对工频呈现高阻抗，而在次同步频率下阻抗很小，从而旁路次同步电流。但参数整定困难，容易失谐。

其他还包括线路滤波器、动态滤波器等。

（3）提高电气阻尼。

次同步振荡是一种典型的振荡失稳现象，可以通过增加对振荡模态的阻尼，实现对次同步振荡现象的缓解和抑制。SEDC、SSDC 和 SSR 动态稳定器等都属于此类控制装置。此类装置通过检测次同步振荡信号，经过适当的移项和增益后，利用装置本身调节或注入相应的电气量，在发电机转子上产生阻尼转矩，抑制次同步振荡。

附加励磁阻尼控制器（SEDC）。在已有的励磁调节器上附加 SEDC，以产生与发电机转子振荡信号一致的电压分量，从而在定子中产生次同步电流，形成电磁转矩，对次同步振荡进行抑制。体积小，投资少，但响应速度慢，容易对 PSS、AVR 产生干扰，适用于小扰动抑制，一般作为 SSR 的辅助控制措施。

直流附加次同步阻尼控制器（SSDC）。在直流控制系统中加入 SSDC，产生一个额外的正阻尼，可以有效抑制由于 HVDC 控制系统负阻尼作用引发的附近发电机组次同步振荡现象。容量大，响应速度快，在实际工程中取得了广泛应用。

基于 FACTS 技术的控制措施。电力电子技术的快速动作特性和波形调制能力使其在用于次同步振荡抑制的装置中脱颖而出，其中应用最为广泛的是 FACTS 装置，包括串联型 FACTS 装置，如 TCSC、GCSC、SSSC 等，以及并联型 FACTS 装置，如 SVC、STATCOM 等。它们的主要功能是在系统工频下进行潮流和稳定控制，因此应用 FACTS 装置来抑制既有固定串补系统的次同步振荡风险通常有两种实现思路：一是选取含有发电机轴系扭振频率或互补频率的检测量作为输入信号，通过反馈控制来调节装置可控的系统电气参量（TCSC、GCSC 为等效电抗，SSSC 为接入系统的电压幅值和相位，SVC、STATCOM 为等效电纳），进而改变发电机电磁功率，作为 FACTS 装置的附加次同步阻尼控制阻尼系统次同步振荡；二是 FACTS 装置以抑制次同步振荡为主导功能，直接控制它输出所需次同步互补频率的电流和电压，将其全部或大部分容量应用于解决所关注的次同步振荡问题。

其他还有超导磁储能装置、设计极面阻尼绕组等方法。

6.4.3 采用 TCSC 抑制发电机组次同步振荡

在众多装置中，晶闸管控制串联电容器 TCSC 是最著名的一个成员，是柔性交流输电系统 FACTS 概念提出后的第一个应用装置。它对提高电力系统性能有很大的作用，具有控制潮流、限制受端故障短路电流、提高系统稳定性、抑制系统低频振荡和抑制系统次同步振荡等功能，而其在抑制电力系统次同步振荡方面的研究一直受到学术界及工程界的重视。目前在美国、巴西、瑞典都已有使用的高压输电线路投运。其中美国 Kayenta 变电站的 TCSC，以及瑞典 Stode 的 TCSC，均是将抑制串补电容引起的次同步振荡作为主要目的。

在利用抑制次同步振荡的研究方面，国内学者做了大量的理论研究工作。从 TCSC 次同步频率下的阻抗特性角度分析了 TCSC 对次同步振荡的抑制作用；亦有从 TCSC 的触发方式或是控制方式出发，研究 TCSC 抑制次同步振荡的控制方式。因此，在 TCSC 抑制次同步振荡的机理分析上，目前主要存在两种观点：一是 TCSC 能够靠自动改变自身在次同步频率下的阻抗值和增大电阻，来使整个系统偏离可能引起机网谐振的固有频率和增大阻尼，从而抑制次同步振荡；二是认为 TCSC 抑制次同步振荡的能力虽与其自身结构特点有一定关系，但其抑制次同步振荡的效果却与晶闸管的触发方式有关，通过设计适当 TCSC 的触发控制算法，使 TCSC 在次同步频率下呈现感性，进而破坏汽轮发电机轴系与线路中串联电容器之间的相互作用。目前，国际上由 Siemens，GE，ABB 公司设计投运的几套装置均是通过调整控制器的触发方式实现次同步振荡的抑制。

6.4.3.1　TCSC 的结构及运行模式

基本的 TCSC 模块是由一个串联电容器 C 与一个晶闸管控制的电抗器 Ls 并联组成的，如图 6－14 所示。为了明确下面的分析，在此定义 TCSC 相关角度：α 为触发延时角，即电容电压 U_C 正向或反向过零点后到相应晶闸管阀触发之间的间隔；触发越前角 $\beta=180°-\alpha$。σ 为导通角，稳态情况下，$\sigma=2\beta$。

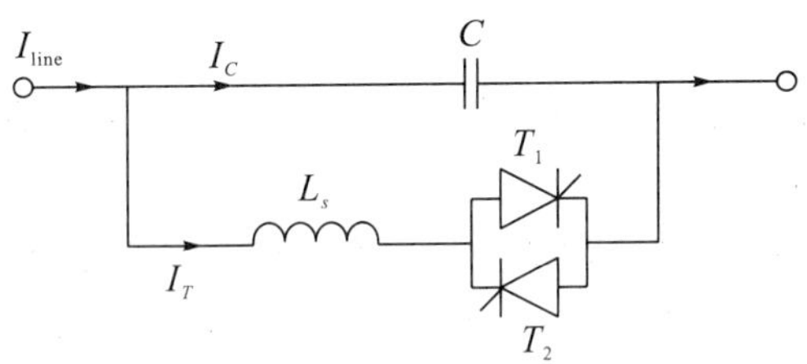

图 6－14　TCSC 模块

从 TCSC 的基本结构可以看到，TCSC 就是在并联电路的电感支路中串联一对反并联的晶闸管开关，对其进行相控，即通过改变晶闸管的触发角，进而改变电感支路的电流，也就是等效于改变电感支路感抗的大小，因此，并联后整个 TCSC 的等值阻抗的性质与大小就能通过控制晶闸管触发角而改变。

本质上 TCSC 有三种运行模式：晶闸管旁路模式、晶闸管闭锁模式及晶闸管部分导通模式即微调模式。

（1）晶闸管旁路模式：晶闸管全导通，$\alpha=90°$。电容器与电感器直接并联，TCSC 的阻抗表现为一个略大于电抗器的感性电抗，流过整个模块的净电流是感性的。这种状态不能再稳态运行，其目的只能是降低故障电流。

（2）晶闸管闭锁模式：这种模式也被称为等待模式。在这种模式下，晶闸管阀的触发脉冲被封闭，晶闸管开关一直不导通，触发角 $\alpha=180°$。模块等同于固定串联电容。

（3）晶闸管部分导通模式：即微调模式。在这种模式下，晶闸管开关处于部分导通状态，触发角 $\alpha<180°$。整个模块的性质取决于晶闸管导通程度。因此，对应的微调模式又分为感性微调模式和容性微调模式。感性微调模式下，晶闸管具有较高的导通程度，TC-

SC 呈现为纯电感性的阻抗；容性微调模式下，晶闸管导通程度较低，整个 TCSC 的阻抗为容抗特性。作为串联补偿的 TCSC 通常运行在容性微调模式下，即它总是在靠近触发角 180°的范围内运行。

6.4.3.2 TCSC 的控制方式

TCSC 的控制方式可以分为开环控制和闭环控制两大类。

（1）开环控制。

开环控制，即开环阻抗控制，是 TCSC 控制的最基本形式，主要用于潮流控制，其控制框图如图 6－15 所示。期望的串补度或线路潮流以电抗参考值的形式表示，并通过一个模拟测量环节的延迟环节，最后转化为所需的触发角信号。

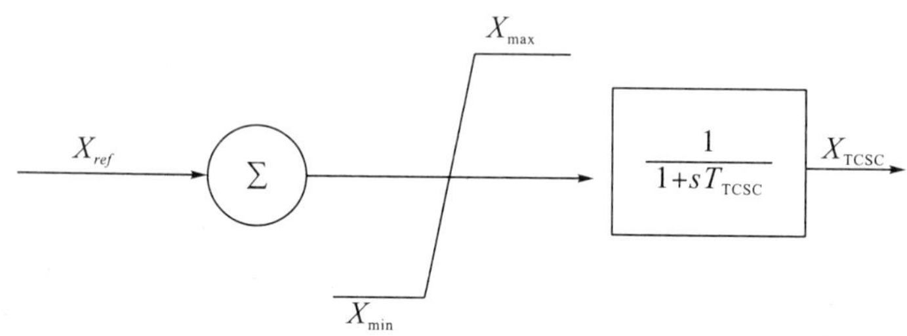

图 6－15 TCSC 定阻抗控制器

（2）闭环控制。

TCSC 典型的闭环控制方式有恒电流控制、恒功率控制以及阻尼功率振荡控制。

a. TCSC 恒电流控制。

TCSC 恒电流控制器的典型结构如图 6－16 所示，取线路电流 I_{line} 作为输入信号，以维持实际线路电流的恒定。恒电流控制的具体环节：将所测三相线电流 $I_{a.b.c}$ 滤波后化为标幺值 $I_{p.u.}$，使之与参考电流信号 I_{ref} 的单位一致。控制器采用比例积分（PI）控制，输出电抗信号 X，因 TCSC 的运行范围有一定的限制，故 X 需限幅，再转化为触发角信号。

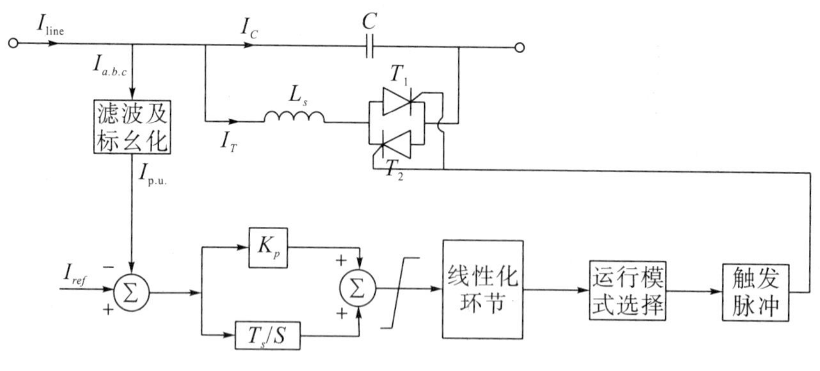

图 6－16 TCSC 恒电流控制

b. TCSC 恒功率控制。

图 6－17 是 TCSC 典型的恒功率控制器，其结构与恒电流控制器相似，只是所选的输入信号不同。将所测三相电压、电流信号经坐标变换后计算线路的有功功率作为输入，化

为标幺值后经过一阶滤波环节，与参考功率一起送入 PI 控制器，其他环节则与 CC 控制一样。

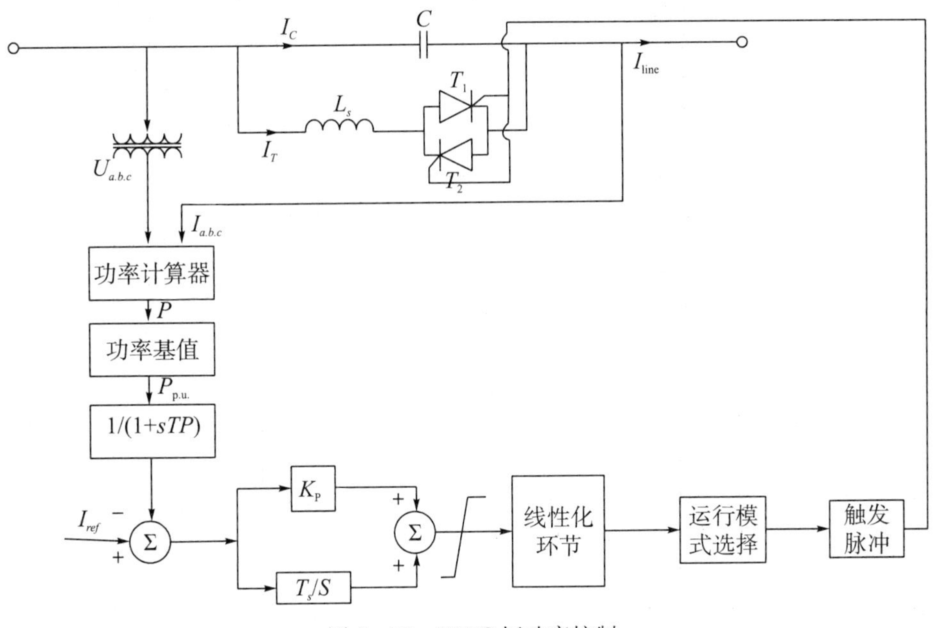

图 6−17　TCSC 恒功率控制

c. TCSC 阻尼功率振荡控制。

图 6−18 是阻尼功率振荡控制原理图。其主要环节包括：①一个时间常数为 T_m 的测量环节，选择线路的有功功率，线电流亦可作为输入。②一个时间常数为 T_w 的隔直环节，用以消除所测线路有功功率的平均值，抽取输入信号的振荡分量。③一个可变增益环节 K_G，因 TCSC 引起的线路有功变化量是 TCSC 电抗变化量和线路电流或负荷的函数，故 TCSC 若以恒增益运行，则在重负荷下才能有效阻尼功率振荡。为了使 TCSC 在大范围的线路负荷下能保持同样的阻尼效果，采取可变增益的方案，如图 6−19 所示。对应线路潮流的较低值，采用较高增益 K_{GH}；而对应线路潮流的较高值 I_{NH}，则采用较低增益 K_{GL}。④两个超前−滞后环节，使增益环节后一个与振荡分量成比例的控制信号产生适当的相移，若取线路有功功率为控制器的输入，则要求相移−90°。由此，POD 控制最终产生一个与功率振荡分量成比例并经过适当相移的电抗输出。

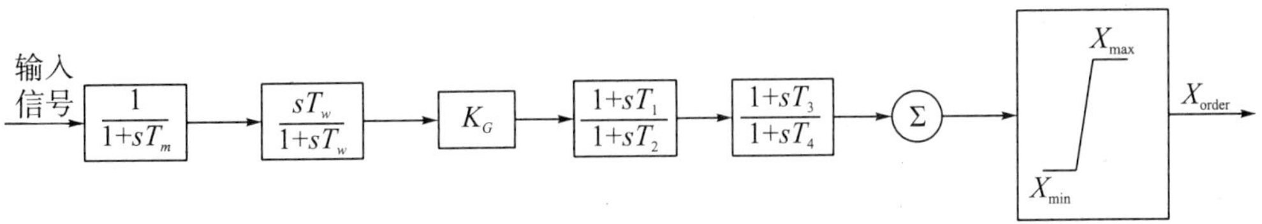

图 6−18　TCSC 阻尼功率振荡控制

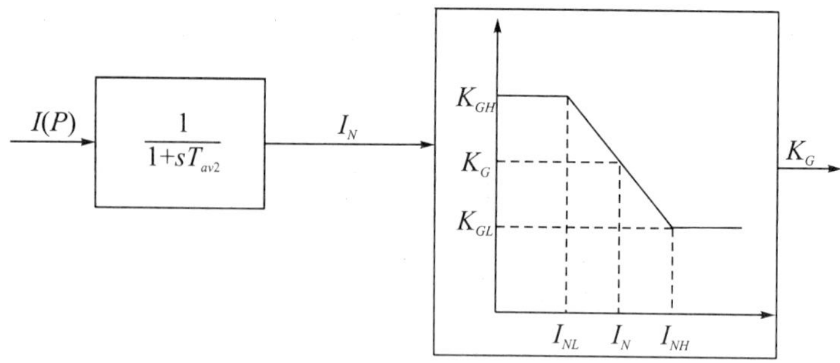

图 6-19　POD 控制

参考文献

[1] 倪以信，陈寿孙，张宝霖．动态电力系统的理论和分析［M］．北京：清华大学出版社，2002.

[2] 肖湘宁，郭春林，高本锋，等．电力系统次同步振荡及其抑制方法［M］．北京：机械工业出版社，2014.

[3] IEEE Sub-synchronous Resonance Working Group. Terms, definitions and symbols for sub-synchronous oscillations [J]. IEEE Transactions on Power Apparatus and Systems, 1985, 104 (6): 1326-1334.

[4] IEEE Sub-synchronous Resonance Working Group. First Benchmark Model for Computer Simulation of Sub-synchronous Resonance [J]. IEEE Transactions on Power Apparatus and Systems, 1977, 96 (5): 1565-1572.

[5] IEEE Sub-synchronous Resonance Working Group. Second Benchmark Model for Computer Simulation of Sub-synchronous Resonance [J]. IEEE Transactions on Power Apparatus and Systems, 1985, 104 (5): 1057-1066.

[6] IEEE Sub-synchronous Resonance Working Group. Proposed Terms and Definitions for Sub-synchronous Oscillations [J]. IEEE Transactions on Power Apparatus and Systems, 1980, 99 (2): 506-511.

[7] IEEE Committee Report. Reader's Guide to Sub-synchronous Resonance [J]. IEEE Transactions on Power Systems, 1992, 7 (1): 150-157.

[8] Farmer R G, Schwalb A L, Katz E. Navajo project report on sub-synchronous resonance analysis andsolutions [J]. IEEE Transactions on Power Apparatus and Systems, 1977, 96 (4): 1226-1232.

[9] Bongiorno M, Angquist L, Svensson J. A novel control strategy for sub-synchronous resonance mitigation using SSSC [J]. IEEE Transactions on Power Delivery, 2008, 23 (2): 1033-1041.

[10] Thirumalaivasan R, Janaki M, Prabhu N. Damping of SSR using sub-synchronous current suppressor with SSSC [J]. IEEE Transactions on Power Systems, 2013, 28 (1): 64-74.

[11] Padiyar K R, Prabhu N. Design and performance evaluation of sub-synchronous damping controller with STATCOM [J]. IEEE Transactions on Power Delivery, 2006, 21 (3): 1398-1405.

[12] Kunder P. Power System Stability and Control [M]. New York: McGraw-Hill, 1994: 13-25.

[13] Grondin R, Kamwa I, Soulieres L, et al. An approach to PSS design for transient stability improvement through supplementary damping of the common low-frequency [J]. IEEE Transactions on Power Systems, 1993, 8 (3): 954-963.

[14] Scherer C, Gahinet P, Chilali M. Multiobjective output-feedback control via LMI optimization [J]. IEEE Transactions on Automatic Control, 1997, 42 (7): 896—911.

[15] Pal B C, Coonick A H, Jaimoukha I M, et al. A linear matrix inequality approach to robust damping control design in power systems with superconducting magnetic energy storage device [J]. IEEE Transactions on Power Systems, 2000, 15 (1): 356—362.

[16] Tripathy P, Srivastava S C, Singh S N. A modified TLS-ESPRIT-based method for low-frequency mode identification in power systems utilizing synchrophasor measurements [J]. IEEE Transactions on Power Systems, 2011, 26 (2): 719—727.

第 7 章　电力系统功角暂态稳定

电力系统在受到大干扰的情况下，能够恢复到原始的运行方式并保持发电机同步运行，或进入到新的稳态运行的能力，是衡量电力系统功角暂态稳定性的重要指标。暂态隐定极限与受到的扰动形式和大小有关。大干扰可能是发生在线路、变压器或母线上的故障，或来自切机、切负荷、重合闸的操作扰动。如果受到大干扰时系统内电机之间的角度偏差能保持在一定范围内，则系统仍将保持同步。如果这些大干扰造成运行中的发电机转子角、潮流、节点电压以及其他系统参数出现很大的偏移，超出系统能力范围，则系统将面临失步，通常在扰动后 2～3 s 内出现暂态不稳定。发电机如果失步可能造成大容量机组突然甩负荷，联络线跳闸，造成系统功率严重不平衡，或一系列连锁反应，危及整个系统安全。如果发生周期性震荡，将影响电能质量、降低发电机的使用寿命，还可能引起继电保护装置误动。因此，在电力系统规划、设计、运行等工作中都需要进行暂态稳定分析。

本章首先对暂态稳定的物理过程进行分析，然后分别介绍暂态稳定分析常用的时域求解法和直接法，最后分析现代电力系统中自动调节设备对暂态稳定的影响。

7.1　概念与研究方法

电力系统功角暂态稳定是指电力系统在受到大干扰情况下，可以恢复到原始的运行方式或进入到另一个新的稳态，并保持发电机同步运行的能力。大干扰可能是发生在线路、变压器或母线上的故障，或切机、切负荷、重合闸操作等扰动。当系统受到大干扰时，发电机的输入机械功率和输出电磁功率失去平衡，发电机转子的转速和角度发生变化，此时会引起各机组间发生相对摇摆，如果这种摇摆不足以引起系统中各发电机的失步，系统能恢复到原来的运行状态或过渡到一个新的平衡状态，则认为系统在此干扰下是暂态稳定的；如果这种摇摆最终使发电机之间失去同步，或是出现电压急剧降低而无法恢复的情况，则认为系统失去暂态稳定。

与小干扰稳定极限不同，暂态隐定极限与受到的扰动形式和大小有关。受到的干扰（包括故障类型、地点、切除时间等）越大，暂态稳定的极限就越小。单机无穷大系统如图 7－1 所示，暂态稳定的极限传输功率与短路故障类型及故障断开时间的关系如图 7－2 所示。在实际工作中，除了用输送功率来确定暂态稳定性能外，也用其他间接量来评价其暂态稳定性能。如对某一特定故障的最大允许断开故障时间；或者在某一故障后，为保证稳定所需的最小切机容量等。

由于系统失去暂态稳定可能造成大面积停电，给国民经济带来巨大损失，因此，在电力系统规划、设计、运行等工作中都需要进行暂态稳定分析。目前，电力系统暂态稳定分析主要有两种方法，即时域求解法（又称逐步积分法）和直接法（又称暂态能量函数法）。

时域求解法将电力系统各元件模型根据元件间拓扑关系形成全系统模型，建立一组联立的微分方程组和代数方程组，然后以稳态工况或潮流解为初值，求扰动下的数值解，逐步求得系统状态变量和代数变量随时间的变化曲线，并根据发电机转子摇摆曲线来判别系统在大扰动下能否保持稳定。时域求解法直观、简单，可适应各种不同的元件模型、系统故障和操作，可用于几千条线路、几千条母线构成的大系统，因而得到了广泛应用。但其缺点是大量的数值积分计算耗费较多时间，较难适应在线实时的应用场合；此外，时域求解法不能提供关于系统稳定度和不稳定度的信息，且当系统失稳时，难以对控制措施的设计提供有帮助的信息。

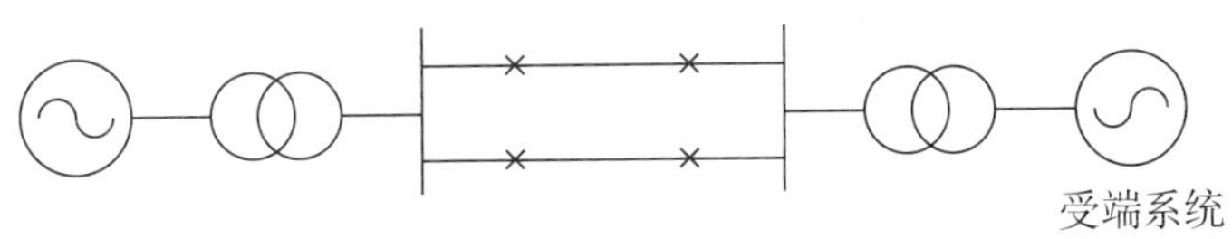

图 7－1　单机无穷大系统示意图

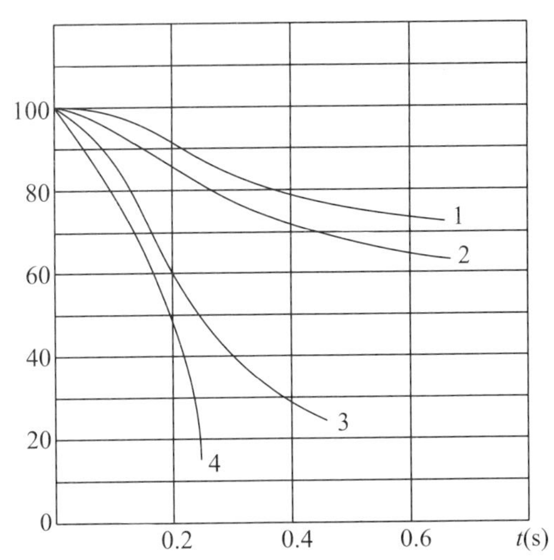

1—单相短路；2—两相短路；3—两相对地短路；4—三相短路

图 7－2　暂态稳定的极限传输功率与短路故障类型及故障断开时间的关系

暂态能量函数法也称李雅普诺夫直接法（简称“直接法”），它从系统能量角度去看稳定问题，优点在于可快速做出稳定判断，不再需要通过积分计算整个系统的运动轨迹。直接法也可用于大系统，但模型较简单，分析结果容易偏于保守。时域求解法和直接法相结合能较好地进行在线和离线的暂态稳定的分析，从而有利于指导系统的安全运行。

7.2 暂态稳定的物理过程分析

以单机无穷大系统为例，在分析大扰动后发电机转子相对运动过程的基础上，简述等面积定则的原理及其在暂态稳定分析中的应用。

7.2.1 大扰动后发电机转子的相对运动过程

在正常运行情况下，若原动机输入功率为 $P_T=P_0$（在图 7—3 中用横线表示），发电机的工作点为点 a，与此对应的功角为 δ_0（见图 7—3）。

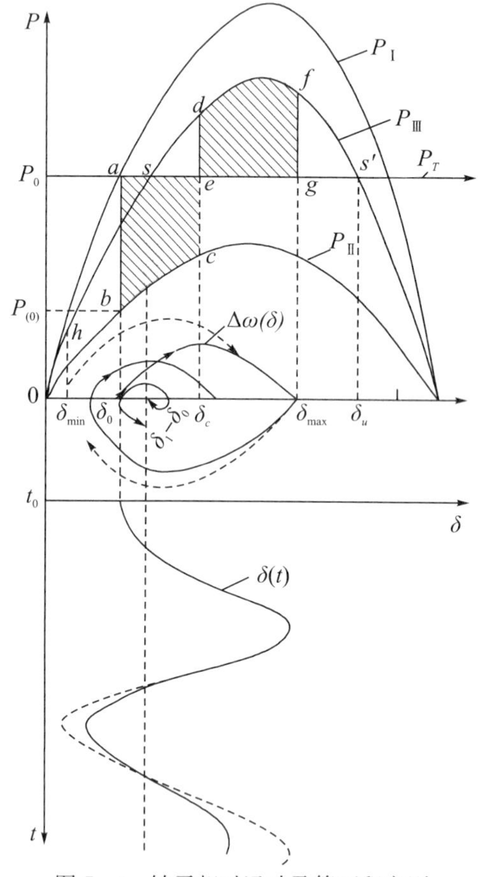

图 7—3 转子相对运动及等面积定则

注：P_{I}，P_{II}，P_{III} 分别为正常状态、故障状态、故障切除后状态对应的电磁功率 P_e。

设大扰动（短路）发生瞬间，发电机的工作点转移到短路时的功率特性 P_{II} 上。由于转子具有惯性，功角不能突变，发电机的工作点由 P_{I} 上的点 a 转移到 P_{II} 上对应于 δ_0 的点 b（设 b 点对应的发电机输出的电磁功率值为 $P_{(0)}$）。假定原动机的功率 P_T 仍保持不变，于是两者之间出现了过剩功率 $\Delta P_{(0)}=P_T-P_e=P_0-P_{(0)}>0$，显然它是加速性的。加速性的过剩功率使发电机获得加速，由于其相对速度 $\Delta\omega=\omega-\omega_N>0$，功角 δ 开始增大，发电机的工作点将沿着 P_{II} 由 b 向 c 移动。而在此过程中，随着 δ 的增大，发电机的电磁功率也在增大，过剩功率则逐步减小，但由于过剩功率始终是加速性的，所以 $\Delta\omega$ 不断增大（见图 7−3）。

假设在功角为 δ_c 时，切除故障线路。在切除故障瞬间，由于功角不能突变，发电机的工作点将由 P_{II} 上的 c 点转移到 P_{III} 上对应于 δ_c 的 d 点。此时，发电机的电磁功率大于原动机的功率，过剩功率 $\Delta P_a = P_T - P_e < 0$，显然此时的过剩功率为减速性的。在此过剩功率的作用下，发电机转速开始降低，相对速度 $\Delta\omega$ 开始减小，但由于它仍大于零，因此功角仍然继续增大，工作点将沿 P_{III} 由 d 向 f 移动。发电机则因为一直受到减速作用而不断减速。如果到达点 f 时，发电机恢复到同步速度（即 $\Delta\omega=0$），则功角 δ 达到它的最大值 $\delta_{\max}$。虽然此时发电机恢复了同步，但由于尚未达到功率平衡，所以发电机不会在点 f 达到同步稳态运行，而会在减速性的不平衡转矩的作用下，转速继续下降而低于同步速度，相对速度改变符号（即 $\Delta\omega<0$），功角 δ 开始减小，于是发电机工作点将在 P_{III} 上由 f 点向 d，s 点变动。

如果不计算能量损失，工作点将沿 P_{III} 曲线在 f 点和 h 点之间来回变动，与此相对应，功角将在 $\delta_{\max}$ 和 $\delta_{\min}$ 之间变动（见图 7−3 虚线）。考虑到过程中的能量损失，振荡将逐渐衰减，最后在 s 点上稳定运行，也就是说，系统在上述大扰动下能保持暂态稳定。

7.2.2　等面积定则

如果不考虑振荡中的能量损耗，利用等面积定则可以在功角特性上确定最大摇摆角 $\delta_{\max}$，从而判断系统稳定性。从前面的分析可知，发电机功角由 δ_0 变到 δ_c 的过程中，原动机输入的能量大于发电机输出的能量，发电机转速升高，多余的能量会转化为转子的动能而储存在转子中；而当功角由 δ_c 变到 $\delta_{\max}$ 时，原动机输入的能量小于发电机输出的能量，发电机转速降低，而正是由于转速降低释放的动能转化为电磁能补充了原动机和发电机的差额能量。转子由 δ_0 变动到 δ_c 时，过剩转矩所做的功如式（7−1）所示。

用标幺值计算时，因发电机转速偏离同步速度不大，$\omega\approx1$，因此有

$$W_a = \int_{\delta_0}^{\delta_c} \Delta M_a \mathrm{d}\delta = \int_{\delta_0}^{\delta_c} \frac{\Delta P_a}{\omega} \mathrm{d}\delta \tag{7-1}$$

$$W_a \approx \int_{\delta_0}^{\delta_c} \Delta P_a \mathrm{d}\delta = \int_{\delta_0}^{\delta_c} (P_T - P_{\text{II}}) \mathrm{d}\delta \tag{7-2}$$

上式右边的积分表示 $P-\delta$ 平面上的面积，在图 7−3 中对应为阴影的面积 A_{abce}。不计能量损失时，加速期间过剩转矩所做的功全部转化为转子动能。在标幺值计算中，面积 A_{abce} 可以认为是转子在加速过程中获得的动能增量，因此这个面积称为加速面积。当转子由 δ_c 变动到 $\delta_{\max}$ 时，转子动能增量为

$$W_b = \int_{\delta_c}^{\delta_{\max}} \Delta M_a \mathrm{d}\delta \approx \int_{\delta_c}^{\delta_{\max}} \Delta P_a \mathrm{d}\delta = \int_{\delta_c}^{\delta_{\max}} (P_T - P_{\text{III}}) \mathrm{d}\delta \tag{7-3}$$

上式右边的积分在图 7−3 中对应为阴影的面积 A_{edfg}，由于 $\Delta P_a<0$，该积分为负值（动能增量为负值），表示在此过程中转子储存的动能减小了（即转速下降了），面积 A_{edfg} 可以认为是转子在减速过程中对应的动能增量，这个面积称为减速面积。

显然，当满足

$$W_a + W_b = \int_{\delta_0}^{\delta_c} (P_T - P_{\text{II}}) \mathrm{d}\delta + \int_{\delta_c}^{\delta_{\max}} (P_T - P_{\text{III}}) \mathrm{d}\delta = 0 \tag{7-4}$$

的条件时，动能增量为零，即短路后得到加速使其转速高于同步速度的发电机重新恢复同步。式（7−4）也可写为

$$|A_{abce}| = |A_{edfg}| \tag{7-5}$$

即加速面积和减速面积大小相等，这就是等面积定则。同理，根据等面积定则，可以确定摇摆的最小角度 δ_{min}，即

$$\int_{\delta_{max}}^{\delta_c}(P_T - P_{Ⅲ})d\delta + \int_{\delta_c}^{\delta_{min}}(P_T - P_{Ⅱ})d\delta = 0 \tag{7-6}$$

由图 7−3 可以看出，在给定的计算条件下，当切除角 δ_c 一定时，有一个最大可能的减速面积 $A_{dfs'e}$，通过比较该减速面积 $A_{dfs'e}$ 与加速面积 A_{abce} 的大小即可判断系统的暂态稳定性。如果该减速面积小于加速面积，发电机将失去同步。因为在这种情况下，当功角已增至临界角 δ_u 时，转子在加速过程中所获得的动能增量却未完全耗尽，发电机转速仍高于同步转速，而当功角继续增大至越过点 s'，过剩功率又变为加速性的，会使发电机继续加速而失去同步。因此，可得保持暂态稳定的条件是最大可能的减速面积大于加速面积。

7.2.3 等面积定则的应用

7.2.3.1 确定极限切除角

如图 7−3 所示，故障延续时间越长，故障切除时对应的切除角 δ_c 越大，而最大可能的减速面积越小。如果在某一切除角，最大可能的减速面积刚好等于加速面积，则系统处于稳定的极限情况，大于这个角度切除故障，系统将失去稳定。这个角度称为极限切除角 $\delta_{c\cdot lim}$。应用等面积定则，可以方便地确定 $\delta_{c\cdot lim}$，即

$$\int_{\delta_0}^{\delta_{c\cdot lim}}(P_0 - P_{mⅡ}\sin\delta)d\delta + \int_{\delta_{c\cdot lim}}^{\delta_u}(P_0 - P_{vⅢ}\sin\delta)d\delta = 0 \tag{7-7}$$

求出上式的积分并经整理后可得

$$\delta_{c\cdot lim} = \arccos\frac{P_0(\delta_u - \delta_0) + P_{mⅢ}\cos\delta_u - P_{mⅡ}\cos\delta_0}{P_{mⅢ} - P_{mⅡ}} \tag{7-8}$$

式中，$P_{mⅡ}$ 和 $P_{mⅢ}$ 分别为功角特性曲线 $P_{Ⅱ}$ 和 $P_{Ⅲ}$ 的幅值（最大值），所有角度均为弧度表示。其中，临界角为

$$\delta_u = \pi - \arcsin\frac{P_0}{P_{mⅢ}}$$

当发电机端点三相短路时，$P_{Ⅱ}=0$，式（7−8）所示极限切除角为

$$\delta_{c\cdot lim} = \arccos\frac{P_0(\delta_u - \delta_0) + P_{mⅢ}\cos\delta_u}{P_{mⅢ}} \tag{7-9}$$

当发电机端点三相短路并取不同的 $k=\frac{P_{mⅢ}}{P_{mⅠ}}$ 时，极限切除角 $\delta_{c\cdot lim}$ 与初始稳态运行角 δ_0 的关系曲线如图 7−4 所示。可以看出初始稳态运行角越大，极限切除角越小；k 值越小，即故障后的 $P_{mⅢ}$ 越小，极限切除角也越小。

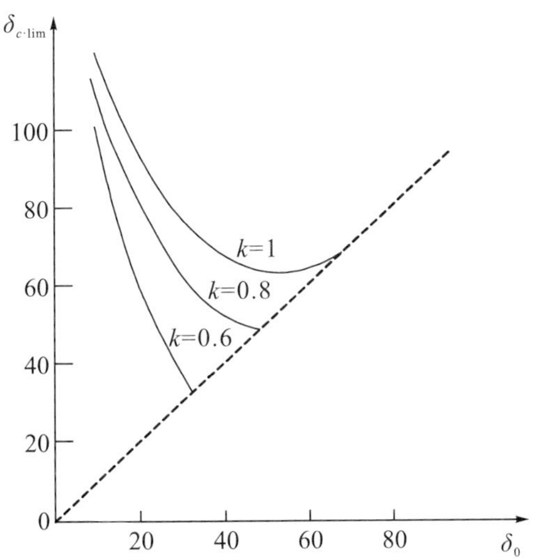

图 7−4　极限切除角与初始稳态运行角的关系曲线

7.2.3.2　三相或单相重合闸时暂态稳定的校验

图 7−5 表示重合闸过程的几种状态。电力系统故障多数是瞬时性故障（如线路对地的电弧闪络）。因此，切除故障线路后，经过一定的无电压间隔时间，如果故障消除，这时将线路重新投入，则可以恢复正常工作；如果故障没有消除，则重合不成功。重合闸可根据其切除和投入线路相线的数目分三相和单相，后者仅切除或投入故障相，这是因为电力系统中大多数故障是单相的，只切除单相可以大大减小切除和重合过程中干扰的影响，它的作用相当于增大切除故障后的功率特性曲线，因而可以增加相应的减速面积，提高暂态稳定性。

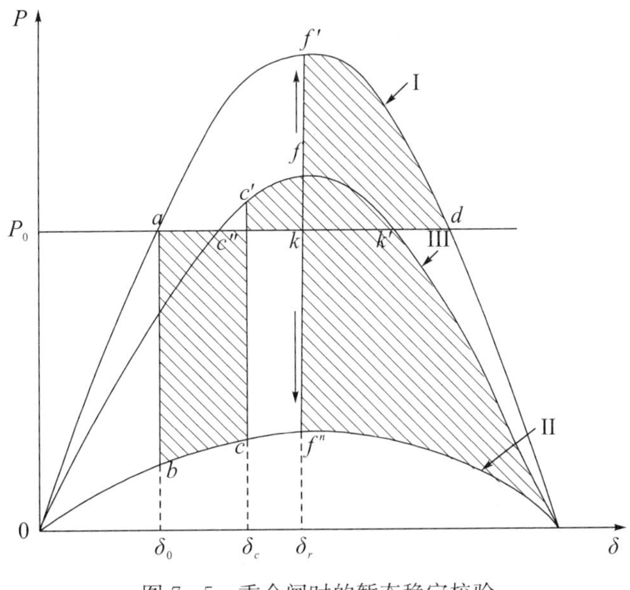

图 7−5　重合闸时的暂态稳定校验

如图 7−5 所示，故障切除后，系统运行状态由点 c 上升到点 c'，然后沿切除故障后特性曲线Ⅲ运动。如果在 f 点重合成功，则电力系统运行状态将由 f 点上升到 f'点，并沿故障前正常运行时的特性曲线 I 运动。因此，减速面积将由没有重合闸时的

$A(kc''c'f)+A(kfk')$增加到$A(kc''c'f)+A(kf'd)$，从而提高系统的暂态稳定性。相反，如果重合闸失败，则系统运行点将由 f 点降到 f''点，等于在一次故障后未能恢复到原始运行方式时，又发生第二次故障，加速面积将向 kk'方向发展，发电机转子进一步加速，系统将失去稳定。

7.2.3.3　双机系统的稳定性判断

如图 7-6(a) 所示，两个有限容量发电机间接有负荷，发电机的功率方程式为

$$P_1 = E_1^2 y_{11}\sin a_{11} + E_1 E_2 y_{12}\sin(\delta_{12} - a_{12}) \tag{7-10}$$

$$P_2 = E_2^2 y_{22}\sin a_{22} - E_1 E_2 y_{12}\sin(\delta_{12} + a_{12}) \tag{7-11}$$

假定发电机的输入功率 P_{m1}，P_{m2}为常数，则

$$\frac{\mathrm{d}^2\delta_1}{\mathrm{d}t^2} = \frac{P_{m1} - P_1}{T_{J_1}} = \frac{\Delta P_1}{T_{J_1}} \tag{7-12}$$

$$\frac{\mathrm{d}^2\delta_2}{\mathrm{d}t^2} = \frac{P_{m2} - P_2}{T_{J_2}} = \frac{\Delta P_2}{T_{J_2}} \tag{7-13}$$

对于双机电力系统而言，稳定同步运行的条件是在扰动后两机间的相对角 $\delta_{12} = \delta_1 - \delta_2$ 能回复到原始状态或邻近原始的状态。

式（7-12）与式（7-13）相减，得到相对角加速度为

$$\frac{\mathrm{d}^2(\delta_1 - \delta_2)}{\mathrm{d}t^2} = \frac{\Delta P_1}{T_{J_1}} - \frac{\Delta P_2}{T_{J_2}} \tag{7-14}$$

式（7-14）可改写成

$$T_{J_{\mathrm{eq}}}\frac{\mathrm{d}^2\delta_{12}}{\mathrm{d}t^2} = \frac{\Delta P_1 T_{J_2} - \Delta P_2 T_{J_1}}{T_{J_1} + T_{J_2}} = P_{\mathrm{m,eq}} - P_{\mathrm{e,eq}} \tag{7-15}$$

式中，

$$T_{J_{\mathrm{eq}}} = \frac{T_{J_1} T_{J_2}}{T_{J_1} + T_{J_2}} \tag{7-16}$$

$$P_{\mathrm{m,eq}} = \frac{T_{J_2} P_{m1} - T_{J_1} P_{m2}}{T_{J_1} + T_{J_2}} \tag{7-17}$$

$$P_{\mathrm{e,eq}} = \frac{T_{J_2} E_1^2 y_{11}\sin a_{11} - T_{J_1} E_2^2 y_{22}\sin a_{22}}{T_{J_1} + T_{J_2}} + \frac{E_1 E_2 y_{12}[T_{J_2}\sin(\delta_{12} - a_{12}) + T_{J_1}\sin(\delta_{12} + a_{12})]}{T_{J_1} + T_{J_2}} \tag{7-18}$$

按式（7-18）可得到类似单机电力系统的功角特性曲线 $P_{\mathrm{e,eq}} = f(\delta_{12})$ 以及式（7-14）所示的相对角加速度特性（如图 7-6(b) 所示）。

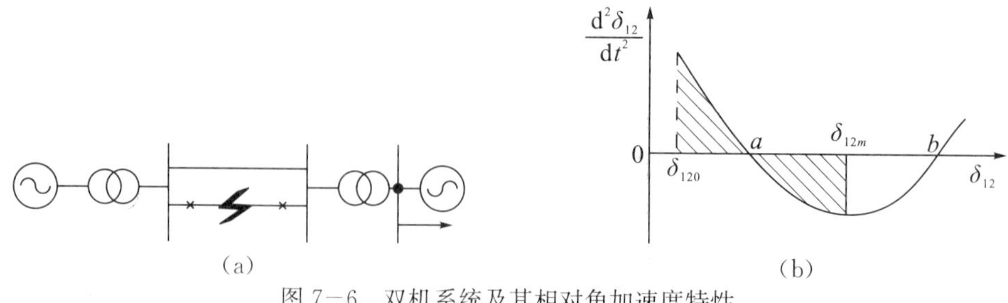

图 7-6　双机系统及其相对角加速度特性

当电力系统状态发生突变时，$P_{\mathrm{m,eq}}$和 $P_{\mathrm{e,eq}}$间的不平衡会引起电力系统的相对角加速度，对式（7—14）所示的相对角加速度积分，可得到

$$\int_{\delta_{120}}^{\delta_{12}} \frac{\mathrm{d}^2\delta_{12}}{\mathrm{d}t^2}\mathrm{d}\delta_{12} = \int_{\omega_{120}}^{\omega_{12}} \omega_{12}\mathrm{d}\omega_{12} = \frac{1}{2}(\omega_{12}^2 - \omega_{120}^2) \tag{7-19}$$

式中，ω_{12}为相对角速度。如果相对角速度的起始值为零，则式（7—19）为

$$\int_{\delta_{120}}^{\delta_{12}} \frac{\mathrm{d}^2\delta_{12}}{\mathrm{d}t^2}\mathrm{d}\delta_{12} = \frac{\omega_{12}^2}{2} \tag{7-20}$$

式（7—20）表示图 7—6(b) 中自 δ_{120}处开始曲线与横坐标所包围的面积。在曲线上，δ_{120}处的相对角加速度为正值，使 δ_{12}增大；到达 a 点时，相对角加速度为零；之后，δ_{12}继续增大到 δ_{12m}，加速面积等于减速面积。在图 7—6(b) 中，曲线 ab 与横坐标所包围的面积为最大可能减速面积，当这个面积和加速面积相等时，电力系统就到达暂态稳定极限；当这个面积小于加速面积时，电力系统就失去稳定。

与单机系统一样，快速切除故障线路可以提高电力系统的暂态稳定性。如图 7—7 所示，曲线Ⅱ为故障时的特性，在 c 点对应的 $\delta_{12\cdot c}$时切除故障线路，进入特性曲线Ⅲ的 d 点，使减速面积增大。同样的，可以用等面积定则确定最大的相对角 δ_{12m}，也可以根据等面积定则来确定切除短路故障的极限角。

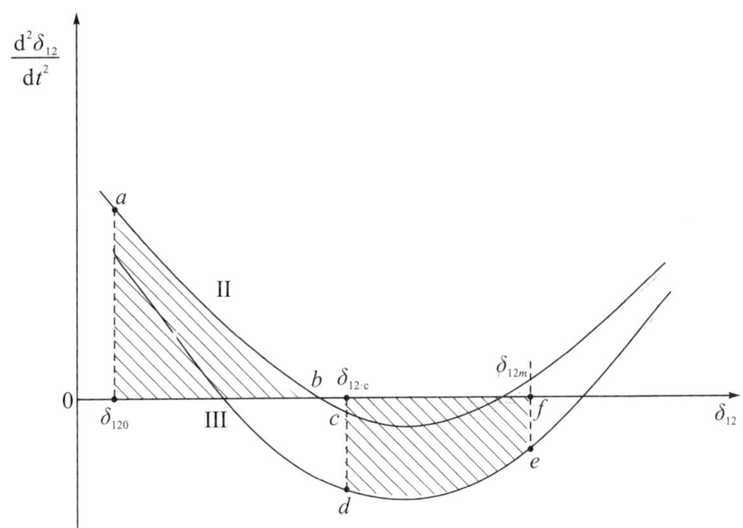

图 7—7　双机电力系统中切除故障线路的相对角加速度特性

上面通过几个实例分析了简单电力系统的暂态稳定性问题。可以看出影响暂态稳定性的几个因素：①发电机故障前的功率大小影响暂态过程中的加速面积和减速面积的大小，功率越大，加速面积越大，相应的暂态稳定性越低；②故障的类型或故障的严重程度影响故障期间的加速面积，故障越严重，加速面积越大，相应的暂态稳定性越低；③故障切除时刻发电机角度大小影响加速面积的大小，所以快速切除故障是提高电力系统暂态稳定性的有效措施。此外，故障切除后网络参数的变化、提高暂态稳定的措施等也将在不同程度上影响暂态稳定的过程。

简单电力系统（单机或双机系统）可以用等面积定则做定性分析，以示意电力系统在

大干扰情况下的特性，简单阐明暂态稳定的物理过程（如确定切除故障的极限角等）。但如果需要较完整地阐明暂态过程的物理特性及调节和控制问题（如确定继电器及开关设备的动作时间、自动调节装置的动作速度、励磁系统的上升速度、切负荷继电器整定等），或需要获得完整的暂态过程随时间变化的全过程曲线，则要求解非线性微分方程组，也就是下一节介绍的暂态稳定时域求解方法。

7.3 复杂系统暂态稳定的时域响应及求解

本节将讨论复杂系统暂态稳定研究中的时域求解方法。暂态稳定时域求解方法的主要步骤如下：

（1）建立表示电力系统及其各类元件动态行为的数学模型。

（2）确定初始运行方式和将研究的扰动情况（如类型、地点等）。

（3）计算电力系统各种状态下的时域解，确定电力系统的暂态响应。

（4）分析得到的时域解，判断在干扰后是否可达到新的稳定运行方式，或者是否失去稳定。

（5）重复对别的初始运行方式和扰动下的电力系统动态行为进行计算分析。

本节针对步骤（1）（2）（3）分别说明。

7.3.1 电力系统各元件的数学模型

复杂电力系统暂态稳定研究应包括下列模型：①同步电机；②励磁系统；③机械转矩；④负荷；⑤网络，同时需根据研究目的、扰动强度、控制特性等合理选择模型的精度。如靠近扰动处的电力系统元件可用较精确的模型，远离扰动处可用较简单的模型，当然对于精确的模型还应考虑是否能得到所需参数。此外，当需要考虑故障后较长时间内的暂态过程时（如是否有不断增大的振荡，是否出现附加的和连锁性的扰动），还需增加下列模型：①继电保护；②较精确的负荷模型；③附加的控制系统模型。此外，电力系统的机电运动方程式是分析和研究电力系统暂态稳定性的重点，而发电机在暂态过程中的基本运动方程式是牛顿定理，即惯性×角加速度=净转矩，该方程通常是一个二阶微分方程，暂态稳定的研究中需要求解系统中每一个发电机的这个微分方程式。净转矩可看成是两个转矩——机械转矩和电磁转矩的合成，而其中每个转矩又有若干分量，可以用不同的模型来模拟这两个转矩。例如，在简单模型中，通常认为暂态过程中的机械转矩为常数，而电磁转矩按某一电抗后电势为恒定值来计算。在较复杂的模型中，需要考虑原动机—发动机的控制系统。根据派克公式，发电机可用一组微分方程来描述，对不同的磁励调节系统，需用不同的方程来模拟发电机的电磁转矩。同样的，不同的原动机配置和转速调节系统，模拟机械转矩的方程也不同。因此，根据所取模型的复杂程度，每一个发电机组可以用2～20个一阶微分和代数方程来表示。电力网络模型将各台发电机及负荷通过端点的电压和电流联系起来，同时计及负荷模型以及网络的电流—电压关系，这样就可以完整地描述电力系统的行为。综上，通常研究一个实际电力系统的暂态稳定时，一般需要求解数百到数千个微分方程和代数方程，其中很多又是非线性的，计算难度较大、耗时较长。因此，根据不同的研究任务，选取不同精度的模型，在达到研究目的的前提下尽可能节约计算的时间及费用，也是在暂态稳定计算中应该注意的问题。关于模型的具体介绍见第3章。

7.3.2 电力系统暂态稳定性的计算条件

如前所述，电力系统暂态稳定性是指电力系统在给定的系统运行方式下，受到特定的扰动后能恢复到原来的（或接近原来的）运行方式或达到新的稳态，保持同步运行的能力。因此，系统的暂态稳定特性及相应的暂态稳定极限与系统的运行方式及其受到的扰动密切相关。正因如此，在实际的电力系统设计和运行时，必须规定研究和分析电力系统暂态稳定性对应的具体条件，不同特点的电力系统，不同的安全性和经济性要求，得出的暂态稳定分析的结论甚至可能差别很大。例如，在电源密集、网络结构紧密的电力系统中，通常需要用较大的扰动（如三相短路）来校验暂态稳定性，这样得到的暂态稳定极限虽然较低，但却具有较强的故障承受能力，提高了电力系统运行的可靠性；而在一些电源不足、网络结构松散的电力系统中，可采用较小的扰动（如单相短路）来校验暂态稳定性，这将提高暂态稳定的极限功率，但是却降低了系统运行的可靠性。

下面我们将分别说明暂态稳定性研究中需要考虑的几类计算条件。

7.3.2.1 故障类型

故障类型可根据电力系统发生扰动时的稳定性标准、故障出现的概率情况分别选取单相接地、三相短路、两相对地短路等类型。在电力系统设计和运行时，为了估计网络结构的强度，也可选择无故障断开线路。对不同的稳定要求，选择的故障类型不同，现结合中国《电力系统安全稳定导则》的稳定性标准，说明可选择的故障情况。

（1）要求受到扰动后能保持稳定运行并能对负荷正常供电。对于这一类标准，可考虑下列各种故障形式：

①任一台发电机组（系统容量占比过大者除外）断开或失磁。

②系统中任一大负荷突然变化（如大负荷突然退出或受到冲击负荷）。

③核电厂输电线出口及已形成多回路网络结构的受端主干网发生三相短路不重合。

④主干线路各侧变电所同级电压的相邻线路发生单相永久性接地故障后重合不成功及无故障断开不重合（此时常引起负荷转移）。

⑤单回输电线在发生单相瞬时接地故障后重合成功。

⑥同级电压多回线和环网，在一回线发生单相永久接地故障后重合不成功及无故障断开不重合（考虑到对于水电厂的出线情况和切机措施在技术上的相对成熟，水电厂的直接送出线必要时可采用切机措施）。

（2）要求在扰动后保持稳定运行，但允许损失部分负荷，即可在自动或手动切除部分电源后相应地切除一部分用户负荷（如按电压降低或频率降低自动减负荷，或者自动断开或连锁切除集中负荷）。对于这一类标准，可考虑下列几种故障形式：

①占系统容量比重过大的发电机组断开或失磁。

②两个子系统间的单回联络线因故障断开或无故障断开，断开后各子系统分别保持稳定运行，而送端系统的频率升高不会引起发电机组过速保护的动作。

③同杆并架双回线的异名两相同时发生单相接地故障不重合，双回线同时断开。

④母线单相接地故障不重合。

⑤不同级电压的环网中，高一级电压线路发生单相永久性故障重合不成功，或无故障断开不重合（此时低压电网因过负荷将超过稳定极限）。

⑥单回线发生单相永久接地故障后重合闸成功，或无故障断开线路不重合。

在上述各种故障类型中并没有考虑最严重的三相短路，但实际运行资料的统计显示，因三相短路而引起的不稳定情况在总的稳定破坏事故中还是占有一定比例的。因此，对于这一类稳定标准，还应校核三相短路（不重合）时电力系统的暂态稳定情况（如果多相故障时实现三相重合闸，则还应校验重合于三相永久性短路故障时的稳定情况），并采取各种措施，防止电力系统失去稳定，甚至允许损失部分负荷。

各国的电力系统均根据自身情况，规定保证安全运行的最严重的故障类型以校验暂态稳定性。在一些工业电网联系紧密的发达国家和地区中，较多采用按升压变压器出线端三相短路并开断一条线路等较严重故障来校验暂态稳定。

7.3.2.2 故障切除时间

暂态稳定计算应规定故障切除时间，故障切除时间应包括断路器断开和继电保护动作的时间，为了满足暂态稳定要求，可根据需要采用快速继电器和快速断路器，此外，要求所有较低一级电压线路及母线的故障切除时间，必须满足高一级电网稳定的要求。

7.3.2.3 电力系统接线及运行方式

在电力系统暂态稳定分析中，应根据计算分析的目的，针对电力系统实际可能出现的不利情况，选择合适的接线和运行方式进行稳定性校验。

（1）正常运行方式。正常运行方式包括正常检修运行方式，以及按照负荷曲线和季节变化出现的最大或最小负荷、最小开机、水电大发、火电大发等实际可能出现的运行方式。例如：

①校验一台大机组失磁或跳闸，应选受端系统负荷为最大，以及某一线路与实际可能的机组检修情况。

②校核重要联络线、长距离输电线、发电厂出线发生故障时的暂态稳定性，应选择送端发电厂出力为最大时，电力系统负荷为实际可能的一系列方式，包括：受端负荷最大，受端电压最低，送端机组发出无功功率；受端负荷小，受端电压高，送端机组可能要吸收无功功率；等等。

③不同电压的环网原则上应解环运行，特别是送端电源不应构成不同电压的环网向受端系统供电，这是因为环网中低压线路的传输功率远小于高压线路，因而一旦高压线路突然断开，将使环网中的大量低压线路过负荷或者超出稳定极限。

（2）事故后运行方式。事故后运行方式是指从电力系统事故消除后到恢复正常运行方式前所出现的短期稳定运行方式。对于特别重要的主干线路，除了必须进行静态稳定性校验外，还应校验其暂态稳定性，例如：

①针对允许只按静态稳定储备送电的情况，如按事故后运行方式校验不能保持暂态稳定时，则应采取何种措施以避免大面积停电。

②两回并列运行的长距离输电线中，在一回故障跳闸使另一回线路功率增大的条件下，原有的稳定措施是否能保持稳定，是否采取措施限制在这段时间的输送功率，是否需要采取其他附加措施。

（3）严重的运行方式。一般情况下很少出现，通常是在最大运行方式时又遇到重要设备临时较长时间退出运行，例如设备检修，某大机组、主干线路的退出运行及某环网解环等。在对实际运行系统进行暂态稳定校验时应考虑这种方式，进行规划设计时也要注意校验。

在正常运行方式下，被检验的电力系统必须达到上述（1）的稳定性标准。对事故后运行方式和特殊运行方式，也应尽量争取有较高的稳定水平，防止系统性事故发生。

7.3.3　时域响应的求解

暂态稳定计算的初始条件是由电力系统稳态潮流计算的结果来确定的，然后根据暂态稳定的计算条件（如故障地点、故障类型、切除时间等）求解描述电力系统暂态过程的方程组。其中一组为用来描述网络运行行为的代数方程式组：

$$\left.\begin{aligned} g_1(U_1,U_2,\cdots,U_n,x_1,x_2,\cdots,x_m) &= 0 \\ &\vdots \\ g_n(U_1,U_2,\cdots,U_n,x_1,x_2,\cdots,x_m) &= 0 \end{aligned}\right\} \tag{7-21}$$

或者

$$\boldsymbol{G}(\boldsymbol{U},\boldsymbol{x}) = 0 \tag{7-22}$$

另一组是用来描述发电机组及其控制回路动态行为的微分方程组，即

$$\left.\begin{aligned} \dot{x}_1 &= f_1(U_1,U_2,\cdots,U_n,x_1,x_2,\cdots,x_m) \\ &\vdots \\ \dot{x}_m &= f_m(U_1,U_2,\cdots,U_n,x_1,x_2,\cdots,x_m) \end{aligned}\right\} \tag{7-23}$$

$$\dot{\boldsymbol{x}} = \boldsymbol{F}(\boldsymbol{U},\boldsymbol{x}) \tag{7-24}$$

上述式子中的 U 为所有网络的状态变量，x 为所有发电机组及控制回路的状态变量。电力系统暂态稳定研究的数值计算就是联合求解上述两组方程式，得到随时间变化的变量 U 和 x。

式（7−21）（或式（7−22））的结构在某些时间（如故障开始、故障清除、线路操作等）要发生变化。在产生这种变化时，由于不考虑网络中的电磁变化，可以发生突变。所以要求对发生变化时刻的前后状态重复求解，使 U 得到突变时的不连续点。而 x 则由于惯性及时间常数不出现不连续点。

在计算中，U 和 x 在顺序的时间点（t_0，t_1，…，t_k）上进行计算，时间点的间隔为 Δt，采样率 $1/\Delta t$ 的大小取决于 U 和 x 变化频率的上限。Δt 越小，计算精度越高，但所需的计算时间会增加。因此，在选择 Δt 时需综合考虑计算精度和计算速度的要求。在计算过程中，由于舍入和截断误差，微分方程的数值解与正确解之间是有差别的。不断累计的误差有可能使数值解与正确解偏离，即所谓数值解的稳定性问题。

当由 t 时刻的变量推算 $t+\Delta t$ 时的运行状态时，常用的办法是使代数方程组和微分方程组交互迭代。可先用 $U(t)$（在 $t=0$ 时可用网络突变后潮流计算得到的初值）作为已知量代入微分方程组（式（7−23）或式（7−24））中，求解 $\boldsymbol{x}(t+\Delta t)$，然后将 $\boldsymbol{x}(t+\Delta t)$ 代入代数方程组（式（7−21）或式（7−22））中求出 $\boldsymbol{U}(t+\Delta t)$。由这种微分方程组和代数方程组交替迭代求解的计算步骤可以看出，微分方程式和网络方程式彼此独立，因此可各自选择合适的求解方法。但是，不论在求解微分方程组或在求解代数方程组时，变量 $\boldsymbol{U}$ 及 $\boldsymbol{x}$ 均不是同一时刻求出的值，因此会带来误差。在步长 Δt 很小时，可以认为这种“交接”误差不大，因为两个相邻时间的变量差别不大，但在 Δt 增大时，这种“交接”误差

会明显增大。为了克服这种“交接”误差，一般可采用以下两种办法：

①用迭代法进行交接。即在第一次求出$\boldsymbol{U}^{(1)}(t+\Delta t)$后，再一次求解微分方程组得到第二次迭代的$\boldsymbol{x}^{(2)}(t+\Delta t)$，再回代到代数方程组中去求出$\boldsymbol{U}^{(2)}(t+\Delta t)$，这样重复迭代，直到收敛为止。

②将微分方程组化为t和$t+\Delta t$的差分方程，然后将该差分方程与代数方程组联合求解。在这种情况下，$\boldsymbol{U}(t+\Delta t)$和$\boldsymbol{x}(t+\Delta t)$是同时求出的，所以就没有“交接”误差。

如果用隐式梯形积分法，可将微分方程组式（7－23）写成下列的代数方程组：

$$\boldsymbol{x}(t+\Delta t)-\boldsymbol{x}(t)=\frac{1}{2}\Delta t[\boldsymbol{F}(\boldsymbol{U}(t),\boldsymbol{x}(t))+\boldsymbol{F}(\boldsymbol{U}(t+\Delta t),\boldsymbol{x}(t+\Delta t))] \tag{7-25}$$

将式（7－25）整理后可得

$$H=\boldsymbol{x}(t+\Delta t)-\frac{1}{2}\Delta t\boldsymbol{F}(\boldsymbol{U}(t+\Delta t),\boldsymbol{x}(t+\Delta t))+\boldsymbol{A}=0 \tag{7-26}$$

式中，$\boldsymbol{A}=-\boldsymbol{x}(t)-\frac{1}{2}\Delta t\boldsymbol{F}(\boldsymbol{U}(t),\boldsymbol{x}(t))$，是时间为$t$时各变量的函数，为已知量。

将式（7－26）与代数方程式

$$\boldsymbol{G}(\boldsymbol{U}(t+\Delta t),\boldsymbol{x}(t+\Delta t))=0 \tag{7-27}$$

联合求解，即可同时求出各变量$\boldsymbol{U}(t+\Delta t)$，$\boldsymbol{x}(t+\Delta t)$，从而消除“交接”误差。联合求解方法可选用牛顿法。

下面较详细地说明电力系统暂态稳定计算的过程。

（1）求解网络方程。

对于电力系统中联系发电机和负荷的网络，根据其元件参数及其接线，可用导纳矩阵表示为

$$\boldsymbol{I}=\boldsymbol{Y}\boldsymbol{U} \tag{7-28}$$

式中，$\boldsymbol{Y}$表示网络的导纳矩阵，如果网络的接线及其元件参数为恒定，则此矩阵为一恒定矩阵；$\boldsymbol{I}$表示各节点的注入电流，对于连接有发电机的节点，该电流即为发电机注入网络的电流，对于接有负荷的节点，该电流即为流入负荷的电流（取负值），与负荷的特性有关，如果负荷是一个恒定阻抗，则可将该点消去；$\boldsymbol{U}$表示网络中各节点的电压。电力系统分析中对于网络方程的求解过程已有诸多介绍，这里不再赘述。

（2）求解微分方程组。

以转子运动方程为例进行说明。发电机的转子运动方程为

$$\frac{\mathrm{d}\omega}{\mathrm{d}t}=\frac{1}{T_J}(M_m-M_e) \tag{7-29}$$

$$\frac{\mathrm{d}\delta}{\mathrm{d}t}=\omega-\omega_0 \tag{7-30}$$

式中，ω，δ表示时间t对应的量。现在需要求解$t+\Delta t$对应的ω，δ。先假定M_m为恒定值，M_e在t时的值则可由网络方程求出。此时，如用改进欧拉法，可求出$t+\Delta t$时ω和δ的一次近似值为

$$\omega^{\circ}(t+\Delta t)=\omega(t)+\left.\frac{\mathrm{d}\omega}{\mathrm{d}t}\right|_t^0\Delta t=\omega(t)+\frac{1}{T_J}[M_m-M_e(t)]\Delta t \tag{7-31}$$

$$\delta^{\circ}(t+\Delta t)=\delta(t)+\left.\frac{\mathrm{d}\delta}{\mathrm{d}t}\right|_{t}^{0}\Delta t=\delta(t)+[\omega(t)-\omega_0]\Delta t \tag{7-32}$$

利用上述一次近似值，从网络方程式求出改进的$\left.\frac{\mathrm{d}\omega}{\mathrm{d}t}\right|_{t}^{1}$，$\left.\frac{\mathrm{d}\sigma}{\mathrm{d}t}\right|_{t}^{1}$，然后由下列式子可求出改进的 ω 和 δ 值：

$$\omega(t+\Delta t)=\omega(t)+\frac{1}{2}\left(\left.\frac{\mathrm{d}\omega}{\mathrm{d}t}\right|_{t}^{1}+\left.\frac{\mathrm{d}\omega}{\mathrm{d}t}\right|_{t}^{0}\right)\Delta t \tag{7-33}$$

$$\delta(t+\Delta t)=\delta(t)+\frac{1}{2}\left(\left.\frac{\mathrm{d}\delta}{\mathrm{d}t}\right|_{t}^{1}+\left.\frac{\mathrm{d}\delta}{\mathrm{d}t}\right|_{t}^{0}\right)\Delta t \tag{7-34}$$

这样完成了 $t+\Delta t$ 对应量的计算，就可以继续进行下一时间段的计算了。也可将上述显示积分的步骤应用于计及各种调节系统的微分方程组。在应用隐式积分方法时，要使微分方程组化为差分方程。仍以转子运动方程为例说明如下。

式（7－29）和式（7－30）可转化为

$$\omega(t+\Delta t)=\omega(t)+\frac{\Delta t}{2T_J}[M_m(t)-M_e(t)+M_m(t+\Delta t)-M_e(t+\Delta t)] \tag{7-35}$$

$$\delta(t+\Delta t)=\delta(t)+\frac{\Delta t}{2}[\omega(t)+\omega(t+\Delta t)-2\omega_0] \tag{7-36}$$

将式（7－35）代入式（7－36），则可得

$$\delta(t+\Delta t)=K[M_m(t+\Delta t)-M_e(t+\Delta t)]+\delta_0 \tag{7-37}$$

式中，

$$-K=\frac{(\Delta t)^2}{4T_J} \tag{7-38}$$

$$\delta_0=\delta(t)+\frac{(\Delta t)^2}{4T_J}[M_m(t)-M_e(t)]+[\omega(t)-2\omega_0]\Delta t \tag{7-39}$$

式中，K 在 Δt 选定后是一常数，而 δ_0 则是由已求出的 t 时的变量确定。

将微分方程转化为差分方程后，可以得到发电机转子角 δ 与机械转矩和电磁转矩在 $t+\Delta t$ 时的代数方程式。同样地，可以得到其他微分方程式的 $t+\Delta t$ 时各变量间的代数方程关系式。这样，可将式（7－24）所示的微分方程组表示为如式（7－25）和（7－26）所示的代数形式，并改写成如下的代数方程组：

$$\boldsymbol{H}[\boldsymbol{U}(t+\Delta t),\boldsymbol{x}(t+\Delta t)]=0 \tag{7-40}$$

将此式与描述网络运行行为的原始代数方程

$$\boldsymbol{G}[\boldsymbol{U}(t+\Delta t),\boldsymbol{x}(t+\Delta t)]=0 \tag{7-41}$$

联合求解，即可同时得到在 $t+\Delta t$ 时的 $\boldsymbol{U}$ 和 $\boldsymbol{x}$ 值，联合求解两组代数方程时仍可应用潮流计算中的方法。这种联合求解方法消除了求解两组方程式时的“交接”误差。

前面讨论的模型建立及数值求解，均应反映在完整的电力系统暂态稳定计算程序中。一般暂态稳定的计算程序是与电力系统潮流计算程序联用的，暂态稳定计算中的电力系统初始运行条件由潮流计算得到。

在进行暂态稳定计算前一般应做好下列准备：

a. 明确研究的目的和范围，确定在一个系统中的研究区域。

b. 进行电力系统运行条件的信息和数据准备，包括：①发电机出力、负荷水平及负

荷分配；②网络结构及参数；③所有设备（发电机、断路器、继电器、变压器等）及其参数；④研究的内容，如故障类型、要满足的判据等。

c. 某些准备性的研究，例如，确定与所研究系统连接的合适的等值网络；进行必要的潮流计算，确定初始条件；在不对称故障时，应得到故障点的负序和零序网络。

d. 收集和编辑系统数据，例如，对于发电机需要的数据有惯性常数、各种电抗及时间常数、饱和数据等，还需要励磁系统和原动机调速系统的模型及常数等。

e. 根据程序要求的格式形成合适的数据表。

f. 进行一次试算，以校验数据及系统的正确性。

在选用程序时，首先要保证所选程序与已有计算机设备兼容，例如，语言版本、内存要求、输入/输出设备、可接受的数据格式等。此外，各种计算程序的处理数据、求解算法及输出格式等有所不同，研究人员应根据需要选用合适的程序。发电机模型，如全派克方程，简化模型（双轴、单轴、经典等），原动机模型，励磁机模型，负荷模型（恒定的阻抗、电流、视在功率以及专用模型），继电保护，提高稳定措施，最大可能处理的系统规模，如发电机、节点、线路数等，均会影响程序的性能。用户可根据这些程序的规格与性能选用适于自己需要的程序，如有些程序适合于研究 3 s 以内的暂态稳定过程，有些程序适合于研究 10 s 以内的暂态稳定过程。另外，关于计算结果的信息类型及其输出（或显示）也很重要，例如，发电机转子角、转速及机端量（电压）、线路潮流等结果一般是可以得到的，所有程序均能将结果以表格形式输出；大部分程序可以将其中一些信息以曲线形式输出，但各程序输出信息的数量及其精细程度会有所不同；有一些程序还可以将输出信息记录在缩微胶卷上。

7.4　暂态稳定分析的直接法

本节在简要介绍直接法基本概念后，分别针对单机无穷大系统和复杂系统介绍直接法的应用。

7.4.1　暂态能量函数法的描述

电力系统暂态稳定分析的时域求解法不能给出稳定度且计算速度较慢，所以人们一直在探索新的暂态稳定分析方法。从电力系统运行来看，也迫切希望找到一种能快速分析系统的暂态稳定度，并能对预想事故较早做出告警的安全分析方法。正因如此，不是从时域角度去看稳定问题，而是从系统能量角度去看稳定问题的暂态能量函数法，便很快得到了重视和迅速发展。

暂态能量函数法不计算整个系统的运动轨迹（即不需要进行积分计算）就可快速做出稳定判断，这个方法的概念来源于力学的稳定问题。力学中指出，对于一个自由（无外力作用）的动态系统，若系统的总能量 V（$V(\boldsymbol{X})>0$，$\boldsymbol{X}$ 为系统状态量）随时间变化率恒为负，系统总能量会不断减少直至最终达到一个最小值（平衡状态），则此系统是稳定的。人们习惯用一个简单的滚球的例子来说明直接法的原理。如图 7－8 所示的滚球系统，设小球质量为 m，在系统无扰动时，球位于稳定平衡点 A 处。设小球在扰动结束时位于 C

处，此时小球高度为 h（以 A 点为参考点），并具有速度 v_0，则此时该小球总能量 V 为动能$\frac{1}{2}mv_0{}^2$ 及势能 mgh 之和，即

$$V = \frac{1}{2}mv_0{}^2 + mgh > 0 \tag{7-42}$$

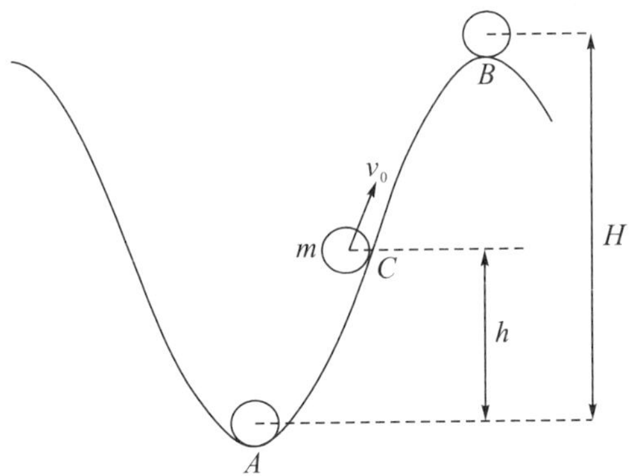

图 7－8　滚球系统稳定原理

考虑小球与容器壁因为摩擦而使受到扰动后的系统能量逐步减少，设小球所在容器的壁高为 H（以 A 点为参考点），当小球位于壁沿 B 处且速度为零时，显然此位置为不稳定平衡点，系统相应的势能为 mgH，亦即系统的临界能量 V_{cr}，即

$$V_{cr} = mgH \tag{7-43}$$

忽略容器壁摩擦，在扰动结束时若小球总能量 V 小于临界能量 V_{cr}，则小球将在摩擦力作用下，能量逐步减少，最终静止于 A 处；若 $V>V_{cr}$，则小球最终将滚出容器而失去稳定；若 $V=V_{cr}$，则为系统暂态稳定的临界状态。由此可见，在此方法中，可根据$V_{cr}-V$ 就能简单快速地直接判别系统的稳定性。

将这个方法用于电力系统暂态稳定性的研究中，具体来讲，就是针对描述电力系统动态过程的微分方程的稳定平衡点，建立某种形式的李雅普诺夫函数（V 函数），并以系统运动过程中一个不稳定平衡点的 V 函数值（一般有多个不稳定平衡点）作为衡量该稳定平衡点附近稳定域大小的指标。这样，在进行电力系统动态过程计算时，就可以不需要求出整个动态过程随时间变化的规律，而只是计算出系统最后一次操作时的状态变量（即故障切除后的变量），并相应计算出该时刻的 V 函数。将这一函数值与选定的不稳定平衡点的 V 函数值比较，如果前者小于后者，则系统是稳定的；反之，则系统是不稳定的。这种判别稳定的方法称为暂态能量函数（Transient Energy Function ，TEF）法，这个方法从能量的观点来判别稳定性，而不是根据系统运动的轨迹来判别稳定性，避免了大量的数值计算，因此是一种可快速判断稳定性的分析方法。

几十年前，人们就开始将直接法用于电力系统暂态稳定分析的研究，随着计算机技术的快速发展和广泛应用，该方法得到了更多的应用。用直接法分析电力系统稳定性时，其优越性主要表现在：①能计及非线性，可用于较大系统；②能快速判断电力系统的稳定性，在故障切除时，就能判断出系统是否稳定，不需要计算故障切除后描述电力系统动态过程的微分方程组；③对于某一种故障，能直接估计其极限故障切除时间；④在某一故障

切除后，电力系统若不稳定，则可以预先指出其不稳定的模式和不稳定的程度。因此，直接法可针对预想事故依据稳定度对事故严重性排序，以实现动态安全分析或作离线分析严重事故的“筛选”工具。但直接法也有缺点，例如，因为直接法的稳定准则是充分条件，而不是必要条件，因此分析结果容易偏于保守。此外，直接法的模型较简单，对于一个很大的系统，或是一个系统在受到一系列的连续扰动（如重合闸过程）时，直接法的速度、精度较差，故目前仅用于判别第一摇摆稳定性。

综合时域求解法和直接法的特点，可以将二者结合用于暂态稳定判断和分析，例如在离线分析时，可以先用直接法作第一次的“筛选”工具，在简单模型下选出稳定度最差的事故，再用时域求解法做进一步精细的暂态稳定分析，从而可大大节省人力和时间；而在在线安全分析中，直接法可以使目前的静态安全分析发展为动态安全分析，即计及系统暂态稳定的安全分析，从而有利于系统的安全运行，二者相辅相成有利于更好地进行暂态稳定研究。

7.4.2 单机无穷大系统的直接法分析

对于图 7−9（a）的单机无穷大系统，若发电机采用经典二阶模型，忽略励磁系统动态、原动机及调速器动态，则系统标幺值数学模型为

$$\begin{cases} T_J \dfrac{\mathrm{d}\omega}{\mathrm{d}t} = P_m - P_e \\ \dfrac{\mathrm{d}\delta}{\mathrm{d}t} = \omega \end{cases} \tag{7-44}$$

式中，T_J 为发电机惯性时间常数；$P_m = \text{const}$ 为机械功率；$P_e = \dfrac{EU}{X_\Sigma}\sin\delta$ 为电磁功率，X_Σ 为发电机内电势 $E\angle\delta$ 及无穷大系统电压 $U\angle 0°$ 间的系统总电抗（设电阻为零），E 和 U 为常数。

设图 7−9（b）中系统在稳态时 $\delta=\delta_0$，功角特性曲线为Ⅰ；在 $t=0$ 时，线路上受到故障扰动，功角特性变为Ⅱ，此时发电机加速，转子角 δ 增加，直到 $\delta=\delta_c$ 时，切除故障线路，功角特性变为Ⅲ。

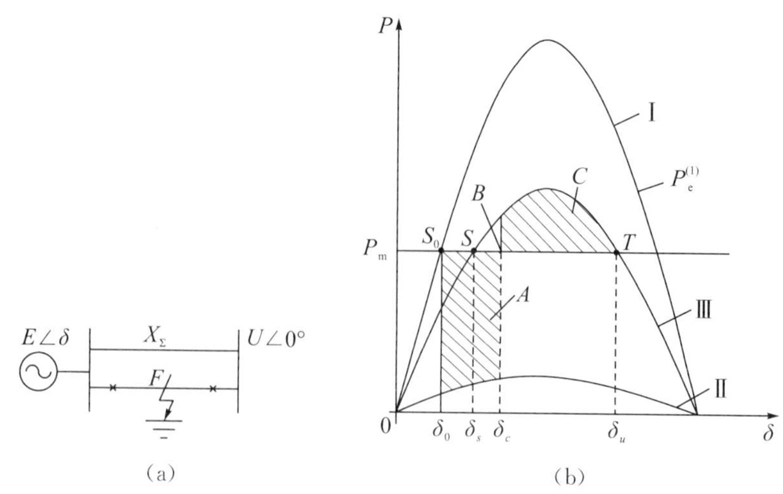

图 7−9　单机无穷大系统直接法分析

现在用直接法判别故障切除后系统的第一摇摆稳定性。

首先，对故障切除后的系统，稳定平衡点为 S（对应 δ_s）和不稳定平衡点为 T（对应 δ_u）均满足电磁功率平衡，即 $P_e=P_m$。

其次，定义系统的暂态能量函数。设系统动能 V_k 为（注意 ω 为与同步速之偏差，故稳态时 $V_k=0$）

$$V_k = \frac{1}{2}T_J\omega^2 \tag{7-45}$$

将式（7—44）加速方程的两边对 δ 积分而求得故障切除时的动能，即

$$V_k\big|_c = \frac{1}{2}T_J\omega_c^2 = \int_{\delta_0}^{\delta_c} T_J\frac{\mathrm{d}\omega}{\mathrm{d}t}\mathrm{d}\delta = \int_{\delta_0}^{\delta_c}(P_m - P_e^{(2)})\mathrm{d}\delta = \text{加速面积} A \tag{7-46}$$

设系统的势能 V_p 为以故障切除后系统稳定平衡点 S 为参考点的减速面积（反映系统吸收动能的性能），则故障切除时的系统势能为

$$V_p\big|_c = \int_{\delta_s}^{\delta_c}(P_e^{(3)} - P_m)\mathrm{d}\delta = \text{面积} B \tag{7-47}$$

故系统在扰动结束时总暂态能量 V 为

$$V_c = V_k\big|_c + V_p\big|_c = \frac{1}{2}T_J\omega_c^2 + \int_{\delta_s}^{\delta_c}(P_e^{(3)} - P_m)\mathrm{d}\delta = \text{面积}(A+B) \tag{7-48}$$

若将系统处于不稳定平衡点 T（转子角 δ_u）时，系统以 S 点为参考点的势能作为临界能量 V_{cr}（此值相当于滚球系统的 $V_{cr}=mgH$），则

$$V_{cr} = \int_{\delta_s}^{\delta_u}(P_e^{(3)} - P_m)\mathrm{d}\delta = \text{面积}(B+C) \tag{7-49}$$

类似于滚球系统，做出稳定判别：当 $V_c<V_{cr}$，即图7—9（b）中面积$(A+B)<$面积$(B+C)$，或者说面积 $A<$面积 C 时，系统第一摇摆稳定；当 $V_c>V_{cr}$时，系统不稳定；当 $V_c=V_{cr}$时，系统为临界状态。假定系统有足够的阻尼，若第一摇摆稳定，则以后衰减振荡逐渐趋于 S 点。显然这和等面积定则完全一致，是一个准确的稳定判据。

下面对直接法作一个简单讨论。

（1）用本方法只能解决第一摇摆稳定问题。

（2）与时域求解法比较，直接法分析稳定时，不必逐步积分求 $\delta(t)$，而只需通过比较 V_c 与 V_{cr}来判别稳定，计算量小。

（3）直接法中的关键问题是构造一个反映系统稳定性的暂态能量函数和确定系统的临界能量，并以此作为稳定判别的标准。

（4）如果分析中忽略转子阻尼，结果会更偏保守。

（5）对单机无穷大系统，不稳定平衡点 UEP（Unstable Equilibrium Point）点处不仅功率平衡（$P_e=P_m$），且系统在这点势能达到最大值（与最大减速面积对应），即$\frac{\mathrm{d}V_p}{\mathrm{d}t}=0$，故既可用 $P_e=P_m$ 来求得 δ_u 及计算 V_{cr}，也可搜索 $V_p\rightarrow\max$ 点，并取 $V_{cr}=V_{p,\max}$。

（6）可根据 $V_{cr}-V_c$ 作为系统稳定度的定量描述，对事故严重性排队，从而进行动态安全分析。通常定义稳定度 ΔV_n 为

$$\Delta V_n = \frac{V_{cr} - V_c}{V_k\big|_c} \tag{7-50}$$

根据稳定度的数值进行分析（如 $\Delta V_n>2$，安全；$\Delta V_n=1\sim2$，预警；$\Delta V_n=0.5\sim1$，

警告；$\Delta V_n=0\sim0.5$，严重警告；$\Delta V_n<0$，潜在危机）。实际中，采用 ΔV_n 比（$V_{cr}-V_c$）更具有一般性和可比性。

7.4.3 复杂系统的暂态能量函数

本节讨论两种坐标下多机系统暂态能量函数的确定[1]。

7.4.3.1 同步坐标下的暂态能量函数

设网络和负荷均为线性，忽略励磁系统、原动机及调速器动态，发电机采用经典二阶模型，负荷阻抗、发电机 X'_d 归入节点导纳阵，系统节点导纳阵消去负荷节点和网络节点，只剩发电机内节点（X'_d 后的内电动势节点），如图 7－10 所示。于是，对于一个 n 机系统，第 i 台机有

$$\begin{cases} T_{Ji}\dfrac{\mathrm{d}\omega_i}{\mathrm{d}t}=P_{mi}-P_{ei} \\ \dfrac{\mathrm{d}\delta_i}{\mathrm{d}t}=\omega_i \qquad (i=1,2,\cdots,n) \end{cases} \tag{7-51}$$

式中，$\dot{E}_i=E_i\angle\delta_i$，$\delta_{ij}=\delta_i-\delta_j$，$G_{ij}+jB_{ij}=Y_{ij}$ 为导纳阵元素，

$$P_{ei}=\mathrm{Re}(\dot{E}_i\overset{*}{I}_i)=\mathrm{Re}\dot{E}_i\sum_{j=1}^{n}\overset{*}{Y}_{ij}\overset{*}{E}_j=E_i^2G_{ii}+\sum_{\substack{j=1\\j\neq i}}^{n}(E_iE_jB_{ij}\sin\delta_{ij}+E_iE_jG_{ij}\cos\delta_{ij}) \tag{7-52}$$

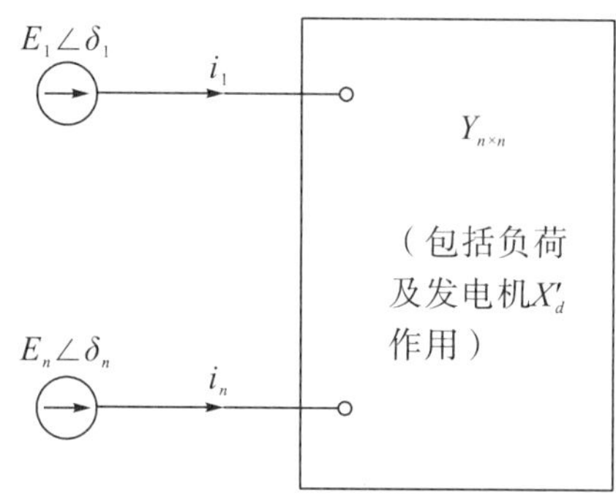

图 7－10　多机系统示意图

若定义 $E_iE_jB_{ij}=C_{ij}$，$E_iE_jG_{ij}=D_{ij}$，显然，$C_{ij}=C_{ji}$，$D_{ij}=D_{ji}$，则式（7－51）中的 P_{ei} 为

$$P_{ei}=E_i^2G_{ii}+\sum_{\substack{j=1\\j\neq i}}^{n}(C_{ij}\sin\delta_{ij}+D_{ij}\cos\delta_{ij}) \tag{7-53}$$

式（7－51）与式（7－53）即为系统完整的动态模型。与单机系统相似，可定义系统动能为

$$V_k=\sum_{i=1}^{n}\frac{1}{2}T_{J_i}\omega_i^2 \tag{7-54}$$

稳态时 $\omega_i=0$，$V_k=0$。这样切除故障时系统动能为

$$V_k\big|_c=\sum_{i=1}^{n}\frac{1}{2}\cdot\frac{1}{2}T_{Ji}\omega_i^2=\sum_{i=1}^{n}\int_{\delta_{0i}}^{\delta_{ci}}T_{Ji}\frac{\mathrm{d}\omega_i}{\mathrm{d}t}\mathrm{d}\delta_i=\sum_{i=1}^{n}\int_{\delta_{0i}}^{\delta_{ci}}(P_{mi}-P_{ei}^{(2)})\mathrm{d}\delta_i \tag{7-55}$$

式中，$P_{ei}^{(2)}$ 是在式（7−53）中用故障时系统节点导纳阵计算的结果。

同时，定义多机系统势能为

$$V_p = \sum_{i=1}^{n}\int_{\delta_{si}}^{\delta_{ci}}(P_{\mathrm{III}i} - P_{mi})\mathrm{d}\delta_i \tag{7-56}$$

式中，δ_s 为故障后稳定平衡点作为势能参考点，$P_{\mathrm{III}i}$ 是在式（7−53）中用故障切除（扰动结束）后系统节点导纳阵计算的结果。这样，故障切除时的系统势能为

$$V_p|_c = \sum_{i=1}^{n}\int_{\delta_{si}}^{\delta_{ci}}(P_{ei}^{(3)} - P_{mi})\mathrm{d}\delta_i \tag{7-57}$$

将式（7−53）代入上式，则有

$$\begin{aligned} V_p|_c &= \sum_{i=1}^{n}\int_{\delta_{si}}^{\delta_{ci}}E_i^2(G_{ii} - P_{mi})\mathrm{d}\delta + \sum_{i=1}^{n}\int_{\delta_{si}}^{\delta_{ci}}\sum_{\substack{j=1\\ j\neq i}}^{n}C_{ij}\sin\delta_{ij}\mathrm{d}\delta_i + \\ &\sum_{i=1}^{n}\int_{\delta_{si}}^{\delta_{ci}}\sum_{\substack{j=1\\ j\neq i}}^{n}D_{ij}\cos\delta_{ij}\mathrm{d}\delta_i \overset{\text{def}}{=} V_{pos}|_c + V_{mag}|_c + V_{diss}|_c \end{aligned} \tag{7-58}$$

式（7−58）中右边第一项与转子位置变化成正比，称为转子位置势能 V_{pos}，计算公式为

$$V_{pos}|_c = \sum_{i=1}^{n}(-P_i)(\delta_{ci} - \delta_{si}) \tag{7-59}$$

式中，$P_i = P_{mi} - E_i^2 G_{ii} = const.$。

式（7−58）中右边第二项与导纳阵中的 B_{ij} 有关，称为磁性势能 V_{mag}，其计算式为

$$V_{mag}|_c = \sum_{i=1}^{n}\int_{\delta_{si}}^{\delta_{ci}}\sum_{\substack{j=1\\ j\neq i}}^{n}C_{ij}\sin\delta_{ij}\mathrm{d}\delta_i = -\sum_{i=1}^{n-1}\sum_{j=i+1}^{n}G_{ij}(\cos\delta_{ij}^{(c)} - \cos\delta_{ij}^{(s)}) \tag{7-60}$$

式（7−58）中右边第三项与 G_{ij} 有关，称为耗散势能 V_{diss}。$V_{diss}|_c$ 积分与积分路径有关，而由于实际摇摆曲线不知道，故通常作“线性路径”假定，即设积分路径上任一运行点的转子角矢量 δ 为（见图 7−11）

$$\delta = \delta_s + \alpha(\delta_c - \delta_s),\quad \alpha \in [0,1] \tag{7-61}$$

则

$$\begin{aligned} \delta_i &= \delta_{si} + \alpha(\delta_{ci} - \delta_{si}) \\ \delta_j &= \delta_{sj} + \alpha(\delta_{cj} - \delta_{sj}) \end{aligned} \tag{7-62}$$

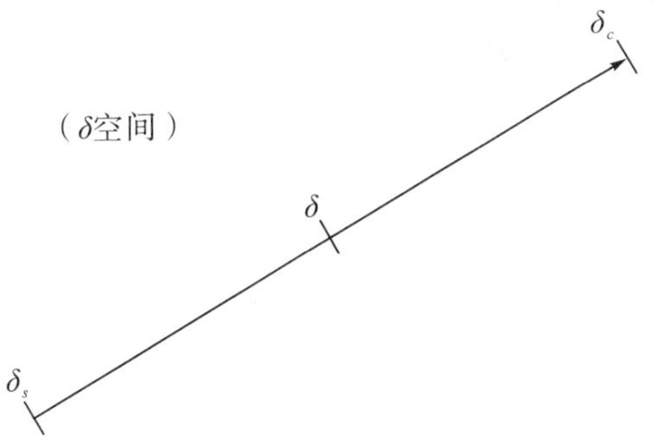

图 7−11　线性路径假定

对式（7－62）两边取微分得

$$d\delta_i = d\alpha(\delta_{ci} - \delta_{si})$$
$$d\delta_j = d\alpha(\delta_{cj} - \delta_{sj})$$

从而

$$d(\delta_i + \delta_j) = d\delta_i + d\delta_j = [(\delta_{ci} - \delta_{si}) + (\delta_{cj} - \delta_{sj})]d\alpha \overset{\text{def}}{=} a\,d\alpha \tag{7-63}$$

$$d\delta_{ij} = d\delta_i - d\delta_j = \delta_{ij}^{(c)} - \delta_{ij}^{(s)} d\alpha \overset{\text{def}}{=} b\,d\alpha \tag{7-64}$$

由式（7－63）和式（7－64）可导出

$$d(\delta_i + \delta_j) = \frac{a}{b} d\delta_{ij} \tag{7-65}$$

从而式（7－58）中 $V_{diss}|_c$ 可计算如下：

$$V_{diss}|_c = \sum_{i=1}^{n}\int_{\delta_{si}}^{\delta_{ci}} \sum_{\substack{j=1\\ j\neq i}}^{n} D_{ij}\cos\delta_{ij}\,d\delta_i \approx \sum_{i=1}^{n-1}\sum_{j=i+1}^{n} D_{ij}\,\frac{a}{b}\sin\delta_{ij}^{(c)} - \sin\delta_{ij}^{(s)} \tag{7-66}$$

$$\frac{a}{b} = \frac{(\delta_{ci} + \delta_{cj}) - (\delta_{si} + \delta_{sj})}{\delta_{ij}^{(c)} - \delta_{ij}^{(s)}} \tag{7-67}$$

因此式（7－58）中 $V_p|_c$ 可分别根据式（7－59）、式（7－60）及式（7－66）计算，其中耗散势能与积分路径有关，作“线性路径”假定会带来一定误差，这是它的缺点。

系统总能量 $V = V_k + V_p$，故障切除时为 $V|_c = V_k|_c + V_p|_c$，可由式（7－55）及式（7－58）分别计算。实际计算时，先用逐步积分法在时域中计算 ω_c 和 δ_c，再计算 $V_k|_c$（即 $\sum_{i=1}^{n}\frac{1}{2}T_{Ji}\omega_{ci}^2$），然后再计算势能 $E_p|_c$。

用同步坐标下的能量函数来进行暂态稳定分析具有如下缺点：①多机系统的势能计算中的转移电导 G_{ij} 的数值与积分路径有关，因此难以证明暂态能量函数的正定性；②由于观察坐标系的不合理，往往精度较差。例如，设有一个系统在扰动后稳定运行在一个高于同步速度的频率上，则在稳定后系统动能 $\sum_{i=1}^{n}\frac{1}{2}T_{Ji}\omega_i^2$ 仍不为零，而这个能量对失步并不起作用。

因此在同步坐标中，暂态能量中可能包含一些对失步不起作用的成分，计算中若把它当作对系统失步有作用的能量进行处理和分析，势必会影响精度。

7.4.3.2 惯量中心（COI）坐标下的暂态能量函数

为了避免同步坐标下的计算精度问题，实际分析中通常采用惯量中心（Center of Inertia，COI）坐标。系统惯量中心（COI）的等值转子角 δ_{COI} 定义为各转子角的加权平均值，权系数为 T_{Ji}，即各发电机的惯性时间常数，从而

$$\delta_{COI} = \frac{1}{T_{JT}}\sum_{i=1}^{n} T_{Ji}\delta_i \tag{7-68}$$

式中，

$$T_{JT} = \sum_{i=1}^{n} T_{Ji} \tag{7-69}$$

同样地，惯量中心等值速度 ω_{COI} 为

$$\omega_{COI} = \frac{1}{T_{JT}}\sum_{i=1}^{n} T_{Ji}\omega_i \tag{7-70}$$

式中，ω_i 为与同步速的偏差，考虑

$$\frac{\mathrm{d}\delta_{COI}}{\mathrm{d}t}=\omega_{COI} \tag{7-71}$$

定义 COI 坐标下，各发电机的转子角及转子角速度为

$$\theta_i=\delta_i-\delta_{COI} \tag{7-72}$$

$$\tilde{\omega}_i=\omega_i-\omega_{COI} \tag{7-73}$$

由定义容易证明

$$\sum_{i=1}^{n}T_{Ji}\theta_i=0,\quad \sum_{i=1}^{n}T_{Ji}\tilde{\omega}_i=0,\quad \frac{\mathrm{d}\theta_i}{\mathrm{d}t}=\tilde{\omega}_i \tag{7-74}$$

由上述定义可导出惯量中心运动方程为

$$T_{JT}\frac{\mathrm{d}\omega_{COI}}{\mathrm{d}t}=\sum_{i=1}^{n}(P_{mi}-P_{ei})\overset{\text{def}}{=}P_{COI}$$

$$\frac{\mathrm{d}\delta_{COI}}{\mathrm{d}t}=\omega_{COI} \tag{7-75}$$

式（7−75）为 COI 的运动方程，P_{COI}为 COI 的加速功率。

下面推导各台机（第 i 台机）在 COI 坐标下的运动方程。将 $\omega_i=\tilde{\omega}_i+\omega_{COI}$代入

$$T_{Ji}\frac{\mathrm{d}\omega_i}{\mathrm{d}t}=P_{mi}-P_{ei} \tag{7-76}$$

根据式（7−75），可得

$$T_{Ji}\frac{\mathrm{d}\tilde{\omega}_i}{\mathrm{d}t}=P_{mi}-P_{ei}-\frac{T_{Ji}}{T_{JT}}P_{COI} \tag{7-77}$$

式中，

$$P_{COI}=\sum_{i=1}^{n}(P_{mi}-P_{ei}) \tag{7-78}$$

另外，由式（7−74），有

$$\frac{\mathrm{d}\theta_i}{\mathrm{d}t}=\tilde{\omega}_i \tag{7-79}$$

式（7−53）中，由式（7−46）及式（7−72）、式（7−73）可导出

$$P_{ei}=E_i^2G_{ii}+\sum_{\substack{j=1\\ j\neq i}}^{n}(G_{ij}\sin\theta_{ij}+D_{ij}\cos\theta_{ij}) \tag{7-80}$$

式中，$\theta_{ij}=\theta_i-\theta_j$。

式（7−77）～式（7−80）即为第 i 台机（$i=1\sim n$）在 COI 坐标下的运动方程式。COI 坐标下的暂态能量定义与同步坐标相似，为

$$V=V_k+V_p=\sum_{i=1}^{n}\frac{1}{2}T_{Ji}\tilde{\omega}_i^2+\sum_{i=1}^{n}\int_{\theta_{si}}^{\theta_{ci}}-\left(P_{mi}-P_{ei}-\frac{T_{Ji}}{T_{JT}}P_{COI}\right)\mathrm{d}\theta_i \tag{7-81}$$

故障切除时，设 $\theta_s\rightarrow\theta_c$ 为线性路径，参照式（7−59）、式（7−60）、式（7−66），可计算

$$V_c=V_k|_c+V_p|_c=\sum_{i=1}^{n}\frac{1}{2}T_{Ji}\tilde{\omega}_i^2|_c+\sum_{i=1}^{n}(-P_i)(\theta_{ci}-\theta_{si})-$$

$$\sum_{i=1}^{n-1}\sum_{j=i+1}^{n}C_{ij}(\cos\theta_{ij}^{(c)}-\cos\theta_{ij}^{(c)})+\sum_{i=1}^{n-1}\sum_{j=i+1}^{n}D_{ij}\frac{a}{b}\sin\theta_{ij}^{(c)}-\sin\theta_{ij}^{(s)} \tag{7-82}$$

$$\frac{a}{b}=\frac{(\theta_{ci}+\theta_{cj})-(\theta_{si}+\theta_{sj})}{\theta_{ij}^{(c)}-\theta_{ij}^{(s)}} \tag{7-83}$$

式中，用故障切除后导纳阵参数，$P_i=P_{mi}-E_i^2G_{ii}$。可以证明，因为 $\sum\limits_{i=1}^{n}T_i\theta_i=0$，故 $\sum\limits_{i=1}^{n}\int_{\theta_{si}}^{\theta_{ci}}\frac{T_{Ji}}{T_{JT}}P_{\mathrm{COI}}\mathrm{d}\theta_i=0$。

式（7−82）中右侧第一项为动能，第二项为位置势能，第三项为磁性势能，第四项为耗散势能，与式（7−58）相似。

在实用计算中，动能计算还进一步用“双机等值”概念进行修正，其理论依据是：当系统“撕成”二片而失去稳定时，设有 k 台机受严重干扰（不失一般性，设为第 1～k 台机），它必有一个惯量中心，设为 K；而其余 $n-k$ 台机，也有其惯量中心，设为 $T-K$，则定义这两个中心的等值速度、转子角为

$$\begin{cases}\tilde{\omega}_K=\dfrac{\sum\limits_{i=1}^{k}T_{Ji}\tilde{\omega}_i}{T_{JK}}\\ T_{JK}=\sum\limits_{i=1}^{k}T_{Ji}\\ \theta_K=\dfrac{\sum\limits_{i=1}^{k}T_{Ji}\theta_i}{T_{JK}}\end{cases} \tag{7-84}$$

$$\begin{cases}\tilde{\omega}_{T-K}=\dfrac{\sum\limits_{i=k+1}^{n}T_{Ji}\tilde{\omega}_i}{T_{J(T-K)}}\\ T_{J_{T-K}}=\sum\limits_{i=k+1}^{n}T_{Ji}\\ \theta_{T-K}=\dfrac{\sum\limits_{i=k+1}^{n}T_{Ji}\theta_i}{T_{J(T-K)}}\end{cases} \tag{7-85}$$

显然

$$T_{JK}\theta_K+T_{J(T-K)}\theta_{T-K}=0,\quad T_{JK}\tilde{\omega}_K+T_{J(T-K)}\tilde{\omega}_{T-K}=0 \tag{7-86}$$

由于真正反映系统失步的动能是这两个中心间的相对运动，故根据双机等值思想及其与单机无穷大系统对应的关系，可定义相应单机无穷大系统中，单机惯性时间常数及角速度为

$$T_{J_{eq}}=\frac{T_{JK}T_{J(T-K)}}{T_{JT}},\quad \omega_{eq}=\tilde{\omega}_K-\tilde{\omega}_{T-K} \tag{7-87}$$

并定义动能为

$$V_k=\frac{1}{2}T_{J_{eq}}\omega_{eq}^2 \tag{7-88}$$

可以证明

$$\sum_{i=1}^{n}\frac{1}{2}T_{Ji}\tilde{\omega}_i^2-\frac{1}{2}T_{J_{eq}}\omega_{eq}^2=\sum_{i=1}^{k}\frac{1}{2}T_{Ji}(\tilde{\omega}_i-\tilde{\omega}_K)^2+\sum_{j=k+1}^{n}\frac{1}{2}T_{Jj}(\tilde{\omega}_j-\tilde{\omega}_{T-K})^2 \tag{7-89}$$

即双机（或单机无穷大）等值系统相应的暂态动能比 COI 坐标的暂态动能修正掉了式（7−89）右边的两项值，这两项分别反映了在 K 机群及 $T-K$ 机群内各自的“布朗运动”，这部分能量对系统失步没有作用。实际工程计算表明，用式（7−88）计算 V_k 可进一步改善稳定分析精度，因而被广泛采纳。

当 V_k 用双机等值坐标计算时，理论上 V_p 也应采用双机等值坐标，但实际工程计算表明，由于 V_p 计算中的“线性路径”假定会引起一定误差，采用双机等值坐标计算 V_p 时，这一误差可能会进一步扩大，从而对精度改善不利，故实用中势能计算仍采用 COI 坐标。二者计算坐标的不一致会引起一定误差，有待改进。

7.4.4　直接法在复杂系统功角暂态稳定分析中的应用

本节介绍相关不稳定平衡点法 RUEP（Relevent UEP）、势能边界面法 PEBS（Potential Energy Boundary Surface）和基于稳定域边界的主导不稳定平衡点法 BCU（Boundary of Stability Region Based Controlling UEP Method）三种直接法在复杂系统功角暂态稳定分析中的应用。

7.4.4.1　相关不稳定平衡点法（RUEP）暂态稳定分析

设发电机用二阶经典模型，负荷线性，网络线性，忽略原动机、调速器及励磁系统动态，并设系统所受扰动为简单故障，讨论故障切除后系统的暂态稳定性。RUEP 法暂态稳定分析框图如图 7−12 所示，下面作简要说明。框①为程序初始化及原始数据输入，包括元件参数、系统结构、参数、扰动信息以及直接法计算的控制数据（如 SEP 或 UEP 计算的迭代次数与精度等），潮流计算结果、输出要求信息等。框②中形成（或读入）系统稳态导纳阵（保留发电机节点和扰动或操作的关联节点，负荷阻抗并入导纳阵），并作导纳阵第一次压缩（后文称第一次压缩后导纳阵为基础导纳阵），暂存供以后调用。然后追加发电机 X'_d 支路，导纳阵压缩到只剩发电机内节点（此称为第二次压缩）。框②中还计算 COI 坐标下故障前稳定平衡点。框③④⑤和常规的时域求解法暂态稳定分析类似，即在框③中判断有无操作，若有，则在框④中对基础导纳阵进行修正，再做第二次压缩，若当前操作是最后一次操作，则停止仿真，转入框⑥，否则进入框⑤作 $t\sim t+\Delta t$ 时域求解计算。由于系统变量 ω，δ 均为状态量，而非代数量，故操作时只需要修正导纳阵或相应微分方程，不必作代数量跃变计算，仿真时也无联立求解微分方程和代数方程的问题。此外，由于仿真只进行到故障切除时刻，即计算 ω_c，δ_c，而不必计算整个 $\delta(t)$ 曲线，因此仿真时可采用较简单的微分方程数值解法来求解转子运动方程。由此可见，采用简单的发电机、负荷模型时，直接法中 ω_c，δ_c 的仿真计算是十分简便的。但是当求得故障切除时刻相应的 ω_c，δ_c 后，直接法暂态稳定分析就完全不同于常规的时域求解法暂态稳定分析，其相应分析如框⑥～⑨。框⑥中以故障前 COI 坐标下稳定平衡点 θ_{s0} 为初值，计算故障切除后稳定平衡点 θ_s，相应的功率平衡方程及 COI 坐标约束为（下标 s 略）

$$\begin{cases} f_i(\theta)=P_{mi}-P_{ei}-\dfrac{T_i}{T_T}P_{\mathrm{COI}}=0 \\ g_i(\theta)=\sum\limits_{i=1}^{n}T_i\theta_i=0,\quad i=1,2,\cdots,n-1 \end{cases} \tag{7-90}$$

式中，$P_{ei}=E_i^2G_{ii}+\sum\limits_{j=1}^{n}(C_{ij}\sin\theta_{ij}+D_{ij}\cos\theta_{ij})$，其中 $C_{ij}=E_iE_jB_{ij}$，$D_{ij}=E_iE_jG_{ij}$，$G_{ij}+$

$jB_{ij}=Y_{ij}$ 为故障切除后网络导纳阵元素，$\theta_{ij}=\theta_i-\theta_j$；$P_{\mathrm{COI}}=\sum_{i=1}^{n}(P_{mi}-P_{ei})$。

由 $\sum_{i=1}^{n}f_i(\theta)=0$ 可知，系统功率平衡方程仅有 $n-1$ 个是独立的，第 n 台机角度可由 $\sum_{i=1}^{n}T_i\theta_i=0$ 求取。据式（7－90）可解出 θ_s，且可采用牛顿法求解。根据潮流解的性质，满足式（7－90）的稳定平衡点是唯一的，该点即作为势能计算的参考点，并且在估计 RUEP 的初值时也会用到。框⑦是 RUEP 模式判别及 RUEP 求解所用的初值计算，是 RUEP 法中的一个关键步骤。若 RUEP 已判别完，RUEP 初值也已给定，则在框⑧中与求解 θ_s 相同，据式（7－90）的功率平衡方程和 COI 坐标约束，用牛顿法求解 RUEP 相应的 θ_u，仅输入的初值不同而已。在 RUEP 计算后，进入框⑨作稳定分析，据式（7－82）计算 $V_c=V_k|_c+V_p|_c$ 及 $V_{\mathrm{cr}}\approx V_p|_u$，并注意计算 V_p 时应当用故障切除后的导纳阵参数，然后可计算规格化的稳定裕度为

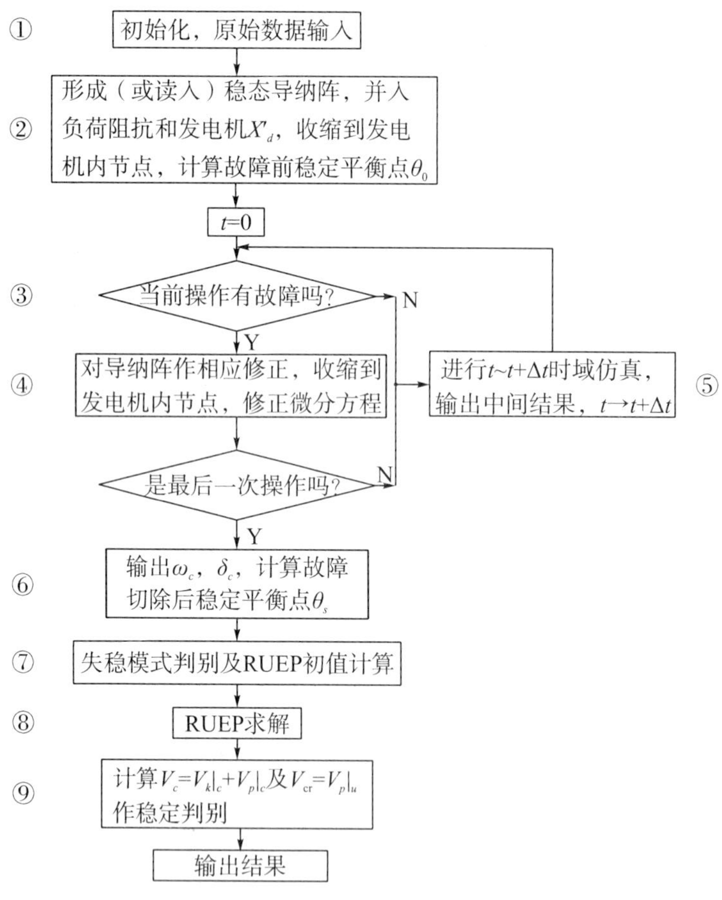

图 7－12　RUEP 法暂态稳定分析框图

$$\Delta V_n=\frac{V_{\mathrm{cr}}-V_c}{V_k|_c} \tag{7－91}$$

如需计算故障的临界切除时间，可设故障不切除，并作仿真，直到 $V_c=V_{\mathrm{cr}}$；也可用

线性插值办法，快速搜索 $\Delta V_n=0$ 点，则相应 $t_c=t_{cr}$ 为临界切除时间（Critical Clearing Time，CCT）。

在计算 ΔV_n 时，V_c 中计算 $V_p|_c$ 的积分上限、下限分别为 θ_c 和 θ_s，V_{cr} 中计算 $V_p|_u$ 的积分上限、下限分别为 θ_u 和 θ_s，故实际计算 ΔV_n 可取

$$\Delta V_n=\frac{(V_p|_u-V_p|_c)-V_k|_c}{V_k|_c}=\frac{V_p|_u-V_p|_c}{V_k|_c}-1 \tag{7-92}$$

式（7−92）中 $V_p|_u-V_p|_c$ 相当于单机无穷大系统（图 7−9）减速面积 C，$V_k|_c$ 相当于加速面积 A，ΔV_n 相当于取面积 C 与 A 之差值，再以面积 A 为基值规格化。实际计算时只要假定从 θ_c 到 θ_u 为线性路径，即可进行势能 $V_p|_u-V_p|_c$ 的计算，即取

$$\begin{aligned}V_p|_u-V_p|_c&=\sum_{i=1}^{n}\int_{\theta_c}^{\theta_u}-\left(P_{mi}-P_{ei}-\frac{T_{Ji}}{T_{JT}}P_{\mathrm{COI}}\right)\mathrm{d}\theta_i\\&=\sum_{i=1}^{n}-P_i(\theta_{ui}-\theta_{ci})-\sum_{i=1}^{n-1}\sum_{j=i+1}^{n}C_{ij}(\cos\theta_{ij}^{(u)}-\cos\theta_{ij}^{(c)})+\\&\quad\sum_{i=1}^{n-1}\sum_{j=i+1}^{n}D_{ij}\frac{a}{b}(\sin\theta_{ij}^{(u)}-\sin\theta_{ij}^{(c)})\end{aligned} \tag{7-93}$$

式中，

$$P_i=P_{mi}-E_i^2G_{ii},\quad \frac{a}{b}=\frac{(\theta_{ui}+\theta_{uj})-(\theta_{ci}+\theta_{cj})}{\theta_{ij}^{(u)}-\theta_{ij}^{(c)}} \tag{7-94}$$

根据 ΔV_n 的大小可对事故严重性排队，对于稳定裕度小或为负值的预想事故可作告警。在离线分析条件下，甚至可在必要时用精细元件模型和时域仿真程序做进一步的暂态稳定分析研究。

7.4.4.2　势能边界面法（PEBS）暂态稳定分析

设 PEBS 法中元件模型与 RUEP 法中所用模型相同。COI 坐标下的系统模型由式（7−77）～式（7−80）表示，相应的暂态能量定义及计算式为式（7−81）和式（7−82），并可据式（7−84）～式（7−85）作动能的双机等值校正以改善精度。此外，同样把系统划分为严重受扰机群 K 和剩余机群 $T-K$，即假定系统失稳为双机模式，K 为临界机群。

PEBS 法和 RUEP 法的主要区别在于系统临界能量的确定方法。在单机无穷大系统中，当发电机转子角达到 δ_u（即 UEP 点）时，其相应的势能同时达到最大值。由于多机系统判别失稳模式困难，且 RUEP 求解费机时，因而产生了所谓的势能边界面（Potential Energy Boundary Surface，PEBS）法暂态稳定分析，即在系统失稳时的转子运动轨迹 $\delta(t)$ 上搜索势能最大值点，并以势能最大值 $V_{p,\max}$ 作为临界能量。下面对 PEBS 法的物理意义作一简要说明。

在图 7−13 的系统转子角空间中，设系统故障前稳定平衡点为 S_0，发生故障后转子摇摆的相应故障轨迹如图 7−13 中实线所示，若在 $t_{c1}\sim t_{c3}$ 区间切除故障后系统稳定，则转子角轨迹最终趋于故障后稳定平衡点 S，若切除故障时间为临界切除时间 t_{cr}，则系统处于临界状态。即实际切除时间 $t_c=t_{cr}+\varepsilon$ 时，系统失稳；$t_c=t_{cr}-\varepsilon$ 时，系统稳定（ε 为微小正值）。临界轨迹（见图 7−13）在势能达到最大值（U_1 点处）时，轨迹分叉。若在 $t_{c4}>t_{cr}$ 时切除故障，系统不稳定，设相应轨迹在 U_2 达到 $V_{p,\max}^{(2)}$（此值不等于 U_1 点对应的 $V_{p,\max}^{(1)}$），若故障持续而不切除，则在 U 达到 $V_{p,\max}$。在 RUEP 法中，可求出与这个故障相

关的 RUEP（设为图 7－13 中 RUEP 点）。所有和 U_1，U_2，U 及 RUEP 有相似性质的点构成了系统的势能边界面，一般情况下，RUEP 位于 PEBS 上 U_1，U_2，U 的附近。当系统不呈病态时，PEBS 在这一段较“平坦”（因为这几点对应的势能相近），因此可用 $V_p|_{\mathrm{RUEP}}$或 $V_p|_U$ 作为 $V_{cr}=V_p|_{U_1}$ 的近似值来进行暂态稳定分析。而在 PEBS 法中，会在持续故障情况下的转子角运动轨线上搜索势能最大值对应点（即势能边界面穿越点），并以此 $V_{p,\max}$作为 V_{cr}的近似值。

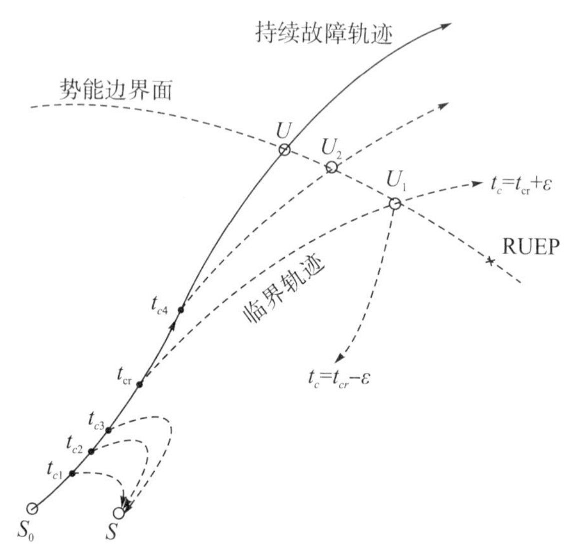

图 7－13　PEBS 法示意图

用 PEBS 法进行暂态稳定分析的流程框图如图 7－14 所示。框①～②与 RUEP 法相同，即作故障前稳定平衡点计算 S_0、原始数据输入和把网络导纳阵通过二次压缩到只剩发电机内节点。框③为形成故障切除后的系统导纳阵及计算故障切除后的系统稳定平衡点 S，以便作为势能计算参考点（如果近似取 S_0 为势能参考点，框③可不计算故障后的稳定平衡点 S）。以下为用时域求解法计算故障切除时刻的 ω_c，δ_c，并进一步假设故障未切除，而在持续故障轨迹上搜索势能最大值点，其中取 $V_{cr}\approx V_{p,\max}$。其中框⑤做操作处理，当为最后一次操作时，仅存储 ω_c，δ_c 而不修改网络导纳阵（因为需计算持续故障轨迹）。如无操作或操作处理完毕，则进入框⑥进行 $t\sim t+\Delta t$ 时长的持续故障轨迹的仿真计算，然后进入框⑦，计算系统 COI 坐标下在 $t+\Delta t$ 时刻的暂态势能（参见式（7－82），并利用框③中已形成的故障切除后的导纳阵参数）。框⑧为 $V_{p,\max}$判别，若未达到，则返回继续作持续故障轨迹时域仿真，否则取与 $V_{p,\max}$相应的 θ 为 θ_u，同时取 $V_{\mathrm{cr}}\approx V_{p,\max}$，进入框⑨计算$V_k|_c$，然后可据式（7－92）计算稳定度 ΔV_n，并作稳定分析（因为系统 COI 坐标下，故障切除时的暂态势能$V_p|_c$ 已计算过）。若动能要作双机等值校正，则还需根据仿真轨迹判别相应的双机失稳模式及临界机群，并据式（7－84）～式（7－88）对动能进行校正。

7.4.4.3　基于稳定域边界的主导不稳定平衡点法（BCU）暂态稳定分析

BCU 方法是一种比较有效的计算主导 UEP 的方法，它是在 PEBS 方法的基础上发展得到的，因此也可以看成是一种改进的 PEBS 方法。BCU 方法是通过梯度系统的相关 UEP 来求取原始系统的 UEP，实现基础的电力系统模型和其梯度系统的稳定边界之间的关系，即在一定的条件下，原始系统的稳定边界上的 UEP 和梯度系统的稳定边界上的 UEP 存在一一对应关系。BCU 方法具有严格的数学基础，而且计算速度较快，是目前相对比较有效的暂态稳定分析方法之一。此外，理论上 BCU 方法的稳定域的计算结果都偏保守，不存在冒进情况，这是它和 PEBS 方法不同的地方。

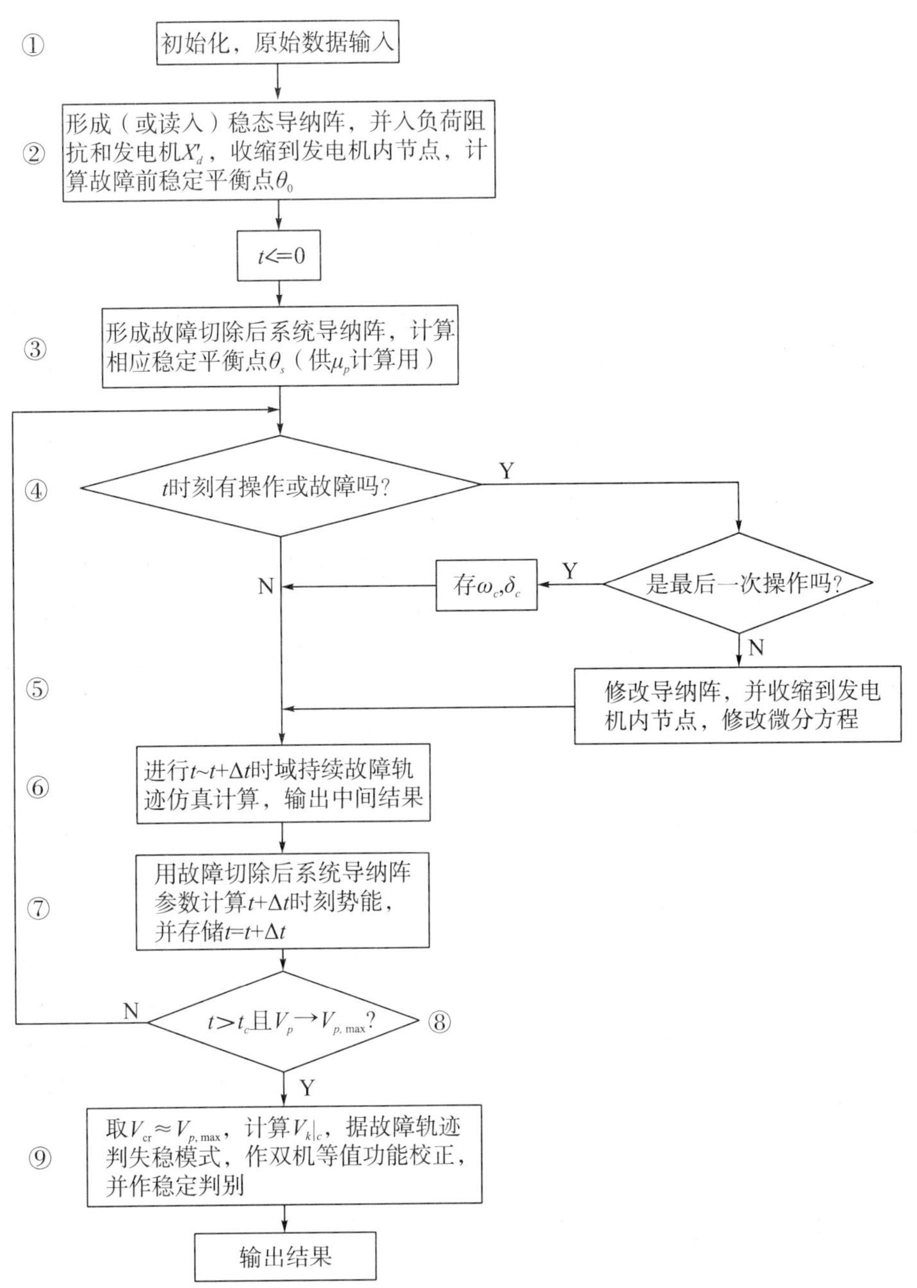

图 7－14　PEBS 法暂态稳定分析流程框图

假设系统为均匀阻尼，即假定所有发电机的阻尼系数和转动惯量的比值为常数 λ，以第 N 台机为参考机时的 N 机电力系统经典模型如下：

$$\begin{cases}\dot{\delta}_{iN}=\omega_N\omega_{iN}\\ \dot{\omega}_{iN}=\dfrac{1}{T_{Ji}}(P_{Mi}-P_{Ei})-\dfrac{1}{T_{JN}}(P_{MN}-P_{EN})-\lambda\omega_{iN}\end{cases} \tag{7-95}$$

式中，$\delta_{iN}=\delta_i-\delta_N$；$\omega_{iN}=\omega_i-\omega_N$，$i=1, 2, \cdots, N-1$。

对于上述系统模型，采用如下形式的数值能量函数：

$$V(\delta,\omega)=U(\delta)+K(\omega) \tag{7-96}$$

相应的梯度系统有如下的形式：

$$\dot{\delta}_{iN}=-\frac{\partial U(\delta)}{\partial\delta_{iN}}=(P_{Mi}-P_{Ei})-\frac{T_{Ji}}{T_{JN}}(P_{Mn}-P_{En})=f_i(\delta) \tag{7-97}$$

采用BCU方法求取故障中轨迹的相关UEP的主要计算步骤如下：

(1) 沿故障中轨线（$\delta(t)$，$\omega(t)$）寻找投影轨迹$\delta(t)$穿过故障后梯度系统（式7−97）的稳定边界的出点δ_e。

在PEBS方法中使用的正是这一点的势能函数来近似系统的临界切除能量，但是由于梯度系统中的出点未必就正好是原始系统中轨迹穿越稳定边界的出点，因此PEBS方法稳定判别结果误差较大。此外，由于通常情况下出点并不是稳定边界上的主导UEP，因此PEBS方法判断结果的保守性也较差。基于此，BCU方法对PEBS法进行了改进。

(2) 以δ_e为初始条件，对故障后梯度系统（式7−97）积分，寻找使$\sum\limits_{i=1}^{N}f_i^2(\delta)$首先达到最小值的$\delta_0$，然后以$\delta_0$为初值，用迭代方法求解方程$\boldsymbol{f}(\delta)=\mathbf{0}$，解记为$\delta^*$。

在PEBS方法中，梯度系统中出点δ_e应十分接近其稳定边界，由于稳定边界是由主导UEP的稳定流形构成的，所以从δ_e开始对梯度系统积分得到的轨迹将会沿稳定边界的方向趋近于主导UEP。如果δ_e正好在稳定边界上，则积分轨迹将最终进入主导UEP，但是实际计算中δ_e未必正好处于稳定边界上，所以该轨迹将在某一个时刻开始从靠近主导UEP的趋势转为远离该UEP。本步骤中所寻找的δ_0正是这个转折点，也就是该轨迹上离主导UEP最近的点。以此点作为初值进行迭代求解方程$\boldsymbol{f}(\delta)=\mathbf{0}$，便可以得到主导UEP。这一步实际上是BCU方法的关键。

(3) 将δ^*作为原始系统（式7−95）的主导UEP，则原始系统的能量函数$V(\delta,\omega)$在（δ^*，0）处的值就是临界能量，即$V_{cr}=V(\delta^*, 0)$。由于UEP处的能量函数值必然小于其稳定流形上的其他点，所以采用这种方法得到的稳定判别结果必然是偏于保守的，也就是说，如果UEP方法判断某种故障条件下系统是稳定的，则数值仿真得到的轨迹必然会是稳定的。但这种保守性同时也表明BCU方法并不能保证对所有稳定的轨迹都能给出稳定的判别结果[3]。

7.5 自动调节系统对功角暂态稳定的影响

随着现代电力系统中自动调节设备的增加，自动调节系统对电力系统中功角暂态稳定的影响也逐渐突显，成为关注的热点之一。本节主要讨论自动励磁调节和自动调速系统对功角暂态稳定的影响。

7.5.1　自动励磁调节系统的影响

发电机励磁控制对于暂态稳定性有着重要的影响。由于励磁控制的经济性好，对于改善系统的暂态稳定和防止电压不稳都有重要作用，所以在提高系统暂态稳定的各种方法中常常优先选用。

影响励磁调节系统对暂态稳定的作用的因素较多，除了励磁控制系统本身的特性、参数以外，其他诸如故障类型、系统自身阻尼的强弱、短路切除时间、故障后发电机端电压的变化及功角特性的改变等因素均会影响励磁控制的作用。按照励磁调节系统在暂态过程中作用的不同，可以分成五个阶段[4]，如图 7－15 所示。

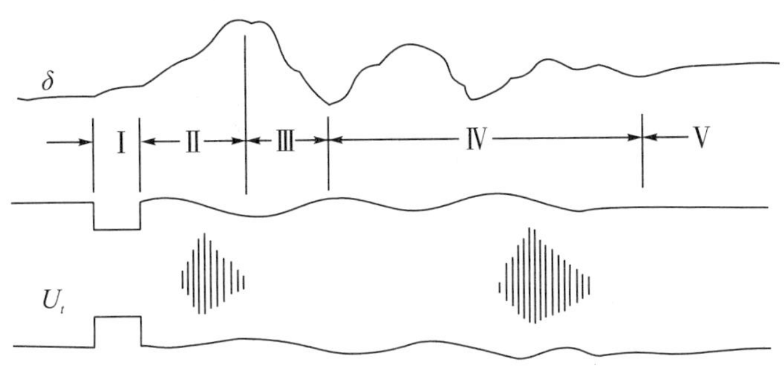

图 7－15　暂态过程中励磁控制的五个阶段

（1）第Ⅰ阶段——短路发生到短路切除。

该过程中电压调节器的输出会增大，励磁电压随之升高，增大的程度受短路点的远近及电压调节器的暂态增益的影响。当出现近端三相短路或远端短路，但电压调节器增益较大时（例如大于 200），对于用晶闸管供电的励磁系统，励磁电压在 1～2 周内即可升到顶值，旋转励磁系统则在经过励磁机时间常数的时延后，励磁电压会逐渐升高。励磁电压升高后，再经过发电机转子绕组的时间常数的时延，发电机励磁电流及与其成正比的制动转矩才会逐渐增大，从而起到改善暂态稳定的作用。以短路切除时间为 0.1 s 为例，常规的交流励磁机系统，其强励倍数一般为 1.8（顶值电压倍数为 4 左右），电压调节器使得电动势 E_q 的增长量只占无调节器时的 0.227%，即便是性能相当好的他励晶闸管系统（强励倍数为 1.8），上述比例也只有 2.84%。所以在这个阶段内，励磁电流很难得到明显的增长。不但如此，如果是近端三相短路，发电机输出功率（相当于制动功率）接近于零（因为发电机与系统之间的等值阻抗为无穷大），上述励磁电流的微小增长对于减小驱动与制动转矩的不平衡影响甚小。虽然当短路切除时，微小增长的励磁电流对应稍高的定子电压，但其影响仍然是很小的。

（2）第Ⅱ阶段——短路切除到转子摆到最大角度。

这个阶段里转子角度会不断增大（因为驱动转矩大于制动转矩），强行励磁可以增大制动转矩（也就是同步转矩），同时强励的作用也大为增强（因为系统与发电机间的等值阻抗减小很多）。强励应该维持到转子达到最大角度，但是常规的电压调节器往往无法实现，此时有可能出现励磁控制对减小第一摆暂态稳定起效和不起效两种情况。当短路时间较长或输送功率较大（甚至临近暂稳极限）时，短路切除后发电机电压低于额定电压。如果此时调节器暂态增益足够大，则强励会持续作用到电压升高至额定电压。多数情况下，发电机电压在短路切除时已非常接近额定电压，因此电压会在短时间内升到额定值，届时强励也即退出。另外也有一种可能，因为电压增益不够大，在电压恢复到额定值以后，由于角度的加大，电压又再次下降到额定值以下，此时电压调节器再次投入，但只要在功角达到最大值以前，强励的作用都有助于减小第一摆的摆幅。综上，此种情况下励磁控制对于提高第一摆暂态稳定是有效果的，而高倍的强励倍数及电压增益、快速的响应或是较小的时间常数都为有效发挥强励作用提供了保证。还有一种情况是，如果强励倍数很高，短路切除也非常快（如小于 0.07 s），则短路切除时的电压可能比额定电压高。这时励磁控制的作用是减磁，对暂态稳定来说，此时的励磁控制基本没有起到减小第一摆的作用。

（3）第Ⅲ阶段——转子从最大角度回摆至最小角度。

在功角最大处后，转子角度减小（制动转矩大于驱动转矩），这时励磁控制应使励磁电流及制动转矩减小（亦即提供负的同步转矩），因此最好是强行减磁，励磁电压为负值。同时也要避免由于励磁持续作用造成的第二摆（或后续摆动中）失去同步（过分制动造成的反向摆幅大）。

（4）第Ⅳ阶段——转子进入衰减振荡的过程。

在前面三个阶段内，励磁控制的主要作用是提供与角度成正比的同步转矩，提高电动势以增加第一摆的减速面积，防止发电机在第一摆中失去同步，这对维持稳定性非常重要，但可能会引入负阻尼。因此，当发电机挺过第一摆后，转子进入衰减振荡阶段，励磁控制的目标变为提供足够的阻尼以平息振荡。由于负阻尼引起的失步要经过数个振荡周期，所以在这个阶段，只要正阻尼转矩足够大，就可以抵消前面三个阶段产生的负阻尼，让转子摆动逐渐衰减，因此这个阶段非常重要。

（5）第Ⅴ阶段——进入事故后静稳定状态。

较高的静态稳定功率及功角极限是系统能顺利过渡到另一个稳定运行状态的必要条件。因此，在此阶段里，励磁控制应与稳定器配合，并采用较大的增益[4]。同时应注意事故后的稳定状态不一定适合长期运行。不过此阶段或过渡过程有助于为调度人员争取足够的时间去调整负荷及线路潮流，以恢复适合长期运行的正常运行状态。

7.5.2 考虑励磁调节作用的暂态稳定分析

本节讨论高速励磁控制和暂态稳定励磁控制两种励磁控制方式下的暂态稳定情况。

7.5.2.1 高速励磁控制

暂态扰动时，发电机磁场电压的增加将使发电机内电势增加，进而增加同步功率，因此，通过快速地暂时增加发电机励磁，暂态稳定性可以得到较大提高。在输电系统故障并通过隔离故障元件而将故障清除的暂态扰动中，发电机的端电压很低。自动电压调节器通过增加发电机磁场电压对此做出响应，这对暂态稳定会产生有利的影响。此类控制的有效性取决于励磁系统快速将磁场电压增加到可能的最高值的能力，在这方面，具有高顶值电压的高起始响应励磁系统最为有效。然而，顶值电压受发电机转子绝缘方面的限制。

为改善暂态稳定性，要求励磁系统对端电压变化做出快速响应，但这种快速响应常常会减弱地区电厂振荡模式的阻尼。通常作为电力系统稳定器（PSS）的附加励磁控制，为阻尼系统振荡提供了一个方便的手段，它使高起始响应的励磁系统的应用成为可能。采用附加 PSS 的高起始响应的励磁系统是增强全系统稳定的最有效和最经济的方法。图 7－16 为这种系统的一个例子[2]，图中示出具有自动电压调节器（AVR）、PSS 和端电压限制器的晶闸管励磁机通用方框图。限制器的功能为防止端电压超过某一预定水平。该励磁系统改善全系统稳定的有效性取决于适当的控制设计和调整过程。

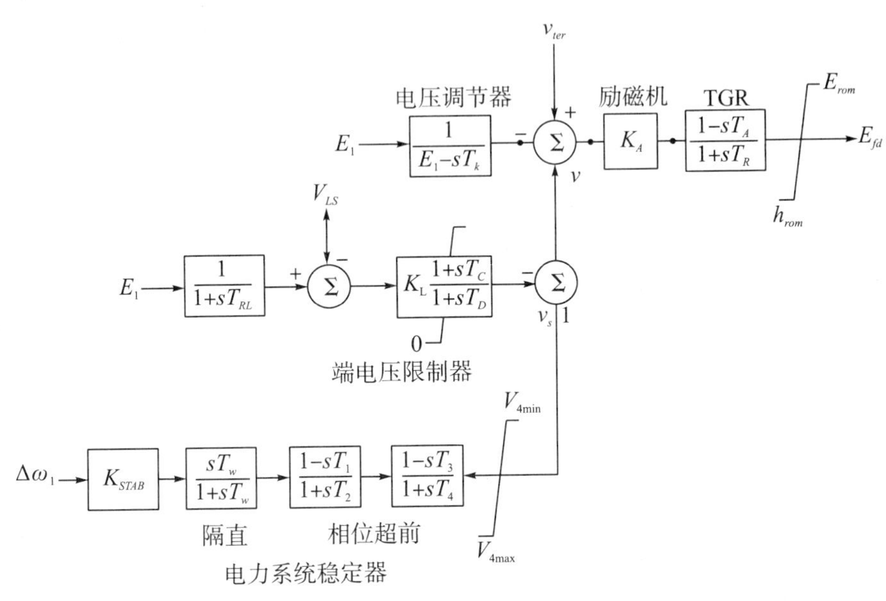

图 7－16　具有 PSS 的晶闸管励磁系统方框图

励磁系统响应对暂态稳定的影响可由图 7－17 来解释。图中比较了具有两种不同形式励磁系统的矿物燃料电厂的响应：①具有二极管整流器的交流励磁机，响应比为 2.0；②具有 PSS 的母线馈电式晶闸管励磁机。设定的扰动为靠近发电厂的主要输电线上的三相故障，并在 60 ms 内切除。具有旋转励磁机的系统是不稳定的，而具有高起始响应的晶闸管励磁机的系统是稳定的。

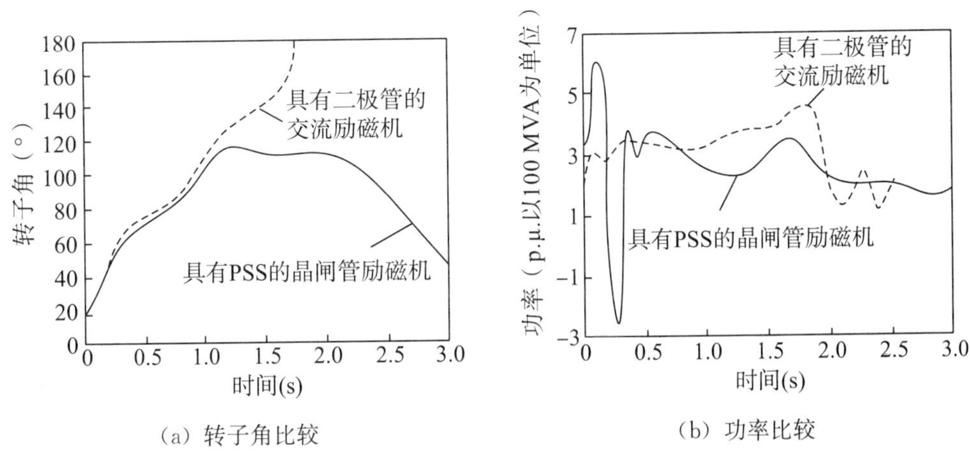

（a）转子角比较　　（b）功率比较

图 7－17　具有交流励磁机和母线馈电晶闸管励磁机的暂态稳定性比较

7.5.2.2　暂态稳定励磁控制

适当地应用电力系统稳定器对本地和区域间的振荡模式均可提供阻尼。在暂态条件下，稳定器一般对首摆稳定性起积极的作用。然而，在本地和区域间的摇摆模式均存在时，正常的稳定器响应可允许励磁在第一次本地模式的摇摆峰值过后，但在最高的综合摇摆峰值到达之前减少。通过将励磁保持在顶值，并使端电压在约束范围内，直至摇摆达到最高点为止，由此可使暂态稳定性得到更多的提高。暂态稳定励磁控制（Transient Stability Excitation Control，TSEC）的方案可以实现上述功能。该方案通过控制发电机励磁，使端电压在整个转子角正向摇摆期，从而改善了暂态稳定性。该方案除了应用端电压和转子速度信号外，还用了与发电机转子角的变化成正比的信号。然而，角度信号的应用仅限于严重扰动后大约 2 s 内的暂态过程中，因为如果连续应用，则会造成不稳定振荡。角度信号可防止磁场电压过早反向，从而使端电压在转子角的正向摇摆期维持高水平。过高的端电压由端电压限制器来防止。

图 7−18 示出了 TSEC 方案的方框图[2]。TSEC 回路与 PSS 回路结合在一起。速度信号（$\Delta\omega_r$）提供了连续控制，以维持正常运行时的小信号稳定。将速度信号进行积分而导出角度信号。图中所示的 TSEC 框为具有隔直功能的积分器。T_{ANG} 值的选择应使在感兴趣的频率范围内的输出与角度偏差成正比。TSEC 实际上是基于就地测量的一个闭环控制。如果端电压下降超过预定值，磁场电压位于正向顶值，速度增加超过预定值，此时继电器触点 S 闭合。当速度回落到门槛值下或励磁机出现不饱和时，继电器触点打开，然后 TSEC 框的输出以时间常数 T_{ANG} 按指数曲线衰减。

当发电机组呈现出区域间的低频摇摆时，不连续励磁控制是改善其暂态稳定性的较为有效的方法。当在某一区域的几个发电厂中采用 TSEC 时，该全区的系统电压水平都提高了，这使区内与电压相关的负荷消耗功率增加，从而进一步提高了暂态稳定性。

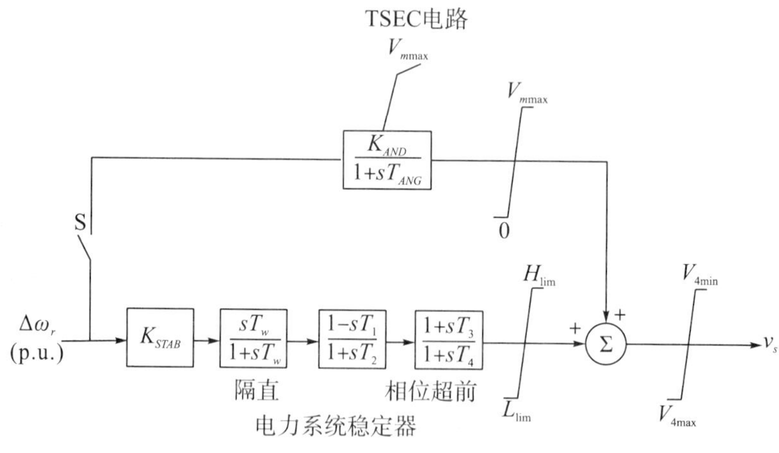

图 7−18　TSEC 方案方框图

由图 7−17 的转子角曲线可见，该厂的发电机呈现出以区域间低频摇摆为主的振荡。图 7−19 示出了有无 TSEC 时的发电机响应。很显然，TSEC 大大地改善了系统的暂态稳定性。图 7−20 示出了有无 TSEC 时长时间的系统模拟。可以看出，对于这种特殊应用，不连续的励磁控制与快速操作阀门同样有效。

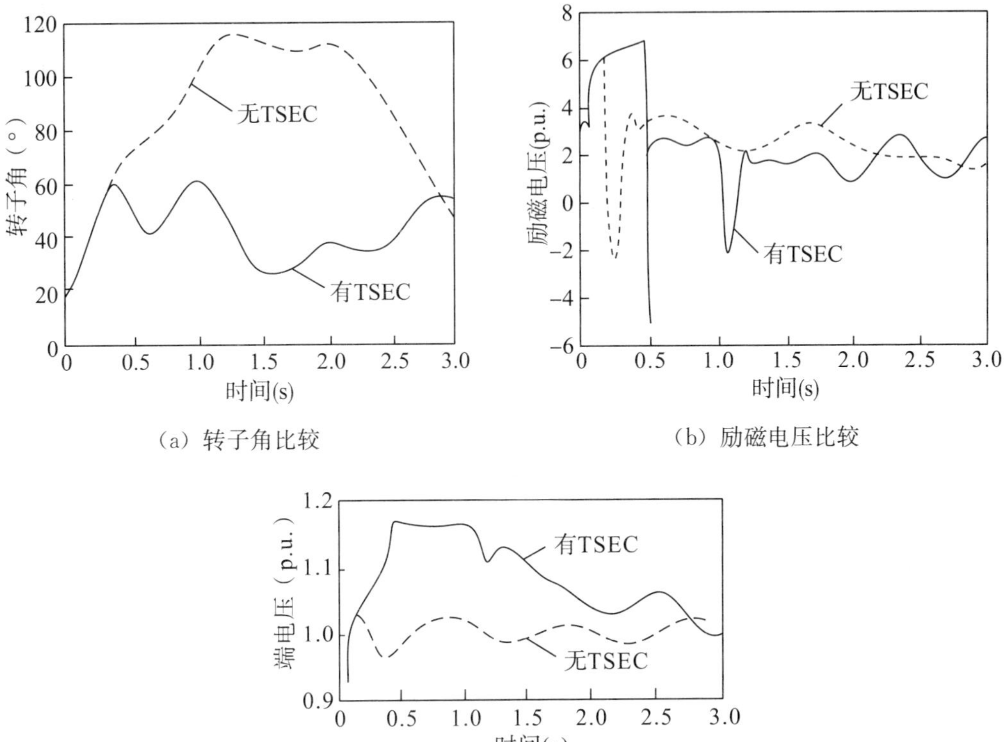

（a）转子角比较

（b）励磁电压比较

（c）端电压比较

图 7—19　有无 TSEC 对暂态稳定的影响

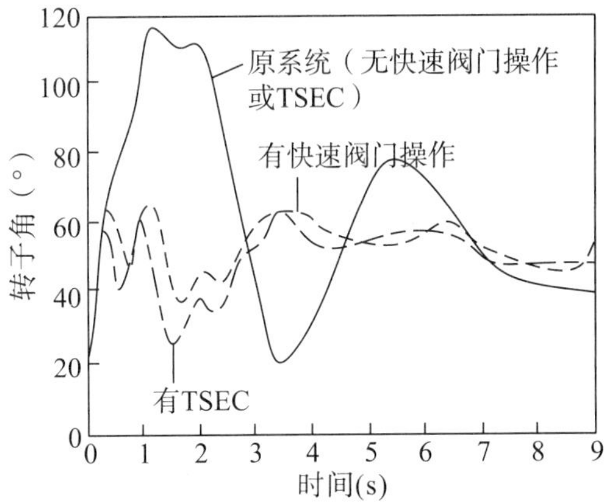

图 7—20　TSEC 和快速操作阀门

与提高系统稳定性的其他方法相比，例如与快速操作阀门和切机相比，暂态稳定励磁控制（TSEC）仅在汽轮发电机轴和蒸汽供给系统上施加了很小的负载。这种励磁控制方案必须与其他过电压保护和控制功能进行协调，也必须与变压器的差动保护进行协调，以确保差动保护不会因电压水平的提高而造成的励磁电流增加而动作。上述用于暂时增加励磁的不连续控制，利用就地信号以检测严重的系统扰动状况。某些应用中，可能需要利用远方遥测信号启动暂时增加励磁。

7.5.3 自动调速系统的作用

调速器的基本概念可由图 7－21 所示的单台发电机供电给一个当地负荷来说明[2]。

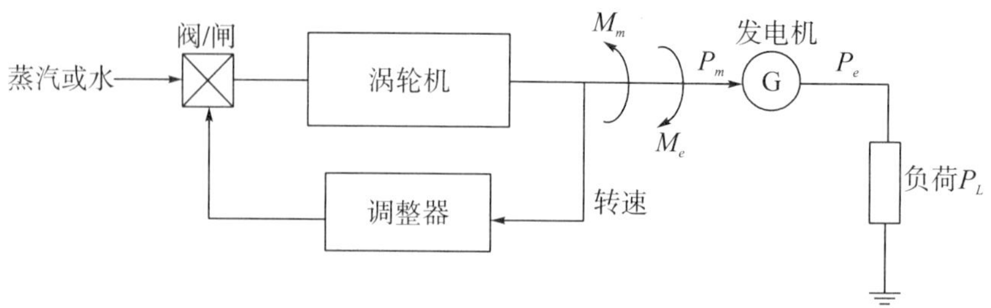

M_m—机械转矩；M_e—电磁转矩；P_m—机械功率；P_e—电磁功率；P_L—负荷功率

图 7－21 给单独负荷供电的发电机

当负荷变化时，它立即反映到发电机输出的电磁转矩 M_e 的变化上，这引起机械转矩 M_m 和电磁转矩 M_e 的不匹配，反过来导致运动方程中所确定的速度变化。图 7－22 所示的传递函数表示了电磁转矩和机械转矩与转子速度函数之间的关系。

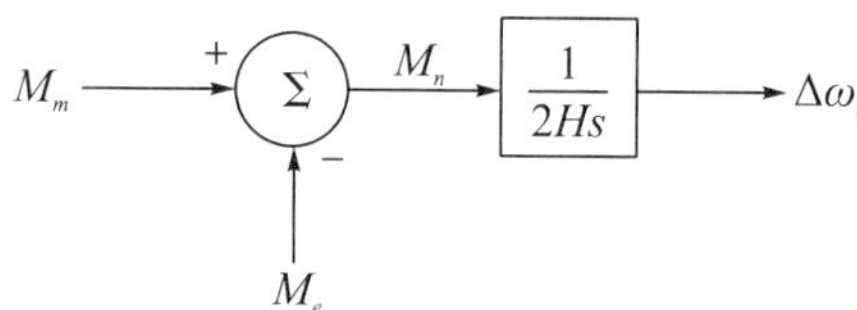

图 7－22 速度与转矩关系的传递函数

对于负荷—频率的研究，最好用机械和电磁功率替代转矩来表示上述的关系。功率 P 和转矩 M 之间的关系为

$$P = \omega_r M \tag{7-98}$$

考虑到从初始值（下标 0 表示）的微小偏差（用前缀 Δ 表示），可写出

$$\begin{aligned} P &= P_0 + \Delta P \\ M &= M_0 + \Delta M \\ \omega_r &= \omega_0 + \Delta\omega_r \end{aligned} \tag{7-99}$$

由式（7－99），得

$$P_0 + \Delta P = (\omega_0 + \Delta\omega_r)(M_0 + \Delta M) \tag{7-100}$$

忽略高阶项，扰动值之间的关系式为

$$\Delta P = \omega_0 \Delta M + M_0 \Delta\omega_r \tag{7-101}$$

因而有

$$\Delta P_m - \Delta P_e = \omega_0(\Delta M_m - \Delta M_e) + (M_{m0} - M_{e0})\Delta\omega_r \tag{7-102}$$

由于在稳态时电磁转矩和机械转矩相等（$M_{m0} = M_{e0}$），当转速用标幺值表示时，$\omega_0 = 1$，因此，图 7－23 可用 ΔP_m 和 ΔP_e 表示如下：

$$\Delta P_m - \Delta P_e = \Delta M_m - \Delta M_e \tag{7-103}$$

在我们所关心的速度变化范围内，汽轮机械功率基本上是阀门位置的函数，并独立于频率。

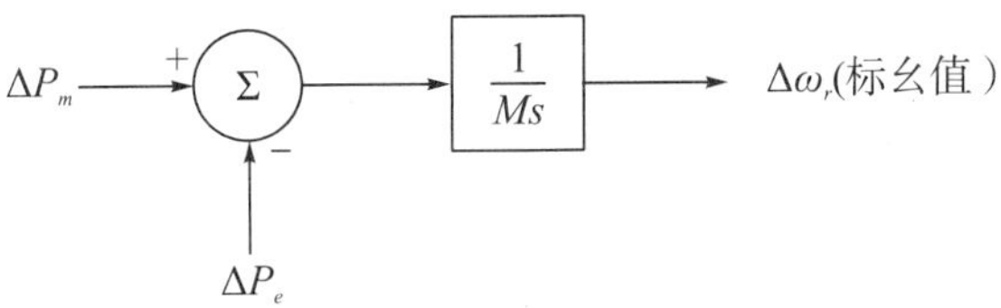

图 7－23　速度和功率关系的传递函数

一般来说，电力系统负荷是一系列电气装置的总和。如照明和加热负荷之类的电阻型负荷，其电功率与频率无关。但如风机和泵之类的电动机负荷，其电功率将由于频率波动导致电动机转速的变化而改变。整个复合负荷对频率的依赖关系为

$$\Delta P_e = \Delta P_L + D\Delta\omega_r \tag{7-104}$$

式中，ΔP_L 为对频率不敏感的负荷变化；$D\Delta\omega_r$ 为对频率敏感的负荷变化，D 为负荷—阻尼常数。负荷—阻尼常数可表示为频率变化 1％所引起的负荷变化百分率，D 的典型值是 1％或 2％。$D=2$ 意味着 1％的频率变化将引起 2％的负荷变化。包括负荷阻尼影响的系统框图如图 7－24 所示。

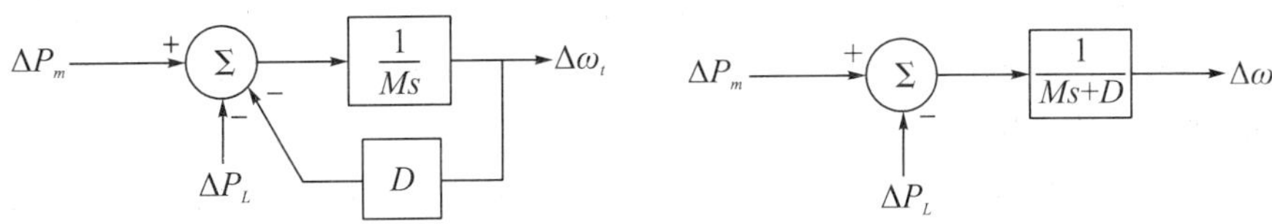

图 7－24　包括负荷阻尼影响的系统框图

在没有调速器的情况下，系统对负荷变化的响应取决于惯性常数和阻尼系数。稳态转速偏差导致负荷波动，但它可以由对频率灵敏的负荷的变化得到精确的补偿。

同步调速器调节阀门可以把频率调整回到正常值或规定值。图 7－25 是这样一个调速系统的示意图。测量到的转子速率 ω_r 同参考速度 ω_0 相比较。误差信号（等于速度偏差）被放大，积分成为一个控制信号 ΔY，它用来调整汽轮机的主供蒸汽通道的阀门或水轮机中的闸门。由于这个积分控制器的复位作用，ΔY 在转率误差 $\Delta\omega_r$ 为 0 时将达到一个新的稳态。

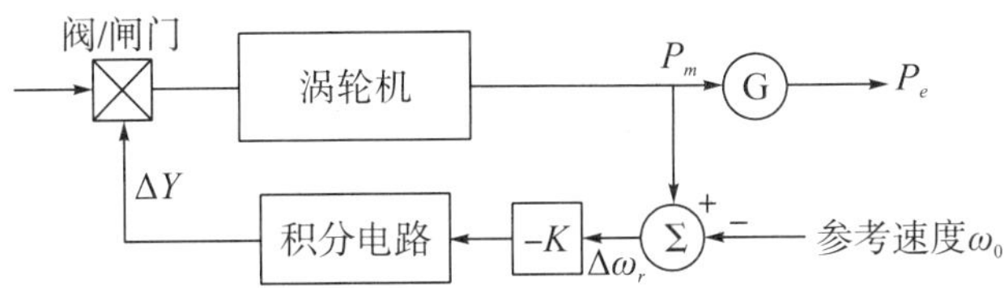

ω_r—转子速度；P_m—机械功率；Y—阀/闸门位置

图 7－25　同步调速器的示意图

图 7－26 表示了一台装有同步调速器的发电机对负荷变化的时间响应。P_e 的增加引起频率按一定速率减小，这个速率取决于转子惯性。当速度下降时，汽轮机的机械功率开始增加。这反过来引起了转速下降速率的减少，并在汽轮机功率超过负荷功率时开始增加转速。这个转速最终回到参考值，并且汽轮机稳态时功率的增加等于增加的负荷总量。

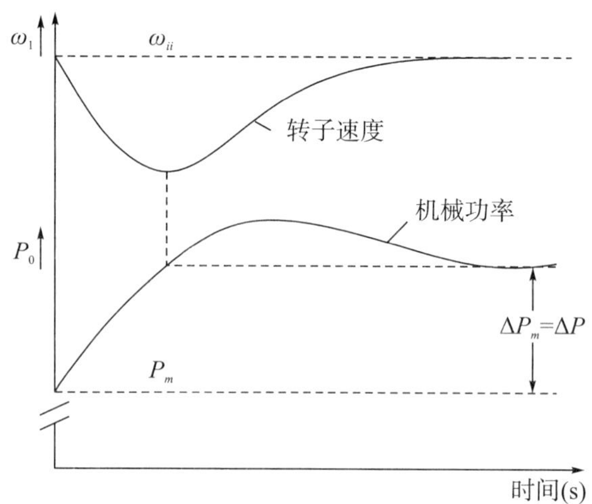

图 7－26　带同步调速器的发电机对负荷变化的响应

当一台发电机只对一个负荷供电或在多机系统中仅有一台发电机需要对负荷变化做出响应时，同步调速器的工作性能是令人满意的。当连接到系统的多台发电机作负荷功率分配时，就必须提供转差调节或斜率特性。

应用于两台或两台以上机组与同一系统相连的情况，这是由于每台发电机组必须确切地具有同一速度设定值；否则，维修站会互相冲突，每台机组都尽力想把系统频率控制在自己的设置值。为了在两台或更多并列运行的机组间稳定地分担负荷，调速器应具有负荷增加时速度下降的特性。

速度下降或调节特性可用增加一个状态反馈环在积分环节上的方式来实现，如图 7－27 所示。图 7－27 中调速器的传函可简化为图 7－28 的形式，这类调速器被称为带增益 $1/R$ 的比例控制器。

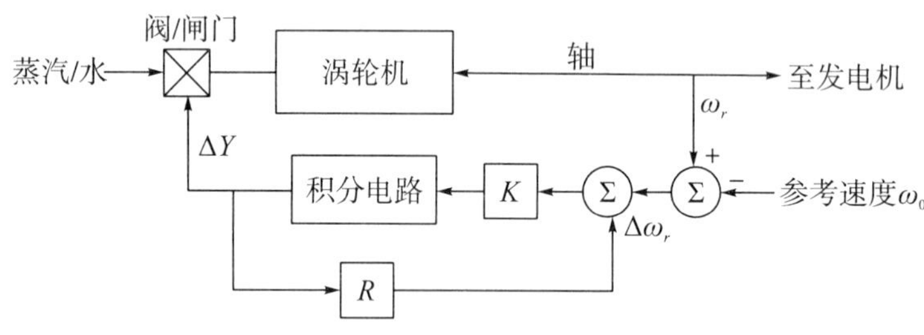

图 7－27　带状态反馈的调速器

R 的值取决于图 7－29 中稳态速度与发电机组的负荷特性之比。速度偏差（$\Delta\omega_\tau$）或频率偏差（Δf）与阀门/闸门位置变化（ΔY）或功率输出变化（ΔP）之比等于 R。参数 R 称为速度调节或下降率。它可由百分数表示为

$$R(\%)=\frac{\text{速度或频率变化百分率}}{\text{功率输出变化百分率}}\times 100=\left(\frac{\omega_{NL}-\omega_{FL}}{\omega_0}\right)\times 100 \qquad (7-105)$$

式中，ω_{NL} 为空载静态速度；ω_{FL} 为满载静态速度；ω_0 为正常标准速度或额定速度。

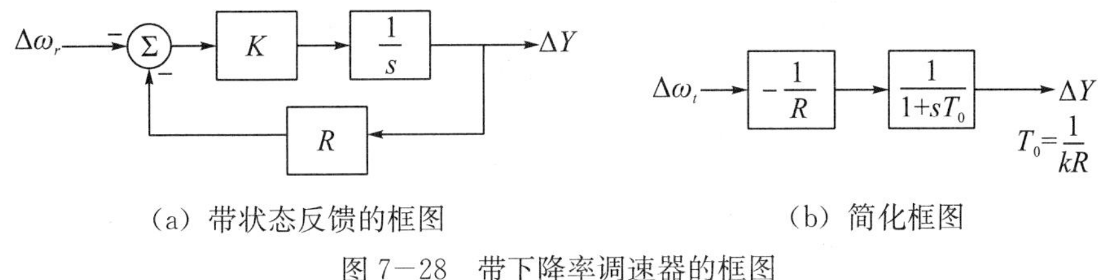

（a）带状态反馈的框图　　　　（b）简化框图

图 7－28　带下降率调速器的框图

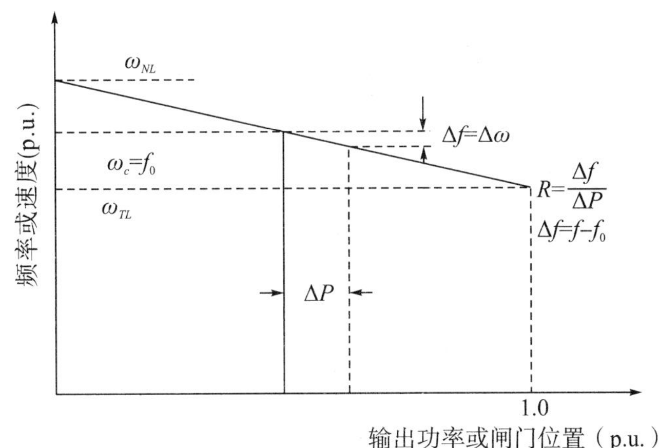

图 7－29　带有速度下降率的调速器理想静态特性

例如，5%的下降率或调速意味着 5%频率偏差导致阀门位置或功率输出的 100%变化。如果两台或两台以上的带下降特性调速器的发电机组连接到同一电力系统，必然有唯一的频率，而这个频率决定了它们分担负荷的变化。考虑图 7－30 中两台带下降特性的机组。它们在初始正常频率 f_0 时分别有输出 P_1 和 P_2。当负荷增加 ΔP_L 时，使机组减速，调速器增加输出直至达到新的运行频率 f。每台机组所分配到的负荷取决于斜率特性。如果机组调节的百分数几乎相等，那么每台机组输出的变化基本上是正比于它的额定容量。即由于

$$\Delta P_1 = P_1' - P_1 = \frac{\Delta f}{R_1},\quad \Delta P_2 = P_2' - P_2 = \frac{\Delta f}{R_2} \tag{7-106}$$

因而有

$$\frac{\Delta P_1}{\Delta P_2} = \frac{R_2}{R_1} \tag{7-107}$$

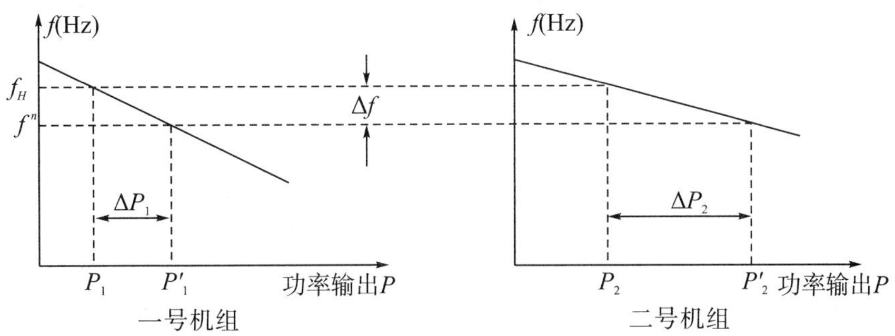

图 7－30　带下降特性调速器的并列运行机组之间的负荷分配

图 7—31 是带下降特性调速器的发电机组对负荷增加的时间响应曲线。由于有下降特性，功率输出的增加伴随着静态速度或频率偏差。

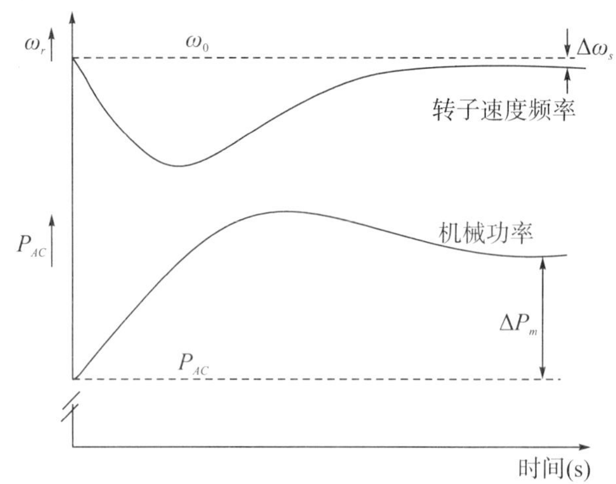

图 7—31　带下降特性调速器的发电机组的响应

下面我们将研究汽轮机和水轮机以及它们的调速系统的相应响应速度。

汽轮机可能是再热式或非再热式的。图 7—32 是再热式汽轮机发电机组的框图。框图中包括了调速器、汽轮机、旋转质量和负荷，它们适用于负荷—频率分析。汽轮机表达式是简化传递函数，并假设锅炉压力恒定。图 7—32 的框图同样适用于非再热式汽轮机。然而，这种情况下 $T_{RH}=0$，汽轮机传递函数简化成如图 7—33 所示。

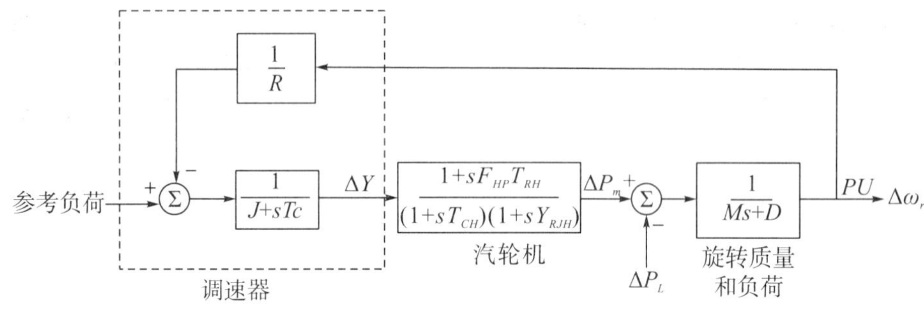

图 7—32　再热式汽轮机发电机组的框图

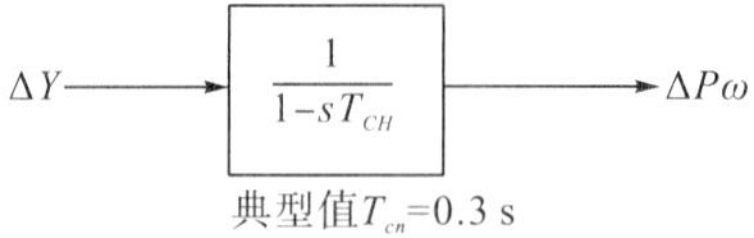

图 7—33　非再热式汽轮机传递函数

水轮机的调速器在稳态速度控制时需要暂态下垂率补偿。因为进水口闸门位置的变化将产生一个相反的短期水轮机功率变化，水轮机调速器设计有一相对大的暂态下降环节，其复归时间常数大。这保证了独立运行情况下（孤立方式）稳定的频率调节。因此，水轮机对速度的变化或调速器位置变化的响应相对较慢。

参考文献

[1] 倪以信，陈寿孙，张宝霖．动态电力系统的理论和分析［M］．北京：清华大学出版社，2002.

[2] KUNDUR P．电力系统稳定与控制［M］．周孝信，等，译．北京：中国电力出版社，2002.

[3] 闵勇．电力系统稳定分析［M］．北京：清华大学出版社，2016.

[4] 刘取．电力系统稳定性及发电机励磁控制［M］．北京：中国电力出版社，2007.

[5] 电力工业部．电力系统安全稳定导则［M］．北京：水利电力出版社，1981.

[6] PAI M A．Power System Stability：Analysis by the Direct Method of Lyapunov［M］．Amsterdam：North-Holland Publishing Company，1981.

[7] 刘笙，汪静．电力系统暂态稳定的能量函数分析［M］．上海：上海交通大学出版社，1996.

[8] MACHOWSKI J，BIALEK J W，BUMBY J R．Power System Dynamics and Stability［M］．New York：John Wiley & Sons，Inc，1997.

[9] 安德逊，汤涌，马世英．电力系统的控制与稳定（第一卷）［M］．《电力系统的控制与稳定》翻译组，译．北京：水利电力出版社，1979.

[10] 余贻鑫，王成山．电力系统稳定性理论与方法［M］．北京：科学出版社，1999.

[11] CHING H D，CHU C C，CAULEY G．Direct Stability Analysis of Electric Power Systems Using Energy Functions：Theory，Applications，and Perspective［J］．Proceedings of the IEEE，1995，83（11）：1497－1529.

第8章　电力系统电压稳定

电压控制和稳定问题对电力工业而言并非新的概念，在高度发达的现代大规模电网中，电压问题是人们最关心、最基本的稳定问题之一。从系统稳定的角度来说，电压稳定性就是系统维持状态变量即节点电压在合理数值范围内的能力。这种能力实质上也是系统维持或恢复负荷需求和负荷供给之间平衡的能力。如果电力系统中某些节点的电压超出了合理的数值范围且失去了控制，则一旦受到扰动，节点电压将严重偏离正常工作点，进一步引起电力系统中其他的状态变量出现异常，严重时甚至可能导致整个系统失去稳定。

根据电力系统遭受扰动大小所表现出的电压稳定特点，IEEE/CIGRE 将电压稳定分为小扰动电压稳定（静态电压稳定）和大扰动电压稳定（暂态电压稳定）两大类来研究。另外，按电力系统稳定性的一般分析方法，电力系统电压稳定问题也是从平衡点和扰动两个方面来进行分析。

本章将主要讨论电压失稳的机理，介绍静态和动态电压稳定评估指标及其分析方法。

8.1　电力系统电压稳定性的基本概念

8.1.1　电压稳定性的定义

电压稳定性尽管至今没有一个公认的定义，但在不同的场合其有着表述不同但内涵相似的定义。IEEE 在其与电压稳定相关的报告[1]中认为：电压稳定性是系统维持电压的能力，如果系统在负荷导纳增加时，负荷消耗的功率也随之增加，则系统是电压稳定的。CIGRE 在 1993 年的报告[2]中提出：如果系统受到任何一定的扰动之后，系统能够达到一个扰动后的平衡状态，负荷邻近节点的电压能够恢复到或接近于扰动前的值，就认为系统是电压稳定的。《电力系统安全稳定导则》中将电压稳定定义为：电力系统受到小的扰动或大的扰动后，系统能保持或恢复到容许的范围内，不发生电压崩溃的能力。

电压崩溃是指由于电压不稳定所导致的系统内大面积、大幅度的电压下降过程。当出现扰动使电压急剧下降，并且运行人员和自动系统的控制已无法终止这种电压衰落时，系统就会进入电压不稳定的状态，这种电压的衰落可能只需几秒钟，也可能长达几分钟、几十分钟。如果抑制不住电压下降过程，最终电压崩溃就会发生。

应特别注意电压稳定性、频率稳定性和角度稳定性在电力系统中的耦合问题。比如，在电压失稳的场合，经常会发生频率不稳定和角度不稳定耦合在一起出现的情况。所以，三种稳定性问题在电力系统中是相互关联的，只是诱发系统崩溃的主因不同。在分析电压稳定时，也不能忽略其他稳定性的因素。不同的稳定性具有不同的特点，受影响的主要因素也有所不同。

从扰动的大小角度分析，可将电压稳定性问题分为小干扰电压稳定和大干扰电压稳定。小干扰电压稳定着眼于小干扰（如负荷的缓慢增长）后系统维持电压的能力，可以用静态分析方法进行有效的研究。大干扰电压稳定研究的是大干扰（如系统事故）后系统维持电压的能力，可以用包括各类元件动态模型的非线性时域仿真加以研究。

根据研究的方法，可将电压稳定问题分为静态电压失稳、动态电压失稳和暂态电压失稳。

静态电压失稳是指负荷的缓慢增长导致电压水平逐渐降低，在达到系统能承受的临界负荷水平时导致的电压失稳。可以用静态模型进行表征和分析。

动态电压失稳是指系统发生事故后，尽管采取了一些控制措施，但是由于系统的结构变得脆弱或全系统（或局部）由于支持负荷的能力变弱，缓慢的恢复过程中发生的电压失稳。由于系统在失去稳定前已经处于动态过程中，发电机、控制设备、负荷的动态行为都会对动态电压失稳产生影响。在整个时域过程中必须采用动态模型进行分析。

暂态电压失稳是指系统发生事故或其他大的扰动后，伴随系统处理事故的过程中某些负荷母线电压发生不可逆转的突然下降的失稳过程。特指一个非常短暂的时间框架内的动态过程。

从电压稳定的时间上划分，还可以将电压稳定分为暂态电压稳定、中期电压稳定和长期电压稳定。

8.1.2　电压失稳物理现象与机理分析

8.1.2.1　电压失稳的物理现象

过去几十年中，在世界上不同的电力系统中报告的电压不稳定事故有许多起。瑞典、法国、日本、巴西、美国等都发生过电压不稳定（崩溃）事故。以下列举了部分电压崩溃事故。从这些典型的电压不稳定（崩溃）事故中，可以对电压崩溃产生原因、发展过程、结果等有一个大致的了解。

(1) 1978 年 12 月 19 日，法国。

在早晨 7:00—8:00 间负荷骤增。8:00 以后电压开始下降。8:20 东部 400 kV 输电系统的电压降至 342～374 kV。当一条重要的 400 kV 线路由于过载开断后，系统线路于 8:26开始解列，系统崩溃。

(2) 1982 年，美国。

9 月 2 日、11 月 26 日、12 月 28 日及 12 月 30 日 4 次扰动情况相似，均由佛罗里达州中部或南部的一台大型发电机组跳闸引起。由于系统输入功率的骤减，在 1～3 min 内系统电压持续降低，最终发生系统解列。

(3) 1983 年 12 月 27 日，瑞典。

斯德哥尔摩西部一座变电站断路器发生故障，导致变电站失压及 2 回 400 kV 线路一起跳开。随后，一条 220 kV 线路因过载而断开。由于带负荷调压变压器的负调压作用进一步降低了系统的电压水平，大约在故障发生 50 s 之后，又有一条 400 kV 线路跳开。接着发生电网解列。

（4）1986 年 11 月 30 日，巴西。

起因是 HVDC 系统中一些交流线路的开断，直流逆变站的交流电压降低到了 0.85 p.u.，并且持续数秒，造成多次换相失败。最后整个直流系统停运，交流系统解列。

（5）1987 年 7 月 23 日，日本。

东京，天气酷热导致负荷过重。虽然投入了所有的无功补偿装置，但仍然不能阻止系统电压的持续下降。500 kV 系统的电压最终降至 370 kV，导致了系统的电压崩溃。

（6）1987 年 8 月 22 日，美国。

田纳西州的 115 kV 母线上出现相间电弧，在故障清除后约 10 s 内 161 kV 和 500 kV 系统电压降到约正常值的 20%。最后，由于继电保护的连续动作导致系统解列。

8.1.2.2 电压失稳的时间框架

从发生的电压失稳事件中可知，电压失稳的起因不同，发生的时间也不同，失稳事件涉及了许多系统元件及其变量。

电压失稳的时间框架在几秒至几十分钟或更长时间范围内。根据电压稳定时间范畴，如果从电压失稳时间框架上来区分[3]，可分为：

（1）暂态电压稳定性。

该框架从 0～10 s，暂态电压稳定性分析主要是要考虑“快”变量的作用，即研究快速响应的控制设备，如 HVDC、SVC、发电机励磁动态、感应电动机等引起的电压失稳现象。特别是大的扰动，当短路事故后发生大幅度电压下降时，感应电动机的无功需求将进一步增大，容易造成电压崩溃。

（2）中期电压稳定性。

该框架也称为暂态后时间框架，范围从几十秒至数分钟。相比于暂态时间框架，在中期电压稳定性时间框架范围内，对于电压稳定性的分析需要计及许多元件“慢”变量的作用，也就是说，需要考虑元件的“慢”动态特性，即慢速作用的控制设备，如 OLTC、电压调节器、发电机最大励磁限制器、AGC 等的作用。通常情况下，进行时域仿真是必要的。

（3）长期电压稳定性。

该框架范围达数十分钟，如过负荷引起等。实际上，（2）和（3）两项经常被统称为中长期电压稳定性。尽管电压失稳能够被分为不同的时间框架范围内，但不能将它们绝对地割裂开来。例如，一个数分钟的缓慢的电压崩溃事件最终可能发生在属于暂态时间框架内的快速的电压崩溃，即中长期动态引起的暂态电压失稳。

电压失稳时间框架如图 8-1 所示。

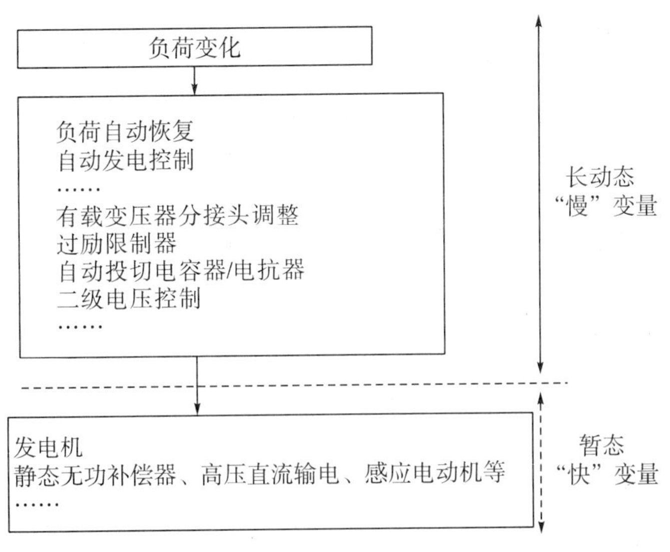

图 8—1　电压失稳时间框架

8.1.2.3　电压失稳机理分析

由以上的分析可知，引起电压崩溃的原因有很多，事故从起始到达系统崩溃经历的时间也不同。有些情况下，几种原因交织在一起，这就更加大了分析的困难程度。起因有多种，最终的根本问题是系统无法满足无功需求的问题。总之，电压崩溃是一个非常复杂的过程。一般来说，引起电压崩溃的原因可以概括为（但不限于）如下几点。

（1）无功储备不足。

当一个系统在紧急事故之后经历突然无功需求增加时，如果系统有充足的无功储备，系统电压可调整到稳定的电压水平；而在系统无功储备不足时，就可能导致电压不稳定问题。

（2）连锁故障。

继电保护动作，跳开重负荷线路，负荷转移到其余邻近的线路，使其他线路传输功率激增，可能使该线路过载、无功损耗急速增加、电压降低，引起线路级联跳闸。一般来说，系统的连锁故障是导致系统崩溃的重要原因之一。

（3）系统重载（过载）运行。

系统负荷过重，且长时间的连续过负荷运行。无功储备不足，不能维持系统正常的电压水平而导致系统电压水平持续下降，最终电压崩溃，典型的如 1987 年日本东京大停电事故。

（4）变压器负调压作用。

在负荷中心超高压和高压网电压的降落将反过来影响配电系统，使其二次侧电压降低。在系统无功不足、负荷侧低电压的情况下，有载调压变压器动作，力图恢复二次侧配电电压。然而，这将导致负荷的无功需求的增加，致使一次系统无功缺额进一步加大、电压进一步跌落，最终引起电压崩溃。这称为有载调压变压器的负调压作用，这也是 1983 年瑞典电网解列事故的原因之一。

（5）过励限制器动作机理。

当系统出现大的扰动如事故后，从系统无功需求或稳定需求，系统中的一些发电机励磁可能从额定状态转到强励状态，以增加无功输出来维持系统的电压水平。但是，在强励持续一定时间后，为了保护励磁绕组不过热，发电机过励限制器动作，其励磁电流将被强制恢复到额定值。这样，会突然加重系统无功不足的状况，使电压下降更加显著，最终导致电压崩溃。这就要求系统要有充足的无功储备。

（6）失去重要电源支撑。

负荷中心大型发电机组的事故跳闸，引起系统电压降低。如果相应的控制措施不及时，会最终导致电压崩溃。如 1982 年美国佛罗里达州电压崩溃事件。

（7）弱连接交直流系统。

换流站的无功需求非常大（可以达到传输功率的 50%左右）。在弱连接的交直流系统中，当交流系统无功不足或换流站无功补偿不能满足要求，或交流侧发生较严重事故引起电压降低时，都会引起换流站交流电压降低，易发生换相失败事故，导致直流系统停运，交直流系统解列。如 1986 年巴西的交直流系统的解列事故。

综上所述，电压失稳机理一般包括（但不限于）：

（1）负荷持续增加，系统运行备用（特别是无功）紧张，传输线潮流接近最大功率极限。

（2）大的突然扰动，如失去发电机组、输电线相继跳闸连锁故障等。

（3）系统长时间重载（过载）运行。

（4）有载调压变压器负调压作用。

（5）发电机过励限制器动作机理。

（6）失去重要电源支撑，继电保护、低频减载等缺乏协调。

（7）弱连接的交直流系统。

电压崩溃通常显示为慢的电压衰减，这是由于许多电压控制设备和保护系统作用及其相互作用积累过程的结果。在许多情况下，电压不稳定、频率不稳定和角度不稳定是相互耦合的。

8.2 分岔理论

8.2.1 分岔概念

分岔是系统状态的一种质的变化，如平衡的消失或稳定状态从平衡变化到振荡。在任何系统中，如果某些参数连续变化，那么就可能使系统达到一个临界状况。之后，系统将出现从一个状态到另一个状态的突变。例如，考虑一个二次方程式：$-x^2-p=0$。变量 x 代表系统状态，p 代表系统参数。当 p 为负时，系统有两个平衡解：$x_1=-(-p)^{1/2}$，$x_2=(-p)^{1/2}$。当 p 逐渐变化至 $p=0$ 时，两个平衡解重合：$x_1=x_2=0$。如果 p 继续变化至 $p>0$ 时，平衡解消失，即系统无解。这时就称为分岔发生在 $p=0$ 处。

在电力系统稳定分析领域中，电压崩溃是一个系统的不稳定现象并且是与分岔相联系的。当发生电压崩溃时，也正是系统从一个状态到另一个状态的转变。分岔分析要求系统模型能够由方程来表示，且方程含有两种类型的变量：状态变量和参数变量。状态变量包括发电机功角、母线电压幅值和幅角、发电机励磁电流等。参数变量是具有缓慢变化并改变系统方程的特征的变量，如母线的有功注入功率等。系统的状态变量和参数变量都是矢量。从几何意义而言，状态矢量是状态空间的其中一点，而参数矢量是参数空间的其中一点。如果系统具有 n 个状态变量和 m 个参数变量，则状态空间为 n 维，参数空间为 m 维。

电力系统中存在着几种不同类型的分岔现象，如鞍结分岔、极限诱导分岔和霍普夫分岔等。

8.2.2　鞍结分岔

8.2.2.1　静态例

电力系统中，一个主要的分岔类型就是鞍结分岔（Saddle Node Bifurcation，SNB）。至今，鞍结分岔已经被广泛地分析和研究。为方便起见，考虑一个简单的电力系统，如图 8-2 所示。系统具有一个 PV 类型发电机，一条输电线，一个具有常功率因数 k 的 PQ 类型负荷。

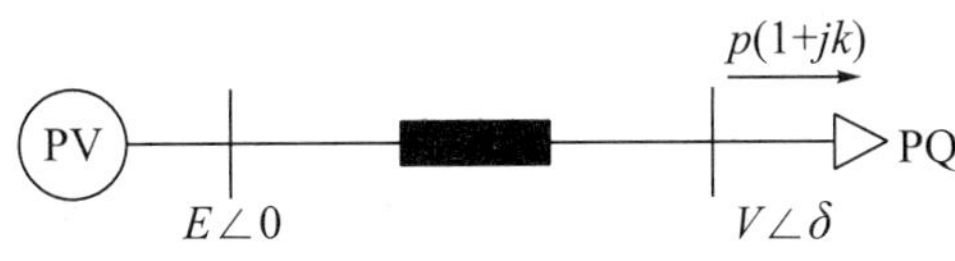

图 8-2　简单电力系统图例

我们选择有功功率 p 为一个缓慢变化的参数，它代表了系统负荷。k 为功率因数，此处设为常数。系统的状态变量为负荷节点电压和相角，$x=(V,\delta)$。图 8-3 显示了节点电压幅值随有功负荷 p 的变化情况。

设点 O 为初始运行点，横坐标为负荷，纵坐标为电压。在低水平的负荷条件下，对应一个负荷值，系统有两个平衡解：一个为高电压解，另一个为低电压解。高电压解对应着低传输电流，低电压解对应着高传输电流。当负荷逐渐增加时，一般来说，负荷节点的电压会逐渐降低。同时，两个平衡解会逐渐靠近并最终在 SNB 处重合。如果负荷再进一步增加，系统将没有平衡解，即平衡点在 SNB 处消失。点 SNB 即为鞍结分岔，系统发生电压崩溃。从初始运行点 O 到电压崩溃点（SNB）的距离 λ 称为负荷裕度。负荷裕度目前被认为是最有效的电压稳定评估指标，它反映了系统对负荷的承受能力。

图 8-3 中曲线称为 PV 曲线或鼻端曲线。由以上分析得出：曲线的上半部为稳定运行区域，下半部为不稳定运行区域。高电压解为稳定的平衡点，低电压解为不稳定的平衡点。

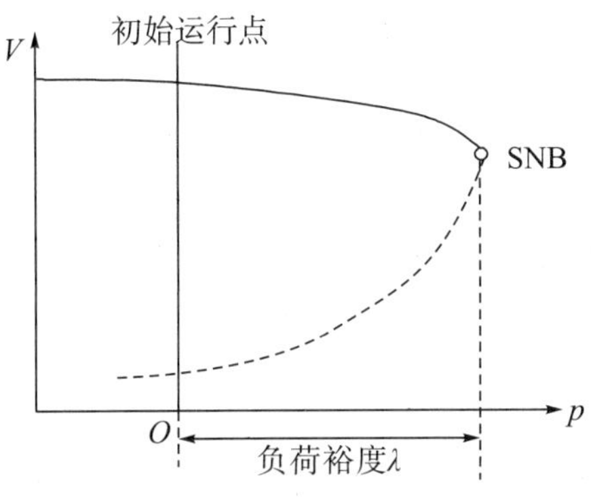

图 8-3　鞍结分岔图

8.2.2.2　鞍结分岔的特征

考虑一下平衡点处系统的雅可比矩阵。需要注意的是，系统动态雅可比矩阵不同于静态雅可比矩阵。但是，系统静态模型及其静态雅可比矩阵对于某些鞍结分岔计算是足够的。如果系统雅可比是渐进稳定的，其全部的特征值具有负的实部。当系统负荷增长至分岔处时，系统雅可比矩阵出现一个零特征值。当负荷增长超出临界值（分岔）处时，系统雅可比已无任何意义了。对于鞍结分岔而言，有一些非常有意义的特征。下面在鞍结分岔处的一些特征能够被用来判断系统的鞍结分岔现象：

（1）两个平衡解重合。

（2）状态变量（电压）对于负荷参数的灵敏度无穷大。

（3）雅可比矩阵奇异。

（4）雅可比矩阵有一个零特征值。

（5）雅可比矩阵有一个零奇异值。

（6）分岔处崩溃动态是状态变量先慢后快。

8.2.2.3　参数空间

前面讨论的仅仅是一个简单的例子。考虑一下，前面的参数是一个负荷时，分岔是一个点。如果假设参数为两个有功负荷，如图 8－4 所示。

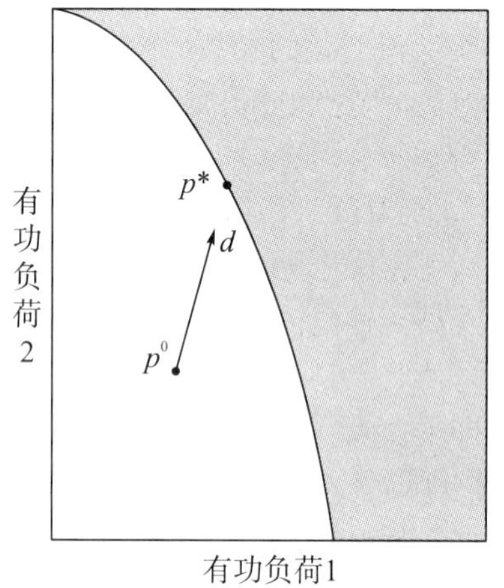

图 8－4　负荷参数空间

设系统初始运行点为 p^0，负荷变化方向如 d 所示，非阴影区域为可运行区。注意，由于负荷变化方向的不同，临界负荷也随之变化，最终形成了处于阴影和非阴影区域间的临界负荷曲线，称为分岔集 p^*。事实上，系统中的状态变量和参数是非常多的。假设参数空间为 N 维，则分岔集为 $N-1$ 维。

在状态空间中，电压崩溃现象中状态变量的参与是能够被计算出的。这将为系统运行人员提供关于分岔的有用信息。

8.2.3　极限诱导分岔

系统中发电机的无功极限或其他无功源的极限会对电压崩溃产生非常大的影响[3-4]。一般来说，这些极限的到达会使系统方程产生非平滑的改变。某些情况下，这些极限的影响是使系统的某些状态变量变为常数，而另一些常数则变为变量。某种情况下，运行中这些极限的到达会诱发系统中发生另一种电压崩溃现象——极限诱导分岔（Limit Induced Bifurcation，LIB）。

极限诱导分岔如图 8−5 所示，点 O 为初始运行点。随着负荷的增加，系统的电压水平一般会逐渐降低。这时，系统中的发电机会随之逐渐增加无功出力。因此，某些发电机会到达其无功极限，如图中的 a 点和 b 点（分别为 a 发电机和 b 发电机到达无功极限 Q_{limit}）。在这些点处，相应的发电机由 PV 节点转换为 PQ 节点，即相应的变量 Q 转化为常量，而常量机端电压 V 则转化为变量。这意味着这些发电机不再具有电压调节能力，即不能维持机端电压的恒定。这些点称为无功/电压约束转换点。在无功/电压约束转换点处，随着 PV 节点转换为 PQ 节点，潮流方程也会发生变化。当系统中某台发电机到达无功极限时，如果系统的运行点位于该发电机 PV 曲线下半部的不稳定区，则系统会突然发生电压崩溃。而这时的系统电压水平并不一定下降到不可接受的程度，称为瞬时不稳定或极限诱导分岔。

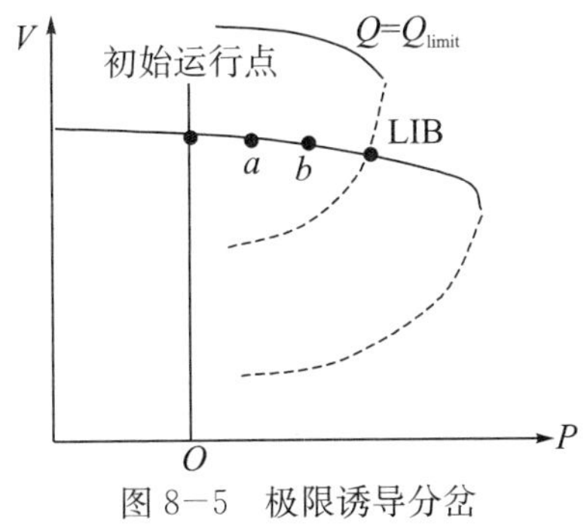

图 8−5　极限诱导分岔

由于极限诱导分岔是发电机到达无功极限引起的，因此，图 8−6 给出了发电机的 PV 曲线。

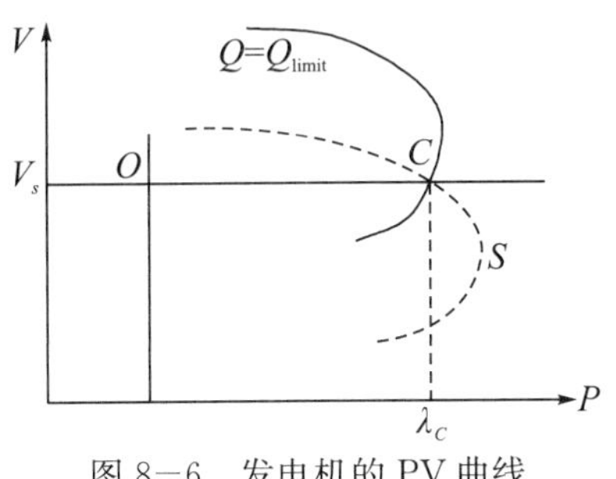

图 8−6　发电机的 PV 曲线

图 8−6 中，V_s 为给定值，O 为初始运行点，$Q=Q_{limit}$ 为该发电机处于无功极限状态下的 PV 曲线。

当负荷增加时，运行点的运行轨迹为线段 OC。这时，$Q<Q_{limit}$，$V=V_s$，发电机由于未达到无功极限，可以保持端电压恒定，该发电机为 PV 节点发电机。

当运行点至 C 时，发电机到达了无功极限，即 $Q=Q_{limit}$，$V=V_s$。此时发电机运行轨迹会转移至 $Q=Q_{limit}$ 曲线上。如果曲线如图 8−6 中 PV 曲线实线所示，则点 C 已位于 PV 曲线的下半部，该区域是不稳定区。因此诱发了系统的突然电压崩溃。点 C 即是前述的无功/电压约束转换点，同时也是极限诱导分岔。因此，极限诱导分岔是临界的无功/电压约束转换点。

当系统运行在另一种情况，即发电机的 $Q=Q_{limit}$ 时，如果该发电机的 PV 曲线如图 8−6 中虚线所示，在这种情况下，运行点则位于曲线的上半部，系统不会发生极限诱导分岔。在 CS 段，$Q=Q_{limit}$，$V<V_s$，发电机转变为 PQ 节点发电机。

另一个值得注意的问题是，极限诱导分岔不具有如鞍结分岔那样的在分岔处潮流雅可比奇异的特征。

极限诱导分岔的分析非常重要的一点就是分岔处的约束条件。根据以上分析可知，极限诱导分岔的判定条件为在崩溃点处至少有 1 台发电机满足以下条件：

$$\begin{cases} Q_{limit,i} - Q_i = 0 \\ V_{si} - V_i = 0 \end{cases} \tag{8-1}$$

式中，i 属于发电机集合 S_G。

因此，可以用以下判据来确定系统的分岔类型：

(1) 如果系统中所有发电机在分岔处都不满足式（8−1），则为鞍结分岔。

(2) 如果系统中至少有 1 台发电机在分岔处满足式（8−1），则为极限诱导分岔。

8.2.4 霍普夫分岔

在一个非线性系统中，霍普夫（Hopf）分岔是一种振荡现象。一个原先运行在稳定平衡点的电力系统，当参数缓慢变化以致发生霍普夫分岔时，系统会开始振荡。其中，周期轨迹是一种稳定的振荡状态[6]。

图 8−7 表示了一个典型的超临界 Hopf 分岔发生后的状态空间。这个平衡点是不稳定的，在平衡点附近有一个稳定的周期轨道。对于一个稳定的周期轨道，小的扰动导致了一个返回到这个周期轨道的暂态过程。

如果起始状态处于不稳定平衡点附近，它将有一个振幅不断增长的振荡，直到趋于如图 8−7（a）所示的周期轨道；如果起始状态处于周期轨道外，它将有一个减幅振荡，直到趋于如图 8−7（b）所示的周期轨道。

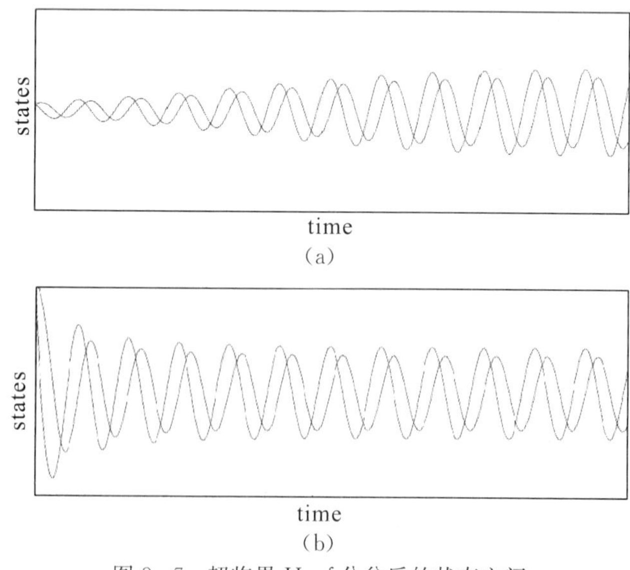

图 8−7　超临界 Hopf 分岔后的状态空间

图 8−8 表示了一个典型的亚临界 Hopf 分岔后的状态空间。在分岔之前，状态是在一个稳定平衡点。在分岔之后，系统状态经历一个振荡暂态。系统参数缓慢变化，使平衡点变成不稳定，而不稳定振荡的振幅不断增大。

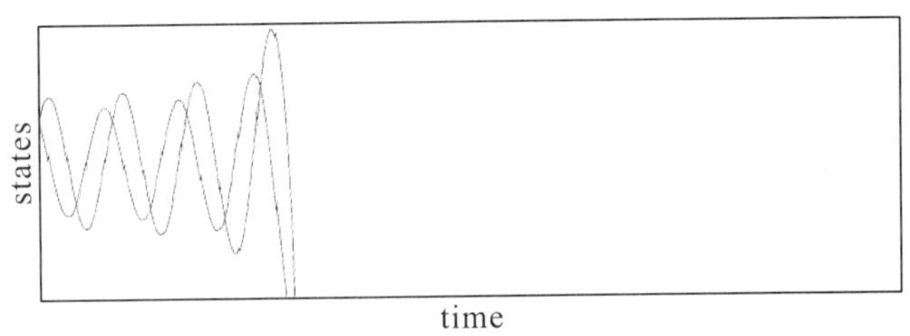

图 8−8　亚临界 Hopf 分岔后的状态空间

在稳定平衡点处 Hopf 分岔会发生下列现象，这些现象可以用来表征或检验霍普夫分岔：

（1）一个原先处在稳定平衡点的系统开始以一个周期轨道稳态振荡，或者当参数缓慢变化时，有一个不断增长的振荡暂态。

（2）当一个系统参数缓慢变化时系统平衡将持续，但是它从稳定变化到振荡不稳定。

（3）系统雅可比矩阵有一对频率不为零的特征值在虚轴上。也就是说，由于一对特征值穿越虚轴，使得平衡点附近线性化的系统变成 Hopf 分岔的不稳定。

8.3　电力系统静态电压稳定性

8.3.1　概述

电压稳定问题的研究就是从电力系统的实际抽象到反映这种客观现象的数学模型，再从其数学模型反映的数学特征回到实际问题并加以解释。因此，数学模型的建立是电压稳定分析的基础。

电力系统是一个复杂的非线性动力学系统，它的动态行为可以由一个非线性微分—差分—代数方程组（Difference-Differential-Algebraic Equations，DDAE）来精确描述[5]。其中，微分方程组部分体现电力系统中动态元件的动力学行为，代数方程组部分反映电力系统中动态元件之间的相互作用及网络的拓扑约束，而差分方程组则反映系统中元件的离散行为（如电容器/电抗器的投切、有载调压变压器的档位调节等）。这样，无论是来自动态元件部分的扰动还是来自网络部分的扰动，所破坏的平衡均是动态元件的物理平衡。电力系统的动力学行为仅受其动态元件的动力学行为及相互关系的制约。

所有电压稳定问题及相关问题的研究都是围绕电力系统的 DDAE 的基本性质展开的。但是，为了分析问题的方便，研究者都根据研究的侧重点作了不同程度的简化。由于问题的侧重点不同，分析的方法也不尽相同。

电压稳定性的静态分析是捕捉系统状态的变化在时域中的一个断面。在数学上，可以设定微分—代数方程组的状态变量的微分等于零，从而使得描述系统的方程组转化为纯代数方程组。这样就可以用各种静态分析方法来研究（静态）电压稳定性。

静态问题需要系统的静态模型，由于其只与代数方程组有关，故它比动态研究更有效率。一般来说，静态电压稳定研究应能回答以下问题：系统对崩溃的接近程度，即离不稳定还有多远或系统的稳定裕度有多大？当系统发生不稳定时，主要机理是什么？电压弱区域、弱节点有哪些？哪些发电机、支路是关键的？如果要采取措施防止电压不稳定，在哪儿？采取什么措施最有效？等等。

8.3.2 静态电压稳定性指标

迄今为止，已经有多种静态电压稳定性评估指标被开发用来对电压稳定性进行评估，如奇异值指标、特征值指标、电压不稳定接近（VIPI）指标、负荷裕度指标、能量函数指标、局部指标等。

奇异值指标和特征值指标是基于鞍结分岔处潮流雅可比矩阵有一个零奇异值和一个零特征值的特性来求取雅可比矩阵的最小奇异值或最小特征值，从而判断系统所处的运行点与鞍结分岔类型的电压崩溃点的距离。基于电力系统潮流的多解特性的 VIPI 指标的思路是：电力系统潮流通常具有多解特性，其中的一个解对应着系统的“可运行”点[6]。潮流解的数目随着运行点接近电压崩溃点而减少。最终，在崩溃点处仅仅存在一对解并且相互重合。VIPI 指标就是用这对解来预测对电压崩溃的接近度。负荷裕度指标是求取系统运行点距电压崩溃点的距离，是对系统的最大负荷承受能力的计算。能量函数指标是建立在李雅普诺夫稳定理论基础之上的，借助李雅普诺夫函数在电压崩溃点处变为零这一特性来判断系统的电压稳定性。局部指标的原理是利用等效方法进行局部电压稳定性分析。

本节着重介绍目前最常用的两种评估指标的应用及其相关算法。

8.3.2.1 奇异值指标

由上节我们已知道，当系统运行到达负荷极限时，潮流雅可比矩阵奇异，且有一个零奇异值。因此，潮流雅可比矩阵的奇异度可以作为电压稳定性指标，即用潮流雅可比矩阵的最小奇异值作为电压稳定性指标，它可以表示当前运行点和静态电压稳定极限之间的距离。崩溃点处，最小奇异值变为零。

考虑一个电力系统，设节点总数为 n，m 为 PV 节点数，一个平衡节点。在正常运行情况下，电力系统潮流方程为

$$\begin{bmatrix}\Delta P\\ \Delta Q\end{bmatrix}=\boldsymbol{J}\begin{bmatrix}\Delta\theta\\ \Delta V\end{bmatrix}\tag{8-2}$$

式中，$\boldsymbol{J}$ 为雅可比矩阵。对矩阵 $\boldsymbol{J}\in\mathbf{R}^{m\times n}$ 进行奇异分解，可得

$$\boldsymbol{J}=\boldsymbol{R}\boldsymbol{\Sigma}\boldsymbol{S}^{\mathrm{T}}=\sum_{i=1}^{2n-m}\boldsymbol{r}_i\sigma_i\boldsymbol{s}_i^{\mathrm{T}}\tag{8-3}$$

式中，$\boldsymbol{\Sigma}$是对角元为正的奇异值 σ_i 的对角矩阵，矩阵 $\boldsymbol{R}$ 和 $\boldsymbol{S}$ 为单位正交阵，它们的列向量分别称为矩阵 $\boldsymbol{J}$ 的左、右奇异向量；$\boldsymbol{r}_i$ 和 $\boldsymbol{s}_i$ 分别是矩阵 $\boldsymbol{R}$ 和 $\boldsymbol{S}$ 的第 i 个列向量。对于所有的 i，$\sigma_i\geqslant 0$，且 $\sigma_1\geqslant\sigma_2\geqslant\sigma_3\geqslant\cdots\geqslant\sigma_{2n-m}$。

如果矩阵 $\boldsymbol{J}$ 非奇异，则

$$\begin{bmatrix}\Delta\theta\\ \Delta V\end{bmatrix}=\boldsymbol{J}^{-1}\begin{bmatrix}\Delta P\\ \Delta Q\end{bmatrix}=\sum_{i=1}^{2n-m}\boldsymbol{r}_i\sigma_i^{-1}\boldsymbol{s}_i^{\mathrm{T}}\begin{bmatrix}\Delta P\\ \Delta Q\end{bmatrix}\tag{8-4}$$

当接近鞍结电压崩溃点时，一个奇异值几乎为零，系统响应主要由最小奇异值 σ_{2n-m}

和它对应的左、右奇异向量 $\boldsymbol{r}_{2n-m}$ 和 $\boldsymbol{s}_{2n-m}$ 决定。因此有

$$\begin{bmatrix}\Delta\theta \\ \Delta V\end{bmatrix}=\sigma_{2n-m}^{-1}\boldsymbol{r}_{2n-m}\boldsymbol{s}_{2n-m}^{\mathrm{T}}\begin{bmatrix}\Delta P \\ \Delta Q\end{bmatrix} \tag{8-5}$$

由上式可知，与最小奇异值关联的左、右奇异向量包含了以下重要的信息：

(1) 右奇异向量中的最大元素指示最灵敏的电压幅值调节节点（关键节点）。

(2) 左奇异向量中的最大元素指示功率注入的最灵敏节点（关键发电机）。

这样，就可以通过雅可比矩阵左、右奇异向量的指示确定对系统电压稳定影响较大的节点；同时也说明，在这些节点处加无功或功率调节等控制措施对系统的电压稳定控制最灵敏。

与奇异值指标相似，雅可比矩阵的特征值的模值也反映了电压稳定性的相对量度。同时，与最小特征值相关的左、右特征向量具有以下特性：

(1) 右特征向量中的最大元素指示最灵敏的电压幅值调节节点（关键节点）。

(2) 左特征向量中的最大元素指示功率注入的最灵敏节点（关键发电机）。

奇异值和特征值指标都是具有非线性特征的指标。通常，在临近临界点处，奇异值和特征值突然会出现非常陡的下降过程，而在之前的其他时刻，它们的变化都比较平缓，因此，它们对电压崩溃的预测性比较差。

8.3.2.2　负荷裕度指标

如图 8-3 所示，负荷裕度是从系统的给定的运行点出发，按照某种负荷和发电功率增长模式，系统逐步逼近电压崩溃点，则系统当前的运行点至电压崩溃点的距离称为系统的负荷裕度。它被认为是目前最有效的电压稳定评估指标之一。

负荷裕度指标具有如下优点：

(1) 负荷裕度非常直观，易于理解。

(2) 负荷裕度不依赖于特别的系统模型，它仅仅需要一个静态模型。尽管它能够用于动态模型，但并不依赖动态细节[6]。尤其不需要负荷动态这一点非常有用。

(3) 负荷裕度是一个精确的指标，它能够完全考虑系统的非线性及诸如当负荷增加时达到无功约束等限制条件。

(4) 一旦负荷裕度被得到，将可以非常容易地计算负荷裕度对任何系统参数或控制的灵敏度[7,15]。

(5) 负荷裕度考虑了负荷增长模式，如后所述，这同时也是其缺点。

另一方面，负荷裕度指标也具有如下缺点：

(1) 负荷裕度需要计算运行点至崩溃点的距离，所以，它的计算量比那些仅仅需要计算运行点处信息的指标要大。

(2) 负荷裕度需要指定负荷增长模式。有时这些信息并不一定合理。

有两种方法可以减轻负荷裕度对于负荷增长模式的依赖：一种是计算负荷裕度对于负荷增长模式的灵敏度来处理不同的负荷增长模式；另一种是通过相应计算来得到最严重运行方式下的负荷裕度的最小值。

下面将介绍计算负荷裕度的一些常用方法。

8.3.3　连续潮流法与直接法的应用

目前求取负荷裕度的方法大致可分为两类：一类是连续潮流法，另一类是直接法。下

面分别介绍这两种方法。

8.3.3.1　连续潮流法

PV 曲线由于反映了系统随着负荷的变化而引起的节点电压的变化状况，因此，已经被广泛地用来确定系统运行点至电压崩溃点的距离，或确定电压崩溃点。连续潮流法[8−12]的基本思路就是从当前工作点出发，随负荷不断增加，不断用预测/校正算子来连续求解潮流（系统的运行点），直至求得电压崩溃点（SNB），在得到整条 PV 曲线的同时，也获得负荷临界状态的潮流解（稳定裕度）。其示意图如图 8−9 所示。

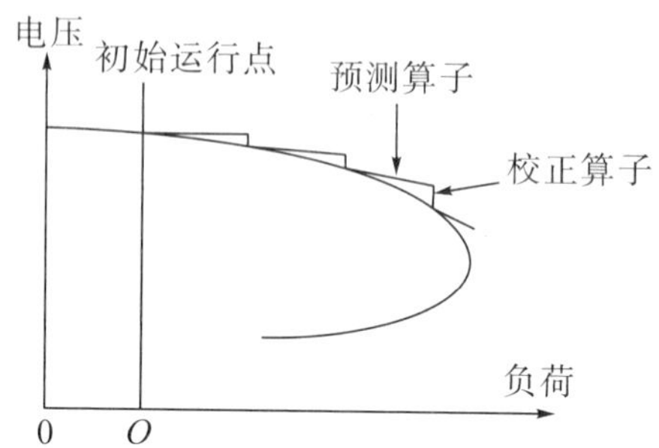

图 8−9　连续潮流预测/校正示意图

设系统扩展潮流方程由下式表示：

$$f(x,\lambda) = \lambda y_d + h(x) = 0 \tag{8-6}$$

式中，$\lambda \in \mathbf{R}^1$ 为反应负荷水平的参数；$y_d \in \mathbf{R}^m$ 为负荷变化方向；$x \in \mathbf{R}^n$ 为状态参数；$h(x)$为常规潮流方程，$f(x,\lambda)=[f_1(x), f_2(x), \cdots, f_m(x)]^{\mathrm{T}}$ 为扩展潮流方程。

连续潮流法主要分为两步，即预测步和校正步。

（1）预测步。

$f(x,\lambda)=0$在运行点(x,λ)附近线性化可得过点（x，λ）的切线方程：

$$\left[\frac{\partial f}{\partial x}\right]\Delta x + \left[\frac{\partial f}{\partial \lambda}\right]\Delta \lambda = 0 \tag{8-7}$$

选择负荷变化参数 λ 为连续参数。为简单起见，令 $\lambda=1$（或 $\lambda=-1$：求取对应低电压解的曲线部分），得到如下方程：

$$\begin{bmatrix} \dfrac{\partial f}{\partial x} & \dfrac{\partial f}{\partial \lambda} \\ 1 & 1 \end{bmatrix} \begin{bmatrix} \Delta x \\ \Delta \lambda \end{bmatrix} = \begin{bmatrix} 0 \\ 1 \end{bmatrix} \tag{8-8}$$

求解式（8−8）可得$(\Delta x, \Delta\lambda)$，则沿切线方向的预测解（$x'$，$\lambda'$）可表示为

$$\begin{bmatrix} x' \\ \lambda' \end{bmatrix} = \begin{bmatrix} x \\ \lambda \end{bmatrix} + \sigma \begin{bmatrix} \Delta x \\ \Delta \lambda \end{bmatrix} \tag{8-9}$$

式中，σ 为步长。如果对于事先设定的步长，在下一个校正步中得不到潮流收敛解，则回到此步，减小步长，重新求预测解。

（2）校正步。

思路是先求取过预测解(x',λ')的法线方程，然后与潮流方程联立求解，即可得到位于 PV 曲线上的潮流收敛解。

过预测解(x',λ')的法线方程为

$$\Delta x^{\mathrm{T}}(x - x') + \Delta\lambda^{\mathrm{T}}(\lambda - \lambda') = 0 \tag{8-10}$$

变形得

$$\Delta x^{\mathrm{T}}x + \Delta\lambda^{\mathrm{T}}\lambda = \Delta x^{\mathrm{T}}x' + \Delta\lambda^{\mathrm{T}}\lambda' \tag{8-11}$$

将式（8−6）与式（8−11）联立并求解，即可求得校正步的潮流收敛解。

接下来，继续循环进行预测—校正步，最终可以得到一条完整的 PV 曲线。在进行分岔（临界点）的识别时，可以求取雅可比矩阵的最小奇异值，并以此作为鞍结分岔的判断条件。

连续潮流法可以比较精确模拟随着负荷变化，系统从初始点到崩溃点间，其所采取的各种控制措施对 PV 曲线的影响。这是下面的直接法所不具备的优点。

需注意的是，常规的连续潮流法不适合检测系统的极限诱导分岔现象，因为它是基于潮流雅可比奇异这一条件的，而极限诱导分岔并不具有这一特性。文献［11］和［12］在应用连续潮流法时进行了改进，从而既可以检测鞍结分岔，也可以检测极限诱导分岔，并计算负荷裕度。

8.3.3.2　直接法

所谓的直接法是相对于连续潮流法而言的，这类方法并不关注系统负荷变化时电压的中间变化趋势，而是直接求取电压崩溃点，获得系统的负荷裕度。这里只介绍目前具有代表性的方法——非线性优化算法[13]。

非线性优化算法将电压崩溃点的求取化为非线性目标函数的优化问题，它以总负荷视在功率最大或任意负荷节点的有功功率最大作为目标函数。这种方法便于考虑发电机的无功出力以及 OLTC 等各种约束条件，可避免临近电压稳定极限时潮流雅可比矩阵奇异及潮流不收敛的情形。

无论是对于鞍结分岔还是对于极限诱导分岔，负荷裕度都可归结为以下的优化问题：

$$\begin{cases} \min & (-\lambda) \\ \text{s.t.} & f(x,\lambda) = \lambda y_d + h(x) = 0 \\ & \underline{G} \leqslant G(x) \leqslant \bar{G} \end{cases} \tag{8-12}$$

式中，$\lambda \in \mathbf{R}^1$ 为反应负荷水平的参数；$y_d \in \mathbf{R}^m$ 为负荷变化方向；$f(x,\lambda) = [f_1(x), f_2(x), \cdots, f_m(x)]^{\mathrm{T}}$ 为扩展潮流方程；$x \in \mathbf{R}^n$ 为状态参数；$h(x)$ 为常规潮流方程；$G(x) = [G_1(x), G_2(x), \cdots, G_r(x)]^{\mathrm{T}}$ 为系统约束条件。

式（8−12）中设 $\lambda=0$，对应于初始运行点，显然式（8−12）的解 λ 反映系统负荷裕度的大小，也对应着分岔。求解式（8−12）即可求得系统的负荷裕度。

总之，基于潮流方程的静态分析方法经历了较长时间的研究，并取得了广泛的经验。但本质上它们都是把电力网络的潮流极限作为静态稳定极限点，不同之处在于采用不同的方法求取临界点以及抓住极限运行状态的不同特征作为电压崩溃点的判据。

对于求解非线性优化问题模型（8−12），原—对偶内点法的主要步骤如下：

（1）引入松弛变量，将不等式约束转化为等式约束。

（2）利用拉格朗日方法将带约束的优化问题转化为无约束的优化问题。

（3）利用 KKT 条件得到一系列的非线性方程。

（4）利用牛顿法来求解上述的非线性方程。

首先，引入松弛变量，式（8—12）可转化为

$$\begin{cases}\min & (-\lambda) \\ \text{s. t.} & f(x,\lambda)=\lambda y_d+h(x)=0 \\ & G(x)-l-\underline{G}=0 \\ & G(x)+u-\overline{G}=0 \\ & (l,u)\geqslant 0\end{cases} \tag{8-13}$$

式中，$(l,u)\in\mathbf{R}^r$ 为松弛变量。

对应式（8—13）的拉格朗日函数为

$$L=(-\lambda)-y^{\mathrm{T}}\left[\lambda y_d+h(x)\right]-z^{\mathrm{T}}\left[G(x)-l-\underline{G}\right]-w^{\mathrm{T}}\left[G(x)+u-\overline{G}\right]-\bar{z}^{\mathrm{T}}l-\overline{w}^{\mathrm{T}}u$$

式中，$(z,\bar{z},w,\overline{w})\in\mathbf{R}^r$，$y\in\mathbf{R}^m$ 为拉格朗日乘数。因为

$$\frac{\partial L}{\partial l}=z-\bar{z}=0,\quad \frac{\partial L}{\partial u}=-w-\overline{w}=0$$

根据 KKT 条件可得以下非线性方程：

$$L_x\equiv-\nabla h(x)y-\nabla G(x)(z+w)=0 \tag{8-14}$$

$$L_\lambda\equiv-1-y_d^{\mathrm{T}}y=0 \tag{8-15}$$

$$L_y\equiv\lambda y_d+h(x)=0 \tag{8-16}$$

$$L_z\equiv G(x)-l-\underline{G}=0 \tag{8-17}$$

$$L_w\equiv G(x)+u-\overline{G}=0 \tag{8-18}$$

$$L_l\equiv \boldsymbol{LZ}e=0(\text{互补条件}) \tag{8-19}$$

$$L_u\equiv \boldsymbol{UW}e=0(\text{互补条件}) \tag{8-20}$$

$$(l,u,z)\geqslant 0,\quad w\leqslant 0,\quad y\neq 0 \tag{8-21}$$

式中，$(\boldsymbol{L},\boldsymbol{U},\boldsymbol{Z},\boldsymbol{W})\in\mathbf{R}^{r\times r}$，是对角元素为（$l$，$u$，$z$，$w$）的对角阵。$e=[1\cdots1]^{\mathrm{T}}\in\mathbf{R}^r$。

为了避免式（8—19）、(8—20）在可行域边界上的粘滞现象，用一个扰动系数 μ 来松弛式（8—19）、(8—20)，得

$$L_l^\mu=\boldsymbol{LZ}e-\mu e=0 \tag{8-22}$$

$$L_l^\mu=\boldsymbol{LZ}e-\mu e=0 \tag{8-23}$$

利用牛顿法来求解式（8—14）～(8—21)，得

$$\left[\sum_{i=1}^{m}\nabla^2 h_i(x)y_i+\sum_{i=1}^{r}\nabla^2 G_i(x)(z_i+w_i)\right]\Delta x+\nabla h(x)\Delta y+\nabla G(x)(\Delta z+\Delta w)=L_{x0} \tag{8-24}$$

$$y_d^{\mathrm{T}}\Delta y=L_{\lambda 0} \tag{8-25}$$

$$y_d\Delta\lambda+\nabla h\ (x)^{\mathrm{T}}\Delta x=-L_{y0} \tag{8-26}$$

$$\nabla G\ (x)^{\mathrm{T}}\Delta x-\Delta l=-L_{z0} \tag{8-27}$$

$$\nabla G\ (x)^{\mathrm{T}}\Delta x+\Delta u=-L_{w0} \tag{8-28}$$

$$\boldsymbol{Z}\Delta l+\boldsymbol{L}\Delta z=-L_{l0}^\mu \tag{8-29}$$

$$\boldsymbol{W}\Delta u+\boldsymbol{U}\Delta w=-L_{u0}^\mu \tag{8-30}$$

式中，$\nabla^2 h_i(x)$ 与$\nabla^2 G_i(x)$ 为 $h_i(x)$ 与 $G_i(x)$ 的 Hessian 矩阵；y_i，z_i 和 w_i 为 y，z 和 w 的第 i 个元素；（L_{x0}，$L_{\lambda 0}$，L_{y0}，L_{z0}，L_{w0}，L_{l0}^μ，L_{u0}^μ）为 KKT 条件方程的残差。

虽然可对式（8—24）～(8—30）直接进行计算求解，但是为了进一步减少对计算机内

存的需求，提高计算速度，可对上述方程组采用降阶的计算技巧[14]。由式（8－27）～（8－30）可得

$$\begin{cases}\Delta l = \nabla \boldsymbol{G}(x)^{\mathrm{T}}\Delta x + L_{z0} \\ \Delta u = -(\nabla \boldsymbol{G}(x)^{\mathrm{T}}\Delta x + L_{w0})\end{cases} \tag{8-31}$$

$$\begin{cases}\Delta z = -\boldsymbol{L}^{-1}\boldsymbol{Z}\,\nabla \boldsymbol{G}(x)^{\mathrm{T}}\Delta x - \boldsymbol{L}^{-1}(\boldsymbol{Z}L_{z0} + L_{l0}^{\mu}) \\ \Delta w = \boldsymbol{U}^{-1}\boldsymbol{W}\,\nabla \boldsymbol{G}(x)^{\mathrm{T}}\Delta x + \boldsymbol{U}^{-1}(\boldsymbol{W}L_{w0} - L_{uo}^{\mu})\end{cases} \tag{8-32}$$

将式（8－32）代入式（8－24）并结合式（8－25）、（8－26），可得

$$\begin{bmatrix} H & \nabla h(x) & 0 \\ \nabla h(x)^{\mathrm{T}} & 0 & y_d \\ 0 & y_d^{\mathrm{T}} & 0 \end{bmatrix}\begin{bmatrix}\Delta x \\ \Delta y \\ \Delta\lambda\end{bmatrix} = -\begin{bmatrix} M \\ L_{y0} \\ -L_{\lambda 0}\end{bmatrix} \tag{8-33}$$

式中，

$$\begin{cases} H = \sum_{i=1}^{m}\nabla^2 h_i(x)y_i + \sum_{i=1}^{r}\nabla^2 G_i(x)(z_i + w_i) + \nabla G(x)S\,\nabla G(x)^{\mathrm{T}} \\ S = \boldsymbol{U}^{-1}\boldsymbol{W} - \boldsymbol{L}^{-1}\boldsymbol{Z} \\ M = -L_{x0} + \nabla G(x)[\boldsymbol{U}^{-1}(\boldsymbol{W}L_{w0} - L_{u0}^{\mu}) - L^{-1}(\boldsymbol{Z}L_{z0} + L_{l0}^{\mu})] \\ \quad = \nabla h(x)y + \nabla G(x)[\boldsymbol{U}^{-1}\boldsymbol{W}L_{w0} - \boldsymbol{L}^{-1}\boldsymbol{Z}L_{z0} - \mu(U^{-1} - L^{-1})e] \end{cases} \tag{8-34}$$

8.3.3.3　原—对偶内点法计算步骤

（1）初始化。

（2）计算互补间隙：$C_{\text{Gap}} = \sum_{i=1}^{r}(l_i z_i - u_i w_i)$，若 $C_{\text{Gap}} < \varepsilon$，则输出全部计算结果，结束；否则，执行步骤（3）。

（3）计算扰动系数：$\mu = \sigma C_{\text{Gap}}/2r$。式中，$\sigma$ 为设定的参数，可影响计算收敛的速度。

（4）求解降阶修正方程式（8－33），得到［Δx，Δy，$\Delta\lambda$］，并代入式（8－31）、（8－32）以求解［Δl，Δu，Δz，Δw］。

（5）确定在原—对偶空间中最大步长。

$$P_{\text{step}} = 0.9995\min\left\{\min\left(\frac{-l_i}{\Delta l_i}:\Delta l_i < 0;\frac{-u_i}{\Delta u_i}:\Delta u_i < 0\right),1\right\}$$

$$D_{\text{step}} = 0.9995\min\left\{\min\left(\frac{-z_i}{\Delta z_i}:\Delta z_i < 0;\frac{-w_i}{\Delta w_i}:\Delta w_i > 0\right),1\right\}$$

（6）更新原始和对偶变量：

$$\begin{bmatrix}x\\l\\u\\\lambda\end{bmatrix} = \begin{bmatrix}x\\l\\u\\\lambda\end{bmatrix} + P_{\text{step}}\begin{bmatrix}\Delta x\\\Delta l\\\Delta u\\\Delta\lambda\end{bmatrix},\quad \begin{bmatrix}y\\z\\w\end{bmatrix} = \begin{bmatrix}y\\z\\w\end{bmatrix} + D_{\text{step}}\begin{bmatrix}\Delta y\\\Delta z\\\Delta w\end{bmatrix}$$

转步骤（2）。

在计算收敛于步骤（2）后，可根据式（8－1）的判据来判定系统的分岔类型。

8.3.3.4　仿真算例

根据上面所述的原—对偶内点法来求解非线性优化问题模型（8－12），并对 IEEE30、IEEE57、IEEE118 母线系统，日本 West－J27 母线系统和 1 个 1047 母线系统模型进行

仿真[13]。

表 8－1 显示了针对 IEEE30、IEEE57、IEEE118 样本系统，日本 West－J27 母线样本系统及 1047 母线样本系统，应用原—对偶内点法求解负荷裕度的仿真结果。

表 8－1　各系统的分岔类型和负荷裕度（标幺值）

	分岔类型	负荷裕度
IEEE30	SNB	0.5298
IEEE57	SNB	0.6175
IEEE118	LIB（母线 10）	1.1007
1047	SNB	1.1059
West－J27	LIB（母线 5）	0.9254

表 8－1 显示，在 IEEE30、IEEE57 母线系统和 1047 母线系统中存在着鞍结分岔，而在 IEEE118 母线系统和日本 West－J27 母线系统中存在着极限诱导分岔。同时还检测出，在 IEEE118 母线系统中，极限诱导分岔发生在当连接于母线 B_{10} 的发电机到达无功极限时；在日本 West－J27 母线系统中，极限诱导分岔发生在当连接于母线 B_5 的发电机到达无功极限时。

作为参考，图 8－10 显示了一种改进的连续潮流法[18]绘制的 IEEE118 母线系统中发生极限诱导分岔时的分岔图例。图中，给出了 2 个发电机母线 B_{10} 及 B_8 和 2 个负荷节点 B_{11} 及 B_3 的 PV 曲线。图中清晰地显示出当连接母线 B_{10} 的发电机到达无功极限时，发生了极限诱导分岔。

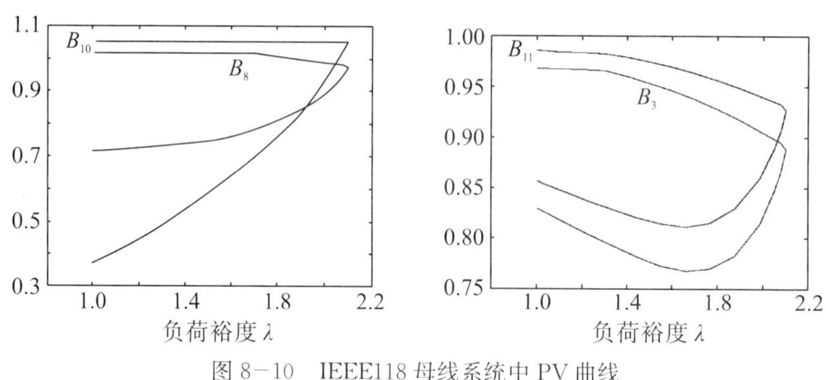

图 8－10　IEEE118 母线系统中 PV 曲线

8.4　电力系统动态电压稳定性

8.4.1　概述

如上节所述，电力系统电压崩溃现象尽管可以在某些前提下采用静态方法来进行分析，并且能够得到以下研究结果：系统对崩溃的接近程度，或系统的稳定裕度有多大？当系统发生不稳定时，主要机理是什么？电压弱节点有哪些？哪些发电机、节点、支路是关键的？如果要采取措施防止电压不稳定，在哪儿？采取什么措施最有效？等等。

电压稳定从本质上而言是一个动态问题。电压失稳的发展演变过程是一个动态过程，随着研究的深入，人们逐渐认识到负荷的动态特性、系统元件的动态特性、系统的结构、参数、运行工况以及控制系统等都会影响电压稳定性，从而开始重视电压崩溃现象的动态机理分析和对仿真模型的要求。系统中诸多元件的动态特性，如发电机及其控制系统、负荷动态、有载调压变压器动态、无功补偿设备动态、HVDC 动态、继电保护动态等，都对电压稳定性有着重要的作用。只有在动态分析情况下，这些动态因素对系统电压稳定性的影响才能够体现出来。这对于深入了解电压稳定性的本质和电压崩溃的机理有着重要的作用。

对于电力系统动态电压稳定研究，有些学者将其分为小干扰分析方法和大干扰分析方法。

所谓的小干扰分析方法，是把描述电力系统的动态行为的 DDAE 在平衡点附近作线性化，通过状态方程的特征矩阵的特征值来判断运行点的稳定性。它可以考虑发电机及励磁系统、负荷及 ULTC 的动态等，可以较好地分析它们对稳定的影响。但是，由于电力系统中影响其动态行为的组件很多，响应速度不同的组件对电压稳定的影响也不尽相同，难以用运行点处的特征矩阵完整描述。因而，一般忽略影响较小的因素，突出主要的相关组件来加以考虑。但具体简化时，哪些因素应该考虑、哪些因素可以忽略难以确定。此外，由于负荷的随机性、分散性及多样性，严格统一的负荷动态难以确立。所以，至今小干扰分析方法的研究尚不充分。

所谓的大干扰分析方法，是在电力系统受到大的扰动如故障等情况下，对电压稳定性的研究。比较典型的有时域仿真法。它是从 DDAE 出发，在保留系统的非线性特征和组件动态特性作用下，采用数值积分的方法，得到电压以及其他量随时间的变化曲线的一种方法。

8.4.2　电压失稳时间框架分析

如 8.1 节所述，电压失稳分为暂态时间框架和中长期时间框架。根据元件的动态响应特性，与失稳相关的变量分为快变量和慢变量。由于电压失稳的形式和原因是多种多样的，下面就在一个大的扰动后系统失稳的可能响应行为作一个分析。

8.4.2.1　暂态期

扰动后，慢变量未及响应，可考虑为常量。系统可能的三种失稳机理如下：

T1：快动态地失去平衡，如 HVDC。

T2：系统缺乏快动态向扰动后平衡状态过渡的能力，如短路故障后，失速的感应电动机由于故障切除时间过长而未能再加速而失稳导致电压崩溃。

T3：扰动后系统平衡处于不稳定的摇摆。

8.4.2.2　长期时间过程

(1) 快动态稳定，长动态（指时间）失稳。

扰动后，在系统经历了暂态后，慢变量开始作用[对于快动态（快速变化的变量）而言，这些慢变量可看作是缓慢变化的]。假设快动态是稳定的，则长动态可能以如下三种方式变得不稳定：

LT1：失去平衡（如 ULTC 动态引起）。

LT2：缺乏向稳定平衡过渡能力。如故障后，校正措施不能使系统趋于稳定。

LT3：系统慢慢地过渡到振荡状态。

以上这些情况称为“长期电压稳定性”。国际上发生的主要的电压事故都是这种类型。

（2）慢变量变化导致快动态变得不稳定（最终失稳是由快变量产生的），系统可能经历的三种过程如下：

T－LT1：长动态引起的暂态的平衡点的消失。

T－LT2：当暂态过程近似于 T－LT1（即系统即将暂态失稳）时，系统具有的能将系统维持在稳定的暂态平衡点的“域”的减小。

T－LT3：长动态引起的暂态的振荡失稳。

8.4.3 系统动态模型及时域仿真

8.4.3.1 系统模型

如前所述，电力系统是非线性动力学系统，需要用 DDAE 模型，即微分—差分—代数方程组来进行建模和分析。

在进行电力系统动态电压分析时，会涉及与元件动态相关的微分方程：

$$\dot{x} = f(\boldsymbol{x}, \boldsymbol{y}, \boldsymbol{z}, \boldsymbol{p}) \tag{8-35}$$

式中，$\boldsymbol{x}$ 为状态变量构成的矢量，如控制状态变量；$\boldsymbol{y}$ 为母线电压矢量；$\boldsymbol{z}$ 为离散状态矢量；$\boldsymbol{p}$ 为参数矢量。如前所述，电压稳定分析可以分为暂态期和中长期分析。在暂态期，该微分方程反映的是诸如发电机及其调节器、感应电动机、HVDC 和 SVC 等快速反映元件的“快”动态特性。在中长期反映的则是如负荷的自恢复动态、ULTC 调节、二次电压控制、AGC、并联元件的投切等“慢”动态特性。

反映网络拓扑及功率传输关系的代数方程为

$$0 = g(\boldsymbol{x}, \boldsymbol{y}, \boldsymbol{z}, \boldsymbol{p}) \tag{8-36}$$

表示离散变量作用的差分方程为

$$\boldsymbol{z}_{k+1} = h(\boldsymbol{x}, \boldsymbol{y}, \boldsymbol{z}_k, \boldsymbol{p}) \tag{8-37}$$

该方程反映了中长期动态中 ULTC 的调节、并联元件投切的离散变量特性。

式（8－35）～（8－37）构成了电力系统动态过程的一般模型，不仅适用于机电暂态过程，也使用于中长期动态过程。

8.4.3.2 电压稳定动态分析的时域仿真

电力系统的运行始终处于一种动态平衡中，时时承受着诸多扰动（如短路、切机、切负荷等）。这些大大小小的扰动通常会涉及很多种设备的动态，所以电力系统的动态过程非常复杂。尽管多年来提出了不少的方法，但是，基于 DDAE 模型的数值积分方法仍然是目前最可靠的方法，也就是应用时域仿真分析方法。

所谓的时域仿真的主要目的就是在系统经历大的扰动后，分析扰动后系统的稳定情况，它是电压稳定动态分析的基本方法。它根据前面描述的系统模型，以扰动前的潮流解为初值，求解扰动后的数值解，从而逐步求得系统状态量和代数量随时间的变化曲线，并以此判断系统的电压稳定情况。

暂态电压稳定时域仿真使用方程（8－35）和（8－36），可将 $\boldsymbol{z}$，$\boldsymbol{p}$ 处理成常量；中长

期电压稳定时域仿真可以直接使用式（8－35）～（8－37）。

实际的电力系统的微分方程一般可表达为一阶的常微分方程组：

$$\frac{\mathrm{d}y}{\mathrm{d}t}=f(y,t) \tag{8-38}$$

设初值为 $y|_{t=t_0}=y(t_0)$，若取计算步长为 $h=t_n-t_{n-1}$，则

$$y(t_1)=y(t_0)+\int_{t_0}^{t_1}f(y,t)\mathrm{d}t \tag{8-39}$$

实际计算时，对积分项作不同的近似计算形成了不同的数值解法。例如，取 $y_1\approx y_0+f(y_0, t_0)h$，即认为 $[y_0, y_1]$ 区间内，$y(t)$ 的导数为定常，斜率取为 $y_0=f(y_0, t_0)$，即该区间起始点的导数，这种微分方程的数值解法称为向前欧拉法。还可取 $y_1\approx y_0+f(y_1, t_1)h$，这时斜率取为 $y_1=f(y_1, t_1)$，即区间终点的导数，这称为向后欧拉法。除此之外，还可取

$$y_1\approx y_0+\frac{1}{2}[f(y_0,t_0)+f(y_1,t_1)]h \tag{8-40}$$

这时，认为斜率为 $y'=f(y, t)$，并用梯形面积$\frac{1}{2}(y_0{}'+y_1{}')h$ 来近似实际面积 $\int_{t_0}^{t_1}f(y,t)\mathrm{d}t$，故称之为隐式梯形法。

在微分—代数方程求解技术上，基于固定步长的计算方法是广泛使用的数值方法，具有实现简单的优点，但在中长期时域仿真中计算量过大。因为在暂态分析时，必须采用较小的积分步长，如 0.01 s。近年来，出现了变步长的数值积分方法来提高计算效率。实际中，也可以将暂态和中长期分析分开来进行。

时域仿真的方法的一般步骤如下：

（1）读入系统参数，形成导纳矩阵。

（2）求解稳态潮流，解得各变量初值。

（3）$k=0$，时间 $t=k^*h$。

（4）网络操作是否需修改导纳矩阵？是，修改后转下一步；否，直接转下一步。

（5）计算 $k+1$ 步变量值，y^{k+1}。

（6）如果仿真结束？是，转下一步；否，转步骤 4。

（7）输出结果。

8.5　电压稳定性控制系统功能要求

8.5.1　离线研究与在线研究

对电压稳定性的把握对于电力系统的规划和运行起着非常重要的作用。通常，电压稳定性的分析分为离线和在线分析。由于其环境的不同而对各自的要求也不尽相同。

在离线环境下，必须确定所有计划的事故（如 $N-1$ 或 $N-2$ 准则）下的稳定裕度。由于维修和强制退出情况，实际上系统很少处于全部设备在役的状态。作为研究，通常把每个组件退出工作和每个计划的事故结合在一起，形成双重事故集，其中每一个都可能包括不相关的组件，如失去一条线路和一台发电机或者两条线路等。由于待分析的运行方式的多样化导致了离线分析的不确定性较大。

在线电压稳定性评估的任务是要确定在给定条件下系统的安全性。如果由任何可信的事故引起电压稳定性准则的破坏，则该系统被认为是电压不稳定的。对于在线研究，通过系统量测和状态估计，系统状态和拓扑是已知的（或至少是近似知道的）。因此，仅仅需要研究所有组件在役时的一些标准（准则）事故，结果只有少量事故情况需要检验。相比于离线研究，在线研究的不确定性较小。

经过多年的研究，离线计算的工具已经成熟，在线分析的工具正在建立。在线分析要计算电压稳定裕度，检验稳定准则是否被满足，提出关于满足准则应当采取的措施的建议。实际电压稳定性估计的一个重要方面是在线和离线估计方法的一致性。尽管两种方法可以检验不同的事故情况和需要不同的裕度，但基本方法和所用的模型应当是一致的。必须保证离线计算的结果可以和在线分析的结果相比较。例如，在方法上，采用 PU 或 QU 方法以及时域仿真在离线和在线研究中应当一致，如何量度裕度的定义也应当等同。在模型上，负荷的表示、发电机容量、励磁电流限制、并联补偿投切和变压器分接头改变也应等同。无论是离线还是在线研究的结果，都必须转换成可以由运行人员监控的运行极限和各种指标。

目前的工业实践都是采用定性方法进行电压稳定性估计。用目前的分析方法和计算机硬件有可能花费适当的计算时间估计广范围的工况和事故。然而，随着电网互联的发展，控制（包括校正措施）的日益复杂，以及电力市场环境下能量交易量和不确定性的增加（ATC 概念），概率性估计方法和准则可能成为必需。

不同电力系统有不同的电压稳定性准则和对电压稳定性的不同要求。一般来说，电压稳定性准则可以规定为用负荷增加、传输功率增加和其他关键系统参数表示的电压稳定裕度及系统不同部分（区域）的无功储备量。

如果任何一个可信的事故造成系统电压不安全，则必须采取预防或校正措施以改善系统的电压安全性。预防控制措施是把系统运行状态移至电压安全运行点，即增加系统的电压稳定裕度。校正控制措施是以发生严重的或者预想不到的事故情况下，采取紧急控制作用，把系统从电压不安全运行区拉回电压安全运行点，以维持系统的电压稳定性。

即使系统电压是安全的，我们也希望知道当前的系统状态距离电压不安全有多远。

根据上面的考虑，在线电压稳定性估计软件包必须提供下列基本功能：

（1）对当前运行点进行稳定性估计。

（2）对可信事故进行选择。

（3）事故筛选、排序和评估。

（4）为加强电压安全性，确定预防和校正措施。

除了当前系统状态的电压安全性估计外，在线电压安全性估计还必须估计和预防未来状态，或由运行人员选定的任何特殊运行状态的电压安全性。

在线电压稳定性评估一般要求流程如图 8-11 所示。

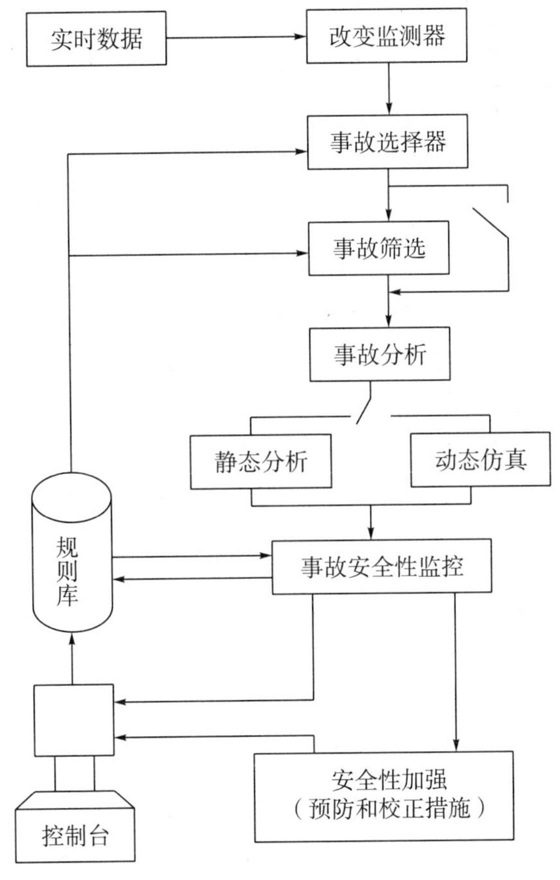

图 8—11　在线电压稳定性评估一般要求流程

8.5.2　电压稳定性的事故筛选、排序与评估

如前所述，无论是离线分析还是在线分析，都包含了事故分析。电力系统中可能的事故因素非常多，如自然灾害、元件（线路、发电机、变压器等）故障、保护失灵、误操作等。实际上，详细分析每一个事故是不切实际也是不必要的。通常，只有有限的事故会危及系统的安全。事故分析通常包括事故筛选及事故评估两部分。因此，如何筛选事故就成为摆在运行人员面前的一个课题。

（1）事故定义。

一个事故包含了同时或单独发生的一个或多个事件，每一个事件都导致了一个或多个系统元件状态的改变。一个事故可能由一个小的扰动故障或开关动作引起。

事故定义中应包括以下的开关动作：

①断路器分/合。

②并联电容器/电抗器接入/退出。

③串联电容器的接入/旁路。

④发电机跳闸。

⑤甩负荷。

⑥变压器分接头动作。

⑦FACTS设备接入。

(2) 传输线自动跳闸（预定的校正措施）。

(3) 事故筛选与排序。

事故筛选相当于一个过滤器的作用，使得对于电压稳定性评估，无论是在线还是研究模式，仅仅是相关的和适当的事故被处理。从预先定义的事故表开始，目的是避免那些存在于预先定义的事故表中且在目前运行条件下不相关的或不严重的事故被处理。在事故集中包含了一个或多个“类似”的事故组的情况下，这些事故的严重程度可以在实际运行条件的基础上逻辑地建立起来。事故筛选能够在每个事故集中选择 N 个最严重的事故。这些特殊情况必须能够在运行参数（SCADA）和其他功能（如静态安全分析）的结果基础上被自动地识别出来，还应当识别“必须要选择”的事故。“必须要选择”的事故表应该是动态的，例如，应当自动计及电压稳定评估中校正措施戒备里的任何事故。

事故排序的任务是在进行详细的电压稳定分析之前，根据事故严重程度对预想事故进行排序，形成事故排序表。这样，在下一步事故分析中，就可以选择比较严重的事故进行详细分析，从而大大节省时间。

事故筛选与排序可以利用评估指标体系，如负荷裕度指标来进行。可以利用快速的近似算法来快速计算所有可信事故，再通过评估指标按严重程度进行排序。多年来，国际电压稳定研究领域中开发了一些快速、近似的算法[15-18]来计算事故后的系统负荷裕度，并按负荷裕度的大小进行事故严重程度排序。

(4) 事故评估。

事故评估的目的是对事故排序表中的事故进行详细分析，以确定稳定（安全）或不稳定（不安全）事故，其相应的“度”多大？作为确定相应的预防或校正措施的基础。

如前所述，静态（稳态）分析应包括潮流分析、灵敏度分析、裕度分析等。而动态分析应包括快动态和慢动态分析。发电机、调速器、过励限制器、负荷、无功补偿设备、ULTC时间延迟、AGC等动态特性都要被考虑到。

8.5.3 电压稳定性的预防与校正控制

8.5.3.1 电压稳定分级分区控制

电力系统的电压控制通常采用分级分区控制的结构，即按空间和时间将电压控制分为三个等级：一级、二级和三级控制。如图8-12所示。

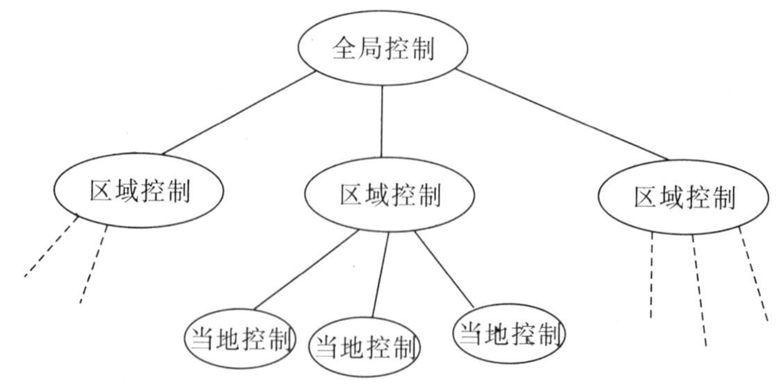

图8-12 电压稳定分级分区控制系统结构

三级电压控制处于最高层，也称为全局控制。三级电压为预防控制，包括的时间跨度为几十分钟。它的目的在于发现电压稳定性的劣化和采取必要的措施。这类控制主要是协调各二级控制系统指导值班人员的干预，是对全系统的控制，由系统控制中心执行。三级电压控制监视全系统的电压，在紧急情况下，它也可采取一些紧急措施，通过二级控制系统的紧急控制手段实现直接控制。除了安全监视外，经济问题是该控制层主要考虑的问题，经济调度是这一控制层的日常工作。三级电压控制利用系统范围的信息，确定在满足电网安全约束的前提下，能够使系统实现经济运行。

二级电压控制，也称为区域控制，处于中间层，控制响应速度一般在几分钟以内。二级控制系统控制协调一个区域内各就地以及控制设备的工作，是对某个区域的控制，由各地区的控制中心执行。如改变发电机或 SVC 的电压调节值、投切电容器和电抗器、切负荷，以及必要时闭锁变压器有载分接头开关切换等。这类控制也是自动闭环进行的，因为在这样的时间内，值班人员来不及干预。二级电压控制系统除了将上述时事控制命令从控制中心送到执行地点外，还可以将各种电压安全监视信息送给有关值班人员。被控对象是每个区域内的受控设备，不受控设备不参与二级电压控制过程。

一级电压控制，也称为当地控制，处于最底层，是对设置在发电厂、用户或各供电点的某个具体设备的控制，是这些设备应该完成的基本功能。一级电压控制通常是快速反应的闭环控制，响应时间一般在 1 s 至几秒内。一级电压控制器主要是区域内控制发电机的自动电压调节器或其他无功控制器。例如，同步电机（发电机、调相机、同步电动机）的无功功率控制、静止无功补偿器的控制，以及快速自动投切电容器和电抗器等。有负荷波动、电网切换和事故引起的快速电网变换，通常是由一级电压控制进行调整的。变压器有载分接头开关自动切换也属于就地的一级电压控制设备，但其响应速度慢，通常为几十秒至几分钟，主要用于缓慢但幅度大的负荷变化时维持电压质量。这些控制设备仅利用局部信息和/或二级电压控制系统传来的附加信号来确定控制量以补偿快速和随机的电压波动，提供系统所需要的无功支持，将电压维持在指定的参考值附近。

综上所述，在这种分级、分区的控制框架中，三级电压控制是其中的最高层，它以全系统的经济运行为优化目标，并考虑稳定性指标。二级电压控制接受三级电压控制的控制信号，通过对区域内各可控元件的控制保持区域的电压水平的稳定。一级电压控制根据二级电压控制的控制信号调节系统所需的无功支持。在电压的这种分级递阶控制系统中，每一层都有其各自的控制目标，低层控制接受上层控制信号作为自己的控制目标，并向下一层发出控制信号。

8.5.3.2　电压稳定控制措施

造成电压不稳定的主要原因是系统的功率传输能力或动态无功储备不足，因此电压稳定与发电系统、传输系统和负荷的特性有关。为提高电压稳定性，从发电系统看，可通过提高发电机的有功、无功输出能力，运行备用以及机端电压水平来实现；从传输系统看，增加输电线路，通过串联无功补偿，减少网络电抗提高线路功率传输能力，在枢纽点增加并联电容器或电抗器改善系统的潮流分布和无功流向，使系统具有最大的功率储备；从负荷系统看，保持电压稳定就是要维持负荷的电压水平和满足负荷的需求。并联无功补偿可以减少负荷对系统的无功需求，提高负荷侧的电压。负荷侧的有载调压变压器的变比调整可以在系统无功电源充足的情况下进行调节。切负荷也是电压稳定控制的最基本方法。

对于电压稳定控制系统而言，必须要保证以下目标：

（1）电网正常运行时的运行稳定性，系统的运行电压必须处于约束限制内。

（2）在正常运行时，必须具有一定的无功功率储备，以保证事故后的系统电压大于规定的最低限制，并能防止出现电压崩溃事故。

（3）在紧急状态下，维持电压处于足够高的水平，以防止电压崩溃。

（4）在上述条件的制约下，减少电力系统的功率损耗，保证经济效益。

一般来说，电力系统中电压稳定的控制手段应从系统的无功/电压调节手段、功率传输能力等方面来考虑。各种控制手段各有其特点。

发电机是电网中调整运行电压的重要设备。发电机不仅是有功电源，也是无功电源，有些发电机还能通过进相运行吸收无功功率，所以可用调整发电机端电压的方式进行调压。这是一种充分利用发电机设备，不需要额外投资的调压手段。如果发电机有充足的无功储备，通过调节励磁电流增大发电机电势，可以从整体上提高电网的电压水平，提高电压的稳定性。

同步调相机是很好的电压无功控制设备，它可以向系统提供、吸取无功功率进行调压。同步调相机相当于空载运行的同步电动机，也就是只能输出无功功率的发电机。它可以过励磁运行，也可以欠励磁运行，运行状态根据系统的要求调节。在过励磁运行时，它向系统提供感性无功功率，起无功电源的作用；在欠励磁运行时，它从系统吸取感性无功功率，起无功负荷的作用。

调整变压器分接头挡位可改善局部地区电压。有载调压变压器可以在带负荷的条件下切换分接头，而且调节范围也比较大。这样可以根据不同的负荷大小来选择各自合适的分接头，能缩小电压的变化幅度，也能改变电压变化的趋势。但在实际系统的运行中，由于负荷的峰谷差较大，可能要频繁调整分接头，这会引起电压的波动。如果系统的无功储备不足，那么当某一地区的电压由于变压器分接头的改变而升高后，该地区所需的无功功率也增大了，这就可能扩大系统的无功缺额。从而导致整个系统的电压水平更加下降，严重的还会产生电压崩溃。

静电电容器：它是通过并联电容器向系统供给感性无功功率来实现调压。

静止无功补偿器（Static Var Compensator，SVC）调压：是一种广泛使用的快速响应无功功率补偿和电压调节设备，对于支持系统电压和防止电压崩溃，是一种强有力的措施。SVC 是可控硅控制/投切的电抗器和可控硅投切的电容器，或它们组合而成的控制器的统称。它由电容器组与可调电抗器组成，通过向系统提供、吸取无功功率进行调压。

改变电网参数：采用串联电容器补偿线路的部分串联阻抗，从而降低传送功率时的无功损耗，并使电压损耗中的 QX/V 分量减小，提高线路末端电压。由于串联电容器提供的无功功率不受节点电压的影响，因此它对于电压稳定性的提高有良好的作用。另外，它还可以提高网络的功率传输能力，进而提高系统的静稳极限。早期用固定串联补偿器提高线路输送容量，现在晶闸管可控串联补偿器（TCSC）是主要的 FACTS 装置。

STATCOM（Static Synchronous Compensator）调压：它是近年来发展的一种新型静止无功发生器装置。起始输入来自一组储能电容器上的直流电压，其输出的三相交流电压与电力系统电压同步。STATCOM 的功能要优越于 SVC。例如，当电网连接无功补偿装置的母线电压下降时，SVC 的最大无功输出也会随之下降，因为其最大无功输出与电压的平方成正比。而 STATCOM 的输出犹如发电机的电势一般不会下降，仍能加大其无功输出。

切负荷：当已不能采取上述措施，或者上述措施调节电压的速度不够快，或者系统发生了紧急事故电压急剧下降时，应该考虑适当地切去部分负荷，以确保整个系统的安全运行。

8.5.3.3　预防控制与校正控制

预防控制是指在当前运行方式下负荷连续增长或通过故障分析得知系统在故障后可能发生电压问题时采取的控制措施，以保证系统在当前运行方式下或故障后状态下保持一定的稳定裕度，防止电压崩溃的发生，是一种慢速、调节性控制。

一般来说，预防控制措施有：

(1) 电压/无功的再调度。

(2) 发电机出力调整。

(3) 无功补偿措施（SVC、静电电容器、同步调相机、有载调压变压器等）。

(4) 有功和无功储备的调整。

(5) 某些界面潮流的调整。

(6) HVDC、FACTS 的调整等。

(7) 切负荷等。

获得预防控制措施的决策历程可以为下述一个或几个的组合：

(1) 用户制定的预防控制措施。

(2) 基于控制规则的预防控制措施。

(3) 基于优化的预防控制措施。

校正控制：指在系统发生严重的事故或系统处于连续负荷增长情况下，处于电压不稳定的过程中进行的控制，使系统能够恢复稳定或使系统保持一定的稳定裕度的控制手段，是一种快速、紧急性控制。

一般来说，校正控制措施有：

(1) 发电机出力调整。

(2) 尽可能地投入无功补偿装置（SVC、静电电容器、同步调相机等）。

(3) 切负荷。

(4) 有载调压变压器的闭锁等。

参考文献

[1] Mansour Y. Voltage stability of power system: Concepts, analytical tools and industry experience [C]. IEEE Publication 90TH0358－2－PWR, 1990.

[2] CIGRE Task Force 38. 02. 10. Modelling of Voltage Collapse Including Dynamic Phenoma. 1993.

[3] Voltage Stability Assessment: Concepts, Practices and Tools [C]. IEEE/PES, Power System Stability Subcommittee Special Publication, 2002.

[4] 王奇，刘明波. 一种识别极限诱导分岔点的改进连续潮流法 [J]. 华南理工大学学报，2008，36 (2)：133－137.

[5] 周双喜. 电力系统电压稳定性及其控制 [M]. 北京：中国电力出版社，2003.

[6] Tamura Y, Mori H, Iwamoto S. Relationship Between Voltage Instability and Multiple Load Floe

Solutions in Electric Power Systems [J]. IEEE Transaction On Power Apparatus and Systems, 1983, 102 (5): 1115-1125.

[7] Dobson I. The Irrelevance of Load Dynamics for the Loading Margin to Voltage Collapse and its Sensitivities [C]. Proc. Bulk Power System Voltage Phenomena-Voltage Stability and Security, ECC, Inc., Davos, Switzerland, 1994.

[8] Canizares C A, Alvarado F L. Point of collapse and continuation method for large AC/DC system [J]. IEEE Transaction On Power Systems, 1993, 8 (1): 1-8.

[9] Ajjarapu V, Christy C. The continuation power flow: a tool for steady stage voltage stability analysis [J]. IEEE Transaction On Power Systems, 1992, 7 (7): 416-423.

[10] Chiang H D, Flueck A J, Shah K S, et al. CPFLOW: A practical tool for tracing power system steady state stationary behavior due to load and generation variations [J]. IEEE Transaction On Power Systems, 1995, 10 (2): 623-634.

[11] Yorino N, Li Huaqiang, Sasaki H. A predictor/corrector scheme for obtaining q-limit points for power flow studies [J]. IEEE Transaction On Power Systems, 2005, 20 (1): 130-137.

[12] 赵晋泉，江晓东，张伯明. 一种静态电压稳定临界点的识别和计算方法 [J]. 电力系统自动化，2004，28 (33)：28-34.

[13] 李华强，刘亚梅，Yorino N. 鞍结分岔与极限诱导分岔的电压稳定性评估 [J]. 中国电机工程学报，2005，25 (24)：56-60.

[14] Wei H, Sasaki H, Kubokawa J, et al. An interior point programming for optimal power flow problems with a novel data structure [J]. IEEE Transaction On Power Systems, 1998, 13 (3): 870-877.

[15] Greene S, Dobson I, Alvarado F L. Sensitivity of the loading margin to voltage collapse with respect to arbitrary parameters [J]. IEEE Transaction On the Power System, 1997, 12 (1): 262-272.

[16] Greene S, Dobson I, Alvarado F L. Contingency Ranking for Voltage Collapse via Sensitivity from a single Nose Curve [J]. IEEE Transaction On the Power System, 1999, 14 (1): 232-240.

[17] Chiang H D, Wang C S, Flueck A J. Look-ahead voltage and load margin contingency sensitivity functions for large-scale power system [J]. IEEE Transaction On the Power System, 1997, 12 (1): 173-180.

[18] Yorino N, Li H Q, Harada S, et al. A method of Voltage Stability Evaluation for Branch and Generator Outage Contingencies [J]. IEEE Transaction On the Power System, 2002, 122 (12): 1348-1354.

第9章　电力系统频率稳定

无论电力系统是在稳态、紧急状态还是在恢复状态，都需要对系统频率特性进行准确控制，确保系统的安全稳定运行。频率安全稳定性问题的研究，侧重于孤立电网频率特性与控制策略、新能源大规模并网的影响及应对、交直流互联系统频率特性评价及协调控制和低频减载方案优化等方面，这些研究体现了电源构成和电网结构变化对频率安全特性分析与控制的要求。

本章首先分析电力系统的频率特性，重点是新能源的接入及直流输电对频率特性的影响，在此基础上，结合电力系统的传统调频措施，研究新能源及直流输电参与系统频率调整。接着研究电力系统频率的静暂态稳定判据，介绍常用的频率稳定分析方法，并研究系统频率稳定性评估指标。最后，探讨提高系统频率安全稳定的措施，包括高频切机及低频减载的优化。

9.1　基本概念及发展历程

9.1.1　电力系统频率稳定的特点

从物理概念上看，电压的产生来自电磁场的变化，其变化速度受到电磁场变化速度的制约，本质上是电气量。功角，一方面是发电机电势与节点电压之间的相位差，是电气量；另一方面是发电机转子之间的相对空间位置，是机械量。而频率的产生来自发电机的旋转，本质上是机械量。在电力系统中，一般认为电气量能够瞬间改变，而机械量不能，即大部分节点电压（除去考虑为恒定的某些电势）可以瞬间突变，但功角、频率不能瞬间突变。

与电压、功角相比，频率在正常情况下允许运行范围要窄得多。我国规定，正常运行时的系统频率偏差为±0.2～±0.5 Hz，用百分数表示为±0.4%～±1%。事故情况下的频率运行要求不但有偏差限制，还有时间限制，主要取决于发电机组的安全稳定运行，在任何情况下频率下降（或上升）的过程中，应保证系统低频值（或高频值）与所经历的时间，能与运行中机组的自动低频保护（或超速保护、高频切机）相配合，发电机组异常频率保护的整定频率和允许运行时间如表9-1所示。

表 9-1　发电机组异常频率保护的整定频率和允许运行时间

频率范围（Hz）	允许运行时间	
	累计（min）	每次（s）
$51.0<f\leqslant 51.5$	<30	<30
$50.5<f\leqslant 51.0$	<180	<180
$48.5<f\leqslant 50.5$	连续运行	
$48.0<f\leqslant 48.5$	<300	<300
$47.5<f\leqslant 48.0$	<60	<60
$47.0<f\leqslant 47.5$	<10	<20
$46.5<f\leqslant 47.0$	<2	<5

发电机组中汽轮机受系统频率变化的影响一般比水轮机要大，汽轮机的频率异常运行能力往往限制了整个系统的频率异常运行能力。如表 9-1 所示，对于频率下降过程中的火电机组，为保证火电厂安全继续运行，应限制频率低于 47.0 Hz 的时间不超过 5 s。另一方面，由于受到汽轮机叶片允许频率偏差特性的影响，大型火电机组不允许运行在低于 46.5 Hz 的频率范围。对于频率上升过程中的火电机组，由表 9-1 可知，应限制频率超过 51 Hz 的时间不超过 30 s，异常频率保护主要是超速保护（OPC，103%额定频率即 51.5 Hz动作）、电超速保护（110%额定频率即 55 Hz 动作）和机械超速保护（112%额定频率即 56 Hz 动作），在频率稳定中主要考虑与超速保护的配合。

电压特性总体而言是分布式的，不同节点的电压不论是在正常情况还是事故情况下，一般都不会严格相同，或多或少总是存在一定差异；发电机的功角是一个相对量，不同发电机相对于参考发电机的功角一般情况下也不会相同。

与电压、功角相比，同步的电力系统频率在正常稳态运行情况下是严格相同和绝对唯一的，系统中的所有节点有且只有一个频率。在暂态情况下，系统的频率分布有时空分布特性，但时空分布特性所造成的系统不同节点的频率偏差最大一般不会超过±0.2 Hz，且总是围绕系统的惯性中心频率上下波动，如果最终系统能够恢复稳定，系统频率也将恢复唯一。

9.1.2　频率安全稳定分析的发展历程

9.1.2.1　频率安全稳定的研究背景和意义

随着我国国民经济的发展，我国的电网规模也在不断扩大，区间电网大容量机组不断增多，区间联网送电规模不断增大，已成为大规模的交直流混合输电网。大电网通过联络线远距离外送大量功率，一旦联络线发生故障而解列，形成的送端孤网在大量功率过剩情形下如果处理不当，就可能会发生高频振荡现象，导致解列的孤立电网的动态频率异常，甚至产生频率不稳定性，危及发电机、汽轮机及其辅机和热能系统的寿命和安全。

受端孤网由于大功率缺额就会使频率急剧下降，如果频率的下降导致发电机组自动低频保护动作切除发电机，就会进一步增大功率缺额，导致频率崩溃。因此，无论是送端孤网还是受端孤网，都可能引发一系列连锁故障，甚至导致系统崩溃，造成大面积停电和电网崩溃瓦解事故，其影响和危害将是极其巨大的。

近十几年来，国内外电网多次发生因遭受严重有功缺额而使频率大幅度下跌，甚至导致频率崩溃的严重电力事故，如1996年马来西亚大停电、1999年中国台湾大停电以及2003年意大利大停电事故。这些事故几乎都是由于大容量发电机组或重要输电线路出现故障，使得系统频率快速下跌，而系统的旋转备用投入速度和投入容量不足，或者低频切负荷（under frequency load shedding，UFLS）装置动作不及时或切除的负荷容量不够，未能及时阻止频率的继续下降，并最终导致系统频率失稳和大面积停电。

然而，过去的大量研究主要关注的是功角稳定和电压稳定问题，而对动态频率异常和频率不稳定性研究较少，未引起足够的重视。正因为如此，早期的稳定性分类未将频率稳定性纳入其中。2004年，IEEE/CIGRE联合工作组对稳定性进行分类和定义时，才将频率稳定性列在与功角稳定和电压稳定同样重要的地位。事实上，对于孤立电网来说，频率稳定的重要性甚至超过功角稳定和电压稳定。

9.1.2.2 频率稳定分析

频率稳定计算的主要内容是系统受到大扰动后的稳态频率和最低频率及低频运行时间。电力系统频率稳定或频率动态特性研究主要采用解析法和时域仿真法。解析法中又以建立在系统统一平均频率基础上的单机模型应用最为广泛。等值单机模型仅能提供系统平均频率的信息，而不能反映系统不同地区频率变化差异，但计算经验表明，单机模型有足够的计算精度，适合分析全网平均频率特性。不考虑旋转备用的作用，即认为发电机组在频率变化过程中出力保持不变，主导频率响应的因素是系统等值惯性时间常数和负荷的频率调节效应，该模型由于计算速度快，且因为计算结果保守而在低频减载的设计中有广泛的应用。

除了解析法外，还可采用时域仿真法研究系统频率的动态特性，分析频率的时空分布特性以及扰动地点、惯性时间常数等对频率动态特性的影响，得出各参数对扰动后频率轨迹的主要影响时段及其影响程度，为系统参数辨识提供了一定的参考。利用时域仿真可以得到复杂模型时域解，并利用单机模型中相应的参数进行定量计算，将多机系统时域仿真轨迹通过惯量中心变换映射到单机系统上进行频率动态特性分析。基于此，提出不仅满足全网频率特性要求而且考虑各地区电网频率差别的低频减载方案。

时域仿真法的主要优点是通过多机系统建模，可以精确得到电网任意点的频率动态受扰轨迹，有助于研究受扰位置对频率动态的影响以及频率变化的空间分布；缺点是时域仿真法需求解微分方程，计算速度较慢，并且其对系统模型及参数选择的依赖性较大。

9.1.3 频率安全稳定控制的发展历程

电力系统频率一方面作为衡量电能质量的指标，需加以动态监测以作为实施安全稳定控制的重要状态反馈量；另一方面必须对系统频率进行有效控制。

由于电力系统负荷的动态和惯性特性，尽管技术不断进步，系统辨识精度不断提高，从系统检测到负荷波动，判断其所引起的系统频率变化是否超出所允许的范围，到准确控制、调节原动机、发电机出力，总会有不同程度的时差和误差。如何在这种情况下准确地控制频率，使其保持在允许的范围内，就成为一个值得研究的课题。尤其是近年来电网中出现风力发电等新型的发电机组后，如何合理协调各发电机组、合理分配负荷，以控制和调节各发电机、原动机输入功率，使系统频率达到国家规定的频率标准，给我们提出了新的研究课题。

电力运营体制不断改革和电力市场的逐渐形成增加了频率调整的复杂性，国外对电力市场环境下频率控制的研究已有了一定的理论成果和应用经验。爱尔兰国家电力市场管理公司以及一些学者还针对爱尔兰风力发电占很大比重的事实，不断地进行电力市场环境下的频率控制研究。在国内，有学者提出实现电网公平开放，不仅要求有一个公平的输电价格及辅助服务价格，而且要求有一个有效的负荷频率控制（Load Frequency Control，LFC）方法及实施方案；并研究了与我国电力市场运营模式相适应的 LFC 方法及实施方案。

随着电力系统远动技术的成熟和广泛应用，自动发电控制（Automatic Generation Control，AGC）已成为现代电网控制的一项重要手段，在电网调度自动化能量管理系统与发电机组协调控制系统间实现闭环控制。英国、挪威和美国已对电力库模式和双边合同模式下频率控制服务，尤其是 AGC 的供应以及其市场运作有了一定的实践经验，但大多数国家仍处在理论探讨与局部试点之中。目前我国电力市场对这个课题的研究还需要作进一步的探索研究，以满足我国电力工业市场化改革对频率控制市场化的要求。

9.1.3.1 电力系统频率控制的基本任务和要求

电力系统频率控制与有功功率控制密切相关，其实质就是当系统机组输入功率与负荷功率失去平衡而使频率偏离额定值时，控制系统必须调节机组的出力，以保证电力系统频率的偏移在允许范围之内。为了实现频率控制，系统中需要有足够的备用容量来应对计划外负荷的变动，而且还须具有一定的调整速度以适应负荷的变化。

现代电力系统频率控制的研究主要有两方面的任务：①分析和研究系统中各种因素对系统频率的影响，如发电机出力、其本身的特性及相应的调速装置、负荷波动和旋转备用容量等，从而可以准确地寻找有效进行调频的切入点；②建立频率控制模型，即在某一特定的系统条件下，选择恰当的发电机和负荷模型（在互联系统中还应考虑多系统互联的模型），并采用最优算法确定模型参数，在维持系统频率在给定水平的同时，考虑机组负荷的经济分配和保持电钟的准确性。我国电力系统的额定频率 f_N 为 50 Hz，电力系统正常频率允许偏差为±0.2 Hz（该标准适用于电力系统，但不适用于电气设备中的频率允许偏差），系统容量较小时可放宽到±0.5 Hz。

9.1.3.2 电力系统频率控制模型及方法

（1）传统的 LFC 方法。

早在 20 世纪 50 年代，Kirchmayer 根据经典控制理论中的传递函数原理，提出了互联系统 LFC 的数学模型，研究了 PI 控制方式。1970 年，Elgerd 和 Fosha 首次把现代控制理论应用于互联系统的 LFC 问题，但是由于采用集中控制，使 LFC 在信息传递问题上遇到大系统“维数灾”问题。有学者提出的互联电力系统分散偏压双模式控制器，考虑了调速器死区（Governor Deadband，GDB）和发电机变化率约束（Generation Rate Constraint，GRC）所产生的非线性，具有比例和积分两种模式。该控制器不仅稳定了系统，还减小了系统频率和联络线功率振荡以及输出响应时间，其结构简单且闭环稳定性好，明显改善了传统的 PI 控制性能。但是不足的是，这种双模式偏压控制器对系统参数的变化不甚灵敏。

传统的控制方法对发电机输出功率进行调整和控制存在以下问题：①被控对象的数学模型难以确定；②系统的控制参数调整困难；③确定后不变的 PID 参数在性能上很难同时满足跟踪设定值与扰动的抑制或模型参数的变化，从而引起系统快速性和超调量之间的矛盾。

（2）基于人工智能技术的LFC方法。

近年来，随着人工智能技术的不断发展，以人工神经网络（Artificial Neural Networks，ANN）和遗传算法（Genetic Algorithm，GA）为代表的智能理论方法在电力系统领域得到了十分广泛的应用。

人工神经网络具有对故障与暂态稳定之间函数映射的逼近功能和并行处理能力，因而用人工神经网络进行电力系统的切负荷控制有着良好的适应性和实时性。有学者将人工神经网络成功应用于电力系统中的非线性控制，用前向反馈网络通过训练控制发电机组，克服负荷变化引起的频率变化。针对神经网络学习时间长、难以收敛、学习中陷入局部最优解、对全局数据的敏感性以及神经元数量随输入数据数量以指数上升的“维数灾”等问题，提出一种新的基于小波和人工神经网络相结合的技术，从而减少神经网络的节点数量。

遗传算法是基于自然选择规律的一种优化方法，它能够成功地解决变量中的离散问题，避免常规数学优化方法的局部最优现象。近年来，将遗传算法引入电力系统的研究取得了一定的经验和成果，基于遗传算法提出了最优积分增益的控制方法，可以很好地改善系统的动态特性。

（3）自动发电控制技术。

自动发电控制是指根据系统频率、输电线负荷变化或它们之间关系的变化，对某一规定地区内发电机有功功率进行调节，以维持计划预定的系统频率或其他地区商定的交换功率在一定限制之内。它是以调整发电机组输出功率来适应负荷波动的反馈控制，利用计算机来实现控制功能，是一个计算机闭环控制系统。

互联电力系统中的AGC是由联络线功率偏差加上一个用偏差因子加权的频率偏差构成ACE来维持频率和邻近区域的纯功率交换在给定值。ACE计算式的不同决定了AGC模式的不同，现代大型电力系统或互联电力系统中常采用的调频方式是频率联络线功率偏差控制，其计算式为

$$ACE = \Delta P + B \cdot \Delta f \tag{9-1}$$

式中，B 为偏差因子；ΔP 为两系统之间的传输功率。

偏差因子的选择对静态特性并不重要，但是对动态性能影响很大。从动态特性考虑，一般设置频率偏差因子 B 近似等于区域负荷频率响应特性系数。现代AGC是将联络线传输功率、系统频率和机组有功出力等信息传到调度中心，由那里的计算机确定每个控制区域的控制方案。

实际AGC系统应通过简单、鲁棒性和可靠性好的控制策略来实现燃料费用最小，避免发电机组持续运行在不希望的区域内并避免机组不必要的动作，以达到使设备的磨损最小等控制目标。在AGC的具体实施中，应考虑到ACE的滤波、发电机出力的变化速度限制、时间偏差修正、执行频率、频率偏差设定、紧急状态运行以及调速器死区的影响等因素。

9.1.3.3　紧急状态下的频率控制措施

紧急状态下的频率控制措施的研究主要集中在低频减载的配置策略及其配置参数的优化、发电机切机的优化、高频切机和OPC之间的协调配合等方面。

目前低频减载方案主要分为两类：一是“逐次逼近”式减载方案，其实质是逐轮逼近

实际的功率缺额，各轮按照预先设定的整定启动频率和延时切除固定负荷，通常采用单机带集中负荷的简化模型进行设计和校验；二是自适应方案，即动态地根据频率下降速率大小来自适应地确定相应轮的减载量，它利用了频率变化率来预先估计功率缺额的大小，但为了躲开频率下降过程中同一时间不同地点可能的频率变化率的较大差异，它的动作势必增加较大的人为延时，使之反应系统的平均频率变化率，这样也就显著地减弱了自适应方案的优越性。

考虑频率下降过程中电压波动的影响，有学者提出了一种新的集中式自适应 UFLS 算法，该算法考虑了切负荷过程中可能出现的电压崩溃问题，将电压设定为四个门槛值，当各节点遭遇不同电压时，自适应不同的切负荷方案。有学者将保证频率稳定的减载控制描述成一个线性或非线性规划问题，提出了确定减载量和减载地点的优化算法。优化控制变量主要有各轮启动频率、各轮的切负荷量以及动作延时，但实际上并未实现低频减载的逐轮优化，并且在优化模型中未考虑不同节点、不同轮次切同样大小负荷的不同代价。

切除发电机是系统在紧急情况下制止频率过高的重要手段。按策略表切机是切除发电机的传统方法，利用能量裕度灵敏度法在线修改策略表，实施实时匹配和就地预测发电机暂态稳定以决定是否切机。当预测到机组失稳时，按照策略表及实时匹配情况，发出切机命令，能有效地防止误切机组。

9.2 电力系统的频率特性

9.2.1 电力系统的静态频率特性

结合发电机和负荷的功频静态特性，电力系统的功率频率静态特性系数为

$$K = K_{D} + K_{G} = -\frac{\Delta P_{D}}{\Delta f} \qquad (9-2)$$

式中，ΔP_{D} 为负荷变化量；K 为系统的功率频率静态特性系数（或系统的单位调节功率），它表示在计及发电机组和负荷的调节效应时引起频率单位变化的负荷变化量。

根据 K 值的大小可以确定在允许的频率偏移范围内系统所能承受的负荷变化量。当发电机满载时，发电机输出功率不随频率的降低而增加。

9.2.2 电力系统的动态频率特性

电力系统的动态频率特性是指电力系统受扰动之后，由于有功功率平衡遭到破坏引起频率发生变化，频率从正常状态过渡到另一个稳定值所经历的过程。

当系统频率偏离额定值时，负荷吸收的有功功率随之变化。机组自动调节装置检测到转速改变而动作，各机组将按调速系统的调差系数重新分配负荷，最后由系统的调频机组增减出力使频率恢复到额定值。在整个过程中，各机组的转速因各自初始承担的负荷不同、惯性不同、调速器的调节特性不同，各机组承担着不同的负荷功率分配比例。

9.2.2.1 影响系统动态频率特性的因素

影响系统功率频率动态过程的因素主要包括故障扰动地点、发电机组模型及其参数、

调速器调节特性、旋转备用容量及其分布和负荷特性等。假设全系统具有相同的频率值，或者说系统中任意节点和机组具有完全相同的频率动态过程，可采用简化的单机带负荷模型对系统频率进行分析和计算。

假设系统正常运行时等值机功率为 P_{G0}，等值负荷功率为 P_{D0}，系统频率为 f_0，显然有 $P_{G0}=P_{D0}$。设 $P_G(t)$，$P_D(t)$，$f(t)$ 分别代表发电机功率、负荷功率和系统频率随时间变化函数，相应的增量定义为

$$\begin{cases} \Delta P_G(t) = P_G(t) - P_{G0} \\ \Delta P_D(t) = P_D(t) - P_{D0} \\ \Delta f(t) = f(t) - f_0 \end{cases} \tag{9-3}$$

同时定义

$$\Delta P_{OL}(t) = P_D(t) - P_G(t) = \Delta P_D(t) - \Delta P_G(t) \tag{9-4}$$

式中，$\Delta P_{OL}(t)$表示系统的功率不平衡量。重点分析系统频率的下降过程，一般 $\Delta P_{OL}(t)$ 大于 0，称之为系统的过负荷量。

设扰动瞬间的等值机功率变化量为 $\Delta P_{G0}=\Delta P_{G(0+)}$，等值负荷功率变化量为 $\Delta P_{D0}=\Delta P_{D(0+)}$，定义初始功率过负荷量为

$$\Delta P_{OL0} = \Delta P_{OL(0+)} = \Delta P_{D0} - \Delta P_{G0} > 0 \tag{9-5}$$

可以得到如图 9－1 所示的单机带负荷模型框图，其中的前向环节表示等值发电机的转子运动方程，两个反馈环节分别表示负荷和发电机的频率特性。

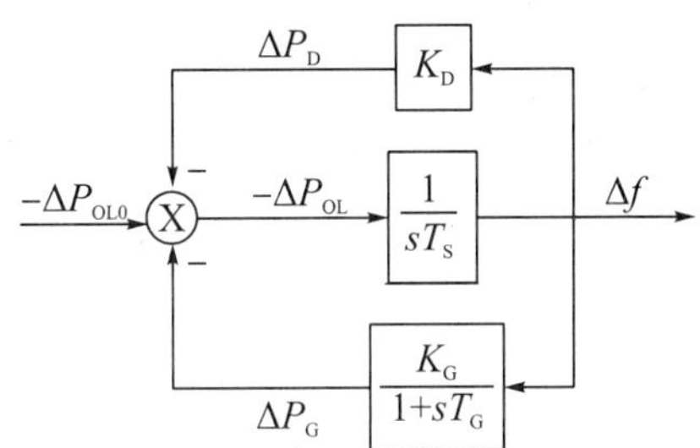

图 9－1　单机带负荷模型框图

根据图 9－1 可以列出系统的状态方程如下：

$$\begin{cases} T_S \dfrac{d\Delta f}{dt} = -\Delta P_{OL} \\ T_G \dfrac{d\Delta P_G}{dt} + \Delta P_G = -K_G \Delta f \\ \Delta P_D = K_D \Delta f \\ \Delta P_{OL} = \Delta P_D - \Delta P_G + \Delta P_{OL0} \end{cases} \tag{9-6}$$

在图 9－1 和式（9－6）中，K_D为系统负荷频率调节效应系数；T_S为等值机惯性时间常数；K_G 为发电机的功率频率静态特性系数；T_G 为发电机调速器和原动机的综合时间常数。

令 $T_f=T_S/K_D$为系统下降率的时间常数，$K_S=K_D+K_G$ 为全系统的功率频率调节效应系数，由式（9－6）可解出

$$\Delta f(t) = -\frac{\Delta P_{OL0}}{K_S}[1 - 2A_m e^{-\alpha t}\cos(\Omega t + \varphi)] \tag{9-7}$$

式中，

$$\begin{cases} \alpha = \dfrac{1}{2}\left(\dfrac{1}{T_G} + \dfrac{1}{T_f}\right) \\ \Omega = \sqrt{\dfrac{K_S}{T_S T_G} - \alpha^2} \\ Am = \dfrac{1}{2\Omega T_S}\sqrt{K_S K_G} \\ \varphi = \arctan\left[\dfrac{1}{\Omega}\left(\dfrac{K_S}{T_S} - \alpha\right)\right] \end{cases}$$

考虑调速系统影响时，单机模型下的频率动态过程是一条幅值以时间常数 $1/\alpha$ 衰减的振荡曲线，在扰动初始瞬间具有最大下降率：

$$\left.\frac{df}{dt}\right|_{max} = \left.\frac{d\Delta f}{dt}\right|_{max} = \left.\frac{d\Delta f}{dt}\right|_{t=0} = -\frac{\Delta P_{OL0}}{T_S} \tag{9-8}$$

稳态频降为

$$\Delta f_{\infty} = -\frac{\Delta P_{OL0}}{K_S} \tag{9-9}$$

且在

$$t_m = \frac{1}{\Omega}\arctan\left(\frac{2T_S T_G \Omega}{K_D T_G - T_S}\right) \tag{9-10}$$

频率偏差达到最大值 Δf_{max}，称为最大频降。

上述频率最大下降率、稳态频降、最大频降和最大频降出现的时间是描述频率下降过程的关键特征量，也是频率控制措施设计中需要重点考虑的特征量，如图 9−2 所示。

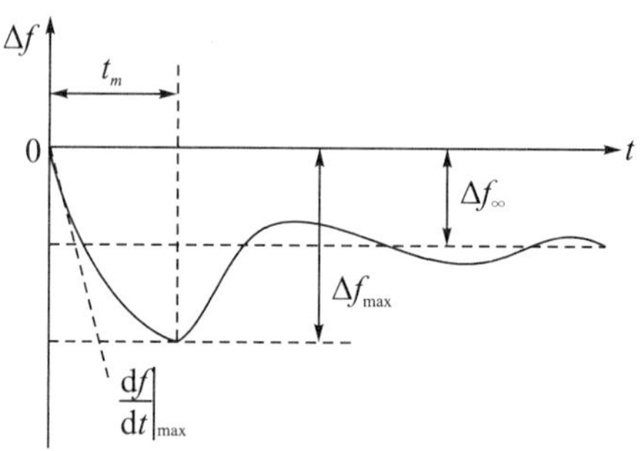

图 9−2　频率下降过程中的特征量

通过以上单机系统模型分析得到的主要结论如下：①系统最大频降 Δf_{max} 与 K_D，K_G，T_S 及 T_G 等参数有关，当 K_D，T_S 增大或 K_G，T_G 减少时系统的最大频降均减小；②系统的稳态频降 Δf_{∞} 与 K_D，K_G 有关，与二者之和成反比；③系统的最大频率变化率发生在扰动初始瞬间，与系统惯性常数 T_S 成反比；④最大频降、稳态频降和最大频率变化率都与初始过负荷量 ΔP_{OL0} 成正比。

9.2.2.2　电力系统暂态频率的时空分布特性

电力系统受到扰动后，扰动量以电磁波的形式传播到各个发电机组，其速度远远大于发电机的调速系统动作速度，在这期间，调速系统实际上来不及反应。当发电机的电磁功率和机械功率出现不平衡时，各发电机组根据其自身的转动惯量在调速系统的作用下产生反应，其速度又大于自动发电控制系统的动作速度，也即在此期间 AGC 来不及反应。

在电力系统正常运行情况下，一旦出现扰动，这里假定为负荷扰动，且负荷扰动主要是有功功率分量，无功分量很小，则节点电压的幅值可以当作恒定不变。负荷扰动量的有功分量将使扰动点的电压相角发生变化，并由这个相角的变化把负荷扰动量传递到系统中所有发电机组。

设有 m 台发电机的电力系统，在节点 k 处发生了负荷扰动 ΔP_{L}，第 i 台发电机输出的电磁功率为

$$P_{ei} = E'^2_i G_{ii} + \sum_{\substack{j=k \\ j\neq i,k}}^{m} E'_i E'_j (B_{ij}\sin\delta_{ij} + G_{ij}\cos\delta_{ij}) + E'_i U_k (B_{ik}\sin\delta_{ik} + G_{ik}\cos\delta_{ik}) \tag{9-11}$$

式中，U_k 为扰动点的电压；E'_i 为第 i 台发电机暂态电抗后的恒定电动势；B_{ik}，G_{ik} 为 i，k 两点间的转移电纳和电导。

当忽略线路电导时，式（9−11）可写为

$$P_{ei} = \sum_{\substack{j=k \\ j\neq i,k}}^{m} E'_i E'_j B_{ij}\sin\delta_{ij} + E'_i U_k B_{ik}\sin\delta_{ik} \tag{9-12}$$

而流入 k 点的功率为

$$P_{ek} = \sum_{\substack{j=k \\ j\neq i,k}}^{m} U_k E'_j B_{kj}\sin\delta_{kj} \tag{9-13}$$

由于 ΔP_{L} 的突然变化，引起 k 节点电压相角由 $U_k\angle\delta_{k0}$ 变为 $U_k\angle(\delta_{k0}+\Delta\delta_k)$，而所有发电机转子的内角 δ_1，δ_2，…，δ_m 则不可能突变。

在小扰动作用下，可对电磁功率的方程线性化，即

$$\Delta P_{ei} = \sum_{\substack{j=k \\ j\neq i,k}}^{m} (E'_i E'_j B_{ij}\cos\delta_{ij0})\Delta\delta_{ij} + (E'_i U_k B_{ik}\cos\delta_{ik0})\Delta\delta_{ik} = \sum_{\substack{j=k \\ j\neq i,k}}^{m} P_{sij}\Delta\delta_{ij} + P_{sik}\Delta\delta_{ik} \tag{9-14}$$

$$\Delta P_{ek} = \sum_{\substack{j=k \\ j\neq i,k}}^{m} (U_k E'_j B_{kj}\cos\delta_{kj0})\Delta\delta_{kj} = \sum_{\substack{j=k \\ j\neq i,k}}^{m} P_{skj}\Delta\delta_{kj} \tag{9-15}$$

式中，δ_{ij0} 为扰动前 i，j 两节点电压的相位差；P_{sij} 为整步功率系数。

当 $t=0^+$ 时，由于发电机转子存在惯性，电压相角不能发生突变，故 $\delta_{ij}=0$，即

$$\Delta\delta_{ik} = -\Delta\delta_k(0^+) \tag{9-16}$$

$$\Delta\delta_{kj} = \Delta\delta_k(0^+) \tag{9-17}$$

将式（9−17）代入式（9−15），式（9−16）代入式（9−14），得

$$\Delta P_{ei}(0^+) = -P_{sik}\Delta\delta_k(0^+) \tag{9-18}$$

$$\Delta P_{ek}(0^+) = \sum_{j=1}^{m} P_{skj}\Delta\delta_k(0^+) \tag{9-19}$$

将式（9−18）从 $i=1$，2，…，m 总加，得

$$\sum_{i=1}^{m}\Delta P_{ei}(0^{+}) = -\sum_{i=1}^{m}P_{sik}\Delta\delta_{k}(0^{+}) \tag{9-20}$$

比较式（9—19）和式（9—20），可得

$$\Delta P_{k}(0^{+}) = -\sum_{i=1}^{m}\Delta P_{ei}(0^{+}) \tag{9-21}$$

因为扰动发生在 k 点，所以 $\Delta P_{L}=-\Delta P_{k}(0^{+})$，则

$$\Delta\delta_{k}(0^{+}) = -\frac{\Delta P_{L}}{\sum_{i=1}^{m}P_{sik}} \tag{9-22}$$

可得

$$\Delta P_{ei}(0^{+}) = \left(\frac{P_{sik}}{\sum_{i=1}^{m}P_{sik}}\right)\Delta P_{L} \tag{9-23}$$

由以上分析可知，在扰动发生瞬间，负荷的扰动量按各发电机组的整步功率系数在发电机组之间进行分配，这一过程是迅速完成的。同时可以知道，这一过程的完成并不受互联电力系统的任何限制，即负荷扰动量的转移不仅在扰动的本区域内发电机间进行，而且穿越联络线向临近区域转移。同时由于此时任何区域控制方式来不及发挥作用，某一区域系统内发生的负荷扰动必然在联络线上反应出来。

以上讨论的是第一阶段的过程。当发电机组承受了扰动分量后，突然改变了原有的电磁功率输出，而在这一瞬间，由于机械惯性的关系，机械功率不可能突然改变，仍为原来的数值，这时造成的功率不平衡，必然引起发电机组转速的改变，并有以下关系：

$$\frac{J_{i}}{\omega_{N}}\cdot\frac{\mathrm{d}\Delta\omega_{i}}{\mathrm{d}t} = -\Delta P_{ei}(t) \tag{9-24}$$

将式（9—24）代入式（9—23），得

$$\frac{1}{\omega_{N}}\cdot\frac{\mathrm{d}\Delta\omega_{i}}{\mathrm{d}t} = -\frac{P_{sik}}{J_{i}}\left(\frac{\Delta P_{L}}{\sum_{i=1}^{m}P_{sik}}\right) \tag{9-25}$$

式中，J_{i} 为第 i 台发电机组的转动惯量；ω_{i} 为第 i 台发电机组的转速；ω_{N}为额定转速。

在此期间，发电机组将由转动惯量起主导作用改变转速。由于负荷扰动点的不同、各发电机组整步功率系数以及转动惯量的不同，各发电机组将按各种有关系数，并伴随着相互之间的作用，来改变机组的功率和系统潮流的分布。由于发电机组的整步功率系数的作用，在改变中使所有发电机组逐渐进入系统的平均转速，而在这个过程中，各个发电机组的瞬时频率实际上是不同的，其围绕系统的平均频率而有所波动。设系统的加权平均转速为 ω_{COI}，则

$$\omega_{COI} = \frac{\sum_{i=1}^{m}\omega_{i}J_{i}}{\sum_{i=1}^{m}J_{i}} \tag{9-26}$$

则有

$$\frac{1}{\omega_{N}}\sum_{i=1}^{m}\frac{\mathrm{d}}{\mathrm{d}t}(J_{i}\Delta\omega_{i}) = -\Delta P_{L} \tag{9-27}$$

因此

$$\frac{1}{\omega_{\mathrm{N}}} \cdot \frac{\mathrm{d}\Delta\omega_{COI}}{\mathrm{d}t} = \frac{-\Delta P_{\mathrm{L}}}{\sum_{i=1}^{m} J_i} \tag{9-28}$$

将式（9－24）和式（9－28）合并，则得

$$\Delta P_{ei}(t) = \left(\frac{J_i}{\sum_{i=1}^{m} J_i} \right) \Delta P_{\mathrm{L}} \tag{9-29}$$

由以上分析可知，当发电机组进入平均转速时，发电机组电磁功率的变化由其转动惯量系数决定。比较式（9－25）和式（9－29）可知，负荷扰动量首先按发电机组整步功率系数在机组间进行分配，而后转为按机组转动惯量系数进行分配。在这一过程中，随着发电机组转速的变化，调速系统感受到信号，并按它的特性进一步改变机组的功率，最后按系统的综合调速特性决定系统的频率和各发电机组的功率。

多数情况下，为了简化模型以及方便分析，电力系统各个节点频率被假设为完全同步变化。但在实际系统中，受到扰动后，同一时刻的空间位置不同的各节点将会有不同的频率，其主要原因如下：

（1）发电机的机械频率对应于发电机的转速，其变化受到发电机惯量的制约，通常是平缓而连续的，不可能出现剧烈的变化现象。瞬时点频率的变化不受任何制约，在特定情况下可能发生剧烈的变化现象。故在扰动初期，扰动点和发电机节点频率呈现不同。

（2）由于负荷扰动点的不同、各发电机组整步功率系数以及转动惯量的不同，在调速器作用后，各发电机不可能具有相同的角加速度，故发电机各节点频率不相同。

9.2.3　电力电子设备接入对频率特性的影响

以风力发电、光伏发电、储能等电源接口、柔性高压直流输电、新式负荷和微电网为代表，通过引入 VSC/ISC 型等具备高度外特性定制能力的变流器接口取代了传统的机械开关接口，直接影响系统惯性，进而在“源—网—荷”全环节逐步显现规模化效应。

9.2.3.1　转动惯量

由于物理结构的不同，电力电子接口与机械开关接口在惯量响应特性方面存在很大差异。机械开关接口中，原动机直接与电网相连，旋转质块通过释放或吸收旋转动能响应输出电磁功率与输入机械功率的偏差，从而抑制网侧频率的变化。电力电子接口下，原动机通过换流器与电网相连，换流器两端的原动机输入机械功率与网侧输出电磁功率解耦，如风电、光伏发电等原动机一般采用最大功率点跟踪控制，无法通过释放或吸收能量响应功率偏差，不能抑制网侧频率参数的变化，因此电力电子接口不具备惯量响应特性。随着电力电子接口规模化替代机械开关接口，电力系统整体惯量水平随之下降。

电力系统的惯量参数对有功频率调整、频率稳定乃至安全稳定至关重要。当系统出现功率不平衡时，机组惯量越小，其机械转速变化率越大，相应与机械转速直接耦合的电角频率变化率越大，对应系统频率变化率以及最大频率偏差越大，不利于系统的频率快速恢复及频率稳定性。当这两个频率指标达到阈值时，会触发继电保护装置动作，出现切机、切负荷操作，若形成连锁反应，会造成整个系统的频率失稳甚至崩溃。

9.2.3.2 控制方式对频率特性的影响

当风电场仅通过 VSC－HVDC 与主网系统连接时，与风电场侧相连的换流站 WFVSC 不宜采取定功率控制方式，否则有功功率定值与风电有功出力的不平衡将导致系统不稳定。对此，可以采用定频率控制来保证风电场功率的稳定送出，已有的研究中主要有两种形式：一种是通过检测风电场频率偏差来修正外环有功功率整定值，即有差定频率控制；另一种则采用风电场侧换流器交流电压恒幅值恒频率控制，即无差定频率控制。WFVSC 两种频率控制方式如图 9－3 所示。

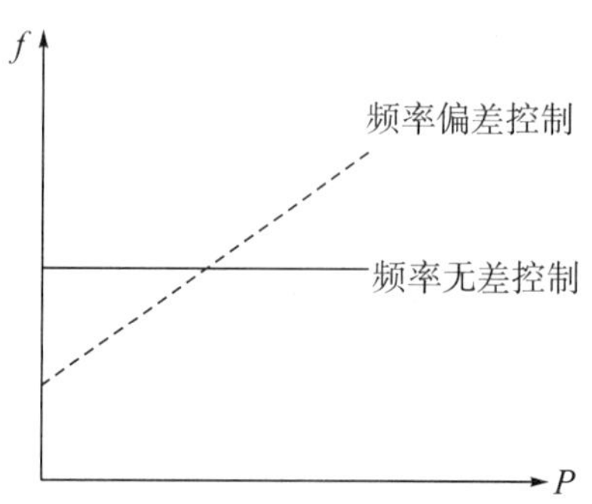

图 9－3 WFVSC 两种频率控制方式

为使风电场系统具备响应电网系统频率变化的能力，需使风电场可以对网侧频率变化进行响应。然而以远程通信为基础的控制方法可靠性不足，尤其是对于长距离海上风电场送出。为实现无通信条件下风电场的频率和电网频率建立联系，需要 VSC－HVDC 两端的换流站有一定耦合关系。具体如下：

（1）WFVSC 基于直流电压来整定控制器的频率参考指令值，即

$$f_{\mathrm{ref}}^{\mathrm{off}} = f_0^{\mathrm{off}} + K_{\mathrm{V}}(U_{\mathrm{dc}}^{\mathrm{off}} - U_{\mathrm{dc}}^0) \tag{9-30}$$

式中，$f_{\mathrm{ref}}^{\mathrm{off}}$为风电场频率指令值；$K_{\mathrm{V}}$是频率与直流电压间的斜率系数。

（2）GSVSC 基于电网频率和换流站功率来整定直流电压参考指令值，即

$$U_{\mathrm{dc}}^{\mathrm{ref}} = U_{\mathrm{dc}}^0 + K_f(f^{\mathrm{on}} - f_0^{\mathrm{on}}) - K_{\mathrm{P}}P_{\mathrm{dc}}^{\mathrm{on}} \tag{9-31}$$

式中，K_f 和 K_{P} 分别为网侧系统频率和换流站功率与直流电压间的斜率系数。需要指出的是，以上所有数据都基于本地信号，对通信无要求。

（3）根据电路理论，有

$$U_{\mathrm{dc}}^{\mathrm{off}} = U_{\mathrm{dc}}^{\mathrm{on}} + R_{\mathrm{dc}}\frac{P_{\mathrm{dc}}^{\mathrm{on}}}{U_{\mathrm{dc}}^{\mathrm{on}}} = U_{\mathrm{dc}}^{\mathrm{on}} + K_f(f^{\mathrm{off}} - f_0^{\mathrm{off}}) - \left(K_{\mathrm{P}} - \frac{R_{\mathrm{dc}}}{U_{\mathrm{dc}}^{\mathrm{on}}}\right)P_{\mathrm{dc}}^{\mathrm{on}} \tag{9-32}$$

令 $K_{\mathrm{P}}=R_{\mathrm{dc}}/U_{\mathrm{dc}}^{\mathrm{on}}$，代入式（9－32），便可以使风电场与网侧电网实现耦合联系，即

$$f_{\mathrm{ref}}^{\mathrm{off}} = f^{\mathrm{off}} + K_{\mathrm{V}}K_f(f^{\mathrm{on}} - f_0^{\mathrm{on}}) \tag{9-33}$$

式（9－33）使得风电场侧频率与电网侧频率间有一定关联，这样就保证风机对网侧提供一定的惯性和频率支撑。

K_{P} 可以通过直流电压实测值 $U_{\mathrm{dc}}^{\mathrm{on}}$ 及 R_{dc} 求得。一般可认为直流电缆的阻抗不变，U_{dc} 一般不会发生较大波动。K_f 的取值有两个原则：首先不能使直流电压变化太大，要保证在允许的范围内；其次可以容易地检测到由网侧频率变化引起的直流电压变化。K_{V}的选取应当保证 $K_fK_{\mathrm{V}}\approx f_0^{\mathrm{off}}/f_0^{\mathrm{on}}$，同时要尽量保证在向网侧提供惯量和频率支撑时，不带来

额外的损失（包括经济性和稳定性）。风场 VSC－HVDC 系统控制特性如图 9－4 所示。

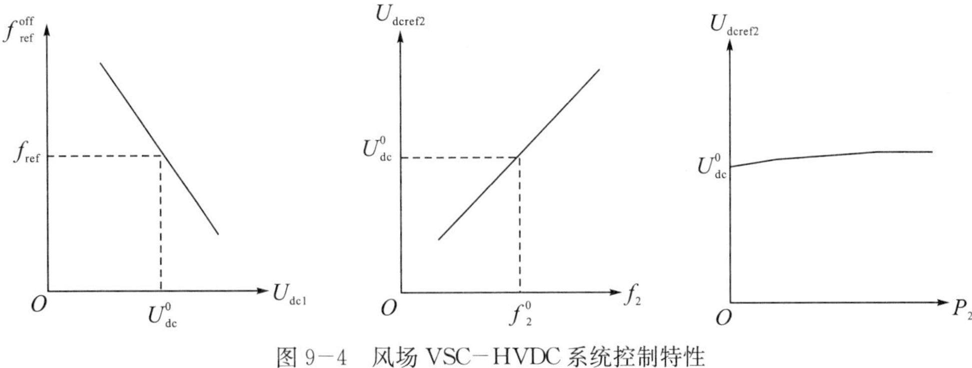

图 9－4　风场 VSC－HVDC 系统控制特性

9.3　电力系统的频率调整

电力系统的负荷随时都在变化，系统的频率也随之变化，要使系统的频率变化不超出允许的波动范围，就必须对频率进行调整。

9.3.1　电力系统的一次频率调整

9.3.1.1　一次调频

一次调频是利用系统固有的负荷频率特性，以及发电机组的调速器的有差调节作用，来阻止系统频率偏离标准值，主要调节变化幅度小、变化周期短（一般为 10 s 以内）的随机负荷，对异常情况下的负荷突变，可以起到某种缓冲的作用。系统内的发电机组都应参加一次调频，响应时间应该一致，一次调频数学模型、参数的设置都应合理地反映实际的调节过程。依据一次调频的数学模型，其传递函数框图如图 9－5 所示。

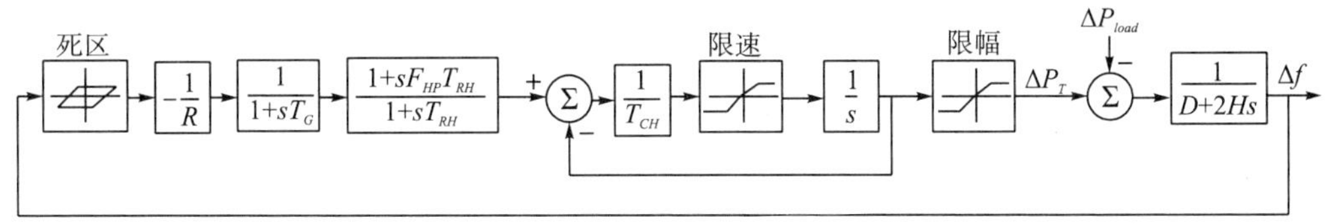

图 9－5　一次调频传递函数框图

9.3.1.2　调差系数

在图 9－5 中，R 为调差系数，可定量表明某台机组负荷改变时相应的转速偏移。例如 $R=0.05$，如负荷改变 1％，频率将偏移 0.05％。调差系数的倒数就是机组的单位调节功率，它是可以整定的，其大小对频率偏移的影响很大，调差系数越小，频率偏移的稳态误差就越小。但是，一方面因受机组调速机构的限制，调差系数的调整范围是有限的；另一方面，分析孤网频率的动态特性可以知道扰动后的系统频率偏移的最大值与 K_G 成正比，稳态值只与 K_D，K_G 有关，与两者之和成反比。而 $K_G=1/R$，显示调差系数应尽可能地整定得小，但是过小的调差系数会引起过大的功率分配误差，增加频率振荡过程频率偏移的最大值，因而调差系数又不能太小。

9.3.1.3 死区

在实际系统中，由于测量元件的不灵敏性，对微小转速变化是不能反应的，机械式调速器尤为明显，这就是调速器的测频死区。因此，调节特性实际上具有一定宽度，如图9−6所示。

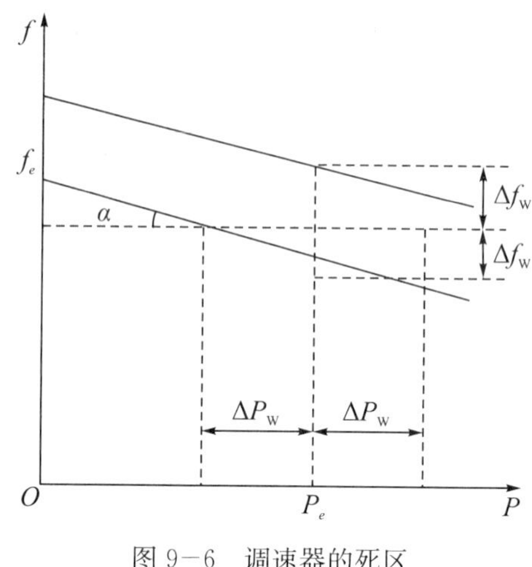

图 9−6 调速器的死区

死区的宽度用失灵度 ε 描述，即

$$\varepsilon = \frac{\Delta f_W}{f_N} \tag{9-34}$$

式中，Δf_W 为调速器的最大频率呆滞；f_N 为额定频率。

从图 9−6 中可以看出，对于一定的失灵度 ε 来说，最大误差功率与调差系数的关系为

$$\frac{\Delta f_W}{\Delta P_W} = \tan\alpha = R \tag{9-35}$$

式中，ΔP_W为机组的最大误差功率。以标幺值表示为

$$\frac{\varepsilon}{\Delta P_W} = R \tag{9-36}$$

由式（9−36）可知，ΔP_W与失灵度 ε 成正比，而与调差系数 R 成反比。死区的存在有利于发电机组稳定运行，但同时也降低了一次调频的能力。死区越大，则调节阀门动作时间不能快速反映汽轮机转速的变化，不但频率的偏移较大，而且稳态误差也较大。尤其是机组甩负荷时，死区的存在会滞后调节阀门的关闭，聚集的能量造成转速超额上升，有可能引起二次飞升，导致更高一级保护装置动作。

9.3.1.4 速率限制

水是不可压缩的液体，水轮机和引水管承受冲击的能力是有限的，如果导叶关得过快，产生的压力会导致压力管破裂，水能机叶片断裂；汽轮机汽缸的压力和温度不会突变，而汽轮机叶片的热应力、机械应力承受能力同样有限。这要求对导叶运动速率进行控制。通常为PI控制，当系统响应达到限值时，系统响应是阶跃响应信号和斜坡响应信号的叠加，稳态分量是与输入函数的斜率相等，具有滞后时间的斜坡函数；瞬态分量是一个衰减的非周期函数。因此，只有当系统响应小于其变化率时，系统才能达到稳态。常常把

导叶运动速率更进一步控制在接近全关闭的缓冲区来提供减震作用。

9.3.1.5　幅值调节限制

为了防止一次调频动作时，机组出现过负荷的情况，对一次调频因子进行幅值限制，人为设置限幅环节，用来限制调频的幅度，典型值为机组所带负荷值的 10%。

汽轮机一次调频的控制阀在高压缸之前，经数字电液控制（Digital Electric Hydraulic，DEH）调节控制阀，可调节三个缸的气体流量，从而调节整个汽轮机的出力。将一次调频的负荷要求叠加在原负荷指令上，使调门的动作与 DEH 侧的一次调频保持一致，同时将一次调频的功能设置在协调控制（Coordinated Control System，CCS）侧改变锅炉指令，使锅炉与汽机能量上保持平衡。然而，汽缸气体流量和压力的传递是一个过程。首先，DEH 的惯性时间常数一般为 0.2 s；其次，缸体本身也是一个惯性延时环节，在 0.1～0.2 s之间。惯性延时最大的环节是管道系统，最大的延时环节是再热器惯性时间常数。国产 300 MW 机组再热器时间常数为 9 s 左右。高压缸做功可以经 DEH 快速调整，而中、低压缸却要经过 9 s 的惯性延时。因此，功率调节幅值过大会造成超调现象，如果功率调节幅值过小，当功率调节幅值达到功率调节幅值限制时，系统频率动态响应将受到严重的影响。幅值调节整定值越小，频率响应越慢，稳态误差越大。其稳态偏差为

$$\Delta f = \frac{\Delta P_{\mathrm{low}}/\Delta P_{\mathrm{up}} - \Delta P_{\mathrm{D}}}{D} \tag{9-37}$$

式中，Δf 为频率的稳态偏差；ΔP_{D} 为负荷变化量；ΔP_{low}，ΔP_{up} 分别为机组功率调节幅值下限和上限；D 为负荷频率阻尼系数。

9.3.2　电力系统的二次频率调整

二次频率调整是指通过操作机组的调频器将机组的频率特性平行移动，使扰动引起的频率偏移减小到允许的范围内。随着频率控制理论的发展，自动发电控制以及调度水平的提高，电力系统通过自动控制来代替人工的操作，由计算机对各个控制单元进行控制。

通过调频器进行二次调频。电力系统中并不是所有的机组都参与二次调频，由少数的电厂担任二次调频，称之为调频厂。调频厂需要具有足够的调整容量、较快的调整速度，以及调整范围内良好的经济性。一般情况下，由系统中容量较大的水电厂担任调频厂。调频器调频过程如图 9−7 所示。

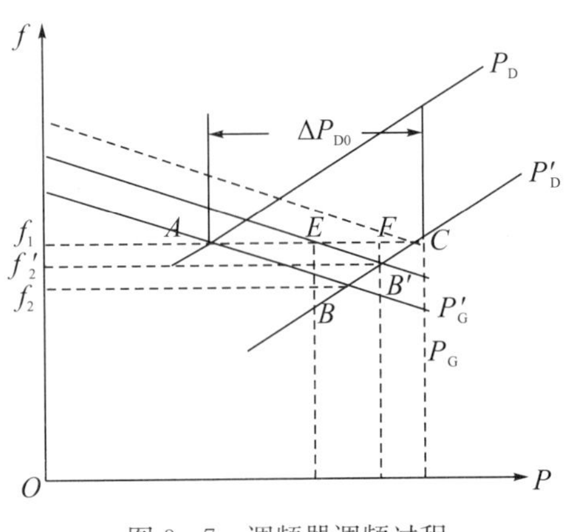

图 9−7　调频器调频过程

假定电力系统中仅有一台发电机给负荷供电，原始运行点为 P_G 和 P_D的交点 A，此时系统频率为 f_1，如图 9－7 所示。系统负荷增加 ΔP_{D0}时，未进行二次调频的情况下，运行点移动到 B，系统频率也偏移到 f_2。在调频器的作用下，机组的静态特性改变，运行点移动到点 B'。对应的系统频率为 f_2'，此时频率的偏移量为 $\Delta f = f_2' - f_1$。由此可见，$\Delta P_{D0} = \Delta P_G - K_G \Delta f - K_D \Delta f$。$\Delta P_{D0}$ 由三部分构成：ΔP_G 为二次调频发电机组的功率增量，在图中用 AE 段来标示；$-K_G \Delta f$ 为一次调频得到的发电增量，图中表示为 EF 段；$-K_D \Delta f$ 为负荷本身的调节作用取得的功率增量，图中表示为 FC 段。

由上可得二次调频功率平衡方程为

$$\Delta f = -\frac{\Delta P_{D0} - \Delta P_G}{K} \tag{9-38}$$

汽轮机和水轮机的一次调频单从模型图上分析是一致的，但物理本质上却有不同。汽轮机一次调频的本质是一种临时性的、暂时的调节，可以短时间内改变输出机械功率，但却不涉及驱动发电机组能量的改变，如果要改变能量，必须要进行二次调频；而水轮机的一次调频不仅改变输出的机械功率，还改变驱动发电机组的能量，是一种稳定的、长期的改变。这一点是由水轮机、汽轮机驱动媒质的不同所决定的。

汽轮机的响应速度与锅炉形式、制粉系统、控制方式都有关系，但是这些响应总是可以用一个惯性环节来表示为

$$\Delta P_{m0} = \frac{1}{1 + T_p} \Delta P_{ref} \tag{9-39}$$

式中，ΔP_{m0}为对应于额定频率时的发电机组整定功率值变化量，ΔP_{ref}为负荷参考设定值的变化量。在时域中表示为

$$P_{m0}(t) = P_{m01} + (P_{m00} - P_{m01}) e^{-t/T} = P_{m01} + \Delta P_{ref}(t) \tag{9-40}$$

式中，P_{m00}为额定频率时发电机整定功率的初始值，也是负荷参考设定值的初始值；P_{m01}为负荷参考设定值的目标值；$P_{m0}(t)$ 为额定频率时发电机整定功率随负荷参考设定值变化得到的变化值；T 为发电机组连同热能系统的等效惯性时间常数；$\Delta P_{ref}(t)$ 为额定频率时的发电机机械功率整定值变化量。水轮机的二次调频形式与汽轮机一致，但其惯性时间常数要比汽轮机小得多，因此响应速度也快得多。

9.3.3 新能源发电参与系统频率调整

风力发电机组可以分为定速风电机组和变速风电机组两个大类。其中，定速风电机组与传统火电机组相类似，转子转速与电力系统频率直接耦合，能够对电力系统频率波动做出响应，但是定速风电机组主要用于小容量的风力发电。随着风电机组的容量越来越大，变速风电机组已经成为当前的主流风电机组，典型变速风电机组的转子转速与电力系统频率解耦。变速风电机组的等效惯性时间常数为零，不能积极响应电力系统频率的波动，要实现变速风电机组参与调频，必须对风电机组进行辅助控制。变速风电机组参与电力系统调频的研究集中在风电机组为电力系统提供惯性支撑、风电机组参与电力系统一次调频的能力。

9.3.3.1 惯性支撑

大规模风电功率的接入替代了部分传统机组，减小了整个电力系统的惯性，电力系统

的频率稳定将受到严重威胁，为此风电机组能够为电力系统提供类似传统机组的惯性支撑，具有十分重要的理论与实际意义。

9.3.3.2　一次调频

变速风电机组在适当控制下不但能够为电力系统提供惯性支撑，而且与传统机组相比，变速风电机组具有更快的响应速度，是在系统发生功率波动时为系统提供一次调频服务的一个较好的选择对象。在风电渗透率不断提高的背景下，风电机组参与电力系统一次调频将成为一种必要的选择。

风电机组参与电力系统的一次调频主要是通过不同的方法进行弃风，以保证一定的有功备用容量。如何实现提供相同的备用容量，尽量减小弃风电量，从而提高风电场的经济效益是一项值得研究的内容。

高风电渗透率电力系统中风电机组的惯性响应控制能够减小系统的频率跌落速度及幅值，一次调频控制能够加速系统频率的恢复，与单独应用一种控制策略相比，两者的有机结合进一步提高了系统的频率响应能力。

综上，风电场的惯性支撑和一次调频控制的结合为电力系统提供了连续的有功功率调节，能够更好地调整系统频率，是风电场为电力系统提供调频辅助服务的较好选择。

9.3.4　直流输电参与系统频率调整

电力系统安全稳定运行的主要目标之一是维持电力系统的频率稳定。大规模电网的多区域互联、交直流混联运行等给电力系统频率稳定带来了挑战。利用高压直流输电具有的直流功率快速调制和短时过载的能力，借助交直流系统联合控制手段，可改善交直流电力系统的频率特性和暂态稳定性。

9.3.4.1　直流电压下垂控制

若同一时刻直流网络的不平衡功率只有单一换流站承担，可能会导致与之相联的交流侧系统频率发生较大变化。为使所有具备功率调节能力的换流器都参与直流网络不平衡功率的调节，换流站应运行于平衡节点状态。直流电压下垂控制策略的控制思路来源于交流系统中的调频控制器，这种调整方式可以采用一条直流电压与功率的关系曲线来表示，控制特性及控制器结构分别如图 9－8、图 9－9 所示。

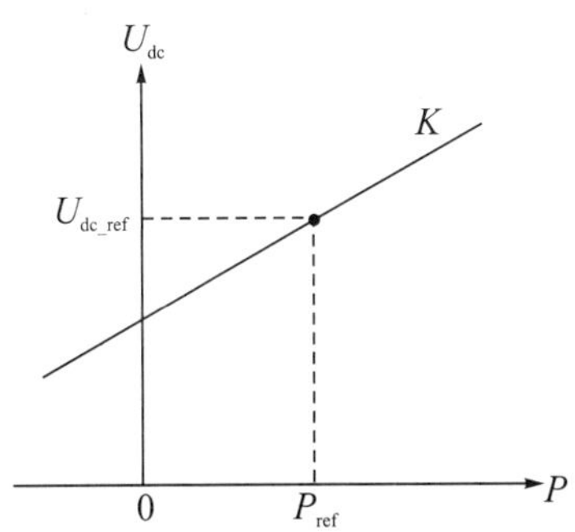

图 9－8　直流电压—有功功率斜率控制特性

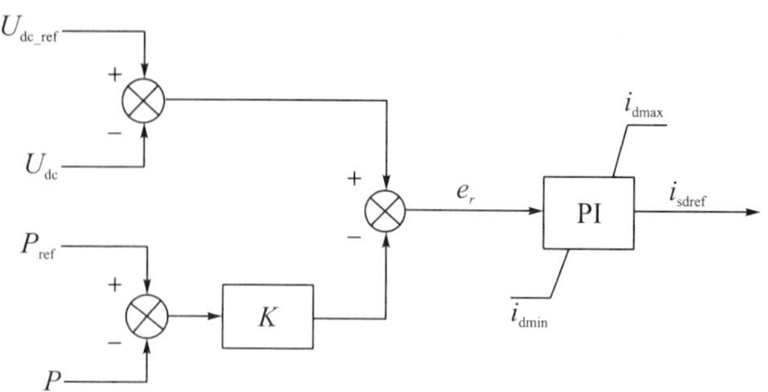

图 9−9 直流电压下垂控制器

图 9−9 中 e_r 表示直流电压偏差量，稳态时近似为零。直流电压下垂控制器结合了功率控制器和直流电压控制器的特点，其目的在于实现对换流站输入交流功率控制的同时，实现直流网络传输功率的平衡。图 9−9 中直流电压与直流功率间的斜率关系为

$$U_{dc}=U_{dc\_ref}+K(P-P_{ref}) \tag{9-41}$$

假设有 N 个换流站运行于直流电压下垂控制方式，直流网络出现不平衡功率 ΔP 时，对于第 n 个换流站，其稳定点由（U_{dc}，P_n）变为（U'_{dc}，P'_n）。$\Delta P_n=P'_n-P_n$，直流电压波动量为

$$\Delta U_{dc}=U'_{dc}-U_{dc}=K_n(P'_n-P_n)=K_n\Delta P_n \tag{9-42}$$

不平衡功率 ΔP 可表示为

$$\Delta P=\sum_{i=1}^{N}\Delta P_i=\Delta U_{dc}\cdot\sum_{i=1}^{N}\frac{1}{K_i}=\Delta P_nK_n\cdot\sum_{i=1}^{N}\frac{1}{K_i} \tag{9-43}$$

由此，可得出斜率为 K_n 的换流站所分担的功率为

$$\Delta P_n=\frac{\Delta U_{dc}}{K_n}=\Delta P/(K_n\cdot\sum_{i=1}^{N}1/K_i) \tag{9-44}$$

由式（9−44）可知，K 决定了各换流站分担直流网络中不平衡功率量的大小，较大的 K 将分担较少的不平衡功率，较小的 K 意味着分担较多的不平衡功率。斜率 K 的取值一般与换流器容量成反比关系。直流电压下垂控制策略不需要站间通信，也不需要控制模式的切换，所有具备功率调节能力的换流站根据其所测得的直流电压值，按固定斜率调整功率指令值共同承担直流网络不平衡功率。

9.3.4.2 直流附加频率控制

直流电压下垂控制策略不仅使多个换流器共同参与直流网络不平衡功率的调节，而且减缓了单主导换流站情况相连交流系统所承受的冲击。但该策略仍可能导致交流侧系统频率发生不可接受的变化，原因如下：

（1）在交流系统的频率发生变化时，换流站并不能对交流侧系统的频率变化做出响应，交流侧频率的变化只能取决于本地发电机组的调频能力和负荷的功频特性。

（2）其他交流系统并不能通过 VSC−MTDC 进行功率支援，未充分利用整个互联交流系统的频率调整能力。

（3）并未考虑换流站所联交流系统的调频能力。各换流站按照一定比例分担直流网络出现的较大不平衡功率时，可能导致个别换流站所联交流系统的频率产生较大偏差。

为使其他具有调频能力的交流系统可通过 VSC−MTDC 参与事故端系统的频率调整，

在有功功率指令值中引入频率—有功功率斜率特性，并通过设置上下限动作值抵抗系统控制器静态波动的干扰和避免附加控制策略的频繁切换。频率与有功功率特性如图 9−10 所示。

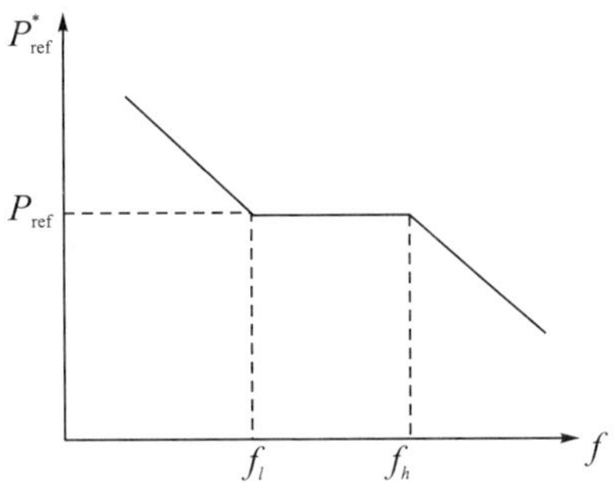

图 9−10　频率与有功功率特性

图 9−10 中 f_h 与 f_l 为控制器上、下限动作值。动作值关系到控制器的响应特性，如果取值太小，则控制器响应过于灵敏，影响其稳态运行特性；如果取值过大，则控制器响应过于迟缓。为了防止附加控制器投入后，正常的频率小幅波动引起该控制器频繁动作，同时保证良好的动态响应速度，包含附加频率控制的直流电压下垂控制器结构如图 9−11 所示。

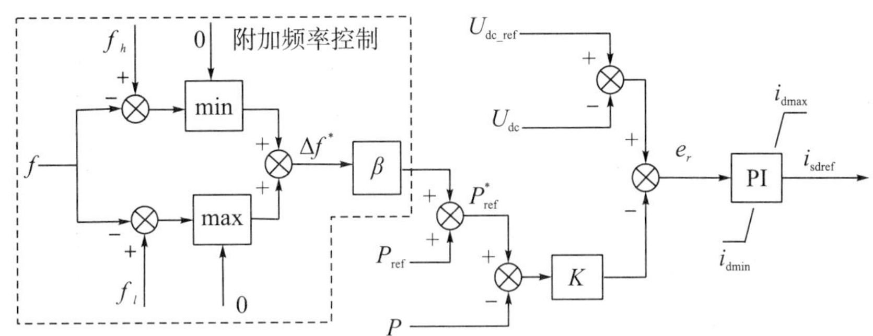

图 9−11　包含附加频率控制的直流电压下垂控制器结构

图 9−11 所示控制器的数学表达式为

$$U_{dc\_ref} - U_{dc} = \begin{cases} K[P_{ref} + \beta(f_h - f) - P] + e_r, & f > f_h \\ K(P_{ref} - P) + e_r, & f_h \geqslant f \geqslant f_l \\ K[P_{ref} + \beta(f_l - f) - P] + e_r, & f < f_l \end{cases} \quad (9-45)$$

9.3.4.3　直流功率紧急支援

直流功率紧急支援属于直流调制中的开环控制方式，由事件或某种信号触发，根据事先制定的策略表或预案迅速改变直流系统的输电功率，包括紧急直流功率提升和功率回降，即

$$P'_{dc} = P_{dc0} + K(t_2 - t_1) \quad (9-46)$$

式中，P_{dc0} 为直流线路初始功率；K 为调制速率；t_2 为直流功率提升/回降结束时间；t_1 为直流功率提升/回降开始时间；P'_{dc} 为功率紧急提升或回降后的直流线路功率。根据式(9−46)，直流功率紧急提升/回降中的功率曲线如图 9−12 所示。

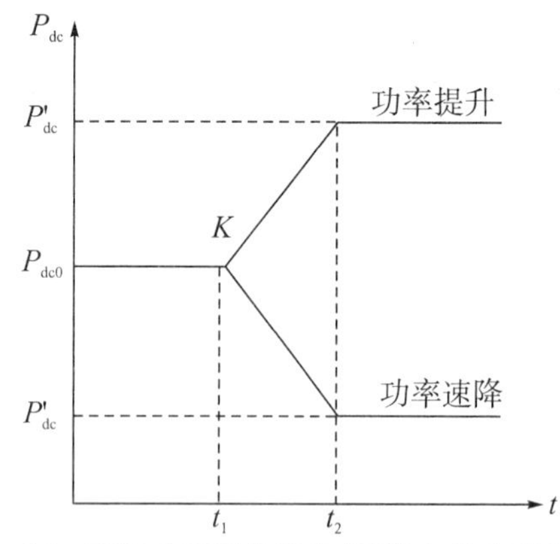

图 9－12　直流功率紧急提升/回降中的功率曲线

在实际应用中，直流功率紧急提升，需要考虑直流系统的过负荷能力限制，一般直流系统可长期过载 1.1 p.u. 和 3 s 的 1.5 p.u. 的短时过载能力。直流功率紧急回降，需要考虑直流系统最小运行功率的限制。

9.4　频率稳定性分析方法

9.4.1　静态频率稳定判据

静态稳定性是指电力系统在某一运行方式下受到一个小干扰后，系统自动恢复到原始运行状态的能力。如果系统能恢复到原始运行状态，则是静态稳定的；否则，是静态不稳定的。小干扰通常指正常的负荷波动和系统操作、少量负荷的投切以及系统接线方式的转换等。电力系统的静态频率稳定性的判断就是小干扰下能否维持系统频率为额定值的问题。单机带集中负荷系统如图 9－13 所示。

图 9－13　单机带集中负荷系统

综合考虑发电机和等值集中负荷的电力系统功频静态特性如图 9－14 所示。P_G 为发电机功率，P_L 为负荷功率，发电机和负荷均考虑其频率调节效应。

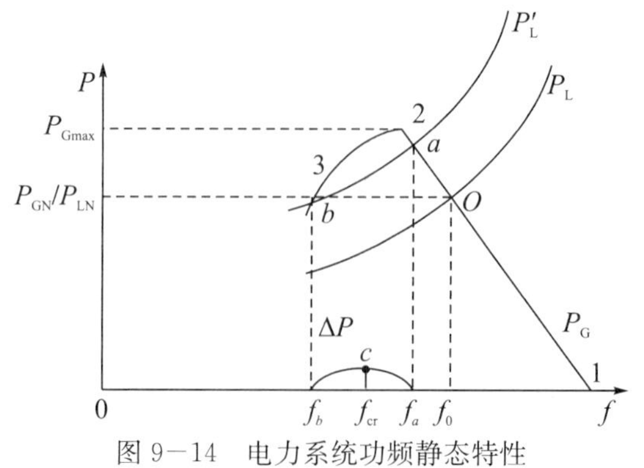

图 9－14　电力系统功频静态特性

正常运行时，电源和负荷的有功功率相平衡，即 $P_{GN}=P_{LN}$，P_G 与 P_L 相交于 O 点，与该点相对应的频率和有功功率分别为 f_0、P_{GN}/P_{LN}。当负荷增加而使负荷静态频率特性曲线上移至 P'_L 时，曲线 P'_L 与曲线 P_G 相交于 a，b 两点。

参照功角静态稳定分析方法对两个运行点进行分析。对于点 a，假定系统受到小干扰后使系统频率下降一个微小变化量 Δf，则由图 9−14 可知，P_G 上升而 P'_L 下降，$\Delta P=P_G-P'_L>0$，频率将上升，回到初始运行点 a。若受到小干扰后使系统频率上升一个微小变化量 Δf，则由图可知，P_G 下降而 P'_L 上升，$\Delta P=P_G-P'_L<0$，频率将下降，仍回到初始运行点 a。因此 a 点是稳定运行点。

对于 b 点，假定系统受到小干扰后使系统频率下降较小变化量 Δf，则由图可知，P_G 下降而 P'_L 也下降，但 P_G 的下降速度比 P'_L 下降速度快得多，此时 $\Delta P=P_G-P'_L<0$，频率将继续下降，直至频率完全崩溃，无法回到初始运行点 b。若受到小干扰后使系统频率上升一个微小变化量 Δf，则由图可知，P_G 上升而 P'_L 也上升，但 P_G 的上升速度比 P'_L 上升速度快得多，此时 $\Delta P=P_G-P'_L>0$，频率将继续上升，直到到达稳定运行点 a，无法回到初始运行点 b。因此 b 点不是稳定运行点。

由此可得，要具有频率的静态稳定性，必须使频率的变化量 Δf 与系统有功功率的不平衡量 ΔP 具有相反的符号。即电力系统静态频率稳定判据为

$$\frac{\mathrm{d}\Delta P}{\mathrm{d}f}=\frac{\mathrm{d}(P_G-P_L)}{\mathrm{d}f}<0 \tag{9-47}$$

由图 9−14 中 ΔP 曲线可知，其中的 c 点为静态频率稳定的临界点，与 c 点对应的频率就是系统静态频率稳定的临界频率 f_{cr}。在运行中，如果 $f<f_{cr}$ 就不能稳定运行，将会出现频率崩溃。

9.4.2　暂态频率稳定判据

单机带集中负荷大系统模型如图 9−15 所示，发电机向一个等值集中负荷供电并通过联络线联接到一个大系统中，联络线送出或接受有功功率。

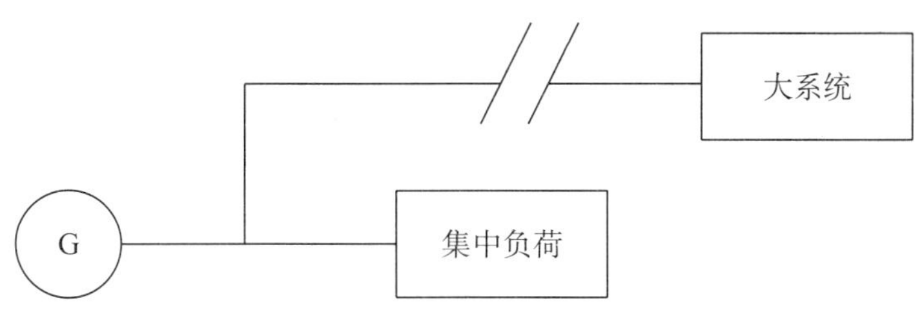

图 9−15　单机带集中负荷大系统模型

电力系统的暂态频率稳定性是指系统受到大干扰后，系统频率维持在允许范围内或者恢复到额定值的能力。大干扰一般指的是短路、切除输电线路或发电机组、投入或切除大容量负荷等，针对暂态频率稳定，这里采用断开联络线实现较大功率不平衡。

暂态频率稳定研究中，有功功率不平衡通过断开联络线实现，在这样的简单系统中，只有一台发电机，也就不存在功角稳定问题。等值集中负荷保持稳定，不会持续增长或减少，正常运行时远离电压稳定极限点，联络线上除了有功功率，还可能会有无功功率的传输，总能够调节联络线功率使联络线断开前后负荷的电压值接近不变，也就不存在电压稳

定问题。单机带集中负荷联大系统模型突出了发电和负荷较大不平衡造成的暂态频率稳定问题。

由以上讨论可知，系统暂态频率的稳定主要受制于发电机安全运行，一旦超过发电机安全运行的约束条件，发电机的各种控制与保护就会动作。与频率稳定相关的控制与保护主要有发电机低频保护切机、发电机超速保护（OPC）和发电机高频切机等。由于这里的发电机是孤立电网的唯一电源，切除发电机也就意味着暂态频率的崩溃，而唯一的发电机，其 OPC 的动作会使系统频率反复振荡，一直无法稳定，系统频率也会不稳定。

控制和保护的动作一般要求频率偏差及频率偏差的持续时间同时满足条件。每一段频率偏差都有不同的持续时间限制，考虑频率偏差引起保护动作，以最大、最小偏差值 $f_{\text{cr-max}}$，$f_{\text{cr-min}}$作为发电机 OPC、低频切机的动作条件，一旦满足即视为造成暂态频率不稳定。

假设线路切除前瞬间，孤立电网通过联络线向大系统输送功率，发电机负荷均处于正常运行状态，系统频率为额定频率 f_0，系统加速功率 $\Delta P = P_G - P'_L = 0$，如图 9－16 所示。

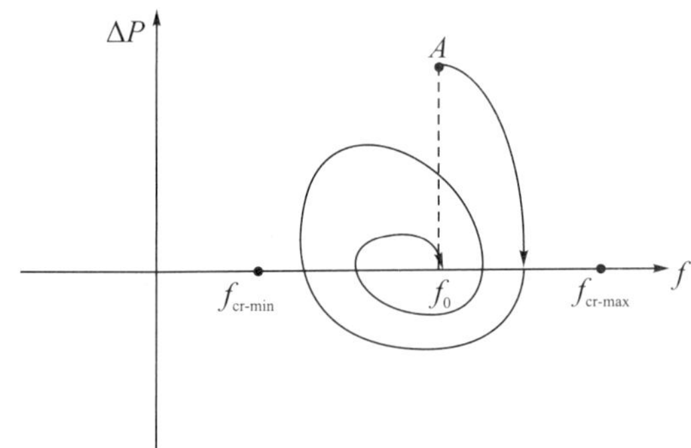

图 9－16　功率剩余时的加速功率—频率曲线

在断开联络线瞬间，系统出现功率剩余，$\Delta P = P_G - P'_L > 0$，而系统的频率不能突变，运行点变为 A 点，系统频率逐渐升高。随着系统频率升高，发电机调速系统动作，发电机发出的有功功率减少，同时由于负荷的频率调节效应，负荷吸收的有功功率增加，造成总的有功功率剩余减少，直到有功功率剩余为零，系统频率达到最大值。此时，若系统最大频率低于 $f_{\text{cr-max}}$，则高频切机不会动作，系统能够保持暂态频率稳定。若只考虑发电机一次调频，则系统频率稳定在这个最大值点。若考虑发电机二次调频，则虽然有功功率剩余为零，但系统频率仍然超过额定频率，因此发电机调速系统继续动作，发电机发出的有功功率减少，系统出现功率缺额，致使系统频率由最大值逐渐下降，导致负荷吸收的有功功率也随之逐渐减少，当系统频率下降到额定频率时，系统有功不平衡量再次为零。但由于发电机组调速系统的惯性作用，系统频率往往不能立即维持在额定值，而是使频率继续降低至低于额定频率值，发电机调速系统随之再次动作，使发电机有功功率增加，有功缺额减少，系统频率回升，经过一系列的频率振荡，最终系统频率恢复到额定值。

若联络线断开瞬间，大系统通过联络线向孤立电网输送功率，则断开联络线瞬间，系统出现有功缺额，如图 9－17 所示。

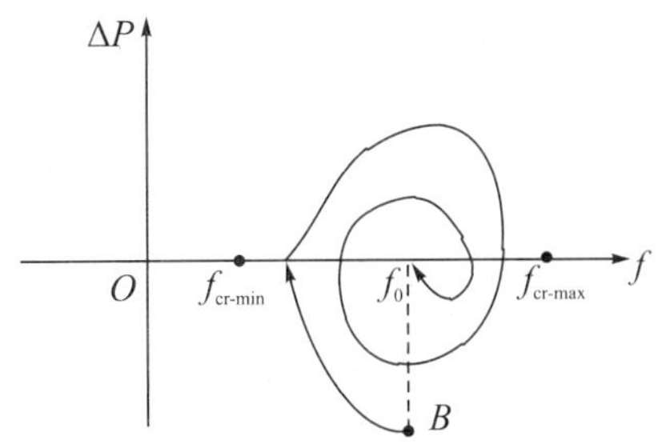

图 9—17　功率缺额时的加速功率—频率曲线

联络线断开瞬间，$\Delta P = P_G - P'_L < 0$，而电力系统的频率不能突变，系统运行点变为 B 点，系统频率逐渐减小。随着系统频率减小，发电机调速系统动作，发电机发出的有功功率增加，同时由于负荷的频率调节效应，负荷吸收的有功功率减少，造成总的有功缺额减少，直到有功缺额为零，系统频率达到最大值。此时，若系统最小频率高于 $f_{cr\text{-}mim}$，则低频保护切机不会动作，系统能够保持暂态频率稳定。若只考虑发电机一次调频，则系统频率稳定在这个最小值点。若考虑发电机二次调频，则虽然有功缺额为零，但系统频率仍然低于额定频率，因此发电机调速系统继续动作，发电机发出的有功功率增加，系统出现功率剩余，系统频率升高，同时负荷吸收的有功功率增加，当系统频率增大到额定频率时，系统有功不平衡量再次为零。但由于发电机组调速系统的惯性作用，系统频率往往不能立即维持在额定值，而是使频率继续升高至高于额定频率值。发电机调速系统再次动作使发电机有功功率减少，有功缺额减少，系统频率降低，经过一系列的频率振荡，最终系统频率恢复到额定值。

一般情况下，发电机的二次调频速度远远低于一次调频速度，在暂态情况下，一次调频的作用效果往往直接决定了系统频率稳定与否。因此，主要考虑一次调频的作用，系统暂态频率稳定的判据可由图形分析得到：

$$\Delta P(f)\big|_{f=f_{cr}} = 0, \qquad f_{cr\text{-}min} < f_{cr} < f_{cr\text{-}max} \tag{9-48}$$

9.4.3　频率稳定性分析方法

电力系统稳定性分析一般有两类方法：一类是逐步积分法，通过对微分方程的积分求解来判断系统稳定；另一类是直接法，它不需逐步积分，直接通过代数运算判断系统稳定。电力系统暂态稳定分析的直接法是以李亚普诺夫稳定性理论为基础的暂态能量函数法，已基本达到在线应用水平，构成了电力系统动态安全分析的基础。

直接法又称暂态能量函数法，该方法通过构造系统暂态能量函数，并与系统所能吸收的最大暂态能量（称为临界能量）比较以判断系统暂态稳定性。暂态能量函数法不仅能定性地判断系统稳定性，还能获得系统的稳定裕度，定量地分析系统的暂态稳定性。

全时域仿真法能够详细模拟系统动态设备和网络，算法成熟，能够适应不同类型的扰动，是暂态稳定分析常用的分析方法，目前已经有多种成熟的软件。全时域仿真法的优点是能够全面反映系统动态过程，但也导致频率稳定与功角稳定和电压稳定相互耦合，频率稳定分析难度较大。

电力系统是高维、强非线性动态系统，迄今为止无法对其动态过程进行解析求解。且受模型、参数等因素制约，对其进行严格的仿真计算也十分困难。全状态模型考虑了机组、负荷、网络以及控制器的动态特性，以期能够尽可能真实地反映系统在扰动作用下的动态行为。

目前电力系统机电暂态时域仿真工具都基于全状态模型；通常认为暂态过程中频率偏移不会很大，在发电机、网络等模型处理方面做了适当简化。在此，仅以国内应用广泛的PSASP、BPA和PSS/E为例比较各种程序的不同处理方法。

PSASP和PSS/E在程序实现中都忽略了定子电压方程中频率变化的影响，而转子运动方程中则对其进行了考虑。中国版PSD-BPA程序对发电机模型中频率的简化处理比较灵活，允许用户选择简化处理方式，从而得到四种频率影响处理方式：①两者都不考虑频率影响；②仅定子电压方程考虑频率影响；③仅转矩方程考虑频率影响；④两者都考虑频率影响。

机电暂态程序中网络通常采用准稳态模型，忽略频率变化对线路、串并联补偿设备参数的影响，这样就导致其不适宜模拟频率偏离额定值过大的场景。BPA和PSASP都不能考虑频率变化对网络参数的影响。PSS/E提供了考虑频率影响与否的选项：选择考虑频率影响时，线路电抗和电容、发电机内电抗、无功补偿器以及以恒阻抗模拟的无功负荷都会随频率的变化而改变，从而能更加真实地模拟频率大幅度变化的场景；但考虑频率变化时迭代次数将会增加。

低频减载、低频/高频机组保护功能的实现是机电暂态程序详细模拟频率动态的前提之一。PSS/E有发电机低频和高频保护模型，只能设置一组保护参数；PSASP有机组高频保护模型，但没有机组低频保护模拟功能；与之相反，BPA具有低频保护模型，但没有高频保护模型。

大扰动导致频率大幅偏移后，如果控制措施不及时或控制量不足，频率不能及时回升，锅炉/辅机出力将随频率下降而大幅度降低，从而导致机组出力进一步降低，功率缺额进一步增加，频率继续下降，如此恶性循环直至频率崩溃。因此，在较长时间窗内研究频率动态时，辅机的频率特性是重要建模内容之一。目前BPA、PSASP都只能仿真机电暂态，没有锅炉/辅机模型；PSS/E可以进行中长期仿真，其提供了锅炉模型，但没有考虑频率变化对辅机出力的影响。可以借助PSS/E的自定义建模功能为其建立详细的辅机模型。

全时域仿真模型结构如图9-18所示。

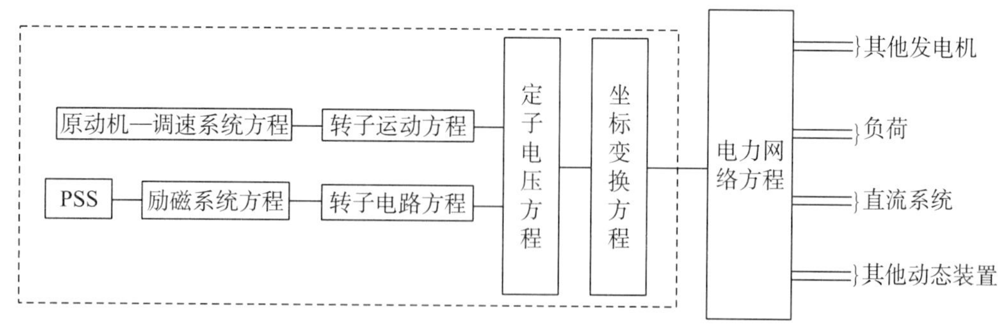

图9-18　全时域仿真模型结构图

在模型足够完善、参数足够准确的情况下，全状态数值仿真可以得到详细的系统频率动态，并可以考虑频率动态过程的时空分布特征，但计算量往往较大，特别是在早期计算机处理能力较弱时，通常需要对频率响应模型进行简化处理。

对全状态模型进行简化处理可以提高计算效率，特别是在系统规模较小时，通常认为各发电机联系紧密，网络影响可以忽略，从而系统各机组频率响应相同。在此假设下，对系统进行等值处理，用单机带集中负荷的模型来计算系统频率响应。平均系统频率 ASF 模型在全状态模型基础上进行简化，将全网所有发电机转子运动方程等值聚合为单机模型，但保留了各机组原动机—调速系统的独立响应，其模型结构如图 9－19 所示。图中 P_L 为全网总负荷，n 为发电机数，P_{m1}，P_{m2}，…，P_{mn} 为各机组的机械功率，$\Delta\omega$ 为系统平均转速偏差。该模型降低了系统规模，计算量小，能够大致地反映系统频率变化，在电网一次调频分析中有较好的应用。但其仅能提供全网平均频率信息，无法反映系统有功动态和不同区域频率动态差异，存在一定局限性。

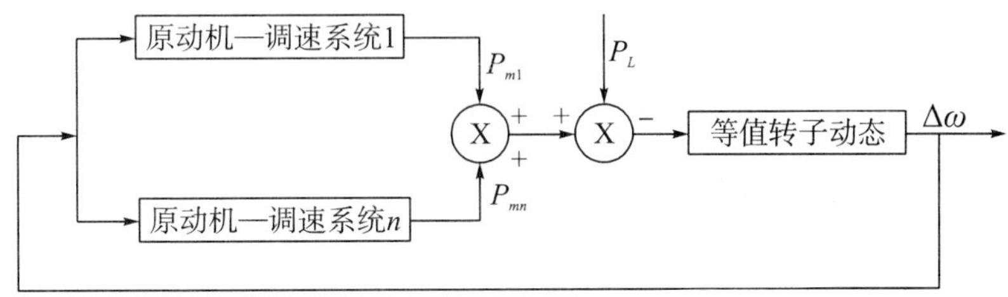

图 9－19　ASF 模型示意图

在 ASF 模型基础上进一步简化，将原动机—调速系统动态环节进行等值拟合处理，全系统用单机模型来表示得到系统频率响应 SFR 模型，其传递函数框图如图 9－20 所示。

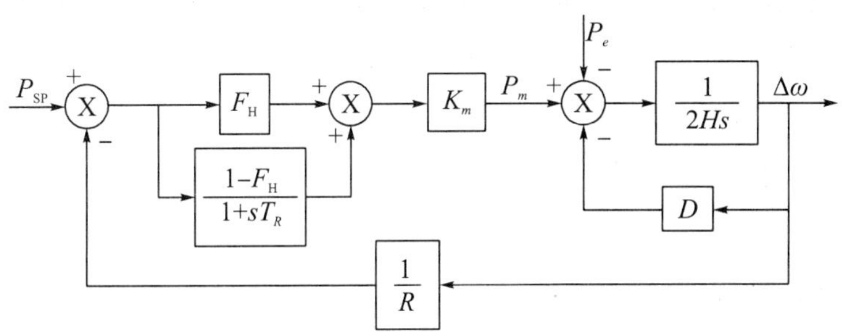

图 9－20　SFR 模型传递函数框图

图 9－20 中，H 为发电机惯性时间常数；D 为发电机等效阻尼系数；R 为调节器调差系数；T_R 为原动机再热时间常数；F_H为原动机高压缸做功比例；K_m为与发电机功率因数和备用系数相关的系数，$K_m=P_F(1-f_{SR})$，P_F为功率因数，f_{SR}为备用系数；P_{SP}为系统的冲击负荷占系统总负荷的比重。

对上述传递函数框图进行分析，系统的频率偏差表达式为

$$\Delta\omega = \frac{R\omega_n^2}{DR+K_m}\left[\frac{K_m(1+F_H T_R s)P_{SP}-(1+T_R s)P_e}{s^2+2\zeta\omega_n s+\omega_n^2}\right] \tag{9-49}$$

式中，

$$\omega_n^2 = \frac{DR+K_m}{2HRT_R},\quad \zeta = \left[\frac{2HR+(DR+K_m F_H)T_R}{2(DR+K_m)}\right]\omega_n \tag{9-50}$$

在大多数频率动态分析场景中，通常只对 P_e突变后的频率响应感兴趣，此时 $P_{SP}=0$，相

当于模拟系统在遭受突然负荷扰动时的系统频率响应，系统结构图可简化为图 9—21 所示。

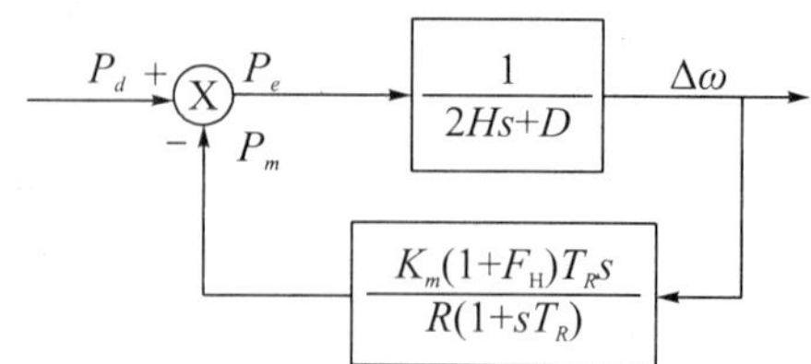

图 9—21　简化的 SFR 模型传递函数框图

此处扰动功率 P_d 为系统的输入变量。当 $P_d>0$ 时，对应发电有功功率突然增加（或负荷有功功率突然减少）；当 $P_d<0$ 时，对应发电有功功率突然减少（或负荷有功功率突然增加）。

由此，可得

$$\Delta\omega = \frac{R\omega_n^2}{DR+K_m}\left[\frac{(1+T_R s)P_d}{s^2+2\zeta\omega_n s+\omega_n^2}\right] \tag{9-51}$$

求得等值机转子角速度时间响应后，频率响应可表示为

$$f(t) = f_N[1+\Delta\omega(t)] \tag{9-52}$$

这种简化模型因其简单、清晰，在电力系统频率分析中应用广泛。SFR 模型可解析求解给定扰动下系统频率最大偏移量及其对应出现的时间，计算量小，但其无法考虑复杂负荷模型和其他类型故障。由于没有考虑频率或电压跌落对锅炉及其辅机出力的影响，因而不能在更大频率波动范围和更长时间窗内模拟系统频率动态，适用于规模较小的电网。现代互联电网频率动态响应时空分布特征明显，仍然基于简化模型对互联大系统频率响应进行分析并以此制定频率安全稳定控制措施会带来较大误差。

9.5　频率安全稳定性评估指标

9.5.1　频率安全的描述

电力系统分析中，通常用选定的频率跌落门槛值（f_{cr}）和固定的频率异常持续时间（T_{cr}）构成一个二元表（f_{cr}，T_{cr}）来描述暂态频率偏移可接受性问题。当母线的频率偏移超过 f_{cr}的持续时间大于 T_{cr}时，认为系统频率偏移是不可接受的，系统频率不安全。

由于系统在不同偏移值下允许的持续时间不同，频率异常的动态过程必须针对不同的频率偏移值用不同的最大持续时间来约束。因此，需要用多个二元表，而不能仅用单个二元表。

频率安全量化分析技术已有成熟的研究成果。其计算公式为

$$\eta_f = [f_{\min.i} - (f_{cr.i} - kT_{cr.i})] \times 100\% \tag{9-53}$$

式中，η_f 是母线 i 的暂态频率偏移可接受性裕度；$f_{\min.i}$ 指动态过程中母线 i 频率的极小值；k 是将临界低频率持续时间折算为频率的因子，相当于将临界条件（$f_{cr.i}$，$T_{cr.i}$）转化为（（$f_{cr.i}-kT_{cr.i}$），0）。

对于频率偏高情况的二元约束（$f_{cr.j}$，$T_{cr.j}$），需要对发电机或母线实际频率 $f(t)$ 和门槛值 $f_{cr.j}$转换成频率跌落的形式，$T_{cr.j}$不变，就可以直接利用式（9—53）计算频率

偏移裕度。

不同节点可能有不同的多个二元约束，在实际频率受扰轨迹的基础上利用式（9—53）计算每个二元约束的偏移可接受性裕度，裕度最小的二元约束即为该节点的频率偏移可接受性裕度。根据最小值原理，所有节点中最小裕度即为该故障下的系统暂态频率安全裕度。

9.5.2　基于频率安全二元表的暂态频率偏移安全裕度

对于暂态频率稳定性的评估，主要有两种指标：一是定性指标，二是定量指标。定性指标考虑到暂态频率偏移安全性，基于给定的频率偏移限值 f_{cr} 和偏离该参考值的最大持续时间 t_{cr} 构成一组二元表判据（f_{cr}，t_{cr}），由此判断系统频率偏移的可接受性，但该指标对频率跌落的影响缺乏考虑，仅能定性而不能定量分析系统频率不可/可接受性的程度。因此，考虑到定性指标的缺陷，定量指标将频率响应曲线可能达到的频率范围分为多个频带并且分配不同的权重，如图 9—22 所示。

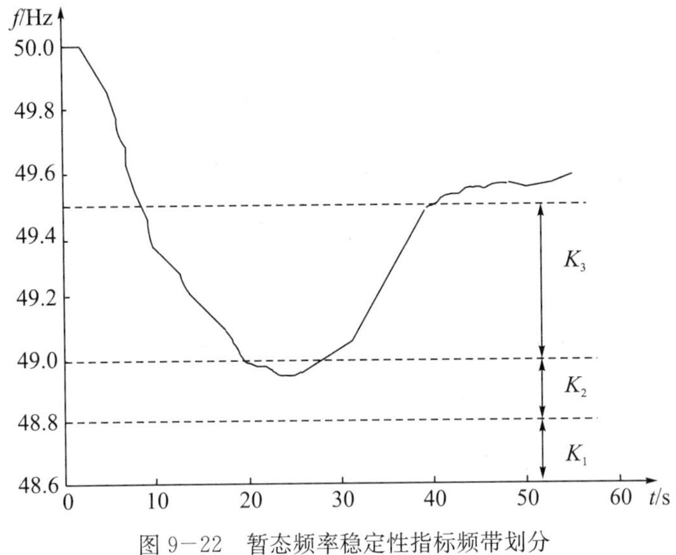

图 9—22　暂态频率稳定性指标频带划分

按照不同权重因子进行加权积分，即可获得暂态频率稳定性评估指标 F 如下：

$$F=\sum_{i=1}^{n}\sum_{j=1}^{m}k_j g(f[t_i])\,|f[t_i]-f_{\mathrm{N}}|\,\Delta t_i \tag{9-54}$$

式中，

$$g(f[t_i])=\begin{cases}1 & (f_{j-1}\leqslant f[t_i]\leqslant f_j)\\ 0 & (f[t_i]<f_{j-1}\text{ 或 }f[t_i]>f_j)\end{cases} \tag{9-55}$$

式中，$f[t_i]$ 为频率响应曲线上时刻 t_i 对应的频率标幺值；f_{N} 为系统额定频率；f_j 为高于额定频率的频带 j 的下限频率，或低于额定频率的频带 j 的上限频率；Δt_i 为频率响应计算采取的时间步长；k_j 为频带 j 的权重因子。

根据式（9—54）提出的指标，先判断不同时刻频率是否进入某一频带，对于进入某一频带的频率，在其竖直方向（跌落深度）上赋予不同的权重，从而反映不同频率跌落的影响，提高频率稳定评估的精度。

暂态过程中，物理量的偏移（包括偏离幅度和持续时间）是否在给定范围内是判断其安全性的主要依据。对暂态频率偏移安全性的要求，可由基于给定频率偏移阀值（f_{cr}）偏出此给定值的频率异常持续时间（t_{cr}）构成的二元表（t_{cr}，f_{cr}）来描述。

根据频率曲线与二元表（t_{cr}，f_{cr}）的关系，可细分为以下三类情形，在此进行分类分析安全裕度指标定义。

（1）$t_b=0$。

频率响应曲线与直线 $f=f_{cr}$没有交点，也即 $t_b=0$。对于给定的二元表，直线 $f=f_N$与频率曲线之间、以 t_{cr}为固定宽度观察窗的包围面积，会随位置不同而变化，如图 9－23 所示。图中 S_1，S_2，S_k表示观察窗不同位置时对应的包围面积。该面积表征了过渡过程中，不同位置观察窗口（宽度为 t_{cr}）频率跌落严重程度。其中，总有一个最大值，如图中 S_2 所示；此时，与该最大面积窗口位置对应的频率曲线与 $f=f_{cr}$所包围最小面积（S_0）反映了距离安全限值的程度，可以用来定义频率安全裕度。

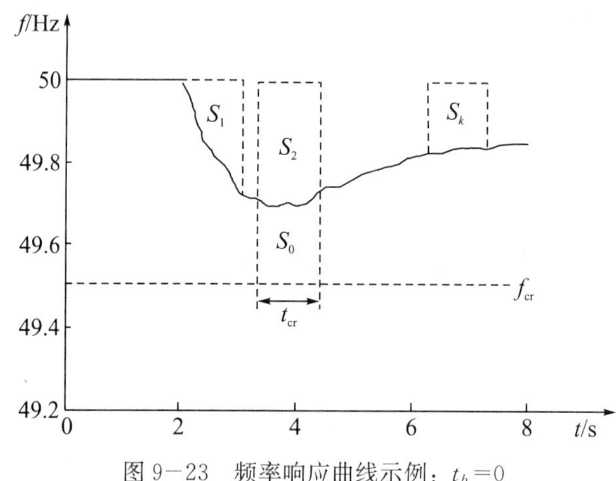

图 9－23　频率响应曲线示例：$t_b=0$

在此，定义统一的安全裕度指标：

$$\eta=\frac{S_d}{(f_N-f_{cr})t_{cr}} \tag{9-56}$$

式中，

$$S_d=\min\int_{t_s}^{t_s+t_{cr}}(f-f_{cr})\mathrm{d}t \tag{9-57}$$

此时安全裕度实际为

$$\eta=\frac{S_b}{(f_N-f_{cr})t_{cr}}=\frac{S_0}{S_0+S_2} \tag{9-58}$$

（2）$0<t_b<t_{cr}$。

频率响应曲线与直线 $f=f_{cr}$有交点，但频率偏差 f_{cr}的时间小于 t_{cr}，即 $0<t_b<t_{cr}$。安全裕度仍为式（9－59）所定义，此时安全裕度计算中，低于频率限值的部分包围面积为负值。图 9－24 中安全裕度实际为

$$\eta=\frac{S_b}{(f_N-f_{cr})t_{cr}}=\frac{S_1+S_3-S_2}{S_1+S_3+S_4} \tag{9-59}$$

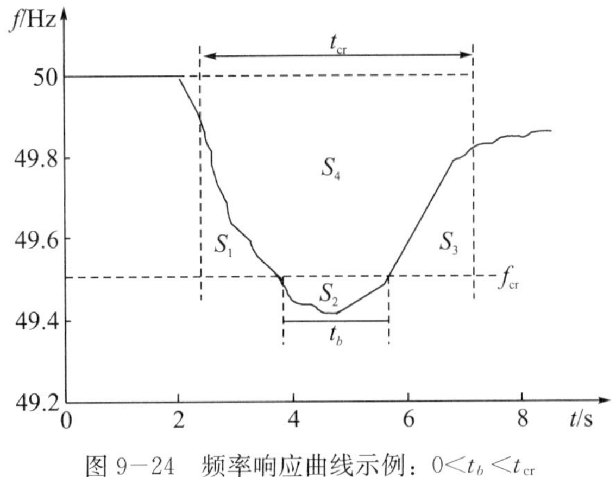

图 9－24　频率响应曲线示例：$0<t_b<t_{cr}$

此类情形包含安全裕度为零的特殊情况，也即 $S_1+S_3=S_2$。

(3) $t_b>t_{cr}$。

频率响应曲线与直线 $f=f_{cr}$ 有交点，且 $t_b>t_{cr}$，如图 9－25 所示。图中安全裕度表示为

$$\eta=\frac{S_d}{(f_N-f_{cr})t_{cr}}=-\frac{S_2}{S_1} \tag{9-60}$$

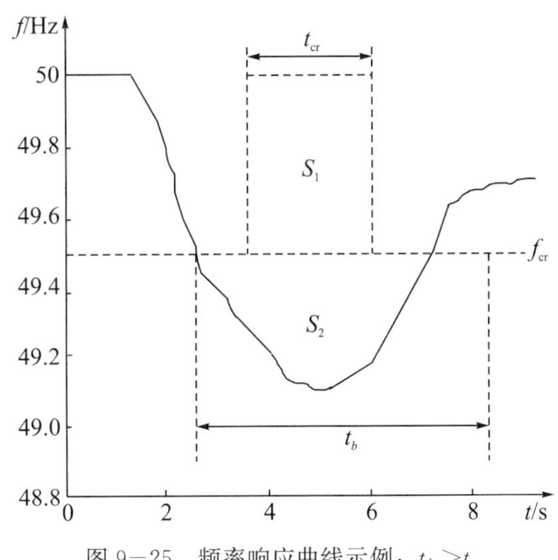

图 9－25　频率响应曲线示例：$t_b>t_{cr}$

9.5.3　基于频率响应曲线的暂态频率稳定性评估指标

在已知频率响应曲线的基础上，提出了暂态频率稳定性评估指标 F，指标 F 将频率响应曲线可能达到的频率范围分为多个频带并且分配不同的权重并对其进行了加权积分，反映频率从偏离正常运行到频率崩溃的完整过程。

对于进入不同频带范围的频率响应曲线，根据不同的权重因子进行加权积分，可得到暂态频率稳定性评估指标，记为 F，参考公式（9－54）、（9－55）。

权重系数的整定主要依据系统频率安全运行的要求以及频率稳定控制措施协调配合的

原则，权重因子的设置使得当频率不满足要求时，指标计算结果大于1。根据指标 F 的整定可以得出：

（1）$F \geq 1$：频率不稳定，高周切机策略不满足频率响应要求。

（2）$F < 1$：频率稳定，高周切机策略满足频率响应要求。

从指标 F 的定义可以看出，指标 F 可以综合地反映系统频率受到扰动后在各个频段的持续时间，判断是否满足系统稳定运行的要求。同时指标 F 的权重因子可以根据电网结构、稳定运行要求的不同进行整定，有较好的灵活性和实用性。但是，该指标仅考虑了送端系统中以火电为主的情况，当系统中含有大量的风电时，频率变化会引起风电频率保护装置动作，导致风电场脱网，因此该指标在适用范围上存在一定的局限性。

9.6 提高频率安全稳定的措施

9.6.1 提高系统频率稳定的措施

9.6.1.1 提高系统静态频率稳定的措施

电力系统的频率如果能够始终严格维持在额定频率附近，那么小干扰时的系统频率的静态稳定性就不是问题，而在系统正常运行时，一次调频必然存在频率偏差，要维持系统频率在额定值，主要措施就是二次调频的自动发电控制。

对于区域电网，常通过一些弱联络线连接，严格控制联络线上的功率，是保证跨区域电力系统安全稳定的关键，而自动发电控制分区控制模式的主要目标就是在维持系统频率的同时控制联络线功率为计划值。各个控制区域内部也会存在电气联系薄弱的线路，AGC与安全约束调度（Security Constrained Dispatching，SCD）相结合，将校正线路越限的控制策略传送给AGC，通过调整发电机出力，以消除重载长线功率越限。AGC使电力系统频率始终处于额定值附近，使系统潮流处于正常状态，这对系统频率稳定是一种预防控制的作用。

AGC的有效实现要以系统有足够备用和备用调节速率满足要求为基础。因此，要发挥AGC的预防控制作用，还必须保证系统的备用和备用调节速率满足AGC有效运行的要求。

9.6.1.2 提高电力系统暂态频率稳定的措施

电力系统暂态频率稳定的关键就是控制发电和负荷功率的尽快平衡，从这两个方面来分析，可以分为以下两类：

（1）发电不足时的控制措施。

当系统的发电不足时，通过控制使系统发电增加、系统负荷减少，并使系统的动态频率满足运行要求：①控制热备用迅速投入运行；②控制可中断负荷中断供电；③控制冷备用投入运行；④当频率下降到一定程度时，按频率切除部分负荷。

（2）发电过剩时的控制措施。

当系统的发电过剩时，通过使系统发电减少、系统负荷增加，并使系统的动态频率满足运行要求：①控制没有供电的可中断负荷迅速供电；②通过调速系统迅速减少系统发电；③当频率升高到一定程度时，按频率切除部分发电机。

9.6.2　电力系统高频切机

当电力系统遭受大扰动时，系统出现大的有功缺额或者是系统的有功过剩，此时系统控制动作进行切负荷或者切机动作，以保障系统的频率稳定。

电力系统出现有功缺额时，造成系统的供配不平衡，有功缺额过大超出一次调频的作用范围，此时系统频率下降。为了保证系统频率在合理的范围，将切除部分负荷来平衡系统的供配平衡，防止电力系统崩溃。

电力系统的有功过剩会拉动系统的频率过高，导致发电机的转速过快，因此必须采取有效的控制措施来抑制频率的升高。当电网送端联络线短路或者断路，造成大功率的负荷丢失时，要防止发电机失去暂态稳定性，必须迅速进行切机操作，抑制发电机的转子加速，尽可能地保持系统的供配平衡。

9.6.2.1　高周切机配置原则

发电机组配置的频率紧急控制措施包括了高周切机措施，但是当系统有功过剩导致频率升高时，连锁切机措施应该首先动作，然后再考虑高周切机措施，使主保护和后备频率保护相互结合。

在考虑高周切机方案时，OPC 的动作值应该和高周切机的频率限制进行配合，保证系统在高周切机以后不会达到 OPC 的整定值，即不会出现欠切的情况。同时高周切机配置还应该与低频减载、振荡解列等其他安控措施、外送规模和运行方式配合。

（1）切机轮次的确定和延时确定。

设计高周切机方案时，如果切机轮次过多或者过少都会影响频率稳定，一般为 3～5 轮。对于汽轮机组，高周切机的第一轮最低值一般应大于 50.5 Hz；执行高周切机方案以后，不应该出现欠切的情况，否则系统频率上升到 OPC 的动作值 51.5 Hz，执行高周切机方案后不会导致过切使系统频率大幅度跌落。当系统频率大于 51.5 Hz 时，发电机在这个频带运行的总时间不超过 30 s，考虑上升和下降的延迟，在 50.5～51.5 Hz 所配置的高周切机方案中，发电机动作延时小于 10 s，且每一轮的切机延时应该不小于 0.2 s。

（2）切机选择原则。

在一个由风、光、火、水构成的发电系统中，频率升高时优先切除水电机组。由于风电光伏出力具有不确定性，风电光伏并网后会减小系统惯量，并且不参与调频，所以执行高周切机方案时应优先考虑风电光伏机组。

9.6.2.2　高周切机配置方案

（1）切机量。

利用单机等值模型求出不同切机量下的稳态频率，考虑高周切机量占总发电功率的百分数以及送端稳态频率值确定出切机量。

（2）首末轮频率。

通过不同的方法（如等效传函）求出系统在不同首轮频率整定值下的频率响应，基于送端频率最大值和其他暂态性能指标选取首轮启动值频率。对于末轮频率的动作值，为了避免 OPC 先动作，首先整定为 51.4 Hz。

（3）设定轮次。

轮次不应设置过多或过少，过多会导致无法配置合适的机组，过少可能会导致过切从而使低频减载装置动作，一般设置 3～5 轮。根据首末轮整定值和轮数可以得到高周切机的级差。各轮次配置的延时不少于 0.2 s，前面轮次的延时应尽可能小，由于发电机组的惯性时间常数使频率响应存在时间延迟，所以后面轮次的延时应增加。

根据相关规定，当电网频率达到 51.5 Hz 且持续 30 s 时，汽轮发电机应立即启动机组高频保护切机。因此，确定高频切机方案的边界条件是控制频率曲线，最高不超过 51.5 Hz，同时为避免触发低频减载动作，频率最低不低于 49 Hz，最终稳态恢复频率应在 49.5～50.5 Hz 之间。

9.6.3 电力系统低频减载

低频减载作为电力系统安全稳定控制的最后一道防线，在国内外已经得到广泛应用。在系统或地区功率缺额严重时，低频减载可能来不及动作导致频率崩溃。因此，快速判断扰动后系统稳态频率，有效地进行自动切负荷，对防止频率崩溃事故具有十分重要的意义。

目前低频减载方案主要有两类：一类是按照频率变化量分级延时减载，每级按照各自的启动频率延时切除预先设定的负荷；另一类是为了提高低频减载的自适应性，通过测量功率缺额出现瞬间各发电机组频率变化率，然后针对暂态过程不同发电机组频率变化率存在差异的特点，取平均值作为系统频率的变化率，以此估计系统功率缺额的大小，最后每级按照功率缺额的比例进行延时切负荷操作。

这两类方案都是逐次逼近的低频减载，基于单机带集中负荷模型设计，认为全网负荷具有相同的频率特性，将系统负荷作为一个综合负荷考虑。各节点负荷的频率调节效应系数 K_D 认为相同且是固定值，既没有考虑不同负荷节点 K_D 的不同，也没有考虑同一负荷节点 K_D 的动态变化，实际运行中常出现过切、欠切或根本来不及动作等多方面的问题。

低频减载采用多轮切除的根本原因是负荷切除量难以一次确定，只能逐次逼近。同时由于采用本地频率信号作为负荷切除启动信号，为了避免暂态过程中节点瞬时频率的差异对低频减载的影响，每一轮都要采用延时切除。多轮延时造成系统频率可能长期处于较低水平，恢复速度缓慢，不利于电力系统安全稳定运行。而基于同步相量测量技术的广域测量系统可以在统一时空坐标下监测电力系统动态特性，为低频减载从目前的分散控制转变为集中控制以及从系统层面进行优化减载提供了可能。

参考文献

[1] 倪以信，陈寿孙，张宝霖. 动态电力系统的理论和分析 [M]. 北京：清华大学出版社，2002.

[2] 黄宗君，李兴源，晁剑，等. 贵阳南部电网“7·7”事故的仿真反演和分析 [J]. 电力系统自动化，2007，31 (9)：95－100.

[3] 邓婧，李兴源，魏巍. 汽轮机超速保护控制系统的性能优化及其对电网频率的影响分析 [J]. 电网技术，2010，34 (12)：50－56.

[4] 张少康，李兴源，王渝红，等. Prony 算法在汽轮机调节系统参数辨识中的应用 [J]. 电力系统及其自动化学报，2010，22 (6)：25－29.

[5] 余涛，沈善德，王明新，等. 三峡—华东 HVDC 辅助频率控制的动模试验 [J]. 电力系统自动化，

2003，27 (20)：77－81.
[6] 程丽敏，李兴源. 多区域交直流互联系统的频率稳定控制 [J]. 电力系统保护与控制，2011，39 (7)：56－62.
[7] 侯王宾，刘天琪，李兴源. 基于广域测量的受端孤网优化低频减载 [J]. 华东电力，2011，39 (6)：0880－0884.
[8] 孙艳，李如琦，孙志媛. 快速评估电力系统频率稳定性的方法 [J]. 电网技术，2009，33 (18)：73－77.
[9] 蔡泽祥，倪腊琴，徐泰山. 电力系统频率稳定分析的直接法 [J]. 电力系统及其自动化学报，1999，11 (Z1)：13－17.
[10] 李常刚，刘玉田，张恒旭，等. 基于直流潮流的电力系统频率响应分析方法 [J]. 中国电机工程学报，2009，29 (34)：36－41.
[11] 竺炜，唐颖杰，谭喜意，等. 发电机调速附加控制对系统频率稳定的作用 [J]. 电力自动化设备，2008，28 (12)：21－24.
[12] 刘天琪，邱晓燕. 电力系统分析理论 [M]. 3 版. 北京：科学出版社，2017.
[13] 刘天琪. 现代电力系统分析理论与方法 [M]. 北京：中国电力出版社，2007.
[14] 张瑞琪，闵勇，侯凯元. 电力系统切机/切负荷紧急控制方案的研究 [J]. 电力系统自动化，2003，27 (18)：6－12.
[15] 吴艳桃，吴政球，匡文凯，等. 基于单机等面积的暂态稳定切机切负荷策略及算法 [J]. 电网技术，2007，31 (16)：88－92.
[16] Mahat P，Chen Z，Bak Jensen B. Underfrequency Load Shedding for an Islanded distributionsystem with distributed generators [J]. IEEE Transaction on Power Delivery，2006，25 (2)：911－918.
[17] Denis Lee Hau Aik. A general-order system frequency response model incorporating load shedding analytic modeling and applications [J]. IEEE Transaction on Power System，2006，21 (2)：709－717.
[18] Pasand M S，Seyedi H. New centralized adaptive under frequency load shedding algorithms [C]. Large Engineering System Conference on Power Engineering，Dec 10－12，2007，Montreal，Que，2007：44－48.
[19] Chin V，Dong Z Y，Saha T K，et al. Adaptive and optimal under frequency load shedding [C]. Australasian Universities Power Engineering Conference，Dec 14－17，2008，Sydnew，NSW，Australia，2008：1－6.
[20] 周海锋，徐志勇，申洪. 电力系统功率频率动态特性研究 [J]. 电网技术，2009，33 (16)：58－62.
[21] 李爱民，蔡泽祥. 基于轨迹分析的互联电网频率动态特性及低频减载的优化 [J]. 电工技术学报，2009，24 (9)：171－177.
[22] 赵强，王丽敏，刘肇旭，等. 全国电网互联系统频率特性及低频减载方案 [J]. 电网技术，2009，33 (8)：35－40.
[23] 张恒旭，李常刚，刘玉田，等. 电力系统动态频率分析与应用研究综述 [J]. 电工技术学报，2010，25 (11)：169－176.
[24] 张恒旭，刘玉田，薛禹胜. 考虑累积效应的频率偏移安全性量化评估 [J]. 电力系统自动化，2010，34 (24)：5－10.
[25] 邹朋，江伟，王渝红，等. 交直流混联电力系统频率协调控制策略 [J]. 水电能源科技，2017，35 (3)：182－185.
[26] 张丹，吴琛，周磊，等. 异步联网后送端电网频率特性分析及高频切机方案 [J]. 云南电力技术，

2017，45（4）：133－138.
［27］樊艳芳，钟显，常喜强，等．频率的时空分布对低频减载的影响研究［J］．电力系统保护与控制，2015，43（1）：55－60.
［28］鲁宗相，汤海雁，乔颖，等．电力电子接口对电力系统频率控制的影响综述［J］．中国电力，2018，51（1）：51－58.
［29］郭磊，刘健，郑少明，等．一种考虑新能源的改进型电网频率校正控制方法及其建模［J］．电力系统保护与控制，2012，40（22）：78－82.
［30］李虎成，袁宇波，卞正达，等．面向特高压交直流大受端电网的频率紧急控制特性分析［J］．电力工程技术，2017，36（2）：27－31.
［31］曾鉴，叶希，瞿小斌，等．异步互联格局下川渝送端电网的频率稳定特性与控制策略［J］．电力建设，2017，36（2）：68－75.
［32］陈桥平，蔡泽祥，李爱民，等．互联电网的地区频率特性差异性及其对低频减载的影响研究［J］．中国电力，2009，42（8）：1－5.
［33］梅勇，周剑，吕耀棠，等．直流频率限制控制（FLC）功能在云南异步联网中的应用［J］．中国电力，2017，50（10）：64－70.
［34］孙骁强，程松，刘鑫，等．西北送端大电网频率特性试验方法［J］．电力系统自动化，2018，42（2）：148－153.
［35］赵磊，刘天琪，李兴源．基于变结构控制理论的高压直流附加频率控制器设计［J］．电力自动化设备，2017，37（11）：218－223.
［36］叶希，林进钿，唐权，等．含风电的电力系统动态频率分析［J］．科学技术与工程，2017，17（16）：68－75.
［37］刘巨，姚伟，文劲宇，等．大规模风电参与系统频率调整的技术展望［J］．电网技术，2014，38（3）：638－646.
［38］王华伟，韩民晓，雷霄，等．火电机组直流孤岛系统频率控制分析与系统试验［J］．中国电机工程学报，2017，37（1）：139－148.
［39］彭俊春，周懋文．异步联网后电网频率稳定影响因素研究［J］．云南电力技术，2017，45（2）：107－109.
［40］岑炳成，黄涌，廖清芬，等．基于频率影响因素的低频减载策略［J］．电力系统自动化，2016，40（11）：61－67.
［41］陶骞，贺颖，潘杨，等．电力系统频率分布特征及改进一次调频控制策略研究［J］．电力系统保护与控制，2016，44（17）：133－138.
［42］BEVRANI H，GHOSH A，LEDWICH G．Renewable energy sources and frequency regulation：survey and new perspectives［J］．IET Renewable Power Generation，2010，4（5）：438－457.
［43］刘建平，吴锡昌，王旭斌，等．考虑频率约束的孤网风电渗透率极限评估［J］．电网与清洁能源，2015，31（11）：93－100.
［44］赵渊，吴小平，谢开贵，等．基于频率动态特性的电力系统频率失稳概率评估［J］．电工技术学报，2012，27（5）：212－220.
［45］徐箭，施微，徐琪．含风电的电力系统动态频率响应快速评估方法［J］．电力系统自动化，2015，39（10）：22－27.
［46］解大，何恒靖，常喜强，等．计及同调分区和全局优化的电力系统低频减载方案［J］．电网技术，2010，34（6）：106－111.
［47］蔡国伟，孙正龙，王雨薇，等．基于改进频率响应模型的低频减载方案优化［J］．电网技术，2013，37（11）：3131－3136.

第 10 章　电力系统安全分析

如今电网已迈进大机组、远距离输电、超高压、交直流混联、超大型网络的新时代并开始大量接入可再生清洁能源，电力系统运行和结构的复杂度较之前已经大大增加。一方面，现代系统容量利用率更高，系统能更好地发挥错峰调频的功效，对电网鲁棒性和经济性也有积极贡献。但另一方面，电网存在的不确定性和运行过程中的潜在风险更大了，电网运行状态与系统临界状态安全距离可能更小。因此，深入研究电网安全性，掌握相关安全性风险评估方法以辨识系统潜在风险，极具理论和现实意义。

本章首先阐述安全分析的基本概念及发展态势。然后引入三个与安全分析相关的内容：静态安全分析方法及建模，介绍安全性评估方法、风险理论与电网运行状态安全性分析、复杂网络理论在电网安全风险评估的应用；灾难性事故与电网安全性评估，介绍灾难性事故灾变因素及根源分析、连锁故障模式识别、连锁故障状态下的电网灾难性事故安全性评估；动态安全分析，介绍动态安全分析的基本概念、动态安全分析方法、动态安全域法。

10.1　基本概念及发展态势

随着电网逐步迈进大机组、远距离输电、超高压、交直流混联、超大型网络的新时代，同时，也为保证社会健康持续的发展，实现能源配置的进一步优化，降低工业生产中碳、硫等有害气体的排放量，大量可再生清洁能源陆续接入电力系统，增大了电网运行和结构的复杂度。电网复杂性的提升造成的影响具有两面性：一方面可以使系统容量的利用率更高，促使系统更好地发挥错峰调频的功效，对电网鲁棒性和经济性的提升也有所裨益；另一方面加大了电网的不确定性和运行过程中潜在的风险，使电力事故对电网造成的危害规模更大，后果更严重。电网尽可能加大对自身容量的利用率，在一定程度上能提高电网的效率；同时也使电网处于与系统临界状态距离较小的运行状态，增加了系统出现故障的可能性，进一步增加了电网的风险。因此，深入研究电网安全性，建立科学、全面的安全性风险评估方法以辨识系统潜在风险，极具理论和现实意义。

电网的各组成元件工作在复杂的环境中，时刻受到自身和外在因素的影响，使系统会发生随机性的故障。由于电网结构复杂，故障的发生很可能会诱发大规模连锁事故，如果不能及时控制，可能会出现大面积停电的状况，严重威胁社会正常秩序和人民正常生活，造成重大经济损失。例如，美洲地区从1996年到2007年期间多次发生大停电事故，其中2003年发生在美国及加拿大的“8·14”事故，其规模之大，影响之广，震惊了全世界[1]；2006年欧洲发生大停电事故，涉及西欧8个国家，影响近5000万人的正常生活[2]；2012年印度两天之内连续发生两次大规模停电事故，超过6亿的用户在此次事故中受到冲击[3]；我国也多次发生严重的停电事故，如2005年因台风造成的海南省全境内大停电，2006年华中电网以及2008年南方多省因冰灾造成的大停电事故等[4-5]。表10-1对近年来各地典型大停电事故的具体情况进行了简要介绍。

表10-1 近年来典型大停电事故

故障系统	发生日期	故障影响	停电时长	原因
美国、加拿大东北部电网	2003年8月14日	负荷丢失约61800 MW，约5000万用户用电受影响	29 h	一条输电线路因线路过载导致连锁跳闸及监控系统故障
瑞典和丹麦	2003年9月23日	负荷丢失约1800 MW，近500万人生活受到影响	6.5 h	瑞典南部地区某电站一机组发生故障
意大利	2003年9月28日	造成约6400 MW的功率不足，影响近5700万人的生活	20 h	瑞士境内一条380 kV的线路发生接地短路故障
中国海南	2005年9月26日	海南电网崩溃，1239 MW系统全部停电	10 h	超强台风引发电力设备大面积故障
中国华中	2006年7月1日	负荷丢失3794 MW，严重影响社会正常秩序	5 h	500 kV嵩郑两回线路故障跳闸
西欧UCTE联合系统	2006年11月4日	波及8个国家，导致西欧电网解列，近5000万用户生活受影响	1.5 h	轮船断开某380 kV双回输电线路
中国南方	2008年1月	贵州、湖南、湖北等多个南方省市大范围停电	十余天	强冰重雪导致电力设备大面积故障
印度	2012年7月30日	影响印度20个邦，超过6亿电力用户的生活受到影响，损失负荷约40000 MW	十余小时	系统某220 kV线路断线

通过对以上几起典型大停电事故的起因分析可知，再严重的电力事故其初始故障通常并不十分严重，往往是由线路过载、设备匹配度较低、系统运行水平监测实时度不足、人员操作失误、元件损坏、环境恶劣等因素或多种因素综合所致。但结果有时是灾难性的，所以可将上述“灾变因素”分为以下三类：

（1）电网自身因素。

电网自身的缺陷是大停电事故最大的诱因。通常表现为网络中较为重要的元件因故障停运后，网络剩余元件之间因存在关联性，相继退出运行，继而引发大规模连锁反应。大量研究显示，潮流的大量转移是连锁事件的主要成因，而潮流转移则主要是因为元件的过负荷和保护装置的不当动作导致。此外，系统因天气多变或输电走廊故障导致的功率失衡以及可利用电量的激变也是造成大停电事故的因素之一。

（2）外界环境因素。

电网的很多设备长期暴露于自然环境中，因此考虑到自然环境的恶劣性对电网运行的影响，电网规划及建设时要求其对自然环境具有一定承受能力。但极端气候如雷雨、覆冰、干旱、台风、地震等，虽然存在一定规律，但往往难以准确预测并且有很强的破坏力，其对电网的影响远远高于电网建设时允许值的上限。因此，常会出现因自然灾患而致使的电网断线、倒塔等重大事件的发生。并且，恶劣的环境往往伴随着复杂的地理条件，一旦在此状况下电力系统发生故障，对故障的排除、系统的修复难度系数极高，从而将造成电网较长时间的供电停止。比如，2005年我国海南省因超强台风导致的全省界大停电，其时间持续数十小时；2008年我国南部多地因多年难遇的冰灾，发生大范围的倒塔断线事故，导致南部数省出现持续数十天的供电中断。

(3) 人为因素。

操作失误与蓄意破坏是人为因素中两大最主要的类别。其中，操作失误主要是指系统工作人员的操作不符合规程导致出现故障，其可能发生在规划设计、调度监测、检修维护等多个电力生产环节中。蓄意破坏主要是指经提前策划的带有一定目的性的攻击行为，通常有恐怖组织的参与。比如，缅甸果敢地区就曾发生过恐怖组织破坏电力系统导致的停电事件，对民众的生活造成了极大的不便，并给当地社会的安定蒙上阴影。

虽然引发大停电事故的因素众多，究其根本可以看到，不合理的电网结构、较低的设备供电可靠性、低匹配度的控制检测装置和尚需改进的网络管理模式是威胁电网安全运行的主要因素。电力系统中的电源或者负荷点分布不合理，会导致电网固有的拓扑结构中存在薄弱环节，从而加大电网发生故障的概率。设备可靠程度同电网故障概率之间具有较高的正相关性，网络中设备的可靠程度越高，该网络的供电能力越强。电力系统的保护及自动控制装置的安全系数和其采取的控制原理同样关系着系统的安全程度。实际电网中，保护装置常常会出现错误动作的情况，对大停电事故的发生具有一定推动作用，运行人员应提高对保护装置安全管理的重视。事件的产生与发展同时受内外两种因素的推动，电力系统运行管理机制是对大停电事故有着较大推动作用的内因，使用合理的电力系统运行管理机制可以有效缩小事故的涉及范围。

20世纪60年代，Dy Liacco等首先提出了电力系统安全性（Security of Electric Power System）这一概念，并据此构建了电力系统安全性分析及控制理论的主干框架。目前，国际学术界较为认可的安全性定义为：电力系统在遭遇突然扰动（包括线路短路、断路器跳闸、元件退出电网等）后，能维持向电力用户提供符合标准电能的能力[6]。具体来说，电网的安全性为系统是否能在突发扰动后继续保持初始的稳定运行状态，并在恢复电力供应过程中不会造成大量资本投入，其重点关注故障后系统自身运行状态的好坏，是否具有正常供电的能力。

通常来说，电力系统安全性被认为是可靠性问题中的一个分支。电力系统可靠性（Reliability of Electric Power System）指系统不间断向电力用户提供满足其数量及质量需求的电力的能力，而安全性则更侧重于研究故障后电力系统的供电能力，可认为电网安全性是扰动状态下的电网可靠性。

电力系统安全性评估是对电网在发生事故后，维持可靠供电能力的研究，根据时间尺度、分析对象和动作原理的区别，可将其分为静态和动态两大主要类别，具体分类情况如图10-1所示。其中，静态安全性评估重点关注故障后系统在新稳态下的运行水平；动态安全性评估侧重分析故障后系统状态向新稳态转换过程中的稳定问题。

电力系统过去多使用 $N-1$ 方法对系统的安全水平进行分析，在电力产业初期，由于电网拓扑结构较简单，该方法可以较好地保障电力系统的安全运行。然而随着电力系统规模的扩张及对经济性的需求，这种只针对最严重事故的分析评估方法过于保守和粗糙的固有缺陷渐渐凸显出来。随着电网规模和结构的变化，电网面临的潜在危险越来越多，以 $N-1$ 方法为基准的安全分析与控制理论越来越无法满足当今社会对电网的要求。因此，为进一步给操作人员提供系统当前运行状态即时有效的信息，并为控制管理决策的选取提供支撑，在最大限度上减小灾难性停电事故的发生概率，降低电力公司和电力客户因大停电事故遭受的损失，需要对电网的随机性、复杂性、事故的可能性和后果的严重性进行更深入的研究，并对电力系统的安全性做出更加完备、合理的评估。由此可见，电力系统安全性评估有着不可或缺的研究价值。

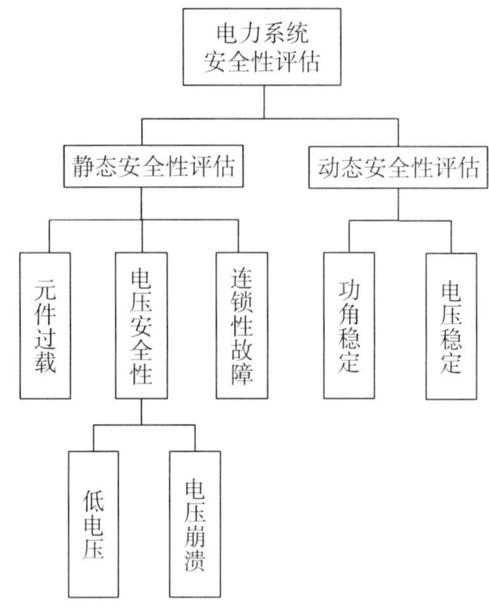

图 10-1　电力系统安全性评估

10.2　静态安全分析方法及建模

10.2.1　安全性评估方法

电力系统静态安全性评估是决定电网规划、建设方案时的重要环节，其主要研究内容为：分析系统在既定的运行模式下，其组成元件因故障退出电网后，系统各参数如电压、潮流等，在新的稳定状态下能否位于允许区间，系统是否会发生连锁故障等灾难性事故。根据电力系统静态安全性评估的特点，展开该评估的两个先决条件为：其一，潮流结果收敛可解，即要求各参数（系统频率、节点电压、线路潮流）均在可接受范围内；其二，小干扰稳定，即需要系统具有受到瞬时扰动之后回归最初状态的能力。

为适应电网的快速发展，传统的仅考虑节点电压问题和支路潮流问题的电力系统静态安全性风险评估，逐渐演化为同时考虑系统运行状态、经济损失的多维度、多指标的静态安全性风险评价体系。

电网安全性评估的概念一经提出，经过50多年的发展，随着时间的推移不断进行完善，其经过了三个主要的发展阶段：确定性评估阶段、概率性评估阶段、风险评估阶段。

10.2.1.1 确定性评估方法

确定性评估方法，顾名思义，即为针对系统在确定状态（负荷水平、网络结构、时间尺度）下的评估方法。确定性评估方法是最早投入应用的方法，只评估最严重故障下系统的状态，由于该方法原理简单、易于实现，在早期的电力系统中得到了广泛的运用，同时也对初期电网的稳定运行起到了很好的保护。其中，以 $N-1$ 准则为依据的确定性评估方法是最典型的应用。文献［8］和［9］给出的直接法和灵敏度分析法是确定性评估方法的两大主要分析手段。确定性评估方法要求提前知晓系统的拓扑结构、运行状态和负荷水平，以确保系统在最严重的扰动之后依旧具有安全运行的能力。确定性评估方法的具体评估流程如图10－2所示。

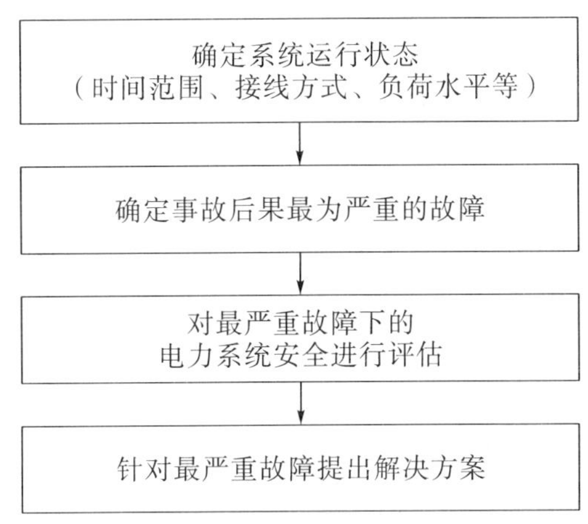

图10－2 确定性评估方法流程图

但是，确定性评估方法是基于最严重事故决策准则来决定系统的安全性的，这相当于假设所有的突发事故具有相同的概率发生。对电网中的设备而言，不同设备的运行水平和工作环境各不相同，从而导致设备之间的故障概率有所差异。比如，工作在复杂地理环境中和恶劣气候下或常需位于满载运行状态的设备对系统扰动的抗干扰能力更弱，该类设备的故障率更高。

确定性评估方法能够在最大程度上保证系统全部设备均处于安全状态，但会牺牲电网的经济性。随着近年来市场化概念逐渐被人们熟悉并接受，各行各业都希望能以最低的资本投入获取最大的利益回报，确定性评估方法在该背景下显得鞭长莫及，其主要的缺点如下：

（1）不考虑故障的不确定性。确定性评估方法依据电网最严重故障作为基准判定系统的安全程度，即假设不同故障的发生概率大小相等，这样的假设显然与事实相悖。对电网中的设备而言，不同设备的运行水平和工作环境各不相同，从而导致设备之间的故障概率有所差异。比如，工作在复杂地理环境中和恶劣气候下或常处于满载运行状态的设备对系统扰动的抗干扰能力更弱，该类设备的故障率更高。

（2）基于最严重和最可信事故下的解决方案难免过于保守。在市场经济的今天，没有使得电力设备得到充分利用，确定性评估方法得出的解决方案经济性较差甚至可能增加系统运行成本。因此，根据确定性评估方法分析所得的决策方案，不能经济高效地利用设备资源，不符合市场经济的需求。

（3）忽略非限制性故障对电网的作用。非限制性故障是指除开最严重故障后，剩下所有能影响系统运行水平的故障。对于确定性评估方法而言，其仅仅考虑最严重故障，没有计及剩余的非限制性故障产生的效应。然而，系统中的非限制性故障无论是在数量上还是在种类上都具有一定规模，即使单独的非限制性故障对系统的影响微不足道，其最终的作用还是非常显著的。

综上，由于该评估方法只针对系统中最严重的事故（扰动），无法衡量事件产生的可能性（概率）和后果的严重程度，因此无法对系统在安全范围内的风险进一步细化，也无法体现运行方式和用电需求的改变给系统安全性带来的冲击。总的来说，确定性评估方法对于当今形式多变、结构复杂的电力系统而言，会限制电网的工作效率，显得过于保守，无法满足现代电力网络的需求。针对上述问题，研究人员在此基础上发展出概率性评估方法。

10.2.1.2 概率性评估方法

相较于确定性评估方法，概率性评估方法最大的改进在于其计及了各类不确定干扰和突发性事故对系统安全性的影响。1969 年，学者 R. Billition 首次通过文献［10］提出了概率性评估的概念，引起了学术界的强烈关注。1980 年，R. Billition 又在文献［11］中首次在电网暂态安全评估问题中引入概率性评估方法，并基于此提出具有不确定属性的电网稳定性指标。

概率评估方法是不确定性评估的一个类别，主要针对确定性评估方法中对故障概率表征的欠缺进行改进。其基本研究思路是：基于系统中各元件停运及修复过程的历史数据，构建元件停运可能性的函数模型，再根据系统各组成部分之间的关联度进一步求取系统故障的概率。概率性评估方法的具体评估流程如图 10—3 所示。

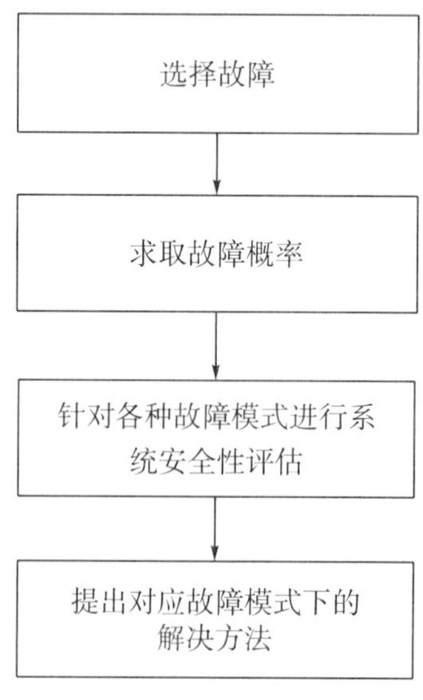

图 10—3　概率性评估方法流程图

解析法与模拟法是概率性评估的两大主要分析手段。解析法可进一步细分为故障树法、网络法、事件树法和状态空间法，其理论基础浅显易懂。故障树法可根据故障发生的顺序，从归纳的角度出发，逐级分层地分析故障的概率。

（1）解析法。

解析法在电力系统安全性评估中主要包括网络法、故障树法、事件树法和状态空间法等。

网络法最早用在计算机系统的可靠性评估中，运用最小连集和最小割集两个工具，其特点是计算简单，适用于小规模网络，可以较好地描述各种故障模式对电网的影响。缺点就是在大规模网络的计算中，计算规模会以指数级增长，存在“维数灾”困难。

文献［12］是用事件树法对电力系统继电保护等二次设备进行模拟，同时对静态电力系统进行风险评估。事件树法的原理是原始触发事件被定义为根节点，从根节点到叶节点的路径为一个时间序列。可以通过设置事件发生的概率和门槛值来控制生成事件树的计算规模和效率。

文献［13］用故障树法，从元件设备故障率、运行人员误操作率等概率条件出发，将发生最严重事故的状态作为顶端事件，逐步分析计算系统元件的故障机理及概率分布，其逻辑关系即为故障树。从故障树可以分析故障发生的各种可能性或估算故障概率。这种方法可以迅速地识别出系统的薄弱环节。

状态空间法是分析系统由一个状态转移到可能发生的另一个状态的过程。文献［14］是运用状态空间法对环网的可靠性进行评估，该方法的基础是系统运行状态之间的相互转换，考虑了电源装置的投切正确率，并考虑了备用冗余，为评估地区电网可靠性提供合理依据。随着电网元件的增加，电网出现不同状态的可能性也会增加，将所有系统状态枚举出来是不可能的，因此，状态空间法适合运用在规模较小、失效率较低的电力网络安全分析中。

（2）蒙特卡洛法。

蒙特卡洛法是通过随机抽样模拟电力系统各种状态，通过大量的仿真模拟统计出电力系统相应的概率模型，本质是概率模拟，核心是大数定理。文献［16］运用蒙特卡洛法对电力系统各种随机事件进行模拟，来分析电力系统稳定性问题。文献［17］是基于蒙特卡洛法的系统安全性评估，提出了考虑线路容量约束和潮流分布的基于序贯蒙特卡洛仿真和时变负荷模型的配电网可靠性评估模型。模型中切负荷策略综合考虑了停电损失费用、停电电量、网损和停电时间，可以评估电网在不同调度策略下的可靠性风险指标和可靠性效益指标。文献［18］将元件持续时间进行抽样模拟，把多重故障转换为单重故障，通过存储电网状态的评估结果，有效地改善了蒙特卡洛法计算量大的问题。文献［19］提出了蒙特卡洛法存在的一些缺点，如收敛速度慢、样本数量增加未必会减少误差等，这就导致了计算精度和仿真效率之间的矛盾。文献［20］指出蒙特卡洛法对稀有时间有较高的敏感性，例如连锁故障等大停电事故。因此，为了获得精度较高的仿真结果，需要很大的样本信息及抽样计算。

概率性评估方法主要是改进了确定性评估方法没有考虑事故可能性的弊端，提出考虑影响系统稳定性的各类随机不确定因素，通过统计以往元件故障和恢复的历史数据，建立电力系统事故发生的概率模型，考虑了事故发生的随机不确定性，并且考虑了非限制性故障对系统安全的影响。另外，还可以评估系统元件中的停运概率模型。但是概率性评估方法还是存在不足，就是只考虑了系统故障的概率而忽略了故障后对系统的影响，没有考虑事故后果的严重程度，因此，同时考虑了事故可能性与后果的风险评估方法得到了广大学者的青睐。

10.2.1.3　风险评估方法

1999年，学者 V. VittalD 等在文献［21］中首次给出了电网的安全性风险评估定义，对该评估方法的理论框架，包括风险指标、方法特点等进行了详细的介绍。相较于概率性评估方法，风险评估方法最大的突破在于同时考虑了事故发生的可能性和严重性两个影响因素，从风险的角度对事故进行评价。风险评估方法搭建起了电网安全性与经济性的桥梁，将两者有机地结合起来，用统一的价值标准进行评估，为系统的操作人员提供内涵更为丰富、合理的参考信息。

风险评估方法可以看作是概率性评估方法的进一步扩展，其体现了经济效益与安全性之间的关系。因此，为了在保障电网安全运行的基础上，最大限度地降低投入成本，在电网规划建设时，需要对电网存在的各种潜在风险进行分析。所以，能够区分不同事故严重度差异的定量安全性分析显得尤为重要。

风险评估方法可以通过对风险指标的建立很好地实现定量分析电网安全性的目的。IEEE 标准 100—1992 中将风险定义为：对不希望出现问题的概率和后果的度量，一般通过可能性与后果相乘的形式表示，其具体公式如下：

$$Risk = P_r \times S_{ev} \tag{10-1}$$

式中，$Risk$ 为分析对象故障后电网的风险值；P_r 为分析对象故障发生的概率；S_{ev} 为分析对象故障的严重度。风险评估方法的具体评估流程如图 10—4 所示。

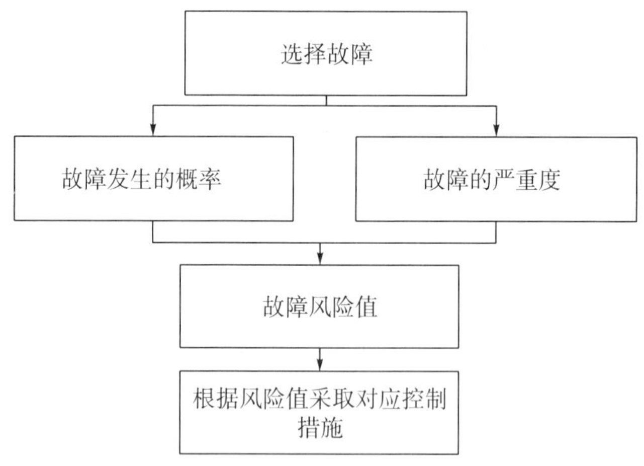

图 10—4　风险评估方法流程图

风险评估方法主要从事故的可能性与严重性两个方面对系统安全进行分析，从而对风险评估体系的研究可以分为事故发生可能性与严重程度表征两个角度。电力系统是由发电机、变压器、传输线路等大量的元件组成的，元件的故障是造成电力系统事故的主要因素，因此，对电力系统事故可能性的研究即是对元件的故障概率模型进行研究。

大量的研究证明，元件的故障概率与其自身特性（使用年限）、外界环境（冰雪、雷暴、山火等）和电网的运行状态（节点电压、支路潮流、电网频率等）密切相关。

（1）故障发生的可能性。

①元件自身特性。

文献［22］指出，元件的寿命周期可以分为三个阶段：初始运行期、稳定运行期和损耗期。初始运行期与损耗期因为元件分别存在制造隐患和老化现象，其故障概率会处于相对较高的水平，稳定运行期的故障概率在较低的水平保持不变。基于这一特点出发，文献［22，23］提出浴盆曲线来描述元件故障概率与寿命的关系。文献［24］引入修复率的思想，提出锯齿形曲线来描绘元件故障概率与使用时间的关系，认为元件停运经过修复以后，其故障概率会下降到某一特定的水平。文献［25］提出了7种元件故障概率模式。除此之外，为了刻画元件的故障概率随使用时间的分布规律，指数[26]、正态[26]、伽马[27-28]、威布尔[29-30]等概率密度函数也广泛应用在元件故障概率模型中。

②外界环境。

元件的故障概率与外界环境是密切相关的。外界环境中，影响元件故障概率的最突出因素是气象因素。实践证明，在恶劣气象条件下的系统元件故障概率远远要比正常天气条件下的高出很多。文献［31］根据气象因子建模，建立了考虑风速、降雨量的输电元件载冰量模型，采用曲线拟合的方法获得元件故障概率与其载冰量的关系。文献［32］考虑大风、覆冰和雷电三种恶劣天气条件，分别采用泊松分布和贝叶斯网络模型进行建模，两种方法相比较，贝叶斯网络模型可以获得更多参数信息，且易于实现。文献［33］采用线性回归、指数回归、多变量线性回归和人工神经网络研究植被生长对电网安全性的影响。研究结果表明人工神经网络模型能够有效匹配历史数据，多变量线性回归适用于预测未知元件故障概率。文献［34］通过统计揭示人为错误操作在电网事故中占的比例不容小视，对因人为因素引起的系统故障的特点进行总结，提出了考虑人为因素的双回路系统可靠性模式。

③电网运行状态。

电网中元件的故障概率与当时元件在电网中的运行状态密切相关，例如，当出现支路潮流越限或节点电压越限的情况时，相应的元件故障概率会急剧增大，严重影响系统安全运行。在电网运行状态的研究上，文献［35］在传统可靠性评估的基础上建立了基于实时运行条件的元件时变可靠性模型。文献［36］运用灵敏度算法分析了线路故障概率对电网可靠性的影响。文献［37］将影响元件故障概率的因素分为保护动作、元件自身故障、外界环境影响、人为误操作四种，从而建立了四种不同的元件故障概率模型。文献［38］引入条件概率，考虑了外界环境和电网实际运行条件对电网元件故障概率的影响。随着上述模型的发展，“模糊性”理论也逐步的被运用在故障概率模型中，文献［39］以风力载荷、冰力载荷和线路潮流水平作为输入变量，通过模糊推理，输出元件故障概率。文献［40］采用重要度排序筛选出对元件故障概率影响较大的因素，基于模糊专家系统建立了线路元件的非解析可靠性模型。文献［41］基于随机过程和可信性理论，推导出线路状态模糊概率计算方法。此外，文献［42］将元件故障看作随机模糊数，基于证据理论和可信性理论构建了元件故障的可能性模型。文献［43－45］在传统可靠性评估的基础上，分析元件故障影响因素，建立了基于实时运行条件的时变元件停运模型。

（2）故障后果严重度。

事故的严重度是对事故后果的综合评估，通常包括对电网运行状态的影响、经济的影响和负荷损失的影响等。严重度模型将在后面详细讨论。

迄今为止，大量的学者对于风险评估方法进行了深入的研究。文献［46，47］利用严重度函数，对线路过负荷、节点低电压和电压失稳做了风险评估。文献［48］对文献［49，50］做了改进，能够对电力系统充裕度和稳定性进行风险评估。文献［51］将可信性理论引入风险评估中，解决了事故随机性和模糊性的问题。文献［52］总结了现阶段运用风险评估方法对电力系统安全性评估的研究现状与成果，其中包括对电力系统的暂态安全性分析。其原理是将事故发生的概率与其切除时间相结合，认为事故切除时间越久，对电网的影响越大。文献［53，54］提出了电力系统暂态安全性的分析方法。该方法考虑了元件的暂态失稳概率，为电网暂态过程提供风险参考，弥补了传统仅依据专家库的不足，使电网在暂态过程中达到安全与经济的平衡。文献［55］建立了一种基于枚举法与抽样法的电力系统在线风险评估方法。并用该方法对电网进行了连锁故障风险仿真，结合故障发生的概率与后果，为电网事故进行综合分析，为电网风险防控提供决策支持。文献［56］提出了电力系统脆弱性概念，并将模糊推理的方法引入其中，分析了在不同运行条件下脆弱性对电网安全的影响。文献［57］在文献［58］的基础上将风险评估理论引入脆弱性分析中，结合概率论的基础弥补了传统确定性方法的不足，并开发了相应的评估软件。文献［59］分析了低电压对电网风险的影响，建立了电力系统低电压风险评估指标。用事故发生概率与事故后电网出现的低电压后果来表征系统存在的风险，针对电网风险识别构造了相应的神经网络系统。文献［60］建立了完整的电力系统风险评估指标对电力系统暂态安全进行风险评估，建立了线路故障概率与暂态失稳概率模型和事故后果模型。该评估结果可以对电网状态进行准确的分析，并对电网风险起到预警作用。文献［61］提出一种基于全网信息的电网在线监测风险评估方案，并对电网风险水平进行了分级处理。按照风险等级由高到低将系统分为调控区、高度警戒区、一般警戒区、关注区与一般关注区，同时对高风险区域提出了相应降低风险的处理措施。

综上，与传统的安全性评估方法相比，风险评估方法具有如下特点：

（1）风险评估方法从系统风险的角度出发，同时计及故障的可能性和严重性，并能从多个角度（电压、潮流、负荷）体现系统运行状态的安全水平及变化趋势，有效地弥补了确定性及概率性评估方法结果过于保守的不足。

（2）风险评估可同时体现系统运行状态和经济性的风险，搭建起电网安全性和经济性的桥梁。市场化概念的引进，给电力行业带来更多机遇的同时，不可避免地增加了系统的风险和压力。电力市场各参与者都力争达到“低投入，高回报”的目标，势必加大电网运行环境的严峻性，迫使越来越多的设备工作在低裕度状态下，从而增加了系统发生故障的可能性。因此，在现有实际背景下，风险评估符合电力市场下各主体的经济需求和安全需求，有着举足轻重的地位。

（3）风险评估能给系统运行水平及变化趋势提供重要指示。风险指标在时间上和内容上均具有累加性。根据研究的具体背景，可将不同风险指标按要求进行累加，从而得到一段时间上多角度、多层次的综合风险指标，为操作人员提供更具有针对性的参考信息。

相比确定性评估方法和概率性评估方法等传统评估方法，风险评估方法能从更加全面的角度，以更加灵活的方式，衡量电网的安全性和经济性，帮助操作人员更好地判断系统当前运行状态。

10.2.2　风险理论与电网运行状态安全性分析

10.2.2.1　电力系统运行状态严重度模型

风险是指能导致灾难的可能性和这种灾难的严重度。系统的运行状态主要体现在系统中节点电压水平与支路潮流分布水平两个方面，系统潮流在故障后重新分布可能会引起部分节点电压偏低或者支路过载，并且低电压和线路过载是引发系统发生灾难性事故的重要因素。

(1) 低电压严重度指标。

电压安全是电力系统在额定运行条件下和遭受扰动之后系统中所有母线都持续地保持可接受的电压的能力。威胁电压安全的最严重情况是电压崩溃，表现形式是低电压情况的持续发展，这种严重威胁电网运行安全的情况在现在复杂的电力系统中显得尤为明显。尤其是在电网无功储备不足时，电网会出现大面积电压水平偏低。除了在电压幅值上对电网运行安全有所影响外，还会因为电压偏低造成电网损耗过大、电能质量不合格等间接影响，甚至导致切机切负荷，从而引发大面积停电。因此，低电压严重度在电力系统风险评估后果模型中是十分重要的一部分。

低电压严重度指系统发生事故后，系统中各母线节点低电压严重度函数构成的系统严重度指标，反映系统事故后果。事故后节点低电压严重度用节点电压与额定电压之间的偏移量比低电压极限与额定电压之间的偏移量表示。节点低电压严重度函数如图 10－5 所示。

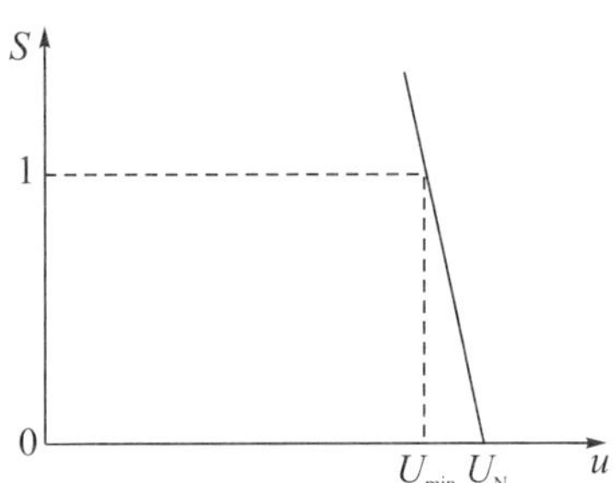

图 10－5　节点低电压严重度函数

对应的每个节点低电压严重度函数表达式为

$$S(u_i)=\begin{cases}0, & u_i \geqslant U_N \\ \dfrac{U_N-u_i}{U_N-U_{min}}, & u_i < U_N\end{cases} \tag{10-2}$$

式中，$S(u_i)$ 表示母线 i 节点低电压的严重度；u_i 为 i 节点电压；U_N 为该线路整定的节点的低电压风险警戒阈值，一般设定为该处电压的额定电压，当 $u_i<U_N$，即计算该节点低电压风险，当母线节点电压为额定电压，即 $u_i=U_N$ 时，母线节点的低电压严重度为 0；U_{min} 为节点低电压风险阈值，即节点低电压极限（一般可取额定电压 U_N 的 90%），当 $u_i=U_{min}$ 时，严重度 $S(u_i)=1$，当 $u_i<U_{min}$ 时，严重度随电压的降低而增大。

(2) 线路过载严重度指标。

电力系统通过网络中的众多输电线路将电能传送出去，这些众多的输电线路所能承受的最大输送功率因为线路型号的不同也不尽相同。通常情况下，衡量一条线路的传输能力用这条线路能输送的最大容量表示。为了保证电力系统的安全运行，一般在正常运行情况下应该保证输电线路距离自己的极限传输能力有一定的安全裕度。

但是随着经济发展，用户的用电容量不断扩大，电力系统输电线路重载情况频繁出现。这不仅会对线路本身的物理特性造成损坏，缩短线路寿命；还可能在系统发生扰动时引发重载线路过载跳闸，对系统安全稳定运行造成威胁；更有甚者引发连锁事故，造成大面积停电和严重的经济损失。

线路过载严重度指系统发生事故后，系统中各支路上输送的容量与线路整定的极限输送容量相比的过载程度作为严重度函数构成的系统严重度指标，反映系统事故后果。事故后线路过载严重度函数用支路功率与功率风险阈值差比支路满载功率极限与功率风险阈值差表示。对应的严重度函数如图 10－6 所示。

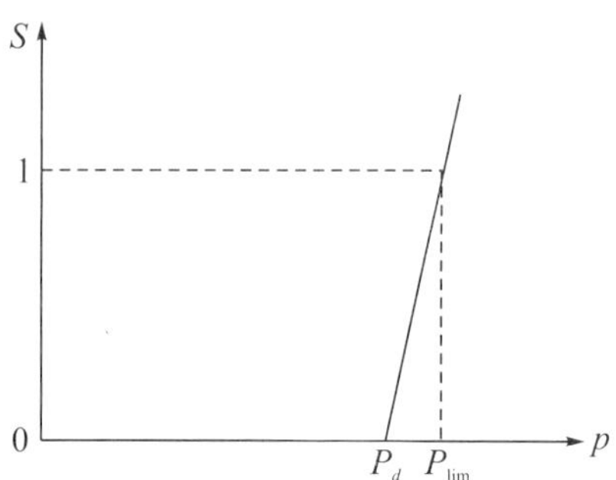

图 10－6　支路过载严重度函数

严重度函数表达式为

$$S(p_j)=\begin{cases}0, & p_j \leqslant P_d \\ \dfrac{p_j-P_d}{P_{\text{lim}}-P_d}, & p_j > P_d\end{cases} \tag{10-3}$$

式中，$S(p_j)$ 表示 j 支路过载的严重度；p_j 为 j 支路有功功率；P_d 为该线路整定的过载风险警戒阈值（一般可设定为该支路极限传输容量的 90%），当 $p_j>P_d$ 时，考虑支路过载的严重度对系统的影响，当支路传输容量达到极限传输容量的 90%，即 $p_j=P_d$ 时，支路过载的严重度为 0；P_{lim} 为支路过载风险阈值，一般取值为支路整定的极限传输容量，也称满载功率极限，当 $p_j=P_{\text{lim}}$时，严重度 $S(p_i)=1$，当 $p_j>P_{\text{lim}}$时，严重度随过载容量程度的增大而增大。

10.2.2.2　负荷损失严重度模型

（1）失负荷量。

电网负荷损失存在以下两种情况：

①负荷节点因为支路故障形成孤立节点导致的负荷损失 L_1。

②故障后负荷节点由于电压偏低造成低压减载或系统低频减载导致负荷损失 L_2。

电网整体负荷损失总量为

$$L_{load\ loss}=L_1+L_2 \tag{10-4}$$

相应的失负荷量严重度函数如图 10-7 所示。

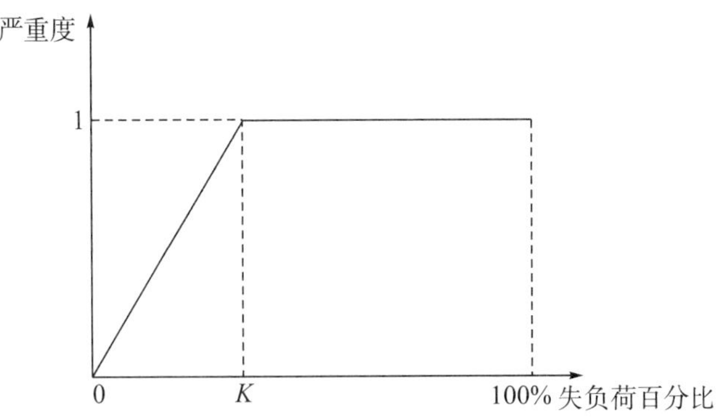

图 10-7　失负荷量严重度函数

失负荷量严重度函数表达式为

$$S_{load\ loss}=\begin{cases}\dfrac{L_{lp}}{K}, & L_{lp}\leqslant K\\ 1, & L_{lp}>K\end{cases} \tag{10-5}$$

式中，L_{lp}是失负荷百分比；K 取值为 30%。

（2）负荷损失类型比例。

负荷损失对系统影响的重要程度除了损失负荷的总量外，还包括损失负荷中不同性质的负荷所占的比例。在损失相同负荷量的情况下，重要负荷的丢失比非重要负荷的丢失对电网的影响更为严重，所以在负荷损失严重度模型中，应该考虑损失负荷的性质，及其在失负荷总量中所占的比例。

将负荷类型分为特级负荷、一级负荷和二级负荷三类。对应负荷各个级别的负荷损失量为 L_e，L_q，L_m，不同负荷类型所占比例对电网事故严重度的影响关系如图 10-8 所示：

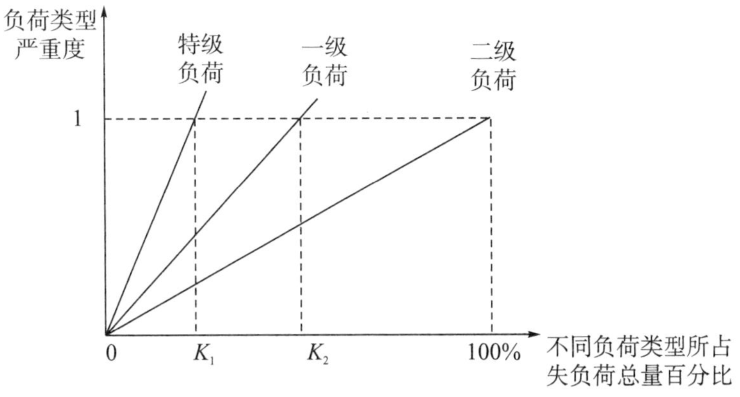

图 10-8　不同负荷类型所占比例对电网事故严重度的影响关系

失负荷量中负荷比例严重度函数表达式为

$$S_{load\ proportion}=\frac{L_e}{K_1}+\frac{L_q}{K_2}+\frac{L_m}{1} \tag{10-6}$$

式中，K_1 可按一定比例取值（如 K_1 取 20%，K_2 取 50%等）。

(3) 失负荷严重度模型。

综合上述失负荷总量严重度与失负荷比例严重度，得到电力系统连锁故障综合失负荷严重度模型。该模型既考虑了故障后系统失负荷总量对系统的影响，又考虑了在失负荷总量中不同负荷类型对事故后果的影响。其数学表达式为

$$S_{load} = S_{load\ loss} \times S_{load\ proportion} \tag{10-7}$$

10.2.2.3 电网故障概率模型

故障概率计算有多种方法，本节重点介绍基于运行可靠性理论的故障概率模型。数据来源的差异使故障概率模型的构成不尽相同，应用最广泛也最传统的数据来源为历史故障数据统计值。经研究人员的大量分析，由历史故障数据确定的故障概率模型和泊松(Poisson)分布模型具有高度的相似性。因此，在不计及线路的地域性和时域性特征的情况下，将历史故障统计数据参数代入泊松分布模型中，可得到线路的故障概率模型。对于线路 l，在时间段 t 内保持正常工作的概率为

$$p_{no}(l) = \frac{e^{-\lambda t}(\lambda t)^x}{x!} = e^{-\lambda t} \tag{10-8}$$

式中，$p_{no}(l)$ 为线路 l 在时间 t 内保持正常工作的概率；t 为既定的时间区间；λ 为线路的平均故障概率；x 为故障发生次数，此处取 0，意即 t 时间段内正常工作。

根据式（10−8）所建立的模型及工作概率与故障概率之和为 1 的属性，可得线路 l 在时间段 t 内发生故障的概率为

$$\bar{p} = 1 - e^{-\lambda t} \tag{10-9}$$

式（10−9）建立的线路故障概率模型仅考虑了历史故障数据这一个影响因素。然而电网在投入运行之后，线路的运行状态并非一成不变，而是随机变化的。仅考虑历史故障数据对线路故障概率的影响，所得结果与实际情况相去甚远。因此，应该在历史故障数据的基础上计及线路潮流水平对故障概率的影响。对输电线路而言，其传输的功率越大，相应的故障概率也越大，特别是当传输功率接近极限功率甚至超过极限功率时，输电线的停运概率会接近或者等于 1。因此，基于运行可靠性理论，建立计及输电线路潮流变化的线路故障概率模型。对线路 l 而言，其故障概率模型如图 10−9 所示。

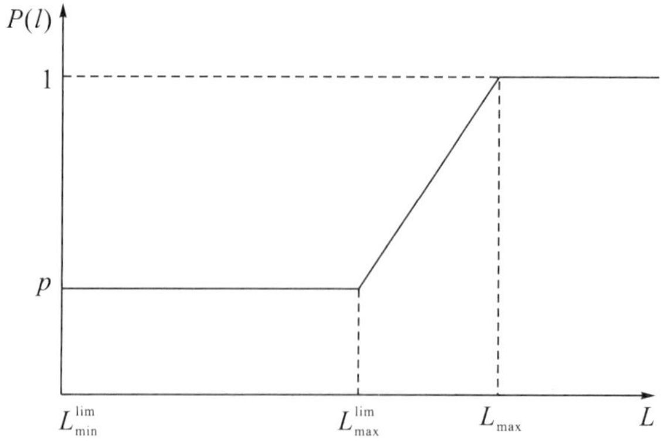

图 10−9　基于潮流变化的线路故障概率模型

图 10－9 所示的故障概率模型可具体表示为

$$P(l)=\begin{cases}p, & L_{\min}^{\lim}<L<L_{\max}^{\lim} \\ p+\dfrac{1-p}{L_{\max}-L_{\max}^{\lim}}\cdot(L-L_{\max}^{\lim}), & L_{\max}^{\lim}\leqslant L\leqslant L_{\max} \\ 1, & L\geqslant L_{\max}\end{cases} \quad (10-10)$$

式中，$P(l)$ 为线路 l 的失效概率；L 为线路 l 实时的传输功率；$L_{\min}^{\lim}$和 $L_{\max}^{\lim}$分别为线路 l 正常传输功率对应的最小值与最大值；$L_{\max}$为线路 l 的极限传输功率。当线路 l 的传输功率值不高于$L_{\max}^{\lim}$时，线路为能维持长期正常工作的状态，该状态下线路的故障概率与其传输功率的相关性较小，此时常取历史故障统计数据 p 作为线路的故障概率。当线路功率超过 $L_{\max}^{\lim}$并低于 $L_{\max}$时，线路的安全性与其传输功率关联性较大，线路传输功率稍微增加一点，故障概率就有明显的提高，系统处于高风险状态。当线路 l 的功率等于或大于其传输功率最大允许值 $L_{\max}$时，无论保护装置能否正常工作，线路最终都会退出运行，无法保持长期稳定工作状态，此状态下的线路 l 的故障概率为 1。

10.2.2.4　电网故障综合严重度模型

依据风险理论，考虑基于运行可靠性理论的 $N-1$ 故障概率模型和运行状态严重度模型及失负荷严重度模型，构建电力系统 $N-1$ 故障模式下的风险评估模型。对输电线路 l，其故障后系统的风险值可表示为

$$R(l)=S(l)\cdot P(l)=[k_1S_i(U)+k_2S_i(P)+k_3S_{i\,load}]\cdot P(l) \quad (10-11)$$

式中，k_1，k_2，k_3为权重系数。根据上式可将电网的安全水平按故障后风险值大小划分为不同的等级。

值得注意的是，以上风险评估指标体系中重点关注了运行状态的节点低电压、支路过载及失负荷因素等，从网络的角度看，缺少了对于网络结构因素的考虑，比如不同节点及支路结构重要度的影响。很显然，一个枢纽节点或一条关键联络线发生越限和一般的普通节点和线路引起的后果是明显不同的。因此，应该根据元件在电力系统所处地位来进行其结构重要度的评估，并将结构重要度再与上述的风险评估指标进行综合，对指标体系做进一步的完善。

下面将复杂网络理论的相关概念引入到风险评估中来，改善上面所述的忽略了节点和支路结构重要度的不足问题。

10.2.3　复杂网络理论在电网安全风险评估中的应用

本节将电网的相关特性与复杂网络理论相结合，将电网等效成含有 M 条边、N 个节点的向量网络。以此为基础进行元件的综合影响力的分析。

10.2.3.1　复杂网络定义与特征指标

对复杂系统的研究一直是系统科学关注的问题。大量的复杂系统是由系统内部元素之间按照一定的规则自组织演化而形成的。从网络理论的观点来看，可以将任意一个真实的复杂系统的元素抽象成节点，元素间的作用关系抽象为支路，进而系统可以抽象成由节点和支路构成的复杂网络。复杂网络简而言之就是呈现高度复杂性的网络，其突出强调了网络结构的拓扑特征。社会中的人际关系网络、公路交通网络、输电线路网络、生物新陈代谢网络到大型的 Internet 网络等都存在着某种复杂的网络关系与结构特征，因此可以当作

复杂网络来研究。复杂网络的特点如下：

（1）网络包含的支路节点数目巨大，呈现出多种结构状态。

（2）节点与节点之间连接关系多样性，并且不同节点在网络中的重要程度存在差异。

（3）节点性质多样性，不同节点可以表现出不同的特性或代表不同事物。

（4）网络中各节点之间的关联关系随时间推移而变化，出现网络演化过程。

（5）具有多重复杂性。

上述的各种特点相互影响，使复杂网络有更加难以预料的结果。

复杂网络理论即是针对上述复杂网络的特点，借助网络图论、不确定分析理论和统计学的相关概念，对复杂网络系统的特征、演化规律和网络结构等方面进行研究并提出了一套理论，在复杂系统的研究中表现出很大的优势。

复杂网络结构分析包括以下几个基本的特征指标，这些指标是在现有网络拓扑的基础上对复杂网络结构进行表征。

（1）节点度：也称作节点连通度，是某个节点与其相连节点间边的总数。

（2）度分布：统计特征指标，用分布函数描述网络中节点度的分布情况，分布函数为$P(k)$。

（3）节点平均度：所有节点的度数的平均值。该值越大，表明网络中节点之间的连接概率越大，网络中节点关联性越强。计算公式为

$$k = \frac{1}{N}\sum_{i=1}^{N} k_{ij} \tag{10-12}$$

（4）最短路径：两个相互联通的节点间总权最小的一条路径。

（5）距离：连接两个相互联通的节点所用的最少的节点的数目为这两个节点间的距离。如果两个节点之间不可到达，则定义这两个节点间的距离为网络节点总和。

（6）平均距离：也称为平均最短路径长度，是对所有节点间的最短路径求算数平均值，能够衡量一个网络的紧密程度。

（7）介数：节点或支路被最短路径经过的次数为该节点或支路的介数。该指标表征节点或支路在网络中的重要程度。

（8）聚类系数：表征节点之间或整个网络的紧密程度。节点i的聚类系数计算公式为

$$\gamma_i = 2E_i/k_i(k_i - 1) \tag{10-13}$$

式中，k_i是与i节点相连的所有节点数；E_i是k_i个节点的实际边数。从式（10－13）可以看出，γ_i就是实际边数与可能存在边数之比。对于有N个节点的网络，其网络聚类系数为

$$\gamma = \frac{1}{N}\sum_{i=1}^{N} \gamma_i \tag{10-14}$$

当$\gamma=0$时，网络中所有节点均为孤立节点；当$\gamma=1$时，网络为全局耦合网络。

复杂网络理论中的指标是从网络拓扑及结构角度对于网络各方面进行了评估。下面将讨论其在电力系统中的应用。

10.2.3.2 复杂网络理论在电力系统中的应用

电力系统网络也是一种复杂网络，在分析电力系统网络特征时，我们就可以运用相应复杂网络理论对其进行分析和研究。上述的复杂网络理论中的某些指标及特征参数即可运

用到安全风险评估中来。

电力系统的网络演化过程体现在复杂网络中包括节点和支路的加入与消失。近年来发生的大规模停电事故表明，事故起因往往是由于网络中某一母线（节点）或支路（边）从网络中消失，导致其他节点或边随即消失，如此往复，造成电力系统陷入恶性循环的灾难性事故。因此，建立合理的电力系统网络结构演化过程就显得尤为重要。

上面讨论了运行状态安全性评估，建立了相关风险评估模型。但是，其缺点是没有考虑电网中母线（节点）和支路（边）在电网中重要度的影响。不同重要度的节点和边在事故过程中影响程度是不同的。应用复杂网络理论对电网进行安全性评估时，利用其关于网络结构的相关描述，建立网络中节点与支路重要度的模型，将其重要度作为权重再与风险理论严重度指标相结合，作为对系统安全性的综合评价指标。

综合考虑电网和复杂网络的特性，建立复杂电力网络模型，从便于分析的角度出发，做了如下简化处理：

（1）网架结构限于输电网络，对配电网络进行等效负荷简化。

（2）同一个变电站简化为一个节点，将一个变电站中的所有母线进行合并；发电厂同样简化为一个节点，将同一个发电厂的发电机进行合并。

（3）电力网络输电线路的传输方向为双向传输，但能量的流通方向变化不会影响线路物理参数的变化。

通过上述简化处理，电力系统输电网络就可以用复杂网络的特征指标来描述电网结构的整体状态。但是这些基本特征指标只是从网络的联通性来体现网络的特性，对于体现电网自身特点还有待完善。对节点来说，节点度大的并不一定具有很大的负载量，而那些负荷量很大的节点也不一定有很大的节点度。同样的复杂网络中的路径长度在电力系统中相应较大的输电线路并不一定能传输最大的电能。这样来看，不能仅仅用基本的复杂网络特征指标来描述电力系统，需要对相应的参数进行改进，使其更加符合电力系统的自身特征。

除了对基本网络特征指标的改进以外，相应的研究表明，电力系统网络本质上是一个加权网络。所谓加权网络，就是在无权网络的基础上增加了节点与边的权重，这就使得在原有的特征指标的基础上，增加了新的特征指标来为加权网络的特性提供参考依据。因此，对电力系统复杂网络进行研究时，要将电力系统作为一个加权网络处理，相应的特征指标中应包括体现节点与边的亲密程度与重要程度的权重系数。

本节中引入了电气介数指标来描述电网中母线（节点）与支路（边）的重要度。

10.2.3.3　元件重要度建模：电网电气介数指标

在复杂网络理论中，介数通常分为边介数和节点介数，按照最短路径遍历网络中所有发电机节点与负荷节点之间的连接路径，节点和线路被这些路径经过的次数为单元介数 B_i。它反映了相应边或节点在网络中的影响力，即重要程度。在电力网络中，介数反映该节点或支路对电能的承载能力及其在电网中的活跃程度。将节点与支路介数经过归一化处理，得到归一化后的电网元件介数 B_i'，即

$$B_i' = \frac{2B_i}{n(n-1)} \tag{10-15}$$

式中，B_i 为最短路径通过 i 元件的次数；n 为电网节点数。

对于电力网络而言，潮流不可能只沿最短路径流动，所以用这种最初的介数指标来衡量支路、节点在电网结构中的重要程度明显是不合理的。在考虑了节点容量、支路电抗、加权处理等一系列修正方法后，电气介数在电力系统关键线路识别上有突出的效果。该指标能真实反映“发电—负荷”节点对之间功率传输对各条支路的占用情况，并考虑不同节点发电容量和负荷水平的影响。

(1) 节点电气介数。

将节点分为发电、负荷和联络节点 3 类，则节点 n 的电气介数 $B_e(n)$ 定义为

$$B_e(n)=\sum_{i\in G,j\in L}\sqrt{W_iW_j}B_{e,ij}(n) \tag{10-16}$$

式中，G 为发电机节点集合；L 为负荷节点集合；(i,j) 为所有“发电—负荷”节点对；W_i 为发电节点 i 的权重，取发电机额定容量或实际出力；W_j 为负荷节点 j 的权重，取实际或峰值负荷；$B_{e,ij}(n)$为(i,j)间加上单位注入电流源后在节点 n 上产生的电气介数，即

$$B_{e,ij}(n)=\begin{cases}\dfrac{1}{2}\sum\limits_{m}|I_{ij}(m,n)|, & n\neq i,j\\ 1, & n=i,j\end{cases} \tag{10-17}$$

式中，$I_{ij}(m,n)$为在 (i,j) 间加上单位注入电流源后在线路 $m-n$ 上引起的电流；m 是所有与 n 有支路直接相连的节点。

式 (10−17) 反映了 (i,j) 间功率传输对节点 n 的占用情况。式 (10−16) 是对全网所有“发电—负荷”节点对进行了加权求和。

节点电气介数可较好地反映出全网不同母线间功率传输对各节点的占用情况，也量化了各节点在全网功率传输中的重要程度。

(2) 支路电气介数。

与节点电气介数类似，定义支路电气介数 $B_e(l)$ 如下：

$$B_e(l)=\sum_{i\in G,j\in L}\sqrt{W_iW_j}\,|I_{ij}(l)| \tag{10-18}$$

式中，$I_{ij}(l)$为在“发电—负荷”节点对 (i,j) 间加上单位注入电流源后在线路 l 上引起的电流；W_i 为发电节点 i 的权重，取发电机额定容量或实际出力；W_j 为负荷节点 j 的权重，取实际或峰值负荷；G 和 L 为所有发电和负荷节点集合。

支路电气介数反映了“发电—负荷”节点对之间潮流对线路的利用情况，也量化了支路在全网潮流传播中的重要程度。

在得到了节点电气介数和支路电气介数后，即可作为节点低电压严重度指标的权重及支路过负荷严重度指标的权重进一步完善式 (10−2) 及式 (10−3)。

假设电网为 n 节点，m 支路系统。定义系统节点低电压严重度为

$$S_p=\sum_{i=1}^{n}b_{pi}y_{pi}=\boldsymbol{B}_p\cdot\boldsymbol{Y}_p \tag{10-19}$$

式中，$\boldsymbol{Y}_p=(y_{p1},y_{p2},\cdots,y_{pn})^{\mathrm{T}}$，为式 (10−2) 求出的节点电压偏移向量，$y_{pi}=S(u_i)$；$\boldsymbol{B}_p=(b_{p1},b_{p2},\cdots,b_{pn})$，为式 (10−16) 求出的节点电气介数向量，$b_{pi}=B_e(i)$。

同理得到过负荷严重度指标，定义如下：

$$S_l=\sum_{j=1}^{m}b_{lj}y_{lj}=\boldsymbol{B}_l\cdot\boldsymbol{Y}_l \tag{10-20}$$

式中，$\boldsymbol{Y}_l=(y_{l1},y_{l2},\cdots,y_{lm})^{\mathrm{T}}$，为式（10－3）求出的支路功率越限向量，$y_{lj}=S(p_j)$；$\boldsymbol{B}_l=(b_{l1},b_{l2},\cdots,b_{lm})$，为式（10－18）求出的支路电气介数向量，$b_{lj}=B_e(j)$。

用式（10－19）及（10－20）替代式（10－11）中的节点低电压严重度和支路过负荷严重度指标，即可得到

$$R(l)=S(l)\cdot P(l)=[k_1S_i+k_2S_p+k_3S_{i\,load}]\cdot P(l) \tag{10-21}$$

式（10－21）即是同时考虑了运行状态严重度指标、失负荷指标及网络元件重要度指标的安全风险综合指标。

安全风险评估的目的是给出电网可能存在的安全风险大小，为电网的调度运行人员提供相关信息。因此，如何运用风险评估指标来描述可能的事故严重程度是值得关注和深入研究的问题。式（10－21）尽管给出了风险指标，但是，其是一个涵盖了运行状态、失负荷量及结构等因素的综合指标，物理意义并不十分明确。在具体运用过程中，应该根据实际情况和不同方面的需求进行指标拆分应用或进一步的改善。

10.3 灾难性事故与电网安全性评估

10.3.1 灾难性事故灾变因素及根源分析

导致电力系统灾难性大规模停电事故的原因有很多，如10.1节所述，可能是由电力系统内部运行状态引起的，例如设备故障、支路过载引起的线路连锁跳闸等；可能是由冰雪灾害、台风、雷暴等自然灾害引起的系统故障；可能是因人为的控制失误和恶性恐怖袭击；等等。这些原因统称电力系统“灾变因素”。

从电力系统自身特性来看，威胁电力系统安全的根源可以分为以下几个方面：

（1）电力系统固有结构。

电力系统固有结构包括电网拓扑结构、电源布局、负荷节点布局等。如果电网结构设计不合理，会导致电网存在运行安全风险。电网拓扑结构设计不合理就使得有些负荷节点没有备用电源，一旦供电线路出现故障，该地区就会发生停电事故，也会导致电网运行不稳定；电源布局或负荷布局不合理可能会使得电网存在供电量不足的风险。因此，电力系统固有结构是电网安全性分析中不可忽视的重要方面。

（2）电力系统安全控制技术。

电力系统安全控制技术主要针对继电保护装置和自动控制装置等。在电网实际运行中，保护和安稳装置的不正确动作引起的事故所占比例不容忽视，其引起的电网运行安全问题也不容小视。

（3）电力系统运行设备状况。

电力系统运行设备主要是针对户外的一次设备，因为其所受的不确定破坏概率相比室内设备更高，更容易发生故障对系统运行造成影响。因此，采用复合电力运行标准且相互匹配的电力设备可以提高系统运行的安全性，避免电力系统事故的发生。

（4）电力系统管理机制。

上述威胁电力系统安全的根源可以说是客观因素，但造成电力系统灾难性事件发生最

主要的主观因素是电力系统的管理机制，制定合理的电力系统运行管理机制可以有效地避免重大事故的发生。

综上，引起电力系统灾难性事故的原因很多，从外部环境到系统内在特性。据统计，电力系统灾难性事故的起因大多与大规模连锁故障相关。因此，无论在何种环境下，都必须要避免事故规模的扩大，即避免连锁故障的发生。

10.3.2 连锁故障模式识别

连锁故障通常都有一个初始扰动，一般为系统中一个或多个元件发生故障，这些元件可能是母线、变压器或联络线等。发生的故障可能是短路故障、联络线发生断路、发电机与系统解列、大量的切除与投入负荷以及变电站开关的相应操作等。初始扰动一般会削弱系统的安全性，使系统的稳定裕度减小，几乎不会引起系统的大面积停电。

但当出现一些关键原因导致事故进一步扩大时，简单的一个或多个元件故障就可能发展为连锁故障。这些关键原因包括保护装置的整定不合适及其引起的拒动与误动、线路潮流负担过重、无功补偿不足及其引起的低电压问题等。引起的连锁反应包括潮流的大规模转移、输电线路的相继断开、潮流的进一步转移、系统电压降低、发电机组跳闸，功角与电压失稳现象更加严重，更多的输电线路与发电机组相继跳开，最终导致大规模停电事故的发生。

连锁故障的发生原理可以简要地描述为：电网处于正常运行状态时处于一种稳定的潮流分布运行状态。由于某种原因，系统中一个或多个元件发生故障后会打破当前稳定的潮流平衡，引起某些元件上的负荷在系统中重新分配。原来正常工作的元件除了承担自己的初始负荷外，还要额外承担故障元件转移到自身的负荷，如果这些元件不能承受转移过来的负荷，就会由于过负荷断开，这样又会引起负荷新一轮的重新分配，从而引起连锁故障，最后导致大面积停电事故的发生。

仔细分析国内外几次大停电事故的发展过程不难发现，由偶然故障引发相继开断进而演化为电力灾难的过程，可以划分为缓慢相继开断、快速相继开断、短暂振荡、雪崩和漫长恢复五个阶段。事实上，快速相继开断、短暂振荡、雪崩三个阶段的时间相对短促，且难以清晰区分。因此，连锁故障的一般物理过程可以简化为缓慢相继开断、快速相继开断和漫长恢复三个阶段。

在缓慢相继开断阶段，故障的相继间隔可能长达几分钟至几十分钟，例如北美“8・14”事故发展的初始阶段有两个多小时，这一类似现象在其他多起大停电事故中也几乎存在。在如此长的时间间隔内，可以认为系统暂态过程已经基本结束，因此利用静态方法来预测和分析系统的后续故障对于连锁故障初期是可行的。

连锁故障模型主要分为两类：基于传统潮流和稳定计算的连锁故障模型以及基于电网拓扑结构的连锁故障模型。

(1) 基于传统潮流和稳定计算的连锁故障模型。

该类模型主要包括 OPA 模型、CASCADE 模型、分支过程模型和隐性故障模型等。下面进行简要介绍。

①OPA 模型。

OPA 模型分析相对简单，但是其需要研究人员对电网有长时间的观察，并对电网的运行参数有详细了解，而后通过观察和总结的数据并结合电网本身的特点，对连锁故障造成的灾变来进行分析和研究。

OPA 模型[65]是一个包含传输路线、负荷、发电机等诸多元件的直流潮流模型，该模型以研究负荷变化为基础，探讨和揭示电力系统大停电的全局动力学行为特征。其基本思路是随着电力系统发展，系统发电能力和负荷水平不断提高，线路潮流相应增加，当其达到线路传输容量极限时会导致线路开断，而一条线路的开断又会导致潮流迁移至其他线路，继而可能引发这些线路相继开断，最终形成级联的连锁故障。

②CASCADE 模型。

CASCADE 连锁故障模型的基本思想是：假设有 n 条相同的传输线路带有随机初始负荷，初始扰动 d 使得某一个或某些元件发生故障，这些故障元件所带的负荷根据一定的负荷分配原则转移到其他所有无故障元件上，因此形成网络连锁故障。

CASCADE 模型最核心的工作是定义了归一化后故障元件数目的概率分布函数 f。该函数使用了递归模型，较全面地描述了在元件数目 n 不同（$n=1$ 和 $n>1$ 两种情形）和初始扰动 d 不同（包括 $d\geqslant 1$ 时全部元件故障和 $0<d<1$ 时部分元件故障两种情况）的情况下，每次连锁故障过程中有 r 个元件发生故障的概率分布，其中 $r>0$，$n>1$，$0<d<1$ 的情况可以描述在该网络结构下连锁故障中故障元件数目的概率分布。

CASCADE 模型假设系统由 n 个元件组成，其初始负荷值随机设定并假设相互独立，其最大值、最小值分别为 $L_{\max}$，$L_{\min}$，且在 $[L_{\max}, L_{\min}]$ 区间服从均匀分布。若某元件的负荷超过了 L_{fail}，就发生故障而退出运行，其部分负荷（设为定值 P）转移到其他元件。假设系统初始扰动为 d，按照上述规则就可以产生一个连锁故障过程。上述过程的规范化形式用更严格的数学语言描述如下：定义 $f(r, d, p, n)$ 为 n 个元件的系统的 CASCADE 模型在初始扰动为 d、元件故障后负荷转移值为 p 的条件下共有 r 个元件发生故障的概率，则有

$$f(r,d,p,n)=\begin{cases}\dbinom{n}{r}\varphi(d)\,(d+rp)^{r-1}\,[\varphi(1-d-rp)]^{n-r}, & r=0,1,\cdots,n-1\\ 1-\displaystyle\sum_{s=0}^{n-1}f(r,d,p,n), & r=n\end{cases} \tag{10-22}$$

式中，

$$\varphi(x)=\begin{cases}0, & x<0\\ x, & 0\leqslant x\leqslant 1\\ 1, & x>1\end{cases} \tag{10-23}$$

这是一个连锁故障的抽象概率模型，主要对连锁故障进行理论化的解释。

③分支过程模型。

分支过程模型是对 CASCADE 模型的推广。二者有两点不同：一是负荷转移时 CASCADE 模型对所有正常元件都增加负荷，而分支过程模型对正常元件进行随机抽样，并只对选中者增加负荷；二是分支过程模型依饱和广义泊松分布进行负荷增加。此外，分支过程模型中按照一定准则维持足够的次临界性，可以限制故障传播，从而降低连锁故障的

风险。分支过程模型与一般的避免初始故障来降低连锁故障风险的方法是互补的，但它会大量限制系统产出，需要在成本与收益之间综合权衡。

④隐性故障模型。

所谓隐性故障，是指系统内某事件发生后，由于配置不当、硬件损坏等原因造成的保护装置缺陷导致保护装置误动。电力系统中的隐性故障可定义为一种永久性缺陷，它的存在可能导致的直接后果是在完成一个开关动作后，继电器或继电器系统可能将电路元件错误或不适当地从系统中移除。电力系统的隐性故障通常由其他事件触发，发生频率不高，但其结果却可能是灾难性的。

（2）基于电网拓扑结构的连锁故障模型。

复杂网络理论突出强调了系统结构的拓扑特征。连锁故障的发生往往是由于系统中的某一元件故障引起负荷重新分布，导致其他一系列元件相继故障。基于复杂网络理论的连锁故障模型主要论述从网络的结构出发建立的连锁故障模型。这类连锁故障模型的共同之处在于：赋予网络中的每一个节点（或边）一定的容量（也称安全阈值）；定义节点的初始负荷，节点的负荷按照一定的规则动态变化，当节点的负荷超过其容量时，该节点发生故障。

该类模型主要从复杂网络理论入手，构造了一系列主要考虑电网固有的拓扑结构的模型，从数学图论的角度，研究网络上的结构特征和动力学模型。主要包括 Watts 构造模型、Moreno 模型、Motter－Lai 模型、Crueitti 和 Latora 的有效性能模型等。本节不做详细介绍。

10.3.3 连锁故障状态下的电网灾难性事故安全性评估

当电网发生较为严重的故障如连锁故障时，会导致灾难性的结果。这时，连锁故障模式识别及构建依据连锁故障风险评估值与失负荷量构建事故分级体系就成了关注的重点。

事故分级包含了两种因素：一是事故后果严重度指标，二是事故发生可能性指标。在连锁故障模式识别过程中可根据每级故障情况，对该故障级进行安全风险评估。评估可分为两类：第一类可根据前述的连锁故障模式及其可能性及安全风险评估指标体系进行；第二类可按照国务院 599 号令中所列出的不同区域、不同规模、不同城市等级下对应的减供负荷比例、供电用户停电比例指标来构建事故分级指标。两者都可得到灾难性事件下电网连锁故障每一级的故障风险，并可对电网分区域进行风险评估，分析故障对电网不同区域的影响。根据结果可对电网调度运行部门提供重要的参考及预警信息，对实施及时有效的控制具有重要实际意义。

10.4 动态安全分析

10.4.1 动态安全分析的基本概念

动态安全分析（Dynamic Security Assessment，DSA）是指评价系统受到大扰动后过渡到新的稳定运行状态的能力，并能够根据系统状态对实施必要的预防控制和校正控制方案提供有效的信息。它关注的是大扰动后系统的动态过程中的角度稳定性、电压稳定性等。典型的研究方法有时域仿真法、李雅普诺夫直接法和动态安全域法等。

时域仿真法是以求解微分代数方程为目标的方法[66-67]，它能够分析任意多自由度非自治运动系统的动态过程，将抽象的机电变化描述为一系列具体的运动轨迹，借助其上下包络线距离判断稳定与否。

后续发展起来的李雅普诺夫直接法则不需要对方程进行求解，而是从暂态过程的能量关系入手来直接判断暂态稳定，为暂态判据提供了量化指标，进一步拓展了动态分析方法[68-71]。而时域仿真法和直接法的结合，又衍生出了其他一些混合算法。混合算法加强了模型的适应性，能更进一步把握系统的动态行为，同时也能获得稳定裕度和灵敏度等系统指标，更好地展现了电力系统在暂态扰动后的动态特性[72-74]。

动态安全域[75-76]（Practical Dynamic Security Region，PDSR）理论针对系统的多运行方式、多状态、多不确定性所导致的难于对每一个状态进行安全评估的问题，将传统的“稳定点”思维拓展至“域”的泛空间内，把电力系统注入功率空间 $\mathbf{R}^n$ 上的集合作为研究对象，借助数学分析工具抽象出超平面模拟暂态稳定域边界，分析事故后某一注入功率向量的变动是否位于安全域内。如果位于安全域内则是安全的；反之，则是不安全的。

10.4.2　动态安全分析方法

（1）时域仿真的数值积分方法。

时域仿真法对系统各元件进行数学建模，形成全网的模型，生成一系列的一阶微分方程和代数方程组，可概括为式（8－35）和（8－36）。在此，不同的是状态变量包括定子内电势的 d 轴、q 轴分量，转子相位角 δ 以及控制系统的其他变量，其初始值由故障前系统潮流解确定。运行参数包括电力网络节点负荷、电压向量、节点注入电流向量、节点导纳矩阵等。通过积分方法求解得到全系统的状态变量和代数变量随时间变化的曲线，根据发电机转子间的相对摇摆曲线来判断系统的稳定性。本书第 8.4 节给出了时域仿真的数值积分方法的计算流程。

（2）李雅普诺夫直接法。

李雅普诺夫直接法是基于现代微分动力系统理论而建立的，通过建立暂态能量函数（Transient Energy Function，TEF）判断电力系统的稳定性。详见第 7 章。

10.4.3　动态安全域法

传统的电力系统安全稳定性分析通常采用逐点法，即在给定某一系统运行点的情况下，为判断系统的安全稳定性，需要对该运行点下所可能出现的所有系统状态进行潮流或时域仿真计算等，并逐一判断运行点在系统所有可能出现的状态下的安全稳定性。由于电力系统的运行方式非常多、变化大，具有很强的不确定性。只要系统运行方式发生变化，则需要针对变化后运行点重新进行系统所有故障分析，重新判断该运行点的稳定性，计算量过于庞大。逐点法主要应用于诸如离线的安全分析、电力系统的规划等工作中，而对于实时性要求较高的运行调度中的安全评估，逐点法则难以满足其要求。

域的方法是在逐点法的基础上发展起来的一门全新的方法学，它拥有逐点法所不具有的优点[77]。对于一个电力系统来说，其安全稳定域为系统所有稳定运行点的集合。当需要判断某一运行点的稳定性时，无须在对系统当前运行方式进行潮流计算或时域仿真计算，而只需要判断该运行点在安全域中的位置即可。

安全域可以离线计算其边界，在线使用时只需要进行运行点的位置判断即可，从而将逐点法复杂的扫描计算转变为简单的几何学算法。此外，安全域能够提供给规划及调度运行人员更加丰富的系统安全信息。逐点法只能够给出系统运行点安全与不安全这一信息，而安全域则可以给出运行点的裕度信息。由此，不仅可以得到电力系统当前的安全水平，还能够为运行人员的调度操作及紧急控制提供指导。通过分析运行点在不同变化方向上的裕度信息，可以协助运行人员制定正确的控制措施。

下面简要介绍电力系统动态安全域的数学定义。

电力系统发生短路事故之后，经保护装置识别并切除事故，系统经历了事故前、事故中和事故后三个阶段，首先定义电力系统在给定故障下，发生短路故障前、故障中以及故障后的系统模型，如下所示：

$$\dot{x}_0 = f_i(x_0 + y_0),\quad -\infty < t < 0 \tag{10-24}$$

$$\dot{x}_1 = f_F(x_0 + y_0),\quad 0 \leqslant t < \tau \tag{10-25}$$

$$\dot{x}_2 = f_j(x_0 + y_0),\quad \tau \leqslant t < +\infty \tag{10-26}$$

式中，$\boldsymbol{x}$ 表示系统中的状态向量，$\boldsymbol{y}$ 表示有功功率注入量；i，F，j 分别表示系统处于故障前、故障中以及故障后状态；τ 为故障清除时间。式（10−24）表示系统故障前的动态模型，式（10−25）表示系统故障中的动态模型，式（10−26）表示系统处于故障后的动态模型。

动态安全域 $\Omega_d(i,j,\tau)$是功率注入空间上的集合，若在某一注入功率向量 $\boldsymbol{y}$（包括有功注入 P 和无功注入 Q）下的电力系统经历了给定的短路事故 F 之后是暂态稳定的，则称注入向量 $\boldsymbol{y}$ 是动态安全的。由此可定义注入功率空间上的动态安全域 $\Omega_d(i,j,\tau)$如下：

$$\Omega_d(i,j,\tau) \triangleq \{\boldsymbol{y} \mid x_d(\boldsymbol{y}) \in A(\boldsymbol{y})\} \tag{10-27}$$

式中，$x_d(\boldsymbol{y})$ 是故障清除时刻的状态；$A(\boldsymbol{y})$ 是状态空间上环绕由注入向量 $\boldsymbol{y}$ 所决定的平衡点的稳定域。动态安全域的边界定义为

$$\partial\Omega_d(i,j,\tau) \triangleq \{\boldsymbol{y} \mid x_d(\boldsymbol{y}) \in \partial A(\boldsymbol{y})\} \tag{10-28}$$

实际电力系统运行中，各节点注入功率是有其约束条件的，例如发电机出力上下限值、负荷节点上下限值等。通常定义注入功率的约束集为

$$Y_i \triangleq \{\boldsymbol{y} \in \mathbf{R}^n \mid y^{\min} < y < y^{\max}\} \tag{10-29}$$

式中，$y^{\min}$，$y^{\max}$分别表示注入向量 $\boldsymbol{y}$ 的下、上限。于是式（10−28）中动态安全域的定义可修正为如下形式：

$$\Omega_d(i,j,\tau) \triangleq \{\boldsymbol{y} \mid x_d(\boldsymbol{y}) \in A(\boldsymbol{y}), y^{\min} < y < y^{\max}\} \tag{10-30}$$

动态安全域边界的求取需要通过大量的计算，负担较重，因此需要对所用安全域进行离线计算。在线使用时只需通过分析运行点在功率注入空间中的位置便可以判断系统的安全稳定性[77]。目前，求取动态安全域的方法主要有拟合法和解析法。拟合法是在时域仿真的基础上，通过搜索找出动态安全域边界上的大量临界点，再通过最小二乘法拟合求出动态安全域边界的超平面系数。动态安全域边界上临界点的搜索，可以利用拟正交选点法来确定初始搜索点。解析法是利用系统的动态方程及系统稳定性判据，根据非线性系统的分析方法，解析地求出动态安全域的边界方程表达式[80]。对于算法本节不做详细论述。

参考文献

[1] 丁道齐. 复杂大电网安全性分析——智能电网的概念与分析 [M]. 北京：中国电力出版社，2010：177－179.

[2] 李春艳，孙元章，陈向宜. 西欧“11・4”大停电事故的初步分析及防止我国大面积停电事故的措施 [J]. 电网技术，2006，30 (24)：16－21.

[3] 梁志峰，葛睿，董昱，等. 印度“7・30”“7・31”大停电事故分析及对我国电网调度运行工作的启示 [J]. 电网技术，2013，37 (7)：1841－1848.

[4] 唐斯庆，张弥，李建设，等. 海南电网“9・26"大面积停电事故的分析与总结 [J]. 电力系统自动化，2006，30 (1)：1－7.

[5] 陆佳政，蒋正龙，雷红才，等. 湖南电网 2008 年冰灾事故分析 [J]. 电力系统自动化，2008，32 (11)：16－19.

[6] Lian G B，Billinton R. Operating reserve risk assessment in composite power systems [J]. IEEE Transaction on Power Systems，1994，9 (3)：1270－1276.

[7] Billinton R，Fotuhi-Firuzabad M. A basic framework for generating system operating health analysis [J]. IEEE Transaction on Power Systems，1994，9 (3)：1610－1617.

[8] 曾沅，余贻鑫. 电力系统动态安全域的实用解法 [J]. 中国电机工程学报，2003，23 (5)：24－28.

[9] 吴政球，王良缘. 具有综合负荷模拟的暂态稳定裕度灵敏度分析 [J]. 电网技术，2003，27 (3)：53－58.

[10] Billinton R. Composite System Reliability Evaluation [J]. IEEE Transactions on Power Apparatus & Systems，1969，88 (4)：276－281.

[11] Billinton R，Kuruganty P R S. A probabilistic index for transient stability [J]. IEEE Transactions on Power Apparatus and Systems，1980 (1)：195－206.

[12] 吴文传，宁辽逸，张伯明，等. 一种考虑二次设备模型的在线静态运行风险评估方法 [J]. 电力系统自动化，2008，32 (7)：1－5.

[13] Kang Lin，Keith E. Holbert. PRA for vulnerability assessment of power system infrastructure security [J]. Power Symposium Proceedings of the 37th Annual North American. Ames (USA)，2005：43－51.

[14] 卢锦玲，栗然，刘艳，等. 基于状态空间法的地区环式供电网可靠性分析 [J]. 电力系统自动化，2003，27 (11)：21－23.

[15] 方再根. 计算机模拟与蒙特卡洛方法 [M]. 北京：北京工业学院出版社，1988.

[16] 程林，郭永基. 暂态能量函数法用于可靠性安全性评估 [J]. 清华大学学报 (自然科学版)，2001，41 (3)：5－8.

[17] 丁明，张静，李生虎. 基于序贯蒙特卡罗仿真的配电网可靠性评估模型 [J]. 电网技术，2004，28 (3)：38－42.

[18] 程林，郭永基. 可靠性评估中多重故障算法的研究 [J]. 清华大学学报 (自然科学版)，2001，41 (3)：69－72.

[19] 李文沅. 电力系统风险评估模型、方法和应用 [M]. 北京：科学出版社，2006.

[20] 马超，肖先勇，袁志坚，等. 电网连锁性事故发生可能性的模糊模拟评估方法 [J]. 中国电机工程学报，2012，32 (16)：77－84.

[21] McCalley J D，Vittal V，Abi-Samra N. An overview of risk based security assessment [C]. IEEE

Power Engineering Society Summer Meeting，1999：173－178.
[22] 吴旭，张建华，吴林伟，等. 输电系统连锁故障的运行风险评估算法 [J]. 中国电机工程学报，2012，32 (34)：74－82.
[23] Walker J. Condition based risk management [J]. Power Engineer，2003，17 (1)：34－35.
[24] Retterath B，Venkata S S，Chowdhury A A. Impact of time-varying failure rates on distribution reliability [J]. International Journal of Electrical Power & Energy System，2005，27 (9－10)：682－688.
[25] 李明. 计及电网运行风险的设备状态检修理论研究 [D]. 济南：山东大学，2012：15－16.
[26] 周孝信，卢强，杨奇逊，等. 电力系统工程 [M]. 北京：中国电力出版社，2009.
[27] Coleman Goheen L. On the optimal operating policy for the machine repair problem when failure and repair times have Erlang distribution [J]. Operations Research，1997，25 (3)：484－492.
[28] Kim J S，Kim T Y，Hur S. An algorithm for repairable item inventory system with depot spares and general repair time distribution [J]. Applied mathematical modeling，2007，31 (5)：795－804.
[29] Li W. Incorporating aging failures in power system reliability evaluation [J]. IEEE Transactions on Power Systems，2002，17 (3)：918－923.
[30] Li W. Evaluating mean life of power system equipment with limited end-of-life failure data [J]. IEEE Transactions on Power Systems，2004，19 (1)：236－242.
[31] 王建学，张耀，吴思，等. 大规模冰灾对输电系统可靠性的影响分析 [J]. 中国电机工程学报，2011，31 (28)：49－56.
[32] Zhou Y，Pahwa A，Yang S S. Modeling weather-related failures of overhead distribution lines [J]. IEEE Transactions on Power Systems，2006，21 (4)：1683－1690.
[33] Radmer D T，Kuntz P A，Christie R D，et al. Predicting vegetation-related failure rates for overhead distribution feeders [J]. IEEE Transactions on Power Delivery，2002，17 (4)：1170－1175.
[34] 郑文勇，张静伟，潘茗. 考虑人为因素的可靠性评估 [J]. 中国安全科学学报，2009，18 (10)：26－29.
[35] 孙元章，程林，刘海涛. 基于实时运行状态的电力系统运行可靠性评估 [J]. 电网技术，2005，29 (15)：6－12.
[36] 程林，何剑，孙元章. 线路实时可靠性模型参数对电网运行可靠性评估的影响 [J]. 电网技术，2006，30 (13)：8－13.
[37] 刘海涛，程林，孙元章，等. 基于实时运行条件的元件停运因素分析与停运率建模 [J]. 电力系统自动化，2007，31 (7)：6－11.
[38] 何剑，程林，孙元章，等. 条件相依的输变电设备短期可靠性模型 [J]. 中国电机工程学报，2009，29 (7)：39－46.
[39] 孙荣富，程林，孙元章. 基于恶劣气候条件的停运率建模及电网充裕度评估 [J]. 电力系统自动化，2009，33 (13)：7－12.
[40] 邹欣，孙元章，程林. 基于模糊专家系统的输电线路非解析可靠性模型 [J]. 电力系统保护与控制，2011，39 (19)：1－7.
[41] 宁辽逸，吴文传，张伯明，等. 运行风险评估中缺乏历史统计数据时的元件停运模型 [J]. 中国电机工程学报，2009 (25)：26－31.
[42] 张国华，段满银，张建华，等. 基于证据理论和效用理论的电力系统风险评估 [J]. 电力系统自动化，2009，33 (23)：1－4.
[43] 孙元章. 电力系统运行可靠性理论 [M]. 北京：清华大学出版社，2012.
[44] 刘海涛，程林，孙元章，等. 基于实时运行条件的元件停运因素分析与停运率建模 [J]. 电力系

统自动化，2007，31（7）：6－11.

[45] 邹欣，程林，孙元章. 基于线路运行可靠性模型的电力系统连锁故障概率评估［J］. 电力系统自动化，2011，35（13）：7－11.

[46] Ni M，Mccalley J D，Vittal V，et al. On-line risk-based security assessment［J］. IEEE Transaction on Power Systems，2003，18（1）：258－265.

[47] Ni M，Mccalley J D，Vittal V，et al. Software implementation of online risk-based security assessment［J］. IEEE Transaction on Power Systems，2003，18（3）：1165－1172.

[48] Vittal V，Mccalley J D，Vanacker V，et al. Transient instability risk assessment［C］. IEEE Power Engineering Society Summer Meeting，Canada，1999.

[49] Mccalley J D，Fouad A A，Vittal V，et al. A risk-based security index for determining operating limits in stability-limited electric power systems［J］. IEEE Transaction on Power Systems，1997，12（3）：1210－1219.

[50] Lee S T，Hofinan S. Power delivery reliability initiative bears fruit［J］. IEEE Computer Applications in Power，2001，14（3）：56－63.

[51] 冯永清，吴文传，孙宏斌，等. 现代能量控制中心的运行风险评估研究初探［J］. 中国电机工程学报，2005，25（13）：73－79.

[52] 冯永清，吴文传，张伯明，等. 基于可信性理论的电力系统运行风险评估（三）应用与工程实践［J］. 电力系统自动化，2006，30（3）：11－16.

[53] 安天瑜，王震宇，金学洙，等. 电力系统风险研究现状［J］. 电网与清洁能源，2009，25（9）：4－8.

[54] 王守相，张伯明，郭琦. 基于时间裕度的全局电力系统暂态安全风险评估［J］. 中国电机工程学报，2005，25（15）：51－55.

[55] 崔凯，房大中，钟德成. 暂态稳定约束下收益最佳 TTC 评估方法［J］. 电力系统自动化，2005，29（13）：29－33.

[56] 史慧杰，葛斐，丁明，等. 输电网络运行风险的在线评估［J］. 电网技术，2005，29（6）：43－48.

[57] 陈为化，江全元，曹一家. 基于风险理论和模糊推理的电压脆弱性评估［J］. 中国电机工程学报，2005，25（24）：20－25.

[58] 陈为化，江全元，曹一家，等. 基于风险理论的复杂电力系统脆弱性评估［J］. 电网技术，2005，29（4）：12－17.

[59] 陈为化，江全元，曹一家. 基于神经网络集成的电力系统低电压风险评估［J］. 电网技术，2006，30（17）：14－18.

[60] 王英，谈定中，王小英，等. 基于风险的暂态稳定性安全评估方法在电力系统中的应用［J］. 电网技术，2003，27（12）：37－41.

[61] 安天瑜. 电力系统电压失稳风险评估及调控方法研究［D］. 哈尔滨：哈尔滨工业大学，2007.

[62] 刘怡芳，张步涵，李俊芳，等. 考虑电网静态安全风险的随机潮流计算［J］. 中国电机工程学报，2011，31（1）：59－64.

[63] 宋欢. 雷电灾害下输电线路风险评估系统的设计与实现［D］. 成都：电子科技大学，2015.

[64] 薛禹胜. 时空协调的大停电防御框架（一）从孤立防线到综合防御［J］. 电力系统自动化，2006，30（1）：8－16.

[65] 孙可，韩祯祥，曹一家. 复杂电网连锁故障模型评述［J］. 电网技术，2005，29（13）：1－9.

[66] Johnson R B I，Short M J，Cory B J. Improved Simulation Techniques for Power System Dynamics［J］. IEEE Transaction，1988，3（4）：1691－1698.

[67] Stubble M. STAG-A New Unified Software Program for the Study of the Dynamic Behaviors of Electric Power System [C]. IEEE PES Winter Meeting，1988.

[68] 薛振宇. 电力系统在线动态安全分析系统的研究与应用 [D]. 天津：天津大学，2008.

[69] Chan K W，Cheung C H，Su H T. Time Domain Simulation Based Transient Stability Assessment and Control [J]. Power System Technology，2002 (3)：1578－1582.

[70] 房大中，张尧，宋文南，等. 修正的暂态能量函数及其在电力系统稳定性分析中的应用 [J]. 中国电机工程学报，1998，18 (3)：200－203.

[71] Demaree K，Athay T A，Cheung K W，et al. An on-line dynamic security analysis system implementation [J]. IEEE Transaction on Power System，1994，9 (4)：1716－1722.

[72] 杜正春，甘德强，刘玉田. 电力系统在线动态安全分析的一种快速数值积分方法 [J]. 中国电机工程学报，1996，16 (1)：29－32.

[73] Fu S T，Chen J L，Hu J X，et al. Implementation of an on-line dynamic security assessment program for the central China power system [J]. Control Engineering Practice，1998 (6)：1517－1524.

[74] Rei A M，Leite da Silva A M，Jardim J L，et al. Static and dynamic aspects in bulk power system reliability evaluations [J]. IEEE Transaction on Power Systems，2000，15 (1)：189－195.

[75] 余贻鑫，刘辉. 基于实用动态安全域的最优暂态稳定紧急控制 [J]. 中国科学 E 辑，2004，34 (5)：556－563.

[76] 曾沅，余贻鑫. 电力系统动态安全域的实用解法 [J]. 中国电机工程学报，2003，25 (5)：24－28.

[77] 朱文峰. 基于动态安全域的大规模风电运行风险评估技术 [D]. 天津：天津大学，2014.

[78] 余贻鑫，栾文鹏. 利用拟合技术决定实用电力系统动态安全域 [J]. 中国电机工程学报，1990，10 (supplement)：22－28.

[79] 高天亮. 基于动态安全域的电力系统安全概率评估模型 [D]. 天津：天津大学，2006.

[80] 刘怀东，唐晓玲，高天亮. 基于机组同调性的电力系统动态安全域改进解析法 [J]. 电工技术学报，2008，23 (4)：112－118.

符号列表

B

B　电纳

B_P　调差系数

D

D　阻尼系数

E　e

E_q　同步电抗后的内电动势

E_d　与 q 轴阻尼绕组内电流成正比的假想电动势

E'_q　假想电动势，正比于励磁绕组磁链 ψ_{fd}

E'　同步机暂态电抗后的电压或暂态电动势

E'_i　第 i 台发电机暂态电抗后的恒定电动势

E''_q　超暂态电动势或超暂态电抗 x''_q 后的电动势

E_{fd}　与励磁电压相对应的稳态时的无载电动势

e_r　表示直流电压偏差量

ΔE_f　励磁系统输出电压

F　f

F_{HP}　高压缸功率比例

F_{IP}　中压缸功率比例

F_{LP}　低压缸功率比例

$f(t)$　发电机系统频率随时间变化函数

f_0　系统正常运行时系统频率

f^h　控制器上限频率

f^l　控制器下限频率

$f_{\min.i}$　动态过程中母线 i 频率的极小值

f_N　系统额定频率

f_e　调速器的额定频率

f_{ref}^{off}　风场频率指令值

f_{Final}　期望的稳态频率值

$f[t_i]$　频率响应曲线上时刻 t_i 对应的频率标幺值

$\Delta f_{\max}$　最大频降

Δf_{∞}　稳态频降

Δf_W　调速器的最大频率呆滞

Δf　频率的稳态偏差

G

G_{ik}　i，k 两点间的转移电导

I　i

i_d　定子 d 轴绕组电流

i_q　定子 q 轴绕组电流

I_{kd}　纵轴阻尼绕组的电流

I_{kq}　横轴阻尼绕组的电流

$\dot{I}$　注入电流

J

J_{Ji}　物体的转动惯量，kg·m²

K k

K 系统的功率频率静特性系数
K_D 负荷的频率调节效应系数
K_G 发电机的功频静态特性系数
K_S 全系统的功率频率调节效应系数
K_f 网测系统频率与直流电压间的斜率系数
K_P 换流站功率与直流电压间的斜率系数
K_V 频率与直流电压间的斜率系数
k_j 频带 j 的权重因子
$K_e(p)$ 电机的同步力矩系数
$K_M(p)$ 机械转矩系数
$K_E(p)$ 电气转矩系数
$K_M(j\zeta)$ 机械复转矩系数

L l

L_{aa} a 相绕组的自感
L_{ffd} 转子上励磁绕组的自感与互感之和
L_{fkd} 转子上阻尼绕组与励磁绕组之间的互感
L_{afd}^* 励磁电流在 d 轴定子绕组中产生的磁链所对应的电感标幺值
L_{Dp} 每1%频率变化时负荷变化的标幺值

M

M_e 电磁转矩
M_{base} 转矩基值
M_s 同步转矩系数
M_D 阻尼转矩系数
M_{eq} 等值惯性常数
ΔM 作用在转子上的不平衡转矩
ΔM^* 不平衡转矩标幺值
ΔM_M 输出转矩变化
ΔM_p 稳定器提供的附加转矩

N n

n_{LD} 负荷节点数
n_G 发电机节点数

P p

P_e 输出功率
P_{COI} COI 的加速功率
P_{L0j} 有功负荷 j 的额定值
P_{ie} 控制区 i 的总额定功率
P_D 频率等于 f 时整个系统的有功负荷
P_{DN} 频率等于额定值 f_N 时整个系统的有功负荷
P_{G0} 系统正常运行时等值机功率
P_{D0} 系统正常运行时等值负荷功率
$P_{G(t)}$ 发电机功率随时间变化函数
$P_{D(t)}$ 负荷功率随时间变化函数
P_{m00} 额定频率时发电机整定功率的初始值
P_{m01} 负荷参考设定值的目标值
$P_{m0}(t)$ 额定频率时发电机整定功率随负荷参考设定值变化得到的变化值
P_{Li} 第 i 个节点的负荷值
P_{shi} 第 i 个节点的切负荷量
P_{loss} 网损
P'_{dc} 功率紧急提升或回降后的直流线路功率
P_{ref} 有功功率指令值
ΔP_{mi} 机械功率偏差量
ΔP_{ei} 电磁功率偏差量
ΔP_{Li} 负荷变化
ΔP_{ti} 联络线传输功率变化量
ΔP_{m0} 对应于额定频率时的发电机组额定功率值变化量
ΔP_{ref} 负荷参考设定值的变化量
$\Delta P_{ref}(t)$ 额定频率时的发电机机械功率整定值变化量
ΔP_W 机组的最大误差功率
ΔP_{low}，ΔP_{up} 机组功率调节幅值下限和上限
$\Delta P_{OL(t)}$ 系统的功率不平衡量
ΔP_{OL0} 初始功率过负荷量

ΔP_G　二次调频发电机组的功率增量

$\Delta P_r\psi(\omega-\omega_N)$　一次调频的动态调节功率

ΔP_r　一次调频最大减少出力

P_{sij}　整步功率系数

R　r

R_{kd}　纵轴阻尼绕组的电阻

R_{kq}　横轴阻尼绕组的电阻

R_{fd}　d 轴励磁绕组的电阻

R_{1d}　d 轴阻尼绕组的电阻

R_{1q}，R_{2q}　q 轴第一个及第二个阻尼绕组电阻

r　定子绕组电阻

S

S_{base}　发电机容量基值

T　t

T_2　发电机组连同热能系统的等效惯性时间常数

T_f　系统下降率的时间常数

T_{CH}　主进气容积效应时间常数

T_{CO}　交换管和 LP 进汽容积的时间常数

T_g　执行机构时间常数

T_G　发电机调速器和原动机的综合时间常数

T_J　发电机惯性时间常数

T_{Ji}　各发电机的惯性时间常数

T_{Jeq}　单机惯性时间常数

T_M　最大汽轮机功率为基值的汽轮机标幺总转矩

T_{RH}　中间再热蒸汽容积效应时间常数

T_V　时间常数

T_W　水锤时间常数

T'_{q0}　定子绕组开路时，q 轴阻尼绕组的时间常数

T_{ij}　联络线的同步系数

T_S　等值机惯性时间常数

T'_{do}　发电机开路时励磁绕组的时间常数

T'_{de}　发电机短路时励磁绕组的时间常数

Δt_i　频率响应计算采取的时间步长

U　u

u_{d}　定子 d 轴绕组电压

u_{q}　定子 q 轴绕组电压

U_{dcref}　直流电压指令值

$U_{\mathrm{dc}}^{\mathrm{on}}$　直流电压实测值

U_{fd}　励磁绕组电压

U_i，U_j　联络线两端母线电压

U_K　扰动点的电压

ΔU_A　电压调节器输出电压

ΔU_F　励磁反馈电压

ΔU_t　发电机端电压增量

ΔU_{PSS}　PSS 输出

V

V_{cr}　临界能量

V_C　切除故障时系统的势能

V_p　系统的势能，以故障切除后系统稳定平衡点 S 为参考点的减速面积

ΔV_n　系统能量规格化的稳定度

V_{pos}　转子位置势能

V_{mag}　磁性势能

V_{diss}　耗散势能

W

W_{ki}　系统内发电机组动能

X　x

x_{d}　d 轴同步电抗

x_{q}　q 轴同步电抗

X_{kdl}　d 轴阻尼绕组的漏抗

X_L　输电线电抗

X_{11d}　d 轴阻尼绕组的全电抗

X_{1dl}　d 轴阻尼绕组的漏电抗

X_{11q}　q 轴第一个阻尼绕组的全电抗

X_{1ql}　q 轴第一个阻尼绕组的漏电抗

X_{22q}　q 轴第二个阻尼绕组的全电抗

X_{2ql}　q 轴第二个阻尼绕组的漏电抗

x'_d　发电机的瞬变电抗

x'_q　同步电机横轴暂态电抗

x''_d　d 轴超暂态电抗

其他

ψ_a　定子绕组 a 相磁链

ψ_d　定子 d 轴绕组磁链

ψ_q　定子 q 轴绕组磁链

ψ_{kd}　纵轴阻尼绕组的磁链

ψ_{kq}　横轴阻尼绕组的磁链

ψ_d　d 轴定子绕组的磁链

ψ_q　q 轴定子绕组的磁链

ψ_{kd}　d 轴阻尼绕组的磁链

ψ_{kq}　q 轴阻尼绕组的磁链

ψ_{fd}　励磁绕组的磁链

ω　同步电机转速

ω_0　同步转速

ω_N　额定转速

ω_n　机械环节或转子摇摆的无阻尼自然振荡频率

ω_{base}　转速基值

ω_{mbase}　机械角速度基值

ω_{eq}　单机惯性角速度

$\bar{\omega}$　系统的平均频率

ω_{COI}　惯量中心等值速度

ω_1　一次调频调节能力全部贡献完时机组转速

ω_i　第 i 台发电机组的转速

ω_i　与同步速的偏差

δ　静态调差系数

δ　相对电角度，rad

δ　转子对同步旋转的参考轴的角位移

δ_{col}　等值转子角

δ_{ij}　电压母线相角差

δ_{ij0}　扰动前 i，j 两节点电压的相位差

γ　熄弧角

ξ_X　励磁系统阻尼比

Ω　机械角速度

Ω_X　励磁系统无阻尼自然振荡频率

$\Delta\mu$　导叶位置开度变化

η_f　母线 i 的暂态频率偏移可接受性裕度